高等职业教育应用型示范教材

机械设计基础

主编　史新民
主审　刘进球

东南大学出版社

内容简介

本书是为适应我国迅猛发展的高等职业教育的改革而编写的应用型示范教材。全书共分11章，包括了机器的组成、工程力学、公差配合和常用机械传动（含机构）、联接、支承零部件的工作原理、结构、特点、应用、选择、设计、使用、维护等方面的主要内容。

本书具有简明、实用、综合性强的特点，可供高职高专机电类专业使用，也可供社会职业教育培训使用，还可作为各级各类学校相关专业师生的教学参考书。

图书在版编目(CIP)数据

机械设计基础/史新民主编. —南京：东南大学出版社，2007.3（2024.6 重印）

ISBN 978-7-5641-0656-0

Ⅰ.机… Ⅱ.史… Ⅲ.机械设计 Ⅳ.TH122

中国版本图书馆 CIP 数据核字（2007）第 005819 号

东南大学出版社出版发行

（南京四牌楼 2 号 邮编 210096）

出版人：江建中

新华书店经销 常州市武进第三印刷有限公司印刷

开本：787mm×1092mm 1/16 印张：27 字数：657 千字

2007 年 3 月第 1 版 2024 年 6 月第 11 次印刷

ISBN 978-7-5641-0656-0/TH·6

印数 15401—16400 册 定价：42.00 元

前　　言

现代科学技术和社会经济的高速发展，对我国的高等职业技术教育提出了更高的要求，培养具有高等职业技术的应用型人才成为当务之急。由于职业教育的特点，决定了理论课教学时数的压缩成为必然，但如何在有限的学时内使学生掌握机械设计必备的基本理论知识和基本技能，为后继学习奠定良好基础是许多同类学校都在积极探讨的问题。

为了适应高等职业教育蓬勃发展及教学改革不断深入的需要，针对机械类及相近专业培养目标的要求，本编写组围绕技术应用型人才培养，对机械基础类课程及相关教学环节进行了积极的改革探索，取得了一定的成功经验。本书在高职机电类专业教学改革实践的基础上，对传统的机械设计基础、公差与配合、工程力学课程等教材进行整合，结合工程实际和多年的教学经验编写而成。本书主要作为高职、高专或高技学校机电类专业及相关专业的专业技术基础课程教材，也可供其他各级各类院校或社会职业教育培训使用。本教材有如下特点：

① 根据国家教材规划中对职业教育的少时数、宽内容的要求，全书参考学时为100～120。在内容安排上，基本知识点的选取以“必需”与“够用”为度，使教师和学生好教好学。

② 本教材的使用起点不高，只要具备一定的文化基础和制图知识即可看懂。本教材按照教学规律对教学内容进行了删减、重组和精炼，使各章之间既有联系又有一定的独立性，便于不同类型的学校或不同专业选用和组织教学。

③ 注重应用。着重基本知识的理论应用与实践，对理论推导与计算部分进行了删减，列举了较多的工程实例。

④ 实用性强。本书收编了较多的与机械设计有关的图表、标准以及使用图例，以便查找使用。

参加本书编写工作的有：史新民（第 1 章、第 5 章）；巢雨苍（第 2 章、第 4 章）；王磊（第 3 章、第 6 章）；王军（第 7 章、第 8 章）；刘进球（第 9 章、第 10 章）；高飞（第 11 章）。全书由史新民统稿，刘进球审稿。本教材在编写过程中，得到了常州信息职业技术学院领导和有关同志的大力支持和帮助，在此一并表示由衷的谢意。

鉴于编者水平有限，尽管已经为本书的编写做出了巨大的努力，但仍不免有不妥乃至错误之处，欢迎读者批评斧正。

编　者

2006.11

前 言

目　录

第 1 章　绪论 …… 1
1.1　机械的组成 …… 1
1.2　机械设计概述 …… 4
1.3　本课程的性质、内容和任务 …… 6
1.4　机械零件常用材料和热处理常识 …… 7
思考题与习题 …… 10
第 2 章　机械工程力学基础 …… 11
2.1　静力学基础知识 …… 11
2.2　平面汇交力系 …… 18
2.3　力矩　平面力偶系 …… 25
2.4　平面一般力系 …… 29
2.5　材料力学基础知识 …… 38
2.6　轴向拉伸与压缩 …… 40
2.7　剪切与挤压 …… 51
2.8　圆轴的扭转 …… 54
2.9　直梁的弯曲 …… 61
2.10　组合变形的强度计算 …… 70
2.11　压杆稳定 …… 75
思考题与习题 …… 77
第 3 章　常用机构 …… 84
3.1　机构的结构分析 …… 84
3.2　平面连杆机构 …… 93
3.3　平面机构的工作特性 …… 100
3.4　平面四杆机构的运动设计 …… 110
3.5　多杆机构的应用简介 …… 115
3.6　凸轮机构 …… 116
3.7　间歇运动机构 …… 134
3.8　组合机构简介 …… 141
思考题与习题 …… 144

第 4 章 公差与配合基础……149
4.1 极限与配合……149
4.2 形位和位置公差及公差原则……164
4.3 表面粗糙度……181
思考题与习题……187
第 5 章 联接……191
5.1 键联接……192
5.2 销联接……200
5.3 螺纹联接……201
5.4 联轴器和离合器……222
思考题与习题……232
第 6 章 带传动和链传动……235
6.1 机械传动概述……235
6.2 带传动概述……236
6.3 带传动的工作情况分析……242
6.4 V 带传动的设计计算……245
6.5 V 带轮的材料和结构……254
6.6 带传动的张紧、安装和维护……256
6.7 同步带传动简介……258
6.8 链传动概述……259
6.9 链传动的运动特性和受力分析……262
6.10 滚子链传动的设计计算……265
6.11 链传动的布置、张紧与维护……271
思考题与习题……273
第 7 章 齿轮传动……275
7.1 概述……275
7.2 渐开线与渐开线齿廓……278
7.3 渐开线标准直齿圆柱齿轮的几何尺寸计算……280
7.4 渐开线标准直齿圆柱齿轮的啮合传动……284
7.5 渐开线齿轮的加工原理与根切现象……287
7.6 变位齿轮传动简介……289
7.7 圆柱齿轮传动的精度……290
7.8 齿轮的失效形式与设计准则……295
7.9 渐开线标准直齿圆柱齿轮传动的强度计算……297
7.10 齿轮的常用材料、许用应力和圆柱齿轮的结构……300

7.11　斜齿圆柱齿轮传动…… 306
7.12　直齿圆锥齿轮传动简介…… 316
7.13　蜗杆传动…… 320
思考题与习题…… 327
第8章　齿轮系…… 329
8.1　齿轮系概述…… 329
8.2　定轴轮系的传动比及其计算…… 330
8.3　周转轮系的传动比及其计算…… 332
8.4　组合轮系的传动比…… 335
思考题与习题…… 336
第9章　轴与轴承…… 338
9.1　轴…… 338
9.2　轴的结构设计…… 341
9.3　轴的强度计算…… 346
9.4　滚动轴承…… 351
9.5　滑动轴承…… 371
思考题与习题…… 375
第10章　机械中的摩擦、磨损、润滑与密封…… 377
10.1　摩擦与润滑…… 377
10.2　磨损…… 379
10.3　润滑…… 380
10.4　润滑方式和润滑装置…… 384
10.5　密封方式及密封件…… 391
思考题与习题…… 394
第11章　机械传动系统方案设计…… 395
11.1　概述…… 395
11.2　机械系统传动方案设计…… 396
11.3　机构的选型…… 402
11.4　机器执行机构间运动的协调设计…… 406
11.5　机械传动系统运动设计实例…… 409
思考题与习题…… 413

附录　各种标准数据摘录…… 414

参考文献…… 423

第1章 绪 论

【内容简介】

本章主要介绍一些基本概念，机械设计的基本要求、类型、方法、过程及机械零件的材料选用等内容，还对本课程的地位、研究对象和内容、学习任务以及学习方法进行了简要的论述。

【学习目标】

(1) 掌握机器、机构和机械的概念。

(2) 了解本课程的研究对象、学习内容和学习任务。

(3) 了解机械设计的基本要求及一般步骤和方法。

(4) 了解机械零件的常用材料和热处理的方法。

机械工程学科是一门应用型技术科学，是在人类长期的生产实践中不断创造、总结和研究过程中发展起来的。人类从使用简单工具到今天能够设计、利用复杂的现代机械改造自然，造福社会，经历了漫长的过程。当今，机械的设计水平和机械现代化的程度已成为衡量一个国家工业发展水平的重要标志之一。另外，在现代社会，机械在人们生活和生产的各个领域承担着大量人力所不及的或不便进行的工作，大大改善了劳动条件，提高了劳动生产率。因此，对于机械类和近机类专业的学生而言，努力学习和掌握有关机械和机械设计的基础知识和基本技能是必不可少的，也是十分重要的。

1.1 机械的组成

机械是机器和机构的总称。机械设计研究的对象就是机器和机构。

1.1.1 机器与机构

在日常生活和生产实践中，人们广泛地使用着各种机器，例如自行车、缝纫机、洗衣机、汽车、机床、电动机、起重机等。图1-1所示为单缸四冲程内燃机，它由曲轴1，飞轮2，连杆3，活塞4，气缸5，螺母、螺栓6，气阀7，弹簧8，阀杆9，凸轮10、11，齿轮12、13，机座14等组成。当燃气推动活塞4做往复移动时，通过连杆3使曲轴1做连续转动，从而将燃料的化学能转换为曲轴的机械能。齿轮、凸轮和推杆的作用是按一定的运动规律控制阀门的启闭，以吸入燃气和排出废气。

尽管机器种类繁多，形式多样，用途各异，但都具有如下共同的特征：

(1) 都是一种人为制造的实物组合；

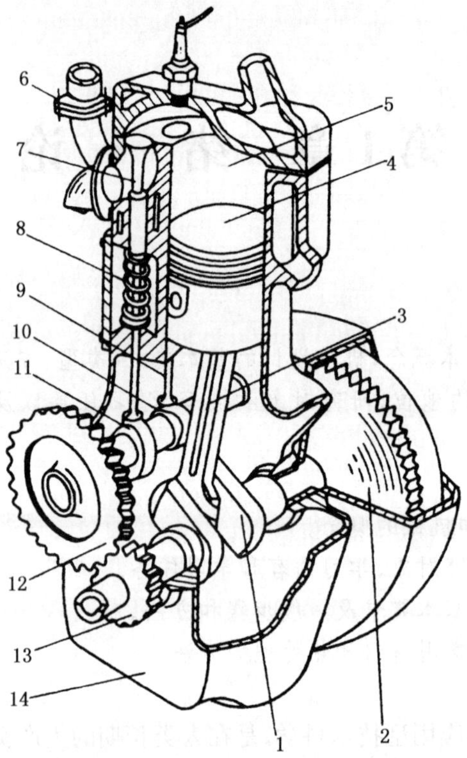

图 1-1　单缸四冲程内燃机

1—曲轴；2—飞轮；3—连杆；4—活塞；5—气缸(体)；6—螺母、螺栓；7—气阀；8—弹簧；9—阀杆；10、11—凸轮；12 、13—齿轮；14—机座

(2) 各部分之间具有确定的相对运动；

(3) 能变换或传递能量、物料和信息。例如，电动机、内燃机用来变换能量；起重运输机用来传送物料；计算机用来变换信息等。

凡具有上述三个特征的实物组合称为机器。

所谓机构，它具有机器的前两个特征，即机构是具有确定相对运动的实物组合，能实现各种预期的机械运动。从组成上看，机器是由各种机构组合而成的。例如图 1-1 所示的内燃机，就包含着由曲轴 1、连杆 3、气缸 5 和活塞 4 组成的连杆机构；由齿轮 12、13 组成的齿轮机构；以及由凸轮 10、11 和阀杆 9 组成的凸轮机构等。其中连杆机构将活塞的往复移动转换为曲轴的回转运动；齿轮机构与凸轮机构的协调动作则确保内燃机的进、排气阀按工作要求有规则地启闭。由此可知，机构正是机器中执行机械运动的装置，或者说机器中执行机械运动的装置就是机构。因此，从运动的观点来看，机构与机器并无差别。但从研究的角度来看，尽管机器的种类极多，但机构的种类却有限。将机构从机器中单列出来，对机构，着重研究它们的结构组成、运动与动力性能及尺度设计等问题；对机器，则着重研究它们变换或传递能量、物料和信息等方面的问题，这便是机构与机器的根本区别。

1.1.2　零件与构件

机器是由若干零件组装而成的，零件是构成机器的基本要素，是机器的最小制造单元。

构件是机器的运动单元，可以是单一零件，也可以是由几个零件刚性联接组成的。如图1-2所示的内燃机连杆构件，就是由连杆头 1、螺母 2、螺栓 3、连杆体 4 刚性联接而成的。

机器中的零件分为两类：一类是通用零件——在各类机器中普遍使用的零件，如螺钉、螺栓、螺母、轴、齿轮、轴承、弹簧等；另一类是专用零件——只在特定的机器中使用的零件，如内燃机的曲轴、连杆、活塞、汽轮机中的叶片、起重机的吊钩等。

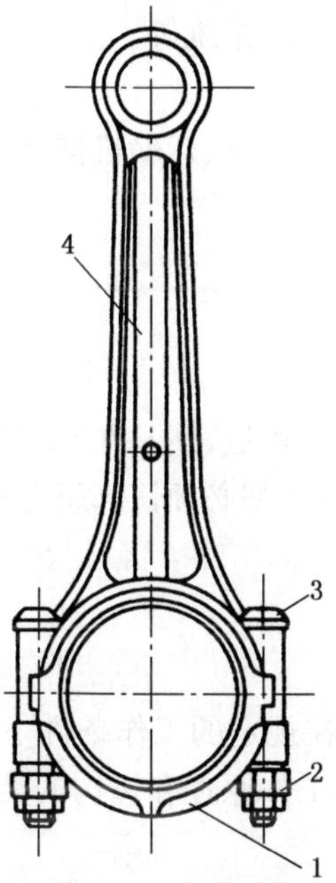

图 1-2　内燃机连杆

1—连杆头；2—螺母；3—螺栓；4—连杆体

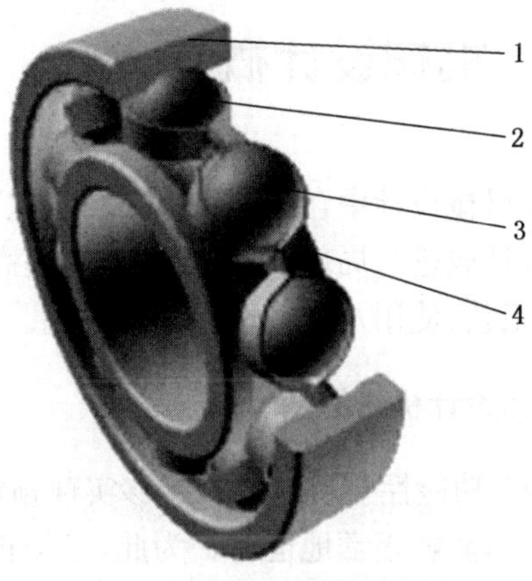

图 1-3　滚动轴承

1—外圈；2—保持架；3—滚动体；4—内圈

1.1.3　部件

在机器中，对于一套协同工作来完成共同任务的零件组合称为部件，如图 1-3 所示的滚动轴承。部件也可分为通用部件和专用部件，例如，减速器、轴承、联轴器等属于通用部件，而汽车转向器等则属于专用部件。

1.1.4　机械的组成和分类

1）机械的组成

就功能而言，机械是由原动部分、执行部分、传动部分和控制部分组成的，如图 1-4 所示。

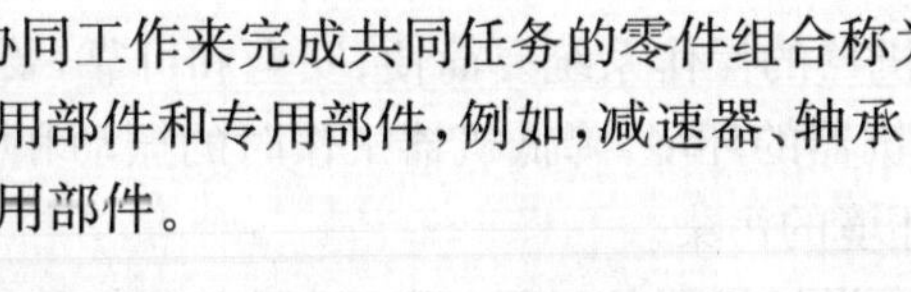

图 1-4　机械的组成

（1）原动部分　是机械的动力源，机械依赖其驱动其他部分，如电动机、内燃机等。

(2) 执行部分　直接完成机器预定功能的工作部分，如汽车的车轮、机床的主轴和刀架等。

(3) 传动部分　将原动部分的运动和动力传递给执行部分的中间装置，起桥梁作用，常由凸轮机构、齿轮机构、带传动等组成。

(4) 控制部分　是控制机械的原动部分、执行部分和传动部分按一定的顺序和规律运动的装置，它包括各种控制机构、电气装置、计算机和液(气)压系统等。

2) 机械的分类

根据用途的不同，机械可分为四种类型：动力机械、加工机械、运输机械、信息机械等。

1.2　机械设计概述

在机械设计中，无论是应用新技术、新方法，开发创造新机械，还是在原有机械的基础上重新设计或进行局部改造，以改变或提高原有的性能，其设计都必须认真思考和解决产品的性能、工艺、使用及经济性等诸多问题。

1.2.1　设计机器的基本要求

(1) 功能性要求　机器能够实现预定的使用功能，并在规定的工作条件下、在预定的工作期限内能够正常地运行。为此，必须正确地选择机器的工作原理和机构的类型，并合理配置机械传动系统方案。

(2) 可靠性要求　可靠性是指机器在规定的工作条件下、在预定的工作期限内完成预定功能的能力。机器由许多零、部件组成，从机器的设计角度讲，应尽量减少零、部件的数目，选用标准件，合理设计机器中零、部件的结构，使机器结构简单，加工容易，装拆方便。

(3) 经济性要求　经济性是一项综合性指标，要求设计和制造周期短、成本低；在使用上生产效率高，能源和材料消耗少，维护和管理费用低。

(4) 劳动保护要求　机器的操作系统要简便、安全和可靠，要有利于减轻操作人员的劳动强度。要改善操作者及机器的环境，降低机器工作时的振动和噪声，设置污染物的回收和处理装置，尽可能减轻对环境的污染。

(5) 其他特殊要求　在设计机器的时候，还应满足某些特殊的要求，如食品机械必须保持清洁，不能污染食品等。

1.2.2　机械设计的一般程序

机械设计按常规设计方法可分为理论设计、经验设计和模型实验设计等。随着科学技术的发展，对设计的理解在不断地深化，设计方法也在不断地发展，但设计机械并无固定的程序，其设计过程通常分为四个阶段：

(1) 产品规划阶段　机械设计的任务是根据生产和市场需求提出的。此时，对所要设计的机械只是个模糊的概念。设计相关人员要对所设计机器的需求情况做充分的调研和分析，明确机器应具备的功能及设计项目的经济价值、技术要求、结构要求、使用要求等，拟定产品开发计划和机械设计任务，提出设计任务书。

（2）方案设计阶段　方案设计包括机械系统总体方案设计、传动系统方案设计、控制系统方案设计和其他辅助系统设计。机械系统总体设计就是根据机器的功能要求，构思多种方案并进行分析比较，以选择确定最佳的工作原理和可靠的传动方案，并用规定的符号绘制出机构运动简图。

（3）技术设计阶段　此阶段将实现功能方案的具体化、结构化。首先应进行总体结构设计，绘制整机装配草图及部件装配草图。通过草图，确定出各零部件的结构形状、基本尺寸及材料。其次，应对机械的运动和动力参数进行计算，并对主要零部件工作能力进行计算。最后给出专用零件的工作图、部件装配图和整机装配图，编写技术文件，包括设计计算说明书、使用说明书、标准件明细表等。

（4）评估与决策阶段　在完成产品基本设计的基础上，根据设计任务书，拟定评价标准和指标体系，对设计方案进行评估、审查、决策，以进一步改进和完善设计，提高产品的实用性、可靠性和经济性。

上述四个阶段，往往需要反复交替进行，不断修改、完善。即使在机械制成后，尚需结合制造和使用中出现的问题进一步修改，使设计更趋完善。

1.2.3　机械零件设计概述

1）零件失效

机械零件丧失规定的功能，称为失效。机械零件在不发生失效的条件下，在预定使用期限内，零件所能安全工作的限度称为工作能力，又称为承载能力。

当零件失效时，将导致整部机器不能正常工作。机械零件失效形式归纳起来主要包括断裂、过大的弹性变形或塑性变形、摩擦表面的过度磨损、打滑或过热、联接松动、运动精度达不到要求等。

各种不同的失效形式有相应的工作能力判定条件。这种为防止失效而确定的判定条件通常称为工作能力计算准则。例如，当强度为主要问题时，按强度条件判定，即应力≤许用应力；当刚度为主要问题时，按刚度条件判定，即变形量≤许用变形量……判定条件可概括为计算量≤许用量。

设计机械零件时，应根据实际承载情况和工作条件，分析其一个或几个可能发生的主要失效形式，运用相应的判定条件，确定零件的形状和主要尺寸。

2）机械零件设计的一般步骤

零件的设计与机器整体的设计不可分割，没有固定不变的顺序，一般步骤为：

（1）根据零件的使用要求，选择零件的类型及结构形式。

（2）根据零件的工作情况，确定作用在零件上的载荷，并分析零件中的应力状态和性质。

（3）根据零件的使用、工艺和经济等要求选择其材料及热处理方法。

（4）分析零件的主要失效形式，根据其计算准则，确定零件的主要尺寸。

（5）根据零件的作用和制造、装配工艺等要求，设计零件的结构及其尺寸。

（6）分析零件在机器中的作用，恰当地给出零件的尺寸公差、形状公差、位置公差和表面粗糙度数值。

（7）绘制零件工作图，标注必要的技术条件。

1.2.4 机械设计的新发展

近30年来,科学技术的飞速发展,新技术、新工艺、新材料的不断涌现,使机械设计学科不断得到新的发展,设计方法更为科学、完善,计算精度更为准确,计算速度更为快捷。主要体现在以下几方面:

(1) 传统的机械设计往往从宏观方面研究问题,有关基础理论研究的深化,使得机械设计发生了巨大的变化,现正向微观方面发展。

(2) 传统的机械设计偏重于零部件的静态设计,现正从静态设计走向动态设计,走向以多种零件的综合或整机系统为对象的动态设计,发展动态设计更接近高速机器的实际工况,符合失效类型。

(3) 机械设计从依赖于经验和实物类比,走向科学、理性、系统分析和创新;从单机走向系统;从单一目标走向多目标;从寻求较佳方案到走向最优化。在机械设计中,已广泛采用一系列现代设计方法,如优化设计、可靠性设计、系统设计、动态设计、模块化设计、造型设计、人机学设计、计算机辅助设计、价值工程、有限元方法等,使产品设计更科学、更完善、更具有市场竞争力。

(4) 机械产品从单纯机械走向机电一体化,向着高效能、自动化、综合化和智能化等方向发展。机电一体化已成为当今机械产品发展的方向,其产品结构简单、技术先进、工作精度高、调整维修方便、更新换代快。

(5) 机械设计正步入计算机辅助设计(CAD)时代,计算机辅助设计能完成设计计算、工程制图、建立数据库和程序库等复杂工作,使优化设计方法、有限元方法等得到更好的应用;能有效地把设计人员的经验、构思、创造性与计算机高速而准确的运算功能结合起来,大大提高了设计质量,缩短了设计周期。CAD还可与计算机辅助制造(CAM)、计算机辅助管理结合起来,形成计算机集成制造系统(CIMS)。

1.3 本课程的性质、内容和任务

1.3.1 课程的性质和内容

本课程是一门理论性和实践性都很强的专业技术基础课,是后续专业课程学习的重要基础,是机械类和近机类专业的主干基础课程。本课程研究的对象为机械中的常用机构及一般工作条件下和常用参数范围内的通用零部件。主要研究其工作原理、结构特点、基本设计理论、设计计算方法和选用及维护方法;通过对本课程的学习,解决常用机构及通用零部件的分析和设计问题。

1.3.2 课程任务

通过对本课程的学习,使学生达到以下基本要求:

(1) 能够建立一般构件的力学模型并进行力学分析,能较熟练地运用平面一般力系的平衡方程对单个物体及简单物系进行受力分析及计算。

(2) 能分析杆件在各种基本变形时的内力,熟练绘出内力图;掌握拉(压)、剪、弯、扭四种基本变形的构件或零件的强度计算方法,正确确定杆件危险截面,并能熟练应用变形的强度条件求解实际工程问题;了解刚度的计算知识。

(3) 掌握机械中常用机构和通用零件的结构特点、工作原理及应用;掌握机械设计的基本方法,初步具备运用机械设计手册、图册、标准、规范等有关技术资料设计机械传动装置和简单机械的基本能力。

(4) 掌握典型机械零件的实验方法。

(5) 了解机械设计的最新发展状况及现代设计方法在机械设计中的应用。

1.3.3 本课程的学习方法

本课程是一门实践性很强的课程,学习本课程应注意以下几点:

(1) 理论联系实际,对日常所遇到的机器要结合所学理论进行观察分析。

(2) 对于设计计算的公式与数据,应理解其中各参数的物理意义、取值范围、应用条件以及它们之间的相互关系。

(3) 了解组成机器的各零件之间相互联系、相互制约的关系,从机器整体出发,体会本课程内容的系统性和规律性。

(4) 本课程名词术语多、公式多、系数多、图形多、表格多、标准多,这就要求学生改变学习方法,不能死记硬背,要多观察、多思考、多分析、多比较,掌握处理问题的方法,注重理解和应用。

(5) 在机械零件设计中,计算很重要,但一个零件的设计计算结果并不是唯一正确的答案,很多尺寸要由结构设计确定。学生必须逐步树立理论计算、结构设计和制造工艺等综合考虑的思路,解决设计问题。

(6) 充分重视结构方面的设计,要多观察现有零部件的实物或图样,进行分析比较,提高和丰富结构设计方面的知识,为从事生产第一线的技术工作打下坚实基础。

1.4 机械零件常用材料和热处理常识

1.4.1 机械零件常用材料

机械零件常用材料有金属材料、非金属材料和复合材料。其中金属材料应用最广;非金属材料发展迅速,应用前景也日益广阔;而复合材料则是一种新型的、具有很大发展前途的工程材料。

机械零件所用材料是各种各样的。即使同一种零件,也可以选择不同的材料,因此选择零件的材料是设计机械零件的重要环节之一。在选用机械零件的材料时,主要考虑零件的使用要求、工艺要求和经济性要求。常用材料的分类和应用举例见表1-1。

表 1-1 机械零件常用材料的分类和应用举例

材料分类			应用举例或说明
钢	碳素钢	低碳钢	铆钉、螺钉、连杆、渗碳零件等
		中碳钢	齿轮、轴、蜗杆、丝杠、联接件等
		高碳钢	弹簧、工具、模具等
	合金钢	低合金钢	较重要的钢结构件、渗碳零件、压力容器等
		中合金钢	飞机构件、热镦锻模具、冲头等
		高合金钢	航空航天的重要构件、液体火箭壳体、核动力装置、弹簧等
铸钢	一般铸钢	普通碳素铸钢	机座、箱壳、阀体、曲轴、大齿轮、棘轮等
		低合金铸钢	容器、水轮机叶片、水压机工作缸、齿轮、曲轴等
	特殊用途铸钢		用于耐蚀、耐热、无磁、电工零件、水轮机叶片、模具等
铸铁	灰铸铁(HT)	低牌号(HT100、150)	对力学性能无一定要求的零件，如盖、底座、手轮、机床床身等
		高牌号(HT200—400)	承受中等静载的零件，如机身、底座、泵壳、齿轮、联轴器、飞轮、带轮等
	可锻铸铁(KT)或球墨铁(QT)	铁素体型	承受低、中、高动载荷和静载荷的零件，如汽车、拖拉机的轮壳、减速器壳、扳手、支座、弯头等
		珠光体型	要求强度和耐磨性较高的零件，如曲轴、凸轮轴、齿轮、活塞环、轴套、犁刀等
	特殊用铸铁		用于耐热、耐蚀、耐磨等场合的零件
铜合金	铸造铜合金	铸铁黄铜	用于轴瓦、衬套、阀体、船舶零件、耐蚀零件、管接头等
		铸铁青铜	用于轴瓦、蜗轮、丝杠螺母、叶轮、管配件等
	变形铜合金	黄铜	用于管、销、铆钉、螺母、垫片、小弹簧、电气零件、耐蚀零件、减摩零件等
		青铜	用于弹簧、轴瓦、蜗轮、螺母、耐磨零件等
轴承合金	锡基轴承合金		用于轴承衬，其摩擦因数低，减摩性、抗烧伤性、磨合性、耐蚀性、韧度、导热性均良好
	铅基轴承合金		强度、韧度和耐蚀性稍差，但价格较低
塑料	热塑性塑料(如聚乙烯)、热固性塑料(如酚醛塑料)		用于一般结构零件，减摩、耐磨零件，传动件，耐腐蚀件，绝缘件，密封件，透明件等
橡胶	通用橡胶 特种橡胶		用于密封件，减振、防振件，传动带，运输带和软管，绝缘材料，轮胎，胶辊，化工衬里等

1.4.2 热处理常识

在机械制造中，重要零件（如机床的主轴、齿轮，发动机的连杆等）多数使用钢材制造，而且都要进行热处理。通过热处理可以改变钢材内部的组织结构，从而改善其力学性能。因此，钢的热处理对于充分发挥材料的潜力、提高产品质量、延长零件的使用寿命等方面，均具有非常重要的作用。

所谓钢的热处理，就是将钢在固态范围内加热到一定的温度后，保温一段时间，再以一定的速度冷却的工艺过程，如图 1-5 所示。钢的常用热处理方法包括退火、正火、淬火、回火以及渗碳等。

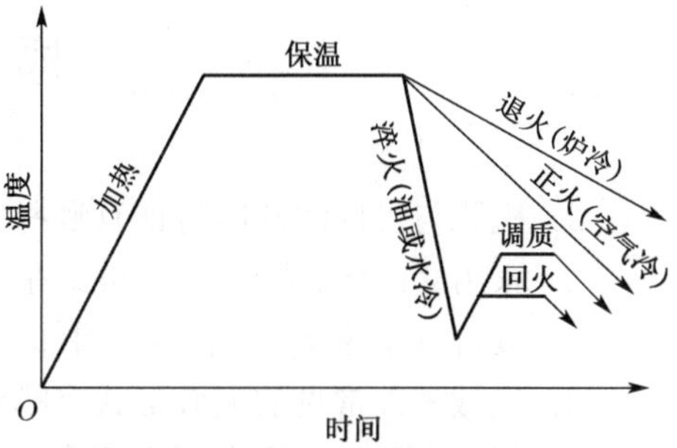

图 1-5 钢的常用热处理示意图

(1) 退火 退火是把钢制零件加热到一定温度，保温一段时间后，使其随炉冷却到室温的过程。退火能使金属晶粒细化，组织均匀，可以消除零件的内应力，降低硬度，提高塑性，使零件便于加工。

(2) 正火 正火其工艺过程与退火相似，不同之处是将零件置于空气中冷却。正火的作用与退火相同。但由于零件在空气中冷却速度较快，故可以提高钢的硬度与强度。

(3) 淬火 淬火是把零件加热到一定温度，保温一段时间后，将零件放入水（油或水基盐碱溶液）中急剧冷却的处理过程。淬火可以大大提高钢的硬度，但材料的韧性降低，同时产生很大的内应力，使零件有严重变形和开裂的危险。因此，淬火后必须及时进行回火处理。

(4) 回火 回火是将经过淬火的零件重新加热到一定温度（低于淬火温度），保温一段时间后，置于空气或油中冷却至室温的处理过程。回火不但可以消除零件淬火时产生的内应力，而且可以提高材料的综合力学性能，以满足零件的设计要求。

回火后材料的具体性能与回火的温度密切相关。根据回火温度的不同，通常分为低温回火、中温回火和高温回火 3 种。

① 低温回火（150℃～250℃）可得到很高的硬度和耐磨性，主要用于各种切削工具、滚动轴承等零件。

② 中温回火（250℃～500℃）可得到很高的弹性，主要用于各种弹簧等。

③ 高温回火（500℃～650℃）通常把淬火后经高温回火的双重处理称为调质。调质可使零件获得较高的强度与较好的塑性和韧性，即获得良好的综合力学性能。调质处理广泛用于齿轮、轴、蜗杆等零件。适用于这种处理的钢，称为调质钢。调质钢大都是碳的质量分数在 0.35%～0.5%的中碳钢和中碳合金钢。

(5) 表面淬火 表面淬火是以很快的速度将零件表面迅速加热到淬火温度（零件内部温度还很低），然后迅速冷却的热处理过程。表面淬火可使零件的表面具有很高的硬度和耐磨性，而心部由于尚未被加热淬火，仍保持材料原有的塑性和韧性。这种零件具有较高的抗冲击能力。因此，表面淬火广泛用于齿轮、轴等零件。

(6) 渗氮 渗氮是化学热处理的一种，它是使钢表面强化的重要手段。化学热处理是把零件置于含有某种化学元素的介质中进行加热、保温，使化学元素的活性原子向零件表层扩散，从而改变钢材表面的化学成分和组织，获得与心部不同的表面性能。根据扩散元素的不同，化学热处理分渗碳、渗氮和液体碳氮共渗。其中，应用较多的是渗碳。渗碳零件常用材料为低碳钢和低碳合金钢。零件经过渗碳，表层碳的含量增加，再经淬火和回火后，使零件表面达到很高的硬度和耐磨性，而心部又具有很好的塑性和韧性。渗碳常用于齿轮、凸轮、摩擦片等零件。

思考题与习题

1. 机器与机构的共同特征有哪些？它们的区别是什么？
2. 家用缝纫机、洗衣机、机械式手表是机器还是机构？
3. 以自行车为例，列举两个构件，说明其主要由哪几个零件组装而成。
4. 机械零件常见的失效形式有哪些？
5. 哪些金属材料适宜用渗碳或渗氮来强化零件表面？
6. 淬火与调质有什么区别与联系？

第 2 章　机械工程力学基础

【内容简介】

本章主要介绍静力学的受力分析、平面力系平衡方程的应用和材料力学常见变形的强度计算等。

【学习目标】

(1) 了解静力学的基本概念和公理。

(2) 掌握平面力系的受力分析和受力简图的画法。

(3) 掌握平面力系平衡方程的应用。

(4) 了解材料力学的四种基本变形和受力特点。

(5) 掌握截面法求内力的方法,会绘制内力图。

(6) 掌握四种基本变形的强度计算方法。

(7) 掌握拉弯组合变形、弯扭组合变形的强度计算。

(8) 了解压杆稳定的基本概念。

【重点】

静力学的受力分析方法,平面力系平衡方程的应用;材料力学常见变形的内力图,应力和强度计算方法。

机械工程力学基础是本课程的重要内容,通常包括三部分:静力学、材料力学和运动力学。

静力学是研究物体平衡时作用力之间关系的科学,主要研究两个问题:

(1) 力系的简化　研究如何将作用在物体上比较复杂的力系用作用效果完全相同而便于分析的简单力系代替。

(2) 力系的平衡条件　研究受力物体平衡时作用在物体上各力之间应该满足的条件。

材料力学是研究零件在外力作用下产生破坏、变形和失稳的规律,为既安全又经济地设计零件提供有关强度、刚度和稳定性计算的基本理论和方法。

运动力学是研究质点运动和刚体基本运动,以及在这些运动中,受力物体的运动与作用力之间的关系。

本章只研究静力学和材料力学两部分。

2.1　静力学基础知识

静力学是工程力学的基础部分,主要学习力学的基本概念和公理,以及物体的受力分析,它是工程中设计构件的结构和机器零件时进行设计计算的基础。

2.1.1 静力学的基本概念

1）力的概念

力的概念是人们在生产和生活实践中，通过反复的实践、观察和分析而逐渐形成的。例如，用手推小车，小车就由静止开始运动；受到地球引力作用自高空落下的物体，速度越来越快；锻压加工时，工件受到锻锤的打击而产生变形；挑担时肩膀感觉受到压力的作用，同时扁担发生弯曲变形，等等。力是物体相互的机械作用，其结果是物体的机械运动状态发生改变，或使物体形状发生改变。

由上可知，物体受力后产生两种效应。

(1) 力的外效应　力的外效应即力改变物体的机械运动状态。如机床的启动；行驶的汽车刹车时，摩擦力使它停止下来等。有时几个力作用在物体上并不改变它的运动状态，这是由于作用在物体上的这些力的作用效果互相抵消的缘故。

(2) 力的内效应　力的内效应即力使物体产生变形。如弹簧受力会伸长或缩短，起重机横梁在起吊重物时会产生弯曲变形。

静力学只研究力的外效应；而材料力学研究力的内效应。应当指出，既然力是物体间的相互机械作用，因此力不能脱离物体而存在。力虽然看不见，但它的作用效应完全可以直接观察到或感受到，也可用仪器测量出来。

实践证明，力对物体的效应取决于力的大小、方向和作用点，称为力的三要素。力的大小表示物体之间机械作用的强度，它可通过力的效应来度量。在国际单位制中，力的单位是牛顿(N)或千牛顿(kN)。力的方向表示物体的机械作用具有方向性。力的方向包括力的作用线在空间的方位和力沿作用线的指向。力的作用点是力作用在物体上的部位。实际上，当两个物体相互作用时，力总是分布在被作用的一定的面积上。

力的要素表明力是一个矢量，它可用一条具有方向的线段来表示(如图 2-1)。有向线段的起点(或终点)表示力的作用点；有向线段的方位和箭头指向表示力的方向；线段的长度(按一定的比例尺)表示力的大小。通过力的作用点沿力的方向的直线，称为力作用线。在静力学中，用黑体字母 **F** 表示力矢量(书写时可以在字母上面加箭头表示，如$\vec{F}$、$\vec{G}$)，而用普通字母 F 表示力的大小。

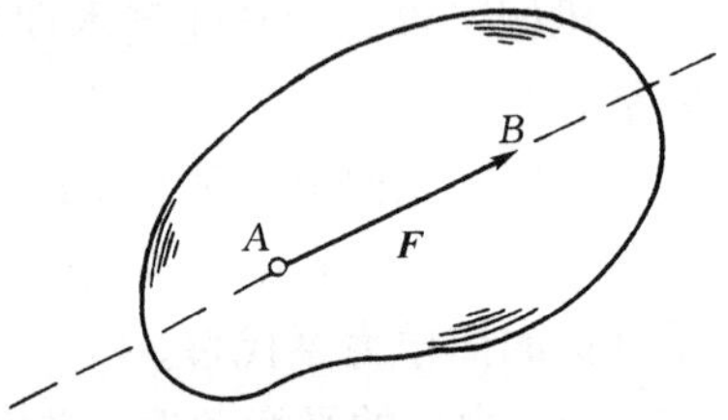

图 2-1　力的表示

2）刚体的概念

所谓刚体，就是在任何外力作用下，大小和形状始终保持不变的物体。事实上，刚体是不存在的。任何物体受力后，都将或多或少地改变形状，即发生变形。但微小变形对研究物体的平衡问题不起主要作用，可以略去不计，这样可使问题的研究大为简化。这种抓住主要因素、忽略次要因素的做法是科学的抽象。静力学中研究的物体均视为刚体。

3）力系的概念

同时作用在物体上的一群力称为力系。

如果一个力系对物体的作用能用另一个力系来代替而不改变作用的外效应，则这两个力系互为等效力系。

若一个力和一个力系等效，则称这个力是该力系的合力，而力系中的各个力都是该合力的分力。把各分力代换成合力的过程，称为力系的合成；把合力代换成几个分力的过程，称为力的分解。

4）平衡的概念

平衡是指物体相对地面保持静止或作匀速直线运动的状态。

物体在力系作用下处于平衡状态时，称该力系为平衡力系。

作用于物体上的力系，若使物体处于平衡状态，必须满足一定条件，这些条件称为力系的平衡条件。

2.1.2 静力学公理

所谓公理，就是符合客观现实的真理。静力学公理就是人类从反复实践中总结出来的，它的正确性已被人们所公认。静力学的全部理论，都是以静力学公理为依据推导出的，所以，它是静力学的基础。

公理一（二力平衡公理）

作用在刚体上的两个力，使刚体保持平衡的必要和充分条件是：这两个力大小相等，方向相反，且作用在同一直线上。只受两个力作用而平衡的构件，称为二力构件，简称二力杆，如图 2-2(a)和(b)所示。对于变形体来说，公理一给出的只是必要条件，但不是充分条件。显然，软绳只能受拉力作用，而不能受压力作用，如图 2-2(c)和(d)所示。

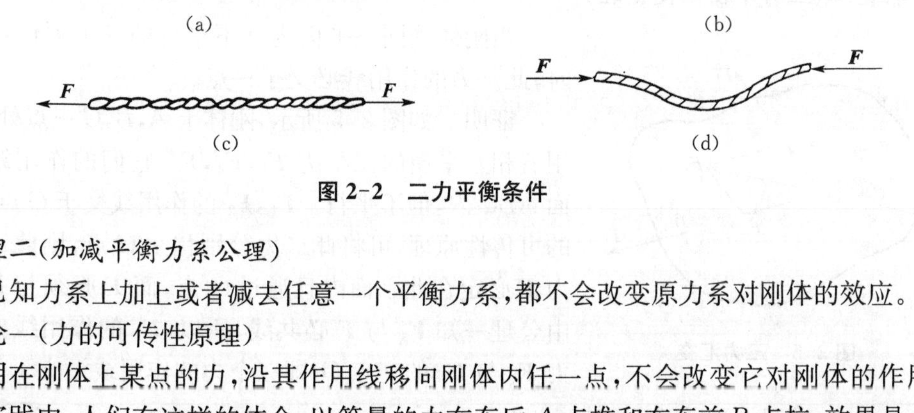

图 2-2 二力平衡条件

公理二（加减平衡力系公理）

在已知力系上加上或者减去任意一个平衡力系，都不会改变原力系对刚体的效应。

推论一（力的可传性原理）

作用在刚体上某点的力，沿其作用线移向刚体内任一点，不会改变它对刚体的作用效应。在实践中，人们有这样的体会，以等量的力在车后 A 点推和在车前 B 点拉，效果是一样的（见图 2-3）。

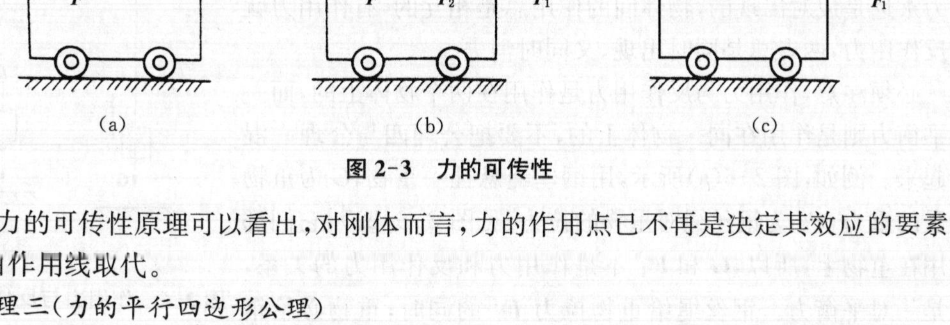

图 2-3 力的可传性

由力的可传性原理可以看出，对刚体而言，力的作用点已不再是决定其效应的要素之一，而由作用线取代。

公理三（力的平行四边形公理）

作用于物体上某一点的两个力的合力，作用点也在该点，大小和方向由以这两个力为邻边所作的平行四边形的对角线确定（见图 2-4(a)）。

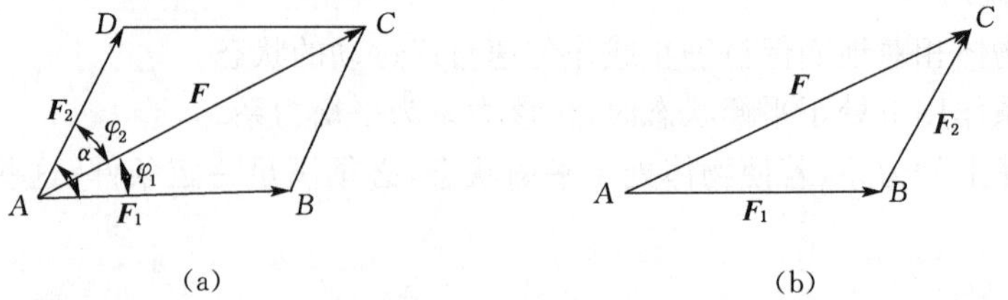

图 2-4　力的合成

这个公理也称为平行四边形法则，根据这个公理作出的平行四边形，称为力平行四边形。这种求合力的方法称为矢量法，合力矢量 $\boldsymbol{F}$ 等于原来两力的矢量和（几何和），可用公式表示：

$$\boldsymbol{F}=\boldsymbol{F}_1+\boldsymbol{F}_2$$

应当指出，上式是矢量等式，它与代数等式 $F=F_1+F_2$ 的意义完全不同。过 A 点作一个与 $\boldsymbol{F}_1$ 大小相等方向相同的矢量 $\boldsymbol{AB}$，过 B 点作一个与力 $\boldsymbol{F}_2$ 大小相等方向相同的矢量 $\boldsymbol{BC}$，连接 $\boldsymbol{AC}$，就是力 $\boldsymbol{F}_1$ 与 $\boldsymbol{F}_2$ 的合力 $\boldsymbol{F}$。这种求合力的方法，称为力的三角形法则，见图2-4(b)。

推论二（三力平衡汇交定理）

当刚体受同一平面内互不平行的三个力作用而平衡时，此三力的作用线必交于一点。

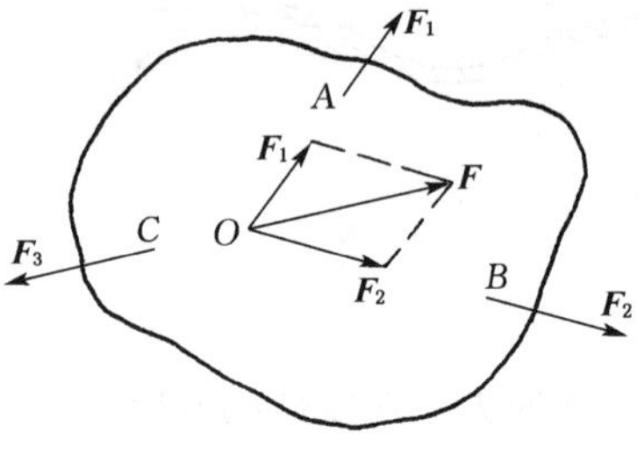

图 2-5　三力汇交

证明　如图 2-5 所示，刚体上 A,B,C 三点处，分别作用着相互平衡的三个力 $\boldsymbol{F}_1,\boldsymbol{F}_2,\boldsymbol{F}_3$，它们的作用线都在平面 ABC 内，但不平行。$\boldsymbol{F}_1,\boldsymbol{F}_2$ 的作用线交于 O 点，根据力的可传性原理，可将此二力分别移至 O 点，则此二力的合力 $\boldsymbol{F}$ 必定在此平面内且通过 O 点，而 $\boldsymbol{F}$ 必须与 $\boldsymbol{F}_3$ 平衡，由公理一知 $\boldsymbol{F}_3$ 与 $\boldsymbol{F}$ 必共线，所以，$\boldsymbol{F}_3$ 的作用线亦必通过力 $\boldsymbol{F}_1$ 与 $\boldsymbol{F}_2$ 的交点 O，即三个力的作用线汇交于一点。

公理四（作用与反作用公理）

两物体相互作用的力，总是同时存在，这两个力大小相等、方向相反、沿同一直线，分别作用在这两个物体上。这个公理说明力永远是成对出现的，物体间的作用总是相互的，有作用力就有反作用力，两者总是同时出现，又同时消失。

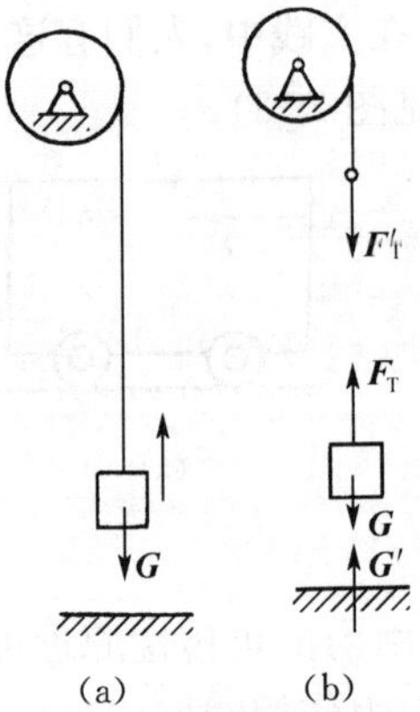

图 2-6　作用力与反作用力

必须注意，作用力与反作用力是作用在两个物体上的，而一对平衡力则是作用在同一物体上的，不要把公理四与公理一混同起来。例如，图 2-6(a)所示，用钢丝绳悬挂一重物，$\boldsymbol{G}$ 为重物所受的重力，$\boldsymbol{F}_{\mathrm{T}}$ 为钢丝绳对重物的拉力（见图 2-6(b)），它们都作用在重物上，所以，$\boldsymbol{G}$ 和 $\boldsymbol{F}_{\mathrm{T}}$ 不是作用力和反作用力的关系，而是一对平衡力。钢丝绳给重物拉力 $\boldsymbol{F}_{\mathrm{T}}$ 的同时，重物必给钢

丝绳以反作用力 F'_T，F_T 作用在重物上，F'_T作用在钢丝绳上，F_T 和 F'_T是作用力和反作用力。同理，G 的反作用力是重物吸引地球的力 G'，该力作用于地球上，与力 G 大小相等、方向相反、沿同一直线。

2.1.3　约束和约束反力

在工程上，如飞行的飞机、炮弹等，它们在空间的位移不受任何限制；而机车受铁轨的限制，只能沿轨道运动；电机转子受轴承的限制，只能绕其轴转动等。位移不受限制的物体称为自由体，位移受到限制的物体称为非自由体。对非自由体在某些方向上的运动起限制作用的周围物体称为约束，例如轨道对于机车，轴承对于电机转轴就是约束。

约束对物体的作用，实际上是力的作用，它阻碍物体的运动。这种阻碍物体运动的力称为约束反力，简称反力。因此，约束反力的方向必定与该约束所能够阻碍的运动方向相反。

物体除受约束反力外，还受其他一些力的作用，例如机构和机器中常见的重力、水压力、油压力、弹簧力和电磁力等。这些力促使物体的运动状态发生改变或使物体有改变运动状态的趋势，故称为主动力。而一般情况下，约束反力是由主动力的作用而引起的，故它是一种被动力。在工程上，主动力通常是给定或可测定的，而约束反力是未知的，确定未知的约束反力，这是静力学的重要任务之一。下面讨论几种常见约束类型的性质及其约束反力。

1）柔性体约束

由绳索和链条等非刚性体所形成的约束称为柔性体约束。柔性体只能受拉而不能受压，只能限制物体（非自由体）沿柔性体约束的中心线离开约束的运动，而不能限制其他方向的运动。因此柔性体约束对物体的约束反力的方向，总是沿着约束的中心线背离被约束物体，见图 2-7。柔性体的约束反力常用 F_T 来表示。

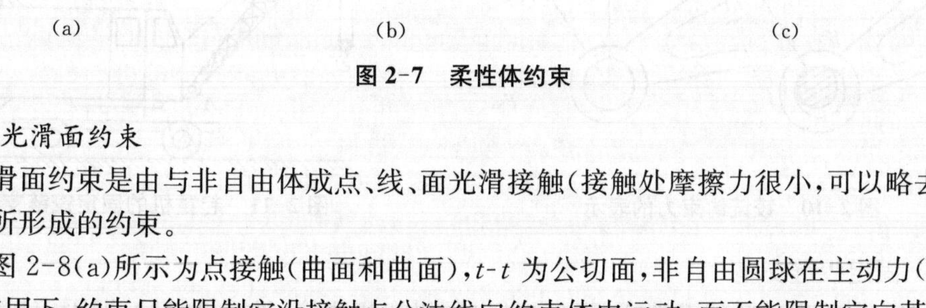

图 2-7　柔性体约束

2）光滑面约束

光滑面约束是由与非自由体成点、线、面光滑接触（接触处摩擦力很小，可以略去不计）的物体所形成的约束。

如图 2-8(a)所示为点接触（曲面和曲面），t-t 为公切面，非自由圆球在主动力（图中未画出）作用下，约束只能限制它沿接触点公法线向约束体内运动，而不能限制它向其他方向运动。所以光滑面约束对物体的约束反力，是沿着公法线（或垂直于公切面）指向被约束物体。其约束反力常用 F_N 来表示。

如图 2-8(b)所示为线接触,接触平面即为公切面,可将接触线段的中点 A 视为接触点。

图 2-8 光滑面约束

3) 光滑铰链约束

光滑铰链是力学中一个抽象化的模型。用圆柱形销钉联接的两个构件称为铰链。如果铰链接触处的摩擦忽略不计,只能限制两个非自由体的相对径向移动,而不能限制它们相对转动,这种约束称为光滑铰链约束,圆柱形销钉联接就是光滑铰链约束的实例。如图 2-9(a)和(b)所示,由于圆柱形销钉常用来联接两个构件同时又处在结构的内部,所以也把它称为中间铰链。这种约束常用如图 2-9(c)所示的简图来表示。

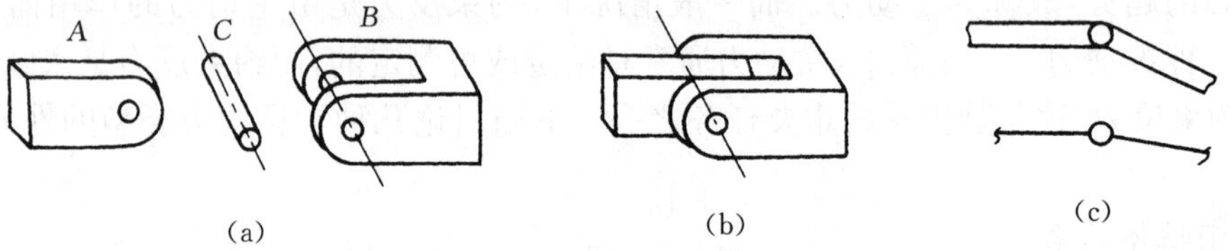

图 2-9 铰链约束

如图 2-10 所示,如果略去微小摩擦,销钉与物体实际上是以两个光滑圆柱面相接触的。物体受主动力作用后,形成线接触,若把 K 视为接触点,根据光滑面约束反力的特点,可知销钉对物体的约束反力 $\boldsymbol{F}_N$ 应沿接触点 K 处的公法线,故必通过铰链中心(销钉中心),但因主动力的方向不能预先确定,所以约束反力 $\boldsymbol{F}_N$ 的方向也不能预先确定。综上所述,可得如下结论:圆柱形销钉联接的约束反力通过铰链中心。但方向不定,常以两正交分力 $\boldsymbol{F}_{Nx}$、$\boldsymbol{F}_{Ny}$ 来表示。光滑圆柱形销钉联接常有下面两种类型。

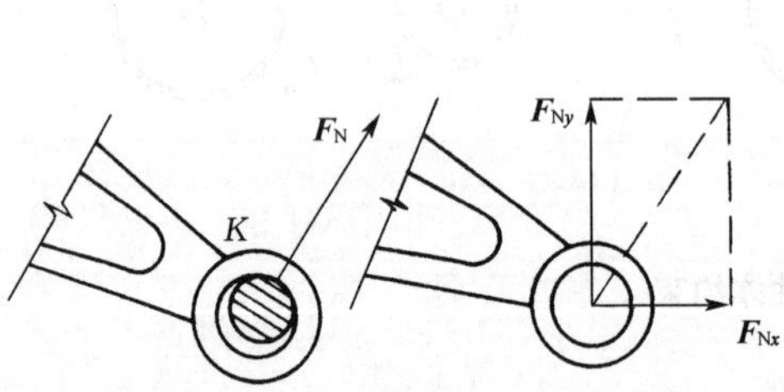

图 2-10 铰链约束力的表示

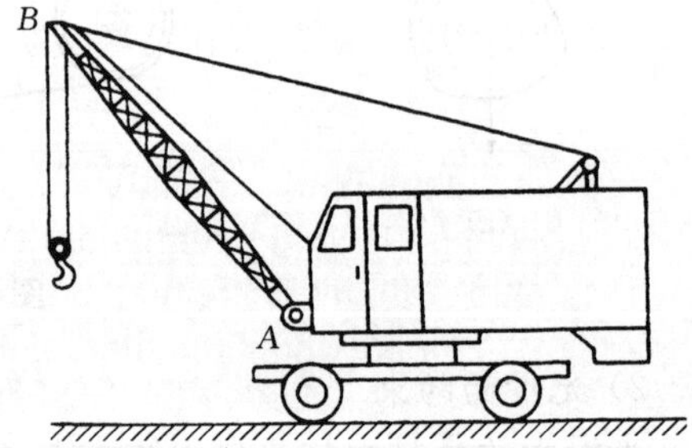

图 2-11 起重机的固定铰链支座

(1) 固定铰链支座

起重机起重臂 AB 的下端 A 用圆柱销钉同机架相联接(见图 2-11),即固定铰链支座。如图 2-12(a)所示钢桥架 A 端用固定铰链支座支承,其结构如图 2-12(b)所示,它用铰链把钢桥架同固定支承面联接起来,其简图如图 2-12(c)所示。它的约束反力与铰链约束反力有相同的特征，所以也可用两个通过铰心的正交分力 $\boldsymbol{F}_{Nx}$、$\boldsymbol{F}_{Ny}$ 来表示。

（2）活动铰链支座

如果在支座和支承面之间有辊轴，就成为活动铰链支座，又称辊轴支座，如图 2-12(a) 所示钢桥架的 B 端，其结构如图 2-12(d) 所示，活动铰链支座的约束反力 $\boldsymbol{F}_{NB}$ 垂直于支承面，其简图如图 2-12(e) 所示。

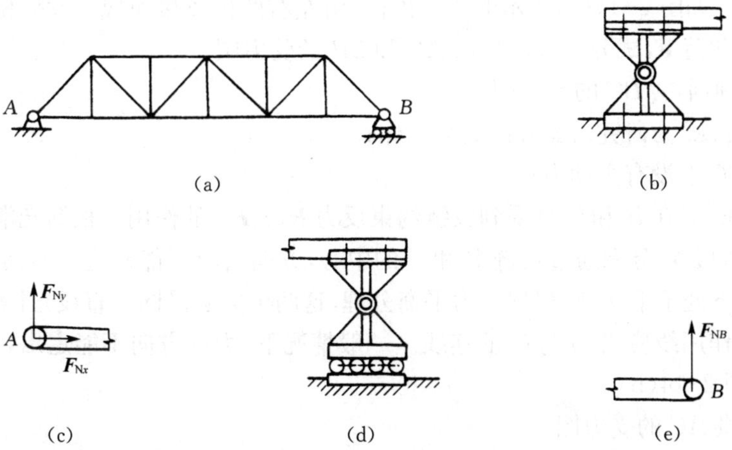

图 2-12　桥梁的铰链支座

2.1.4　研究对象及其受力图

要研究力系的简化和力系的平衡条件，就必须会分析物体的受力情况并画出受力图。把所研究的非自由体解除全部约束，从周围的物体中分离出来进行研究，成为人为的自由体，称为分离体或研究对象，将它所受的全部主动力和约束力以矢量表示在分离体上，这样所得到的图形，称为受力图。画受力图的步骤如下：

（1）选取研究对象，画出分离体；

（2）在分离体上画出全部主动力；

（3）画出全部的约束反力。

【例 2-1】　试画出如图 2-13(a) 所示球形物体的受力图。

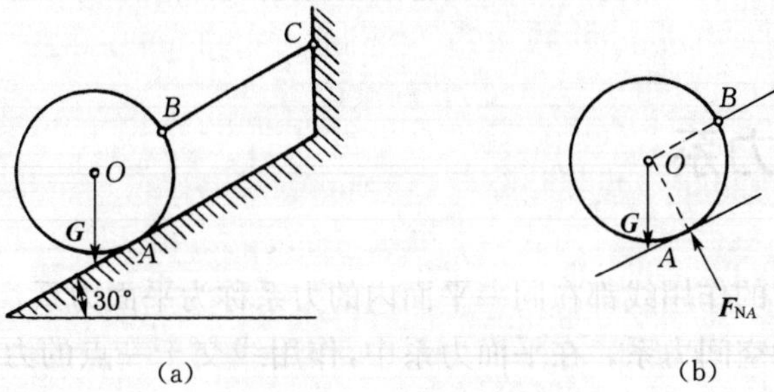

图 2-13　球的受力分析

解　（1）选圆球为研究对象，画出其简图；

(2) 画出主动力 **G**；

(3) 再根据约束的特征，画约束反力。球受到斜面的约束，如不计摩擦，则为光滑面接触，故圆球受斜面的约束反力 $\boldsymbol{F}_{NA}$，在接触点 A，沿斜面与球面的公法线方向，并指向球心；球在点 B 受到绳索 AB 的约束反力 $\boldsymbol{F}_T$，沿绳索中心线而背离球。球受力图如图 2-13(b)所示。

【例 2-2】 如图 2-14(a)所示的三铰拱桥，由左右两拱铰接而成。设拱桥自重不计，在拱桥上作用有载荷 **F**，试分别画出半拱 AC 和 CB 的受力图。

解 (1) 画半拱 BC 的受力图。

① 以半拱 BC 为研究对象并画其分离体；

② 半拱 BC 上没有主动力；

③ 半拱 BC 只在 B 和 C 处受到铰链约束反力 $\boldsymbol{F}_{NB}$、$\boldsymbol{F}_{NC}$ 的作用。根据光滑铰链的性质，这两个约束反力必定分别通过铰链 B 和 C 的中心，方向暂时不能确定。然而半拱 BC 只在这两个力作用下处于平衡，则根据二力平衡公理，这两个力必沿同一直线，且等值、反向。由此可确定力的作用线应沿 B 与 C 的连线。一般情况下，力的方向不能定出，可先按受压力方向画出，见图 2-14(b)。

(2) 画半拱 AC 的受力图。

① 以半拱 AC 为研究对象并画其分离体；

② 画出主动力 **F**；

③ 画约束反力。铰链 A 处的约束反力用两正交分力 $\boldsymbol{F}_{Ax}$、$\boldsymbol{F}_{Ay}$ 表示；铰链 C 处可根据作用力与反作用力的关系画出，见图 2-14(c)。

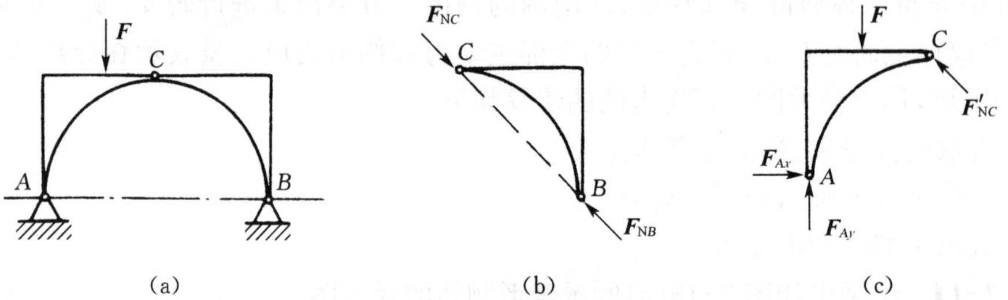

图 2-14 三铰拱桥的受力分析

2.2 平面汇交力系

作用于物体上各力的作用线都在同一平面内的力系称为平面力系。各力的作用线不在同一平面内的力系称为空间力系。在平面力系中，作用线交于一点的力系称为平面汇交力系。如图 2-15 所示的起重机的起重吊钩，如图 2-16 所示的砖墩上的锅炉等，都是平面汇交力系的实例。

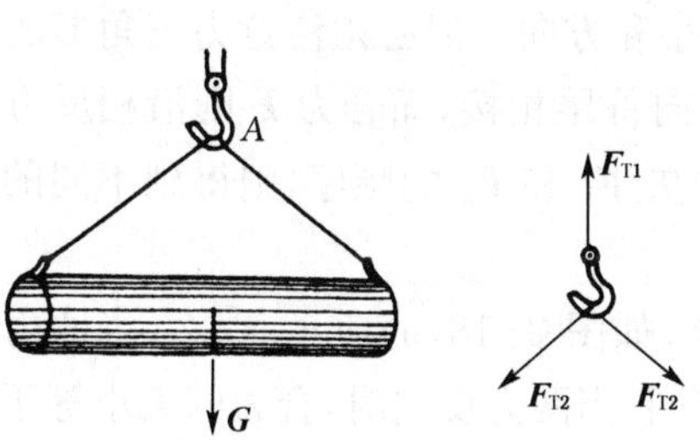

图 2-15 吊钩的受力分析

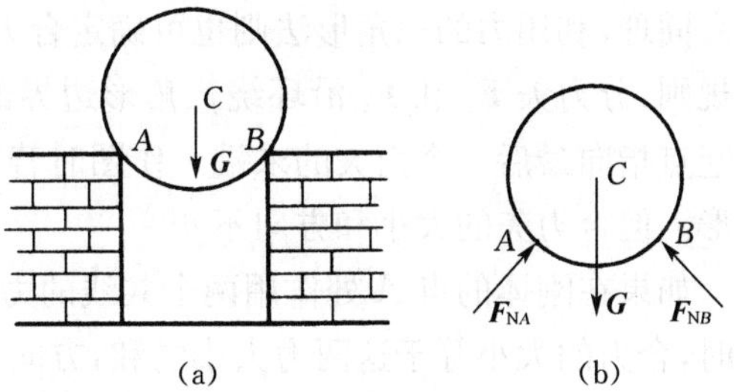

图 2-16 锅炉的受力分析

2.2.1 平面汇交力系合成与平衡的几何法

1）两个汇交力的合成

根据力的平行四边形法则或三角形法则，可求得两个力合力的大小与方向。如图 2-17(a)所示，作用在物体上的任意两个不平行的力 $\boldsymbol{F}_1$ 和 $\boldsymbol{F}_2$，根据力的可传性原理，可将这两个力分别沿其作用线移到汇交点，即成为作用在物体上同一点的两个汇交力。如图 2-17(b)，其合力可根据力的平行四边形法则来确定，合力的作用线通过汇交点，用矢量式表示为

$$\boldsymbol{F} = \boldsymbol{F}_1 + \boldsymbol{F}_2 \tag{2-1}$$

合力 $\boldsymbol{F}$ 的大小和方向，可通过三角形法则求得。以 α 表示两个分力 $\boldsymbol{F}_1$ 和 $\boldsymbol{F}_2$ 之间的夹角，应用余弦定理，得

$$F^2 = F_1^2 + F_2^2 - 2F_1F_2\cos(180° - \alpha) \tag{2-2}$$

或

$$F = \sqrt{F_1^2 + F_2^2 + 2F_1F_2\cos\alpha} \tag{2-3}$$

由上式可确定合力 $\boldsymbol{F}$ 的大小。

以 φ_1 和 φ_2 分别表示合力 $\boldsymbol{F}$ 与两边的夹角，应用正弦定理

$$\frac{F_1}{\sin\varphi_2} = \frac{F_2}{\sin\varphi_1} = \frac{F}{\sin(180° - \alpha)}$$

得

$$\left.\begin{aligned} \sin\varphi_1 &= \frac{F_2}{F}\sin\alpha \\ \sin\varphi_2 &= \frac{F_1}{F}\sin\alpha \end{aligned}\right\} \tag{2-4}$$

式中：$\alpha = \varphi_1 + \varphi_2$。由上式可确定合力 $\boldsymbol{F}$ 的方向。

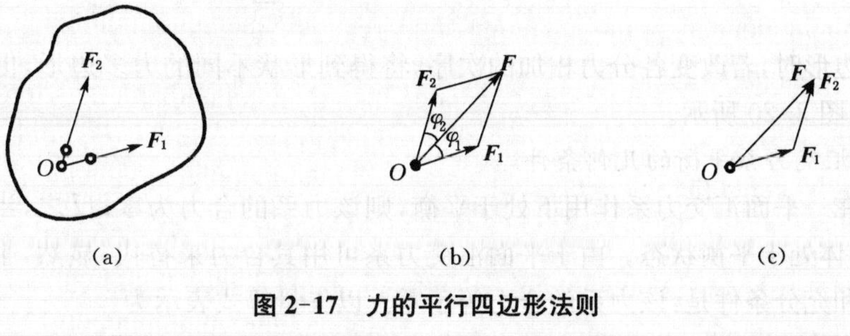

图 2-17 力的平行四边形法则

同理，利用力的三角形法则也可确定合力 $\boldsymbol{F}$ 的大小和方向。但必须注意力三角形的矢序规则，分力矢 $\boldsymbol{F}_1$ 和 $\boldsymbol{F}_2$ 沿环绕三角形边界的某一方向首尾相接，而合力 $\boldsymbol{F}$ 则沿相反方向从起点指向最后一个力矢的末端。作图时若变换分力矢 $\boldsymbol{F}_1$ 和 $\boldsymbol{F}_2$ 的顺序，则得到不同的三角形。但合力矢的大小和方向不变。

如果在刚体的点 A 处作用两个共线的力 $\boldsymbol{F}_1$ 和 $\boldsymbol{F}_2$，如图 2-18(a)所示，那么，当两力同向时，合力的大小等于这两力大小的和，方向与两力相同；当两力反向时，合力的大小等于两力的差，方向与其中较大的力相同，如图 2-18(b)所示。

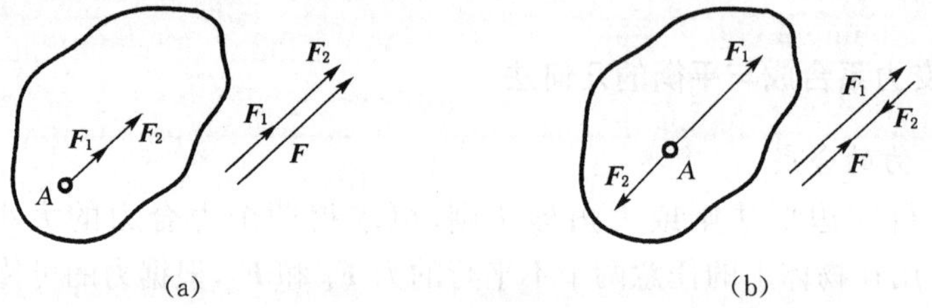

图 2-18　共线力的合力

2) 任意个汇交力的合成

如图 2-19(a)所示，设物体受到平面汇交力系 $\boldsymbol{F}_1$、$\boldsymbol{F}_2$、$\boldsymbol{F}_3$、$\boldsymbol{F}_4$ 的作用。求此力系的合力时，可连续使用力的三角形法则。如先求 $\boldsymbol{F}_1$ 和 $\boldsymbol{F}_2$ 的合力 $\boldsymbol{F}'$，再求 $\boldsymbol{F}'$ 和 $\boldsymbol{F}_3$ 的合力 F''，最后将 $\boldsymbol{F}''$ 与 $\boldsymbol{F}_4$ 合成，即得力系的合力 F，如图 2-19(b)所示。

由作图的结果可以看出，在求合力 $\boldsymbol{F}$ 时，表示 $\boldsymbol{F}'$ 和 $\boldsymbol{F}''$ 的线段完全可以不画。可将各力 $\boldsymbol{F}_1,\cdots,\boldsymbol{F}_4$ 依次首尾相接，形成一条折线，连接其封闭边，即从 $\boldsymbol{F}_1$ 的始端指向 $\boldsymbol{F}_4$ 的末端所形成的矢量则为合力，如图 2-19(c)所示，此法称为力的多边形法则。

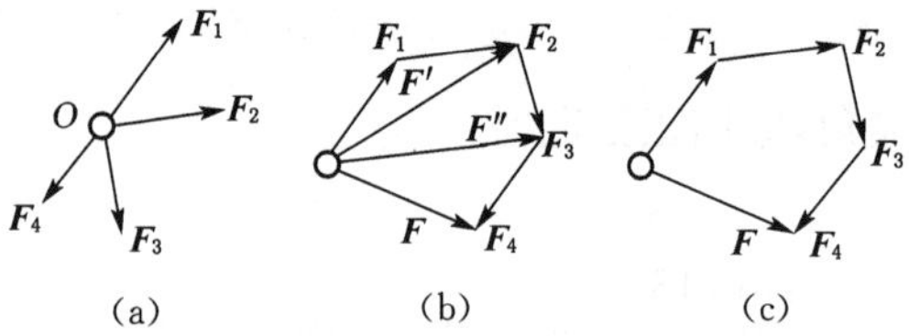

图 2-19　力的多边形法则

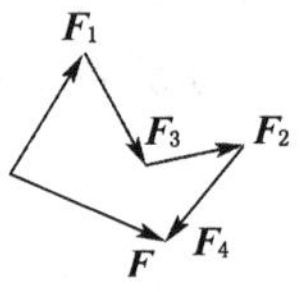

图 2-20　各分力相加次序可变

上述矢量合成法，推广到 n 个力的汇交力系求合力，可得出结论：平面汇交力系的合力等于力系各力的矢量和，合力的作用线通过汇交点。合力 $\boldsymbol{F}$ 可用矢量式表示为

$$\boldsymbol{F}=\boldsymbol{F}_1+\boldsymbol{F}_2+\cdots+\boldsymbol{F}_n=\sum_{i=1}^{n}\boldsymbol{F}_i \tag{2-5}$$

画力多边形时，若改变各分力相加的次序，将得到形状不同的力多边形，但最后求得的合力不变，如图 2-20 所示。

3) 平面汇交力系平衡的几何条件

若刚体在一平面汇交力系作用下处于平衡，则该力系的合力为零；反之，当力系的合力为零时，则刚体处于平衡状态。由于平面汇交力系可用其合力来替代，显然，平面汇交力系平衡的必要和充分条件是：该力系的合力等于零。以矢量等式表示为

$$\sum_{i=1}^{n} \boldsymbol{F}_i = 0 \tag{2-6}$$

在平衡情况下，合力为零。因此力多边形中最后一个力的终点与第一个力的起点重合，此时力多边形成为封闭的力多边形，即在力多边形中，所有力首尾相接，形成一闭合多边形（所有各力矢沿着环绕力的多边形边界的同一方向）。因此得出结论，平面汇交力系平衡的必要条件和充分条件是：该力系的多边形自行封闭。这就是平面汇交力系平衡的几何条件。

【例 2-3】 如图 2-21(a)所示，支架 ABC 由横杆 AB 与支撑杆 BC 组成。A、B、C 处均为铰链联接，B 端悬挂重物，其重力 $\boldsymbol{G}$=5 kN，杆重不计，试求两杆所受的力。

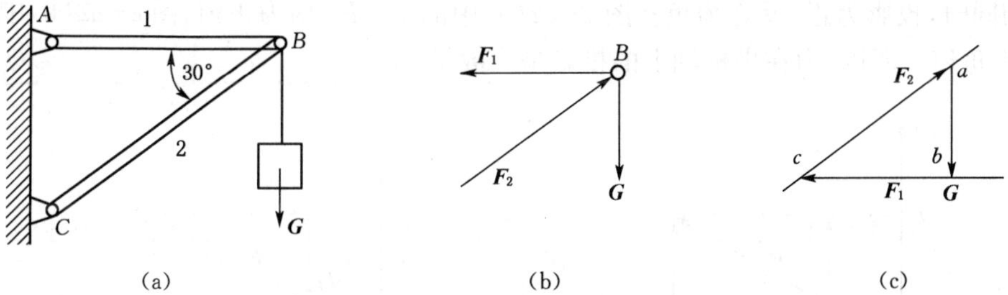

图 2-21　受力支架

解　(1) 选择研究对象，以销子 B 为研究对象。

(2) 受力分析，画受力图。AB、BC 杆自重不计，杆端为铰链，故均为二力杆，两端所受的力作用线必过直杆的轴线。根据作用力与反作用力关系，它的约束反力 $\boldsymbol{F}_1$、$\boldsymbol{F}_2$ 作用于 B 点，此外，绳子的拉力 $\boldsymbol{G}$(大小等于物体的重力)也作用于 B 点，$\boldsymbol{F}_1$、$\boldsymbol{F}_2$、$\boldsymbol{G}$ 组成平面汇交力系，其受力图如图 2-21(b)所示。

(3) 根据平衡几何条件求出未知力。当销子平衡时，三力组成一封闭三角形，先画 $\boldsymbol{G}$，过 a、b 点分别作 $\boldsymbol{F}_1$、$\boldsymbol{F}_2$ 的平行线，汇交于 c 点，于是得力三角形 abc，则 bc 为 $\boldsymbol{F}_1$ 的大小，ca 为 $\boldsymbol{F}_2$ 的大小，力指向符合首尾相接的原则，如图 2-21(c)所示。

由平衡几何关系求得

$$F_1 = G\cot 30^\circ = \sqrt{3}G = 8.66\ \text{kN}$$

$$F_2 = \frac{G}{\sin 30^\circ} = 2G = 10\ \text{kN}$$

根据受力图可知 AB 杆为拉杆，BC 杆为压杆。

2.2.2　平面汇交力系合成与平衡的解析法

平面汇交力系合成的几何法，虽然比较简单，但作图要十分准确，否则会引起较大的误差。工程中应用较多的是解析法。这种方法主要是以力在坐标轴上的投影为基础来进行计算的。

1) 力的分解

由上节知道，两个共点力，可以合成一个合力，解答是唯一的；可是反过来，要把一个已知力分解为两个力，若无足够的条件限制，其解答将是不定的。因为在力的平行四边形法则 $\boldsymbol{F}=\boldsymbol{F}_1+\boldsymbol{F}_2$ 中，每一个矢量都包含有大小和方向两个要素，故上式共有六个要素，必须已知其中四个才能确定其余两个。在已知合力大小和方向的条件下，还必须规定另外两个条件。例如，规定两个分力的方向；或两个分力的大小；或一个分力的大小和方向；或一个分力的大小和另一个分力的方向等。所以要使问题有确定的解答，必须附加足够的条件。

在工程中经常会遇到要把一个力沿两个已知方向分解，求这两个分力大小的问题。

2) 力在直角坐标系上的投影

如图 2-22(a)所示，设在平面直角坐标系 Oxy 内，有一已知力 $\boldsymbol{F}$，从力 $\boldsymbol{F}$ 的两端 A 和 B 分别向 x 、y 轴作垂线，得到线段 $\overline{ab}$ 和 $\overline{a'b'}$，其中 $\overline{ab}$ 为力 $\boldsymbol{F}$ 在 x 轴上的投影，以 F_x 表示；$\overline{a'b'}$ 为力 $\boldsymbol{F}$ 在 y 轴上的投影，以 F_y 表示。并且规定：当力的始端到末端投影的方向与坐标轴的正向相同时，投影为正，反之为负。图 2-22(a)中的 F_x、F_y 均为正值，图 2-22(b)中的 F_x、F_y 均为负值。所以，力在坐标轴上的投影是代数量。

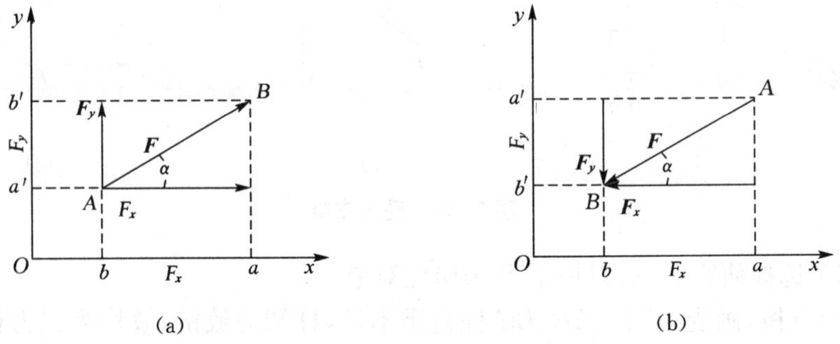

图 2-22 力在坐标轴上的投影

力的投影的大小可用三角公式计算，设力 $\boldsymbol{F}$ 与 x 轴的正向夹角为 α，则对于图 2-22(a)的情况为

$$\left.\begin{aligned} F_x &= F\cos\alpha \\ F_y &= F\sin\alpha \end{aligned}\right\} \tag{2-7}$$

对于图 2-22(b)的情况为

$$\left.\begin{aligned} F_x &= -F\cos\alpha \\ F_y &= -F\sin\alpha \end{aligned}\right\} \tag{2-8}$$

如将力 $\boldsymbol{F}$ 沿 x 、y 坐标轴分解，所得分力 $\boldsymbol{F}_x$、$\boldsymbol{F}_y$，其值与力 $\boldsymbol{F}$ 在同轴的投影 F_x、F_y 值相等，但必须注意：力的投影与力的分量是两个不同的概念。力的投影是代数量，而分力是矢量。只有在直角坐标系中，两者大小相等，投影的正、负表明分力的指向。

3) 合力投影定理

合力投影定理建立了合力的投影与分力的投影之间的关系。图 2-23 表示平面汇交力系的合力矢 $\boldsymbol{F}_1$、$\boldsymbol{F}_2$、$\boldsymbol{F}_3$、$\boldsymbol{F}_4$ 组成的力多边形，$\boldsymbol{F}$ 为合力。将力多边形中各力矢投影到 x 轴上，由图可见

$$ae = ab + bc + cd - de$$

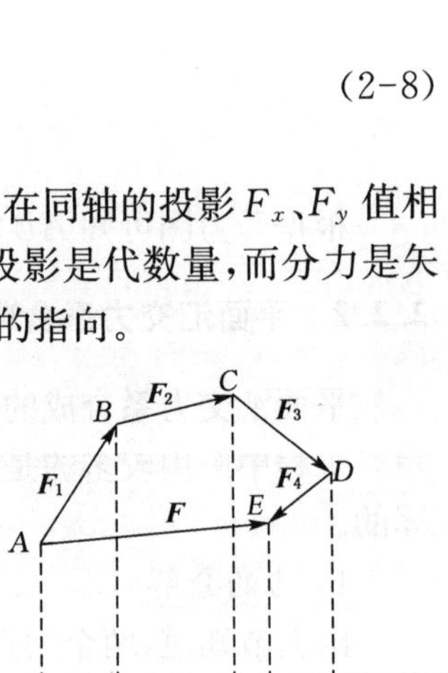

图 2-23 合力投影

按投影定义，上式左端为这合力 $\boldsymbol{F}$ 的投影，右端为四个分

力的投影的代数和，即 $F_x=F_{1x}+F_{2x}+F_{3x}+F_{4x}$，显然，上式可推广到任意多个力的情况，即

$$F_x=F_{1x}+F_{2x}+\cdots+F_{nx}=\sum_{i=1}^{n}F_{ix} \tag{2-9}$$

同理

$$F_y=F_{1y}+F_{2y}+\cdots+F_{ny}=\sum_{i=1}^{n}F_{iy} \tag{2-10}$$

于是可得结论：合力在任一轴上的投影等于各分力在同一轴上的投影的代数和。这就是合力投影定理。

4) 平面汇交力系合成的解析法

求平面汇交力系合力的解析法，是用力在直角坐标上的投影，计算合力的大小，确定合力的方向。

如图 2-24(a)所示，设在刚体上的点 O 处，作用了由 n 个力 $\boldsymbol{F}_1$、$\boldsymbol{F}_2$、$\boldsymbol{F}_3$、…、$\boldsymbol{F}_n$ 组成的平面汇交力系，求合力的大小和方向。

设 F_{1x} 和 F_{1y}、F_{2x} 和 F_{2y}、…、F_{nx} 和 F_{ny} 分别表示力 $\boldsymbol{F}_1$、$\boldsymbol{F}_2$、$\boldsymbol{F}_3$、…、$\boldsymbol{F}_n$ 在正交轴 Ox 和 Oy 上的投影。根据合力投影定理，可求得合力 $\boldsymbol{F}$ 在这两轴上的投影，如图 2-24(b)所示。

$$F_x=F_{1x}+F_{2x}+\cdots+F_{nx}=\sum_{i=1}^{n}F_{ix}$$

$$F_y=F_{1y}+F_{2y}+\cdots+F_{ny}=\sum_{i=1}^{n}F_{iy}$$

可求得合力的大小和方向为

$$F=\sqrt{F_x^2+F_y^2}=\sqrt{\left(\sum_{i=1}^{n}F_{ix}\right)^2+\left(\sum_{i=1}^{n}F_{iy}\right)^2} \tag{2-11}$$

$$\tan\alpha=\left|\frac{F_y}{F_x}\right| \tag{2-12}$$

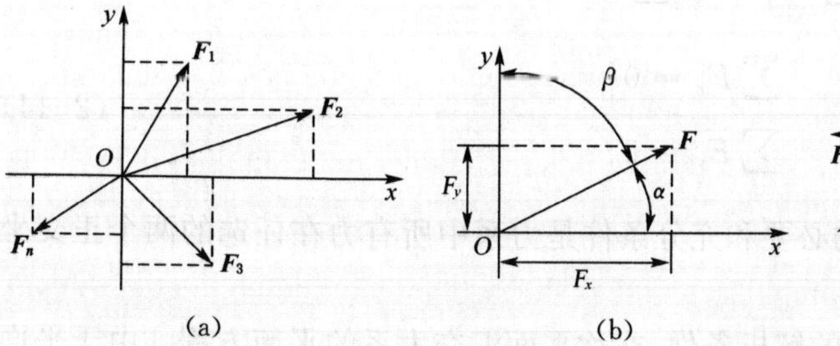

图 2-24　力系的合成

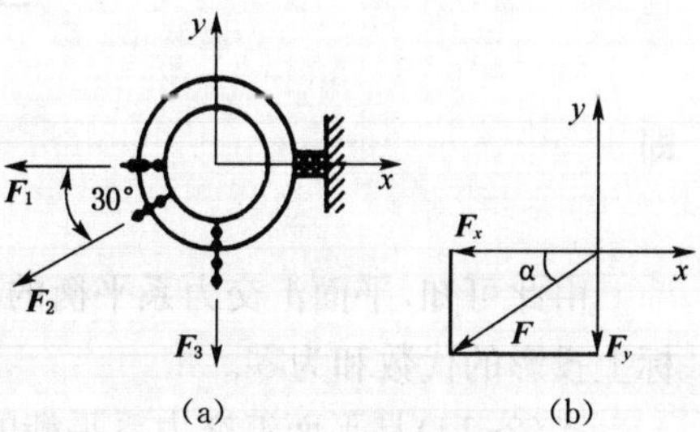

图 2-25　吊环受力图

【例 2-4】　如图 2-25 所示，一吊环受到三条钢丝绳的拉力。已知 $\boldsymbol{F}_1=2\,000$ N，水平向左；$\boldsymbol{F}_2=2\,500$ N，与水平成 30°角；$\boldsymbol{F}_3=1\,500$ N，铅垂向下，试用解析法求合力的大小和方向。

解　以三力的交点 O 为坐标原点，取坐标系如图 2-25(b)所示，先分别计算各力的投影：

$$F_{1x}=-F_1=-2\ 000\ \text{N}$$

$$F_{2x}=-F_2\cos 30^\circ=-2\ 500\times 0.866=-2\ 165\ \text{N}$$

$$F_{3x}=0\ \text{N}$$

$$F_{1y}=0\ \text{N}$$

$$F_{2y}=-F_2\sin 30^\circ=-2\ 500\times 0.5=-1\ 250\ \text{N}$$

$$F_{3y}=-F_3=-1\ 500\ \text{N}$$

可得

$$F_x=\sum F_x=(-2\ 000-2\ 165+0)=-4\ 165\ \text{N}$$

$$F_y=\sum F_y=(0-1\ 250-1\ 500)=-2\ 750\ \text{N}$$

$$F=\sqrt{F_x^2+F_y^2}=\sqrt{(-4\ 165)^2+(-2\ 750)^2}=4\ 991\ \text{N}$$

由于 F_x 和 F_y 都是负值，所以合力 **F** 应在第三象限，如图 2-25(b)所示。并且

$$\tan\alpha=\left|\frac{F_y}{F_x}\right|=\frac{2\ 750}{4\ 165}=0.660$$

$$\alpha=33.4^\circ$$

5) 平面汇交力系平衡的解析条件

平面汇交力系的平衡条件是力系的合力等于零。合力的大小为

$$F=\sqrt{\left(\sum F_x\right)^2+\left(\sum F_y\right)^2}$$

当合力为零时

$$\sqrt{\left(\sum F_x\right)^2+\left(\sum F_y\right)^2}=0 \tag{2-13}$$

即

$$\left.\begin{aligned}\sum F_x=0\\ \sum F_y=0\end{aligned}\right\} \tag{2-14}$$

由此可知，平面汇交力系平衡的必要和充分条件是力系中所有力在任选的两个正交坐标上投影的代数和为零。

式(2-14)是平面汇交力系平衡的解析条件，亦称平面汇交力系的平衡方程。由于平面汇交力系有两个独立的平衡方程，因此只能求解两个未知量，可以是力的大小，也可以是力的方向。

应用平衡方程来解决工程上平衡问题是静力学的主要任务之一。下面举例说明平面汇交力系平衡的应用。

【例 2-5】 如图 2-26(a)所示的简易起重机装置，重物吊在钢丝绳的一端，钢丝绳的另一端跨过定滑轮 A，绕在绞车 D 的鼓轮上，定滑轮用直杆 AB 和 AC 支承，定滑轮半径较小，

其大小可忽略不计，设重物重力 $\boldsymbol{G}=2\ \mathrm{kN}$，定滑轮、各直杆以及钢丝绳的重量不计，各处接触均为光滑。试求匀速提升重物时，杆 AB 和 AC 所受的力。

解　杆 AB 和 AC 的受力可以通过它们对滑轮的反力求出。因此，可以选取滑轮为研究对象，其受有 AB 和 AC 杆的反力，因 AB 和 AC 杆为二力杆，所以反力的方向沿杆的轴线。此外，滑轮还受有绳索的拉力，二者大小相等。滑轮的受力图如图 2-26(b)所示。其中只有 $\boldsymbol{F}_{AB}$ 和 $\boldsymbol{F}_{AC}$ 的大小未知，两个未知数可由平面汇交力系平衡方程解出。

由

$$\sum F_y=0 \quad -F_{AC}\sin 30^\circ-F\cos 30^\circ-G=0$$

得

$$F_{AC}=\frac{-G-F\cos 30^\circ}{\sin 30^\circ}=\frac{-2-2\times 0.866}{0.5}=-7.46\ \mathrm{kN}$$

再由
$$\sum F_x=0 \quad -F_{AB}-F_{AC}\cos 30^\circ-F\sin 30^\circ=0$$

可得

$$F_{AB}=-F_{AC}\cos 30^\circ-F\sin 30^\circ=-[(-7.46)\times 0.866+2\times 0.5]=5.46\ \mathrm{kN}$$

F_{AC} 为负值，表明 $\boldsymbol{F}_{AC}$ 的实际指向与假设方向相反，因此，AC 杆为受压杆。

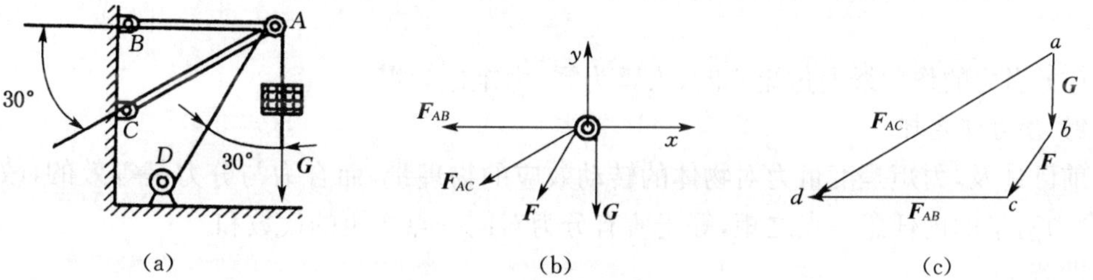

图 2-26　简易起重机装置图

通过以上的例题，可以看出静力分析的方法在求解静力学平衡问题中的重要性。归纳出平面汇交力系平衡方程应用的主要步骤如下：

(1) 选择研究对象；

(2) 取隔离体，画受力图；

(3) 选取坐标系；

(4) 列平衡方程，求解未知量。

2.3　力矩　平面力偶系

本节主要讨论力对物体的转动效应，重点介绍力偶的性质及平面力偶的合成与平衡。

2.3.1　力对点之矩

力对物体的作用效应，除移动效应外，还有转动效应。其移动效应取决于力的大小和方向，可用力在坐标轴上的投影来描述。这里介绍力对物体转动效应的有关问题。

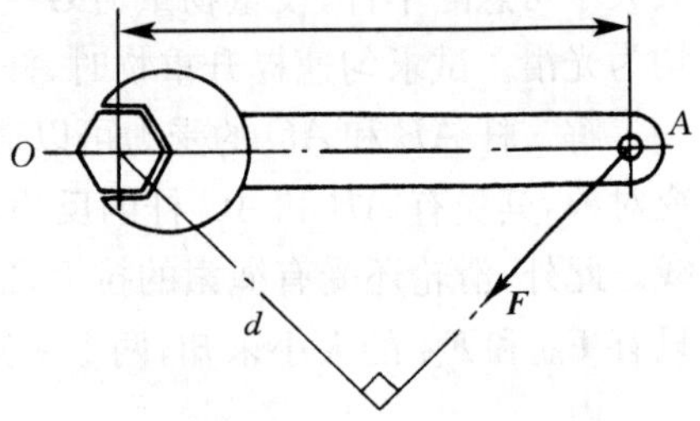

图 2-27 力对点之矩

1) 力对点之矩的概念

如图 2-27 所示，用扳手拧螺母时，力 $\boldsymbol{F}$ 使螺母绕 O 点转动的效应不仅与力 $\boldsymbol{F}$ 的大小有关，而且还随转动中心 O 到 $\boldsymbol{F}$ 作用线的距离 d 的增加而增强，可用 $\boldsymbol{F}$ 与 d 的乘积来度量。另外，转动方向不同，效应也不同。类似的实例还很多。

为了度量力使物体绕某点(矩心 O)转动的效应，将力($\boldsymbol{F}$)的大小与矩心到力的作用线的距离(力臂 d)的乘积 Fd 加上适当的正负号所得的物理量称为力 $\boldsymbol{F}$ 对 O 点之距，简称力矩，记作 $M_o(\boldsymbol{F})$，即

$$M_o(\boldsymbol{F}) = \pm Fd \tag{2-15}$$

力对点之矩是一个代数量，其正负号的规定为：力使物体绕矩心逆时针转动时，取正号；反之，取负号。其单位为牛·米(N·m)或千牛·米(kN·m)，显然，1 kN·m=1 000 N·m。

由力矩的定义式可知，力矩具有以下性质：

(1) 力矩的大小和转向与矩心位置有关，同一力对不同矩心的力矩不同。

(2) 力沿其作用线滑移时，力对点之矩不变，因为此时力的大小、方向未变，力臂也未变。

(3) 当力的作用线通过矩心时，力臂为零，力矩也为零。

2) 合力矩定理

前已述及，力矩是度量力对物体的转动效应的物理量，而合力与分力是等效的，故可证明：合力对平面内任意一点之矩，等于所有分力对同一点之矩的代数和。

即若

$$\boldsymbol{F} = \boldsymbol{F}_1 + \boldsymbol{F}_2 + \cdots + \boldsymbol{F}_n$$

则

$$M_o(\boldsymbol{F}) = M_o(\boldsymbol{F}_1) + M_o(\boldsymbol{F}_2) + \cdots + M_o(\boldsymbol{F}_n) \tag{2-16}$$

此关系称为合力矩定理。该定理不仅适用于平面汇交力系，对任何有合力的力系均成立。

3) 力对点之矩的求法

力对点之矩的求法，一般有以下两种：

(1) 直接根据定义式求力矩

这种方法的关键是求力臂 d。需要特别注意的是，力臂是矩心到力的作用线的距离。而点到线段的距离是垂线的长度，即力臂一定要垂直于力的作用线。

(2) 应用合力矩定理求力矩

在计算力矩时，为了简化计算，可将力分解为两个互相垂直的分力，分别求分力对矩心的矩，然后应用合力矩定理求原力对矩心的矩。应用这种方法求力矩时，应选择图中已标出力臂值或力臂值易求的力，对其进行分解。

【例 2-6】 如图 2-28 所示，圆柱齿轮的压力角 $\alpha=20°$，法向压力 $\boldsymbol{F}_n=1$ kN，齿轮分度圆直径 $D=60$ mm，试求 $\boldsymbol{F}_n$ 对轴心 O 之矩。

解一　根据定义求矩

由图 2-28(a)根据力对点之矩的定义得

$$M_o(\boldsymbol{F}) = F_n d = F_n \frac{D}{2}\cos\alpha = 1\,000 \times \frac{60}{2}\cos 20^\circ = 28.2\ \text{N}\cdot\text{m}$$

解二　根据合力矩定理求矩

将力 $\boldsymbol{F}_n$ 沿分度圆的周向和径向分解，如图 2-28(b)所示，则

$$F_t = F_n\cos\alpha;\ F_r = F_n\sin\alpha$$

显然，$M_o(\boldsymbol{F}_r)=0$（F_r 通过 O 点，力臂为零）。

因此，$M_0(\boldsymbol{F}) = M_0(\boldsymbol{F}_t) + M_0(\boldsymbol{F}_r) = M_0(\boldsymbol{F}_t) = F_n\cos\alpha\dfrac{D}{2} = 1\,000 \times \cos 20^\circ \times \dfrac{60}{2} = 28.2\ \text{N}\cdot\text{m}$。

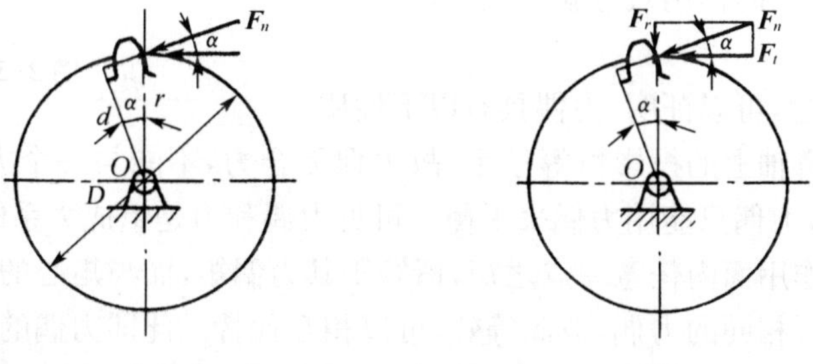

图 2-28　圆柱齿轮的受力

2.3.2　力偶及其性质

1) 力偶及力偶矩

力学中，把作用在同一物体上大小相等、方向相反、作用线平行的一对平行力称为力偶，记作 $\boldsymbol{M}(\boldsymbol{F}_1, \boldsymbol{F}_2)$，力偶中两个力的作用线间的距离 d 称为力偶臂，两个力所在的平面称为力偶的作用面。

在工程实践和日常生活中，物体受力偶作用而转动的例子十分常见，例如，司机两手转动方向盘（见图 2-29(a)），双手用丝锥攻螺纹（见图 2-29(b)），用两个手指拧动水龙头、开门锁等，所施加的都是力偶。

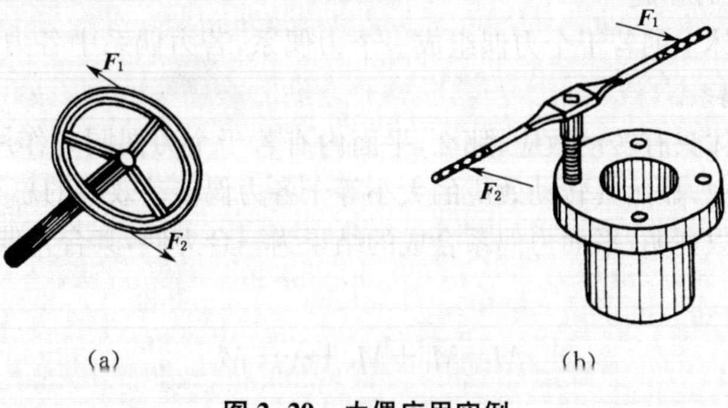

图 2-29　力偶应用实例

由实践经验可知，力偶中的两个力不满足二力平衡条件，不能平衡，也不能对物体产生移动效应，只能对物体产生转动效应。力偶对物体的转动效应，随力 $\boldsymbol{F}$ 的大小或力偶臂 d 的增大而增强。因此，我们用二者的乘积 Fd 并加以适当的正负号所得的物理量来度量力偶对物体的转动效应，称之为力偶矩，记作 $M(\boldsymbol{F}_1, \boldsymbol{F}_2)$或 M，即

$$M(\boldsymbol{F}_1, \boldsymbol{F}_2)=\pm F\mathrm{d} \tag{2-17}$$

在平面内，力偶矩与力矩一样，也是代数量，正负号表示力偶的转向，其规定与力矩相同：使物体产生逆时针转动效应的力偶矩为正，反之为负，如图 2-30 所示，力偶矩的单位也与力矩相同，为 N·m 或 kN·m。

力偶对物体的转动效应取决于力偶矩的大小、转向和力偶作用面的方位，我们称这三者为力偶的三要素。三要素中，有任何一个改变，力偶的作用效应就会改变。

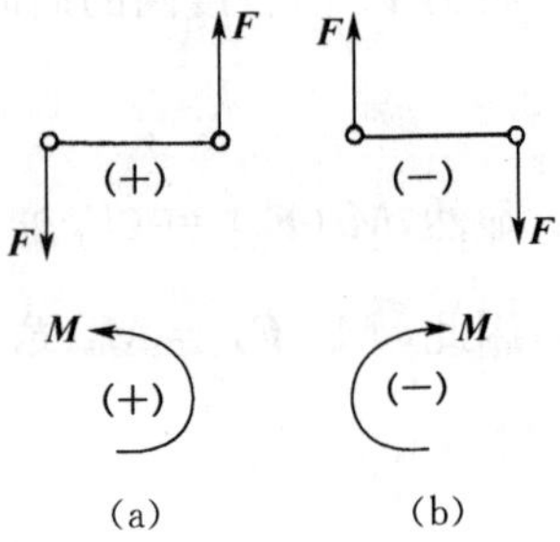

图 2-30　力偶的转向

2）力偶的性质

根据力偶的概念，可以证明，力偶具有以下性质：

（1）力偶在任意轴上的投影恒等于零，故力偶无合力，不能与一个力等效，也不能用一个力来平衡。因此，力偶只能用力偶来平衡。可见力偶和力是组成力系的两个基本物理量。

（2）力偶对其作用面内任意一点之矩，恒等于其力偶矩，而与矩心的位置无关。

（3）凡是三要素相同的力偶，彼此等效，可以相互代替。此即力偶的等效性。

根据力偶的等效性，可得出以下两个推论：

推论一　力偶对物体的转动效应与它在作用面内的位置无关，力偶可以在其作用面内任意移动或转动，而不改变它对刚体的效应。

推论二　在保持力偶矩的大小和转向不变的情况下，可同时改变力偶中力的大小和力偶臂的长短，而不改变它对刚体的效应。

应当注意，力偶的等效性及推论，只适用于刚体，不适用于变形体。在平面力系中，由于力偶对物体的转动效应完全取决于力偶的大小和转向，因此，在表示力偶时，没有必要表明力偶的具体位置以及组成力偶的力的大小、方向和力偶臂的值，仅以一个带箭头的弧线来表示，并标出力偶矩的值即可，如图 2-30 所示，其中箭头表示力偶的转向。

2.3.3　平面力偶系的合成与平衡

1）平面力偶系的合成

作用于同一物体上的若干个力偶组成一个力偶系，若力偶系中各力偶均作用在同一平面，则称为平面力偶系。

既然力偶对物体只有转动效应，那么，平面内有若干个力偶同时作用时（平面力偶系），也只能产生转动效应，显然其转动效应的大小等于各力偶转动效应的总和，而且转动效应由力偶矩来度量。可以证明：平面力偶系合成的结果为一合力偶，其合力偶等于各分力偶矩的代数和。即

$$M=M_1+M_2+\cdots+M_n \tag{2-18}$$

【例 2-7】 如图 2-31 所示，某物体受三个共面力偶的作用，已知 $F_1=9$ kN，$d_1=1$ m，$F_2=6$ kN，$d_2=0.5$ m，$M_3=-12$ kN·m，试求其合力偶。

解　由式(2-17)得

$$M_1=-F_1d_1=-9\times1=-9\ \text{kN}\cdot\text{m}$$

$$M_2=F_2d_2=6\times0.5=3\ \text{kN}\cdot\text{m}$$

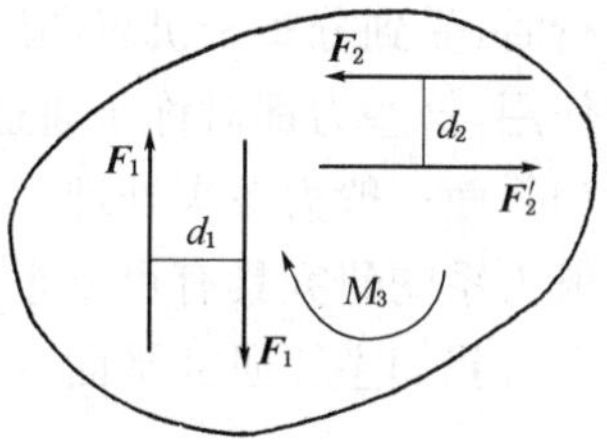

图 2-31　力偶系的合成

故合力偶矩为

$$M=M_1+M_2+M_3=-9+3-12=-18\ \text{kN}\cdot\text{m}$$

2) 平面力偶系的平衡

由式(2-18)可知，平面力偶系的平衡条件是合力偶矩等于零。因此，平面力偶系平衡的必要和充分条件是：各力偶矩的代数和等于零。即

$$M=\sum M=0 \tag{2-19}$$

平面力偶系只有一个独立的平衡方程，至多可以解一个未知量。

【例 2.8】 如图 2-32(a)所示，梁 AB 受力偶 M 的作用，求 A、B 两处的约束反力。

解　(1) 取梁 AB 为研究对象，画受力图。

画受力图如图 2-32(b)所示。因力偶只能用力偶来平衡，故 $\boldsymbol{F}_{NA}$ 与 $\boldsymbol{F}_{NB}$ 必定组成一对力偶，又因 $\boldsymbol{F}_{NB}$ 的方向可定，于是 $\boldsymbol{F}_{NA}$ 的方向随之而定，且 $\boldsymbol{F}_{NA}=\boldsymbol{F}_{NB}$。

(2) 列平衡方程求解。

$$\sum M=0,\ F_{NA}l\cos\alpha-M=0$$

解得

$$F_{NA}=F_{NB}=\frac{M}{l\cos\alpha}$$

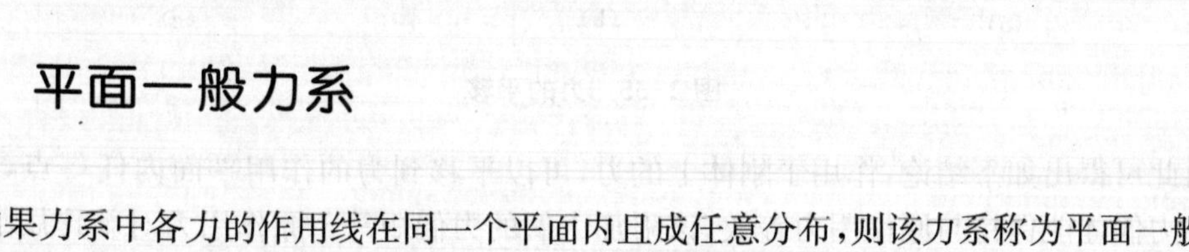

图 2-32　受力偶作用的梁

2.4　平面一般力系

如果力系中各力的作用线在同一个平面内且成任意分布，则该力系称为平面一般力系。前面介绍的平面汇交力系和平面力偶系都是平面一般力系的特殊情况。实际工程中遇到的大量问题都可以简化为平面一般力系的问题，例如图 2-33 所示的曲柄连杆机构，受力 P、转矩 M 以及约束反力 $\boldsymbol{F}_{NC}$ 和 $\boldsymbol{F}_{Ax}$、$\boldsymbol{F}_{Ay}$ 作用，这个力系就是平面一般力系。又如飞机在空中飞

行时，受到分布于机翼和尾翼上的升力 Q_1、Q_2，发动机的推力 $\boldsymbol{P}$，空气阻力 $\boldsymbol{F}$ 及重力 $\boldsymbol{G}$ 等的作用，这些力都对称于通过其重心的纵向铅直平面，因此可以将原力系简化到该平面内，作为平面一般力系来处理。分析和解决平面一般力系问题的方法具有普遍性，因此对平面一般力系的研究具有重要意义。

我们主要研究平面一般力系的简化、合成及平衡问题。

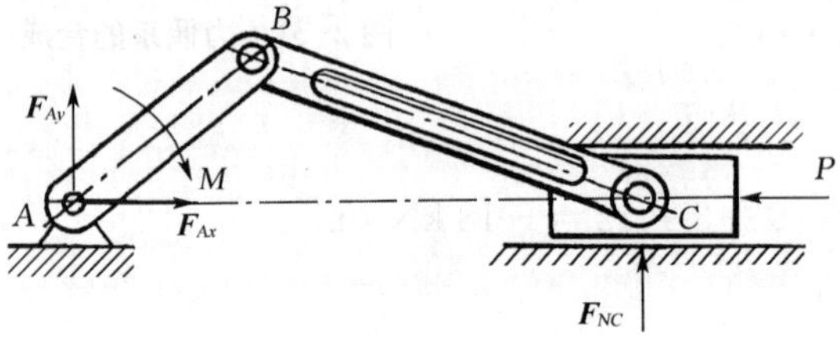

图 2-33 曲柄连杆机构的受力

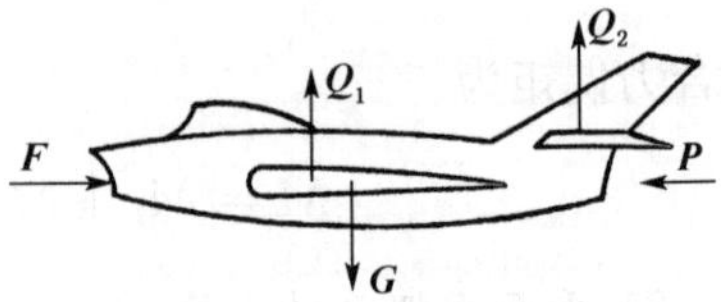

图 2-34 飞机飞行时的受力

2.4.1 平面一般力系的简化

1）力的平移定理

为了讨论平面力系的简化，先讨论力平行于本身的移动问题。如图 2-35(a)所示，设 $\boldsymbol{F}$ 是作用于刚体上 A 点的一个力，B 是力作用平面的任意一点。如果需要将力平移到 B 点，我们在 B 点加两个大小相等、方向相反，在同一直线且平行于力 $\boldsymbol{F}$ 的作用力 $\boldsymbol{F}'$、$\boldsymbol{F}''$，并令 $\boldsymbol{F}'=-\boldsymbol{F}''=\boldsymbol{F}$，如图 2-35(b)所示。显然 $\boldsymbol{F}'$ 与 $\boldsymbol{F}''$ 为一对平衡力，加上这对力并不改变原力 $\boldsymbol{F}$ 对物体的作用。由于 $\boldsymbol{F}$ 与 $\boldsymbol{F}''$ 可组成一对力偶，因此新的力系就由力 $\boldsymbol{F}'$ 和力偶 $M(\boldsymbol{F}, \boldsymbol{F}'')$ 组成。其中力 $\boldsymbol{F}'$ 平行且等于原已知力 $\boldsymbol{F}$，力偶 $M(\boldsymbol{F}, \boldsymbol{F}'')$ 的力偶矩 $M=\boldsymbol{F}\cdot d$ 即力 $\boldsymbol{F}$ 对 B 点的矩，根据力偶的性质，我们可在 B 点用一个力偶 M 代替 $\boldsymbol{F}$、$\boldsymbol{F}''$ 的作用，如图 2-35(c)所示。由上述过程可知，图 2-35(c)所示作用于 B 点的力 $\boldsymbol{F}'$ 和一个力偶 $\boldsymbol{M}$ 与图2-35(a)所示的作用于 A 点的一个力 $\boldsymbol{F}$ 等效。

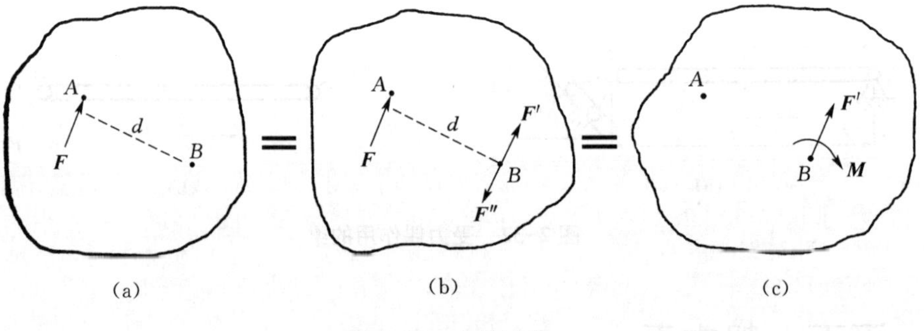

图 2-35 力的平移

由此可得出如下结论：作用于刚体上的力，可以平移到力的作用平面内任一点，但必须附加一力偶才能保持与原作用力等效，该附加力偶的力偶矩等于原作用力对新作用点之矩。这就是力的平移定理。

力的平移可以清楚地显示力对物体上任一点的作用。如图 2-36(a)所示，用扳手拧紧螺栓时，在扳手上作用有力 $\boldsymbol{F}$，为了显示力 $\boldsymbol{F}$ 对螺栓的作用，我们将力 $\boldsymbol{F}$ 平移至螺栓中心，

即用一力和力偶 $M(=Fd)$ 代替，显然力偶 M 将使螺栓转动，如图 2-36(b)。

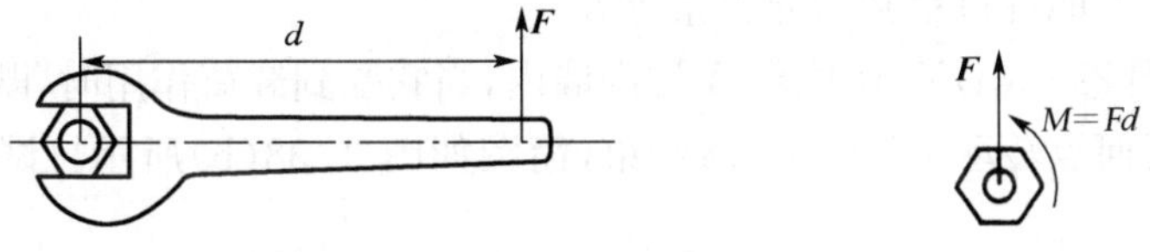

图 2-36　扳手上力对螺栓的作用

2) 平面一般力系向平面内已知点的简化

如图 2-37(a)所示，O 是平面一般力系作用平面内任一已知点，现将组成该力系的各力向 O 点简化。

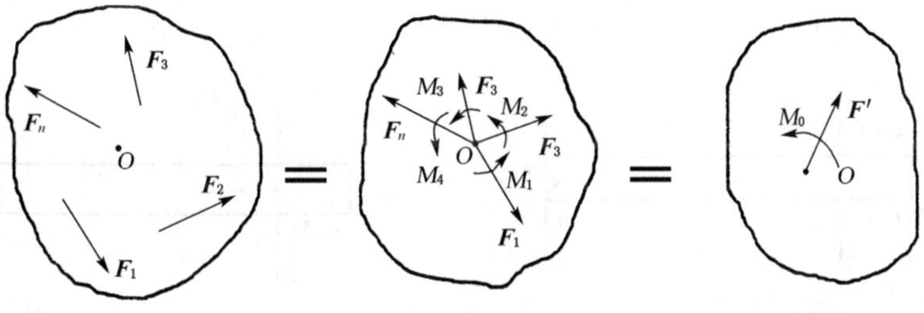

图 2-37　力系向一点简化

由力的平移定理，我们可将各力 $\boldsymbol{F}_1$、$\boldsymbol{F}_2$、…、$\boldsymbol{F}_n$ 平移至 O 点，同时还应加上 n 个相应的力偶，见图 2-37(b)，其力偶矩分别为 $M_1=M_o(\boldsymbol{F}_1)$，$M_2=M_o(\boldsymbol{F}_2)$，…，$M_n=M_o(\boldsymbol{F}_n)$。即原力系可以用作用在 O 点的汇交力系 $\boldsymbol{F}_1$、$\boldsymbol{F}_2$、…、$\boldsymbol{F}_n$ 和力偶系 M_1、M_2、…、M_n 代替。O 点称为简化中心。将汇交于 O 点的力系 $\boldsymbol{F}_1$、$\boldsymbol{F}_2$、…、$\boldsymbol{F}_n$ 继续合成，其合力 $\boldsymbol{F}'$ 为

$$F'=\sqrt{\left(\sum F_x\right)^2+\left(\sum F_y\right)^2}$$

$$\tan\alpha=\left|\frac{\sum F_y}{\sum F_x}\right| \tag{2-20}$$

式中：α 为主矢 $\boldsymbol{F}'$ 与 x 轴（正向或负向）所夹的锐角。合力 $\boldsymbol{F}'$ 称为原力系向 O 点简化的主矢，它只取决于原力系中各力的大小和方向，是一个常量，与简化中心无关。

同理，将力偶系 M_1、M_2、…、M_n 继续合成，其合力偶的力偶矩为

$$M_o=M_1+M_2+\cdots+M_n=M_o(\boldsymbol{F}_1)+M_o(\boldsymbol{F}_2)+\cdots+M_o(\boldsymbol{F}_n)=\sum M_o(\boldsymbol{F}_i) \tag{2-21}$$

合力偶的力偶矩 M_o 称为原力系向 O 点简化的主矩。它的大小和转向均和简化中心有关，即主矩是一个不确定的量。

综上所述可得如下结论：平面一般力系向已知点简化，可以得到一个力和一个力偶。该力称为原力系的主矢，它等于原力系中各力平移到已知点后所得汇交力系的合力；该力偶的力偶矩称为主矩，它等于原力系中的各力对已知点的力矩的代数和。

应该指出的是，主矢并不是原力系的合力，主矩也不是原力系的合力偶。因为作为一个单独的量，它们并不能各自单独与原力系等效。

【例 2-9】 图 2-38(a)所示雨篷，A 端嵌墙内，当它受到载荷作用时，既不能沿任何放向移动，也不会绕任何点转动，形成固定端约束，简图如图 2-38(b)所示。试确定固定端约束的约束反力。

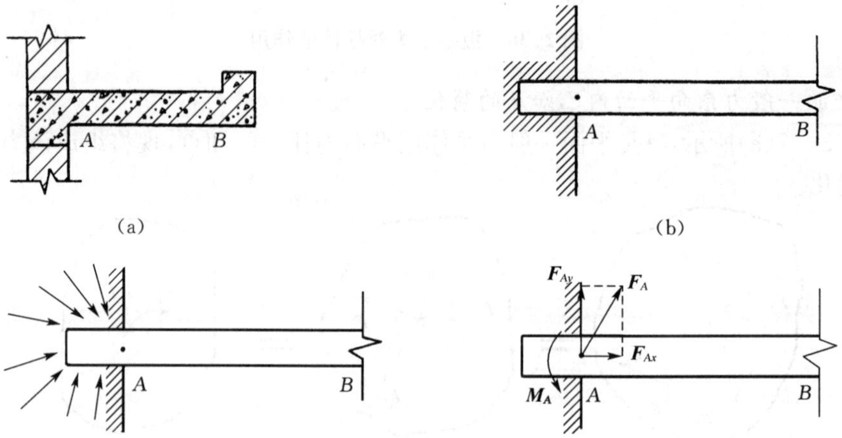

(a) (b) (c) (d)

图 2-38 雨篷受力图

解 当荷载作用于物体(雨篷)上时，构件插入部分(即固定端)与墙接触的各点都会受到大小和方向各不相同的约束反力作用，如图 2-38(c)所示，这些任意分布的约束反力是一个平面一般力系。将该力系向构件端部截面中心 A 点简化，可得到一个作用在 A 点的约束反力(即主矢)$\boldsymbol{F}_A$ 和一个力偶矩(即主矩)为 M_A 的力偶，如图 2-38(d)所示。因约束反力 $\boldsymbol{F}_A$ 的方向未知，所以也可以将约束反力 $\boldsymbol{F}_A$ 表示为两个互相垂直的分力 $\boldsymbol{F}_{Ax}$、$\boldsymbol{F}_{Ay}$。$\boldsymbol{F}_{Ax}$、$\boldsymbol{F}_{Ay}$、$\boldsymbol{M}_A$ 的大小和方向必须通过计算才能求得。

2.4.2 平面一般力系的简化结果讨论

如前所述，平面一般力系向已知点简化，可以得到一个力 $\boldsymbol{F}'$(主矢)和一个力偶矩为 M_o(主矩)的力偶，如图 2-39(a)。现进一步对其进行合成。

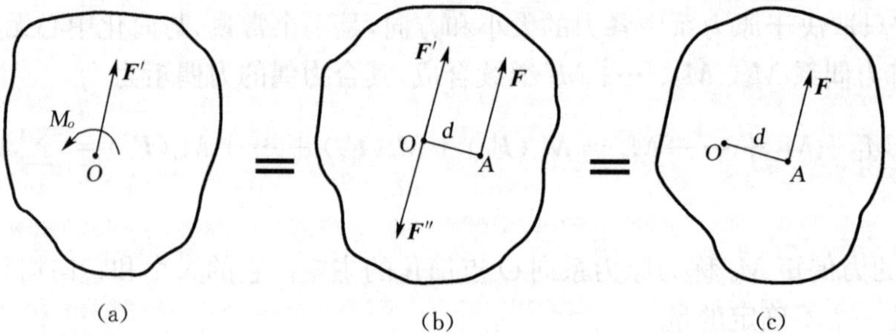

(a) (b) (c)

图 2-39 平面一般力系向已知点简化

将力偶的力和力偶臂进行调节，使得力偶的二力 $\boldsymbol{F}$、$\boldsymbol{F}''$ 与主矢 $\boldsymbol{F}'$ 大小相等，而力偶臂

$d=\frac{M_o}{F'}$，如图 2-39(b)，那么力偶 $M(\boldsymbol{F}, \boldsymbol{F}'')$ 的力偶矩与 M_o 相等，图 2-39(b)与(a)属等效代换，图 2-39(b)中力 $\boldsymbol{F}'$、$\boldsymbol{F}''$ 为一对平衡力，可以去掉，这时只剩下作用在 A 点的力 $\boldsymbol{F}$，该力即为原力系的合力，如图 2-39(c)所示。

由上可知，平面一般力系向已知点简化，如果 $\boldsymbol{F}'\neq 0$，$M_o\neq 0$，则可简化为一个合力。合力的大小、方向与主矢 $\boldsymbol{F}'$ 相同，合力的作用线与简化中心的距离 $d=\frac{M_o}{F'}$，并使该合力对简化中心的矩的转向和主矩转向一致。

以上是一般情况，即 $\boldsymbol{F}'\neq 0$，$M_o\neq 0$ 时合成的结果，下面就三种特殊情况进行讨论。

(1) 主矢不等于零，主矩等于零，即

$$\boldsymbol{F}'\neq 0,\quad M_o=0$$

此时原力系合成为一个合力，该合力即为作用在简化中心的主矢，即合力的大小、方向由主矢确定且其作用线通过简化中心。

(2) 主矢等于零，主矩不等于零，即

$$\boldsymbol{F}'=0,\quad M_o\neq 0$$

此时原力系合成为一个力偶，其力偶矩等于原力系对简化中心的主矩。根据力偶的性质可知，此时原力系对任一简化中心的主矩将为一常量。

(3) 主矢和主矩均为零，即

$$\boldsymbol{F}'=0,\quad M_o=0$$

此时不存在合力和合力偶，因此物体在原力系作用下保持平衡，即力系平衡。

2.4.3 平面一般力系的平衡条件、平衡方程

由上述讨论结果可知：当平面一般力系向平面内某点简化时主矢和主矩均为零，则原力系平衡；反之，如果物体在平面力系作用下保持平衡，则力系的主矢和主矩必同时为零。因此，平面力系平衡的必要与充分条件是：力系的主矢和主矩都等于零，即

$$\boldsymbol{F}'=0,\quad M_o=0$$

由式(2-20)和式(2-21)有：

$$F'=\sqrt{(\sum F_x)^2+(\sum F_y)^2}=0$$

$$M_o=\sum M_o(\boldsymbol{F}_i)=0$$

因此有：

$$\left.\begin{aligned}\sum F_x=0\\ \sum F_y=0\\ \sum M_o(\boldsymbol{F}_i)=0\end{aligned}\right\}\qquad(2\text{-}22)$$

式(2-22)即为平面一般力系平衡方程的基本形式，通常也简化为一力矩式。它表明平面力系平衡的必要与充分条件是：所有各力在任选的两个坐标轴 x 、y 轴上的投影代数和为零，同时各力对任意点的矩的代数和等于零。

式(2-22)中，前两式称为投影方程式，后一式称为力矩方程式。这三个方程式是完全独立的，应用它可以求出三个未知量，且最多只能求出三个未知量。

平面一般力系平衡方程除了式(2-22)所示的基本形式外，还可表示成二力矩式和三力矩式。

(1) 二力矩式平衡方程：

$$\left.\begin{aligned}\sum F_x &= 0\\ \sum M_A(\boldsymbol{F}_i) &= 0\\ \sum M_B(\boldsymbol{F}_i) &= 0\end{aligned}\right\}\tag{2-23}$$

式中：A、B 是平面内任意两点，但其连线不垂直于 x 轴。

(2) 三力矩式平衡方程：

$$\left.\begin{aligned}\sum M_A(\boldsymbol{F}_i) &= 0\\ \sum M_B(\boldsymbol{F}_i) &= 0\\ \sum M_C(\boldsymbol{F}_i) &= 0\end{aligned}\right\}\tag{2-24}$$

式中：A、B、C 是平面内任意三点，但不共线。

平面一般力系平衡问题的解题步骤如下：

① 选取研究对象，画出其受力图。正确地画出受力图是求平衡问题的基础。

② 建立直角坐标系，选取矩心。应尽可能使坐标轴与未知力平行(重合)或垂直，尽可能将矩心选在两个未知力的交点，这样可使解题过程简化。

③ 列平衡方程，求解未知量。

【例 2-10】 如图 2-40(a)所示为一悬臂吊车示意图，已知横梁 AB 的自重 $\boldsymbol{G}=4$ kN，小车及其载荷共重 $\boldsymbol{Q}=10$ kN，梁的尺寸如图所示。试求 BC 杆的拉力及 A 处的约束反力。

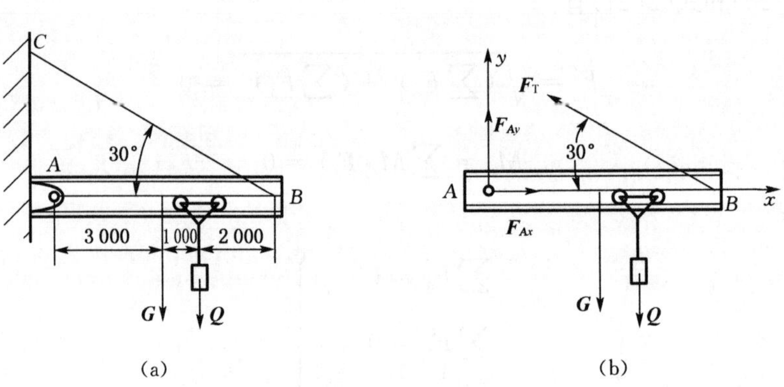

图 2-40 悬臂吊车

解　(1) 取 AB 梁为研究对象，画其受力图，如图 2-40(b)所示。

(2) 建立直角坐标系 Axy，如图 2-40(b)所示，列平衡方程：

$$\sum M_A(\boldsymbol{F})=0$$

$$6F_{\mathrm{T}}\sin 30^\circ-3G-4Q=0$$

解得

$$F_{\mathrm{T}}=17.33\ \mathrm{kN}$$

又

$$\sum F_x=0,\ F_{Ax}-F_{\mathrm{T}}\cos 30^\circ=0$$

$$\sum F_y=0,\ F_{Ay}+F_{\mathrm{T}}\sin 30^\circ-G-Q=0$$

解得

$$F_{Ax}=15\ \mathrm{kN}$$

$$F_{Ay}=5.33\ \mathrm{kN}$$

2.4.4　物体系统的平衡

物体系统就是由几个物体通过约束所组成的系统，简称物系。如果物系由 n 个物体组成，如前面所述，平面一般力系的平衡方程数目为 $3n$，因此，可求 $3n$ 个未知量。

【例 2-11】 已知梁 AB 和 BC 在 B 点链接，C 为固定端，见图 2-41(a)。$M=20\ \mathrm{kN\cdot m}$，均布力 $q=15\ \mathrm{kN/m}$，试求 A、B、C 三点的约束反力。

解　分析若以整个物系为研究对象，则未知量较多，不能求解。所以，要以 AB、BC 两个物体分别为研究对象，可求出所有的未知量。

(1) 以 AB 为研究对象并画受力图，选坐标轴，如图 2-41(b)所示。

(2) 列出 AB 物体平衡方程，并求解。

$$\sum M_A(\boldsymbol{F})=0,\ 3F_{By}-2\times q\times 2=0$$

解得

$$F_{By}=\frac{4}{3}q=20\ \mathrm{kN}$$

$$\sum M_B(\boldsymbol{F})=0,\quad 3F_{Ay}-2\times q\times 1=0$$

解得

$$F_{Ay}=\frac{2}{3}q=10\ \mathrm{kN}$$

$$\sum F_x=0,\ F_{Bx}=0$$

(3) 以 BC 为研究对象并画受力图，选坐标轴，如图 2-41(c)所示。

(4) 列出 BC 物体平衡方程，并求解。

$$\sum M_C(\boldsymbol{F})=0,\ 2F'_{By}+M+M_C=0$$

解得

$$M_C=-2F'_{By}-M=(-2\times 20-20)\mathrm{kN\cdot m}=-60\ \mathrm{kN\cdot m}$$

$$\sum F_y=0,\ -F'_{By}+F_{Cy}=0$$

解得 $$F_{Cy}=F'_{By}=20\ \text{kN}$$

$$\sum F_x=0,\ F_{Cx}-F'_{Bx}=0$$

故 $$F_{Cx}=F'_{Bx}=F_{Bx}=0$$

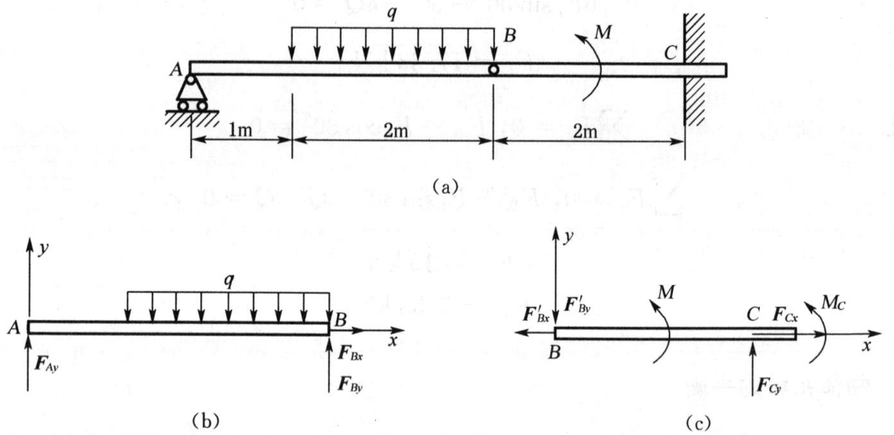

图 2-41 梁的受力分析

【例 2-12】 $ABCD$ 是一个四杆机构，在图 2-42(a)所示位置处于平衡状态，已知 $M=4\ \text{N}\cdot\text{m}$, $CD=0.4\sqrt{2}\text{m}$。求平衡时作用在杆 AB 中点的 $\boldsymbol{F}$ 力的大小及 A、D 处的约束反力。

解 分析：若以整体为研究对象，不能求出任意一个未知量。考虑到主动力偶在杆 CD 上，所以先以杆 CD 为研究对象。

(1) 以杆 CD 为研究对象并画受力图，如图 2-42(b)。因 BC 为二力杆，故 C 点受力为 $\boldsymbol{F}_C$。因力偶必须由力偶来平衡，故 D 处的反力 $\boldsymbol{F}_D=-\boldsymbol{F}_C$。

列平衡方程

$$\sum M_D(\boldsymbol{F})=0,\ M-F_C\cdot CD\sin 45^\circ=0$$

解得 $$F_C=\frac{M}{CD\sin 45^\circ}=\frac{4}{0.4\sqrt{2}\times\frac{\sqrt{2}}{2}}\text{N}=20\ \text{N}$$

所以 $$F_D=20\ \text{N}$$

(2) 以杆 AB 为研究对象画受力图，见图 2-42(c)。

列平衡方程

$$\sum M_A(\boldsymbol{F})=0,\ AB\cdot F_B-\frac{1}{2}AB\cdot F=0$$

解得

$$F=2F_B=2F_C=40\ \text{N}$$

$$\sum M_B(\boldsymbol{F})=0,\ \frac{1}{2}AB\cdot F-AB\cdot F_A=0$$

解得 $$F_A=\frac{1}{2}F=20\ \text{N}$$

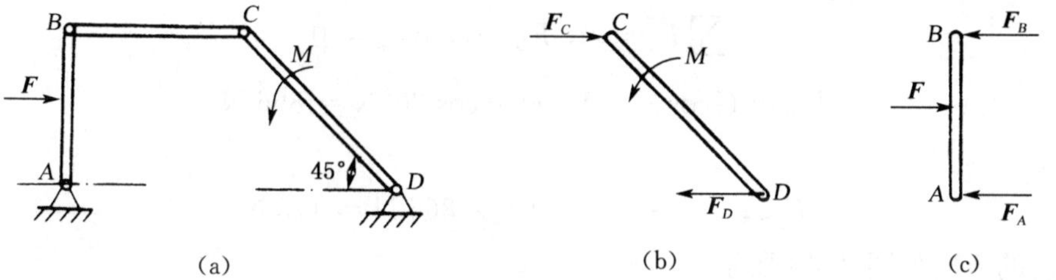

图 2-42　四杆机构受力分析

2.4.5　考虑摩擦时物体的平衡问题

前面研究物体接触或联接处之间是光滑接触，但绝对的光滑是不存在的。物体之间都有一定的摩擦，而且有的摩擦所起的作用还是主要的。例如汽车行驶、车床卡盘夹紧工件都要依靠摩擦力来工作。因此，必须研究摩擦问题。

1）*静摩擦力*

当两物体尚未发生相对滑动而仅有滑动趋势时，两物体间作用着阻止相对滑动的阻力称为静滑动摩擦力(简称静摩擦力)，用 $\boldsymbol{F}_f$ 表示。摩擦力的作用线在两物体的接触处，作用方向与运动趋势的方向相反。

2）*静滑动摩擦定律*

物体在力作用下，处于将动而未动状态时，我们称此状态为临界平衡状态或临界状态。物体在临界状态时，所产生的静摩擦力最大，即最大静摩擦力，用 $\boldsymbol{F}_{f\max}$ 表示。

由大量实验证明：最大静摩擦力的大小与两物体间的正压力(即法向反力 $\boldsymbol{F}_N$)的大小成正比，即

$$F_{f\max} = f \cdot F_N \tag{2-25}$$

称此公式为静滑动摩擦定律。式中的比例常数 f 称为静滑动摩擦因数，它是一个无量纲的正数。

3）*考虑摩擦时的平衡问题*

物体有摩擦时的平衡问题，仍可应用物体在对应力系下建立平衡方程求解，注意在求解过程中画出受力图和列平衡方程时，不可忽略摩擦力。

【例 2-13】　物体放在一倾角 $\alpha=30°$ 的斜面上，如图 2-43(a)所示。已知物体的重量为 1 000 N，接触面的静摩擦因素 $f=0.2$。求物体的最人静摩擦力。

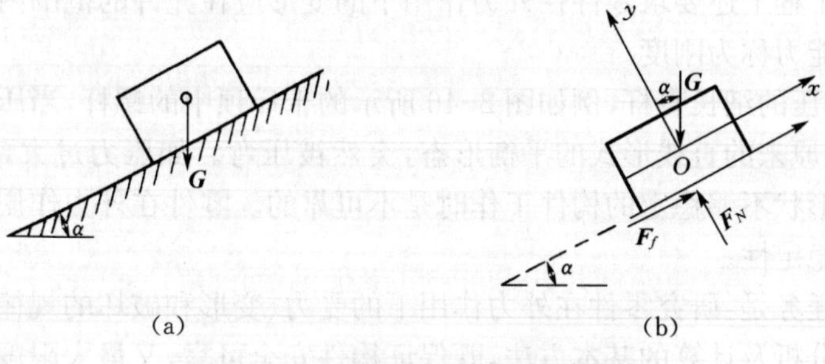

图 2-43　物体在斜面上的受力分析

解　(1) 画物体的受力图。选坐标系，如图 2-43(b)所示。

(2) 求最大静摩擦力 $\boldsymbol{F}_{f\max}$。

$$\sum F_y = 0,\ F_N - G\cos\alpha = 0$$

$$F_N = G\cos\alpha = 1\,000 \times \cos 30^\circ \text{N} = 866\ \text{N}$$

所以

$$F_{f\max} = f \cdot F_N = 0.2 \times 866\ \text{N} = 173\ \text{N}$$

$\boldsymbol{F}_{f\max}$的方向如图 2-43 所示。

2.5 材料力学基础知识

图 2-44 所示为一车床主轴，作用于主轴上的载荷有齿轮啮合力 $\boldsymbol{F}_n$，切削力 $\boldsymbol{F}$ 等，因而主轴会发生变形。作用力愈大，零件的变形也愈大。若外力过大甚至会断裂，使整个机床停止运转。显然，零件工作时发生意外的破坏是不允许的。因此，要求零件受力时具有足够的抵抗破坏的能力。零件在外力作用下抵抗破坏的能力称为强度。

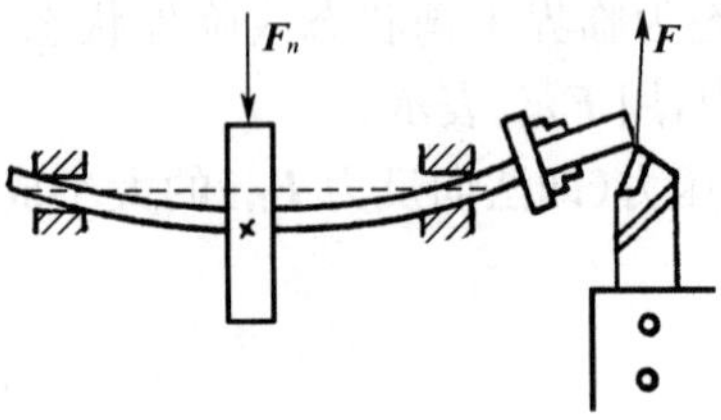

图 2-44 车床主轴受力图

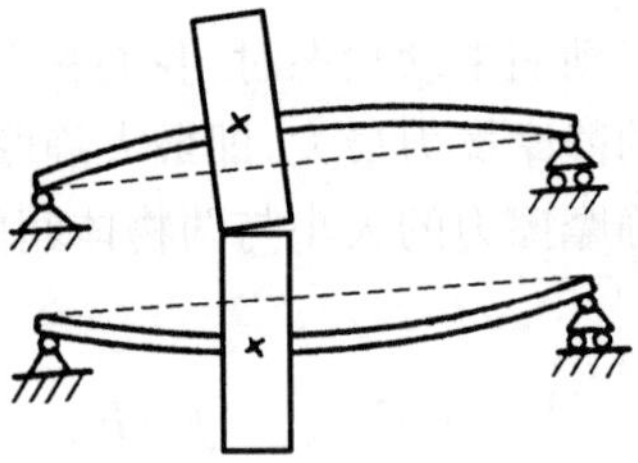

图 2-45 齿轮轴受力图

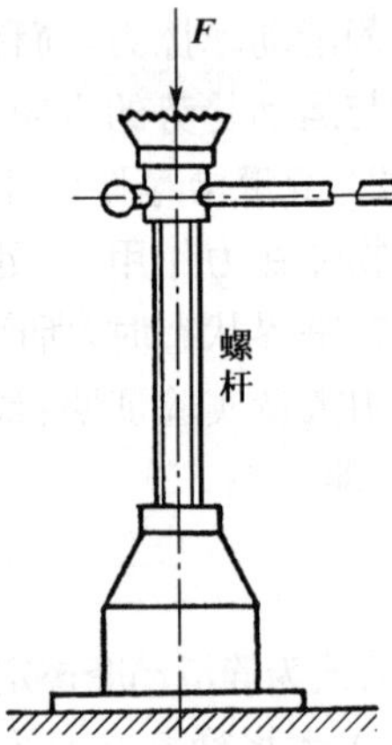

图 2-46 千斤顶中的螺杆

另一方面，零件受力变形超过一定限度时，即使没有破坏，也会妨碍整个机器正常工作。例如图 2-44 所示的车床主轴，即使有足够的强度，若变形过大，仍会影响工件的加工精度。又如图 2-45 所示的齿轮轴，如果变形过大时，将使轴上的齿轮啮合不良，并引起轴承的不均匀磨损。因此。工程上还要求零件在外力作用下的变形应在允许的范围内。零件在外力作用下抵抗变形的能力称为刚度。

此外，有些受压的细长直杆，例如图 2-46 所示的千斤顶中的螺杆，当压力增加到一定程度时，杆件就会从原来的直线形式的平衡形态，突然被压弯。如压力过大，杆件甚至会因弯曲过大而折断。形状不够稳定的构件工作时是不可靠的。零件在外力作用下保持原有平衡形态的能力称为稳定性。

材料力学的任务是：研究零件在外力作用下的受力、变形和破坏的规律，提供有关强度、刚度和稳定性的分析及计算的基本方法，既保证构件安全可靠，又最大限度地节约材料。

2.5.1 变形固体的基本假设

在静力学中，我们把物体视为刚体。但绝对的刚体是不存在的。物体在外力作用下都有一定的变形。在材料力学中将研究的零件均视为变形固体。

材料的物质结构和性质是非常复杂的。为了便于理论分析，只保留材料的主要特征，忽略其次要属性，因此，对变形固体作出如下基本假设：

(1) 均匀连续性假设

认为整个物体充满了物质，没有任何空隙存在，同时还认为物体在任何部分的性质是完全相同的。

(2) 各向同性假设

认为材料在各个不同的方向都具有相同的力学性质。

2.5.2　内力、截面法和应力

1) 内力的概念

物体在没有受到外力作用时，其内部就有相互作用的内力存在，正是由于这种内力的存在，才使物体保持一定的形状。当物体受到外力作用后，内部相互的内力发生了变化，材料力学所研究的内力，是指由外力引起的内力的改变量。它是由外力引起的，随外力的改变而改变。当外力超过一定的限度时，零件就会破坏。因此，必须研究内力，这是解决零件强度和刚度问题的基础。

2) 截面法

截面法是材料力学求内力的方法，其步骤如下：

(1) 截开　沿物体所要求的内力截面假想的截分为两部分，任取一部分为研究对象；

(2) 代替　用作用于该截面上的内力代替另一部分对被研究部分的作用；

(3) 平衡　对所研究部分建立平衡方程，从而确定截面上内力的大小和方向。

3) 应力

由经验可知，两根材料相同、截面大小不同的杆件，在相同外力作用下，细杆容易破坏。这就说明，零件的破坏不仅与零件的内力有关，还与截面的大小有关。我们把内力在截面上的分布集度称为应力，即单位面积上的内力。应力的方向由内力的方向决定。如果应力方向与截面垂直，称为正应力，其符号为 σ；如果应力方向与截面平行，称切应力，其符号为 τ。

应力的单位，采用国际单位制，为帕斯卡或千帕斯卡、兆帕斯卡、吉帕斯卡，其简称和代号分别为帕(Pa)，千帕(kPa)，兆帕(MPa)，吉帕(GPa)。

其换算为：

$1\ \text{Pa}=1\ \text{N/m}^2$

$1\ \text{kPa}=10^3\ \text{Pa}$

$1\ \text{MPa}=10^6\ \text{Pa}=1\ \text{N/mm}^2$

$1\ \text{GPa}=10^9\ \text{Pa}$

2.5.3　杆件变形的基本形式

材料力学研究的对象主要是等截面的直杆(简称等直杆)。杆件在外力作用下可能发生各种各样的变形，但归纳起来，有以下四种基本变形：

(1) 拉伸或压缩；

(2) 剪切；

(3) 扭转；

(4) 弯曲。

杆件四种基本变形形式的工程实例及受力图见表 2-1。

表 2-1 杆件变形的基本形式

变形形式	工程实例	受力简图	变形形式	工程实例	受力简图
拉伸或压缩	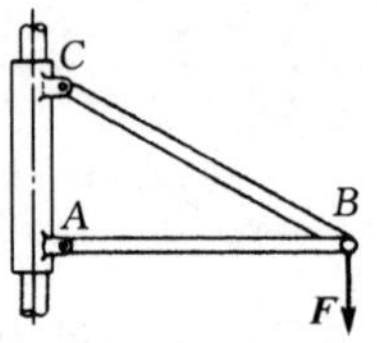	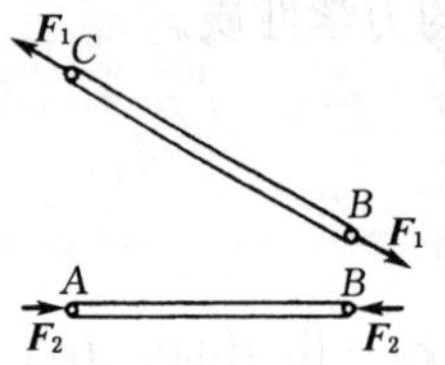	扭转	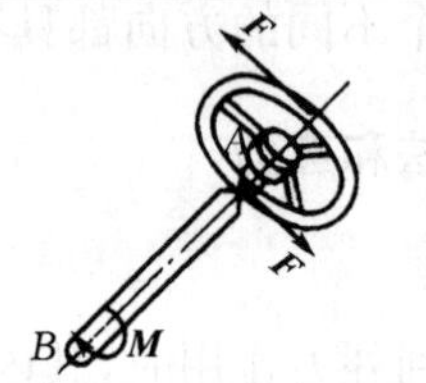	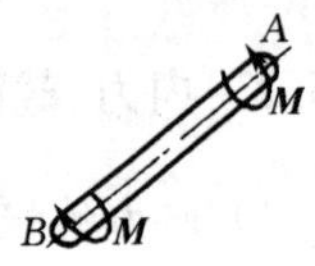
剪切	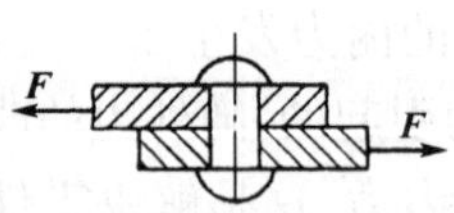	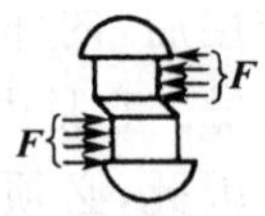	弯曲	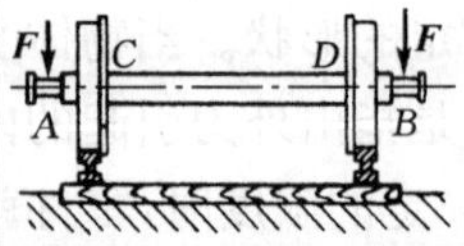	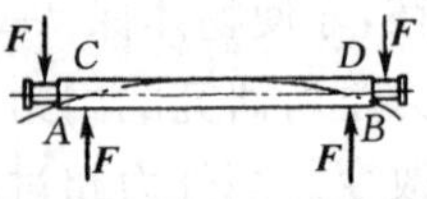

零件在外力作用下产生的变形有时是一种基本变形，有时是几种基本变形的组合。零件同时产生几种基本变形称为组合变形。

2.6 轴向拉伸与压缩

2.6.1 轴向拉伸与压缩的概念

在工程实际中，受到轴向拉伸或压缩的实例很多。如图 2-47 所示，简易吊车中杆 AB 就受到轴向拉伸。

为了便于理论研究，一般拉压杆件计算简图如图 2-48 所示，由此可看出拉伸与压缩杆件的受力特点是作用在杆件上的两个力大小相等、方向相反、作用线与杆件轴线重合，变形特点是：杆件产生沿轴线方向的伸长或缩短。这种变形形式称为轴向拉伸(图 2-48(a))或轴向压缩(图 2-48(b))。

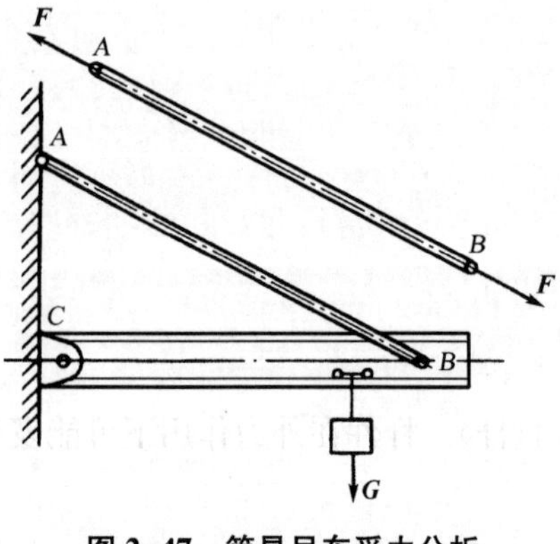

图 2-47 简易吊车受力分析

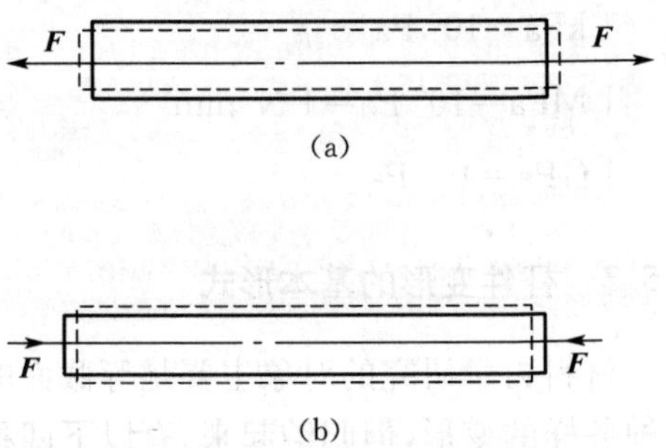

图 2-48 拉压杆件计算简图

2.6.2　轴向拉伸与压缩时横截面上的内力

横截面是指垂直于杆件轴线的截面。

前面已经指出过,求内力的方法用截面法。现以拉伸杆件为例计算横截面上的内力。

【例 2-14】　如图 2-49(a)所示。一直杆同时受力 $\boldsymbol{F}_1$、$\boldsymbol{F}_2$、$\boldsymbol{F}_3$ 作用而平衡,求横截面 1-1、2-2 上的内力。

解　(1) 求 1-1 截面上的内力

① 截开　沿 1-1 截面截开,取右边部分为研究对象,见图 2-49(b);

② 代替　以截面上的内力 $\boldsymbol{F}_{N1}$ 来代替另一部分对研究部分的作用;

由于轴向拉伸和压缩时外力都作用在轴线上,故截面上内力的作用线应与轴线重合,即此时的内力垂直于横截面并通过其形心。所以把轴向拉伸和压缩时横截面上的内力又称为轴力。其符号为 $\boldsymbol{F}_N$。

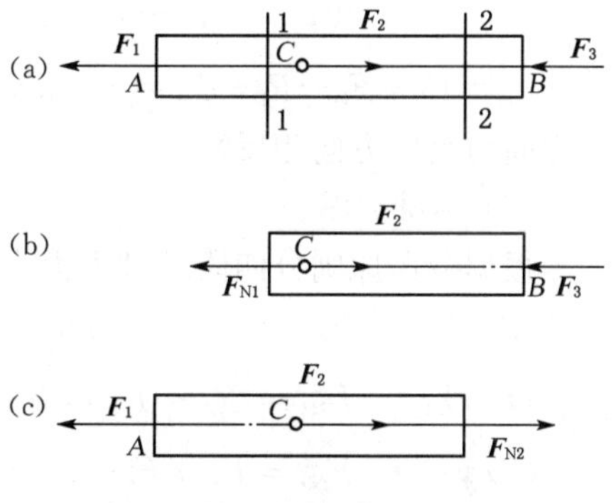

图 2-49　直杆受力分析

③ 平衡　对所研究部分列平衡方程:

$$\sum F_x=0,\ F_2-F_3-F_{N1}=0$$

故

$$F_{N1}=F_2-F_3$$

(2) 求 2-2 截面上的内力,可以再次应用截面法:

① 截开　沿 2-2 截面截开,取左边为研究对象,见图 2-49(c);

② 代替　用 $\boldsymbol{F}_{N2}$ 代替 2-2 截面上的内力;

③ 平衡　列平衡方程:

$$\sum F_x = 0,\ F_{N2} + F_2 - F_1 = 0$$

$$F_{N2} = F_2 - F_1$$

由计算结果可看出,轴力 $\boldsymbol{F}_{N1}$、$\boldsymbol{F}_{N2}$ 大小与研究部分所作用的外力有关。即轴力的大小等于所研究部分所有外力的代数和。

轴力的正负号规定如下:当杆件受拉时,即轴力背离横截面时,取正号;杆件受压缩时,即轴力指向横截面时,取负号。在轴力计算过程中,一般把轴力设置为正。

为了表明各截面上的轴力沿轴线的变化情况,用平行于杆件轴线的坐标表示杆件横截面的位置,再取垂直于杆件轴线的坐标表示杆件横截面上的轴力,这样绘出的图线称为轴力图。

绘制轴力图时应注意以下几点:

(1) 轴力图画在实际杆件的下面。

(2) 分段原则:以相邻两个外力的作用点分段。

(3) 求轴力大小时取外力少的为研究对象。

(4) 正轴力画在坐标轴的上侧,负轴力画在坐标轴的下侧。

(5) 图形内部用垂直于轴线的竖线表示。

【例 2-15】 如图 2-50(a)所示的等直杆，在 B、C、D、E 处分别作用已知外力为 $\boldsymbol{F}_4$、$\boldsymbol{F}_3$、$\boldsymbol{F}_2$、$\boldsymbol{F}_1$，且 $F_1=10\ \text{kN}$、$F_2=20\ \text{kN}$、$F_3=15\ \text{kN}$、$F_4=8\ \text{kN}$。求作其轴力图。

解 (1) 画杆件的受力图并求固定端的约束反力 $\boldsymbol{F}_A$，见图 2-50(b～f)。

$$\sum F_x=0,\ F_1+F_3-F_2-F_4-F_A=0$$

$F_A=F_1+F_3-F_2-F_4=-3\ \text{kN}$（负值表示 $\boldsymbol{F}_A$ 所设方向与真实方向相反）

(2) 画轴力图。

根据分段原则分四段求轴力大小。

AB 段： $F_{N1}=F_A=-3\ \text{kN}$

BC 段： $F_{N2}=F_A+F_4=(-3+8)\text{kN}=5\ \text{kN}$

CD 段： $F_{N3}=F_A+F_4-F_3=(-3+8-15)\text{kN}=-10\ \text{kN}$

DE 段： $F_{N4}=F_A+F_4-F_3+F_2=(-3+8-15+20)\text{kN}=10\ \text{kN}$

根据所计算结果画轴力图，如图 2-50(g)所示。

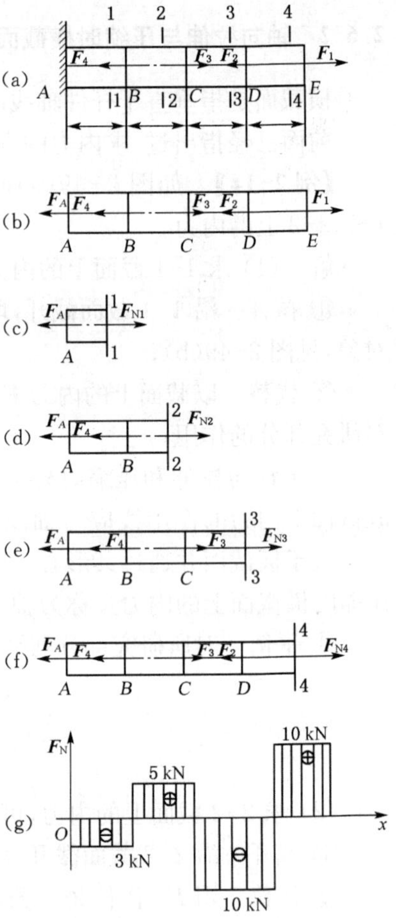

图 2-50 等直杆受力分析图

2.6.3 轴向拉伸与压缩时横截面上的应力

由前研究所知，杆件的破坏不仅与内力有关，还与杆件的截面积有关，即内力在横截面上的分布集度——应力有关。轴向拉伸和压缩时，横截面上产生什么应力？应力与轴力是什么关系？下面以拉伸变形为例，求应力的计算公式。

取一等截面直杆，见图 2-51(a)，在其表面上沿垂直于杆件轴线方向画直线段 ab、cd。然后对其施加拉伸力 $\boldsymbol{F}$。

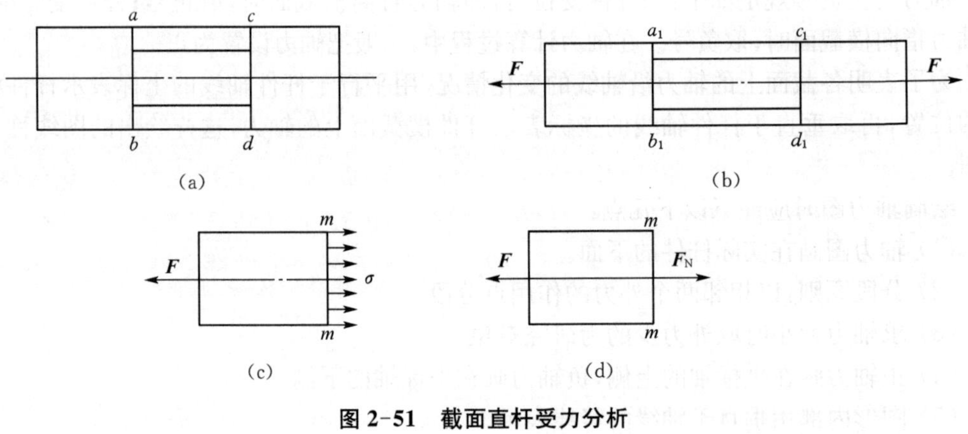

图 2-51 截面直杆受力分析

在受到拉伸后，杆件产生变形，ab、cd 分别平移到 a_1b_1 和 c_1d_1 位置，见图 2-51(b)。且各线段仍与杆件轴线垂直。由此可得到平面假设，即变形前为平面的各横截面，在变形后仍为平面，且仍与杆的轴线垂直。设想杆件是由无数条与轴线平行的纵向纤维构成的，由平面假设推知，纵向纤维产生了相同的伸长量。由材料均匀性假设可推知，伸长量相同时，各纵向纤维的受力相同，由此推断，横截面上的各点的应力大小相等，方向垂直于横截面，称为正应力，其计算公式为

$$\sigma = \frac{F_N}{S} \tag{2-26}$$

式中：F_N——横截面上的轴力(N)；

S——横截面的面积(mm^2)。

正应力的正负号由轴力正负号决定。

【例 2-16】 圆截面杆如图 2-52(a)所示，已知 $F_1=400$ N，$F_2=1\,000$ N，$d=10$ mm，$D=20$ mm，试求杆各段横截面上的正应力。

解　(1) 画轴力图，如图 2-52(b)所示。

(2) 求各段正应力。

由轴力图可知，杆件横截面上的轴力不同，故应力分三段计算。

AB 段：$\sigma_1 = \frac{F_{N1}}{S_1} = \frac{400 \times 4}{3.14 \times 10^2}$ MPa $= 5.1$ MPa

BC 段：$\sigma_2 = \frac{F_{N1}}{S_2} = \frac{400 \times 4}{3.14 \times 20^2}$ MPa $= 1.3$ MPa

CE 段：$\sigma_3 = \frac{F_{N2}}{S_2} = \frac{1\,400 \times 4}{3.14 \times 20^2}$ MPa $= 4.5$ MPa

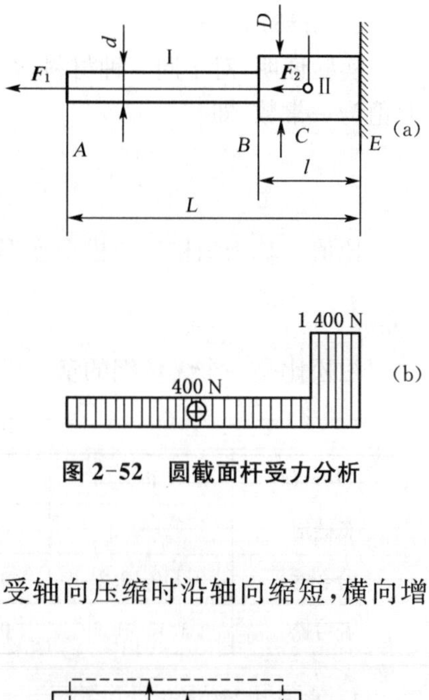

图 2-52　圆截面杆受力分析

2.6.4　轴向拉伸与压缩时的变形

杆件受到轴向拉伸时，沿轴线方向伸长，横向缩小；受轴向压缩时沿轴向缩短，横向增大，如图 2-53 所示。

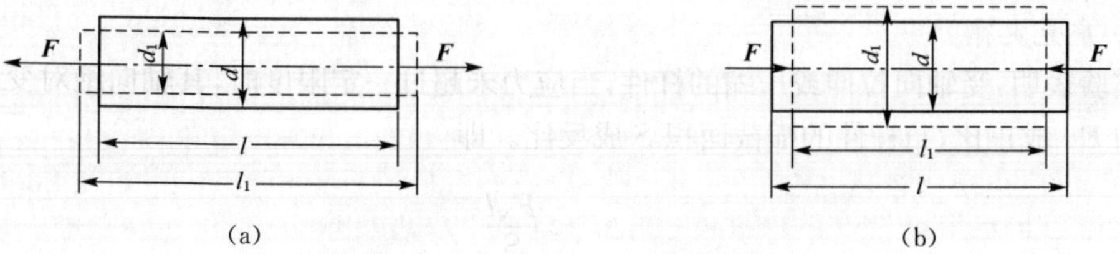

图 2-53　杆件受到轴向拉伸和压缩

1) 绝对变形

杆件在轴向的伸长或缩短量称为轴向绝对变形，用 Δl 表示。杆件在横向的增大和缩小量称为横向绝对变形，用 Δd 表示。如图 2-53 所示，Δl 和 Δd 分别等于

$$\Delta l = l_1 - l$$

$$\Delta d = d_1 - d$$

式中：l、l_1——杆件变形前后的长度；

d、d_1——杆件变形前后的直径。

2）相对变形

因为绝对变形与杆件原尺寸有关，为消除原尺寸的影响，以单位长度的绝对变形来衡量杆的变形程度，称这种变形为相对变形或线应变。即

$$\varepsilon=\frac{\Delta l}{l}\text{（轴向线应变）} \tag{2-27}$$

$$\varepsilon_1=\frac{\Delta d}{d}\text{（横向线应变）} \tag{2-28}$$

在拉伸时，ε 为正，ε_1 为负；压缩时，ε 为负，ε_1 为正。

3）泊松比

实验证明，对于同一种材料，在弹性范围内，其横向相对变形与轴向相对变形之比的绝对值为一常数，即

$$\left|\frac{\varepsilon_1}{\varepsilon}\right| = \mu \tag{2-29}$$

比值 μ 称为泊松比或横向变形系数。如前所述，ε 与 ε_1 正负符号恒相反，因此

$$\varepsilon_1 = -\mu\varepsilon \tag{2-30}$$

泊松比是一个无量纲的量。常用的几种工程材料的泊松比列于表 2-2 中。

表 2-2　常用材料的 E，μ 值

材料名称	E/(GPa×10^2)	μ	材料名称	E/(GPa×10^2)	μ
低碳钢	2～2.2	0.25～0.33	铜及其合金	0.74～1.30	0.31～0.42
合金钢	1.9～2.2	0.24～0.33	橡　胶	0.000 08	0.47
灰铸铁	1.15～1.6	0.23～0.27			

4）虎克定律

实验表明：受轴向拉伸或压缩的杆件，当应力未超过一定限度时，其轴向绝对变形 Δl 与轴向力 $\boldsymbol{F}_{\mathrm{N}}$ 成正比，与杆件的横截面积 S 成反比。即

$$\Delta l \propto \frac{F_{\mathrm{N}} l}{S}$$

引入比例系数 E，则

$$\Delta l = \frac{F_{\mathrm{N}} l}{ES} \tag{2-31}$$

式(2-31)称为虎克定律，比例系数 E 称为材料的弹性模量。常用材料的弹性模量列于表 2-2 中。由公式(2-31)中可以看出，在其他条件不变的情况下，E 的大小影响 Δl 的大小，

所以 E 值可表示材料抗拉压变形的能力。同时也可看出，F_N 和 l 不变时，ES 大，则 Δl 小。说明 ES 是拉压杆抵抗拉压变形能力的量度，称为杆的抗拉(压)刚度。

当公式(2-31)中的 F_N、l、S 为常量时，求 Δl 公式不变；若当公式(2-31)中的 F_N、l、S 有一个变化时，必须分段研究，其 Δl 等于各段绝对变形的代数和，即

$$\Delta l = \Delta l_1 + \Delta l_2 + \cdots + \Delta l_n = \sum \Delta l$$

将 $\frac{F_N}{S}=\sigma$、$\frac{\Delta l}{l}=\varepsilon$ 代入式(2-31)，便得

$$\sigma = E\varepsilon \tag{2-32}$$

式(2-32)是虎克定律的又一表达形式，即当应力不超过某一极限时，应力和应变成正比。

【例 2-17】 杆的受力情况及各段长度如图 2-54(a)所示，AC 的横截面积为 $S_{AB}=S_{BC}=500\ \text{mm}^2$，$CD$ 段的横截面积为 $S_{CD}=200\ \text{mm}^2$，杆的弹性模量 $E=200$ GPa。试求：(1) 各段杆横截面上的内力和应力；(2) 杆的总变形。

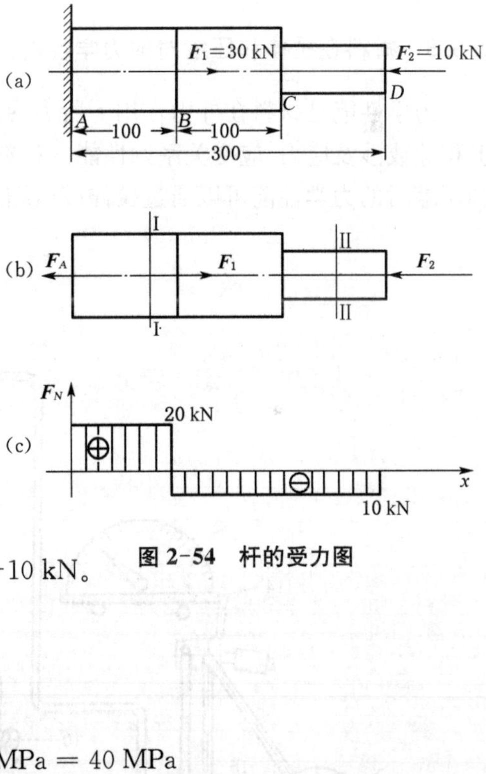

图 2-54　杆的受力图

解　(1) 画杆的受力图并求约束反力(见图 2-54(b))

$$\sum F_x = 0,\ -F_A + F_1 - F_2 = 0$$

$$F_A = 20\ \text{kN}$$

(2) 求各段横截面上的内力并画轴力图

AB 段：$F_{N1}=F_A=20$ kN；

BC 段与 CD 段轴力相等：$F_{N2}=F_A-F_1=-10$ kN。

轴力图如图 2-54(c)所示。

(3) 求各段横截面上的应力

AB 段：

$$\sigma_1 = \frac{F_{N1}}{S_{AB}} = \frac{20\times10^3}{500}\text{MPa} = 40\ \text{MPa}$$

BC 段：

$$\sigma_2 = \frac{F_{N2}}{S_{BC}} = \frac{-10\times10^3}{500}\text{MPa} = -20\ \text{MPa}$$

CD 段：

$$\sigma_3 = \frac{F_{N2}}{S_{CD}} = \frac{-10\times10^3}{200}\text{MPa} = -50\ \text{MPa}$$

(4) 求杆的总变形

因为杆的轴力、横截面积不同，所以全杆总变形等于各段杆变形的代数和，即

$$
\begin{aligned}
\Delta l &= \Delta l_{AB} + \Delta l_{BC} + \Delta l_{CD} \\
&= \frac{F_{N1} l_{AB}}{ES_{AB}} + \frac{F_{N2} l_{BC}}{ES_{BC}} + \frac{F_{N2} l_{CD}}{ES_{CD}} \\
&= \frac{1}{E}\left(\frac{F_{N1} l_{AB}}{ES_{AB}} + \frac{F_{N2} l_{BC}}{ES_{BC}} + \frac{F_{N2} l_{CD}}{ES_{CD}}\right) \\
&= \left\{\frac{1}{200 \times 10^{9}}\left[\frac{20 \times 10^{3} \times 100 \times 10^{-3}}{500 \times (10^{-3})^{2}} - \right.\right. \\
&\qquad \left.\left. \frac{10 \times 10^{3} \times 100 \times 10^{-3}}{500 \times (10^{-3})^{2}} - \frac{10 \times 10^{3} \times 100 \times 10^{-3}}{200 \times (10^{-3})^{2}}\right]\right\} \mathrm{m} \\
&= -1.5 \times 10^{-5}\ \mathrm{m} = -0.015\ \mathrm{mm}
\end{aligned}
$$

计算结果，说明整个杆件缩短了 0.015 mm。

2.6.5 材料在拉伸和压缩时的力学性能分析

力学性能是材料在外力作用下所表现出来的特性。这些性能主要指与弹性和非弹性变形相关或涉及应力-应变关系的性能。材料的力学性能都是通过试验得出的。材料在拉伸和压缩时的力学性能可以通过拉伸或压缩试验得出。常见的拉压试验机如图2-55所示。

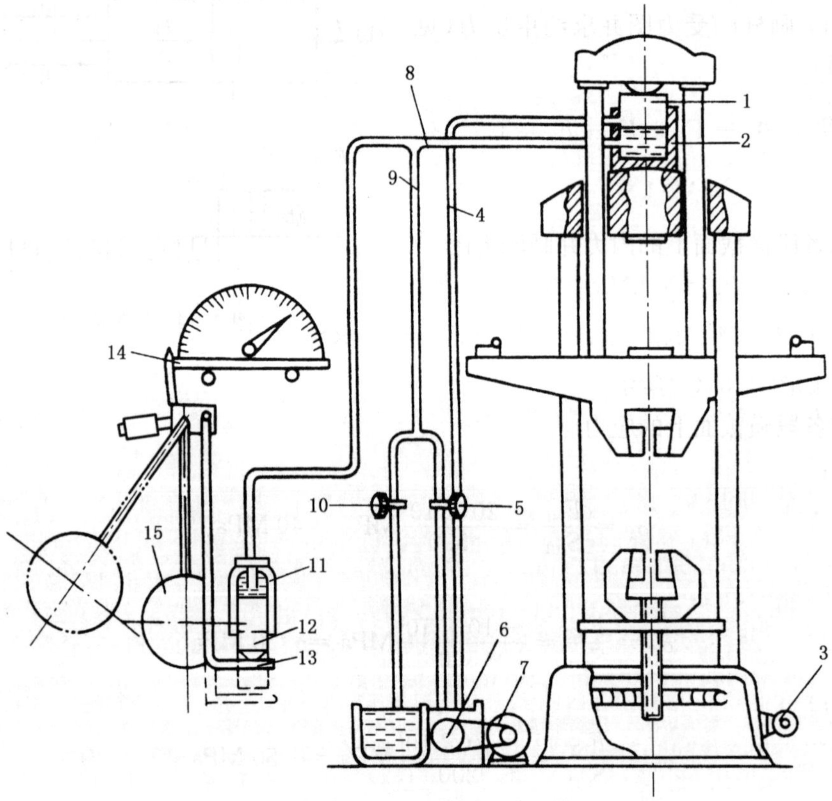

图 2-55 万能试验机构造示意图

1—大活塞；2—工作油缸；3—下夹头电动机；4—渗油回油管；5—送油阀；6—油泵；7—电动机；8—测力油管
9—送油管；10—回油阀；11—测力油缸；12—测力活塞；13—测力拉杆；14—推杆；15—摆锤

低碳钢和铸铁在工程中应用很广，它们在拉伸或压缩时所表现出的力学性能也比较典型。这里主要介绍它们在常温、静载(指加载速度缓慢平稳)情况下的某些力学性能。

1) 低碳钢在拉伸时的力学性能

以 Q235 钢为例，用标准试样(见图 2-56)做拉伸实验可测得拉伸力 $\boldsymbol{F}$ 与伸长量 Δl 的关系，以 $\boldsymbol{F}$ 为纵坐标，以 Δl 为横坐标，所绘制的拉伸图如图 2-57 所示。

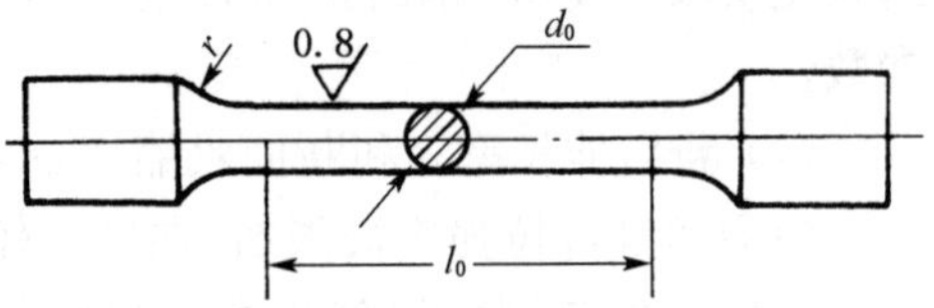

图 2-56　拉伸试样

为了便于比较，将拉力 $\boldsymbol{F}$ 除以试件横截面积 S 得 σ，Δl 除以原标距长 l_0 得 ε，相应的画出应力-应变图(见图 5-58)。它表明了从加载开始到破坏为止，应力 σ 与应变 ε 的对应关系。有图可知，整个拉伸过程大致可分为弹性阶段、屈服阶段、强化阶段和缩颈断裂阶段四个阶段。

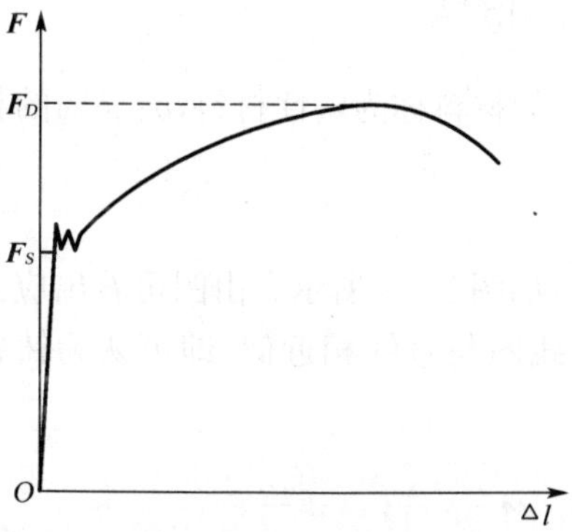

图 2-57　拉伸图

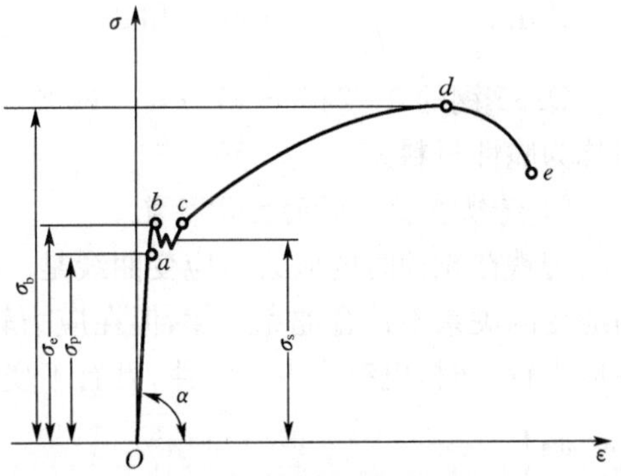

图 2-58　应力-应变图

(1) 比例极限 σ_P 与弹性极限 σ_e

图 2-58 上曲线 Oa 所对应的过程称为材料的弹性阶段。比例极限是指试样完全符合虎克定律时的最大应力值，用 σ_P 表示，因其值与弹性极限 σ_e 近似相等，故工程上常使用 σ_e 作为主要设计参数。Q235 钢的 $\sigma_P \approx \sigma_e \approx 200$ MPa。因此在此阶段，$\sigma = E\varepsilon$，故

$$E = \tan\alpha$$

(2) 屈服点 σ_S

由图 2-58 可看出，bc 段沿水平线上、下波动出现小锯齿形曲线，这说明这时应力虽然有波动但几乎未增大，而变形却迅速增长，材料好像失去了对变形的抵抗能力，这种现象称为材料屈服或流动。应力波动的最低值 σ_S 称为材料的屈服点，Q235 钢的屈服点 $\sigma_S \approx 240$ MPa。

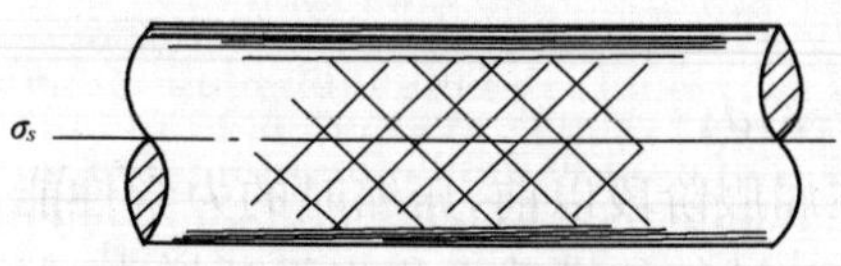

图 2-59　材料屈服

在试件产生屈服时，如果表面光滑，可在试件表面看到与轴线成 45°的条纹，称为滑移线，如图 2-59 所示，此时将产生塑性变形。工程中，零件一般不许产生塑性变形，故屈服极限 σ_S 是设计和选材时的主要参数。

(3) 抗拉强度 σ_b

屈服阶段之后，出现向上凸的曲线 cd，表明若要试件继续变形，必须增加外力，材料重新产生抵抗变形的能力。这种现象称为材料的强化。图上曲线 cd 所对应的过程称为材料的强化阶段。Q235 钢的抗拉强度 $\sigma_b \approx 400$ MPa。抗拉强度是设计和选材时的另一主要参数。

(4) 断后伸长率 δ 和断面收缩率 ψ

应力达到抗拉强度极限后，在试件较薄弱的横截面处发生急剧的局部收缩，出现缩颈现象，如图 2-60 所示。试件拉断之后，弹性变形全部消失，残留下的是塑性变形。将断裂后的两段试件接合起来，可测得试件断裂后的标距长度 l_K。同样，可测得断口处的截面积 S_K。

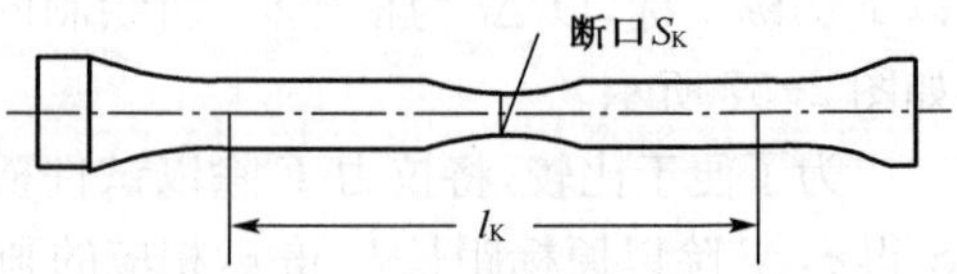

图 2-60 断裂后的试件

并由 $\delta = \dfrac{l_K - l_0}{l_0} \times 100\%$ 和 $\psi = \dfrac{S_0 - S_K}{S_0} \times 100\%$ 求出结果。

Q235 钢的 $\delta = 24\% \sim 27\%$，$\psi = 60\%$。通常将 $\delta > 5\%$ 的材料称为塑性材料；$\delta < 5\%$ 的材料称为脆性材料。

2) 铸铁在拉伸时的力学性能

铸铁在拉伸时的应力与应变曲线是一段微弯的曲线，如图 2-61 所示。由图可看出应力与应变的关系不符合虎克定律，但在应力较小时，σ-ε 曲线图与直线相近似，即可认为铸铁在应力较小时，也符合虎克定律，且有不变的弹性模量 E。

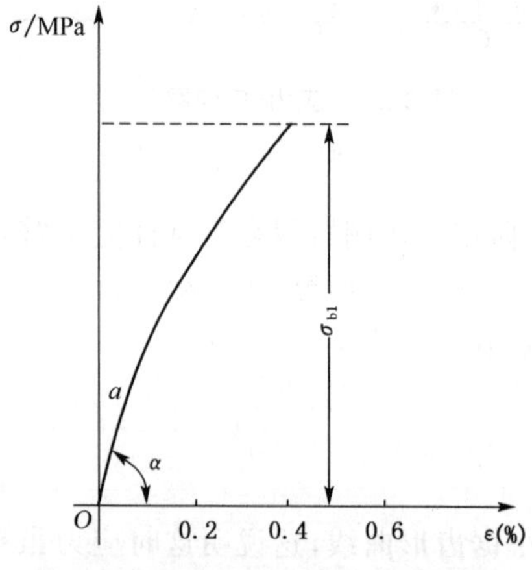

图 2-61 铸铁拉伸时应力-应变曲线

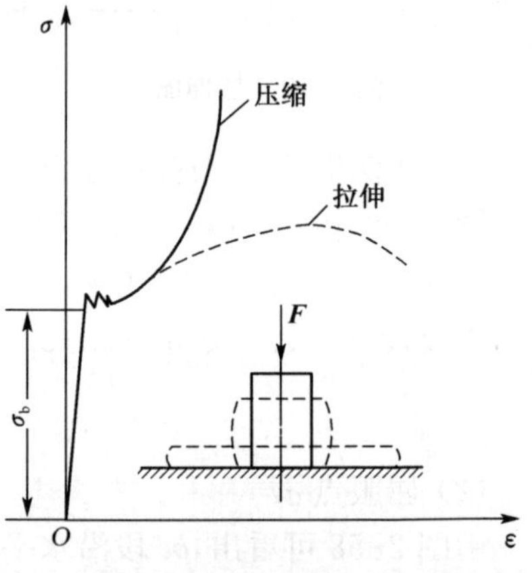

图 2-62 低碳钢压缩时应力-应变曲线

由图可看出，铸铁在拉伸时无屈服阶段，变形很小时突然断裂，所以表示铸铁的强度判据，仅有抗拉强度，常用 σ_{b1} 表示。

3) 低碳钢和铸铁在压缩时力学性能

标准压缩试件的长度 l 与直径 d 的关系是 $l = (1.5 \sim 3)d$。

低碳钢压缩时的 σ-ε 曲线见图 2-62。如图可看出在屈服阶段以前，压缩时的力学性能与拉伸时力学性能相同。随着压力的增大，试件越压越扁，试件的横截面积也不断增大，但试件不会断裂，所以低碳钢不存在抗压强度。

铸铁压缩时的 σ-ε 曲线见图 2-63。与拉伸时的 σ-ε 曲线(以虚线表示)相比,压缩时的 σ-ε 曲线也无明显的直线部分,材料只是近似地符合虎克定律。铸铁压缩破坏时,变形很小,而且是沿着轴线大致成 45°的斜截面断裂。灰铸铁的抗压强度比抗拉强度大约高 4 倍。

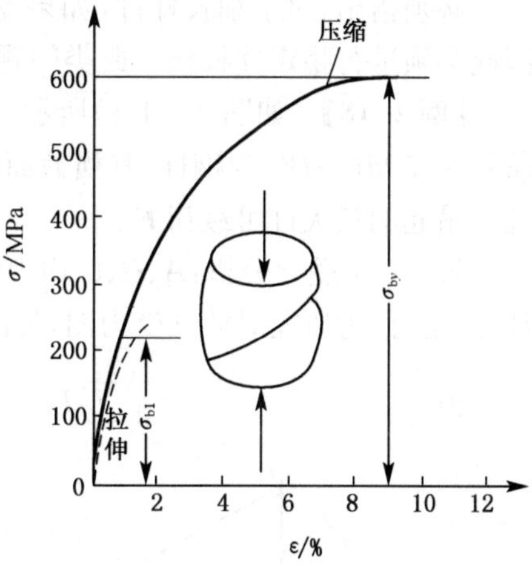

图 2-63 铸铁压缩时的应力-应变曲线

2.6.6 轴向拉伸和压缩时的强度计算

1)许用应力

为了保证零件正常工作,必须储备一定的强度,我们把极限应力(材料丧失工作能力时的最大应力)除以大于 1 的系数 s 作为材料的许用应力,用符号 $[\sigma]$表示;该系数 s 称为安全系数。

一般情况下,塑性材料的极限应力为 σ_S,脆性材料的极限应力为 σ_b,其许用应力分别为:

塑性材料: $[\sigma]=\dfrac{\sigma_S}{S_S}$,$S_S$ 为塑性材料的安全系数

脆性材料: $[\sigma]=\dfrac{\sigma_b}{S_b}$,$S_b$ 为脆性材料的安全系数

2)强度计算

为了使零件能安全可靠地工作,必须保证零件的最大工作应力不超过材料的许用应力值,即

$$\sigma_{max}=\frac{F_N}{S}\leqslant[\sigma] \tag{2-33}$$

式(2-33)称为零件的轴向拉伸(或压缩)时的强度条件。利用强度条件,可以解决工程实际三大类问题。

(1)强度校核

已知零件的外力,横截面积和许用应力,然后求出最大工作应力 σ_{max}。得到两种情况:如果 $\sigma_{max}\leqslant[\sigma]$时,强度足够;如果 $\sigma_{max}>[\sigma]$时,强度不够。

(2)设计截面尺寸

已知零件的外力和许用应力,在满足强度条件的前提下,由公式(2-33)得

$$S\geqslant\frac{F_N}{[\sigma]} \tag{2-34}$$

最后根据截面情况求出具体尺寸。

(3)计算许可载荷

已知零件的许用应力和横截面积,由公式(2-33)可求出最大轴力,其公式为

$$F_N\leqslant S\cdot[\sigma] \tag{2-35}$$

工程实际中应根据实际结构,找出所求零件的轴力与外力之间的关系,求出零件的许可载荷,最后确定整个结构的载荷,其大小等于各个零件许可载荷的最小值。

必须指出，对于细长杆件，如果受到轴向压力时，可能的失效形式主要是稳定性问题。因此必须进行稳定性校核。此类问题将在以后研究。

【例 2-18】 如图 2-64(a)所示，AB 为木杆，其横截面积 $S_{AB}=10\times10^3\ mm^2$，许用应力 $[\sigma]_{AB}=7$ MPa；BC 为钢杆，其横截面积 $S_{BC}=600\ mm^2$，许用应力 $[\sigma]_{BC}=160$ MPa。试求 B 处可吊起的最大许可载荷 $\boldsymbol{F}$。

解 (1) 受力分析：A、B、C 均为铰接，AB、BC 杆重不计，故 AB、BC 都是二力构件。以 B 点(销钉)为研究对象画受力图，见图 2-64(b)。

由 $$\sum F_y=0,\ F_{BC}\cdot\sin30^\circ-F=0$$

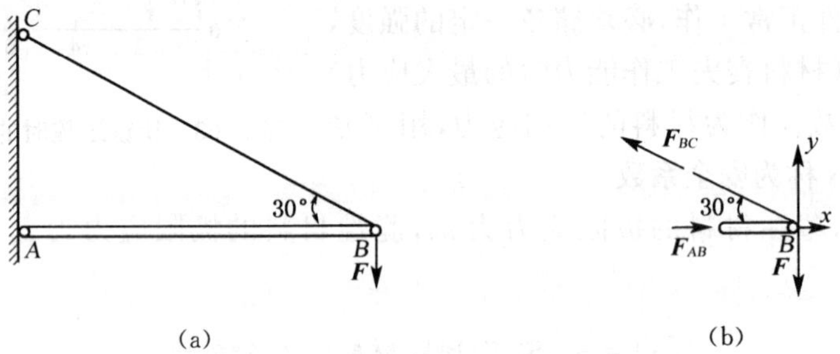

图 2-64 拉压杆受力分析

得 $$F_{BC}=\frac{F}{\sin30^\circ}=2F$$

由 $$\sum F_x=0,\ F_{AB}-F_{BC}\cdot\cos30^\circ=0$$

得 $$F_{AB}=F_{BC}\cdot\cos30^\circ=\sqrt{3}F$$

(2) 求最大许可载荷

由公式(2-35)可得木杆的许可轴力为

$$F_{AB}\leqslant S_{AB}\cdot[\sigma]_{AB}$$

即 $$\sqrt{3}F\leqslant(10\times10^2\times10^{-6}\times7\times10^6)\text{N}$$

故保证木杆强度所得的许可强度为

$$[F]_{木}\leqslant40.4\ \text{kN}$$

再由公式(2-35)可得钢杆的许可轴力为

$$F_{BC}\leqslant S_{BC}\cdot[\sigma]_{BC}$$

即 $$2F\leqslant(600\times10^{-6}\times160\times10^6)\text{N}$$

故保证钢杆强度所得的许可强度为

$$[F]_{钢}\leqslant48\ \text{kN}$$

因此保证整个结构的安全，B 点处可吊起的最大许可载荷为

$$[F]=\min\{[F]_{木},\ [F]_{钢}\}=40.4\ \text{kN}$$

2.7　剪切与挤压

2.7.1　剪切的概念及实用计算

1）剪切的概念

工程实际中，零件在外力的作用下，产生剪切变形的例子很多。如冲床或剪床对钢板下料，如图 2-65(a)所示；销联接中的销，如图 2-66 所示；铰制孔用螺栓联接（也称配合螺栓联接）中的螺栓光杆部分，如图 2-67 所示；再如轴毂之间普通平键联接中的键，如图 2-68 所示，都是典型的受剪切零件。由此可见，剪切变形的受力特点是：在被剪物体的两个侧面，各受到合力为 $\boldsymbol{F}$ 的分布力的作用，而这两个合力 $\boldsymbol{F}$ 的大小相等、方向相反、作用线平行且相距很近，如图 2-65(b)所示。变形特点是：介于两作用力之间的截面 m-n，有沿着作用力的方向发生相对错动的趋势。因此，我们称这种变形为剪切变形。

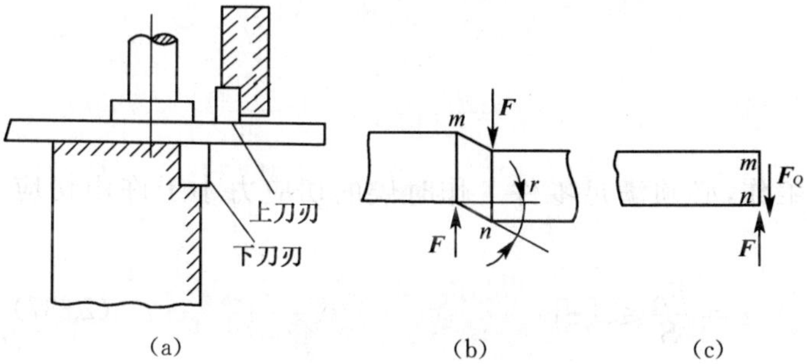

图 2-65　剪切下料

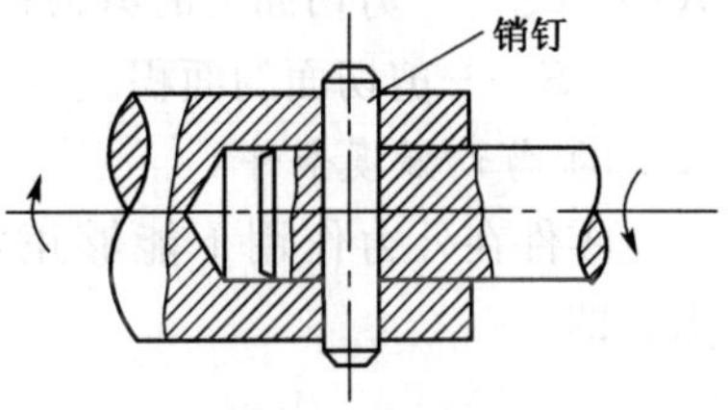

图 2-66　销联接

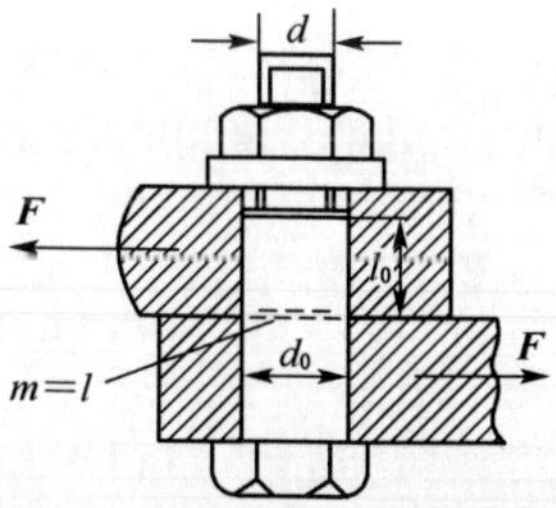

图 2-67　铰制孔用螺栓联接

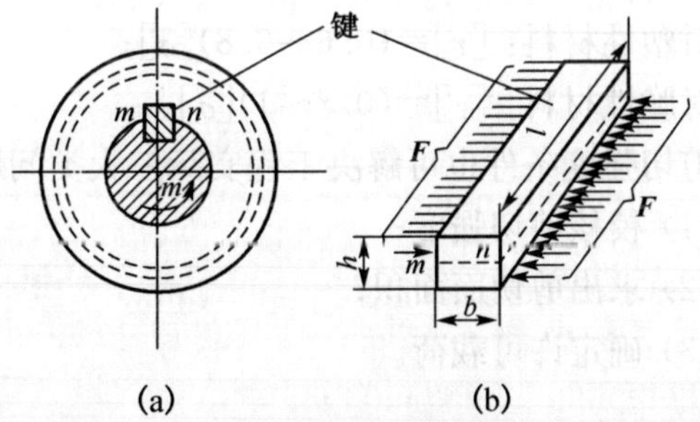

图 2-68　键联接

剪切变形中，可能发生相对错动的截面 m-n 称为剪切面。剪切面平行于作用力的作用线，位于相邻两反向外力作用线之间。

2）剪切实用计算

下面以铆钉联接（见图 2-69(a)）为例，说明剪切强度的计算方法。

取铆钉为研究对象，其受力情况如图 2-69(b)所示。首先求 m-m 截面上的内力。假想将铆钉从 m-m 截面截开，分为上下两部分，见图 2-69(c)，任取上半部分或下半部分为研究对象。为保持平衡，在剪切面内必然有与外力 $\boldsymbol{F}$ 大小相等、方向相反的内力存在，这个内力叫做剪力，用 $\boldsymbol{F}_Q$ 表示。剪力是剪切面上分布内力的合力。平行于截面的应力称为切应力，以 τ 表示。切应力的单位与正应力的单位相同。

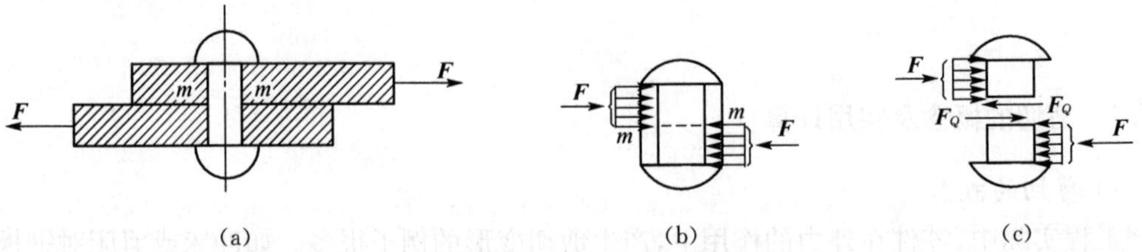

图 2-69 铆钉联接

切应力在剪切面上的分布规律很难确定，工程上常采用建立在实验基础上的方法，假定切应力在剪切面上的分布是均匀的，这种计算方法称为实用计算法。所以切应力计算公式为

$$\tau = \frac{F_Q}{S} \tag{2-36}$$

式中：F_Q——剪切面上的剪力；

S——剪切面的面积。

3）剪切强度条件

零件在外力作用下能够正常工作，必须满足零件工作时候的切应力小于许用切应力。即

$$\tau = \frac{F_Q}{S} \leqslant [\tau] \tag{2-37}$$

许用切应力$[\tau]$也由实验确定。实验表明，许用切应力$[\tau]$与许用拉应力$[\sigma]$之间有如下关系：

对塑性材料：$[\tau]=(0.6\sim0.8)[\sigma]$；

对脆性材料：$[\tau]=(0.8\sim1)[\sigma]$。

剪切强度条件也可解决工程实际三大类问题：

(1) 校核剪切强度；

(2) 求出剪切面面积；

(3) 确定许可载荷。

2.7.2 挤压的概念及实用计算

1）挤压的概念

零件产生剪切变形时，一般都伴随着挤压。挤压使两联接件的接触面发生压陷现象，即在局部范围内发生的塑性变形，称此变形为挤压变形。

2）挤压的实用计算

产生挤压变形的接触面，称为挤压面，其面积为 S_{jy}。挤压面上的压力称为挤压力，用符号 $\boldsymbol{F}_{jy}$表示。由挤压力在挤压面上引起的应力称为挤压应力，用 σ_{jy} 表示。它的大小仍由实用计算法计算。故挤压应力的计算公式是：

$$\sigma_{jy}=\frac{F_{jy}}{S_{jy}} \tag{2-38}$$

式中：F_{jy}——挤压面上的挤压力；

S_{jy}——挤压面面积。

挤压面面积 S_{jy} 的计算，一般为两种情况：

(1) 两物体为平面接触时，挤压面面积 S_{jy} 等于接触面面积；

(2) 两物体为圆柱面接触时，如图 2-70(a)所示，挤压面积等于半圆柱的正投影面积，即 $S_{jy}=dt$，见图 2-70(b)。

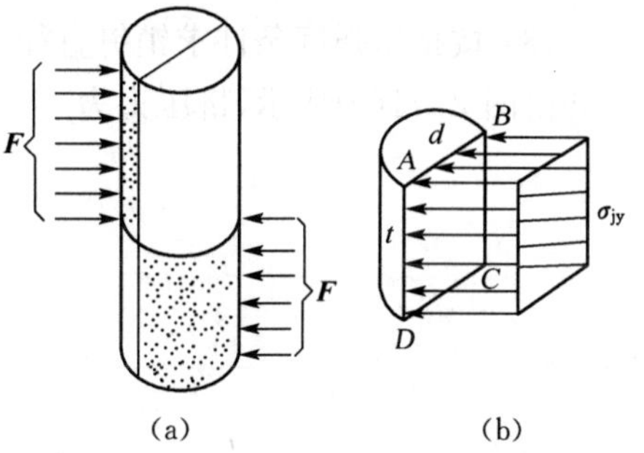

图 2-70　圆柱面挤压

3) 挤压的强度计算

为了使零件能够正常工作，也必须满足一定的挤压强度，挤压强度条件是

$$\sigma_{jy}=\frac{F_{jy}}{S_{jy}}\leqslant[\sigma_{jy}] \tag{2-39}$$

式中：$[\sigma_{jy}]$——材料的许用挤压应力，其大小与许用拉应力的关系是：

对于塑性材料：$[\sigma_{jy}]=(1.5\sim2.5)[\sigma_l]$；

对于脆性材料：$[\sigma_{jy}]=(0.9\sim1.5)[\sigma_l]$。

必须指出，如果相互挤压的材料不同，只对许用挤压应力$[\sigma_{jy}]$值较小的材料进行挤压强度核算。同理，挤压强度条件也可以解决工程实际三大类问题。

【例 2-19】 如图 2-71(a)所示。已知挂钩厚度 $t=8$ mm，销钉材料的许用切应力 $[\tau]=60\text{MPa}$，许用挤压应力 $[\sigma_{jy}]=200$ MPa，牵引力 $F=15$ kN，试选择销钉直径。

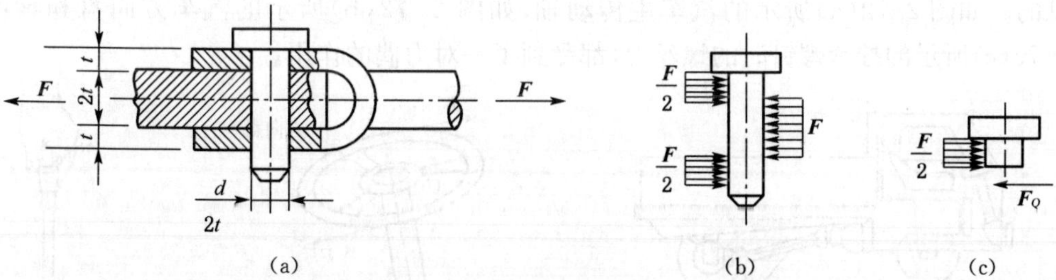

图 2-71　挂钩受力分析

解　(1) 画销钉的受力图，如图 2-71(b)所示。由受力图看出，销钉的剪切面为两个，取一个为研究对象，见图 2-71(c)，每个剪切面的剪力为

$$F_Q=\frac{F}{2}$$

(2) 按剪切强度条件求销钉直径 d_1。

$$\tau=\frac{F_Q}{S}\leqslant[\tau]$$

即

$$\frac{4F_Q}{\pi d_1^2} \leqslant [\tau]$$

所以
$$d_1 \geqslant \sqrt{\frac{2F}{\pi[\tau]}} = \sqrt{\frac{2 \times 15\,000}{3.14 \times 60}} \text{mm} \approx 13 \text{ mm}$$

(3) 按挤压强度条件求销钉直径 d_2。

由图 2-71(c)所示，挤压力为

$$F_{jy} = \frac{F}{2}$$

$$\sigma_{jy} = \frac{F_{jy}}{S_{jy}} = \frac{\frac{F}{2}}{d_2 \times t} \leqslant [\sigma_{jy}]$$

$$d_2 \geqslant \frac{F}{2t[\sigma_{jy}]} = \frac{15\,000}{2 \times 8 \times 200} \text{mm} = 4 \text{ mm}$$

为了同时满足剪切和挤压强度，销钉的直径取两者中的较大值 $d = 13$ mm。

2.8 圆轴的扭转

2.8.1 扭转的概念

在日常生活和工程实践中，有些杆件受到外力偶的作用，产生了扭转变形。生活中，如拧干衣服、用钥匙开门时，衣服、钥匙都产生了扭转变形。在工程上，扭转变形的杆件也是常见的。如图 2-72(a)所示的汽车主传动轴，如图 2-72(b)所示的汽车方向盘和轴，如图 2-72(c)所示的拧紧螺钉时的螺丝刀，都受到了一对力偶的作用。

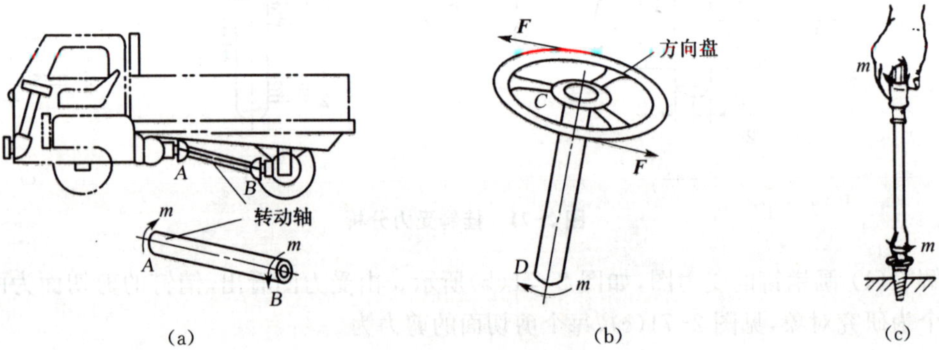

图 2-72 工程上扭转变形实例

分析这些杆件的受力，它们有着共同的特点：载荷是一对大小相等、方向相反、作用面均垂直于杆件轴线的力偶，杆件各横截面绕杆轴线发生相对转动，这种变形称为扭转变形。工程上把传递转动的杆件称为轴。机械中的轴，多数是圆截面或圆环截面，常称为圆轴。所以我们只研究圆轴扭转时的内力、应力、变形及强度、刚度计算等问题。

2.8.2　圆轴扭转时横截面上的内力

1）外力偶矩（转矩）的计算

作用于轴上的外力偶矩，一般不直接给出，而是根据所给定的轴的传递功率和轴的转速，通过公式计算，其计算公式为

$$M = 9\,550\,\frac{P}{n} \tag{2-40}$$

式中：P——轴传递的功率(kW)；

n——轴的转速(r/min)。

2）扭转时横截面的内力

圆轴在外力偶作用下发生扭转变形时，圆轴横截面上将产生内力。计算内力的方法仍采用截面法。

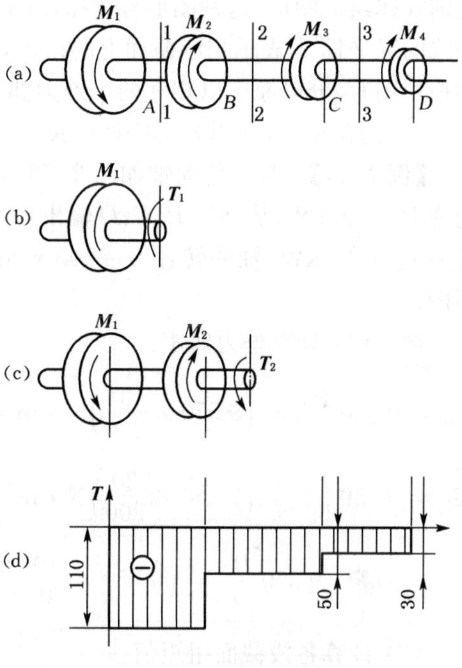

图 2-73　皮带轮传动

【例 2-20】　如图 2-73(a)所示，四个皮带轮上分别作用主动力偶矩 $M_1 = 110$ N·m 和从动力偶矩 $M_2 = 60$ N·m，$M_3 = 20$ N·m，$M_4 = 30$ N·m。求 1-1、2-2、3-3 截面上的内力。

解　(1) 求 1-1 截面的内力。

用截面法，可假想沿截面 1-1 将轴截开，取左边部分为研究对象，见图 2-73(b)。由于整个轴是平衡的，所以左段轴也必须平衡。因为力偶只能用力偶来平衡，显然，截面 1-1 的分布内力必构成一个作用面与 1-1 截面重合的内力偶与外力偶相平衡，此内力偶的力偶矩称为扭矩，以符号 T 表示。扭矩的正负号用右手螺旋法则定：右手四指弯向表示扭矩的转向，大拇指的指向离开截面时，扭矩规定为正，反之为负，如图 2-74 所示。在实际受力分析过程中，一般把扭矩设置为正值，见图2-73(b)、(c)。

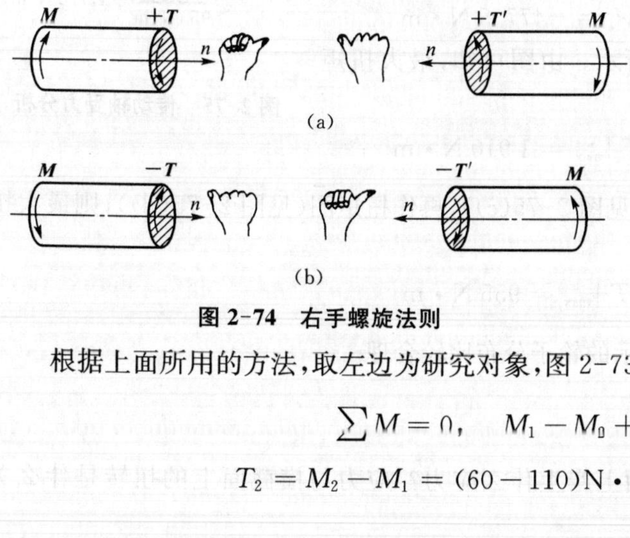

图 2-74　右手螺旋法则

扭矩的大小可以用静力平衡方程求得：

$$\sum M = 0,\quad M_1 + T_1 = 0$$

$$T_1 = -M_1 = -110\ \text{N}\cdot\text{m}$$

(2) 求 2-2 截面的内力。

根据上面所用的方法，取左边为研究对象，图 2-73(c)，可得 2-2 截面上的内力：

$$\sum M = 0,\quad M_1 - M_2 + T_2 = 0$$

$$T_2 = M_2 - M_1 = (60 - 110)\ \text{N}\cdot\text{m} = -50\ \text{N}\cdot\text{m}$$

(3) 求 3-3 截面上的内力。

同理，以左边为研究对象，可得 3-3 截面上的内力：

$$\sum M = 0, \quad M_1 - M_2 - M_3 + T_3 = 0$$

$$T_3 = M_2 + M_3 - M_1 = (60 + 20 - 110)\,\text{N} \cdot \text{m} = -30\,\text{N} \cdot \text{m}$$

由扭矩的计算可得：扭矩的大小等于所研究部分所有外力偶矩的代数和。

3) 扭矩图

为了形象地表示各截面扭矩的大小和正负，以便分析危险截面，常将扭矩随截面位置变化的规律绘成图形，这种图形称为扭矩图。取平行于轴线的横坐标表示各截面位置，垂直于轴线的纵坐标 T 表示相应截面上的扭矩，正扭矩画在轴上方，负扭矩画在轴下方。注意，绘制扭矩图时，分段原则以相邻两个外力偶矩的作用面来分，其他事项与绘制轴力图相同。图 2-73(a)的扭矩图，如图 2-73(d)所示。

【例 2-21】 有一传动轴如图 2-75(a)所示，主动轮 A 输入功率 $P_A = 40$ kW，从动轮 B、C、D 输出功率分别为 $P_B = 20$ kW、$P_C = P_D = 10$ kW，轴的转速 $n = 200$ r/min。试绘制该轴的扭矩图。

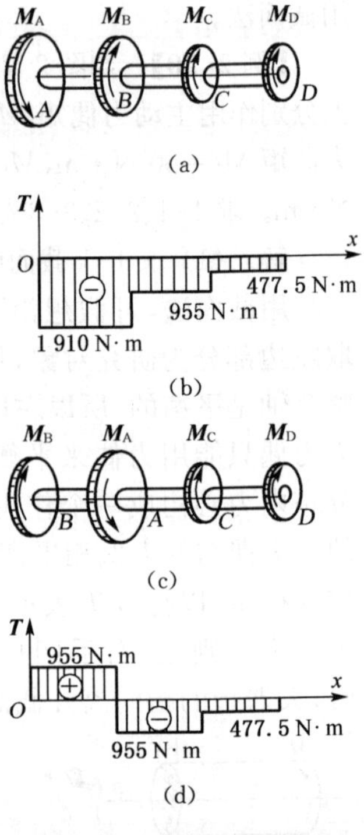

图 2-75 传动轴受力分析

解 (1) 计算外力偶矩。

$$M_A = 9\,550\,\frac{P_A}{n} = \left(9\,550 \times \frac{40}{200}\right)\text{N} \cdot \text{m} = 1\,910\,\text{N} \cdot \text{m}$$

$$M_B = 9\,550\,\frac{P_B}{n} = \left(9\,550 \times \frac{20}{200}\right)\text{N} \cdot \text{m} = 955\,\text{N} \cdot \text{m}$$

$$M_C = M_D = 9\,550\,\frac{P_C}{n} = \left(9\,550 \times \frac{10}{200}\right)\text{N} \cdot \text{m} = 477.5\,\text{N} \cdot \text{m}$$

(2) 计算各段截面扭矩值。

AB 段： $T_1 = -M_A = 1\,910\,\text{N} \cdot \text{m}$

BC 段： $T_2 = -M_A + M_B = -955\,\text{N} \cdot \text{m}$

CD 段： $T_3 = -M_D = -477.5\,\text{N} \cdot \text{m}$

(3) 画扭矩图，如图 2-75(b)所示。由图可知，最大扭矩(绝对值)发生在 AB 段，其值为：

$$|T|_{\max} = 1\,910\,\text{N} \cdot \text{m}$$

(4) 讨论。若将轮 A 放在中间(见图 2-75(c))，再作扭矩图(见图 2-75(d))，则最大扭矩发生在 BA、AC 两段。

$$|T|_{\max} = 955\,\text{N} \cdot \text{m}$$

由计算结果看出，图 2-75(c)所示的轮子分布比较合理。

2.8.3 圆轴扭转时横截面上的应力

圆轴在外力偶矩作用下，横截面上产生什么应力？应力与横截面上的扭转是什么关系？我们首先看看扭转的变形，然后由表及里，找出应力的分布规律，最后确定应力的计算公式。

1）平面假设

取一等截面圆轴，在其表面上画两条圆周线和两条与轴线平行的纵向线。然后，在其圆轴两端分别作用一外力偶矩 M，使圆轴产生扭转变形（见图 2-76）。观察其现象发现：①圆周线的形状、大小以及两圆周间的距离均保持不变，但绕轴线发生了相对的转动。②纵向线近似地为直线，只是倾斜了同一角度 γ，原来的小矩形变成了平行四边形。

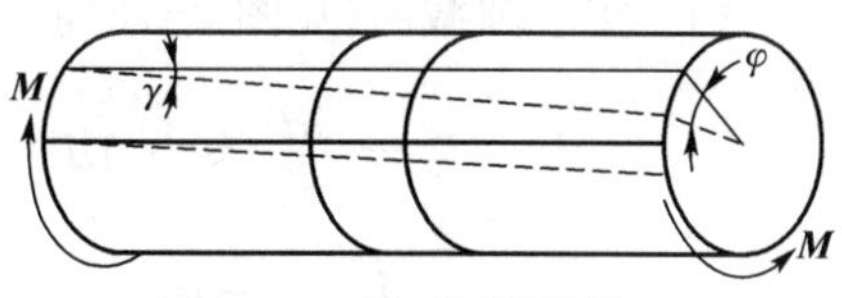

图 2-76　截面圆轴扭转

由上述变形现象可看出，圆轴扭转时，各横截面像刚性圆盘一样绕轴线发生不同角度的转动，由此得出平面假设：圆轴扭转前的横截面变形后仍保持为平面，且形状与大小及间距不变，仅横截面之间绕轴线发生相对转动。

2）圆轴扭转时横截面上的应力

由前研究所得，由于横截面间的距离不变，$\Delta l=0$，$\varepsilon=0$，所以横截面上没有正应力，由于横截面间产生绕轴线的相对转动，使小矩形沿圆周方向的两侧面发生相对错动，出现了剪切变形，故横截面上必有切应力存在，切应力方向与半径垂直。其计算公式为

$$\tau_\rho = \frac{T \cdot \rho}{I_p} \tag{2-41}$$

式中：τ_ρ——横截面上任意一点的切应力；

T——横截面上的扭矩；

ρ——所求应力点到圆心的距离；

I_p——横截面对圆心的极惯性矩，它表示截面的几何性质，是一个仅与截面形状和尺寸有关的几何量，反映了截面的抗扭能力，常用单位有 m^4、mm^4。

由公式(2-41)可看出，当横截面一定时，T、I_p 为常量，所以切应力的大小与所求点到圆心的距离成正比，即成线性分布。切应力的方向与横截面扭矩的转向一致，切应力的作用线与半径垂直。切应力在横截面上的分布规律，如图 2-77 所示。

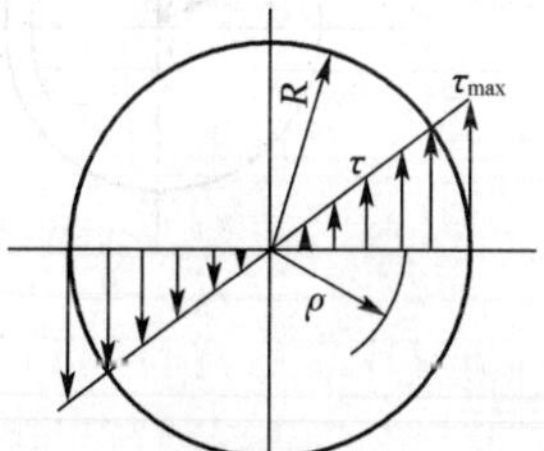

图 2-77　切应力在横截面上的分布规律

当 $\rho=\rho_{max}=R$ 时，$\tau=\tau_{max}$，由此可得最大切应力公式：

$$\tau_{max} = \frac{T \cdot R}{I_p}$$

式中：R 与 I_p 都是与截面尺寸有关的几何量，令

$$W_n = \frac{I_p}{R}$$

则有

$$\tau_{max} = \frac{T}{W_n} \tag{2-42}$$

W_n 称为抗扭截面系数，单位为 m^3 或 mm^3。

3）圆截面的极惯性矩和抗扭截面系数

在工程中，圆轴横截面一般采用实心圆或空心圆两种。

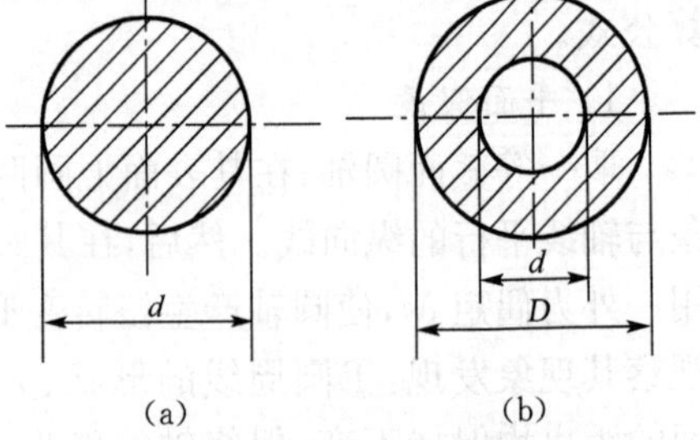

图 2-78 实心和空心圆横截面

（1）实心圆截面（见图 2-78(a)）

$$I_p = \frac{\pi d^4}{32} \approx 0.1d^4 \qquad (2\text{-}43)$$

$$W_n = \frac{I_p}{\frac{d}{2}} = \frac{\pi d^3}{16} \approx 0.2\,d^3 \qquad (2\text{-}44)$$

（2）空心圆截面（见图 2-78(b)）

$$I_p = \frac{\pi}{32}(D^4 - d^4) = \frac{\pi D^4}{32}(1-\alpha^4) \approx 0.1D^4(1-\alpha^4) \qquad (2\text{-}45)$$

$$W_n = \frac{I_p}{\frac{D}{2}} = \frac{\pi D^3}{16}(1-\alpha^4) \approx 0.2D^3(1-\alpha^4) \qquad (2\text{-}46)$$

式中：$\alpha=\frac{d}{D}$——空心圆轴内、外直径的比值。

【例 2-22】 阶梯轴受力偶作用，见图 2-79(a)。已知 $M=4$ kN·m，$d_1=60$ mm，$d_2=40$mm，I-I 截面上 E 点至圆心的距离为 20 mm。要求：(1)计算 E 点的切应力 τ_E 与 I-I 截面的最大切应力 τ_{max}，并图示其方向；(2)BC 段表面上各点至圆心的距离与 E 点相同，试分析其切应力大小并分析与 E 点是否相同。

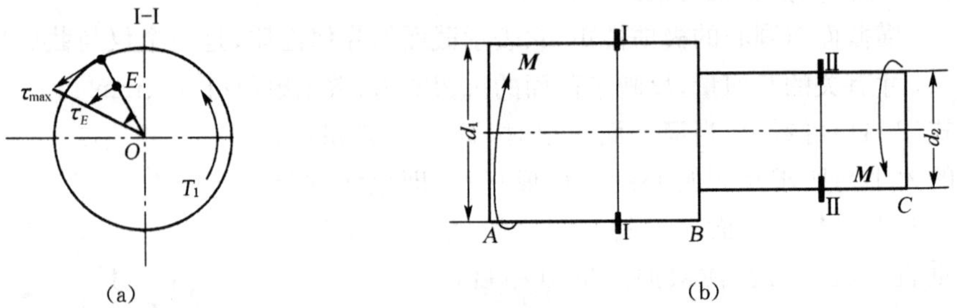

图 2-79 阶梯轴受力分析

解 （1）求 I-I 截面上的扭矩 T_1，极惯性矩 I_p 和抗扭截面系数 W_n。

$$T_1 = M = 4\ \text{kN}\cdot\text{m}$$

$$I_p = 0.1d_1^4 = (0.1\times 60^4)\ \text{mm}^4 = 1.296\times 10^6\ \text{mm}^4$$

$$W_n = 0.2d_1^3 = (0.2\times 60^3)\ \text{mm}^3 = 4.32\times 10^4\ \text{mm}^3$$

（2）求 τ_E 及 τ_{max}。

由公式(2-41)知

$$\tau_E = \frac{T_1\cdot\rho}{I_p} = \left(\frac{4\times 10^6\times 20}{1.296\times 10^6}\right)\text{MPa} = 61.7\ \text{MPa}$$

由公式(2-42)知

$$\tau_{\max} = \frac{T_1}{W_n} = \left(\frac{4 \times 10^6}{4.32 \times 10^4}\right) \text{MPa} = 92.6\ \text{MPa}$$

(3) 确定 τ_E 和 $\tau_{\max}$ 的方向。

根据切应力的分布规律和作用、作用线与半径的关系，τ_E 和 $\tau_{\max}$ 方向如图 2-79(b)所示。

(4) 分析。

因为圆轴扭转时各点的切应力的大小，不仅取决于扭矩 T 与点至圆心的距离 ρ，而且还取决于该截面的极惯性矩 I_p。BC 段表面各点的 ρ 以及横截面上的 T 与 E 点相同，但因横截面的极惯性矩 I_p 不同，所以切应力大小与 E 点不同。

2.8.4　圆轴扭转时的变形

由扭转变形定义可知，衡量扭转变形程度的量是扭转角 φ(见图 2-80)。由理论可证明，扭转角的大小与扭矩 T 成正比，与轴长 l 成正比，与材料的切变横量 G(是表示材料抵抗剪切变形能力的物理量，由实验得出)成反比，与横截面的极惯性矩 I_p 成反比，其计算公式为

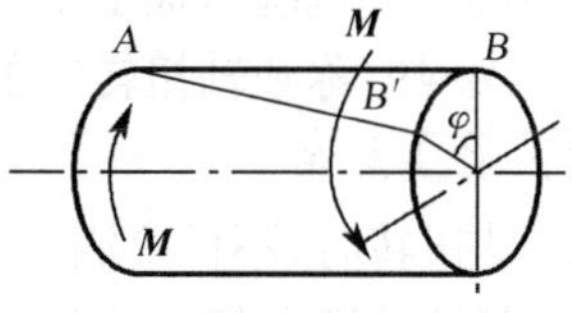

图 2-80　圆轴的相对扭转角

$$\varphi = \frac{Tl}{GI_p} \tag{2-47}$$

由公式(2-47)可看出，在扭矩一定的情况下，GI_p 越大，单位长度上的扭转角越小。可见 GI_p 反映了圆轴抵抗扭转变形的能力，称为抗扭刚度。扭转角的正负取决于扭矩 T 的正负，扭转角的单位是弧度(rad)。

如果两截面间的扭矩有变化或轴的直径不同，则应分别计算各段的扭转角，然后求代数和。即

$$\varphi = \sum_{i=1}^{n} \varphi_i = \sum_{i=1}^{n} \frac{T_i l_i}{GI_{pi}} \tag{2-48}$$

【例 2-23】　一传动轴 AB，如图 2-81 所示，已知 $M=199\ \text{N}\cdot\text{m}$，$AB$ 段长 $l_{AC}=100\ \text{mm}$，BC 段长 $l_{BC}=200\ \text{mm}$，材料的切变模量 $G=80\ \text{GPa}$，$D=30\ \text{mm}$，$d=20\ \text{mm}$，试求截面 B 相对于截面 A 的扭转角。

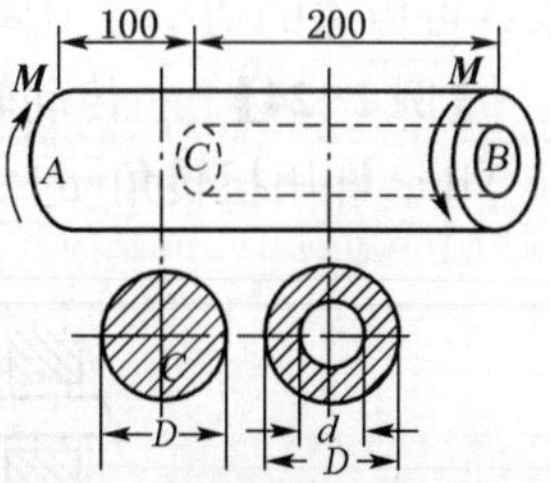

图 2-81　传动轴扭转变形

解　由图 2-81 可知，各段扭矩大小相等，各段的极惯性矩为

$$AC\text{ 段：} I_p = \frac{\pi D^4}{32} = \left(\frac{3.14 \times 30^4}{32}\right) \text{mm}^4 = 7.952 \times 10^4\ \text{mm}^4$$

$$CB\text{ 段：} I_p = \frac{\pi D^4}{32}(1-\alpha^4) = \left(\frac{3.14 \times 30^4}{32}\left[1-\left(\frac{20}{30}\right)^4\right]\right) \text{mm}^4 = 6.381 \times 10^4\ \text{mm}^4$$

所以根据公式(2-48)得

$$\varphi_{AB} = \varphi_{AC} + \varphi_{CB} = \frac{Tl_{AC}}{GI_{PAC}} + \frac{Tl_{CB}}{GI_{PCB}}$$

$$= \left(\frac{199 \times 10^3 \times 100}{80 \times 10^9 \times 7.952 \times 10^4} + \frac{199 \times 10^3 \times 200}{80 \times 10^9 \times 6.381 \times 10^4}\right) \text{rad}$$

$$= 1.093 \times 10^{-2}\ \text{rad}$$

2.8.5 圆轴扭转时的强度和刚度计算

圆轴在外力偶矩的作用下能正常工作,必须满足一定的强度和刚度条件。

1) 强度条件

圆轴扭转时,危险截面上的最大切应力不许超过材料的许用剪应力,即

$$\tau_{\max}=\frac{T}{W_n}\leqslant[\tau] \tag{2-49}$$

式中:T——危险截面上的扭矩(扭拒绝对值);

W_n——危险截面上的抗扭截面系数。

式(2-49)称圆轴扭转时的强度条件。

2) 刚度条件

圆轴扭转时,不仅要满足一定的强度要求,还要具有足够的刚度。为了便于比较,工程上常以单位长度上的扭转角 θ 来度量扭转变形的刚度。由公式(2-47)得

$$\theta=\frac{\varphi}{l}=\frac{T}{GI_p}$$

上式中单位长度扭转角 θ 的单位是弧度/米(rad/m),而工程中常用度/米(°/m)作为 θ 的单位,则

$$\theta=\frac{T}{GI_p}\times\frac{180}{\pi} \tag{2-50}$$

工程上要求轴的最大单位长度扭转角 $\theta_{\max}$不超过许用的单位长度扭转角$[\theta]$,即

$$\theta_{\max}=\frac{T}{GI_p}\times\frac{180}{\pi}\leqslant[\theta] \tag{2-51}$$

式(2-51)为圆轴扭转时的刚度条件。

圆轴扭转的强度和刚度条件都可以解决三类问题,即设计截面尺寸,校核强度、刚度和求许可传递的功率或力偶矩。

【例 2-24】 一传动轴的受力情况如图 2-82(a)所示。已知材料的许用剪应力$[\tau]$=40 MPa,许用扭转角$[\theta]$=0.5 °/m,材料的切变模量 $G=8\times10^4$ MPa,试设计轴的直径。

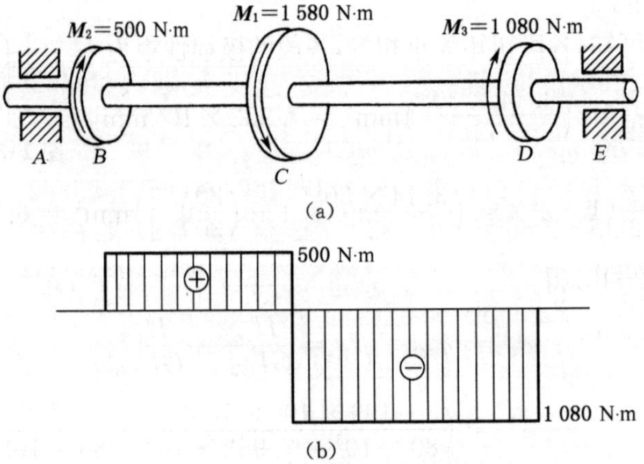

图 2-82 传动轴的受力图

解　(1) 画扭矩图，并确定危险截面上的扭矩 T_{max}

BC 段：　$T_1 = M_2 = 500\ \mathrm{N \cdot m}$

CD 段：　$T_2 = -M_3 = -1\,080\ \mathrm{N \cdot m}$

画扭矩图如图 2-82(b) 所示。

由扭矩图可看出，最大扭矩发生在 CD 段，即为危险截面。最大扭矩为

$$T_2 = 1\,080\ \mathrm{N \cdot m}\ (\text{取绝对值})$$

(2) 按强度条件设计轴的直径 d_1。由公式(2-49) 得

$$\tau_{max} = \frac{T}{W_n} = \frac{T}{0.2d_1^3} \leqslant [\tau]$$

得

$$d_1 \geqslant \sqrt[3]{\frac{T}{0.2[\tau]}} = \sqrt[3]{\frac{1\,080 \times 10^3}{0.2 \times 40}}\ \mathrm{mm} = 51.3\ \mathrm{mm}$$

(3) 按刚度条件设计轴的直径 d_2。由公式(2-51) 得

$$\theta = \frac{T}{GI_p} \times \frac{180}{\pi} = \frac{T}{G \times 0.1d_2^4} \times \frac{180}{\pi} \leqslant [\theta]$$

得 $d_2 \geqslant \sqrt[4]{\frac{T \times 180}{G \times 0.1 \times \pi \times [\theta]}}\ \mathrm{m} = \sqrt[4]{\frac{1\,080 \times 180}{8 \times 10^{10} \times 0.1 \times 3.14 \times 0.5}}\ \mathrm{m} = 0.062\,7\ \mathrm{m} = 62.7\ \mathrm{mm}$

由计算结果可看出，要使圆轴同时满足强度和刚度条件，所求的直径取两者中的较大值，即圆轴需取直径为 $d \geqslant 62.7\ \mathrm{mm}$。

2.9　直梁的弯曲

2.9.1　平面弯曲的概念

1) 平面弯曲的概念

在日常生活和工程实践中，弯曲也是常见的一种变形。例如，用扁担挑东西，扁担变弯了；房屋建筑的楼面梁，如图 2-83(a) 所示，在楼面载荷作用下，其轴线由直线变成了曲线；机车轮轴，如图 2-83(b) 所示，在载荷的作用下，轮轴的轴线由直线变成了曲线；跳水运动员

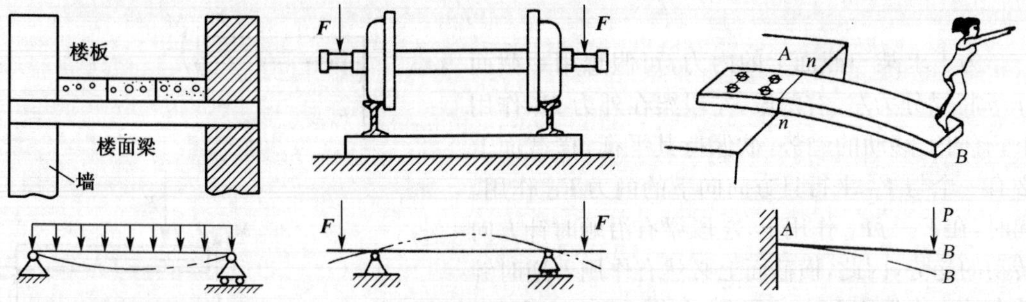

(a) 楼面梁　(b) 火车车轮轴　(c) 跳板

图 2-83　梁弯曲的工程实例

站在跳板上，如图 2-83(c) 所示，跳板在运动员（载荷）作用下，轴线也由直线变成了曲线。以上各例具有相同的受力特点：外力垂直于构件的轴线；构件的轴线由直线变成曲线。这种变形形式称为弯曲。凡以弯曲为主要变形的构件称为梁。

在工程中的大多数梁的横截面都具有对称轴，梁的轴线和横截面的纵向对称轴构成的平面称为纵向对称面，如图 2-84 所示。若梁的外力都作用在纵向对称面上，且各力都与梁的轴线垂直，则梁的轴线在纵向对称平面内弯曲成一条平面曲线，这种弯曲变形称为平面弯曲。最简单最常见的弯曲是平面弯曲。本节仅讨论梁的平面弯曲问题。

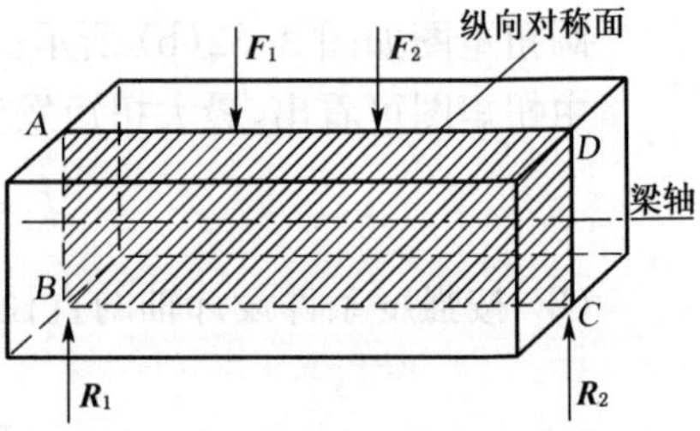

图 2-84　梁的纵向对称面

2）梁的基本类型

梁的结构类型很多，按支座情况可分为三种基本类型：一端固定铰链支座，另一端为活动铰链支座的梁为简支梁，如图 2-83(a) 所示；支座形式同简支梁，但一端或两端伸出支座之外的梁称为外伸梁，如图 2-83(b) 所示；一端固定，另一端自由的梁称为悬臂梁，如图2-83(c) 所示。

3）载荷简化

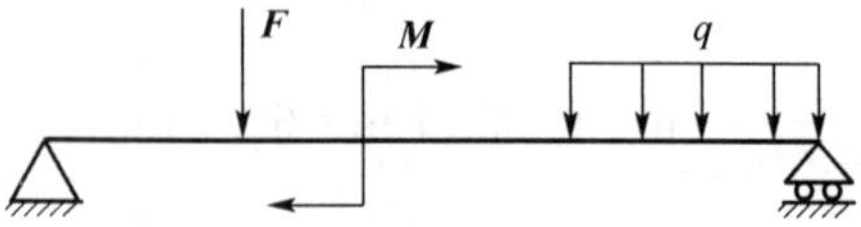

图 2-85　梁上载荷的简化

作用在梁上的载荷，一般简化为三种形式：当力的作用范围相对梁的长度很小时，可简化为作用于一点的集中力，如图 2-83(b) 和(c) 所示；当力偶的作用范围相对于梁的长度很小时，可简化为作用于某一截面的集中力偶，如图 2-85 所示；连续均匀分布在梁的全长或部分长度上的均匀载荷，如图 2-83(a) 所示，载荷大小和分布情况，用单位长度上的力 q 表示，单位为 N/m 或 kN/m。均质等截面梁的自重，也是均匀分布的载荷。

2.9.2　梁弯曲时横截面上的内力

在确定了梁上的载荷与反力以后，为了计算梁的强度与刚度，还要进一步研究梁上各截面上的内力，内力分析与计算的方法仍用截面法。

设一简支梁受集中力 $\boldsymbol{F}$ 作用，如图 2-86(a) 所示。先利用梁的平衡方程求出其支座反力为

$$F_A=\frac{Fb}{l},\quad F_B=\frac{Fa}{l}$$

为了求某一截面上的内力，可假想用一截面 m-n 将梁分为左、右两段。左段梁在外力 $\boldsymbol{F}_A$ 作用下，有向上移动的趋势，欲保持其平衡，横截面上必有一个与 $\boldsymbol{F}_A$ 平行且方向向下的内力 $\boldsymbol{F}_Q$ 作用。同时，在 $\boldsymbol{F}_A$ 与 $\boldsymbol{F}_Q$ 作用下，左段梁有沿顺时针方向转动的趋势，因此，横截面上必然有作用着逆时针转向的内力偶矩 M 与之平衡，如图 2-86(b) 所示。这个使梁横截面发生错动的内力 $\boldsymbol{F}_Q$ 称为剪力；使

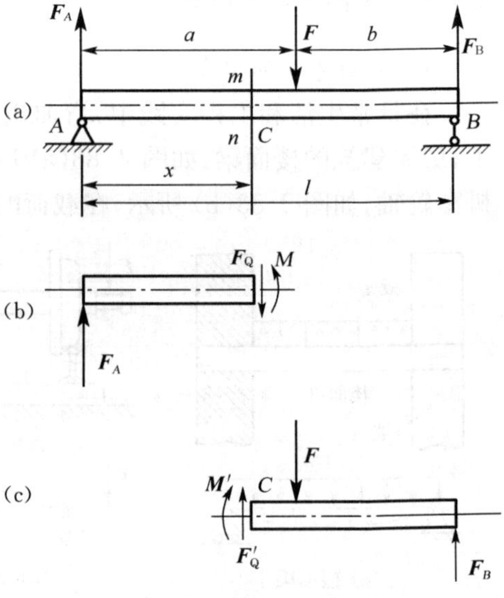

图 2-86　简支梁受力

梁轴线发生弯曲的内力偶矩 M 称为弯矩。所以，左右两段梁的相互作用，可以用剪力 F_Q 与弯矩 M 表示。

梁弯曲时横截面上的内力，一般包含剪力和弯矩这两个内力分量。虽然两者都影响梁的强度，但对于跨度与截面高度之比较大的非薄壁截面梁$\left(\frac{l}{h}>5\right)$，剪力的影响是很小的，一般均略去不计，仅对弯矩进行计算，由平衡方程

$$\sum M_C = 0,\quad M - F_A x = 0（c\ 是所求截面的形心）$$

得弯矩
$$M = F_A x = \frac{Fb}{l}x \tag{1}$$

如取右段梁来分析，同样用平衡方程也可以求得该截面上的弯矩，即

$$\sum M_C = 0,\quad F_B(l-x) - F(a-x) - M' = 0$$

$$M' = \frac{Fa}{l}(l-x) - F(a-x) = \frac{Fb}{l}x \tag{2}$$

根据作用与反作用的关系，虽然取左段（或右段）梁为研究对象，分别求出的同一截面的弯矩值相等，但是其转向相反。为了使从左右两段梁上求得同一截面上的弯矩符号一致，可根据梁的变化情况，对弯矩的符号进行如下规定：以某一截面为界，使某段梁弯曲呈凹面向上的变形时，该截面上的弯矩为正，反之为负，如图 2-87 所示。

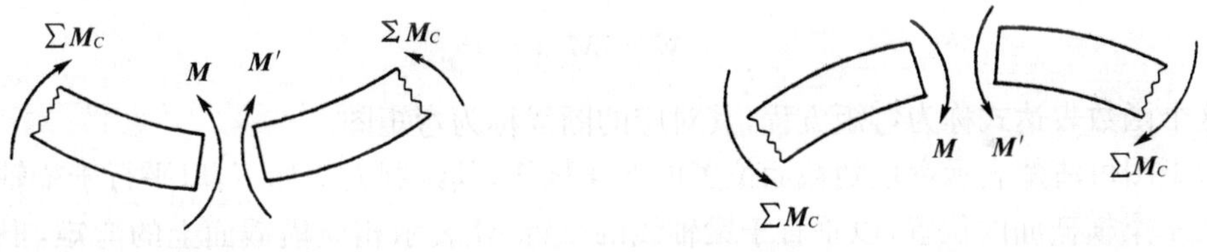

图 2-87　弯矩符号的规定

通过式(1)、(2)可以总结出计算弯矩的规则：

某截面上弯矩的大小等于截面以左（或右）所有外力对该截面形心力矩的代数和。截面左侧外力对截面形心之矩顺时针转向为正，逆时针转向为负；截面右侧外力对截面形心之矩逆时针转向为正，顺时针转向为负。因此，可以概括为“左顺右逆，弯矩为正，反之为负”。这样，在实际计算中就可以不必截取研究对象通过平衡方程去求弯矩了，而可以直接根据截面左侧或右侧梁上的外力来求截面上的弯矩。

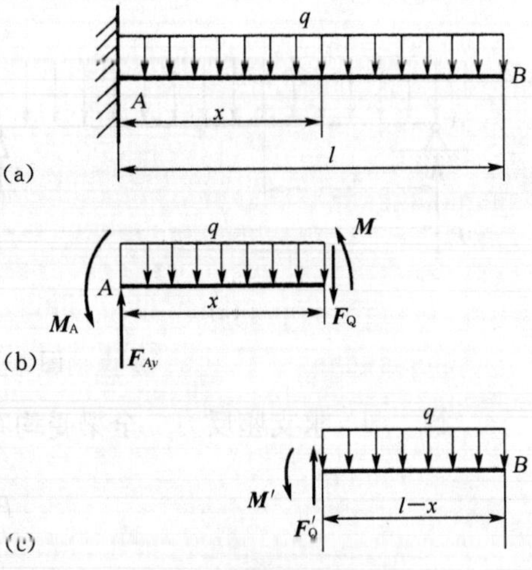

图 2-88　悬臂梁的弯矩

【例 2-25】　一受均布载荷的悬臂梁，如图 2-88(a)所示。试求 x 截面上的弯矩。

解　(1) 求支座反力。取 AB 梁为研究对象，由平衡条件求得

$$\sum F_x = 0,\quad F_{Ax} = 0$$

$$\sum F_y = 0,\quad F_{Ay} - ql = 0$$

所以
$$F_{Ay} = ql$$

$$\sum M_A = 0,\quad M_A - \frac{1}{2}ql^2 = 0$$

所以
$$M_A = \frac{1}{2}ql^2$$

(2) 求弯矩。按照弯矩计算规则,以截面左侧可直接求得

$$M = F_{Ay}x - \frac{1}{2}qx^2 - M_A = qlx - \frac{1}{2}qx^2 - \frac{1}{2}ql^2 = -\frac{1}{2}q(l-x)^2$$

(3) 若取 x 截面以右为研究对象,如图 2-88(c)所示,按照弯矩计算规则求得

$$M' = -\frac{1}{2}q(l-x)^2$$

2.9.3 弯矩图

梁横截面上的弯矩一般是随着截面位置改变而变化的。为了描述其变化规律,用坐标 x 表示横截面沿梁轴线的位置,将梁各横截面上的弯矩表示为坐标 x 的函数,即

$$M = M(x)$$

这个函数表达式称为弯矩方程,其对应的图线称为弯矩图。

弯矩图可清楚表示弯矩随截面位置的变化规律,其绘制方法如下:以平行于梁轴线的坐标 x 表示梁横截面的位置,以垂直于梁轴线的坐标 M 表示相应横截面上的弯矩,根据弯矩方程画出对应的函数图线。

【例 2-26】 如图 2-89(a)所示简支梁 AB,在梁的全长受均布载荷 q 的作用,试画出梁的弯矩图。

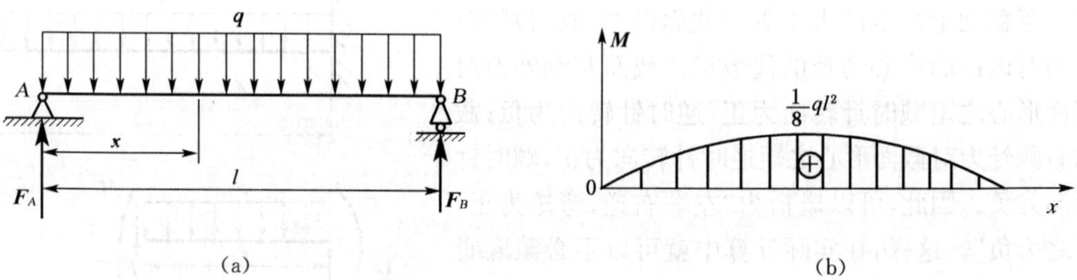

图 2-89 简支梁的弯矩分析

解 (1) 求支座反力。全梁受均布载荷作用,其合力为 ql,作用在梁的中点,由此得

$$F_A = F_B = \frac{1}{2}ql$$

(2) 列弯矩方程,以 A 支座为坐标原点,距 A 点为 x 的任意截面上的弯矩方程为

$$M(x)=F_{A}x-qx\cdot\frac{x}{2}=\frac{1}{2}qlx-\frac{1}{2}qx^{2}\quad(0\leqslant x\leqslant l)$$

(3) 画弯矩图

由弯矩方程可以看出，方程为二次函数，图形为抛物线，所以取三点就可以画出弯矩图。

$x=0$ 时，$M=0$；

$x=\frac{l}{2}$时，$M=\frac{1}{8}ql^{2}$；

$x=l$ 时，$M=0$。

弯矩图如图 2-89(b)所示。

2.9.4　纯弯曲时横截面上的应力

1) 纯弯曲的概念

如图 2-90 所示，在 AC 和 DB 段内，梁的各个横截面上既有剪力又有弯矩，这种平面弯曲称为横力弯曲。在 CD 段内，梁的各个横截面上剪力等于零，而弯矩为常量，这种平面弯曲为纯弯曲。

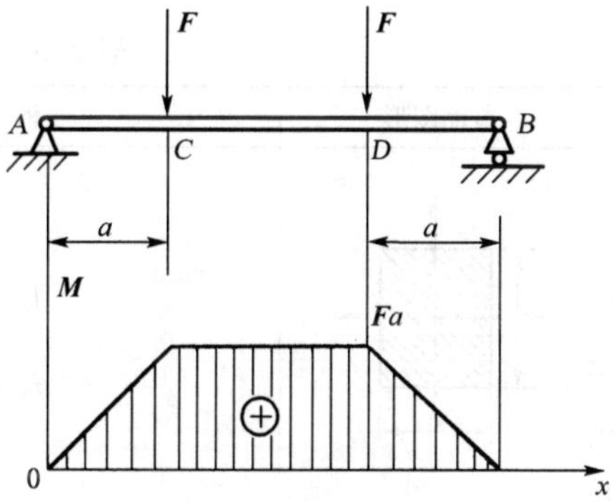

图 2-90　纯弯曲示例

2) 纯弯曲时横截面上的正应力

取一段梁为研究对象，在没有产生纯弯曲时，在其表面画两条与轴线垂直的横向线和两条与轴向平行的纵向线，如图 2-91(a)所示。然后在其两端加上一对力偶，使它产生纯弯曲，见图 2-91(b)，可观察到如下现象：

(1) 梁变形后，横向线仍为直线，且与梁的轴线仍垂直，但绕轴线转过了一个角度；

(2) 纵向线在轴线上方缩短，在轴线的下方伸长。

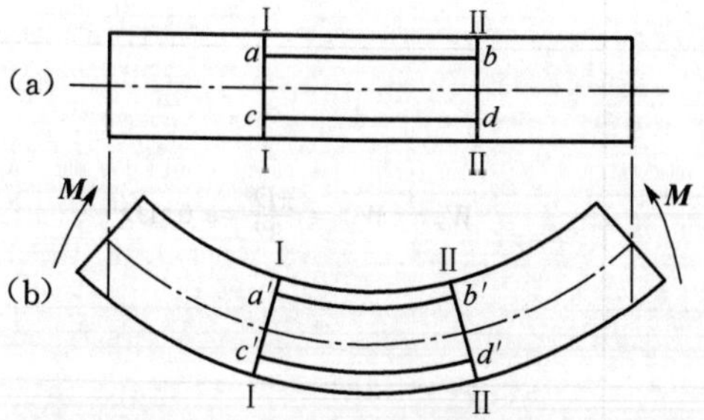

图 2-91　纯弯曲实验

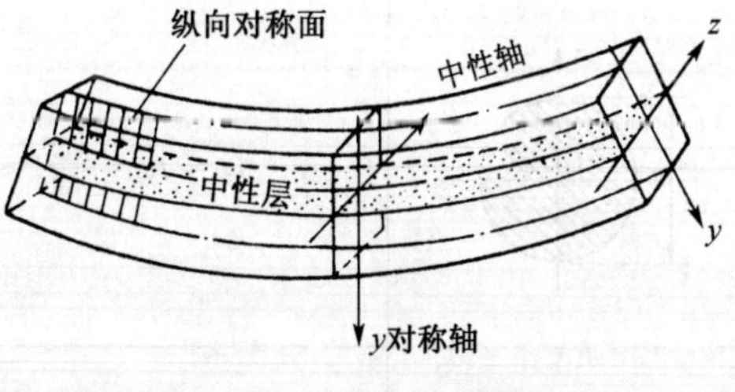

图 2-92　中性层和中性轴

根据观察到的现象，得出梁弯曲时的平面假设：横截面变形前为平面，变形后仍为平面且仍垂直于梁的轴线，但旋转了一个角度。

由平面假设可知，梁纯弯曲时只产生轴向拉伸和压缩。由于变形的连续性，必有一层既不伸长也不缩短，称此层为中性层。中性层与横截面的交线称为中性轴(见图 2-92)。由理论可以证明，中性轴必通过截面的形心。

根据平面假设和观察变形现象可得出，梁横截面上产生的应力为正应力。其正应力的计算公式为

$$\sigma = \frac{My}{I_z} \tag{2-52}$$

式中：σ——横截面上距中性轴为 y 的各点的正应力；

M——横截面上的弯矩；

y——所求点到中性轴的距离；

I_z——横截面对中性轴 z 的惯性矩，它表示截面的几何性质，是一个仅与截面形状和尺寸有关的几何量，反映了截面的抗弯能力，常用单位有 m^4、mm^4。

式(2-52)是在纯弯曲时推导出的公式，但也适用于横力弯曲。

对于简单图形，轴惯性矩的计算公式可由表 2-3 列出。

表 2-3 常用截面的几何性质计算公式

截面图形	轴惯性矩	抗弯截面模量
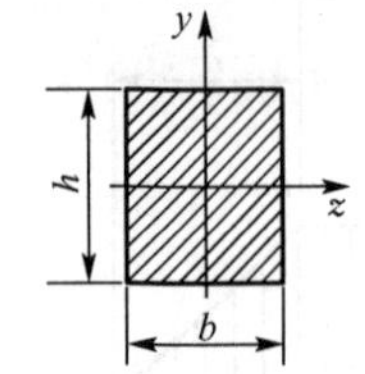	$I_z = \frac{bh^3}{12}$ $I_y = \frac{hb^3}{12}$	$W_z = \frac{bh^2}{6}$ $W_y = \frac{hb^2}{6}$
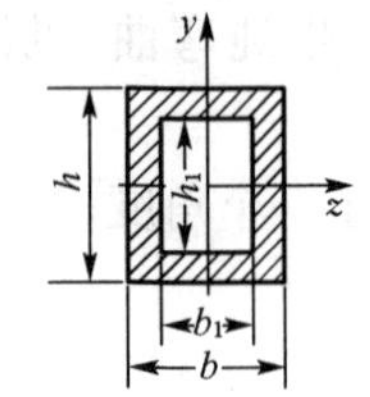	$I_z = \frac{bh^3 - b_1 h_1^3}{12}$ $I_y = \frac{hb^3 - h_1 b_1^3}{12}$	$W_z = \frac{bh^3 - b_1 h_1^3}{6h}$ $W_y = \frac{hb^3 - h_1 b_1^3}{6b}$
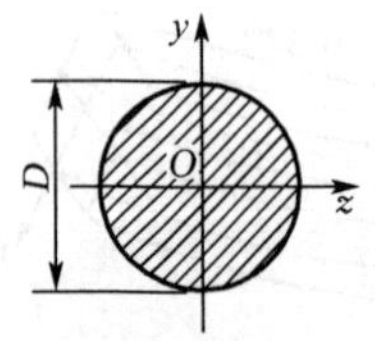	$I_z = I_y = \frac{\pi D^4}{64} \approx 0.05D^4$	$W_z = W_y = \frac{\pi D^3}{32} \approx 0.1D^3$
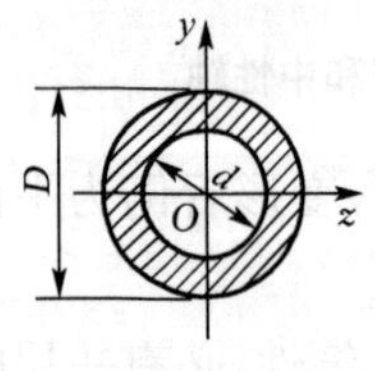	$I_z = I_y = \frac{\pi D^4}{64}(1-\alpha^4) \approx 0.05D^4(1-\alpha^4)$ 式中：$\alpha = \frac{d}{D}$	$W_z = W_y = \frac{\pi D^3}{32}(1-\alpha^4) \approx 0.1D^3(1-\alpha^4)$ 式中：$\alpha = \frac{d}{D}$

由公式(2-52)可看出，当横截面积一定时，M 和 I_z 为常量，所以正应力的大小与 y 成正比，由此可确定梁弯曲时正应力的分布规律是与中性轴的距离成正比分布。由于正弯矩

时梁的变形是上凹下凸，负弯矩时梁的变形时上凸下凹。由理论可证明，正应力与横截面垂直。所以，正应力的分布规律如图2-93所示。

由公式(2-52)和应力分布可看出，最大正应力发生在截面的上下边缘，此时 y 值最大，中性轴的正应力为零。由此可得梁最大正应力的计算公式为

$$\sigma_{\max}=\frac{M}{I_z}y_{\max} \tag{2-53}$$

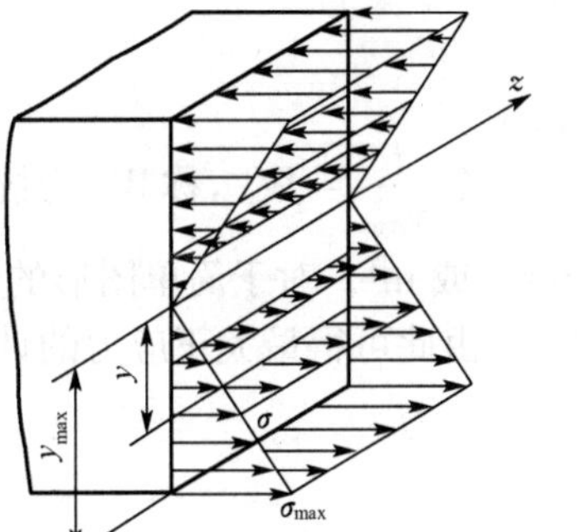

图 2-93　梁弯曲时正应力的分布

【例 2-27】　一悬臂梁的截面为矩形，自由端受集中力 **F** 作用，见图 2-94(a)、(b)。$F=4$ kN，$h=60$ mm，$b=40$ mm，$l=250$ mm，求固定端截面上 A 点的正应力及固定端截面上的最大正应力。

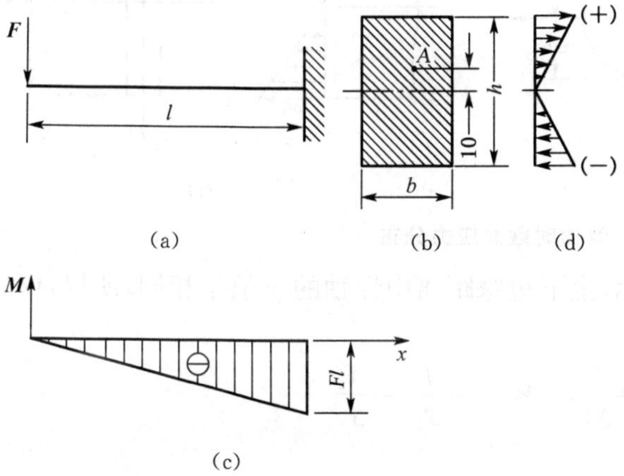

图 2-94　悬臂梁受力图

解　(1) 画弯矩图，并求固定端的弯矩。

弯矩图如图 2-94(c)所示，固定端的弯矩

$$M=Fl=(4\times250)\ \text{kN}\cdot\text{mm}$$
$$=-1\,000\ \text{kN}\cdot\text{mm}$$

(2) 求固定端截面上 A 点的正应力。

由于固定端上的弯矩为负值，所以应力分布规律如图 2-94(d)所示。由图 2-95(b)知，A 点在中性轴的上边，所以 A 点产生的正应力为拉应力。其大小为

$$\sigma_A=\frac{M}{I_z}y_A=\left(\frac{10^6}{\frac{40\times60^3}{12}}\times10\right)\text{MPa}=13.9\ \text{MPa}$$

(3) 求固定端截面上的最大正应力。

由于梁的横截面为矩形截面，所以上下边缘的最大正应力相等。

由公式(2-53)可得最大正应力为

$$\sigma_{\max}=\frac{M}{I_z}y_{\max}=\left(\frac{10^6}{\frac{40\times60^3}{12}}\times30\right)\text{MPa}=41.7\ \text{MPa}$$

2.9.5　梁弯曲时的强度计算

1) 梁弯曲时的最大正应力

对于等截面梁，弯曲时的最大正应力一定在弯矩最大的截面的上、下边缘。这个截面称为危险截面，其上、下边缘的点称为危险点。显然，危险点的最大正应力为

$$\sigma_{\max}=\frac{M_{\max}}{I_z}y_{\max}$$

令 $\frac{I_z}{y_{\max}}=W_z$，称 W_z 为抗弯截面系数，它是衡量截面抗弯能力的一个几何量，其单位为 mm^3 或 m^3。对于简单图形的 W_z，由表 2-3 给出。

由此可得最大正应力的计算公式为

$$\sigma_{\max}=\frac{M_{\max}}{W_z} \tag{2-54a}$$

对于对称截面，如矩形、圆形截面，如图 2-95(a)所示，上、下边缘距离中性轴的 y 值相等，所以 W_z 相等。

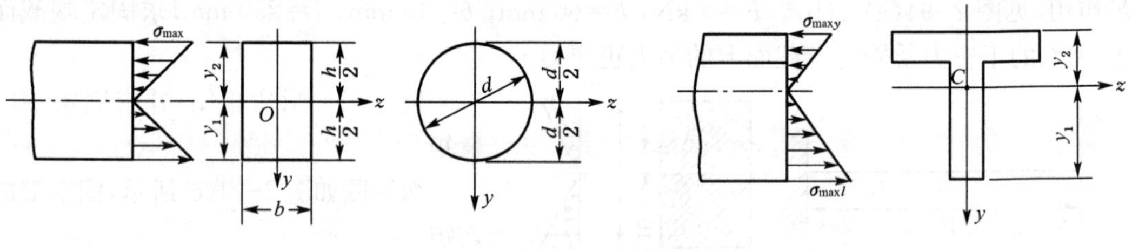

图 2-95 弯曲时截面应力分布

对于不对称载面，如图 2-95(b)所示，上下边缘距离中性轴的 y 值不相同，所以，W_z 分别等于

$$W_{zl}=\frac{I_z}{y_l}=\frac{I_z}{y_1},\quad W_{zy}=\frac{I_z}{y_y}=\frac{I_z}{y_2}$$

最大正应力的计算公式分别为

$$\sigma_{\max l}=\frac{M_{\max}}{W_{zl}} \tag{2-54b}$$

$$\sigma_{\max y}=\frac{M_{\max}}{W_{zy}} \tag{2-54c}$$

2) 弯曲时的强度条件

要使梁具有足够的强度，必须使梁内的最大工作应力 $\sigma_{\max}$ 不超过材料的许用应力 $[\sigma]$。

(1) 当拉压强度相等时，即

$$[\sigma_l]=[\sigma_y]=[\sigma]$$

梁的正应力强度条件为

$$\sigma_{\max}=\frac{M_{\max}}{W_z}\leqslant[\sigma] \tag{2-55a}$$

(2) 当拉压强度不相等时，即

$$[\sigma_l]\neq[\sigma_y]$$

梁的正应力强度条件为

$$\left.\begin{aligned}\sigma_{\max l}&=\frac{M_{\max}}{W_{zl}}\leqslant[\sigma_l]\\ \sigma_{\max y}&=\frac{M_{\max}}{W_{zy}}\leqslant[\sigma_y]\end{aligned}\right\} \tag{2-55b}$$

公式(2-55)称为梁弯曲时的强度条件,可以用来解决梁的强度校核、截面尺寸设计和许用载荷确定三类问题。

【例 2-28】 T 形截面梁的受力及约束情况如图 2-96 所示,材料的许用拉应力$[\sigma_l]=$ 32 MPa;许用压应力$[\sigma_y]=70$ MPa,T 形截面对形心轴 Z 的惯性矩 $I_z=4.03\times10^7\ \text{mm}^4$,且 $y_1=61$ mm。试求该梁的弯曲强度。

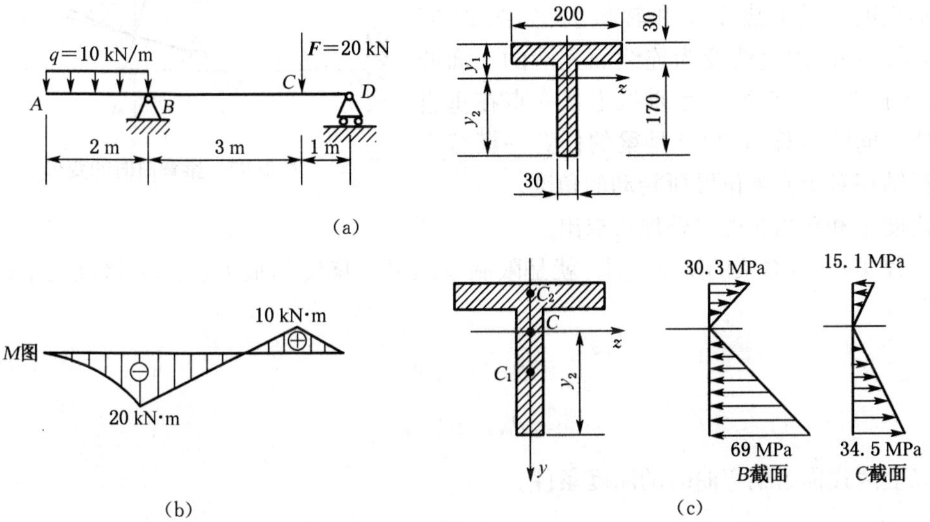

图 2-96　T 形截面梁的受力分析

解　(1) 作梁的弯矩图,如图 2-96(b)所示。

由弯矩图可以看出,B 截面上产生最大的负弯矩,C 截面上产生最大的正弯矩。

$$M_B=-20\ \text{kN}\cdot\text{m},\quad M_C=10\ \text{kN}\cdot\text{m}$$

(2) 校核强度

由于正负弯矩所产生的应力分布规律(见图 2-96(c))不相同和 T 形截面的不对称性,所以最大正弯矩和最大负弯矩截面都需要校核强度。

校核 B 截面:

上边缘处有最大拉应力为

$$\sigma_{\max l}=\frac{M_B y_1}{I_z}=\left(\frac{20\times10^3\times10^3(200-139)}{40.3\times10^6}\right)\text{MPa}=30.3\ \text{MPa}\leqslant[\sigma_l]$$

下边缘处有最大压应力为

$$\sigma_{\max y}=\frac{M_B y_2}{I_z}=\left(\frac{20\times10^3\times10^3\times139}{40.3\times10^6}\right)\text{MPa}=69\ \text{MPa}\leqslant[\sigma_y]$$

校核 C 截面:

C 截面上边缘,因 $M<|M_B|$,$y_1<y_2$,所以 C 截面上边缘的最大应力一定小于 B 截面下边缘的最大压应力,也一定小于$[\sigma_y]$,即 C 截面上边缘一定安全,不需校核。

下边缘的最大拉应力为

$$\sigma_{\max}=\frac{M_C y_2}{I_z}=\left(\frac{10\times10^3\times10^3\times139}{40.3\times10^6}\right)\text{MPa}=34.5\ \text{MPa}>[\sigma_l]$$

由计算结果表明，梁不安全。

2.9.6 梁弯曲时的变形

在工程中，设计许多受弯曲变形的梁时，不仅要满足强度需求，而且要满足刚度需求。度量弯曲变形程度的量为挠度 y 和转角 θ。如图 2-97 所示，梁的轴线由直线变为连续而光滑的平面曲线，称为挠曲线。挠度 y 是轴线上任一点在垂直于轴线方向的位移；转角 θ 是梁的任意一横截面绕中性轴相对于原来位置所转动的角度。

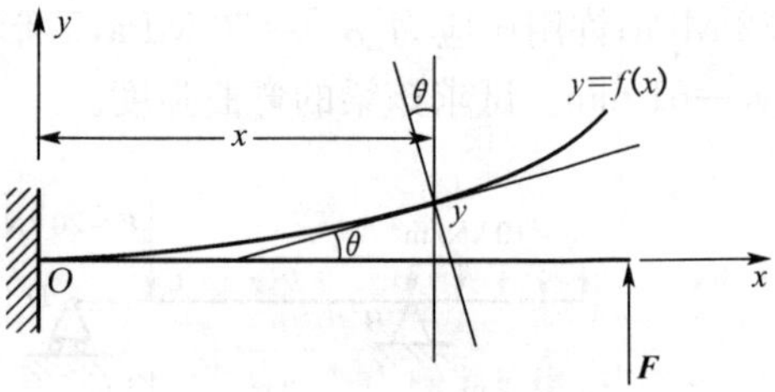

图 2-97 梁弯曲时的变形

挠度 y 和转角 θ 可用叠加法求出。

工程实际中，对梁的刚度要求，就是限制梁的最大挠度和最大转角不超过规定的许用值，即

$$y_{max} \leqslant [y] \tag{2-56}$$

$$\theta_{max} \leqslant [\theta] \tag{2-57}$$

以上两式称为梁弯曲时的刚度条件。

2.10 组合变形的强度计算

2.10.1 组合变形的概念

前面我们所研究的是零件在外力作用下只产生一种基本变形，以及在各种基本变形下的强度和刚度计算。但在实际工程中，有很多零件在外力作用下会同时产生两种或两种以上基本变形，这种变形称为组合变形，如图 2-98 所示。

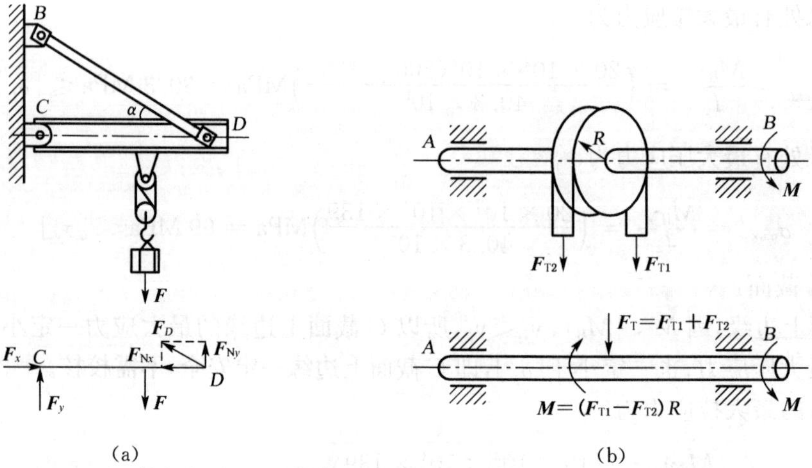

图 2-98 组合变形

本节主要研究弯曲与拉伸(压缩)，圆轴弯曲与扭转两种组合变形的强度计算问题。

2.10.2　弯曲与拉伸(压缩)组合变形的强度计算

如图 2-99(a)所示，零件在外力作用下，将产生弯曲与拉伸组合变形。

1) 外力分析

将力 $\boldsymbol{F}$ 沿 x 轴和 y 轴方向分解为两个分力 $\boldsymbol{F}_x$ 和 $\boldsymbol{F}_y$，见图 2-99(b)。

$$F_x = F\cos\varphi$$

$$F_y = F\sin\varphi$$

分力 $\boldsymbol{F}_x$ 为轴向拉力，使梁产生轴向拉伸变形，见图 2-99(c)；分力 $\boldsymbol{F}_y$ 与杆轴线垂直，使梁产生弯曲变形，见图 2-99(d)。故梁在力 $\boldsymbol{F}$ 作用下产生拉弯组合变形。

2) 内力分析

画轴力图和弯矩图，如图 2-99(c)、(f)所示。

$$F_{\mathrm{N}} = F_x = F\cos\varphi$$

$$M_{\max} = F_y \cdot l = F \cdot l\sin\varphi$$

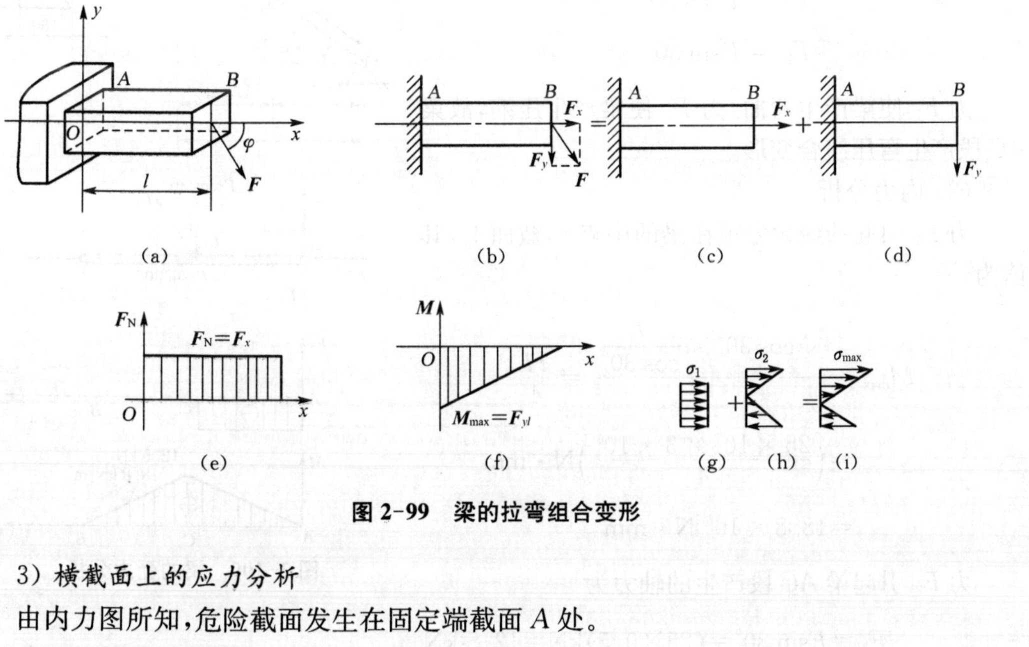

图 2-99　梁的拉弯组合变形

3) 横截面上的应力分析

由内力图所知，危险截面发生在固定端截面 A 处。

拉伸时产生的正应力：　$\sigma_1 = \dfrac{F_{\mathrm{N}}}{S}$

弯曲时产生的最大正应力：　$\sigma_2 = \dfrac{M_{\max}}{W_z}$

由于弯曲和拉伸所产生的应力都为正应力，所以弯曲与拉伸组合变形产生的正应力，采用叠加法计算。其上下边缘处正应力分别为

$$\left.\begin{aligned}\sigma_{上\max} &= \frac{F_N}{S} + \frac{M_{\max}}{W_z} \\ \sigma_{下\max} &= \frac{F_N}{S} - \frac{M_{\max}}{W_z}\end{aligned}\right\} \tag{2-58}$$

叠加后应力分布如图 2-99(i)所示。

4) 强度条件

由式(2-58)可知,弯拉组合变形的危险截面上的危险点的强度条件为

$$\sigma_{\max} = \frac{F_N}{S} + \frac{M_{\max}}{W_z} \leqslant [\sigma] \tag{2-59}$$

产生弯压组合变形危险截面上的危险点的强度条件为

$$\sigma_{\max} = \left| -\frac{F_N}{S} - \frac{M_{\max}}{W_z} \right| \leqslant [\sigma] \tag{2-60}$$

【例 2-29】 如图 2-100(a)所示,在梁的中点 C 处作用铅垂力 $F=25$ kN。试求梁的最大压应力。

解 (1) 外力分析

将外力 F 分解为垂直和平行梁轴的两个分力:

$$F_1 = F\cos 30^\circ$$

$$F_2 = F\sin 30^\circ$$

力 F_1 使梁产生弯曲,力 F_2 使梁产生压缩,故梁 AC 段产生弯压组合变形。

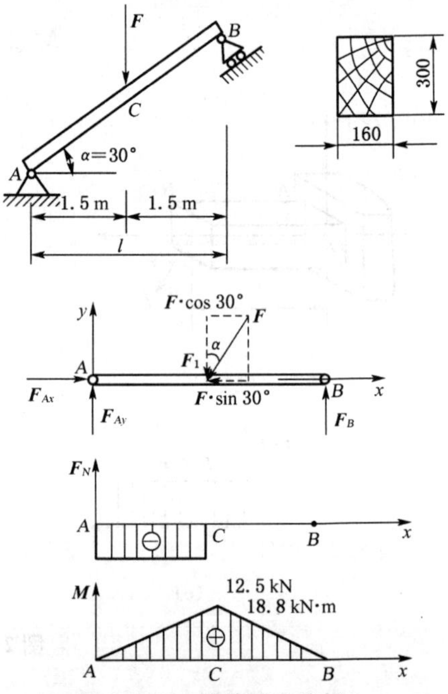

图 2-100　梁的受力分析

(2) 内力分析

力 F_1 引起的最大弯矩在梁的中点 C 截面上,其值为

$$M_{\max} = \frac{F\cos 30^\circ \times \dfrac{l}{\cos 30^\circ}}{4} = \frac{Fl}{4}$$

$$= \left(\frac{25\times 10^3 \times 3 \times 10^3}{4}\right) \text{N} \cdot \text{mm}$$

$$= 18.8 \times 10^6 \text{ N} \cdot \text{mm}$$

力 F_2 引起梁 AC 段产生的轴力为

$$F_N = F\sin 30^\circ = (25 \times 0.5)\text{kN} = 12.5 \text{ kN}$$

(3) 应力分析

计算横截面面积和抗弯截面系数:

$$S = (160 \times 300)\text{mm}^2 = (480 \times 10^2)\ \text{mm}^2$$

$$W_z = \frac{bh^2}{6} = \left(\frac{160 \times 300^2}{6}\right)\text{mm}^3 = (240 \times 10^4)\text{mm}^3$$

最大弯曲正应力为

$$\sigma_1 = \pm \frac{M_{\max}}{W_z} = \left(\pm \frac{188 \times 10^6}{240 \times 10^4}\right)\text{MPa} = \pm 7.81\ \text{MPa}$$

轴向压应力为

$$\sigma_2 = -\frac{F_N}{S} = -\left(\frac{12.5 \times 10^3}{480 \times 10^2}\right)\text{MPa} = -0.26\ \text{MPa}$$

（4）求最大压应力

由上面分析可知，最大压应力发生在截面 C 稍偏左的上边缘，其值为

$$\sigma_{\max y} = |-7.81 - 0.26|\ \text{MPa} = -8.07\ \text{MPa}$$

2.10.3　圆轴弯曲与扭转组合变形的强度计算

机械中的大多数轴都发生弯曲和扭转组合变形，其强度计算的分析与拉弯组合变形相同。

下面研究圆轴弯曲与扭转组合变形的强度计算。如图 2-101(a)所示。

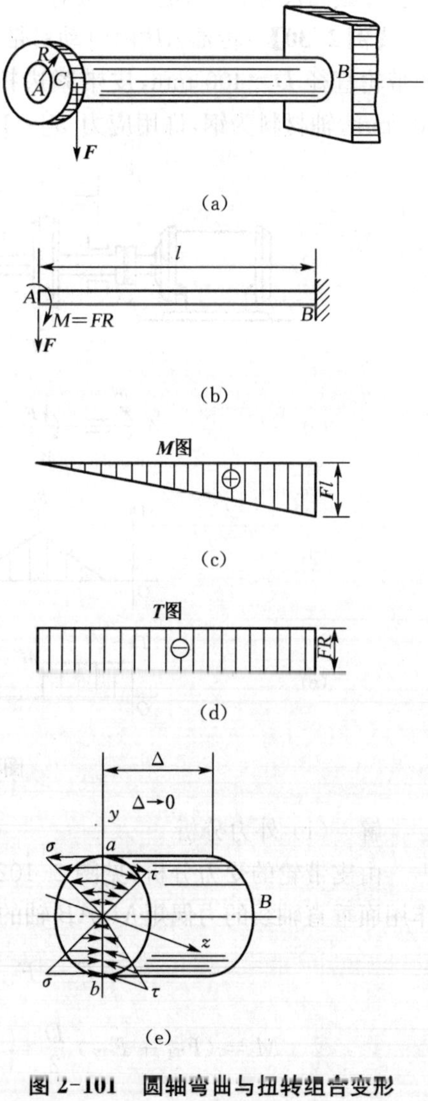

图 2-101　圆轴弯曲与扭转组合变形

1）外力分析

因为力 $\boldsymbol{F}$ 与圆轴轴线垂直，所以力 $\boldsymbol{F}$ 使圆轴产生弯曲变形；力偶矩 $M=FR$ 使轴产生扭转弯形，故圆轴产生弯曲和扭转组合变形，见图 2-101(b)。

2）内力分析

分别画弯矩图和扭矩图，如图 2-101(c)、(d)所示。

$$M_{\max} = Fl$$

$$T = FR$$

由此可看出危险截面发生在固定端 B 截面上。

3）应力分析

由于在 B 截面上同时发生弯曲和扭转，因此在该截面上产生相应的弯曲正应力和扭转剪应力。其应力分布如图 2-101(e)所示，由图可看出，危险截面上的危险点发生在 a、b 两点上，危险点上的最大弯曲正应力和最大扭转剪应力分别为

$$\sigma = \frac{M_{\max}}{W_z}$$

$$\tau = \frac{T}{W_n}$$

4）强度条件

由于危险点上同时产生正应力和剪应力，采用第三强度理论将它们进行应力叠相，叠相

后的综合值称为相当应力，用符号 σ_{xd} 表示。由理论可证明，相当应力的计算公式为

$$\sigma_{xd}=\sqrt{\sigma^2+4\tau^2}=\frac{\sqrt{M^2+T^2}}{W_z}$$

式中：M——危险截面的弯矩；

T——危险截面的扭矩；

W_z——危险截面的抗弯截面系数。

因此，弯曲与扭转组合变形时的强度条件为

$$\sigma_{xd}=\frac{\sqrt{M^2+T^2}}{W_z}\leqslant[\sigma] \tag{2-61}$$

组合变形的强度条件仍可解决工程实际中的三大类问题，即：①校核组合变形的强度；②设计截面尺寸；③确定许可载荷。

【例 2-30】 转轴 AB 由电动机带动，见图 2-102(a)。在轴的中点 C 处装一皮带轮。已知带轮直径 $D=400$ mm，皮带紧边拉力 $F_{T1}=6$ kN，松边拉力 $F_{T2}=3$ kN，轴承间距 $l=200$ mm，轴材料为钢，许用应力$[\sigma]=120$ MPa。试确定 AB 轴的直径。

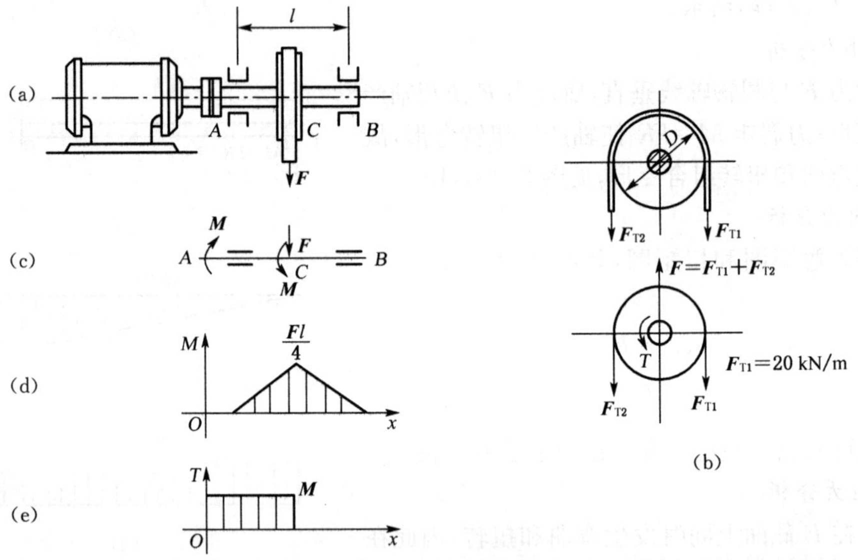

图 2-102 电动机转轴

解 (1) 外力分析

由皮带轮的受力分析(见图 2-102(b))可知，作用于轴上的载荷，有垂直向下的力 F 和作用面垂直轴线的力偶矩 M，AB 轴的计算简图如图 2-102(c)所示，其中：

$$F=F_{T1}+F_{T2}=6+3=9\text{ kN}$$

$$M=(F_{T1}+F_{T2})\frac{D}{2}=\left[(6-3)\times\frac{0.4}{2}\right]\text{kN}\cdot\text{m}=0.6\text{ kN}\cdot\text{m}$$

力 F 使轴产生弯曲变形，力偶矩 M 使轴产生扭转变形，所以，AB 轴为弯扭组合变形。

(2) 内力分析

弯矩图和扭矩图如图 2-102(d)、(e)所示。横截面 C 为危险截面，该截面上的弯矩 M 和扭矩 T 分别为

$$M=\frac{1}{4}Fl=\left(\frac{1}{4}\times 9\times 0.2\right)\text{kN}\cdot\text{m}=0.45\ \text{kN}\cdot\text{m}$$

$$T=M=0.6\ \text{kN}\cdot\text{m}$$

(3) 确定直径

由式(2-61)可得：

$$W_z=\frac{\sqrt{M^2+T^2}}{[\sigma]}=\left(\frac{\sqrt{0.45^2+0.6^2}}{120}\times 10^6\right)\text{mm}^3=6\ 250\ \text{mm}^3$$

由

$$W_z=0.1d^3\geqslant 6\ 250\ \text{mm}^3$$

得 AB 轴的直径 d

$$d\geqslant\sqrt[3]{\frac{6\ 250}{0.1}}\ \text{mm}=39.7\ \text{mm}$$

2.11　压杆稳定

2.11.1　压杆稳定的概念

由前面所述，研究拉伸与压缩强度计算时，零件的破坏是由强度不够所造成的。但对细长杆来说，当其压应力远远小于材料的极限应力时，它便变弯，或因变弯而折断。如图 2-103 所示，这种不能保持压杆原有直线平衡状态而突然变弯的现象，称为压杆丧失了稳定性。

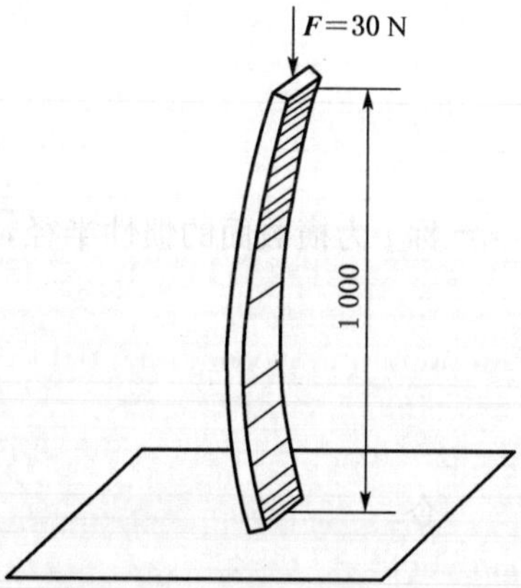

图 2-103　压杆丧失稳定

2.11.2　临界力与临界应力

压杆由稳定平衡过渡到不稳定平衡时所对应的状态称为压杆的临界状态。此时的压力，称为临界压力，简称临界力，用 $\boldsymbol{F}_{cr}$ 表示。

当作用于压杆上的轴向压力达到临界力时，压杆丧失稳定性。所以临界力 $\boldsymbol{F}_{cr}$ 的大小表示压杆稳定性的强弱。临界力 $\boldsymbol{F}_{cr}$ 大，则压杆不易失稳。因此，研究压杆的稳定性关键在于研究临界力的大小。

1) 临界力

由理论可以证明，临界力的计算公式为

$$F_{cr}=\frac{\pi^2 EI}{(\mu l)^2} \tag{2-62}$$

式中：E——材料的弹性模量；

I——截面的轴惯性矩，计算时取最小值；

μ——支承系数(见表 2-4)；

l——压杆的长度。

称(2-62)式为临界力的欧拉公式。

表 2-4 支承系数

支承情况	两端铰支	一端固定，一端铰支	两端固定	一端固定，一端自由
简图	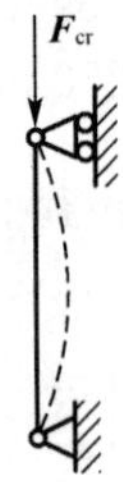			
μ	1	0.7	0.5	2

2) 临界应力

设压杆横截面面积为 S，则压杆的临界应力为

$$\sigma_{cr}=\frac{F_{cr}}{S}=\frac{\pi^2 EI}{(\mu l)^2 S} \tag{a}$$

令
$$i=\sqrt{\frac{I}{S}}$$

称 i 为横截面的惯性半径，则式(a)为

$$\sigma_{cr}=\frac{\pi^2 Ei^2}{(\mu l)^2}=\frac{\pi^2 E}{\left(\frac{\mu l}{i}\right)^2} \tag{b}$$

令
$$\lambda=\frac{\mu l}{i} \tag{2-63}$$

式中：λ——一个无量纲的量，称为压杆的柔度。

则得到计算压杆临界应力的欧拉公式为

$$\sigma_{cr}=\frac{\pi^2 E}{\lambda^2} \tag{2-64}$$

2.11.3 欧拉公式的适用范围

以上建立的临界力和临界应力的欧拉公式，只有当压杆的临界应力 σ_{cr} 不超过材料的比

例极限 σ_p 时才成立，即

$$\sigma_{cr}=\frac{\pi^2 E}{\lambda^2}\leqslant\sigma_p$$

或
$$\lambda\geqslant\sqrt{\frac{\pi^2 E}{\sigma_p}}=\lambda_p \tag{2-65}$$

式中：λ_p——临界应力等于材料比例极限时的柔度，是允许运用欧拉公式的最小柔度值。

如果 $\lambda<\lambda_p$ 时，应用经验公式：

对于塑性材料

$$\sigma_{cr}=\sigma_S-\alpha\lambda^2 \tag{2-66}$$

对于脆性材料

$$\sigma_{cr}=\sigma_b-\alpha\lambda^2 \tag{2-67}$$

式中：α——与材料有关的常数，单位为 MPa，其值可从表 2-5 查出。

表 2-5

材料	E/GPa	σ_s/MPa	α/MPa	λ_p	材料	E/GPa	σ_s/MPa	α/MPa	λ_p
Q235 钢	206	235	0.006 69	124	16 锰钢	206	343	0.014 2	102
Q275 钢	206	275	0.008 55	96	铸铁	108	$\sigma_b=239$	0.189	74

2.11.4　压杆的稳定校核

临界力和临界应力是压杆丧失工作能力时的极限值。为了保证压杆具有足够的稳定性，不但要求压杆的轴向压力或工作应力小于其极限值，而且还应考虑适当的安全储备。因此，压杆的稳定条件为

$$F\leqslant\frac{F_{cr}}{S_w}\quad 或\quad \sigma\leqslant\frac{\sigma_{cr}}{S_w} \tag{2-68}$$

式中：S_w——规定的稳定安全系数。

工程中，常以安全系数法进行稳定校核。即工作时的稳定安全系数大于或者等于规定的稳定安全系数。即

$$S_g=\frac{F_{cr}}{F}\geqslant S_w\quad 或\quad S_g=\frac{\sigma_{cr}}{\sigma}\geqslant S_w \tag{2-69}$$

S_g 称为压杆的工作安全系数。

思考题与习题

1. 画出图 2-104 所示物体的受力图。

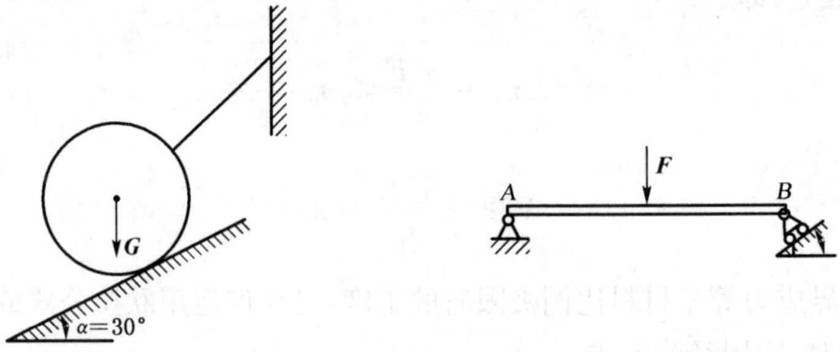

(a) (b)

图 2-104

2. 画如图 2-105 中的杆 AD 和 BC 的受力图。

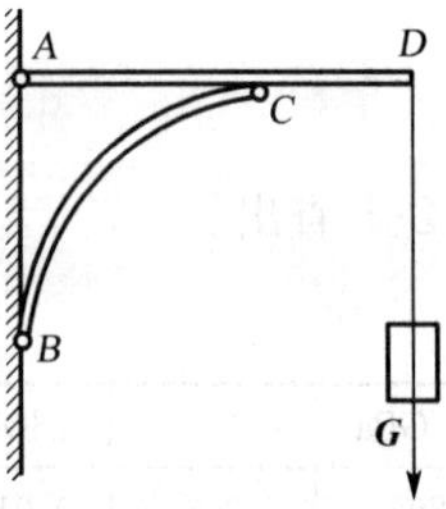

图 2-105

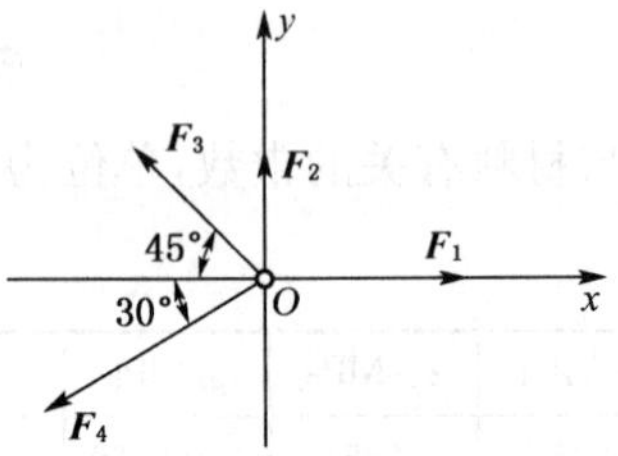

图 2-106

3. 图 2-106 中 $F_1=10$ N, $F_2=6$ N, $F_3=8$ N, $F_4=12$ N,求该力系的合力。

4. 在如图 2-107 所示的两垂直墙壁之间的绳子上挂一重量 $G=100$ N 的物体,绳子与两墙的夹 $\alpha=60°$和 $\beta=30°$,求两绳中的拉力。

5. 图 2-108 所示为一夹具中的杠杆增力机构,其推力 $\boldsymbol{F}_1$ 作用于 A 点,夹紧时杆 AB 与水平线夹角为 α。试求夹紧力 $\boldsymbol{F}_2$ 是 $\boldsymbol{F}_1$ 的多少倍?

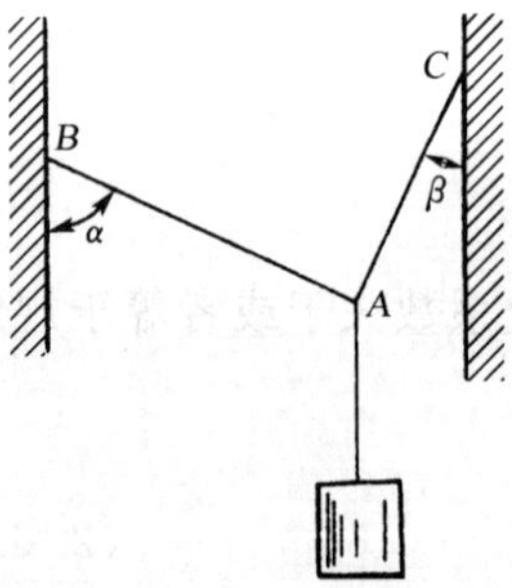

图 2-107

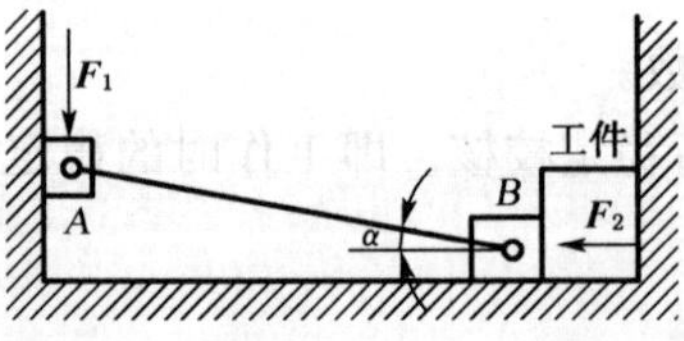

图 2-108

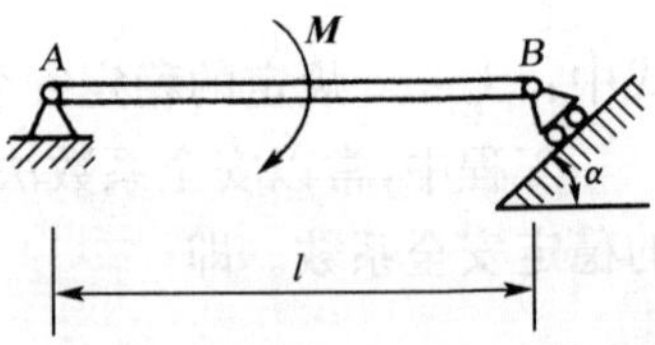

图 2-109

6. 如图 2-109 所示,水平梁 AB 长为 l,其上作用一力偶矩为 M 的力偶,不计梁的自重,求支座 A、B 的反力。

7. 铰链四连杆机构 $OABO_1$,在如图 2-110 所示位置平衡。已知 $OA=400$ mm, $O_1B=600$ mm,作用在 OA 上的力偶矩 $M_1=1$ N·m,试求力偶矩 M_2 的大小及 AB 杆所受的力。各杆重量不计。

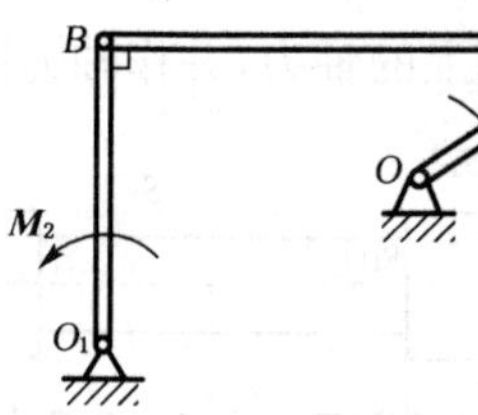

图 2-110

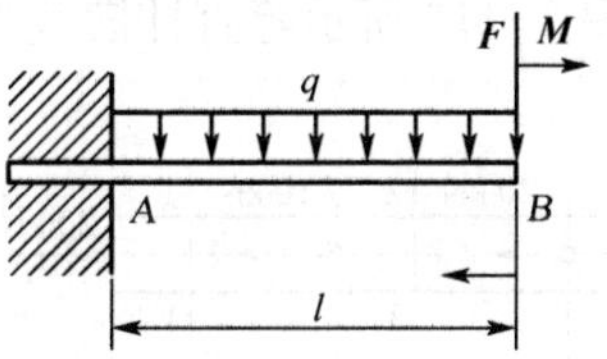

图 2-111

8. 如图 2-111 所示，梁 AB 一端固定，一端自由。梁上作用有均布载荷，载荷集度为 q，在梁的自由端还受集中力 $\boldsymbol{F}$ 和力偶矩为 M 的力偶作用，梁的长度为 l。试求固定端 A 处的约束反力。

9. 如图 2-112 所示，水平杆件用铰链 A 及绳索 BC 系于垂直墙上，求在 $F_1=1.5\ \text{kN}$ 及 $F_2=600\ \text{N}$ 二力作用下绳子拉力及铰链 A 的约束反力。（尺寸如图，AB 自重不计）。

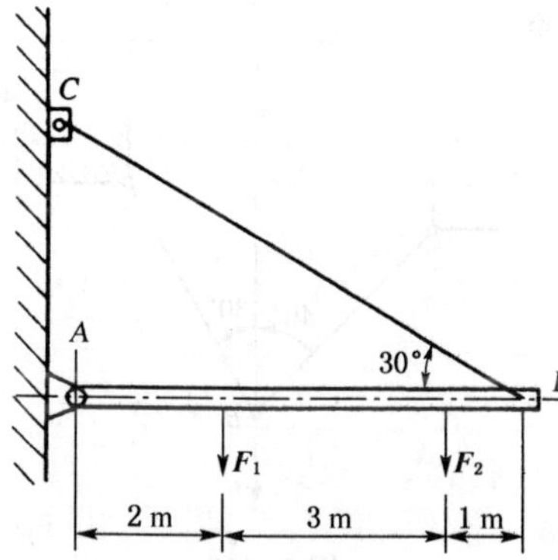

图 2-112

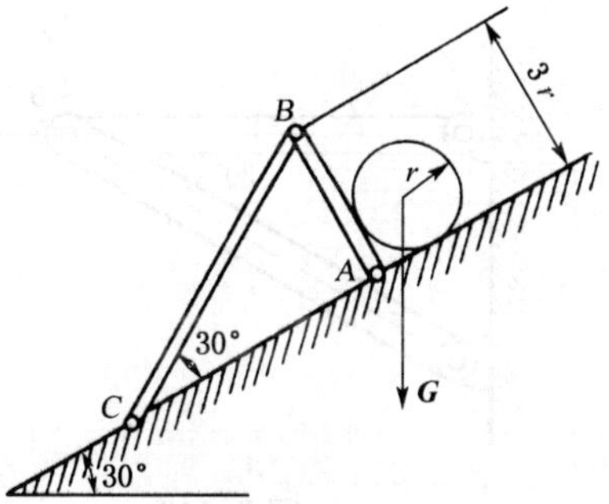

图 2-113

10. 如图 2-113 所示，用支架 ABC 承托斜面上的圆球，球重 $G=1\,000\ \text{N}$。若 AB 和 BC 杆的重量及各种摩擦力不计，试求 BC 杆所受的压力。

11. 如图 2-114 所示，已知上下两物体的重力分别是 5 kN 和 2 kN，二者间的静摩擦因数为 0.2，下平面的物体与水平面的静摩擦因数为 0.5. 试求若要抽出下面的物体，拉力 $\boldsymbol{F}$ 至少应多大？

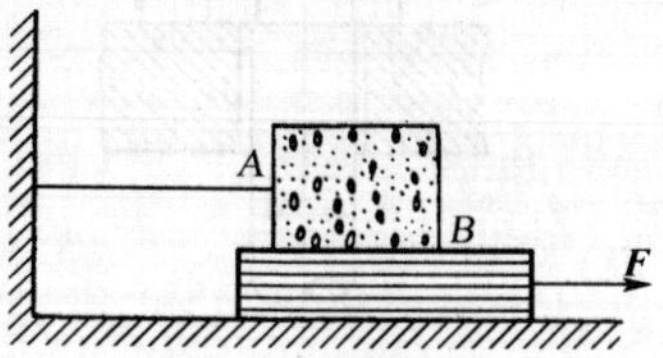

图 2-114

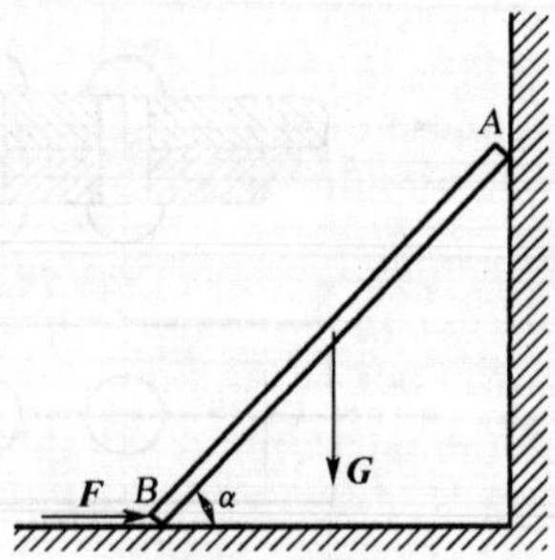

图 2-115

12. 如图 2-115 所示，一个重 $G=100\ \text{N}$ 的梯子靠在墙角，梯子与地面成 $\alpha=60°$ 角，梯与墙的摩擦因数 $f_A=0.3$，梯与地面的摩擦因数 $f_B=0.5$。问需要加一个多大的紧贴地面的

水平力 **F**,才能推动梯子向上滑动?

13. 求图 2-116 所示等直杆横截面 1-1、2-2 和 3-3 上的轴力,并作轴力图。

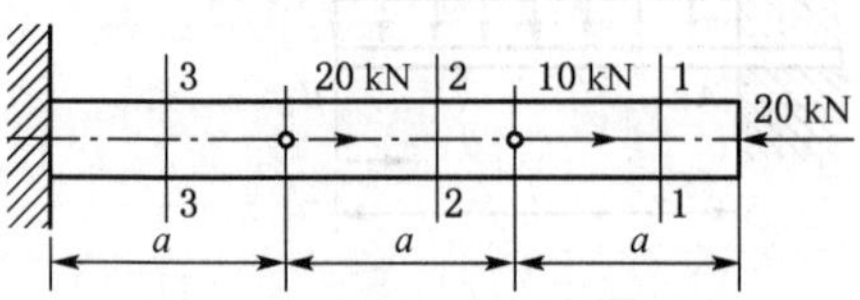

图 2-116

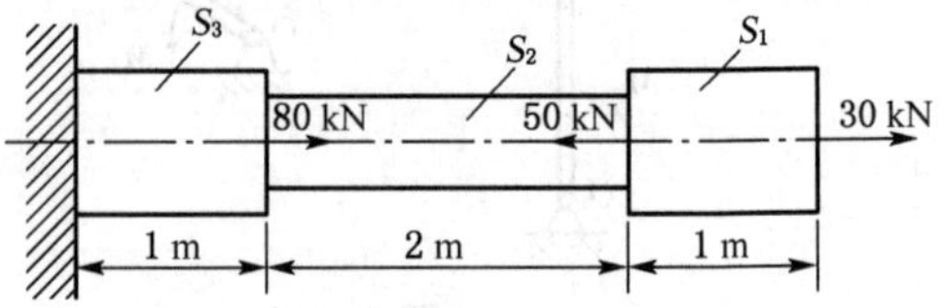

图 2-117

14. 如图 2-117 所示,钢制阶梯形直杆,各段横截面面积分别为 $S_1=S_3=300\ mm^2$,$S_2=200\ mm^2$,$E=200$ GPa。

(1) 试求出各段的轴力;

(2) 计算杆的总变形。

15. 如图 2-118 所示,三角架中 AB 和 BC 是两根材料相同的圆截面杆,材料的许用应力$[\sigma]=100$ MPa,载荷 $F=10$ kN。试设计两杆的直径。

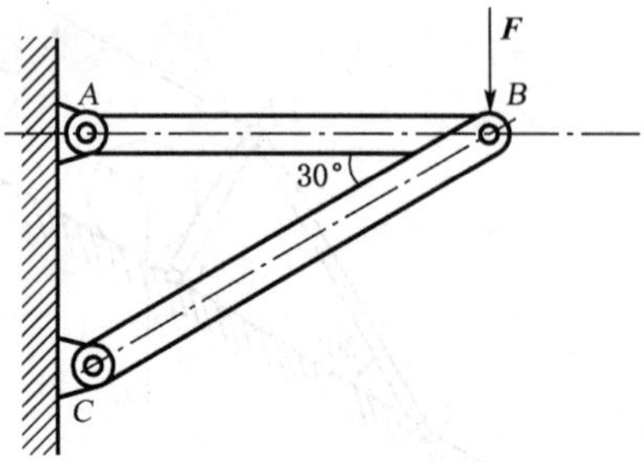

图 2-118

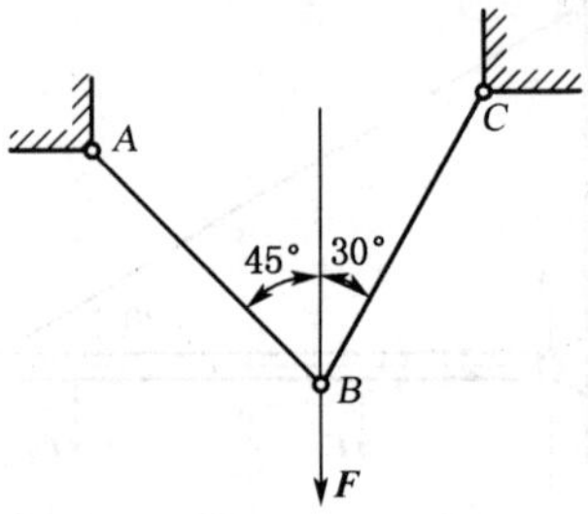

图 2-119

16. 如图 2-119 所示 AB 与 BC 杆材料的许用应力分别为$[\sigma_1]=100$ MPa,$[\sigma_2]=100$ MPa,两杆横截面面积均为 $S=2\ cm^2$。求许可载荷$[F]$。

17. 如图 2-120 所示,两块厚度为 10 mm 的钢板,若用直径为 17 mm 的铆钉联接在一起(见图),钢板拉力 $F=60$ kN。已知$[\tau]=40$ MPa,$[\sigma_{jy}]=280$ MPa。试确定所需的铆钉数(假设每只铆钉的受力相等)。

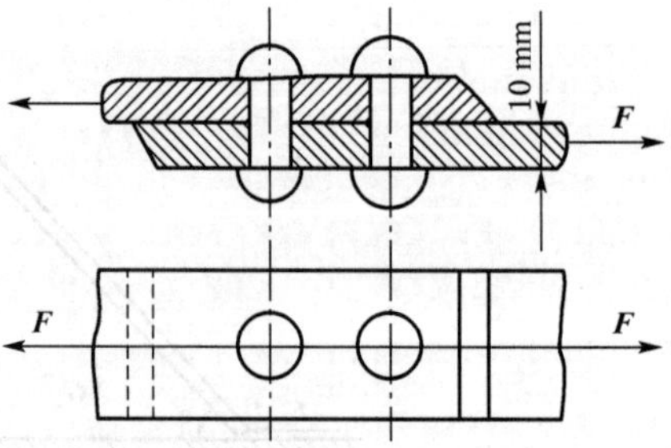

图 2-120

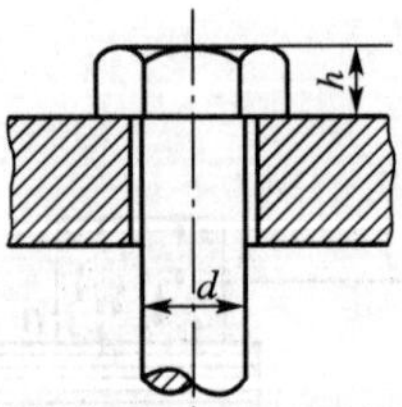

图 2-121

18. 如图 2-121 所示,螺栓受拉力 **F** 作用,其材料的许用剪切应力$[\tau]$与许用拉应力$[\sigma_l]$之间的关系约为$[\tau]=0.6[\sigma_l]$。试计算螺栓直径 d 和螺栓头部高度 h 的合理比值。

19. 图 2-122 中传动轴的转速 $n=250$ r/min，主动轮 B 输入功率 $P_B=7$ kW，从动轮 A、C、D 分别输出功率 $P_A=3$ kW，$P_C=2.5$ kW，$P_D=1.5$ kW。试画该轴扭矩图。

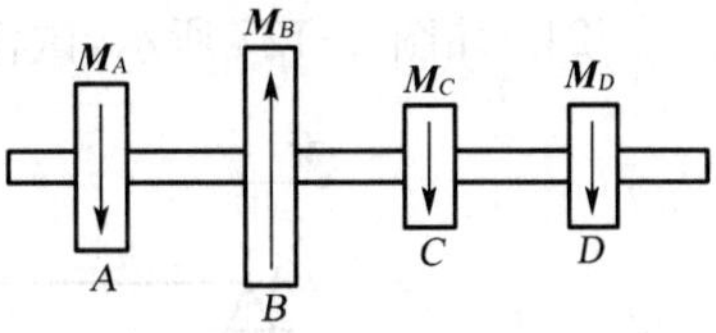

图 2-122

20. 如图 2-123 所示，试求：(1) 轴 AB I-I 截面上离圆心距离 20 mm 各点的剪应力，并图示 a、b 两点剪应力的方向；(2) I-I 截面的最大剪应力；(3) AB 轴的最大剪应力。

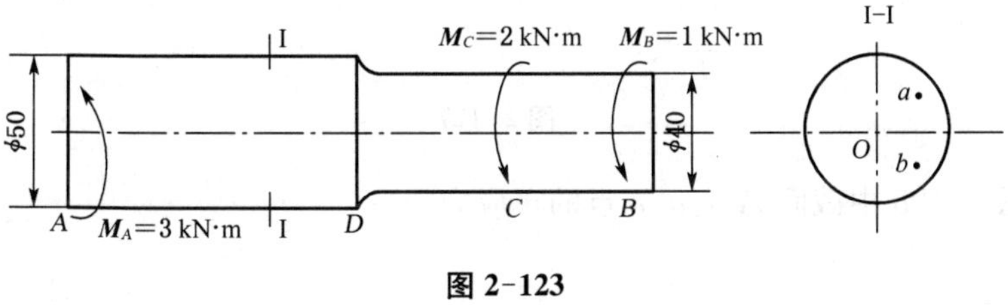

图 2-123

21. 图 2-124 所示圆轴，直径 $d=100$ mm，$l=500$ mm，$M_1=7\ 000$ N · m，$M_2=5\ 000$ N · m，$G=8\times10^4$ MPa。

(1) 作扭矩图；

(2) 求轴上的最大剪应力，并指出其位置；

(3) 求截面 C 相对于截面 A 的扭转角 φ_{CA}。

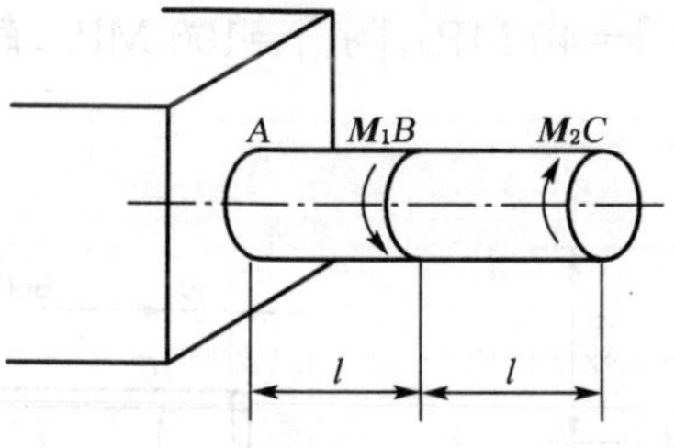

图 2-124

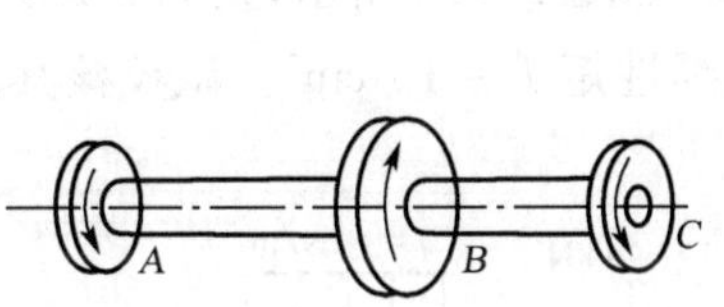

图 2-125

22. 如图 2-125 所示，传动轴的直径 $d=40$ mm，许用剪应力$[\tau]=60$ MPa，许用单位长度扭角$[\theta]=0.5$ °/m，轴材料的切变模量 $G=80$ GPa，功率 P 由 B 轮输入，A 轮输出$\frac{2}{3}P$，C 轮输出$\frac{1}{3}P$，传动轴转速 $n=500$ r/min。试计算 B 轮输入的许可功率$[P]$。

23. 如图 2-126 所示，求指定截面的弯矩，并确定其正、负号。

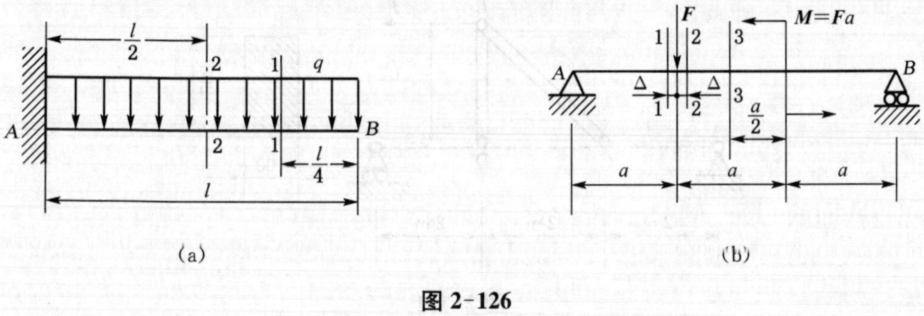

图 2-126

24. 如图 2-127 所示，试作下列各梁的弯矩图，并求最大 M。

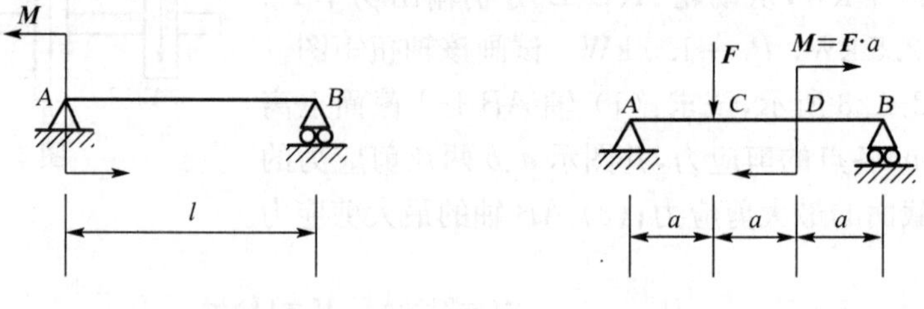

图 2-127

25. 求图 2-128 中截面 A 上 a、b 点的正应力。

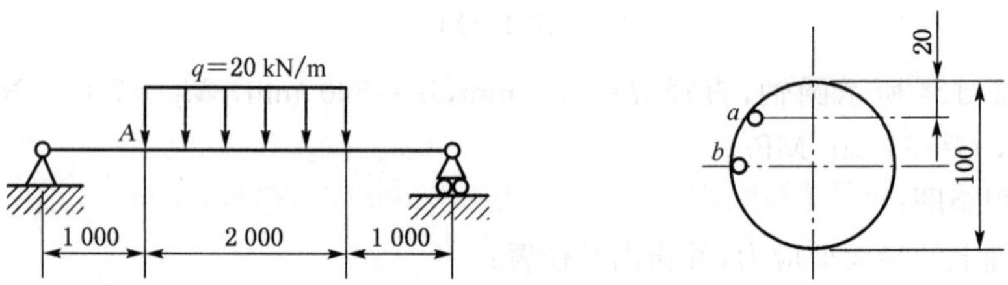

图 2-128

26. 如图 2-129 所示，梁的材料为铸铁，已知$[\sigma_l]=40$ MPa，$[\sigma_y]=100$ MPa，截面对中性轴的惯性矩 $I_z=10^3\,\text{cm}^4$。试校核其正应力强度。

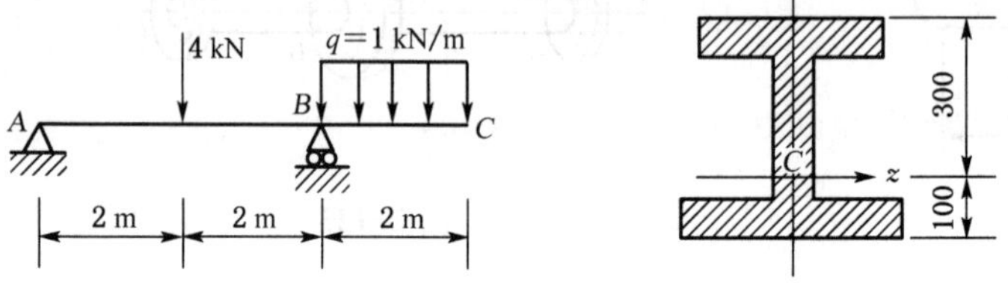

图 2-129

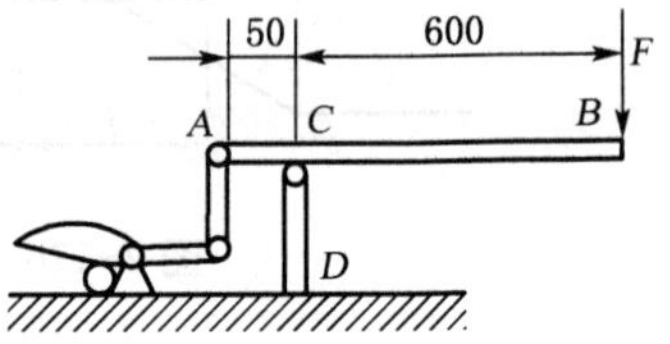

图 2-130

27. 如图 2-130 所示，剪力机构的 AB 与 CD 杆的截面均为圆形，材料相同，许用应力$[\sigma]=100$MPa，设 $F=200$ N。试确定 CD 杆的直径。

28. 如图 2-131 所示，一梁 AB 的跨度为 6 m，梁上铰接一桁架，力 $F=10$ kN 平行于梁轴线且作用于桁架 E 点。若梁的横截面为 $100\times200\ \text{mm}^2$ 的矩形，试求梁的最大拉应力。

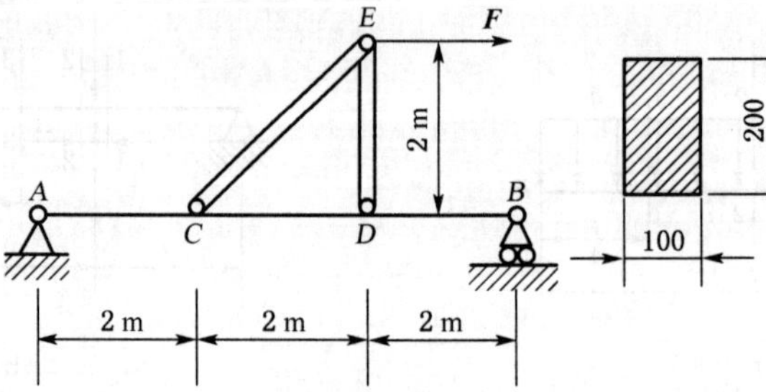

图 2-131

29. 曲拐圆形部分的直径 $d=30$ mm，受力如图 2-132 所示。若杆的许用应力$[\sigma]=100$ MPa，试校核此杆的强度。

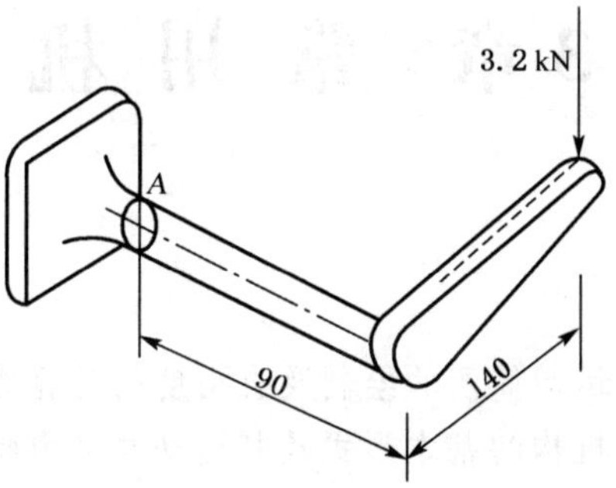

图 2-132

30. 如图 2-133 所示，轴 AB 上装有两个轮子，一轮轮缘上受力 $\boldsymbol{F}$ 作用，另一轮上绕一绳，绳端悬挂一重物 $G=6$ kN 的物体。若此轴在力 $\boldsymbol{F}$ 和 $\boldsymbol{G}$ 作用下处于平衡状态，轴的许用应力$[\sigma]=60$ MPa，试设计轴的直径。

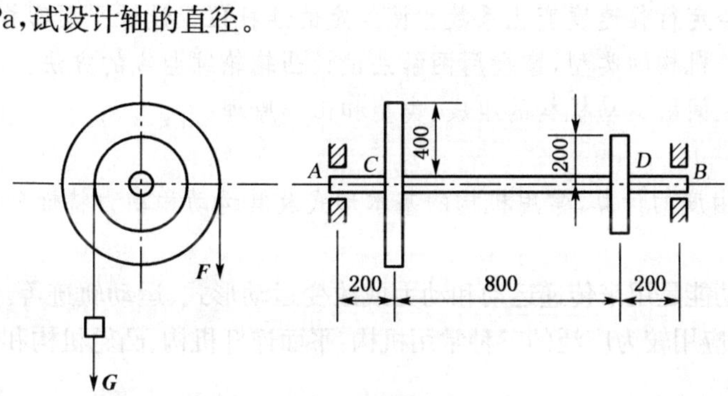

图 2-133

第3章 常用机构

【内容简介】

本章主要介绍平面机构运动简图的绘制及自由度的计算方法,平面连杆机构、凸轮机构和间歇运动机构等三种常用机构的基本形式及其运动和动力特性分析。

【学习目标】

(1) 掌握运动副的类型和平面机构运动简图的绘制方法。

(2) 熟练掌握平面机构自由度的计算及机构运动确定性的判定方法。

(3) 掌握铰链四杆机构的基本形式的判别,能够分析平面连杆机构的运动特性。

(4) 掌握按给定行程速度变化系数和按给定的连杆位置设计平面四杆机构的方法。

(5) 了解凸轮机构的类型,掌握用图解法设计凸轮轮廓曲线的方法。

(6) 了解常见间歇运动机构的组成、类型和工作原理。

【重点】

平面机构自由度的计算,常用机构的基本形式及其运动和动力特性分析。

机构的主要功能是用来传递运动和动力或改变运动形式、运动轨迹等。机构是多种多样的,本章主要介绍应用较为广泛的三种常用机构:平面连杆机构、凸轮机构和间隙运动机构。

3.1 机构的结构分析

3.1.1 平面机构的组成

1) 运动副

在机构中,组成机构的构件之间需要以一定的方式联接起来,这样才能使构件获得需要的运动,这种使构件与构件直接接触又能产生一定相对运动的可动联接称为运动副。例如:滚动轴承的滚动体与内外圈滚道之间、内燃机中的活塞与气缸体的联接,它们既保持了直接接触,又能产生一定相对运动,因此都构成了运动副。

在平面机构中,构件间的接触形式有点、线、面接触。根据构件的接触方式,运动副分为低副和高副两类。

(1) 低副

两构件通过面接触所组成的运动副称为低副。根据构件间相对运动形式的不同,低副又分为转动副和移动副。

① 转动副　使两个构件只能作相对转动的运动副,称为转动副(也称铰链),如图 3-1

所示。两构件中如有一个构件固定不动，则称为固定铰链，如图 3-1(a)所示；如两构件均可以活动，则称为活动铰链，如图 3-1(b)所示。例如，滚动轴承就是转动副。

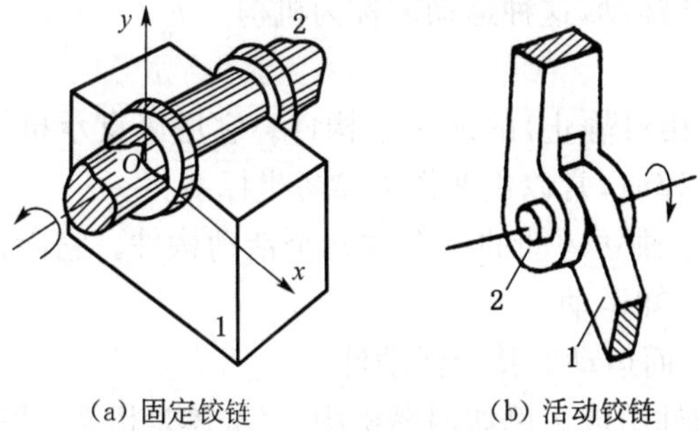

(a) 固定铰链　(b) 活动铰链

图 3-1　转动副

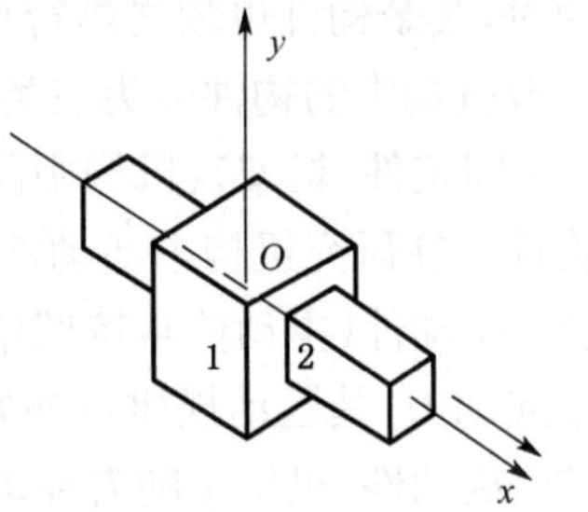

图 3-2　移动副

② 移动副　使两个构件只能作相对移动的运动副，称为移动副，如图 3-2 所示，两构件之间只能沿 x 轴方向做相对移动，其余运动受到约束。例如，内燃机中的活塞与气缸体组成移动副。

(2) 高副

两构件通过点或线接触所组成的运动副称为高副。如图 3-3 所示，当两构件组成高副时，构件 1 与构件 2 的相对运动为接触处切线 t-t 方向的相对移动和在平面内的相对转动。

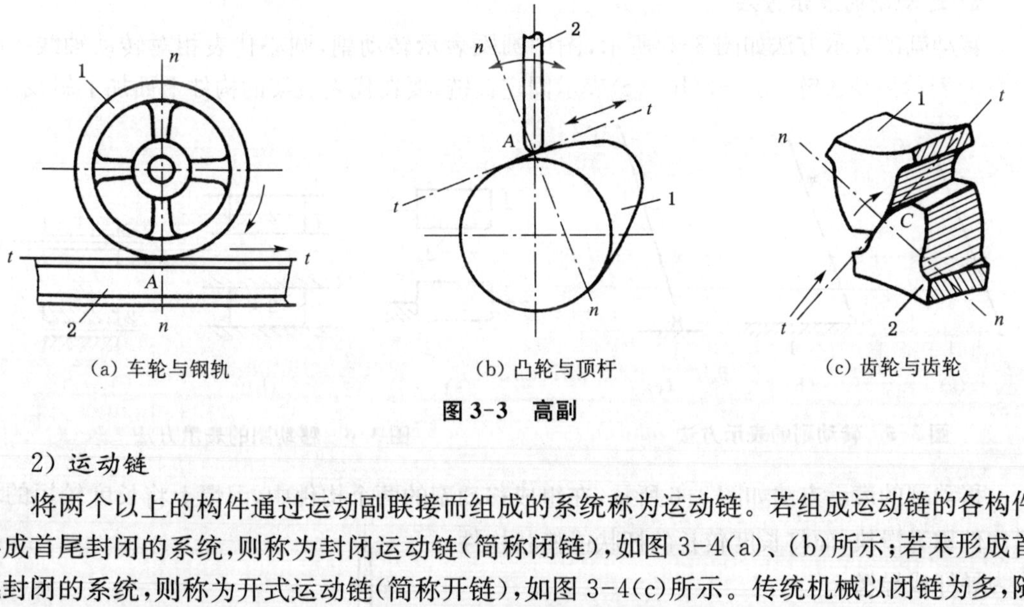

(a) 车轮与钢轨　(b) 凸轮与顶杆　(c) 齿轮与齿轮

图 3-3　高副

2) 运动链

将两个以上的构件通过运动副联接而组成的系统称为运动链。若组成运动链的各构件形成首尾封闭的系统，则称为封闭运动链(简称闭链)，如图 3-4(a)、(b)所示；若未形成首尾封闭的系统，则称为开式运动链(简称开链)，如图 3-4(c)所示。传统机械以闭链为多，随着机械手和机器人的广泛应用，开链也在逐渐增多。

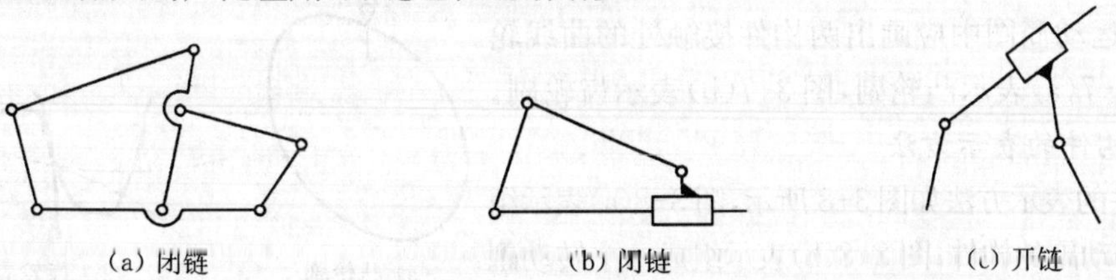
(a) 闭链　(b) 闭链　(c) 开链

图 3-4　运动链

3）机构的组成

在运动链中，若将其中的一个构件固定，且当另一个或几个可动构件按照给定的规律独立运动时，其余构件也随之进行相应确定的运动，这种运动链称为机构。

一般机构中的构件分为三类：

（1）固定件（机架）：机构中固定不动（相对静止）的那一个构件。它用来支承机构中的活动构件。在研究机构中活动件的运动规律时，常以机架作为参考坐标系。

（2）原动件（主动件）：按照给定的规律独立运动的一个或几个活动构件。它向机构输入运动或动力，其运动规律是外界给定的已知运动。

（3）从动件：机构中随着原动件的运动而运动的其余活动件。

由此可见，机构由机架、原动件和从动件组成。例如内燃机中，气缸体是机架，活塞是主动件，连杆、曲轴是从动件。

3.1.2 平面机构运动简图

组成机构的构件其结构往往很复杂，为了使问题简化，撇开那些与运动无关的构件外形、构件中零件的数目以及运动副的具体构造等因素，仅用简单线条和规定的符号表示构件和运动副，并按照一定的比例表示各运动副之间的相对位置。这种表示机构的组成和各构件之间的相对运动关系的简单图形，称为机构运动简图。

1）运动副的表示方法

转动副的表示方法如图 3-5 所示，图中圆圈表示转动副，圆心代表相对转动轴线。图 3-5(a)表示活动铰链；图 3-5(b)、(c)表示固定铰链，要在代表机架的构件上面加上斜线。

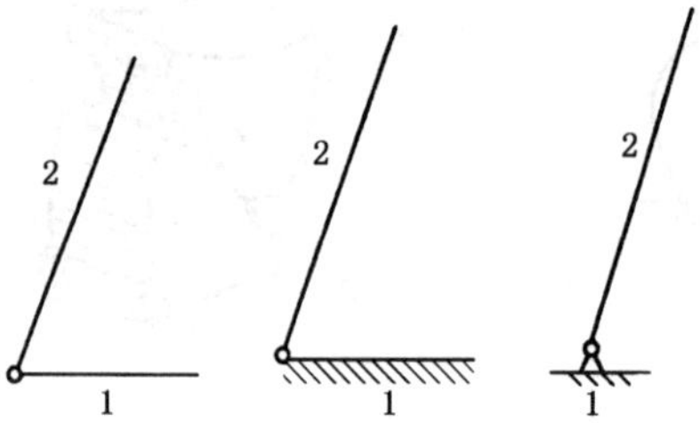

图 3-5 转动副的表示方法

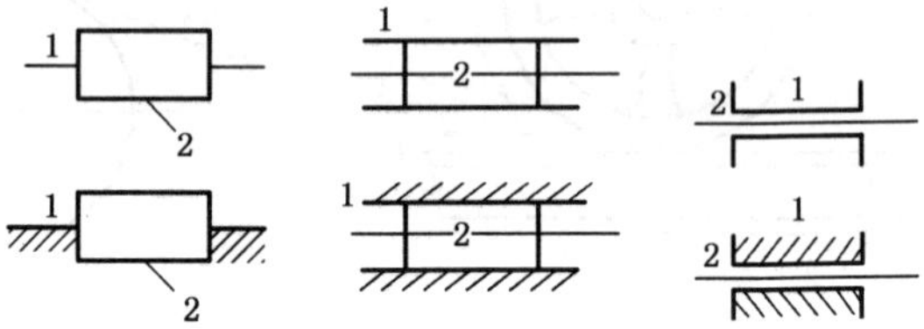

图 3-6 移动副的表示方法

移动副的表示方法如图 3-6 所示，在组成移动副的两个构件中，习惯上将长度较短的块状构件称为滑块，而将长度较长的杆状或槽状构件称为导杆或导槽。

两构件组成平面高副的表示方法如图 3-7 所示，在其运动简图中应画出两构件接触处的曲线轮廓。图 3-7(a)表示凸轮副，图 3-7(b)表示齿轮副。

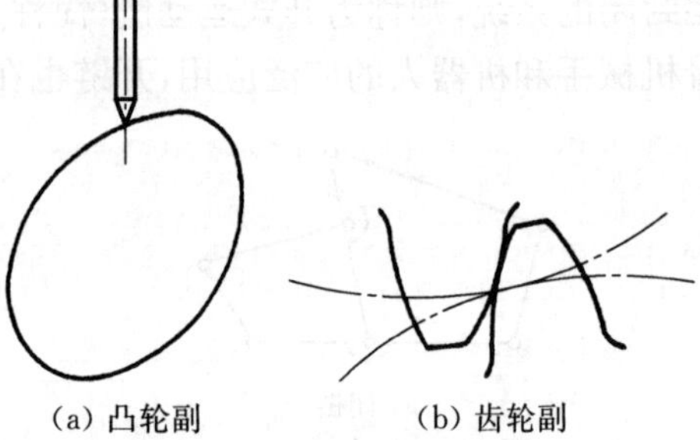

(a) 凸轮副　(b) 齿轮副

图 3-7 平面高副的表示方法

2）构件的表示方法

构件的表示方法如图 3-8 所示，图 3-8(a)表示组成两个转动副的构件；图 3-8(b)表示组成一个转动副和一个移动副的构件；图 3-8(c)表示组成三个转动副的构件，一般用三角形表示，在三角形内加剖面线或在三个内角涂上焊缝标记，表明三角形是一个构件；若三个转动副在同一直线上，可用跨越半圆符号来连接直线，如图3-8(d)所示。

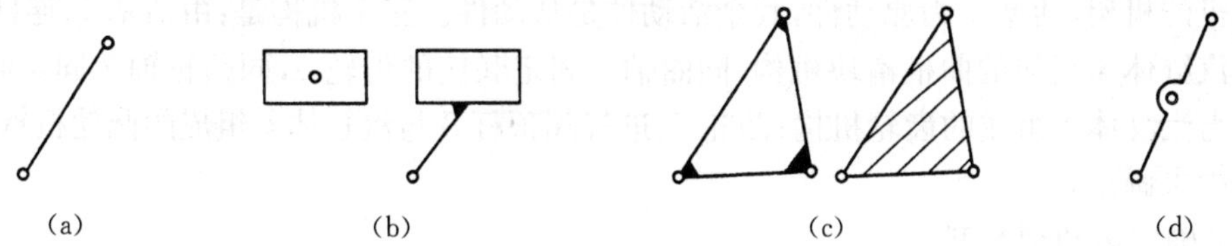

图3-8 构件的表示方法

3）机构运动简图的绘制步骤

(1) 分析机构的工作情况　找出机架，确定原动件和从动件（包括执行件和传动件）。

(2) 分析机构的运动情况　从原动件出发，沿运动传递路线逐一分析各个构件间的相对运动性质、确定构件数目、运动副类型及数目。

(3) 合理选择视图平面　选择多数构件所在的运动平面或平行于运动平面的平面为视图平面。

(4) 绘制机构运动简图　测量构件尺寸，定出各运动副的相对位置，选择合适的比例尺和恰当的原动件位置，用规定的简单符号绘制机构运动简图。在机架上加上斜线，在原动件上标上箭头（表示原动件及其运动方向），按运动传递路线给各构件依次标上1,2,3,…，给各运动副依次标上大写英文字母$A,B,C,\cdots$。

比例尺的确定方法：

$$\text{比例尺}\ \mu_l = \frac{\text{构件的实际长度(mm)}}{\text{构件的图形长度(mm)}}$$

【例3-1】 绘制图3-9(a)所示内燃机的机构运动简图。

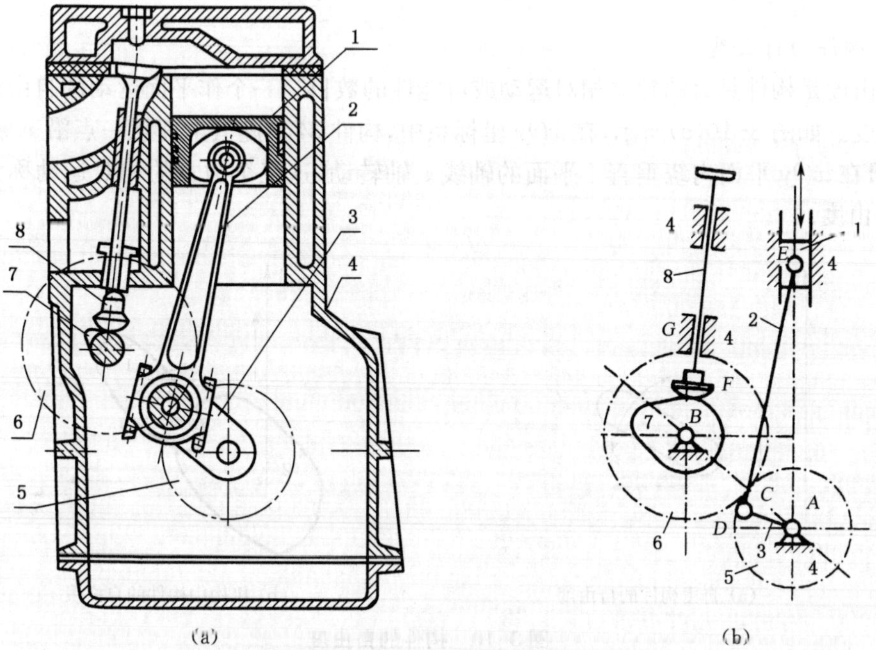

图3-9 内燃机及其机构运动简图

解 (1) 分析、确定构件类型

内燃机包括三个机构,它们的运动平面均平行,故属于平面机构。汽缸体 4 为固定件,是内燃机的机架,活塞 1 为原动件,其余活动件是从动件。三个机构是:由活塞 1、连杆 2、曲轴 3 和汽缸体 4 组成的曲柄滑块机构;同曲轴 3 固定联接的齿轮 5,同凸轮轴 7 固定联接的齿轮 6 与汽缸体 4 组成的齿轮机构;凸轮 7、进气阀顶杆 8 与汽缸体 4 组成的凸轮机构(排气阀在图中未画出)。

(2) 确定运动副类型

曲柄滑块机构中,活塞 1 与汽缸体 4 组成移动副,活塞 1 与连杆 2、连杆 2 与曲轴 3、曲轴 3 与汽缸体 4 分别组成转动副。

齿轮机构中,齿轮 5 与汽缸体 4、齿轮 6 与汽缸体 4 分别组成转动副,齿轮 5 与齿轮 6 组成高副。

凸轮机构中,凸轮 7 与汽缸体 4 组成转动副,进气阀顶杆 8 与汽缸体 4 组成移动副,凸轮 7 与进气阀顶杆 8 组成高副。

(3) 定视图方向

连杆运动平面为视图方向。

(4) 选择比例尺,绘制简图

先画出滑块导路中心线及曲轴中心位置,然后根据构件尺寸和运动副之间的尺寸,选择合适的比例尺并按规定的符号绘制机构运动简图,如图 3-9(b)所示。

注意:绘制机构运动简图时,原动件位置不同,所绘运动简图的图形也不同。若原动件位置选择不当,构件可能互相重叠或交叉,使图形不易辨认。可见,要清晰表达各构件的相互关系,应当选择恰当的原动件位置来绘图。

3.1.3 平面机构的自由度

1) 构件的自由度

自由度是构件具有的独立相对运动或可能性的数目。一个作平面运动的自由构件有三个自由度。如图 3-10(a)所示,在 xOy 坐标系中,构件 M 可随其上任意一点沿 x 轴、y 轴移动,也可在 xOy 平面内绕垂直于平面的轴线 z 轴转动,这三个独立的相对运动称为该构件 M 的自由度。

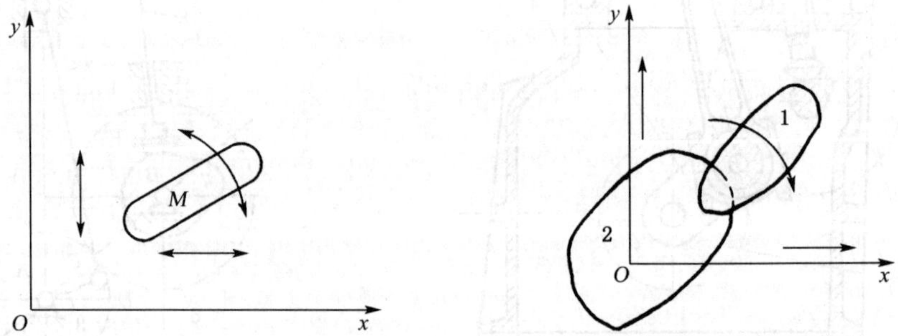

(a) 自由构件的自由度 (b) 机构中构件的自由度

图 3-10 构件的自由度

2) 构件的约束和运动副的约束特点

平面机构所有构件在未构成运动副之前都有三个自由度。当两个构件组成运动副后，它们的相对运动就受到限制，自由度也随之减少。运动副对构件的独立运动所加的限制称为约束。不同类型的运动副引入的约束数不同。每引入一个约束，构件就减少一个自由度，如图 3-10(b)。如图 3-1 所示的转动副限制了 x、y 两个方向的移动，只保留一个转动自由度；如图 3-2 所示的移动副约束了 y 方向的移动和 xOy 平面内的转动，只保留沿 x 方向的移动自由度；如图 3-3 所示的高副，只约束了沿接触处公法线 n-n 方向的移动自由度，保留沿切线 t-t 方向的移动和在平面内转动的两个自由度。

经以上分析，在平面机构中，每一个低副引入两个约束，失去两个自由度；每一个高副引入一个约束，失去一个自由度。

3) 平面机构自由度的计算

机构的自由度是指机构中各构件相对于机架所具有的独立运动的数目。若一个机构有 N 个构件组成，其中必有一个构件为机架，因机架为固定构件，受到三个约束作用则自由度为零，其余构件都是活动件，活动件数 $n = N - 1$。显然，所有活动件在未联接组成运动副之前总共有 $3n$ 个自由度。这些构件用 P_L 个低副、P_H 个高副联接组成机构后，自由度即随之减少。其中，P_L 个低副引入 $2P_L$ 个约束，P_H 个高副引入 P_H 个约束，则这些运动副引入的总约束数为 $2P_L + P_H$，即失去的自由度数。于是，平面机构的自由度应为

$$F = 3n - 2P_L - P_H \tag{3-1}$$

式中：n—— 机构的活动件数；

P_L——机构的低副数；

P_H——机构的高副数。

此公式表明机构的自由度数、活动件数和运动副数之间的关系。

图 3-9(a)所示内燃机由三个机构组成，三个机构的自由度以及作为一个整体机构来计算见表 3-1。

表 3-1 图 3-9(a)所示内燃机的自由度

机　构	曲柄滑块机构	齿轮机构	凸轮机构	整体机构
活动件数 n	3	2	2	5
低副数 P_L	4	2	2	6
高副数 P_H	0	1	1	2
自由度 F	1	1	1	1

4) 计算自由度时应该注意的问题

利用公式(3-1)计算机构自由度时必须考虑以下几种情况。

(1) 复合铰链

复合铰链是由两个以上的构件同时在一处以转动副相联接所构成的铰链。图 3-11(a)是钢板剪切机的机构运动简图，B 处是由 2、3 和 4 三个构件通过转动副并联在一起的复合铰链，具体结构见图 3-11(b)所示。三个构件共构成两个转动副，在统计低副时应根据运动副的定义按两个转动副计算。同理，若有 m 个构件以复合铰链相联接，其构成的转动副数

目应等于$(m-1)$。

图 3-11(a)所示机构活动构件为 $n=5$,低副数 $P_L=7$,高副数 $P_H=0$。该机构的自由度为

$$F=3n-2P_L-P_H=3\times5-2\times7=1$$

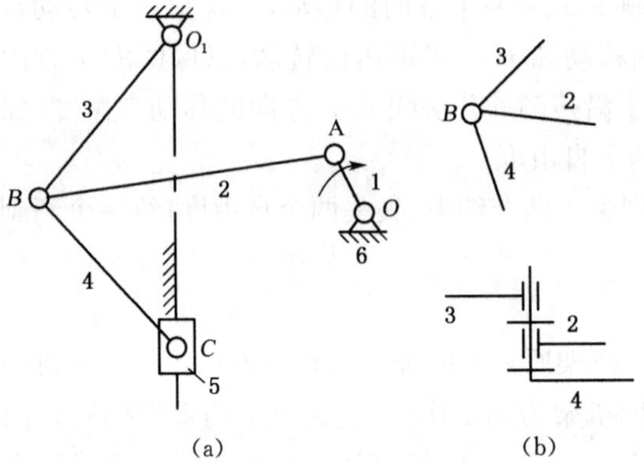

图 3-11 钢板剪切机及其复合铰链

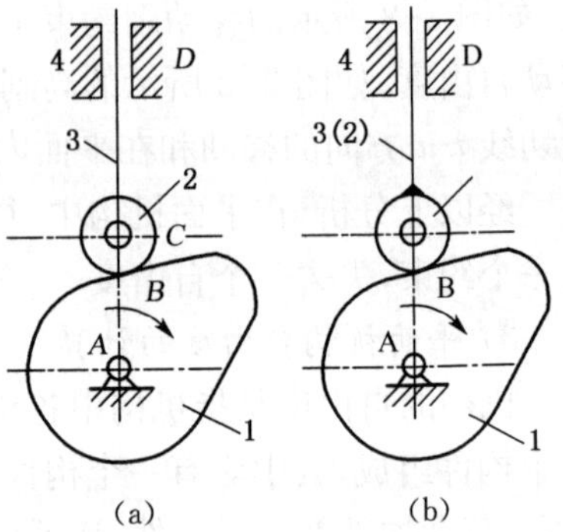

图 3-12 局部自由度

(2) 局部自由度

局部自由度指机构中某些构件产生的局部独立运动,并不影响其它构件的运动。图 3-12(a)所示的凸轮机构中,为减少高副接触处的磨损,在从动件 3 上安装滚子 2,使其与凸轮轮廓滚动接触。滚子相对从动件的转动,从机构运动学的角度看属于局部自由度,它并不影响构件 1、3 的运动。因此,在计算自由度时不予考虑,处理方法是将滚子 2 固联在从动件 3 上,如图 3-12(b)所示。该机构有活动构件 $n=2$,低副数 $P_L=2$,高副数 $P_H=1$。该机构的自由度为

$$F=3n-2P_L-P_H=3\times2-2\times2-1=1$$

(3) 虚约束

在实际机构中,有些运动副所起的约束作用是重复的,这些不起独立限制作用的重复约束称为虚约束。在计算自由度时,处理方法是将虚约束去除不计。

平面机构中的虚约束常出现在下述场合:

① 导路平行或重合的移动副 两个构件同时在几处构成多个移动副且各移动副的导路平行或重合,只有一个起约束作用,其余则是虚约束。如图 3-13(a)中构件 4 与机架 1 构成的移动副 D 与 D' 中,只有一个起约束作用,另一个则是虚约束。计算自由度时按图 3-13(b)处理,当作一个移动副。

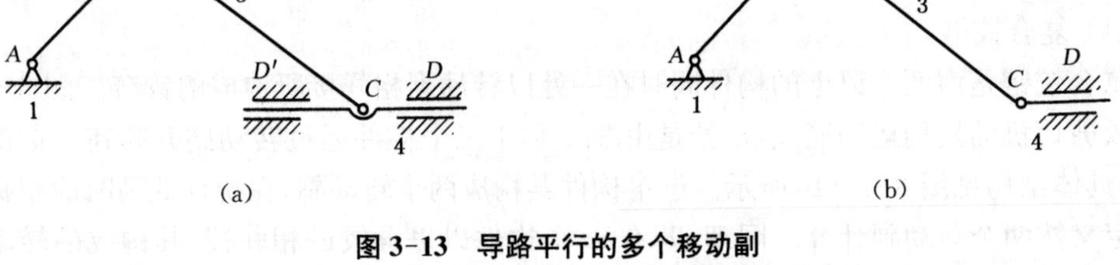

图 3-13 导路平行的多个移动副

② 轴线重合的转动副　两个构件同时在几处配合构成多个转动副且各转动副的轴线重合，只有一个起约束作用，其余则是虚约束。如图 3-14(a)齿轮机构中，轴 AA' 与机架构成的转动副 A 与 A' 中，只有一个起约束作用，另一个则是虚约束。B 与 B' 同理。计算自由度时按图 3-14(b)处理，A 与 A' 当作一个转动副。

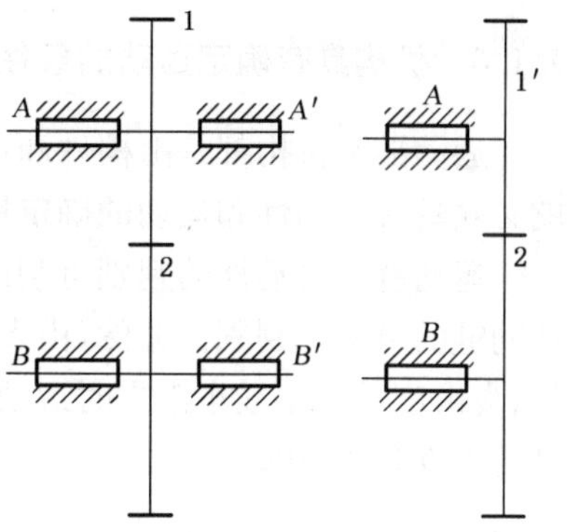

(a)　(b)

图 3-14　轴线重合的转动副

③ 运动轨迹重合　连接构件上的轨迹和机构上连接点的轨迹重合时，引入虚约束。如图 3-15(a)所示蒸汽机车车轮联动装置的运动简图，该机构为平行四边形机构，连接构件 5 上 E 点的轨迹与机构连杆 BC 上的轨迹重合，构件 5 引入了虚约束。构件 5 及两个转动副 E、F 引入的约束不起限制作用，计算自由度时按图 3-15(b)处理，将构件 5 和两个转动副 E、F 去掉，不影响整个机构的运动。

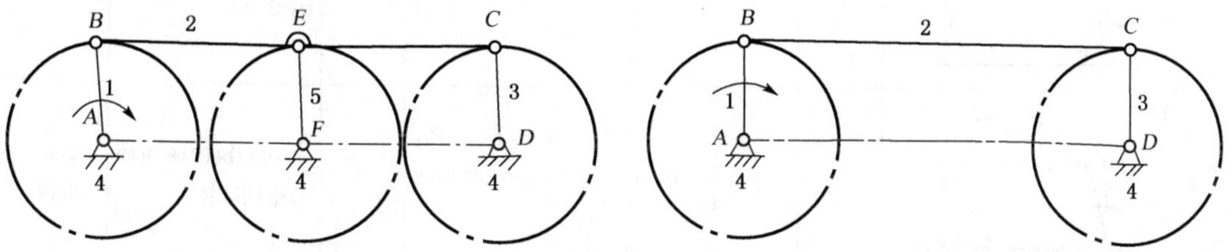

(a)　(b)

图 3-15　轨迹重合的平行四边形机构

④ 对称结构　机构中传递运动而不起独立作用的对称部分形成虚约束。如图 3-16 所示的差动轮系，三个行星轮 2、2′、2″对称布置，且作用相同，故计算自由度时只取其一，其余为虚约束。

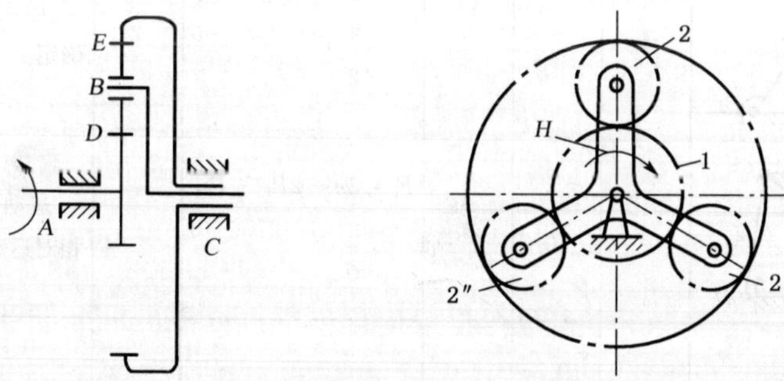

(a)　(b)

图 3-16　差动轮系

应当指出，虚约束是在特定的几何条件下形成的，其存在虽对机构的运动没有影响，但它可以改善机构的受力状况，增强机构工作的稳定性，因而在工程机械上常有应用，但虚约束对机构的几何条件要求较高。如果这些特定的几何条件不能满足，则虚约束将会变成实际的约束而使机构不能运动。所以，在采用虚约束的机构中，对制造和安装都有严格的要求。

3.1.4 机构具有确定运动的条件(构件系统形成机构的条件)

运动链和机构都是由构件和运动副组成的系统。机构要形成预期的运动传递或改变，就必须具有可动性和运动的确定性。

运动链的可动性的判别可利用计算平面机构自由度的公式(3-1)进行。表 3-2 是一些运动链的可动性判别。显然，由表 3-2 可知，自由度数大于零是运动链成为机构的必要条件，自由度数等于或小于零时运动链不可能产生任何相对运动。因此，机构具有相对运动的必要条件是 $F>0$。

表 3-2 运动链的可动性

序号	构件组合	活动构件数 n	低副数 P_L	高副数 P_H	自由度 F	主动件数	现象	结论
1	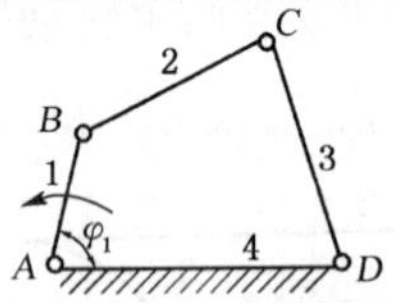	3	4	0	$F=3n-2P_L-P_H$ $=3\times3-2\times4-0$ $=1$	1	运动链的运动确定	机构
2	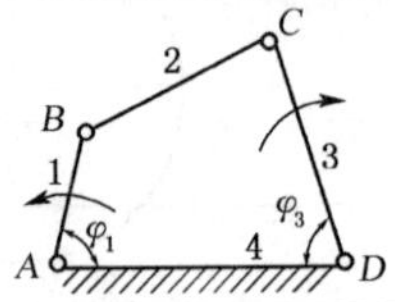	3	4	0	$F=3n-2P_L-P_H$ $=3\times3-2\times4-0$ $=1$	2	运动链的薄弱环节遭到破坏	不是机构
3	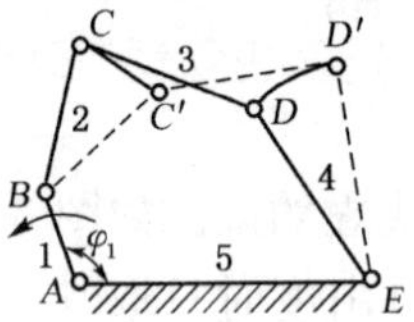	4	5	0	$F=3n-2P_L-P_H$ $=3\times4-2\times5-0$ $=2$	1	运动链的运动不确定	不是机构
4	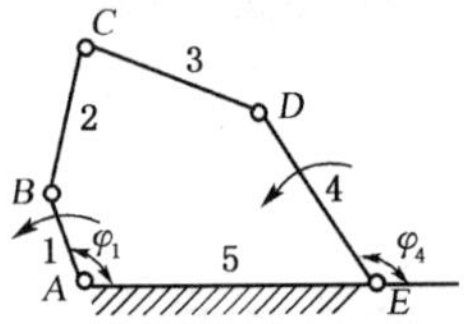	4	5	0	$F=3n-2P_L-P_H$ $=3\times4-2\times5-0$ $=2$	2	运动链的运动确定	机构
5	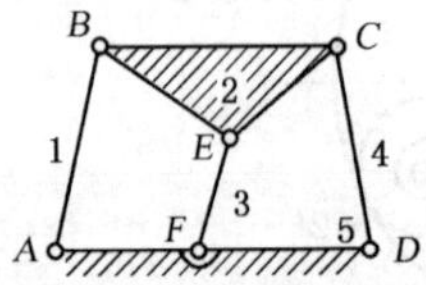	4	6	0	$F=3n-2P_L-P_H$ $=3\times4-2\times6-0$ $=0$	—	运动链不能产生相对运动	刚性珩架
6	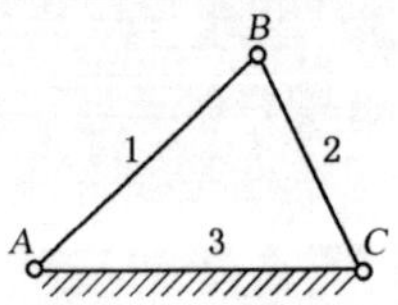	2	3	0	$F=3n-2P_L-P_H$ $=3\times2-2\times3-0$ $=0$	—	运动链不能产生相对运动	刚性珩架
7	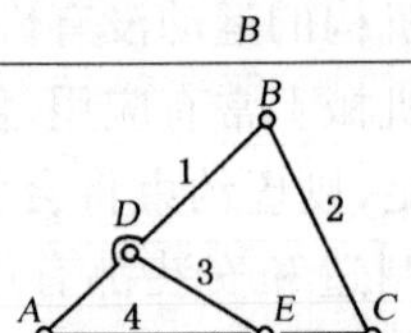	3	5	0	$F=3n-2P_L-P_H$ $=3\times3-2\times5-0$ $=-1$	—	运动链所受到的约束过多	超静定珩架

$F>0$ 的条件只表明机构能够动，并不能说明是否有确定的运动。表 3-2 中 1～4 号的构件组合都能够动，但只有 1 号、4 号构件组合成为机构。其中 2 号构件组合的主动件数大于自由度，运动链的薄弱环节遭到破坏；3 号构件组合的主动件数小于自由度，若将构件 AB 作为主动件，三个从动件的位置不能够唯一确定，既可处于 BC、CD、DE 位置，也可处于 BC'、$C'D'$、$D'E'$ 位置，表明各构件间没有确定的相对运动；4 号构件组合与 3 号构件组合相同，但其主动件数为 2 个，主动件数正好等于自由度数，各构件间具有确定的相对运动。因此，机构具有确定运动的条件是主动件数目等于自由度数目。机构的自由度数目也就是机构相对于机架所具有的独立运动数目。

综上所述可知，机构具有确定运动的条件是：机构的自由度必须大于零，且机构的主动件数等于自由度数。

【例 3-2】 计算图 3-17 所示大筛机构的自由度，并判断此构件系统是否具有确定的相对运动。

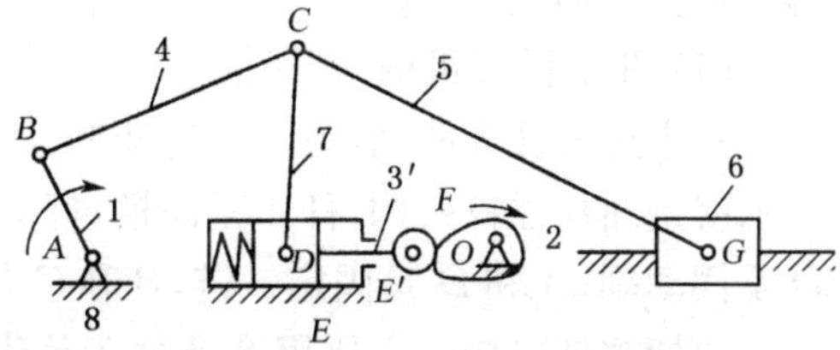

图 3-17 大筛机构运动简图

解 图 3-17 中，构件 1 和构件 2 为主动件，构件 8 为机架，其余活动件为从动件。C 处为复合铰链，$m=3$；E 和 E' 为两构件组成导路平行的移动副，其中之一为虚约束；F 处滚子为局部自由度，将滚子和构件 3 看作联接在一起的整体。

由此可知，机构的活动件数 $n=N-1=8-1$，低副数 $P_L=9$，高副数 $P_H=1$，则机构的自由度为

$$F=3n-2P_L-P_H=3\times7-2\times9-1=2$$

此机构自由度数等于 2，与主动件数相等，此构件系统具有确定的相对运动，是机构。

3.2 平面连杆机构

所有构件全部用低副联接而成的平面机构称为平面连杆机构。因其构件大都可表示为杆状，故构件称为杆。由于低副为圆柱面或平面接触，有易于制造、运动副中压强和磨损较小、润滑方便等优点，因此应用广泛。但低副磨损后会形成间隙，若构件数目较多会使从动件产生很大的累积误差，不易精确实现复杂的运动规律。

平面连杆机构按机构中构件数目的多少可分为四杆机构、五杆机构等，最基本的是由四个构件组成的平面四杆机构，应用最广，也是研究多杆机构的基础。其中，又以铰链四杆机构和滑块四杆机构为基本形式，由此演变而得到其他形式的机构。

3.2.1 铰链四杆机构的组成、类型及应用

1）铰链四杆机构的组成

在平面四杆机构中，若全部运动副都是转动副，则称为铰链四杆机构，如图 3-18 所示的曲柄摇杆机构就是其中的一种形式。图中杆 4 固定不动，称为机架，杆 2 称为连杆。杆 1 和

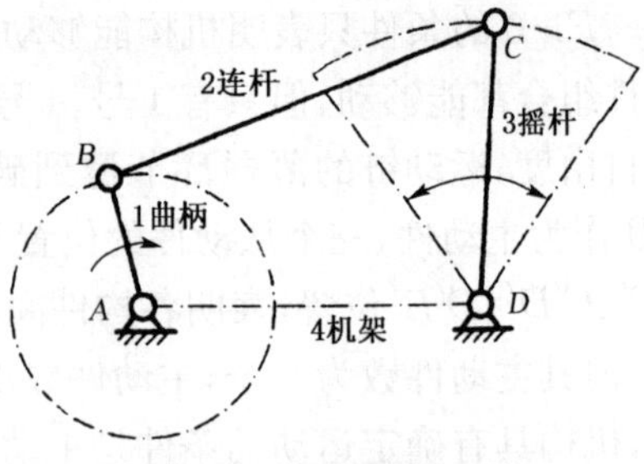

图 3-18 曲柄摇杆机构

杆 3 分别用转动副与连杆 2 和机架 4 相连接，称为连架杆。连架杆中能作 360°转动的杆称为曲柄，对应的转动副 A 称为整转副，在运动简图中用单向圆弧箭头表示；若仅能在小于 360°范围内摆动，则称为摇杆，对应的转动副 D 称为摆动副，在运动简图中用双向圆弧箭头表示。曲柄以整转副、摇杆以摆动副分别与机架、连杆联接。

2）铰链四杆机构的类型及应用

按连架杆中是否有曲柄，可将铰链四杆机构分为曲柄摇杆机构、双曲柄机构和双摇杆机构三种基本形式。

（1）曲柄摇杆机构

一个连架杆为曲柄，另一个连架杆为摇杆的铰链四杆机构称为曲柄摇杆机构。图 3-18 所示就是曲柄摇杆机构，杆 1 是曲柄，杆 3 是摇杆。其中，转动副 A、B 是整转副，转动副 C、D 是摆动副；A 和 D 是固定铰链，B 和 C 是活动铰链。

曲柄摇杆机构的主要用途是改变运动形式。若曲柄作主动件，可将曲柄的连续转动转变为摇杆的往复摆动，如图 3-19(a)所示的雷达天线俯仰机构。摇杆也可作主动件，将摇杆的往复摆动变为曲柄的连续转动，如图 3-19(b)所示缝纫机的踏板 CD 就是摇杆，踏板往复摆动时，带动曲柄 AB 及其固联在同一轴上的皮带轮一起连续整周转动。也可实现所需的运动轨迹，如图 3-19(c)所示的容器搅拌机构，利用连杆 BC 延长部分上的 E 点的轨迹实现对液体的搅拌。

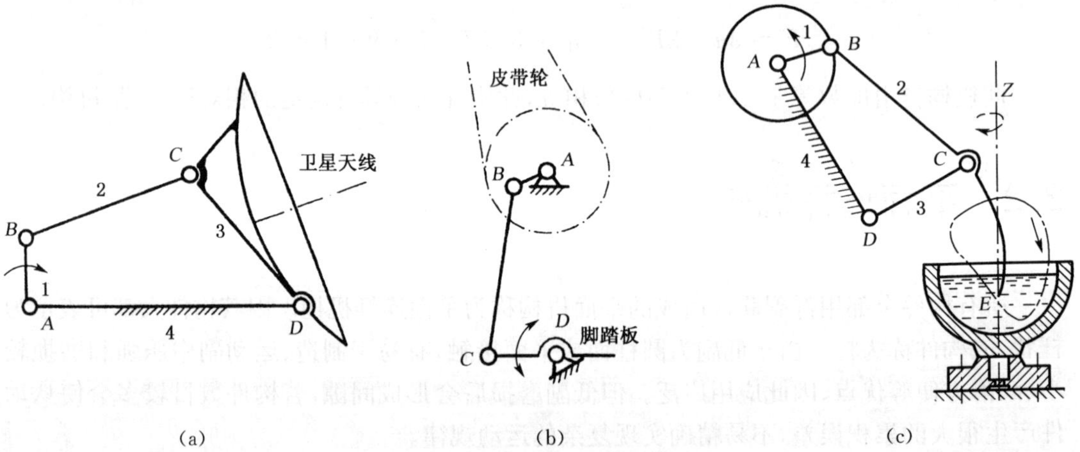

图 3-19 曲柄摇杆机构的应用

（2）双曲柄机构

若铰链四杆机构两个连架杆都是曲柄，则称为双曲柄机构。其运动特点是：当主动曲柄做匀速转动时，从动曲柄做周期性的变速转动，以满足机器的要求，如图 3-20(a)所示。图 3-20(b)所示的惯性筛机构就是双曲柄机构应用实例，曲柄 AB 匀速转动，曲柄 CD 变速回转，使筛子变速运动产生所需的加速度，利用物料的惯性达到筛分的目的。

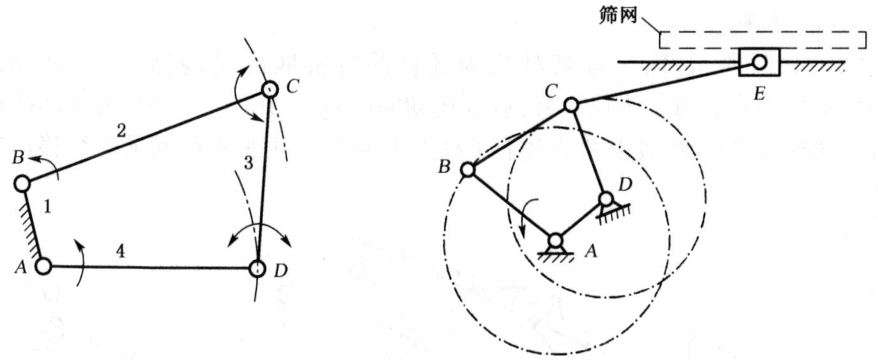

(a)　　　　(b)

图 3-20　双曲柄机构及其应用

在双曲柄机构中，若两曲柄长度相等，同时连杆与机架长度也相等，则称此双曲柄机构为平行双曲柄机构。两曲柄转向相同时，转速相同，连杆与机架始终保持平行，故又称平行四边形机构，如图 3-21(a)所示。图 3-21(b)所示为天平机构，图 3-21(c)所示为摄影平台升降机构。

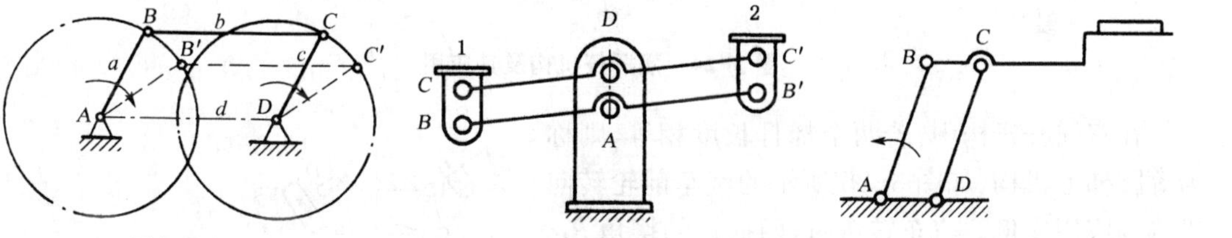

(a) 平行四边形机构　　(b) 天平机构　　(c) 摄影平台升降机构

图 3-21　平行四边形机构及其应用

平行四边形机构在运动过程中，会出现曲柄与机架共线时四个铰链中心处于同一直线的问题，此位置会产生运动的不确定性。如图 3-22 所示，在主动曲柄转向不变的条件下，当共线时，B 点转到点 B_2，而 C 点位置可能转到 C_2 或 C_2' 位置，运动出现不确定。工程上可利用从动件的质量或在从动件上加装飞轮以增大惯性，达到消除运动不确定性的目的。

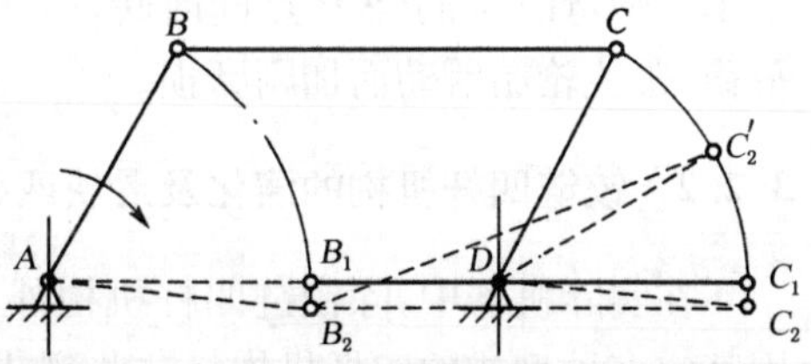

图 3-22　平行四边形机构运动的不确定性

图 3-23(a)所示的机构称为反平行四边形机构，连杆与机架长度相等但不平行，两曲柄长度相等但反向转动。图 3-23(b)所示的车门启闭系统为应用实例，它可保证分别与曲柄 AB 和 CD 固定联接的两扇车门同时开启或关闭。

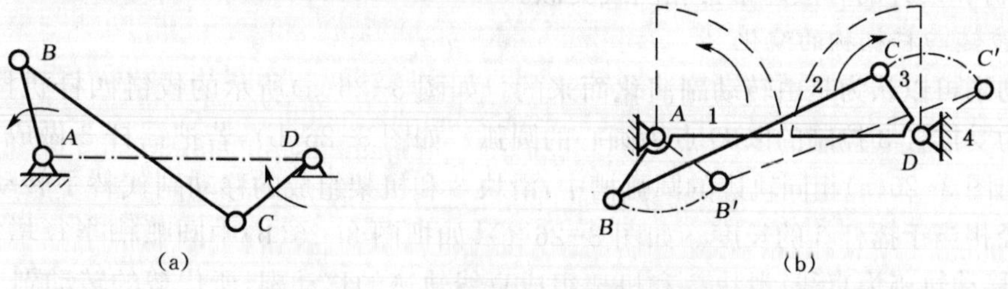

(a)　　　　(b)

图 3-23　反平行四边形机构及其应用

(3) 双摇杆机构

如图 3-24(a)所示，两个连架杆均为摇杆的铰链四杆机构称为双摇杆机构。图 3-24(b)所示的鹤式起重机为应用实例，其运动简图见图 3-24(c)，AB 为主动摇杆摆动，CD 为从动摇杆随之摆动，使悬挂在连杆 CD 上 E 点处的重物近似水平直线移动，可避免重物升降。

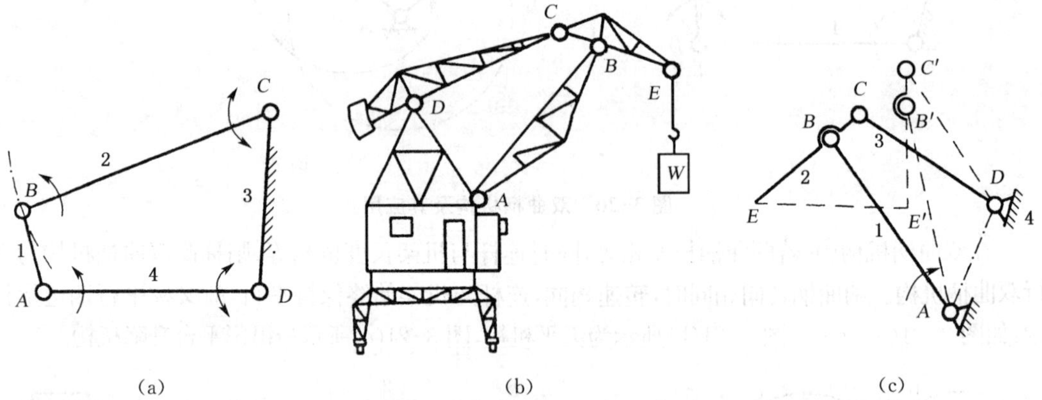

图 3-24 双摇杆机构及其应用

在双摇杆机构中，若两个摇杆长度相等，则称为等腰梯形机构，如图 3-25 所示的汽车前轮转向机构为应用实例。汽车转弯时，两摇杆的摆角 β、δ 不相等，但保证了与摇杆固联的两前轮轴线的交点近似落在后轮轴线延长线上的 P 点。这样，四个车轮转弯时共同绕 P 点同时转动，可保证转弯平稳、避免轮胎滑动而加剧磨损。

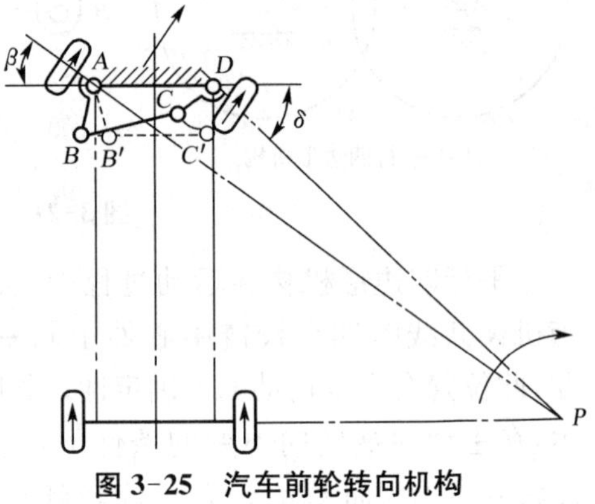

图 3-25 汽车前轮转向机构

3.2.2 铰链四杆机构的演化及滑块四杆机构

在实际机器中，除铰链四杆机构外，还广泛采用其它多种型式的四杆机构。这些型式的四杆机构，可通过改变某些构件的形状、改变构件的相对长度、改变某些运动副的尺寸、选择不同的构件作机架等方法，由铰链四杆机构演化而成。

铰链四杆机构的演化，既是为了满足运动方面的要求，还往往是为了改善受力状况以及满足结构设计等方面的需要。经演化而成的四杆机构虽然外形各不相同，但是它们的运动性质、分析和设计的方法却常常相同或类似。

1）铰链四杆机构的演化

移动副可以认为是由转动副演化而来的。如图 3-26(a)所示的铰链四杆机构，铰链 C 的轨迹为受摇杆 3 控制的以 D 点为圆心的圆弧。如图 3-26(b)，若把摇杆 3 做成滑块置入机架上与图 3-26(a)相同轨迹的圆弧槽中，滑块 3 和机架组成的移动副代替了转动副 D，圆弧槽半径相当于摇杆 3 的长度。如图 3-26(c)，如把图 3-26(b)中圆弧槽半径增大到无穷大，C 点移动轨迹为直线，滑块 3 和机架组成直线轨迹的移动副，所代替的转动副 D 则位于直线轨迹垂直方向无穷远处，此时机构由铰链四杆机构演化为偏置滑块四杆机构。

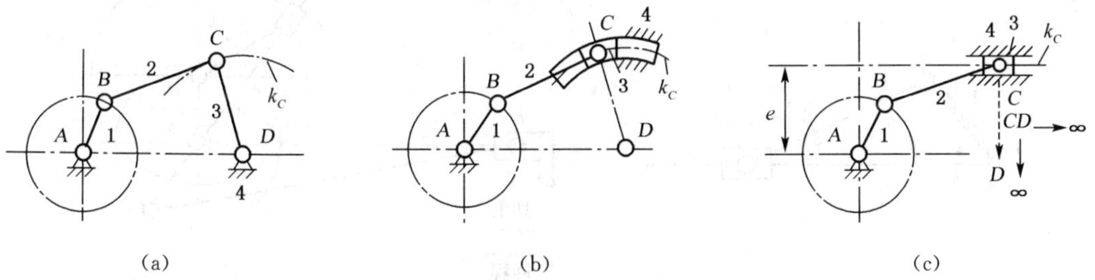

图 3-26 转动副演变为移动副的过程

2）含一个移动副的滑块四杆机构

曲柄滑块机构是典型的含一个移动副的滑块四杆机构，如图 3-27 所示。此机构可通过改变机架的方法得到多种具有运动特色的机构。

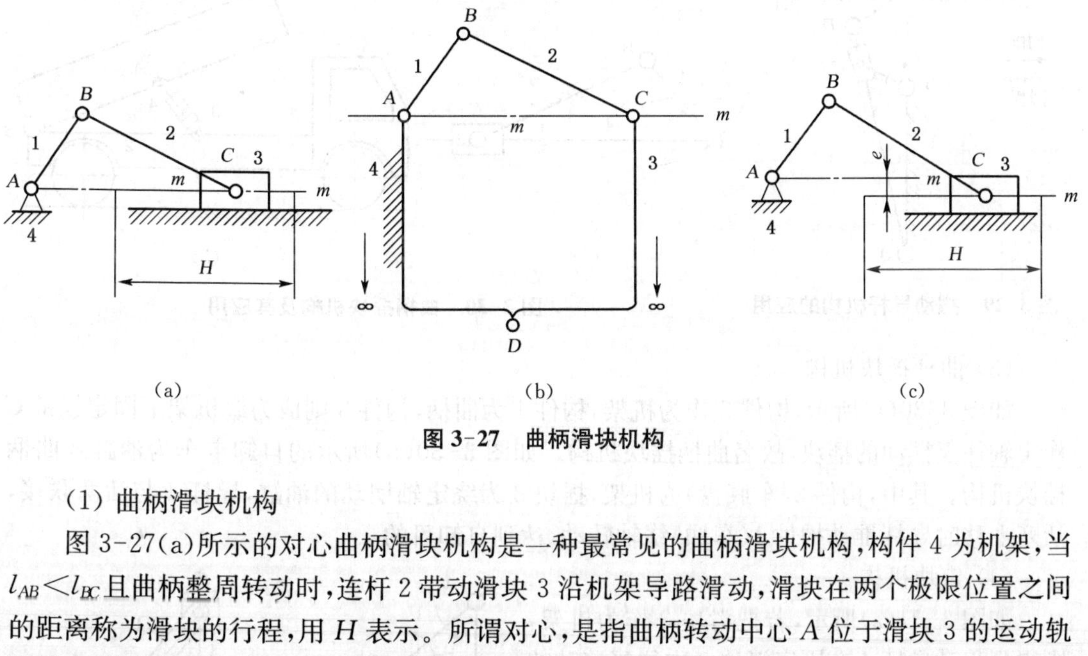

图 3-27 曲柄滑块机构

(1) 曲柄滑块机构

图 3-27(a)所示的对心曲柄滑块机构是一种最常见的曲柄滑块机构，构件 4 为机架，当 $l_{AB}<l_{BC}$ 且曲柄整周转动时，连杆 2 带动滑块 3 沿机架导路滑动，滑块在两个极限位置之间的距离称为滑块的行程，用 H 表示。所谓对心，是指曲柄转动中心 A 位于滑块 3 的运动轨迹线上，即偏距 $e=0$；否则为偏置曲柄滑块机构，如图 3-27(c)所示。图 3-27(b)所示为对心曲柄滑块机构与铰链四杆机构的等效关系。

曲柄滑块机构广泛应用在各种机械中，如活塞式内燃机、空气压缩机、冲床和剪床等。

(2) 导杆机构

如图 3-28(a)所示，构件 1 作为机架时，常把滑块沿之滑动的杆件 4 称为导杆，得到导杆机构。如 $l_{AB}\leqslant l_{BC}$ 时，构件 2 和 4 均作整周转动，称为转动导杆机构；图 3-28(b)所示的一种刨床机构，构件 1、2、3 和 4 组成转动导杆机构，使滑块 6 上的刨刀具有急回作用。如 $l_{AB}>l_{BC}$ 时，构件 2 作整周转动，而构件 4 作往复摆动，称为摆动导杆机构；图 3-29 所示的另一种刨床机构中的六杆机构，其中构件 1、2、3 和 4 组成摆动导杆机构，摆动导杆机构也具有急回作用，通过构件 6 进行刨削。

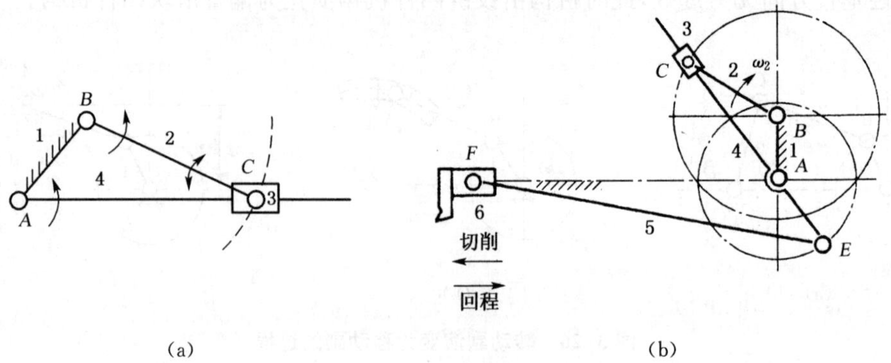

图 3-28 转动导杆机构及其应用

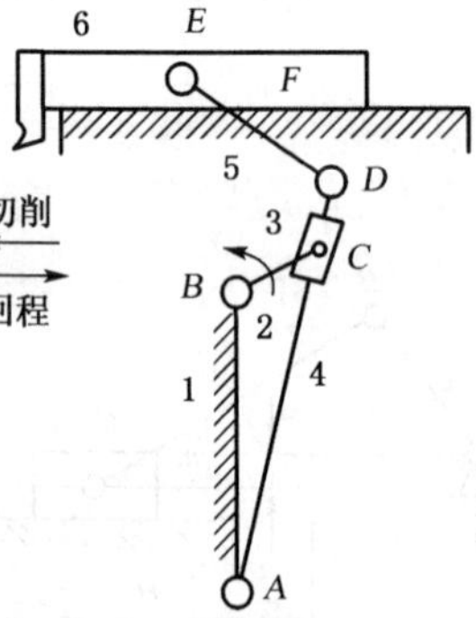

图 3-29 摆动导杆机构的应用

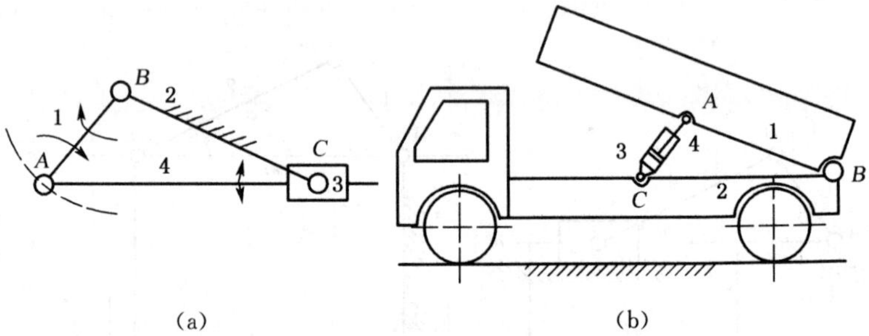

图 3-30 曲柄摇块机构及其应用

(3) 曲柄摇块机构

如图 3-30(a)所示，构件 2 作为机架，构件 1 为曲柄，构件 3 则成为绕机架上固定铰链 C 作定轴往复摆动的摇块，故名曲柄摇块机构。如图 3-30(b)所示的自卸卡车为油缸式曲柄摇块机构。其中，构件 2(车底盘)为机架，摇块 3 为绕定轴摆动的油缸，导杆 4 与活塞联接，活塞上移时导杆推动构件 1(车厢)绕轴转动，达到自卸目的。

(4) 定块机构

如图 3-31(a)所示，若把滑块 3 作为机架，则得到移动导杆 4 在固定滑块 3 中往复移动的定块机构。在图 3-31(b)中，固定滑块 3 成为唧筒外壳，移动导杆 4 下端固联汲水活塞而上下移动，实现汲水的目的。

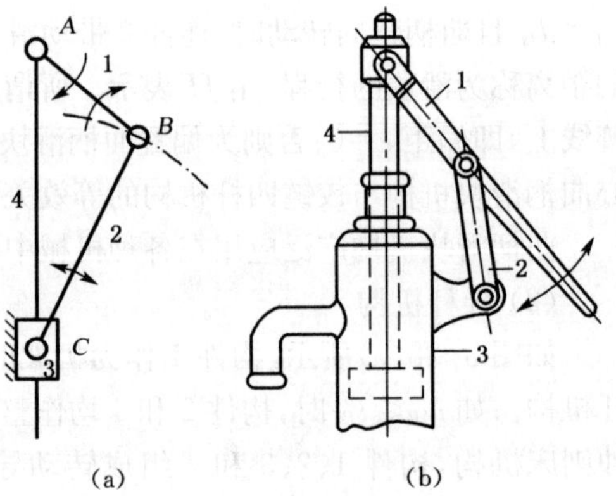

图 3-31 定块机构及其应用

3) 含二个移动副的滑块四杆机构

可利用杆件增长的方法来获得含二个移动副的滑块四杆机构。图 3-32(a)所示曲柄滑块机构的等效机构(见图 3-32(b))和演变成的双滑块四杆机构(见图 3-32(c))。

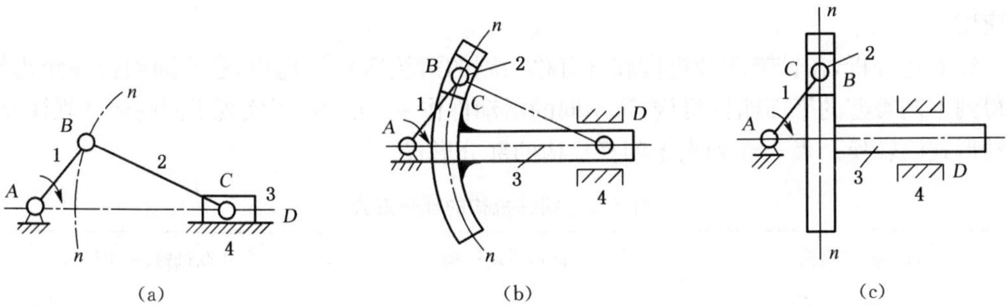

图 3-32 曲柄滑块机构演变成双滑块机构

3.2.3 偏心轮机构

在曲柄摇杆机构、曲柄滑块机构及其他有曲柄的机构中，若曲柄很短且两端又有轴承时，则加工和装配会出现困难，还会削弱曲柄的强度。在此情况下，往往采用如图 3-33(c)所示的偏心轮机构。该机构中的构件 1 为圆盘，其回转中心 A 与几何中心 B 有一个偏距，偏距尺寸就是曲柄的长度 l_{AB}，此盘称为偏心轮。显然，偏心轮机构与原曲柄摇杆机构、曲柄滑块机构具有一样的运动性质。由此可见，偏心轮机构是转动副 B 的销钉半径逐渐扩大直至超过了曲柄的长度 l_{AB} 演变而成的，如图 3-33(a)、(b)、(c)所示。图 3-34 所示为内燃机的曲轴，是偏心轮的又一种结构形式。

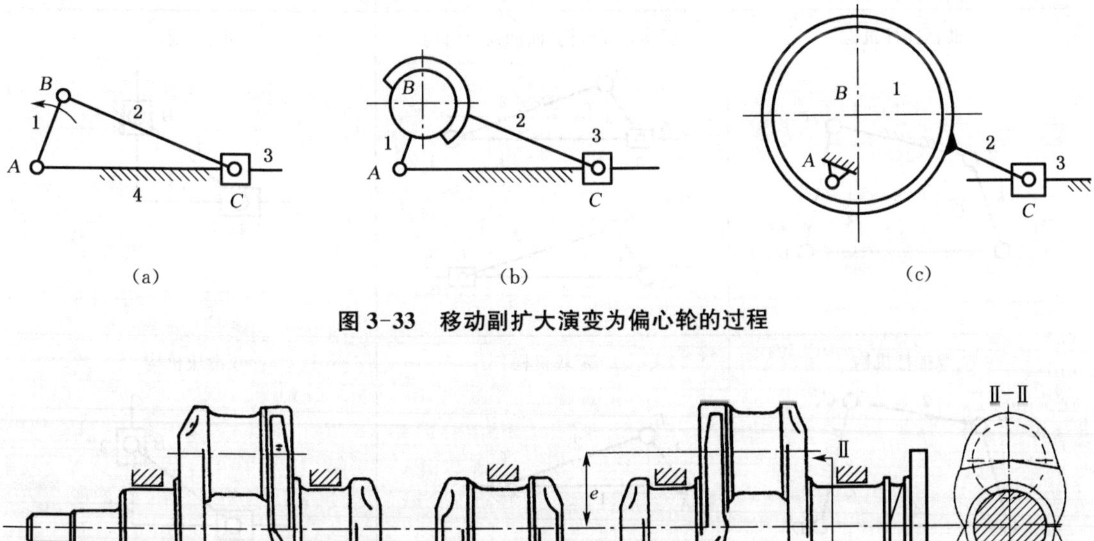

图 3-33 移动副扩大演变为偏心轮的过程

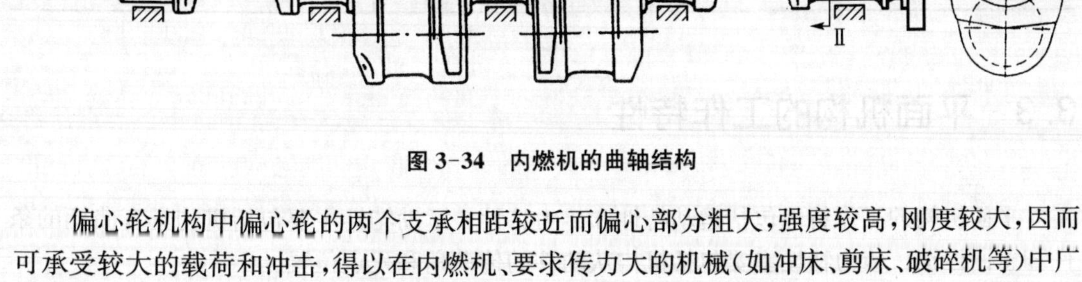

图 3-34 内燃机的曲轴结构

偏心轮机构中偏心轮的两个支承相距较近而偏心部分粗大，强度较高，刚度较大，因而可承受较大的载荷和冲击，得以在内燃机、要求传力大的机械(如冲床、剪床、破碎机等)中广泛应用。

经上述分析，在铰链四杆机构和含有移动副的滑块四杆机构中，选不同的构件作机架，可得到不同类型的平面四杆机构，选不同的活动件作主、从动件可实现不同的运动规律及其运动形式的转换。表 3-3 列出了四杆机构的部分形式。

表 3-3　四杆机构的部分形式

曲柄摇杆机构 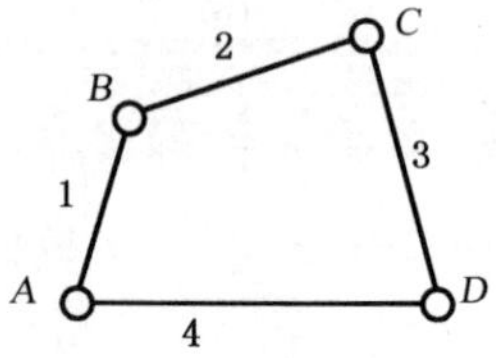	曲柄滑块机构 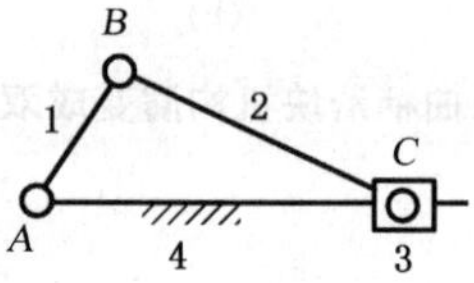	正弦机构、正切机构 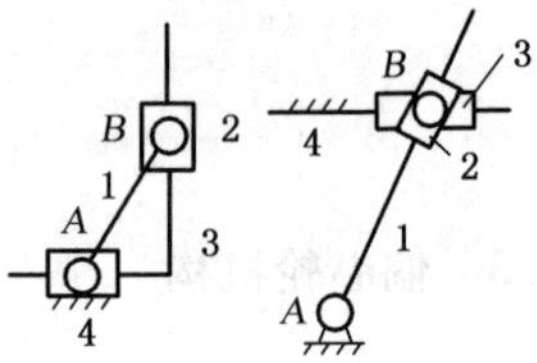
双曲柄机构 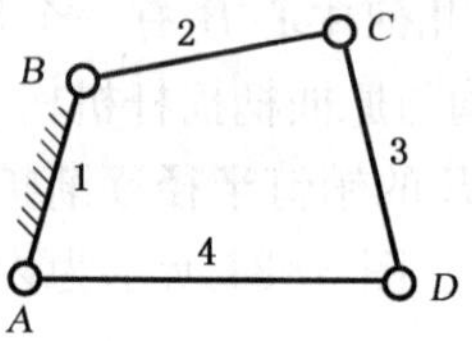	回转导杆机构 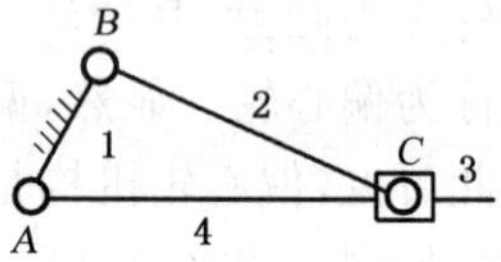	双转块机构 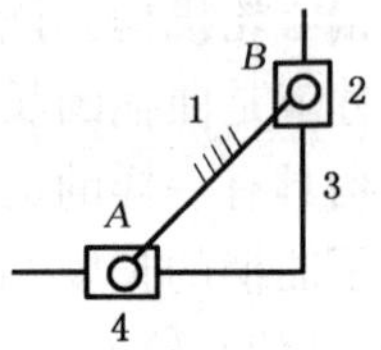
曲柄摇杆机构 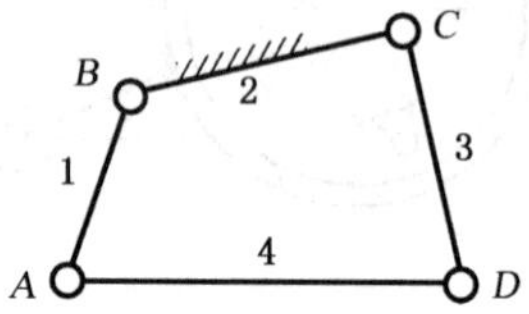	摆动导杆机构、曲柄摇块机构 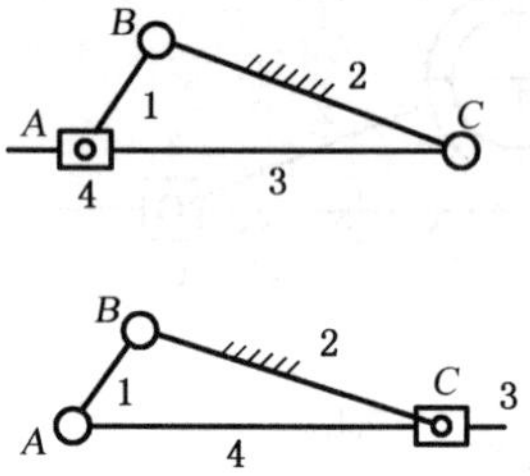	正弦机构 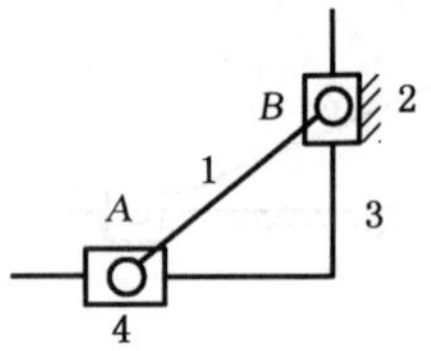
双摇杆机构 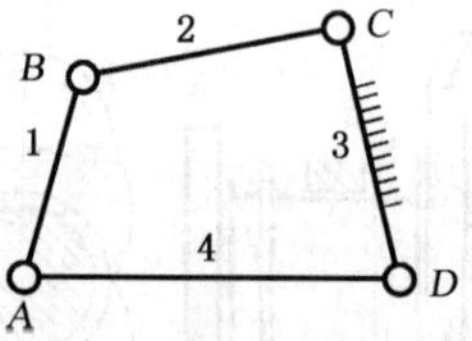	定块机构 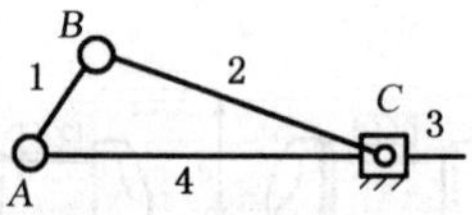	双滑块机构 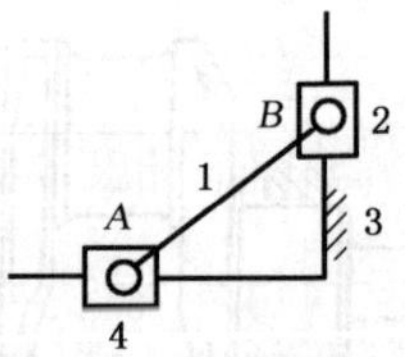

3.3　平面机构的工作特性

平面机构的工作特性包括运动特性和传力特性。运动特性主要包括机构具有曲柄的条件和急回运动。传力特性主要包括机构从动件的传动角和死点位置。

3.3.1 平面机构的运动特性

1）铰链四杆机构具有曲柄的条件

铰链四杆机构三种基本形式的区别主要在于连架杆是否为曲柄。判断四杆机构是否存在曲柄对原动机类型的选择很重要，因为只有曲柄才能用普通电机等连续转动的装置来带动。可见，曲柄是地位重要的关键件。但机构中有无曲柄与各构件的相对尺寸和机架的位置密切相关，为此需要分析曲柄存在的条件。

如图 3-35(a)所示的铰链四杆机构 $ABCD$ 中，各杆长分别为 a、b、c、d，且假设 $a\leqslant d$。若杆 1 为曲柄，能绕铰链 A 作整周转动，此机构则为曲柄摇杆机构，它必须存在图 3-35(b)、(c)、(d)所示的三个位置。

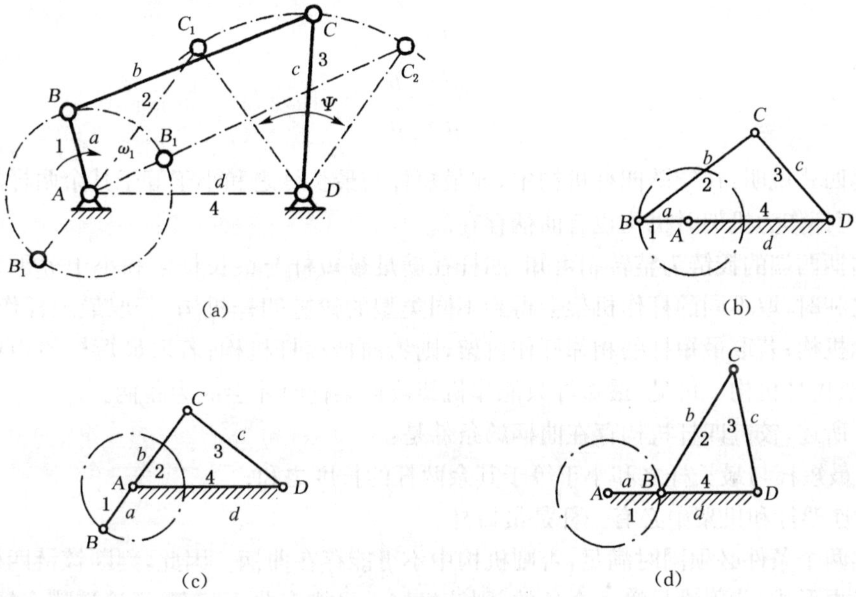

图 3-35 曲柄摇杆机构的几何关系

据三角形两边之和大于第三边的几何定理，并考虑到存在四杆共线的情况，由图 3-35(b)可得

$$a+d\leqslant b+c \tag{3-2}$$

由图 3-35(c)可得

$$c\leqslant (b-a)+d$$

即
$$a+c\leqslant b+d \tag{3-3}$$

由图 3-35(d)可得

$$b\leqslant c+(d-a)$$

即
$$a+b\leqslant c+d \tag{3-4}$$

将以上三式两两相加整理，整理得

$$\begin{cases} a \leqslant b \\ a \leqslant c \\ a \leqslant d \end{cases} \tag{3-5}$$

式(3-5)说明曲柄为最短杆，如最短杆与最长杆之和小于等于其余两杆的长度之和时，则式(3-2)、式(3-3)和式(3-4)均成立。否则，机构中不可能存在曲柄。

同理，假设 $a \geqslant d$，亦可得出

$$d + a \leqslant b + c \tag{3-6}$$

$$d + b \leqslant a + c \tag{3-7}$$

$$d + c \leqslant a + b \tag{3-8}$$

$$\begin{cases} d \leqslant c \\ d \leqslant b \\ d \leqslant a \end{cases} \tag{3-9}$$

上述四式说明：在铰链四杆机构中，如最短杆与最长杆之和小于等于其余两杆的长度之和时，最短杆作为机架时机构也有曲柄存在。

由曲柄两端的铰链为整转副可知，四杆在满足最短杆与最长杆之和小于等于其余两杆的长度之和时，取不同的杆作机架会得到不同类型的铰链四杆机构：若取最短杆作机架，则为双曲柄机构；若取最短杆的相邻杆作机架，则为曲柄摇杆机构；若取最短杆的相对杆作机架，则为双摇杆机构。可见，最短杆只能作机架或连架杆时才会成为曲柄。

综上所述，铰链四杆机构存在曲柄的条件是：

(1) 最短杆与最长杆之和小于等于其余两杆的长度之和；

(2) 连架杆和机架中必有一杆是最短杆。

上述两个条件必须同时满足，否则机构中不可能存在曲柄。因此，判断铰链四杆机构属于哪种基本形式，若不满足第一个条件，则该机构不可能有曲柄存在，无论选哪个杆作机架，机构只能是双摇杆机构。若满足第一个条件，取不同的杆作机架会得到铰链四杆机构的三种基本形式。可见，第一个条件是有曲柄的必要条件，满足此条件后机构究竟有一个、两个或没有曲柄，还要根据第二个条件来确定。

2) 曲柄滑块机构具有曲柄的条件

如图 3-36(a) 所示为偏置曲柄滑块机构($e \neq 0$)。若杆 AB 为曲柄，则 B 点应能通过曲柄与连杆两次共线的位置：当曲柄位于 AB_1 时，与连杆重叠共线，在直角 $\triangle AC_1E$ 中 $AC_1 > AE$，即 $b - a > e$；当曲柄位于 AB_2 时，与连杆拉直共线，在直角 $\triangle AC_2E$ 中 $AC_2 > AE$，即 $b + a > e$。由于满足 $b - a > e$ 必然满足 $b + a > e$，所以偏置曲柄滑块机构具有曲柄的条件是：杆 AB 为最短杆，且杆长满足以下关系：

$$a + e < b \tag{3-10}$$

从式(3-10) 可知，当偏距 $e = 0$ 时，如图 3-36(b) 所示 的对心曲柄滑块机构，有曲柄的条件是：

$$a < b \tag{3-11}$$

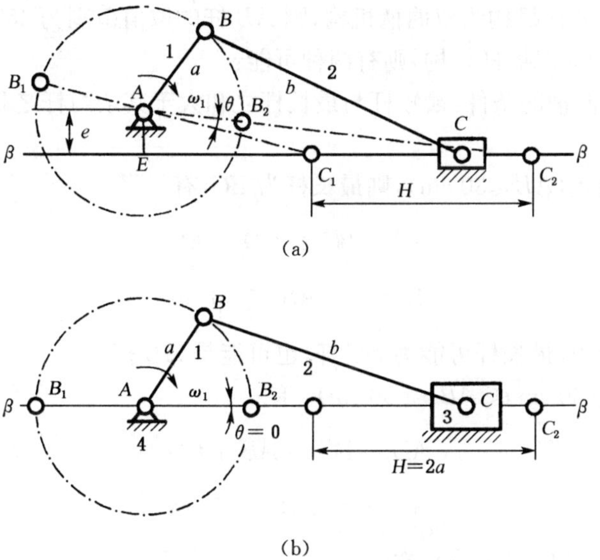

图 3-36 曲柄滑块机构的几何条件

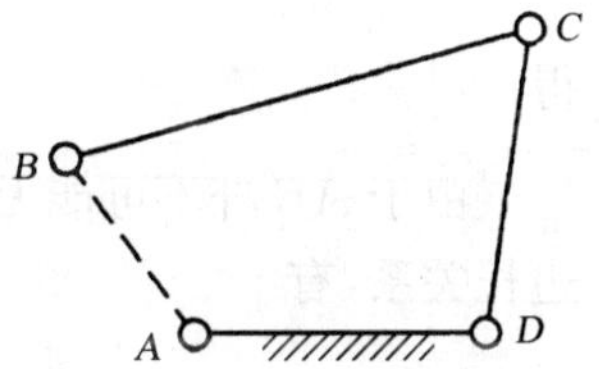

图 3-37 铰链四杆机构

【例 3-3】 如图 3-37 所示铰链四杆机构 $ABCD$ 中，$BC = 50\text{ cm}$，$CD = 35\text{ cm}$，$AD = 30\text{ cm}$，取 AD 为机架。

(1) 如果该机构能成为曲柄摇杆机构，且 AB 是曲柄，求 AB 的取值范围；

(2) 如果该机构能成为双曲柄机构，求 AB 的取值范围；

(3) 如果该机构能成为双摇杆机构，求 AB 的取值范围。

解 (1) 该机构如为曲柄摇杆机构，且 AB 为曲柄，则 AB 应为最短杆。已知 BC 杆为最长杆且 $BC = 50\text{ cm}$。按曲柄存在的条件有

$$AB + BC \leqslant AD + CD$$

所以

$$0 < AB \leqslant 15\text{ cm}$$

(2) 该机构如为双曲柄机构，同样应满足曲柄存在的条件，且应以最短杆为机架。现 AD 为机架，则最短杆为 $AD = 30\text{ cm}$，最长杆可能为 BC 杆，也可能是 AB 杆。

① 若 AB 杆为最长杆($AB \geqslant 50\text{ cm}$)，有

$$AD + AB \leqslant BC + CD$$

得

$$AB \leqslant 55\text{ cm}$$

所以

$$50\text{ cm} \leqslant AB \leqslant 55\text{ cm}$$

② 若 BC 杆为最长杆($AB \leqslant 50\text{ cm}$)，有

$$AD + BC \leqslant AB + CD$$

得

$$AB \geqslant 45\text{ cm}$$

所以

$$45\text{ cm} \leqslant AB \leqslant 50\text{ cm}$$

综合上述分析，若该机构为双曲柄机构，则 AB 杆的取值范围为 $45\ \text{cm} \leqslant AB \leqslant 55\ \text{cm}$。

(3) 若使该机构为双摇杆机构，则有两种可能：

① 不满足存在曲柄的条件：最短杆与最长杆之和大于其余两杆之和。关键看哪个杆最短、最长。

A) 若 AB 杆最短($AB \leqslant 30\ \text{cm}$)，则最长杆为 BC，有

$$AB + BC > CD + AD$$

得

$$15\ \text{cm} < AB \leqslant 30\ \text{cm}$$

B) 若 AD 杆最短，最长杆可能为 BC 杆，也可能是 AB 杆。

(a) BC 杆最长($30\ \text{cm} \leqslant AB \leqslant 50\ \text{cm}$)，有

$$AD + BC > AB + CD$$

得

$$30\ \text{cm} \leqslant AB < 45\ \text{cm}$$

(b) AB 杆最长($AB \geqslant 50\ \text{cm}$)，有

$$AD + AB > BC + CD$$

得

$$AB > 55\ \text{cm}$$

由于 AB 杆不可能无限长，所以要考虑到 BC 杆、CD 杆和 AD 杆拉直共线时 $\triangle ABD$ 的边长关系，有

$$AB < AD + CD + BC$$

得

$$AB < 115\ \text{cm}$$

所以

$$55\ \text{cm} < AB < 115\ \text{cm}$$

② 满足存在曲柄的条件，但由已知条件可知：机架 AD 的对面 BC 杆不是最短杆，所以在满足最短杆与最长杆之和小于等于其余两杆的长度之和时机构不可能是双摇杆机构。

综合上述分析：若该机构为双摇杆机构，则 AB 杆的取值为

$$15\ \text{cm} < AB < 45\ \text{cm} \quad \text{或} \quad 55\ \text{cm} < AB < 115\ \text{cm}$$

3) 急回特性

如图 3-38(a)所示的曲柄摇杆机构中，设曲柄 AB 为主动件，以等角速度 ω_1 逆时针转动，曲柄每转一周，摇杆 CD 往复摆动一次。

(1) 摇杆的极限位置

曲柄转动一周过程中与连杆 BC 两次共线，使从动件 CD 相应地处于两个极限位置 C_1D 和 C_2D。当曲柄与连杆拉直共线时，铰链中心 A 与 C 之距 AC_1 最长，摇杆处于右极限位置 C_1D；重叠共线时，铰链中心 A 与 C 之距 AC_2 最短，摇杆处于左极限位置 C_2D。

(2) 摇杆的摆角

摇杆在两个极限位置 C_1D 和 C_2D 的夹角，称为摆角 Ψ。

(3) 曲柄的极位夹角

摇杆处于两个极限位置时曲柄所对应的两个位置之间所夹的锐角 θ。

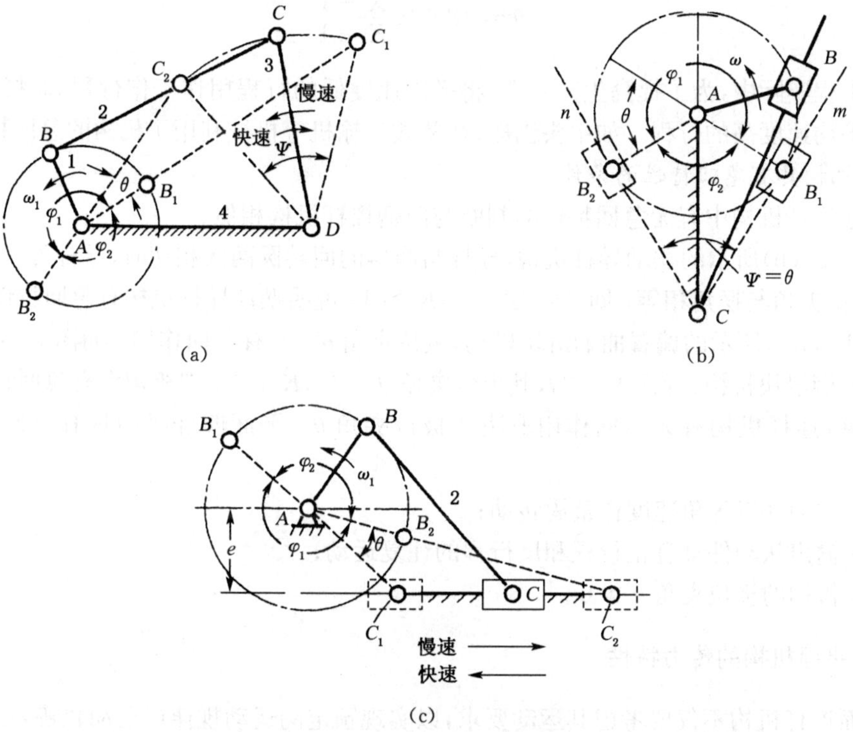

图 3-38 机构中的急回特性

(4) 机构的急回运动和急回特性

当曲柄 AB 由 AB_1 位置转过 φ_1 角至 AB_2 位置时，摇杆 CD 自 C_1D 摆至 C_2D，设所需要的时间为 t_1，则点 C 的平均速度为 $v_1=\widehat{C_1C_2}/t_1$；当曲柄由 AB_2 位置继续转过 φ_2 角至 AB_1 时，摇杆 CD 自 C_2D 摆回至 C_1D，设所需要的时间为 t_2，则点 C 的平均速度为 $v_2=\widehat{C_1C_2}/t_2$。由于 $\varphi_1=180°+\theta$，$\varphi_2=180°-\theta$，$\varphi_1>\varphi_2$，可知 $t_1>t_2$，则 $v_1<v_2$。

由此可见，当曲柄等速回转时，摇杆往复摆动的平均速度不同，由 C_1D 位置至 C_2D 时平均速度 v_1 较小，一般用作工作行程；由 C_2D 位置至 C_1D 时平均速度 v_2 较大，作返回行程。机构的这种运动称为急回运动，这种运动的性质称为急回特性。通常用摇杆返回行程的平均速度 v_2 和工作行程的平均速度 v_1 的比值来表示急回运动的程度，K 称为行程速比系数，即

$$K=\frac{v_2}{v_1}=\frac{\dfrac{\widehat{C_1C_2}}{t_2}}{\dfrac{\widehat{C_1C_2}}{t_1}}=\frac{t_1}{t_2}=\frac{\dfrac{\varphi_1}{\omega_1}}{\dfrac{\varphi_2}{\omega_1}}=\frac{\varphi_1}{\varphi_2}=\frac{180°+\theta}{180°-\theta} \tag{3-12}$$

式 (3-12) 表明，行程速比系数与极位夹角 θ 的关系。如 $\theta=0°$，$K=1$，则机构没有急回运动。一般情况下，当 $\theta>0°$，$K>1$，说明机构具有急回特性。θ 越大，K 值就越大，急回特性也越显著，但机构的传动平稳性也会降低。通常取 $K=1.2\sim2.0$。

将式(3-12)整理后，机构极位夹角的计算公式为

$$\theta = 180^\circ \times \frac{K-1}{K+1} \tag{3-13}$$

在工程实际中，为了提高生产效率，将平均速度低的行程用作工作行程，而将返回行程安排在平均速度高的行程。如牛头刨床、往复式运输机等机械利用了机构的急回特性。

4）机构具有急回特性的条件

其他连杆机构中有无急回特性的判断与曲柄摇杆机构相似。

图 3-38(b)所示的摆动导杆机构，导杆与曲柄的回转圆两次相切时，导杆处于两个极限位置，极位夹角与摆角相等，即 $\theta = \Psi > 0, K > 1$，说明摆动导杆机构有急回特性。

图 3-38(c)所示的偏置曲柄滑块机构，极位夹角 $\theta>0$，有急回作用。而图 3-36(b)所示的对心曲柄滑块机构，行程 $H=2a$，其极位夹角 $\theta = 0^\circ, K = 1$，则机构没有急回特性。

可见，连杆机构有无急回作用取决于极位夹角 θ。平面四杆机构具有急回特性的条件是：

（1）主动件以等角速度作整周转动；

（2）输出从动件具有正行程和反行程的往复运动；

（3）机构的极位夹角 $\theta > 0$。

3.3.2 平面机构的传力特性

平面连杆机构不仅要考虑其运动要求，以实现预定的运动规律或运动轨迹，还必须希望传力性能良好，以使机构运转轻便、高效。

1）压力角

在图 3-39 所示的曲柄摇杆机构中，若不考虑构件自重、运动副的摩擦力和惯性力，则连杆 BC 为二力杆。主动曲柄通过连杆而作用于从动摇杆上 C 处铰链的驱动力 $\boldsymbol{F}$，沿连杆的中心线 BC 方向传递。力 $\boldsymbol{F}$ 的作用线与力作用点 C 处的速度方向 v_C 之间所夹的锐角称为机构在此位置的压力角，用 α 表示。在机构运动过程中，α 随机构位置变化而变化的。

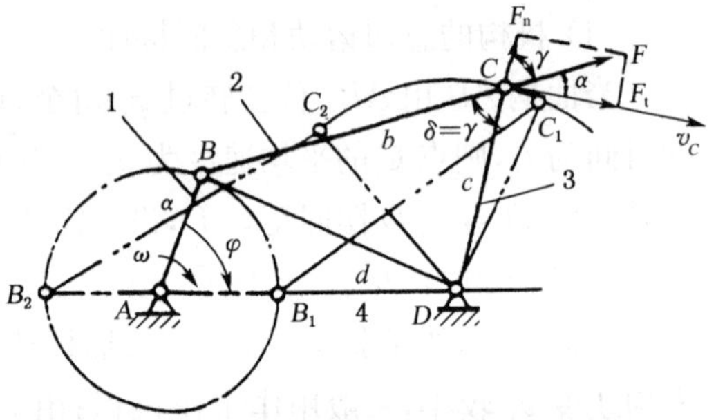

图 3-39 曲柄摇杆机构的压力角和传动角

将驱动力 $\boldsymbol{F}$ 分解为两个相互垂直的分力，即沿点 C 速度方向 v_C 的分力 $\boldsymbol{F}_t$ 和摇杆 CD 方向的分力 $\boldsymbol{F}_n$，有

$$\begin{cases} \boldsymbol{F}_t = \boldsymbol{F}\cos\alpha \\ \boldsymbol{F}_n = \boldsymbol{F}\sin\alpha \end{cases} \tag{3-14}$$

式中，$\boldsymbol{F}_t$ 是推动摇杆 CD 运动的有效分力，能够作功，随着压力角 α 的减小而增大；$\boldsymbol{F}_n$ 对摇杆 CD 产生拉力，并使铰链 C、D 产生径向压力而加大运动副中的摩擦力，为有害分力，随压力角 α 的减小而减小。显然，在驱动力 $\boldsymbol{F}$ 一定时，压力角 α 越小，有效分力 $\boldsymbol{F}_t$ 就越大，有害分力 $\boldsymbol{F}_n$ 就越小，对机构的传动越有利，传动效率越高。压力角 α 可用来表示连杆机构的传力性能。

2) 传动角

压力角 α 的余角称为传动角，用 γ 表示。传动角 γ 与压力角 α 的关系如下：

$$\gamma = 90° - \alpha \tag{3-15}$$

从图 3-39 中可以看出，传动角 γ 就是连杆和摇杆之间所夹的锐角。传动角 γ 越大，机构的传力性能就越好。反之，传动角 γ 越小，机构传力效率低，费力。所以，传动角 γ 与压力角 α 都是反映传力性能的参数，但传动角 γ 测量和观察更方便。因此，工程中常用传动角 γ 的大小来衡量机构的传力性能。

在机构运动过程中，γ 也随机构位置变化而变化。为了保证机构具有良好的传力性能而正常工作，必须规定机构的最小传动角 γ_{min} 不小于许用传动角 $[\gamma]$，即

$$\gamma_{min} \geqslant [\gamma] \tag{3-16}$$

对于一般机械，要求 $\gamma_{min} \geqslant 40°$；对大功率机械，要求 $\gamma_{min} \geqslant 50°$；对于控制仪表等非传力机械，$\gamma_{min} \leqslant 40°$。对于一些具有短暂高峰载荷的机器，可以让连杆机构在其传动角比较大的位置进行工作以节省动力。如图 3-40 所示的冲床中，使冲头（即滑块）在接近于下极限点位置时开始冲压较为有利，因为此时冲床既有较大的机械效率，而且传动角 γ 也较大，故可以省力。

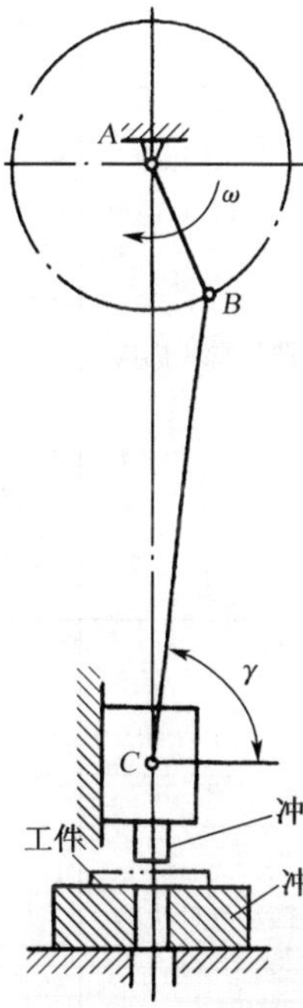

图 3-40 冲床机构

可见，检验机构最小传动角 γ_{min} 是否满足上述的许用值，就要找出机构 γ_{min} 出现的位置。方法如下：

在图 3-39 所示的曲柄摇杆机构中，当连杆与摇杆的夹角为锐角 δ 时，传动角 $\gamma = \delta$，出现 δ_{min} 的位置就是 γ_{min} 可能的位置；当 δ 变为钝角时，传动角 $\gamma = 180° - \delta$，出现 δ_{max} 的位置就是 γ_{min} 可能的位置。在 $\triangle BCD$ 中，杆 BC 和 CD 长度为定值，铰链 B 与 D 的距离 l_{BD} 决定 δ 的大小。当曲柄与机架重叠共线时 l_{BD} 最小（见 $\triangle B_1C_1D$），$\gamma_{min1} = \delta_{min}$；当曲柄与机架拉直共线时 l_{BD} 最大（见 $\triangle B_2C_2D$），$\gamma_{min2} = 180° - \delta_{max}$。将 γ_{min1} 与 γ_{min2} 相比较，取其中较小者为机构的最小传动角 γ_{min}。

对于偏置曲柄滑块机构，当曲柄为主动件时，最小传动角 γ_{min} 出现在曲柄与机架垂直且远离滑块的另一侧位置，如图 3-41 所示。对于对心曲柄滑块机构，γ_{min} 出现在曲柄与机架垂直的两个位置，见图 3-36(b)。

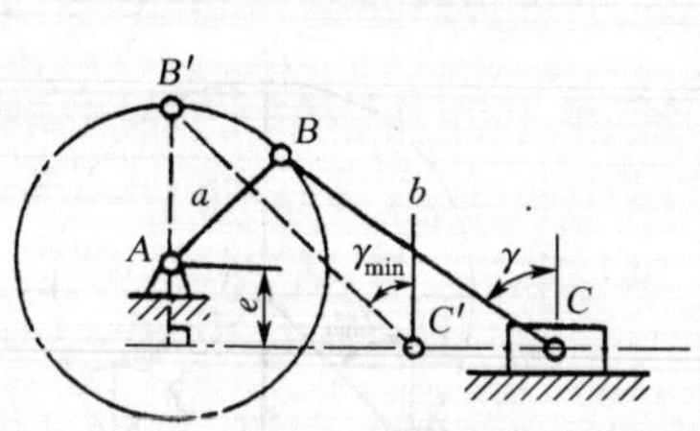

图 3-41 偏置曲柄滑块机构 γ_{min} 的位置

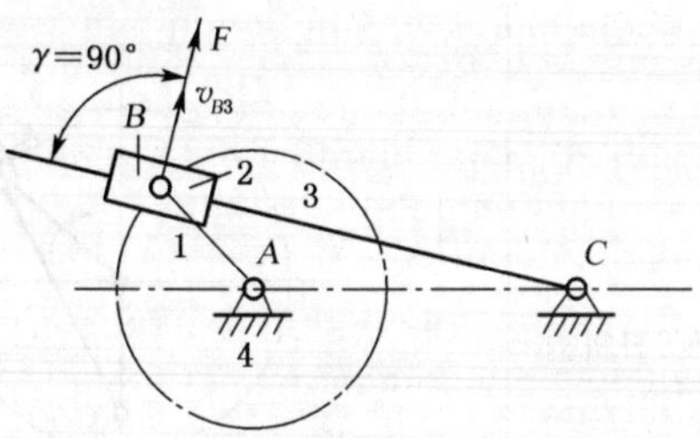

图 3-42 导杆机构 γ_{min} 的位置

对于图 3-42 所示的导杆机构，当曲柄为主动件时，由于在任何位置处主动曲柄通过滑

块传给导杆的作用力始终垂直于导杆，导杆受力处的速度方向也始终垂直于导杆，即作用力与速度方向始终一致，因此传动角 γ 恒等于 90°。

表 3-4 几种平面连杆机构的 γ_{min} 及其位置

机构名称	曲柄作主动件	曲柄作从动件
曲柄摇杆机构	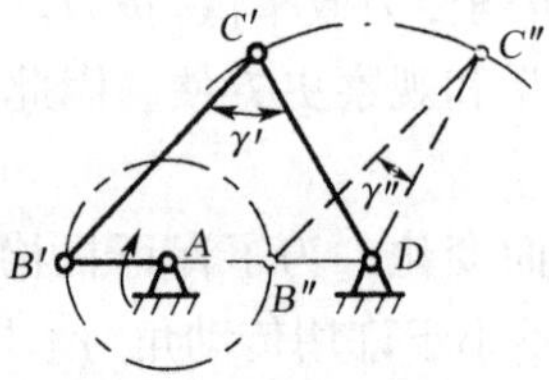 曲柄与机架共线的两个位置，取 γ' 和 γ'' 中较小的 γ_{min}	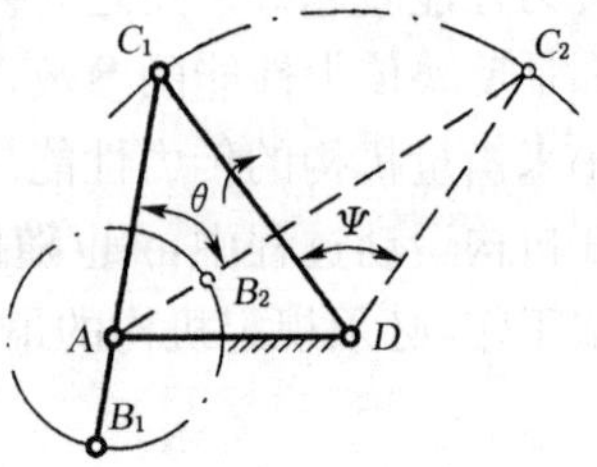 曲柄与连杆共线的两个位置，$\gamma_{min}=0°$（死点）
曲柄滑块机构	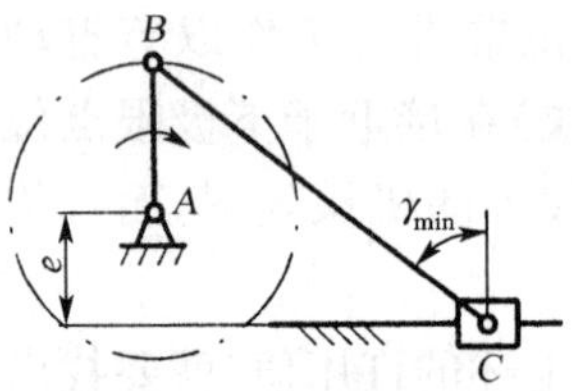 曲柄垂直于滑块导路中心线，且铰链 B 偏离滑块处于另一侧时有 γ_{min}	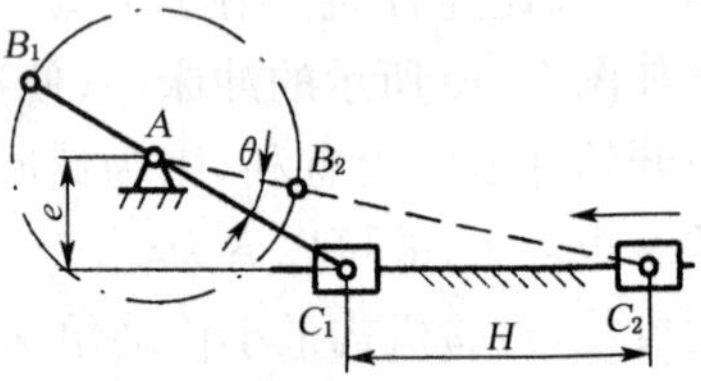 曲柄与连杆共线的两个位置，$\gamma_{min}=0°$（死点）
摆动导杆机构	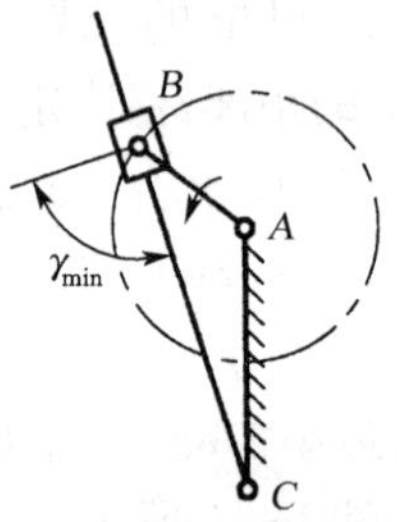 曲柄在任何位置时传动角都相等，$\gamma_{min}=90°$（传力性能好）	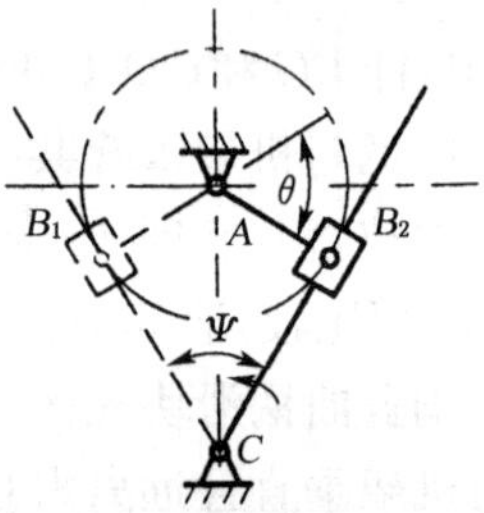 曲柄与导杆垂直的两个位置，$\gamma_{min}=0°$（死点）
转动导杆机构	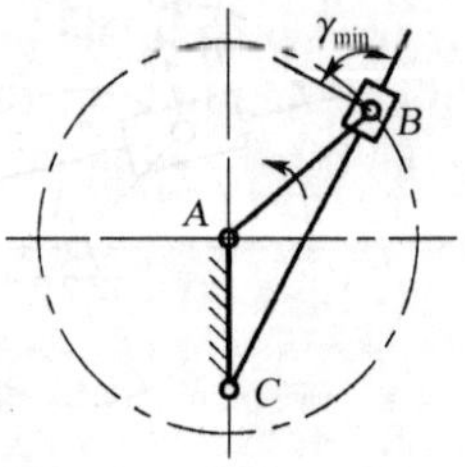 曲柄在任何位置时传动角都相等，$\gamma_{min}=90°$（传力性能好）	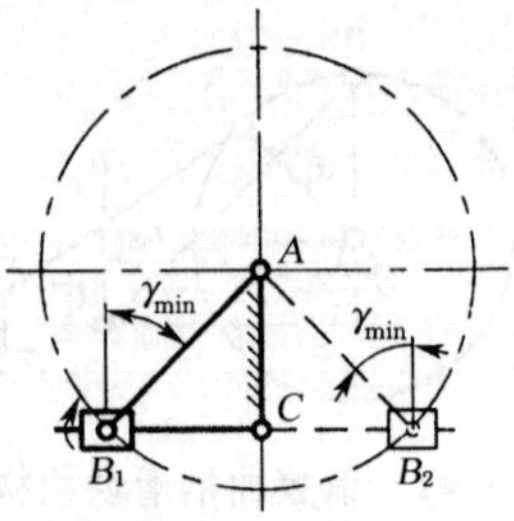 导杆与机架垂直的两个位置，$\gamma_{min}>0°$

3）机构的死点位置

当机构的连杆与从动件拉直或重叠共线时，从动件的传动角 $\gamma = 0°$（压力角 $\alpha_{max} = 90°$），推动力对从动件的有效回转力矩为零，这样的位置称为机构的死点位置。

图 3-43 所示的曲柄摇杆机构，若摇杆 CD 为主动件，当其摆到两个极限位置 C_1D 与 C_2D 时，连杆 BC 与曲柄 AB 会两次共线。在共线位置上，$\alpha = 90°$，$\gamma = 0°$。由式（3-14）可知，有效驱动力 $\boldsymbol{F}_t = \boldsymbol{F}\cos\alpha = \boldsymbol{F}\cos 90° = 0$；有害分力 $\boldsymbol{F}_n = \boldsymbol{F}\sin\alpha = \boldsymbol{F}\sin 90° = \boldsymbol{F}$，即经连杆传给从动曲柄的力全部通过其两端铰链。此位置为死点位置，无论连杆 BC 对曲柄 AB 的作用力有多大，都不能使之转动而出现"顶死"现象，机构处于静止状态。该曲柄摇杆机构，若曲柄作主动件，从动摇杆与连杆不可能出现共线，故无死点位置。可见，同一个机构有无死点位置，与其主动件的选取有关。

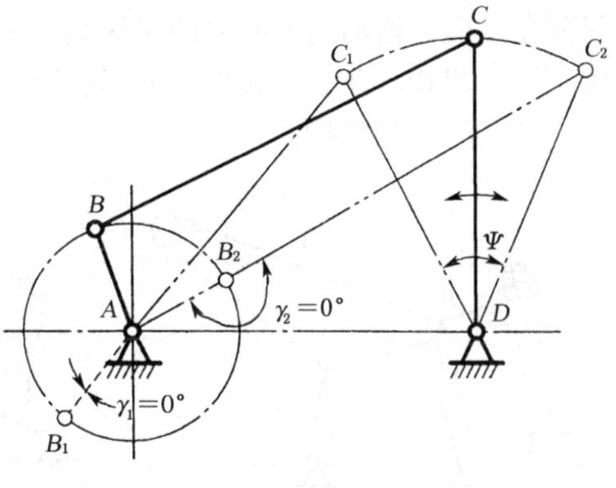

图 3-43 曲柄摇杆机构中死点的位置

判断四杆机构中是否存在死点位置，决定于从动件是否与连杆共线。若从动件是作整周转动的曲轴，则在它的每一个整周转动中将出现两个死点位置。

对于传动机构，死点位置会使机构的从动件出现"顶死"或运动不确定现象，应消除死点位置的影响，设法避免或顺利通过死点位置。工程上可采取多组相同机构错位排列的方法，即将各组结构的死点位置错开，如图 3-44 所示的蒸汽机车车轮联动机构就由两组曲柄滑块机构 EFG 和 $E'F'G'$ 位置错开 90°排列，使机构顺利通过死点位置。也常采用加大惯性作用或对从动曲柄施加外力，使机构顺利通过死点位置。缝纫机就是借助带轮的惯性顺利通过死点位置的，如图 3-45 所示。

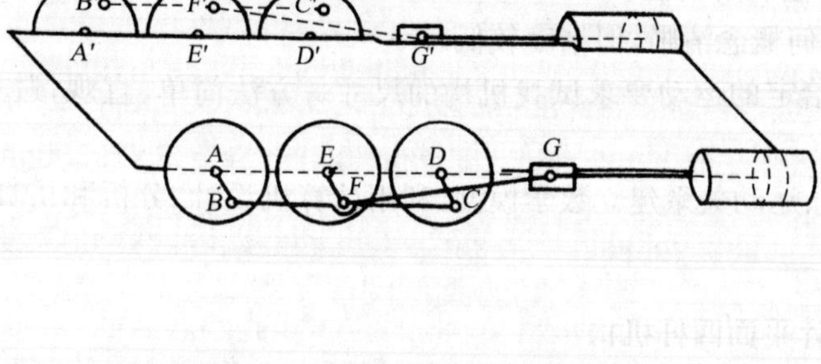

图 3-44 蒸汽机车车轮联动机构

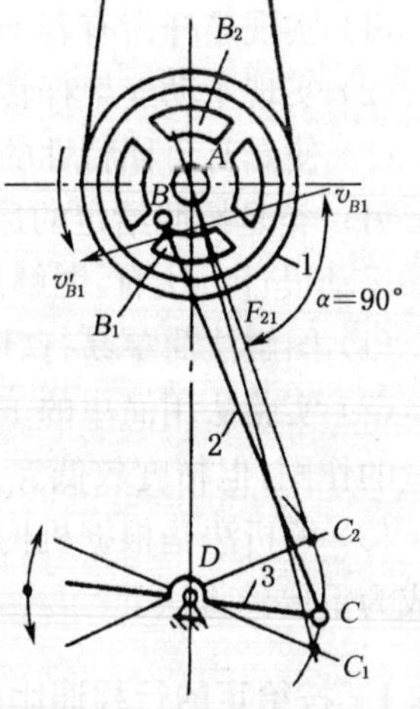

图 3-45 缝纫机的踏板机构

在工程上，许多场合要利用死点位置来实现工作要求。图 3-46(a)所示的钻床连杆式快速夹具，在连杆 3 的手柄处向下施加力 $\boldsymbol{F}$，使连杆 BC 与构件 CD 形成一条直线，工件 2 即被夹紧，见图 3-46(b)。力 $\boldsymbol{F}$ 撤除后，无论工件上的反弹力 $\boldsymbol{F}_N$ 多大，由于连杆 BC 与构件 CD 处在死点位置，都无法使机构 $ABCD$ 转动，从而达到保持夹紧的作用。若要取出工件，只要在手柄处施加向上的力即可脱离死点位置。图 3-46(c)所示的飞机起落架，杆 CD 与 BC 共线，机构处于死点位置，当机轮着陆时轮子受到巨大的冲击力也不致使从动杆 CD 转动，从而保持支撑状态。

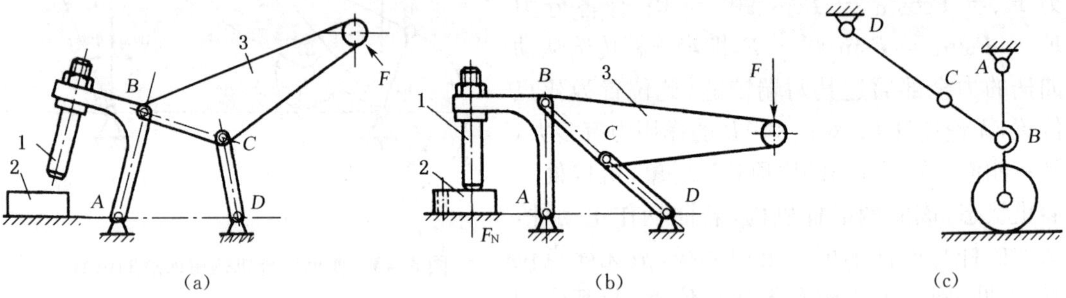

图 3-46 死点位置的应用

3.4 平面四杆机构的运动设计

平面四杆机构的运动设计是指根据给定的运动条件，确定机构中各个构件的尺寸。有时为了使机构设计可靠、合理，还应考虑辅助条件，如机构的几何条件、动力条件(如最小传动角 γ_{min})和安装要求等。

运动设计的要求和给定的条件多种多样，设计类型可归纳为两类：

一类是按照给定的运动规律设计，称为位置设计。

(1) 实现连杆占有若干指定的位置。

(2) 实现主动连架杆转角 φ 与从动连架杆转角 Ψ 间的对应关系。

(3) 使具有急回特性的从动杆实现指定的行程速比系数 K。

另一类是按照给定的运动轨迹设计，称为轨迹设计。

运动设计方法有：图解法、实验法和解析法。

(1) 图解法简单易行、形象，几何概念清晰，但精度较低。

(2) 实验法用简单的工具，按给定的运动要求试找机构的尺寸。方法简单、直观，避免大量的作图，但精度较低。

(3) 解析法是根据机构的几何、运动关系建立数学模型，利用计算机设计、分析和仿真，已成为重要的方法。

3.4.1 按给定的行程速比系数设计平面四杆机构

给定行程速比系数 K，就知道了四杆机构急回运动的条件，从而计算出极位夹角 θ；再根据其它一些限制条件，可以用图解法设计。

1）曲柄摇杆机构

【例 3-4】 设已知摇杆 CD 的长度 l_{CD}，摆角 Ψ，行程速比系数 K。试设计曲柄摇杆机构。

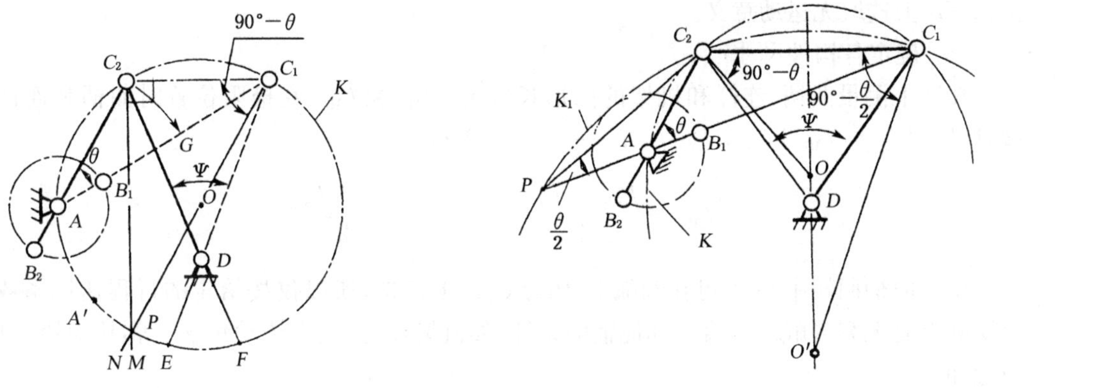

图 3-47 按给定 K 值设计曲柄摇杆机构

分析 假定机构已设计好，如图 3-47(a)所示。当摇杆处于两个极限位置时，曲柄和连杆两次共线，$\angle C_1AC_2$ 就是极位夹角 θ。若过点 C_1、C_2 及曲柄回转中心 A 作一个辅助圆 K，则该圆上的弦 C_1C_2 所对的圆周角为 θ。所以圆弧 C_1AC_2 上的任意点均可作为曲柄的回转中心。

A 点确定后，构件尺寸也随之确定。摇杆在 C_1D 位置时，曲柄和连杆拉直共线，AC_1 等于曲柄和连杆长度之和；摇杆在 C_2D 位置时，曲柄和连杆重叠共线，AC_2 等于连杆与曲柄长度之差。以 A 点为圆心、AC_2 为半径画圆交 AC_1 于 G 点，则 $GC_1=2AB$；再以 A 点为圆心、$GC_1/2$ 为半径画圆交共线位置于 B_1、B_2，则 $B_1C_1=BC$。测量 AC_1、AC_2 及 AD 尺寸则可求出构件实际尺寸。

解 设计的实质就是确定曲柄与机架组成的曲柄回转中心 A 的位置，并求出机构中曲柄、连杆和机架的长度 l_{AB}、l_{BC} 和 l_{AD}。

设计步骤如下：

(1) 计算极位夹角 θ

根据给定的行程速比系数 K，由式(3-13)计算极位夹角 θ

$$\theta=180^\circ\times\frac{K-1}{K+1}$$

(2) 画摇杆的极限位置(见图 3-47(a))

任选一点作为固定铰链中心 D 的位置，选取适当的长度比例尺 μ_1，按摇杆 CD 的图形长度 l_{CD} 和摆角 Ψ 画出摇杆的极限位置 C_1D 和 C_2D。

(3) 作 $\triangle PC_1C_2$

连接 C_1、C_2 并作 $\angle C_2C_1N=90^\circ-\theta$；作 $C_2M\perp C_1C_2$，C_1N 与 C_2M 相交与 P 点，得直角 $\triangle PC_1C_2$。由图可知 $\angle C_1PC_2=\theta$。

(4) 作 $\triangle PC_1C_2$ 的外接圆

由数学知识，以直角 $\triangle PC_1C_2$ 的斜边为直径、斜边的中点 O 为圆心，即画出 $\triangle PC_1C_2$ 的外接圆 K。

(5) 确定曲柄回转中心 A

圆弧 C_1PC_2 上任一点与 C_1 和 C_2 的连线夹角都等于 θ。把摇杆两个极限位置线延长，与外接圆 K 交于 E 和 F 两点。那么，曲柄回转中心 A 可在圆弧 C_2PE、C_1F 上任选。若在圆弧 EF 上选取无运动意义。

(6) 确定各构件尺寸

在图上测量曲柄、连杆和机架的图形长度 l_{AB}、l_{BC} 和 l_{AD}。在极限位置时曲柄和连杆共线，所以，$l_{AC_1}=l_{AB}+l_{BC}$，$l_{AC_2}=l_{BC}-l_{AB}$，整理得

$$l_{AB}=\frac{l_{AC_1}-l_{AC_2}}{2},\quad l_{BC}=\frac{l_{AC_1}+l_{AC_2}}{2}$$

由于曲柄回转中心 A 可在圆弧 C_2PE、C_1F 上任选，所以仅按给定的行程速比系数设计实际上有无穷多解。若给定其他辅助条件，如机架长度、最小传动角 γ_{min} 等，则有唯一解。讨论如下：

(1) 若未给定机架长度 l_{AD}，可根据最小传动角 γ_{min} 为出发点确定曲柄回转中心 A，一般采用试凑法求解；若已给定机架长度 l_{AD} 尺寸，所设计的机构要核验最小传动角 γ_{min}。如果机构不符合 $\gamma_{min}\geqslant[\gamma]$，应该改选原始数据，重新设计，例如选图 A 中位置比 A' 更能满足传动角的要求，由 l_{AB}、l_{BC} 计算公式可知 A 位置较 A' 曲柄长度增大，连杆长度减少，有利于增大最小传动角 γ_{min}(可参考 γ_{min} 的计算公式进行分析)。

(2) 若给定连杆长度 l_{BC}，则以 C_1C_2 为底边，以 $90°-\dfrac{\theta}{2}$ 为底角，作等腰三角形，见图 3-47(b)，得顶点 O'。以点 O' 为圆心、$O'C_1$ 为半径作圆 K_1。显然，圆 K_1 上的圆弧 C_1C_2 所对应的圆周角等于 $\theta/2$。再以点 C_1 为圆心、$2l_{BC}$ 为半径作圆弧交圆 K_1 于 P。连接 C_1P 交圆 K_1 于 A。A 就是所求的曲柄回转中心。

可以证明，$\triangle APC_2$ 为等腰三角形，则 $AP=AC_2$，得

$$C_1P=AP+AC_1=AC_2+AC_1$$

因为 $$AC_1=l_{AB}+l_{BC},\quad AC_2=l_{BC}-l_{AB}$$

所以 $$C_1P=2l_{BC}$$

2) 曲柄滑块机构

【例 3-5】 已知偏置曲柄滑块机构的行程速比系数 K、滑块行程 H 和偏距 e。试设计此机构。

解　偏置曲柄滑块机构的设计与曲柄摇杆机构类似。其设计步骤如下：

(1) 计算极位夹角 θ

根据给定的行程速比系数 K，由式(3-13)计算极位夹角 θ

$$\theta=180°\times\frac{K-1}{K+1}$$

(2) 画滑块的极限位置(见图 3-48)

取适当比例尺 μ_l，按滑块行程 H 画线段 C_1C_2。C_1、C_2 为滑块的极限位置。

(3) 作 $\triangle PC_1C_2$ 及其外接圆。

(4) 确定曲柄与机架的固定铰链中心 A

作 C_1C_2 且距离等于偏距 e 的平行线，该平行线与 $\triangle PC_1C_2$ 的外接圆交于 A，点 A 就是曲柄与机架的固定铰链中心 A。

(5) 确定曲柄与机架的尺寸。

(6) 在曲柄的运动轨迹上任取一点 B，按构件的尺寸画出机构 ABC，即为该机构在某个位置时的运动简图。

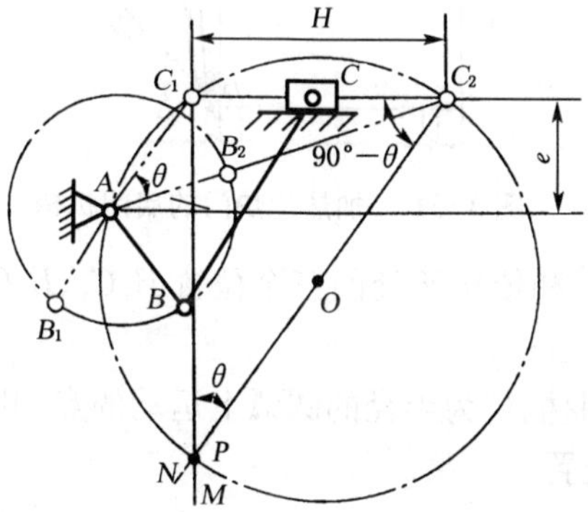

图 3-48　按给定 K 值设计偏置曲柄滑块机构

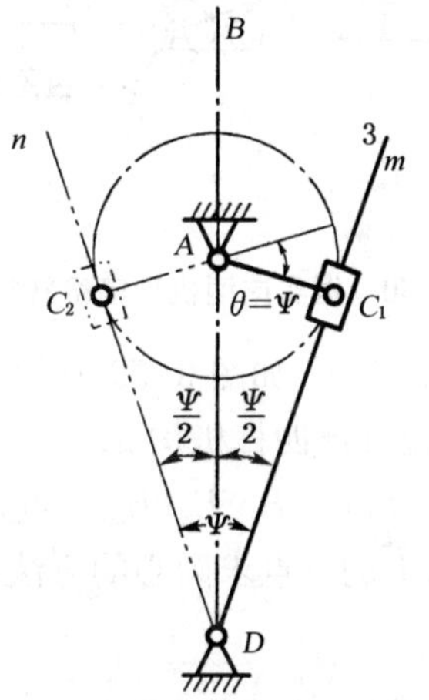

图 3-49　按给定 K 值设计摆动导杆机构

3) 导杆机构

【例 3-6】 已知导杆机构的行程速比系数 K、导杆 AD 的长度 l_{AD}。试设计此机构。

解　导杆机构的摆角 Ψ 等于极位夹角 θ，设计的实质即为确定导杆 AD 的长度 l_{AD}。其设计步骤如下：

(1) 计算极位夹角 θ

根据给定的行程速比系数 K，由式(3-13)计算极位夹角 θ、摆角 Ψ

$$\theta = \Psi = 180^\circ \times \frac{K-1}{K+1}$$

(2) 作导杆的极限位置(见图 3-49)

任选一点为固定铰链 D 位置，以摆角 Ψ 作导杆的两极限位置 Dm、Dn，使 $\angle mDn = \Psi$。

(3) 确定曲柄回转中心 A 及曲柄的尺寸

作摆角 Ψ 的平分线，并在其上选取适当的长度比例尺 μ_l，量取 $AD = l_{AD}$，得到曲柄回转中心 A 的位置。过 A 作 Dm、Dn 的垂线 AC_1、AC_2，则 AC_1 或 AC_2 是曲柄的图形尺寸。

3.4.2　按给定的连杆位置设计平面四杆机构

生产实际中，常要求一个构件在运动过程中到达某个特定的位置。如图 3-50 所示的振实造型机砂箱翻转机构，翻台与连杆 BC 固联成一体，工作过程是：翻台在位置Ⅰ处造型完毕，液压缸活塞驱动四杆机构 AB_1C_1D，使翻台转至位置Ⅱ起模，要求翻台(连杆)能实现 B_1C_1、B_2C_2 两个位置。再如图 3-51 所示的加热炉炉门的启闭机构，要求加热时炉门关闭，开启时炉门处于水平位置且 G 面向上而放置工件，图中 $ABCD$ 为平面四杆机构。此类设计属于按给定的连杆位置设计四杆机构，具体方法见【例 3-7】。

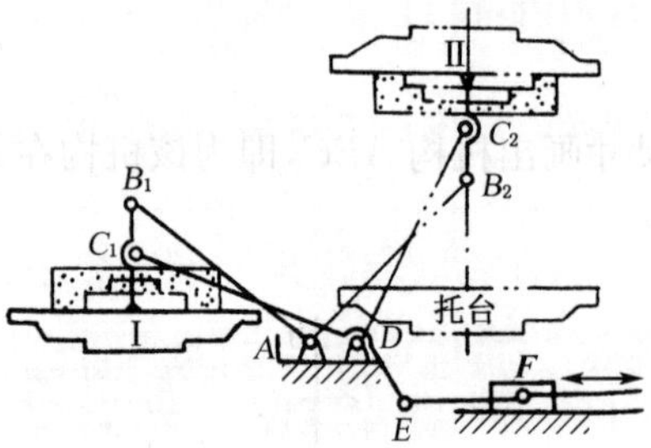

图 3-50　振实造型机砂箱翻转机构图

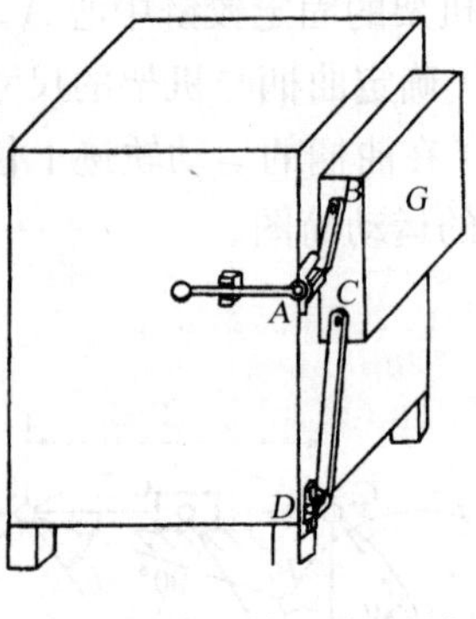

图 3-51　加热炉炉门的启闭机构

【例 3-7】　如图 3-52 所示，已知连杆的长度 l_{BC} 和依次所处的三个位置 B_1C_1、B_2C_2、B_3C_3。试设计此四杆机构。

设计分析　B_1、B_2、B_3 三点是以铰链 A 为圆心、曲柄长为半径的圆弧上运动的点。利用已知圆弧上的三点求圆心的方法，确定铰链 A、D 的位置。

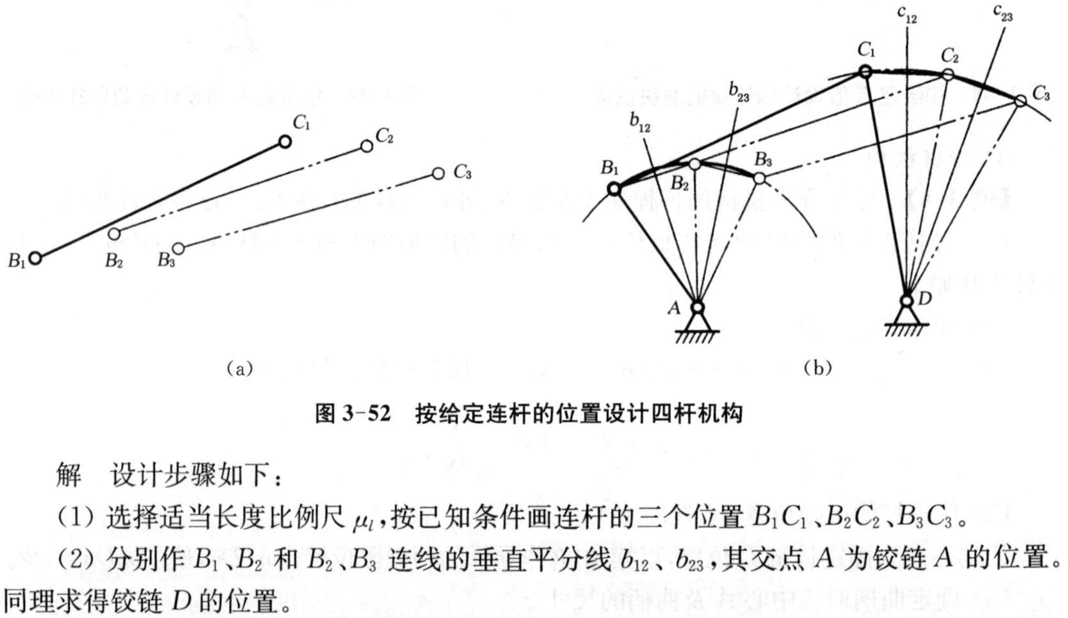

(a)　　(b)

图 3-52　按给定连杆的位置设计四杆机构

解　设计步骤如下：

(1) 选择适当长度比例尺 μ_l，按已知条件画连杆的三个位置 B_1C_1、B_2C_2、B_3C_3。

(2) 分别作 B_1、B_2 和 B_2、B_3 连线的垂直平分线 b_{12}、b_{23}，其交点 A 为铰链 A 的位置。同理求得铰链 D 的位置。

(3) 连接 A、B_1、C_1、D 即为此四杆机构在此位置的运动简图。

(4) 杆 AB、CD 的实际长度分别为 $l_{AB} = \mu_l AB_1$、$l_{CD} = \mu_l C_1D$。

3.4.3　实验法实现给定的运动轨迹设计简介

有些机器工作时，要求某个点能按一定轨迹运动，如图 3-53(a)所示的搅拌机，为使容器内物料搅拌均匀，要求搅拌杆上的 E 点能按 $\alpha \sim \alpha$ 封闭曲线运动，这就是按给定的轨迹设计四杆机构。这类设计常用实验法来解决。

四杆机构运动时，连杆作复杂的平面运动，连杆上的每一个点的运动轨迹表现为一条封闭曲线，称为连杆曲线。显然，连杆上不同点的连杆曲线不相同。若取不同杆长用实验的方法可以作出多组连杆上不同点的轨迹曲线汇编成册，就得到了连杆曲线图谱。图 3-53(b)就是图谱中各杆相对长度一定的连杆曲线。工程上常借助连杆曲线图谱设计四杆机构，方法是：根据给定或预定的运动轨迹（如 β 曲线，该曲线是连杆上 E 点的轨迹）从图谱中选择形状相近的曲线，查出各杆相对尺寸及描述点（如 E）在连杆上的位置，再用缩放仪求出图谱曲线与所需轨迹曲线的缩放倍数，确定各杆实际长度，这样便设计出了基本符合要求的四杆机构，如图 3-53(c)所示。

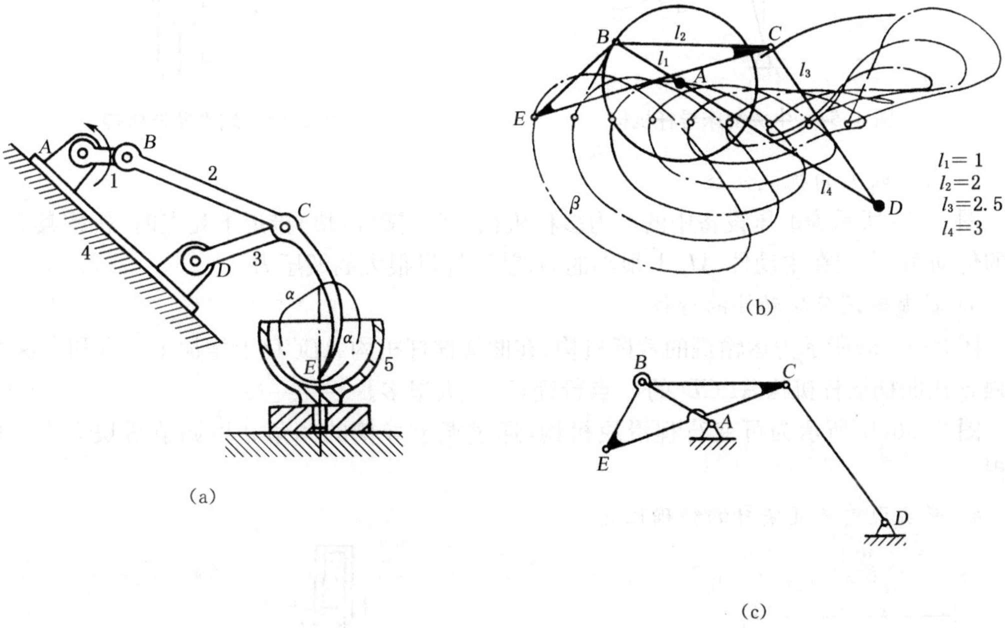

图 3-53　连杆曲线图谱

解析法设计四杆机构可参阅有关书籍资料。

3.5　多杆机构的应用简介

四杆机构是平面连杆机构的基本形式，应用广泛，但其运动形式和动力特性较单一，不能实现较复杂的运动形式和综合性的动力特性。多杆机构比四杆机构具有更多的运动参数，可满足更多的设计要求。

1）改善从动件的运动特性

切削机床要求刀具工作行程匀速运动，返回行程作急回运动。某些四杆机构虽有急回运动，但不能提供良好的匀速工作行程。图 3-54 所示为牛头刨床导杆机构，由回转导杆机构（构件8，1，2，3 组成）、摆动导杆机构（构件 8，3，4，5 组成）与构件 6、7 构成，主动曲柄 1 作等速转动，经后续构件的转速变化，可使从动件 7 在一定的速度范围内实现近似匀速往复运动。

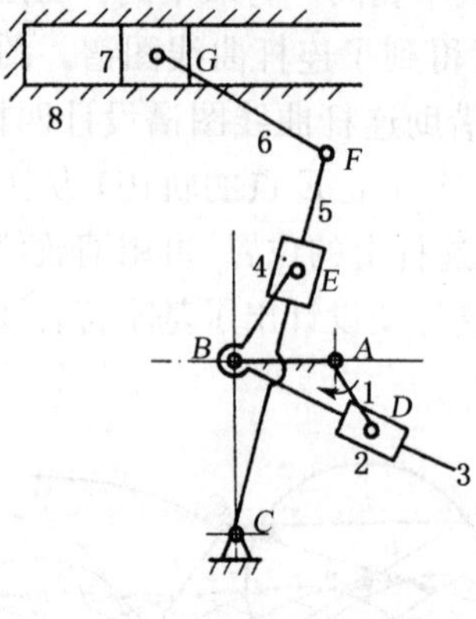

图 3-54 牛头刨床导杆机构

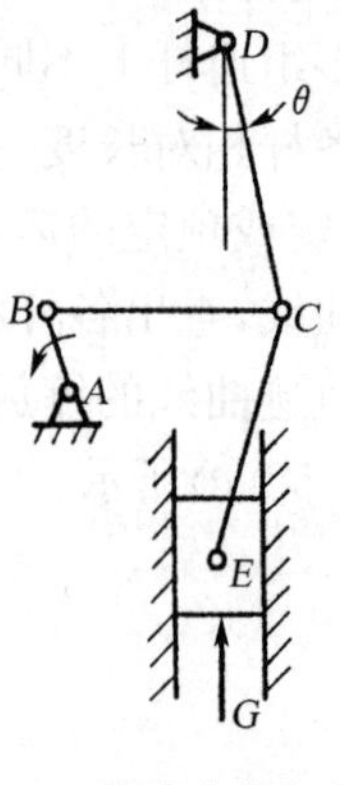

图 3-55 增力多杆机构

2) 获取较大的机械利益

图 3-55 所示为锻压设备中的增力多杆机构，当锻锤(滑块)接近下死点时，机构具有较大的传动角，作用在主动件 AB 上很小的力，就可提供很大的锻压力。

3) 扩大或调节从动件的行程

图 3-56(a)所示为运输机的六杆机构，在曲柄摇杆机构 $ABCD$ 上增加了杆 5 和滑块 6，行程 S 比曲柄摇杆机构 $ABCD$ 的 C 点行程 C_1C_2 大很多。

图 3-56(b)所示为可变行程滑块机构，通过调节导槽的倾角 α 可调节滑块 5 上下的行程。

4) 能实现更多连架杆的精确位置

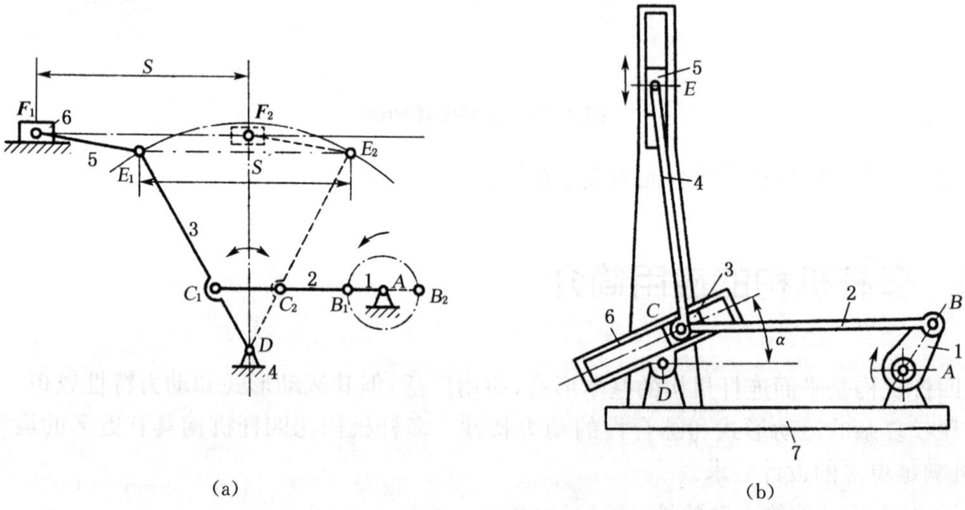

图 3-56 扩大或调节从动件的行程的多杆机构

3.6 凸轮机构

在各种机器中，经常要求机械的从动件按照预定的运动规律变化，采用凸轮机构可精确地实现所要求的运动。若用平面连杆机构，一般只能近似实现预定的运动规律。图3-57(a)为一个摆动从动件凸轮机构等效为一个铰链四杆机构，图3-57(b)为一个移动从动件凸轮机构等效为一个曲柄滑块机构。可见，凸轮机构是四杆机构的一种变形，在任意瞬时位置都可用一个等效的连杆机构代替，是一个具有杆长可伸缩变化的(等效)四连杆机构。

图3-57 凸轮机构的等效连杆机构

3.6.1 凸轮机构的组成、应用和特点

凸轮机构能将主动件的连续等速运动变为从动件的往复变速运动或间歇运动。图3-58所示为内燃机的配气机构。盘形凸轮1作等速连续转动，驱动从动气阀2上下往复运动，凸轮的轮廓曲线决定了气阀的开启或关闭的运动规律。图3-59所示为自动车床的自动进刀机构，带有凹槽的凸轮1作等速转动，曲线凹槽的侧面与滚子接触以驱使从动构件2往复摆动，进而控制刀架作进刀和退刀运动，刀架的进退规律取决于凹槽的曲线形状。

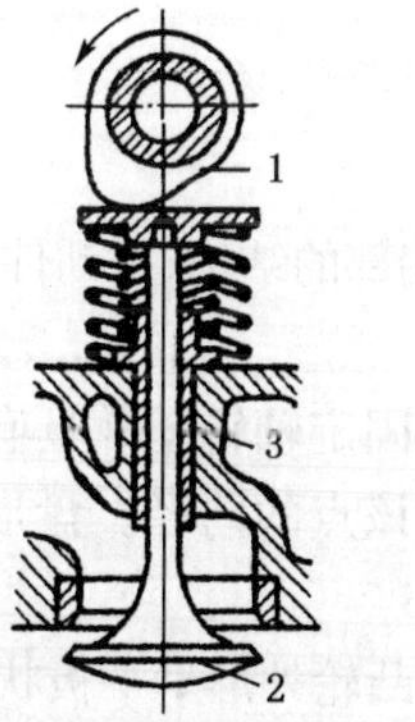

图3-58 内燃机配气机构

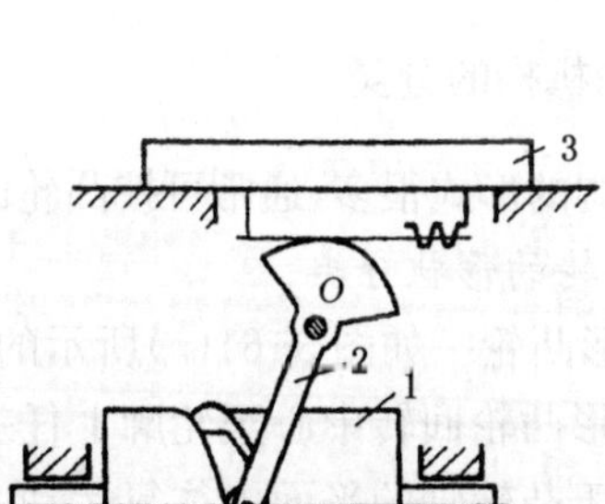

图3-59 自动车床自动进刀机构

从以上两个实例可以看出，凸轮机构是由凸轮1、从动件2和机架3三个构件组成的高副机构。一般情况，凸轮是具有轮廓曲线的盘形或凹槽的圆柱形构件。通常凸轮为主动件，并且作等速转动；从动件则在凸轮轮廓曲线的控制下按预定的运动规律作往复直线运动或往复摆动。图3-60(a)所示的凸轮机构可使构件5实现预期运动规律的往复移动；图3-60(b)所示的凸轮机构可使构件4实现预期运动规律的往复摆动；图3 60(c)图所示的双凸轮机构既可使构件4实现预期的运动，又可使其上的F点按所需的轨迹运动。

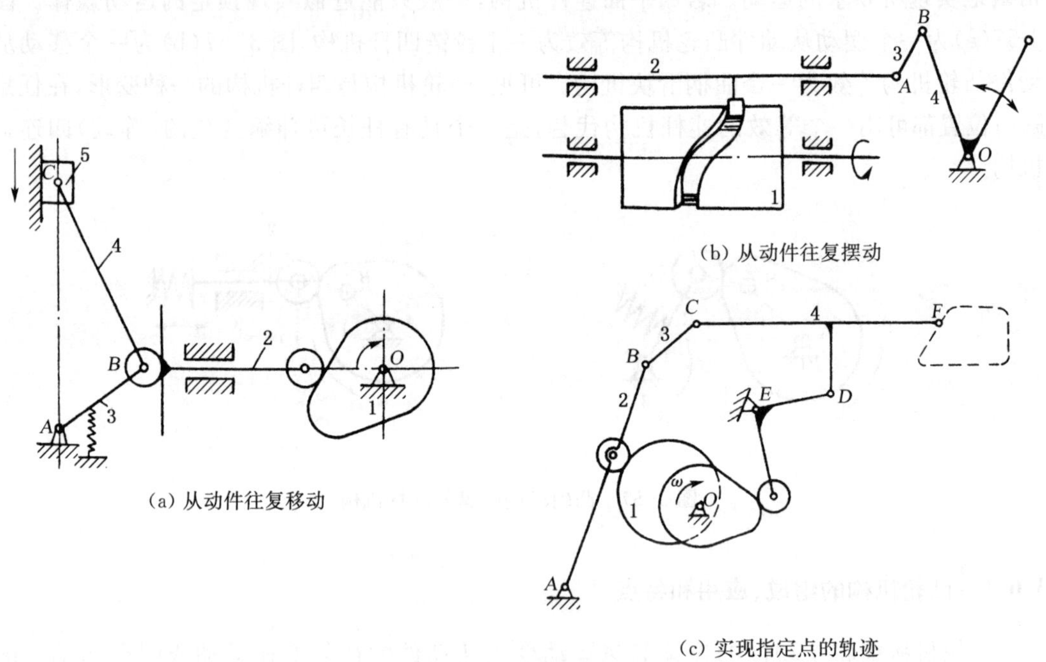

图 3-60　凸轮机构实现预期的运动

凸轮机构构件少、结构紧凑、简单，凸轮轮廓曲线的设计可以实现从动件的预定运动规律，准确可靠。因此，凸轮机构广泛应用于各种机械，尤其在自动机械、半自动机械中应用更为广泛。但凸轮与从动件间的运动副为高副，压强较大，难以形成润滑油膜而易于磨损，故一般适用于实现复杂的运动规律且传递动力不大的场合。另外，凸轮形状复杂，不易加工，一定程度上限制了其应用。

3.6.2　凸轮机构的分类

凸轮机构的形式很多，通常可按凸轮的形状、从动件端部的结构、从动件运动形式等分类。

1) 按凸轮的形状分类

(1) 盘形凸轮　如图 3-61(a)所示的盘形凸轮，是绕固定轴转动并具有变化向径的盘形构件。从盘形凸轮回转中心至轮廓上任一点的距离称为该点的向径。盘形凸轮可以推动从动件在垂直于凸轮轴的平面内往复运动。

(2) 移动凸轮　如图 3-61(b)所示为移动凸轮。这种凸轮外形呈平板状、具有曲线轮廓并相对于机架作往复直线移动，可以看作回转中心在无穷远处的盘形凸轮的一个特例。

(3) 圆柱凸轮　圆柱凸轮可以看作是将移动凸轮卷于圆柱体上形成的。此种凸轮是在圆柱面上加工形成曲线凹槽（见图 3-60(b)）或在圆柱端面上作出曲线轮廓（见图3-61(c)），当其转动时，从动件在平行于其轴线的平面内运动。

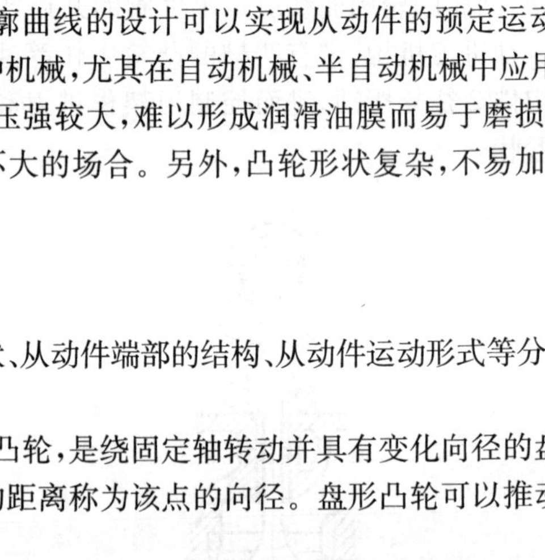

图 3-61　不同形状的凸轮

移动凸轮和盘形凸轮与其从动件之间的

相对运动在一个平面内运动，它们属于平面凸轮机构；圆柱凸轮与从动件的运动不在一个平面内运动，因而属于空间凸轮机构。

2）按从动件端部结构形式分类

按从动件端部的结构，可分为尖顶从动件、滚子从动件、平底从动件和球面底从动件。

（1）尖顶从动件　如图3-62(a)所示，尖顶从动件能与任意复杂的凸轮轮廓曲线保持接触以实现复杂的运动规律，构造最简单。但点接触下的滑动摩擦阻力大，尖顶易磨损，只适用于低速、轻载的场合，如用于仪表机构中。

（2）滚子从动件　为克服尖顶从动件的缺点，在从动件尖顶处安装一个滚子，即成为滚子从动件，如图3-62(b)所示。滚子与凸轮的接触是滚动摩擦，摩擦和磨损量小，可用来传递较大的动力，是最常用的一种从动件。

（3）平底从动件　平底从动件端部为一平底，与凸轮为线接触，易于形成油膜，润滑好，特别是凸轮对从动件的作用力始终垂直于从动件的底边（不计摩擦时），故传力性能好，受力平稳，传动效率较高，常用于高速场合，如图3-62(c)所示。但这种从动件不能用于凹弧形轮廓的凸轮结构上。

（4）球面底从动件　球面底从动件端部具有凸出的球形表面，可避免因安装位置倾斜或不对中而造成的表面应力和磨损都增大的缺点，同时具有尖顶从动件和平底从动件的优点，应用也较多，如图3-62(d)所示。

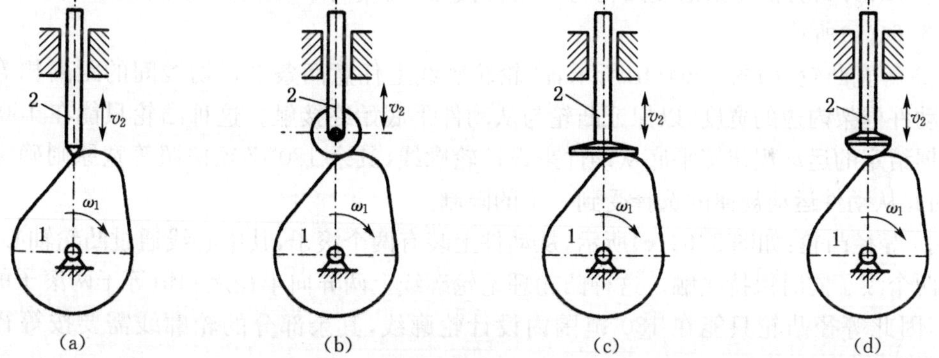

图3-62　从动件不同形式的凸轮机构

3）按从动件运动形式分类

（1）直动从动件　作往复直线运动的从动件称为直动从动件。其中，若从动件运动行程通过凸轮回转中心，则称为对心直动从动件，如图3-63(a)所示；不通过凸轮回转中心的称偏置直动从动件，如图3-63(b)所示。

（2）摆动从动件　作往复摆动的从动件称为摆动从动件，如图3-57(a)所示。

4）按凸轮与从动件接触的方法分类

凸轮机构是高副机构，需要采取一定的措施保持凸轮与从动件的接触，这种保持接

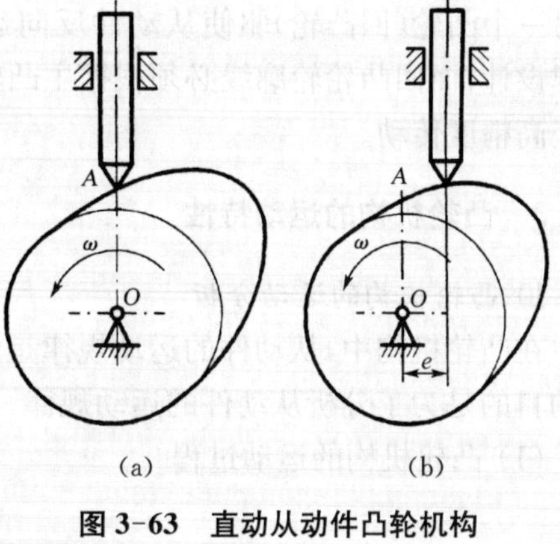

图3-63　直动从动件凸轮机构

触的方式称为封闭(锁合)。

(1) 力封闭法　利用从动件的重量、弹簧力或其他外力使从动件与凸轮保持接触的方法称为力封闭,如图 3-57 所示。

(2) 形封闭法　依靠凸轮与从动件所构成高副的特殊几何形状,使其彼此始终保持接触的方法称为形封闭。常见的形封闭有:

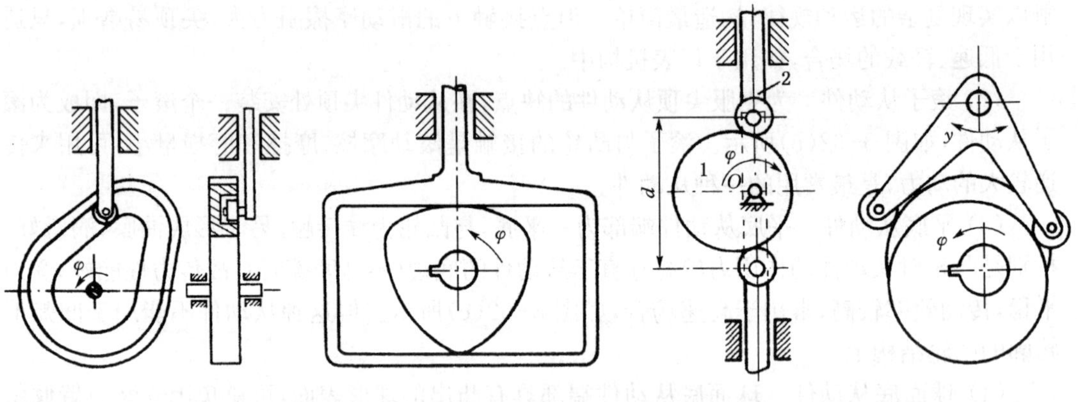

图 3-64　凸轮机构的形封闭方式

① 凹槽凸轮:依靠凹槽使凸轮与从动件接触,方式简单,但增大了凸轮的尺寸和重量,如图 3-64(a)所示。

② 等宽凸轮:如图 3-64(b)所示,凸轮轮廓线上任意两条平行切线间的距离相等且等于从动件框架内边的宽度,以保证凸轮与从动件平底始终接触。这种凸轮只能在 180°范围内根据给定的运动规律按平底从动件来设计轮廓线,其余 180°必须按照等宽原则确定轮廓线,因此从动件运动规律的选择受到一定的限制。

③ 等径凸轮:如图 3-64(c)所示,从动件上装有两个滚子,其中心线通过凸轮轴心,凸轮与这两个滚子同时保持接触。这种凸轮理论轮廓线上两异向半径之和恒等于两滚子的中心距离,因此等径凸轮只能在 180°范围内设计轮廓线,其余部分的轮廓线需要按等径原则确定。

④ 主回凸轮:如图 3-64(d)所示,用两个固联在一起的盘形凸轮分别与同一个从动件上的两个滚子接触,形成结构封闭。其中一个凸轮(主凸轮)驱使从动件向某一个方向运动,而另一个凸轮(回凸轮)驱使从动件反向运动。主凸轮轮廓线可在 360°范围内按给定运动规律设计,而回凸轮轮廓线必须根据主凸轮轮廓线和从动件的位置确定。主凸轮轮廓线可用于高精度传动。

3.6.3　凸轮机构的运动特性

1) 凸轮机构的运动分析

在凸轮机构中,从动件的运动规律是由凸轮轮廓曲线的形状决定的。分析凸轮机构运动的目的是为了分析从动件的运动规律,即从动件的位移、速度和加速度。

(1) 凸轮机构的运动过程

表 3-5 凸轮机构的分类

盘形凸轮机构			圆柱凸轮机构	移动凸轮机构	锁合方式
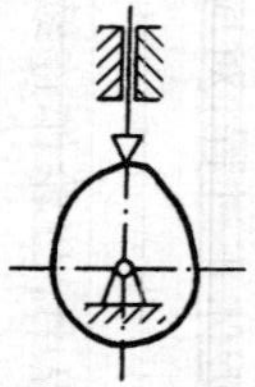 尖顶对心直动从动件	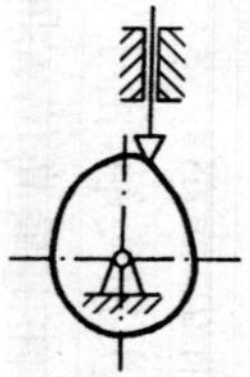 尖顶偏置直动从动件	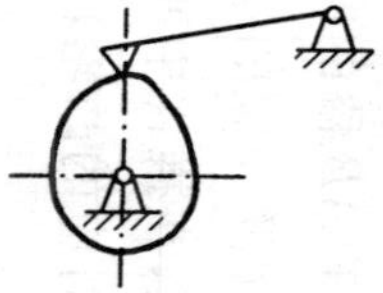 尖顶摆动从动件	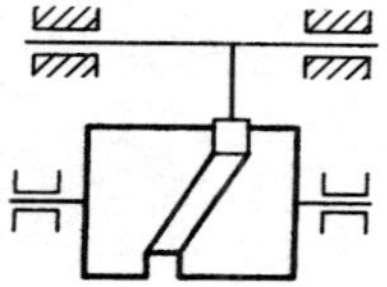 移动从动件	 尖顶直动从动件	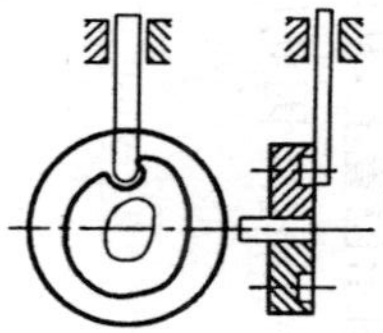 形锁合
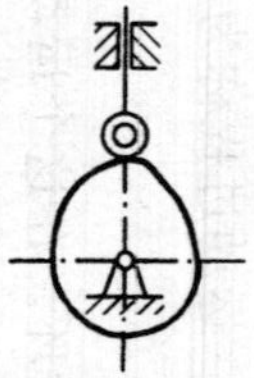 滚子对心直动从动件	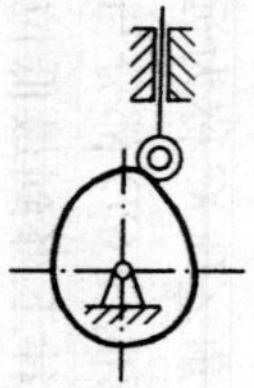 滚子偏置直动从动件	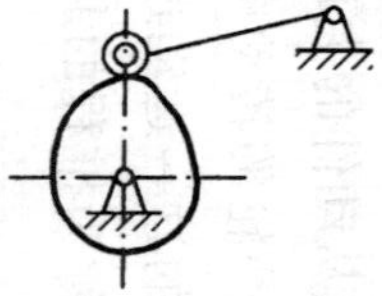 滚子摆动从动件	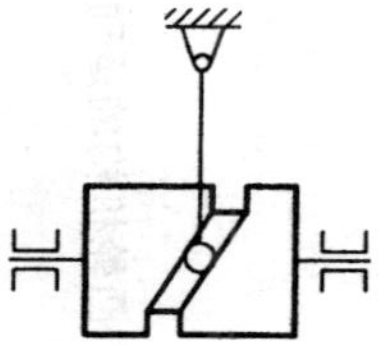 摆动从动件	 滚子直动从动件	
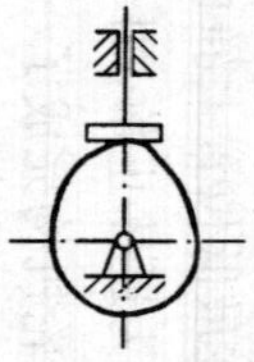 平底对心直动从动件	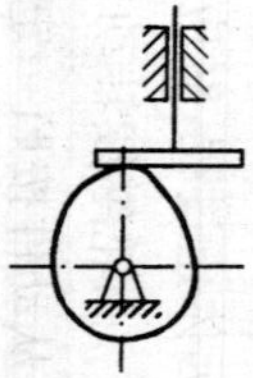 平底偏置直动从动件	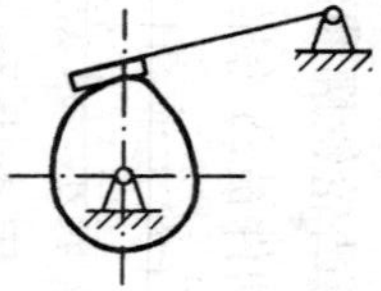 平底摆动从动件	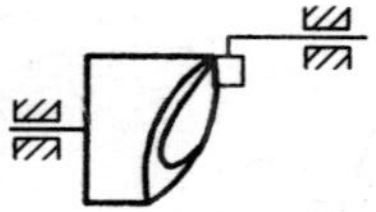 移动从动件	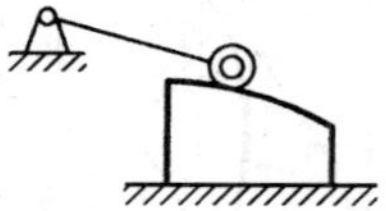 滚子摆动从动件	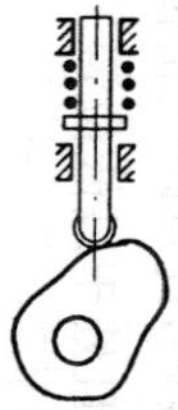 力锁合

图 3-65(a)所示为对心直动尖顶从动件盘形凸轮机构。以凸轮轮廓曲线的最小向径为半径所作的圆称为凸轮的基圆，基圆半径用 r_b 表示。在图示位置上，从动件的尖顶与凸轮轮廓曲线在 A 点接触，此点距凸轮转动中心 O 最近(距离 $OA = r_b$)，因此从动件在 A 点位于上升的起始位置，且处于最低位置。

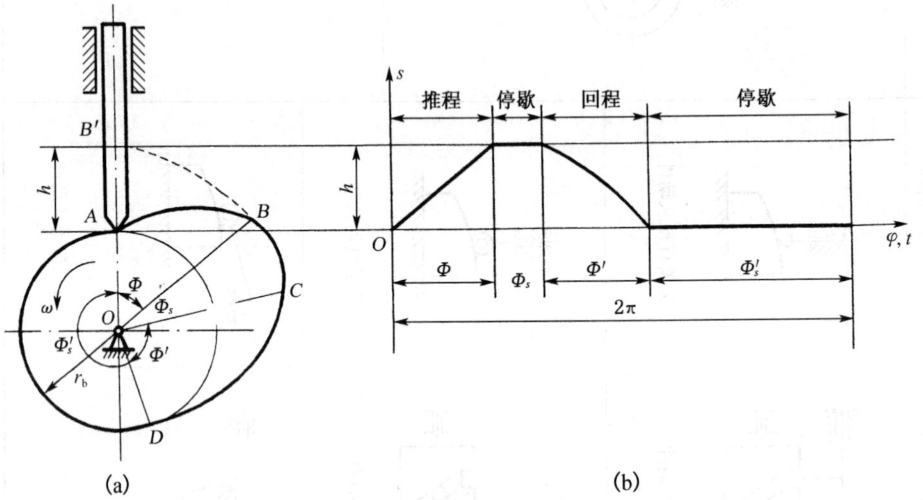

图 3-65 凸轮机构的运动过程

当凸轮以等角速度 ω 按逆时针方向转动时，从动件将与凸轮轮廓曲线上的各点接触，并在凸轮的推动下产生相应的位移。

① 推程　当凸轮轮廓曲线 AB 部分与从动件的尖顶接触时，由于 AB 段的向径逐渐增大，因此迫使从动件被凸轮推动，逐渐远离凸轮的转动中心，当尖顶按照一定的运动规律到达 B' 点时，从动件处于最高位置。从动件的这一运动过程称为推程，在推程中所经过的距离称为行程，用 h 表示。A 点和 B 点分别称为推程的起点和终点，对应的凸轮转角 $\angle AOB$ 称为推程运动角，用 Φ 表示。

② 远休止　当凸轮继续转过角度 Φ_s 时，凸轮轮廓曲线上以为 O 圆心的圆弧段 BC 与从动件的尖顶接触，从动件的位移没有发生变化，停留在最远处静止不动，这一运动过程称为从动件的远休止过程，对应的凸轮转角 $\angle BOC$ 称为远休止角，用 Φ_s 表示。

③ 回程　凸轮继续转动，凸轮轮廓曲线 CD 部分与从动件的尖顶接触，由于 CD 段的向径逐渐减小，从动件按照一定的运动规律下降到最低位置。从动件由最高位置回落到最低位置的运动过程称为回程，在回程中所经过的距离也为行程 h。对应的凸轮转角 $\angle COD$ 称为回程运动角，简称回程角，用 Φ' 表示。

④ 近休止　当凸轮继续转过角度 Φ'_s 时，凸轮轮廓曲线上的圆弧 $\widehat{DA}$ 与从动件的尖顶接触，从动件在最低位置上静止不动，这一运动过程称为从动件的近休止过程，对应的凸轮转角 $\angle DOA$ 称为近休止角，用 Φ'_s 表示。

至此，凸轮机构完成了一个运动循环。在这个运动循环过程中，凸轮作连续的等速运动，而从动件经历了推程、停歇、回程和停歇四个阶段，一般推程是凸轮机构的工作行程，回程是空回行程。由此可知，从动件的运动为间歇移动。凸轮机构完成一个运动循环时，凸轮以等角速度转一周，四个阶段对应的凸轮转角有下面的关系：

$$\Phi + \Phi_s + \Phi' + \Phi'_s = 360^\circ \tag{3-17}$$

显然，当凸轮继续转动时，从动件将重复进行升—停—降—停的运动循环。

若从动件的运动没有远休止过程和近休止过程，则对应的休止角为0，即 $\Phi_s=0$、$\Phi'_s=0$。这时，从动件的运动只有推程和回程两个阶段，从动件作连续运动。

(2) 从动件的运动规律

由于凸轮以等角速度 ω 转动，因此在凸轮运动的任意瞬时，其转角与对应时间成线性比例，即 $\varphi = \omega t$。

从动件的运动规律是指推程和回程中，从动件的位移、速度、加速度随凸轮转角或时间变化的规律。对于直动从动件，上述关系为

$$\begin{cases} s = s(\varphi) \\ v = v(\varphi) \\ a = a(\varphi) \end{cases} \tag{3-18}$$

(3) 从动件的运动线图

将从动件在一个运动循环中的运动规律表示成凸轮转角 φ 的函数，与之对应的图形称为从动件的运动线图。

在从动件的运动线图中，表示从动件位移变化规律的线图称为位移线图，即 $s=s(\varphi)$。图3-65(b)表示图3-65(a)所示凸轮机构从动件的位移线图，横坐标为凸轮转角 φ，纵坐标为从动件的位移 s，它是凸轮轮廓曲线设计的依据。

同样，表示 $v=v(\varphi)$ 和 $a=a(\varphi)$ 的线图分别称为速度线图和加速度线图。三个线图的关系如下：

$$v = \frac{\mathrm{d}s}{\mathrm{d}t} = \frac{\mathrm{d}s}{\mathrm{d}\varphi} \cdot \frac{\mathrm{d}\varphi}{\mathrm{d}t} = \frac{\mathrm{d}s}{\mathrm{d}\varphi}\omega \tag{3-19}$$

$$a = \frac{\mathrm{d}v}{\mathrm{d}t} = \frac{\mathrm{d}v}{\mathrm{d}\varphi} \cdot \frac{\mathrm{d}\varphi}{\mathrm{d}t} = \left(\frac{\mathrm{d}s}{\mathrm{d}\varphi}\right)^2 \omega^2 \tag{3-20}$$

位移线图、速度线图和加速度线图统称为从动件的运动线图。

2) 从动件常用的运动规律

(1) 等速运动规律

从动件作等速运动，在推程时的位移、速度和加速度的运动线图如图3-66所示。在此阶段，凸轮用时 t_0 转过转角 Φ，从动件完成升程 h，所以从动件的速度 $v_0 = h/t_0$ 为常数，速度线图为水平直线，位移 $s = v_0 t$，位移线图为斜直线，因而又称为直线运动规律。

由于凸轮以等角速度 ω 转动，则其转角 $\varphi = \omega t$，$\Phi = \omega t_0$。将此关系代入速度、位移公式，得运动线图表达式：

$$\begin{cases} s = \dfrac{h}{\Phi}\varphi \\ v = v_0 = \dfrac{h}{\Phi}\omega \\ a = 0 \end{cases} \tag{3-21}$$

从动件运动时，加速度始终等于零，但在运动的开始和运动的终止位置处，速度在零与 v_0 间突变，故加速度在理论上无穷大，理论上导致从动件产生无穷大的惯性力(由于材料的弹性变形，惯性力不会到无穷大)，使机构受到强烈的刚性冲击。因此，等速运动规律只适用于低速轻载和从动件质量较小的凸轮机构。

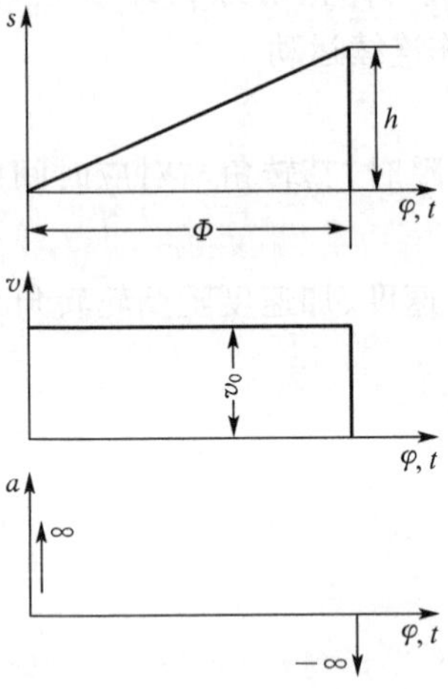

图 3-66 等速运动规律线图

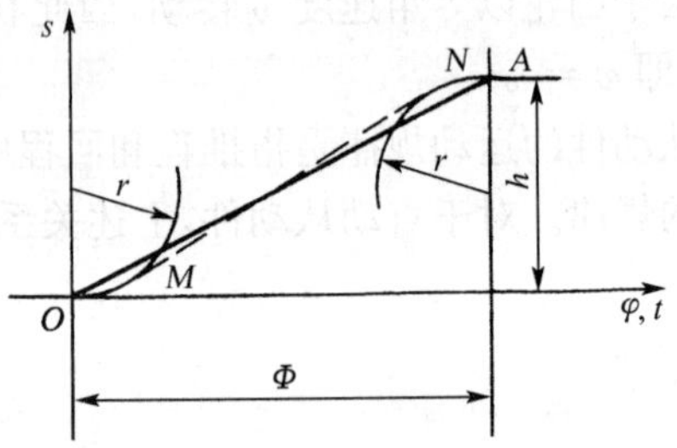

图 3-67 等速运动位移线图修正

实际应用时，为避免刚性冲击，常将从动件在运动的开始和运动的终止时的位移线图加以修正，使速度逐渐增加和降低。如图 3-67 所示，在 OA 两处用圆弧过渡，圆弧半径 $r=h/2$，MN 为两圆的内公切线，线段 $OMNA$ 即为修正后的进程位移线图。回程与此类似。

(2) 等加速等减速运动规律

等加速等减速运动规律是从动件在推程或回程的整个行程中，前半程作等加速运动，后半程作等减速运动，且加速度和减速度的绝对值相等。

由于加速度 a 是常数，所以加速度线图为两段平行于横轴的直线；由 $v=at$，则速度线图为两条斜直线；由 $s=\frac{1}{2}at^2$，a、ω 是常数，则位移线图为两段相反的抛物线。因而又称为抛物线运动规律。

考虑初始条件：凸轮以 ω 等速转动，则 $t=\frac{\varphi}{\omega}$；当 $\varphi=\frac{\Phi}{2}$，$s=\frac{h}{2}$，得推程前半程 AB 的运动线图表达式：

$$\begin{cases} s=\dfrac{2h}{\Phi^2}\varphi^2 \\ v=\dfrac{4h\omega}{\Phi^2}\varphi \\ a=\dfrac{4h\omega^2}{\Phi^2} \end{cases} \tag{3-22}$$

推程后半程 BC 的运动线图表达式：

$$\begin{cases} s = h - \dfrac{2h}{\Phi^2}(\Phi - \varphi)^2 \\ v = \dfrac{4h\omega}{\Phi^2}(\Phi - \varphi) \\ a = -\dfrac{4h\omega^2}{\Phi^2} \end{cases} \tag{3-23}$$

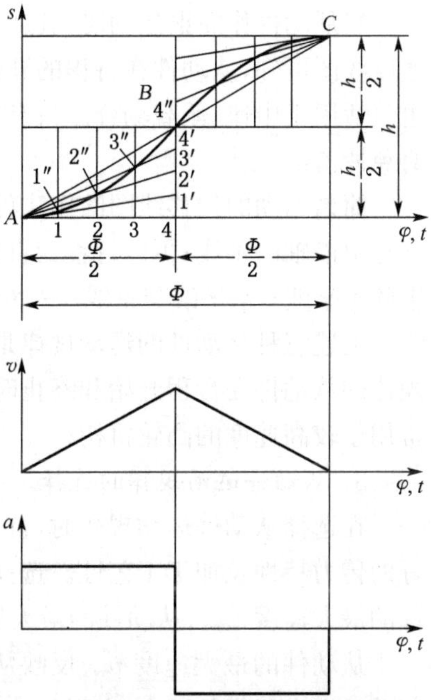

图 3-68 等加速—等减速运动规律线图

等加速—等减速运动规律线图如图 3-68 所示。其中，位移线图的作法如下：

① 取适当长度比例尺 μ_l 在纵坐标上作出从动件推程 h，并等分成两部分；取适当角度比例尺 μ_φ 在横坐标轴上作出与推程对应的凸轮转角 Φ，也分成相等的两部分。过各分点分别作坐标轴的垂直线，得到四个长方形。

② 在左下方长方形中，将 $\Phi/2$ 分为若干等份（图中分四等份），得到 1，2，3，4 各点，分别过这些点作纵坐标的垂直线；同样将 $h/2$ 分为相同的等份（四等份），得到 $1'$，$2'$，$3'$，$4'$各点，将这些点分别与坐标原点 A 连接得连线 $A_{1'}$，$A_{2'}$，$A_{3'}$，$A_{4'}$。

③ 上述四条连线与相应得四条纵坐标垂直线分别相交于 $1''$，$2''$，$3''$和 $4''$，将这些交点连成光滑曲线，即为从动件推程前半程作等加速运动的位移线图。

④ 用相同的方法，在右上方的长方形中作出后半程作等减速运动的位移线图，抛物线的开口方向向下。

由图可见，从动件的加速度在 A、B 和 C 位置有突变，但变化为有限值，因而产生的惯性力也是有限值。这种由加速度和惯性力有限变化对机构所造成的冲击、振动和噪声要较刚度冲击小，故称为柔性冲击。因此，等加速等减速运动规律一般可用于中速、轻载的场合。

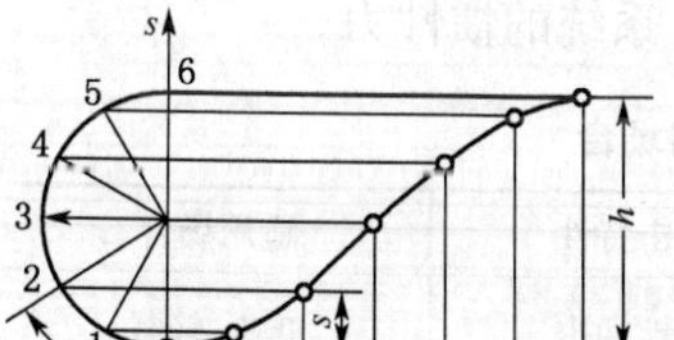

图 3-69 简谐运动规律线图

（3）简谐运动规律

当质点在直径为 h 的圆周上作匀速运动时，质点在此圆直径上的投影所构成的运动规律称为简谐运动规律，运动线图如图 3-69 所示。

由位移线图可知，从动件的位移线图表达式：

$$s = \frac{h}{2} - \frac{h}{2}\cos\theta \tag{3-24}$$

式中：θ 为质点绕 O 点的转角。由于凸轮以 φ 等角速度回转，所以转角 φ 与 θ 成正比。在推程中，当凸轮转角 $\varphi = \Phi$ 时，$\theta = \pi$，则 $\theta = \dfrac{\pi}{\Phi}\varphi$，代入式(3-24) 并对 φ 求一阶和二阶导数，得从动件在推程中作简谐运动的运动线图表达式：

$$\begin{cases} s = \dfrac{h}{2}\left[1 - \cos\left(\dfrac{\pi}{\Phi}\varphi\right)\right] \\ v = \dfrac{\pi h\omega}{2\Phi}\sin\left(\dfrac{\pi}{\Phi}\varphi\right) \\ a = \dfrac{\pi^2 h\omega^2}{2\Phi^2}\cos\left(\dfrac{\pi}{\Phi}\right)\varphi \end{cases} \tag{3-25}$$

当从动件作简谐运动时，其加速度曲线为余弦曲线，故又称余弦加速度运动规律。由加速度线图可知，从动件在行程的开始和终止处加速度有突变，产生柔性冲击。这种运动规律也只适用于中速、低载场合。只有当加速度曲线保持连续（如图 3-69 所示的虚线）时，才能避免冲击。

简谐运动的位移线图的作法可参考等加速等减速位移线图。将横坐标 Φ 六等分，自各分点引横轴的垂线；再以行程为直径在 h 纵坐标轴作半圆，将半圆周六等分，自各分点引横轴的水平线；水平线与垂线一一对应相交，将交点连成光滑曲线则得位移线图。

上述三种从动件的运动规律是最基本、最常用的运动规律。除此之外，正弦加速度运动规律的从动件在行程开始和终止时加速度为零且加速度曲线均匀连续无突变，因而无冲击，常用于较高速度的凸轮机构。

3）从动件运动规律的选择

在选择从动件运动规律时，首先要满足凸轮机构的工作要求，同时综合考虑使其具有良好的传力特性及加工工艺性。选择时，一般应从机构的冲击情况（如刚性与柔性冲击）、从动件的最大速度 v_{max}、从动件的最大加速度 a_{max} 三方面对各种运动规律的特性进行比较。

从动件的最大速度 v_{max} 反映从动件最大冲量的大小。v_{max} 较大，从动件在启动、停车或制动时会有很大的冲击。可见，v_{max} 要尽量小。通常，质量较大的从动件应选择 v_{max} 较小的运动规律，可减少积蓄的动能。

从动件的最大加速度 a_{max} 反映从动件惯性力的大小。a_{max} 越大，惯性力就越大，而惯性力直接影响从动件系统的受力、振动和工作平稳性。因此，从动件的最大加速度 a_{max} 要尽量小。显然，高速凸轮应选择 a_{max} 较小的运动规律，以减少从动件系统的惯性力。

表 3-6　常用从动件运动规律的特性及适用场合

运动规律	v_{max}	a_{max}	冲击特性	适用场合
等　速	$1.00\times\left(\dfrac{h}{\Phi}\omega\right)$	∞	刚性冲击	低速、轻载
等加速、等减速	$2.00\times\left(\dfrac{h}{\Phi}\omega\right)$	$4.00\times\left(\dfrac{h}{\Phi^2}\omega^2\right)$	柔性冲击	中速、轻载
余弦加速度	$1.57\times\left(\dfrac{h}{\Phi}\omega\right)$	$4.93\times\left(\dfrac{h}{\Phi^2}\omega^2\right)$	柔性冲击	中速、中载
正弦加速度	$2.00\times\left(\dfrac{h}{\Phi}\omega\right)$	$6.28\times\left(\dfrac{h}{\Phi^2}\omega^2\right)$	无	高速、轻载

3.6.4　凸轮机构的传力特性

在设计凸轮机构时，除要合理选择从动件的运动规律外，还要求机构具有良好的传力性能和较高的机械效率。因此，要探讨与之关联的压力角及其影响因素。

1) 压力角与凸轮传力性能的关系

如图 3-70 所示为对心直动尖顶从动件盘形凸轮机构。图中，$\boldsymbol{F}_Q$ 为从动件在推程的任一位置所受的外载荷，$\boldsymbol{F}_n$ 为此位置凸轮对从动件的作用力(不考虑接触处的摩擦)，$\boldsymbol{F}_n$ 沿接触点 A 的法线 n-n 方向，直动从动件的速度 v 沿导路方向。凸轮对从动件的作用力 $\boldsymbol{F}_n$ 的方向线与从动件在受力点的速度 v 的方向线间所夹锐角，称为凸轮在该位置的压力角 α。凸轮机构处于不同的位置，压力角 α 也是不相同的。

将从动件所受的法向作用力 $\boldsymbol{F}_n$ 分解为互相垂直的水平分力 $\boldsymbol{F}_x$ 与垂直分力 $\boldsymbol{F}_y$：

$$\begin{cases}\boldsymbol{F}_x = \boldsymbol{F}_n \sin\alpha \\ \boldsymbol{F}_y = \boldsymbol{F}_n \cos\alpha\end{cases} \tag{3-26}$$

水平分力 $\boldsymbol{F}_x$ 使从动件对导路产生侧向压力并引起摩擦力 $\boldsymbol{F}_f$，为有害分力，且随压力角 α 的增大而增大；垂直分力 $\boldsymbol{F}_y$ 为推动从动件运动的有效分力，用来克服外载荷 $\boldsymbol{F}_Q$ 和摩擦力 $\boldsymbol{F}_f$。

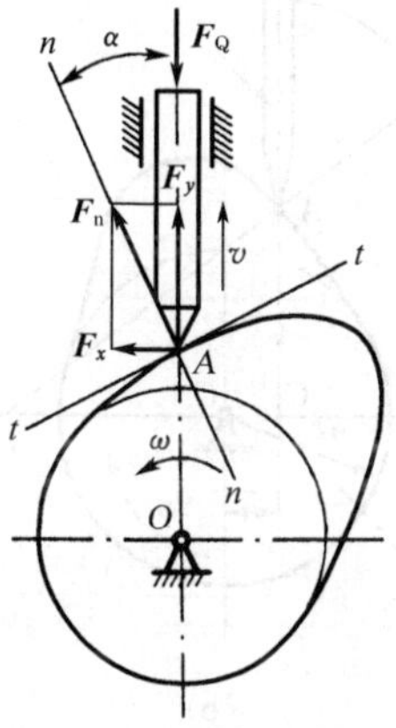

图 3-70　凸轮机构的压力角

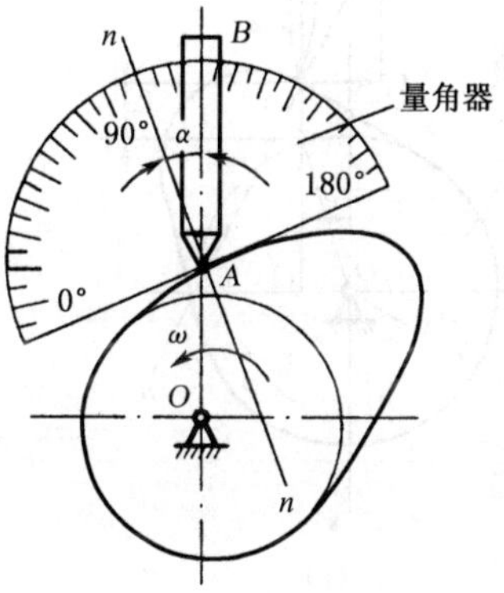

图 3-71　压力角的测量

压力角 α 可用量角器测量，如图 3-71 所示。

在其他条件不变的情况下，由式(3-26)可知，压力角 α 越大，有效分力越小，而有害分力越大，机构的受力情况越差，传动效率也越低。当压力角 α 增大到一定值时，有害分力引起的摩擦力 $\boldsymbol{F}_f$ 大于有效分力，即 $\boldsymbol{F}_f \geqslant \boldsymbol{F}_y$。此时，无论凸轮对从动件的作用力 $\boldsymbol{F}_n$ 有多大，都不能使从动件运动，凸轮机构处于静止状态，这种现象称为机构的自锁。

显然，压力角的大小反映出机构传力性能的好坏，是机构设计的一个重要参数。为保证凸轮机构正常工作和有良好的传力性能，应限制工作过程的最大压力角 α_{max} 不得超过其许用压力角$[\alpha]$，即

$$\alpha_{max} \leqslant [\alpha] \tag{3-27}$$

根据工程实际经验，一般许用压力角的推荐值如下：

推程时，对于移动从动件，$[\alpha] = 30° \sim 40°$；对摆动从动件，$[\alpha] = 45° \sim 50°$。回程时，通常受力较小且一般无自锁问题，故许用压力角可取值大些，通常取$[\alpha] = 70° \sim 80°$。若采用滚子从动件、润滑良好及支承刚度较大或受力不大而要求结构紧凑时，$[\alpha]$ 取上述值的较大值，否则取较小值。

凸轮机构出现 α_{max} 的位置不易确定。一般来说，从动件位移曲线上斜率最大的位置（或从动件速度最大的位置）压力角最大。常用检测方法是：在凸轮理论轮廓上比较陡的地方取若干点，作这些点轮廓的法线和从动件的运动方向线的夹角，然后用量角器检测。若 α_{max} 超过许用值，则应考虑修改设计参数，通常用增大基圆半径的方法来减少 α_{max}，或采用偏置的办法重新设计。

2）影响压力角的因素

图 3-72 所示为偏置直动尖顶从动件盘形凸轮机构。若凸轮逆时针转动，从动件的中心线又在凸轮回转中心的右侧，此偏置称为右偏置或正偏置，见图 3-72(a)；在左侧，称为左偏置或负偏置，见图 3-72(b)。

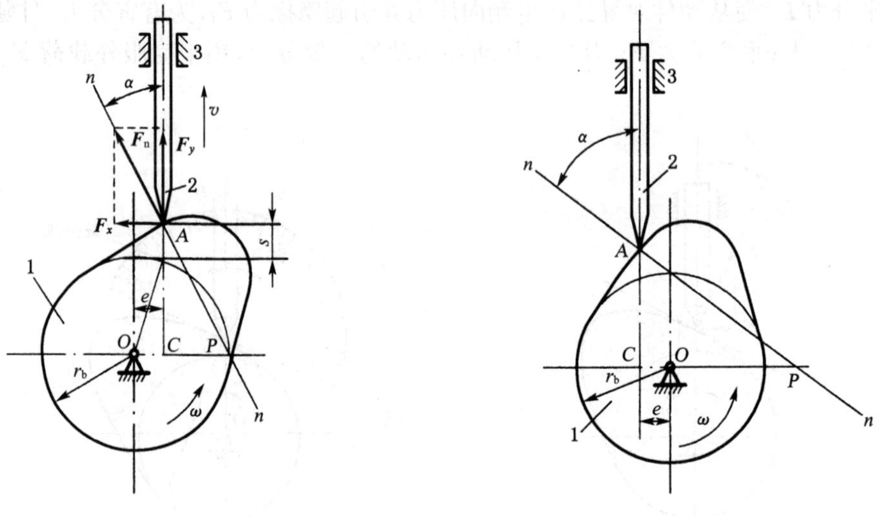

图 3-72 偏置直动尖顶从动件盘形凸轮机构的压力角

此类凸轮机构的压力角的计算公式：

$$\tan\alpha=\frac{\left|\dfrac{ds}{d\varphi}\pm e\right|}{s+\sqrt{r_b^2-e^2}} \tag{3-28}$$

式中：α—— 压力角(°)；

e—— 偏距(mm)；

r_b—— 凸轮的基圆半径(mm)；

s—— 从动件的位移(mm)；

$\dfrac{ds}{d\varphi}$—— 从动件位移线图的斜率；正偏置推程取负号、回程取正号，而负偏置推程取正号、回程取负号。

公式(3-28)说明，当从动件的运动规律相同时，凸轮机构对应点的压力角与基圆半径、偏距等因素有关。

(1) 基圆半径的影响和确定

基圆半径直接影响凸轮机构的压力角和结构尺寸。压力角与基圆半径成反比，r_b 越大，α 越小，传力特性越好，但凸轮机构的结构尺寸较大；相反，r_b 越小，α 越大，易引起自锁，但结构较紧凑。由图 3-73 可看出，凸轮机构在同样的转角 φ 和位移 h 下，压力角越小，基圆半径越大。可见，为使机构结构紧凑，压力角不宜过小，它受基圆半径的影响，并非越小越好。

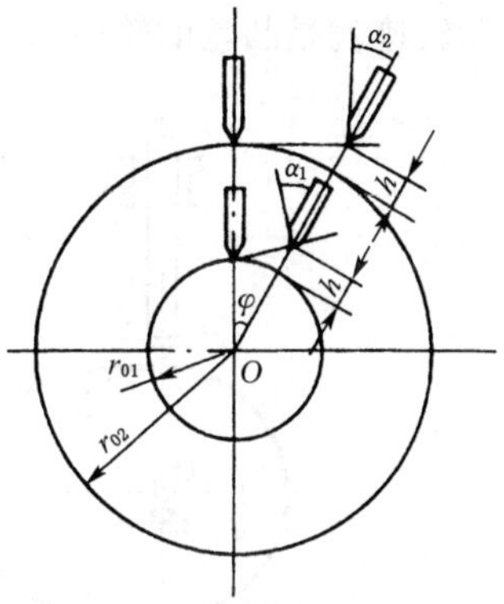

图 3-73 压力角与基圆半径的关系

设计时，对载荷不大、用于操纵或控制的凸轮机构，在满足许用压力角及强度要求等条件下，主要考虑机构的紧凑，一般尽可能地确定较小的凸轮基圆半径。对受力大而尺寸不严格限制的机构，为保证传力性能，基圆半径可取大些。

通常取基圆半径：

$$r_b \geqslant 1.8r_s + (7 \sim 10)\ \text{mm} \tag{3-29}$$

式中：r_s—— 凸轮轴半径。

(2) 偏距的影响和确定

偏距为从动件的中心线偏离凸轮回转中心的距离，其大小与偏置方式有关，包括凸轮转向、左右偏置以及推程或回程等。显然，由公式(3-28)可知偏距及其偏置方式影响压力角。同对心直动从动件盘形凸轮机构($e=0$)相比，推程时如图 3-72(a)所示的正偏置的压力角小于图 3-72(b)所示的负偏置的压力角，从而改善了凸轮机构的受力情况。若偏置方式选择不当，会增大压力角，甚至会出现自锁现象。所以正确选择偏置方向有利于减少压力角。

偏距 e 不宜太大，可近似取为

$$e = \frac{v_{max} + v_{min}}{2\omega} < r_b \tag{3-30}$$

式中：v_{max}、v_{min}——分别为从动件工作行程的最大和最小速度；

ω——凸轮的角速度。

3.6.5 凸轮轮廓曲线的设计简介

根据工作要求选定凸轮的类型、基圆半径及从动件的运动规律后，可进行凸轮轮廓曲线的设计。设计方法有图解法和解析法，二者依据相同的基本原理。解析法利用计算机辅助设计，通过计算轮廓曲线上某点坐标值，可得到精确的轮廓曲线，适用于精度要求较高的凸轮。图解法则用作图的方法绘制轮廓曲线，简便而直观，有一定的作图误差。为更好地理解设计方法，本节仅介绍图解法。

1) 设计凸轮轮廓曲线的基本原理

设计凸轮轮廓曲线的基本原理是相对运动原理。凸轮工作时，凸轮以角速度 ω 转动，其转角 φ 与从动件的位移一一对应。设计时，为了在图纸上绘制凸轮轮廓曲线，应使凸轮与图纸相对静止。为此，图解法采用反转法，假设整个凸轮机构以角速度“$-\omega$”绕凸轮回转中心转动，结果是：机构中各构件的相对运动关系和相对位置不变，凸轮静止不动，而从动件一方面与导路一起绕凸轮回转中心以角速度“$-\omega$”转动，另一方面依然在凸轮的推动下按原运动规律作往复运动，从动件的尖顶依然始终与凸轮轮廓接触，所以反转后从动件尖顶的运动轨迹就是凸轮的轮廓曲线，见图 3-74。

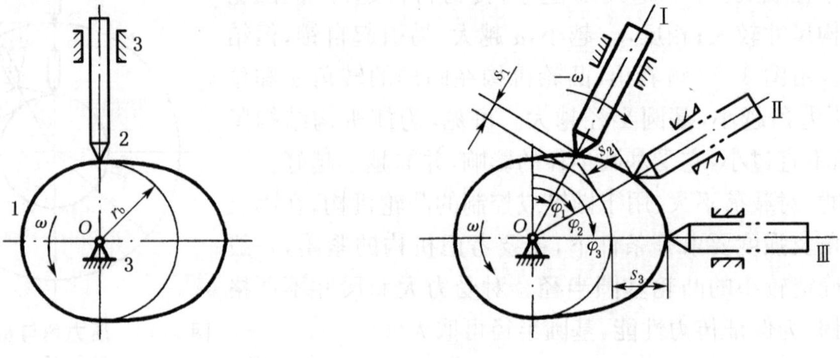

图 3-74 相对运动原理——反转法

2）对心直动尖顶从动件盘形凸轮轮廓曲线的设计

【例 3-6】 设计对心直动尖顶从动件盘形凸轮的轮廓。已知凸轮以等角速度 ω 按顺时针转动，基圆半径 $r_b=20$ mm，从动件的运动规律见下表：

凸轮转角	0°～180°	180°～210°	210°～330°	330°～360°
从动件运动规律	等速上升 12 mm	停歇	以等加速等减速回到原位	停歇

解 （1）绘制从动件的位移线图

取长度比例尺 $\mu_l=1$ mm/mm、角度比例尺 $\mu_\varphi=6°$/mm，按从动件的位移线图绘制方法绘制如图 3-75(a) 所示的从动件位移线图。对凸轮一周转角 360° 以 30° 等分，从而得到与凸轮各转角相对应的从动件的位移：$s_1=11'$，$s_2=22'$，$s_3=33'$，…。

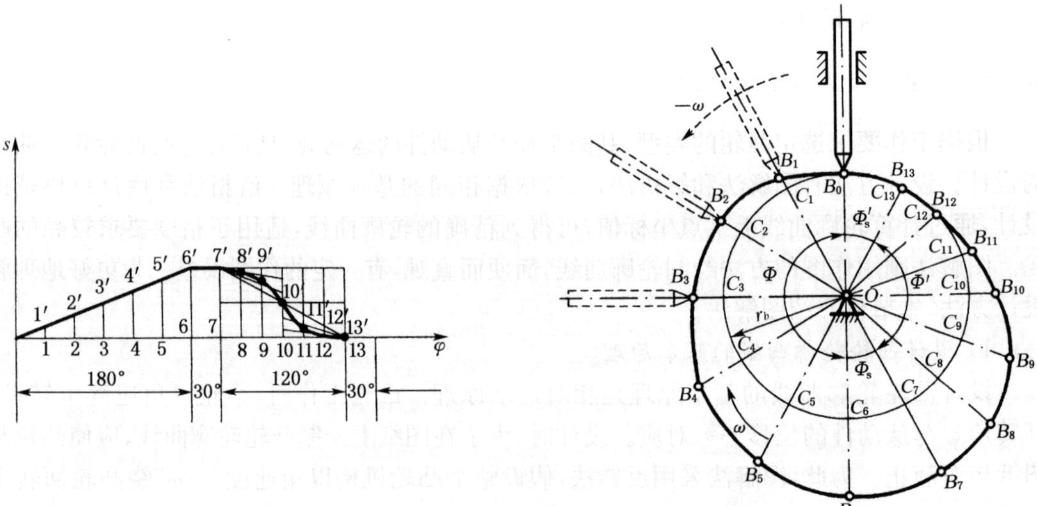

图 3-75 对心直动尖顶从动件盘形凸轮的轮廓曲线

(2) 取相同的长度比例尺画基圆

以O作为圆心,图形长度$OB_0=\frac{r_b}{\mu_1}=\frac{20}{1}=20\,\text{mm}$为半径画基圆。基圆与从动件导路中心线的交点$B_0$为从动件行程的起始位置,自$OB_0$开始沿逆时针转向($-\omega$)按位移线图中凸轮一周转角360°以30°等分相同的划分法将基圆分成相对应的等份,得C_1,C_2,C_3,… 各点。这些点与圆心O的连线,OC_1,OC_2,OC_3,… 便为反转以后从动件导路中心线的各个位置,如图3-75(b)所示。

(3) 延长连线OC_1,OC_2,OC_3,…,取$C_1B_1=s_1$,$C_2B_2=s_2$,$C_3B_3=s_3$,…,得到反转以后从动件尖顶的一系列位置B_1,B_2,B_3,…。光滑连接B_0,B_1,B_2,B_3,…各点,可得从动件尖顶的运动轨迹,即为本题所要求的凸轮轮廓曲线。

3) 对心直动滚子从动件盘形凸轮轮廓曲线的设计及滚子半径r_T的选择

对心直动滚子从动件盘形凸轮轮廓曲线的设计方法与对心直动尖顶从动件盘形凸轮轮廓曲线的设计基本相同。

(1) 将滚子中心视为尖顶从动件的尖顶,如图3-76所示,按上述方法绘制轮廓曲线β_0,β_0称为理论轮廓曲线。

(2) 在理论轮廓曲线β_0上选取一系列点作为圆心,以滚子半径r_T为半径绘一系列圆,并作这些圆的内包络线β,β称为实际轮廓曲线或工作轮廓曲线,即凸轮与从动件直接接触的轮廓曲线。

对于对心直动滚子从动件盘形凸轮,其轮廓作图中的r_b是指理论轮廓曲线的基圆半径。

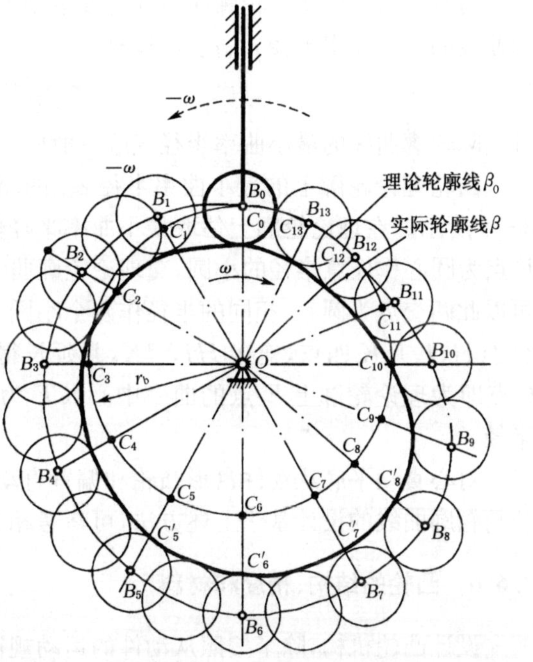

图3-76 对心直动滚子从动件盘形凸轮的轮廓曲线

滚子半径r_T增大有利于提高滚子接触强度、便于结构设计和安装,但滚子半径增大后对凸轮实际轮廓的形状影响很大。当凸轮理论轮廓外凸时,滚子半径r_T与凸轮理论轮廓上某处的最小曲率半径$\rho_{\min}$及凸轮实际轮廓对应位置的最小曲率半径ρ'的关系为

$$\rho'=\rho_{\min}-r_T \tag{3-30}$$

当$r_T<\rho_{\min}$时,实际轮廓的曲率半径$\rho'>0$,说明实际轮廓曲线是光滑连续的曲线,如图3-77(a)所示。

当$r_T=\rho_{\min}$时,实际轮廓的曲率半径$\rho'=0$,说明实际轮廓曲线上出现了尖点,尖点极易磨损而导致从动件运动规律发生改变,机构不能正常工作,如图3-77(b)所示。

当$r_T>\rho_{\min}$时,实际轮廓的曲率半径$\rho'<0$,说明实际轮廓曲线出现了相交部分,如图3-77(c)所示。相交部分的轮廓曲线在实际加工过程中将被切除,那么机构工作时这一部

分运动规律便无法实现。这种假想尖顶的运动轨迹不能保持在任何位置与理论轮廓曲线相接触而使从动件不能严格实现给定运动规律的现象，称为凸轮机构的运动失真。

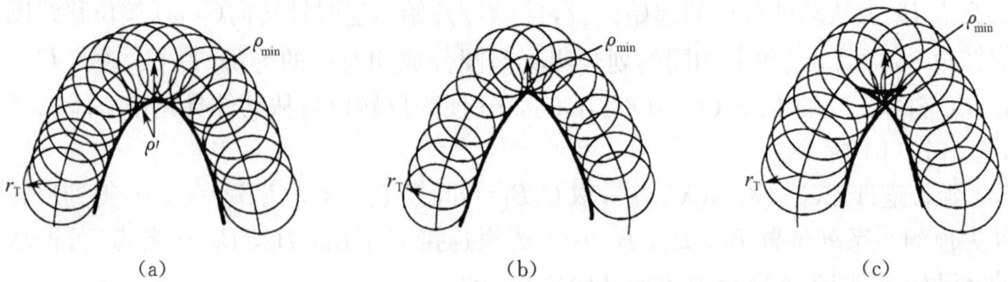

图 3-77　滚子半径 r_T 与凸轮轮廓的关系

为避免凸轮的实际轮廓曲线变尖或运动失真，一般要求滚子半径 r_T 不大于凸轮理论轮廓曲线的最小曲率半径 ρ_{min} 的 4/5，即

$$r_T \leqslant 0.8\rho_{min} \tag{3-31}$$

且实际轮廓曲线的最小曲率半径 ρ'_{min} 一般应大于 1～5 mm，否则应调整 r_T。

凸轮理论轮廓上的最小曲率半径 ρ_{min} 的简易求法如图 3-78 所示。在理论轮廓上估取最小曲率半径位置点 E，以 E 点为圆心作任意半径的小圆，交理论轮廓曲线于 F 和 G，再以此两交点为圆心、相同的半径作两个小圆，三个小圆相交于 H,I,J,K 四点，连接 HI，JK，并延长得交点 C。则 C 点即为理论轮廓上 E 点的曲率中心，CE 为该点的曲率半径。

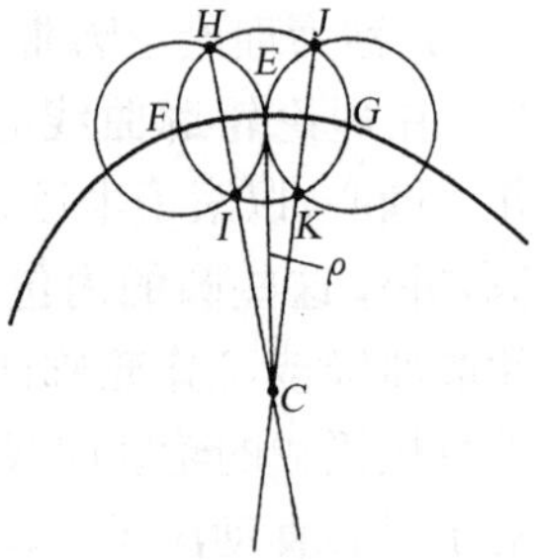

图 3-78　理论轮廓上最小曲率半径 ρ_{min} 的简易求法

对心直动平底从动件盘形凸轮和偏置直动从动件盘形凸轮轮廓曲线的设计基于上述方法，可参考相关资料进行。

3.6.6　凸轮的结构、精度和材料

设计凸轮机构，除了按照从动件的运动规律设计凸轮轮廓外，还要确定合理的结构、选择适当的材料和加工方式。

1）凸轮的结构和精度

除较小的凸轮用与轴制成一体的凸轮轴结构（见图 3-79）外，常用凸轮结构型式有整体式、镶嵌式和组合式。

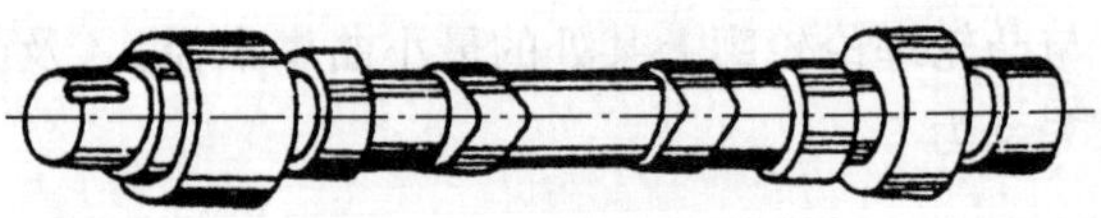

图 3-79　凸轮轴结构

（1）整体式凸轮　如图 3-80 所示，凸轮与轴分开，简单结构，采用键联接、销联接、紧定螺钉或开槽锥形套等形式固定为一体。当不需要经常拆装、尺寸小并无特殊要求时，一般采用这种结构。若用键联接，键槽一般开在向径最大部分。键、销联接安装好后不能再调整，可采用开槽锥形套固定，该方式易于调整、灵活性大，但不能用于受力大的场合。

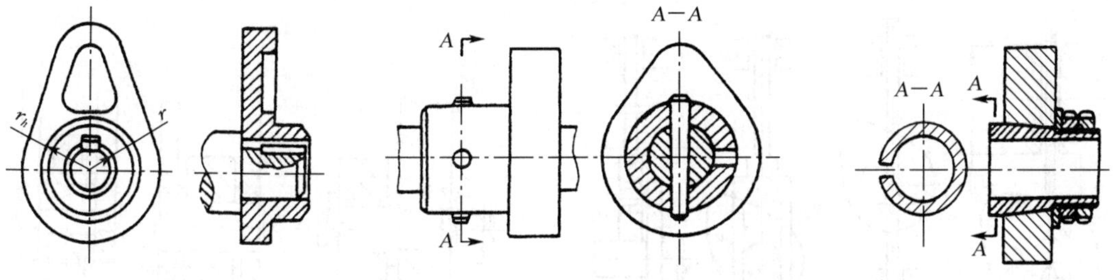

(a) 键联接　　(b) 销联接　　(c) 开槽锥形套联接

图 3-80　整体式凸轮及固定方式

(2) 镶嵌式凸轮　如图 3-81 所示，凸轮轮廓由若干镶块拼接，用螺钉固定在轮毂上。此凸轮可通过更换镶块来改变凸轮轮廓形状，以适应工作情况的变化，适用于经常变换从动件运动规律的场合。

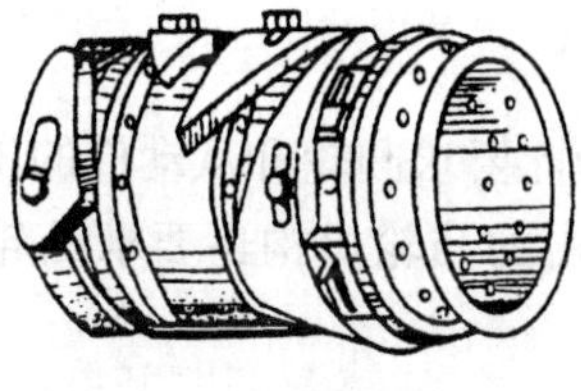

图 3-81　镶嵌式凸轮

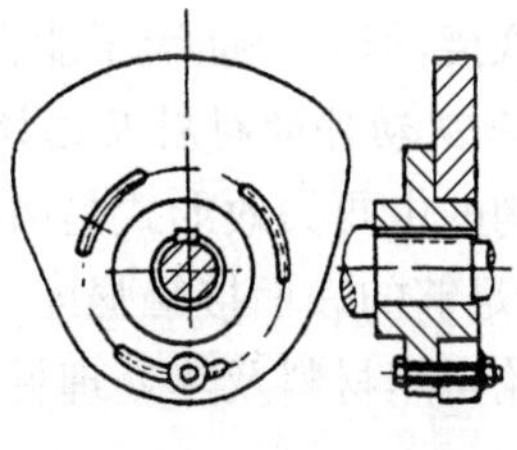

图 3-82　组合式凸轮

(3) 组合式凸轮　如图 3-82 所示，盘形凸轮与轮毂是分开的，用螺栓联接成整体，通过盘形凸轮上的三个圆弧槽可以调节凸轮与轮毂间的相对角度，从而调整盘形凸轮推动从动件运动的起始位置。

凸轮的精度应根据工作要求确定。对低速凸轮，精度可以低些；对高速凸轮和靠模凸轮，精度要求应高些。向径不超过 300 mm 的凸轮，其公差和轮廓工作表面粗糙度可参考表 3-7。

表 3-7　凸轮公差及轮廓工作表面粗糙度

凸轮精度	极限偏差			表面粗糙度	
	向径/mm	基准孔	槽式凸轮槽宽	盘状凸轮 R_a/μm	槽式凸轮 R_a/μm
高精度	±(0.05～0.10)	H7	H7(H8)	0.4	0.8
一般精度	±(0.10～0.20)	H7(H8)	H8	0.8	1.6
低精度	±(0.2～0.5)	H8	H8(H9)	1.6	1.6

2) 从动件的结构

从动件的型式在凸轮机构分类中已叙述，这里讨论对从动件运动和工作有影响的导路、滚子的结构。

(1) 导路　图 3-83(a)所示为应用较多的导路结构，导路位于凸轮的一侧。从动件工作时有一段伸出导路之外，实践经验可知，伸出端越长，从动件越不灵活。因此，一般伸出长不大于导路长度 L 的一半，即 $L_1 \leqslant L/2$。为改善从动件的灵活性，可将导路分设在凸轮的两侧(见图 3-83(b))或将一侧导路设在凸轮轴上(见图 3-83(c))。

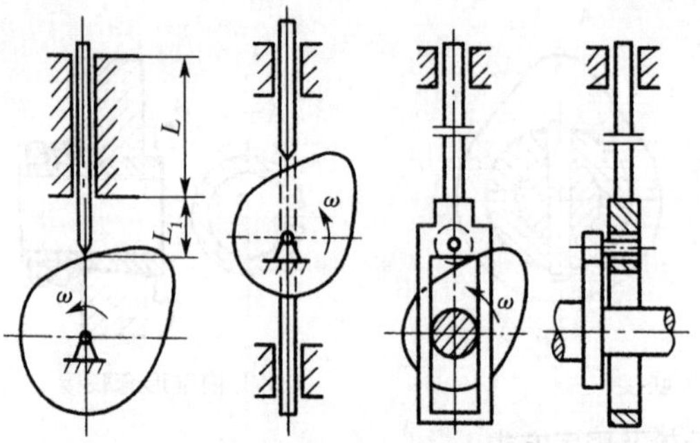

图 3-83 导路的结构形式

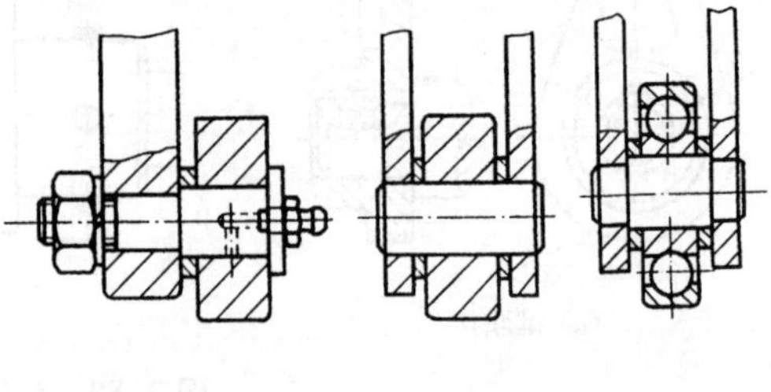

图 3-84 滚子结构

(2) 滚子的结构　图 3-84 所示为几种滚子装配结构。滚子可为专门制造的圆柱体,如图 3-84(a)、(b)所示,也可直接用标准滚动轴承,如图 3-84(c)所示。从动件端部与滚子用螺栓或销轴联接,但要保证滚子能自由活动。

3) 凸轮和从动件的材料及选择

凸轮机构的主要失效形式是磨损和疲劳点蚀。为此要求凸轮和从动件的工作表面硬度高、耐磨且有足够的表面接触强度。对于经常受到冲击的凸轮机构还要求凸轮心部有较高的韧性。凸轮常用材料及热处理见表 3-8。

表 3-8 凸轮常用材料及热处理

使用场合	材　料	热处理
速度较低、载荷不大的一般场合	45	调质:230 HBS～260 HBS
	HT200, HT250, HT300	170 HBS～250 HBS
	QT600-3	190 HBS～270 HBS
速度较高、载荷较大的重要场合	45,40Cr	表面淬火:40 HRC～50 HRC 高频淬火:52 HRC～58 HRC
	15,20Cr, 20CrMnTi	渗碳淬火:56 HRC～62 HRC
	38CrMoAlA, 35CrAlA	氮化:>60 HRC

由于从动件的接触次数比凸轮多,所以当二者材质相同时,从动件端部总比凸轮先磨损。但从动件比凸轮易制造,更换方便,所以一般用 45 钢,接触端表面淬火,硬度达 40 HRC～45 HRC。若高速重载或用靠模凸轮时,从动件可用 T8、T10 等制造,淬火硬度达 58 HRC～62 HRC,或从动件接触端用 20Cr,经渗碳淬火,表面硬度达 56 HRC～62 HRC。

3.7 间歇运动机构

有些机器中为了实现某些运动形式的变化,除用平面连杆机构、凸轮机构、轮系以外,还要用到其他类型的机构,如棘轮机构、槽轮机构、不完全齿轮机构等间歇运动机构。主动件作连续转动,从动件作周期性间歇运动。本节将对常见间歇运动机构的工作原理、类型特点及应用场合作简单介绍。

3.7.1 棘轮机构

1）棘轮机构的组成及工作原理

如图 3-85(a)所示为外啮合棘轮机构。该机构由棘轮、棘爪、摇杆、止回棘爪和机架组成。机构中弹簧驱使止回棘爪与棘轮保持接触。棘轮为从动件，与从动轴固联；摇杆为主动件，空套在从动轴上；棘爪与摇杆间用转动副联接。工作时，摇杆逆时针摆动，棘爪便插入棘轮的齿槽，推动棘轮转过一个角度，与此同时，止回棘爪在棘轮的齿背上滑过；待摇杆顺时针摆动时，已插入棘轮齿槽中的止回棘爪阻止棘轮顺时针转动，此时棘爪在棘轮的齿背上滑过，棘轮处于静止。因此，摇杆作连续的往复摆动时，棘轮作单向间歇转动。若要求摇杆往复摆动时都能使棘轮向同一方向转动，则可采用双动式棘轮机构。

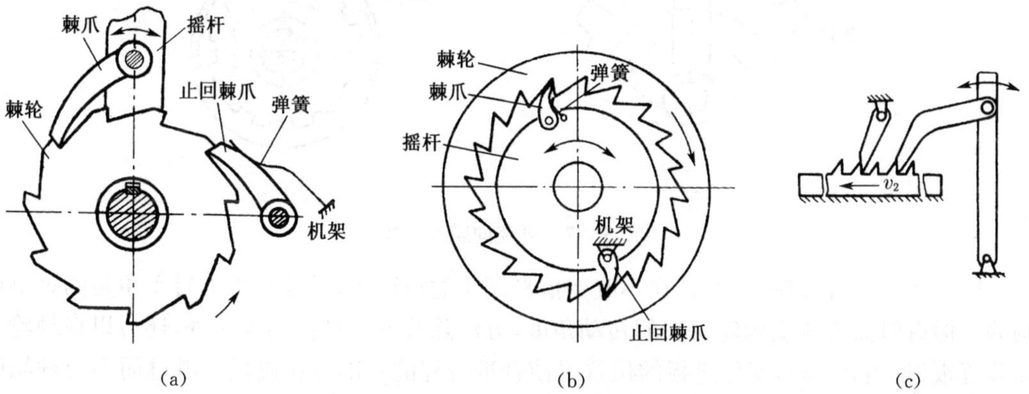

图 3-85 齿式棘轮机构

2）棘轮机构的类型

按结构特点，棘轮机构可分为齿式和摩擦式两类。

(1) 齿式棘轮机构

齿式棘轮的外缘或内缘有刚性轮齿，若外缘有轮齿称外啮合棘轮机构，如图 3-85(a)所示；若内缘有轮齿称内啮合棘轮机构，如图 3-85(b)所示；当棘轮的直径为无穷大时，变为棘条，如图 3-85(c)所示。根据棘轮机构的运动情况可分为：

① 单向式棘轮机构　摇杆往复摆动使棘轮单向间歇转动，分为单动式和双动式。图 3-85 所示为单动式棘轮机构，其特点是主动摇杆往复摆动一次，棘轮沿同一方向作单向间歇转动一次；图 3-86 所示为双动式棘轮机构，其特点是主动摇杆往复摆动时，都能使棘轮向同一单向间歇转动一次。单向式棘轮机构的轮齿为不对称形状，常用锯齿形(见图 3-85(a))和直角三角形(见图 3-85(b))。

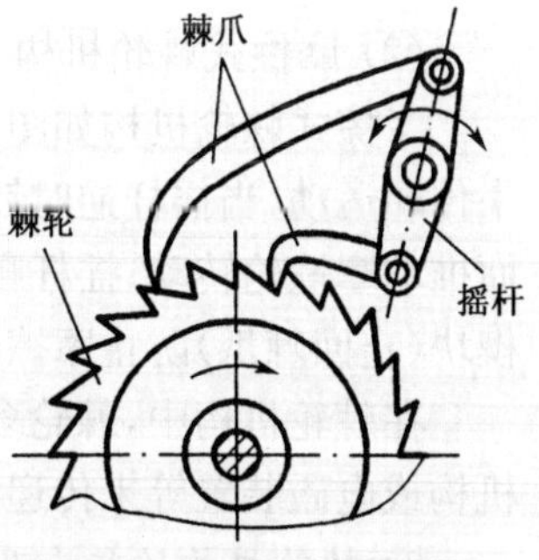

图 3-86 双动式棘轮机构

② 双向式棘轮机构　摇杆往复摆动使棘轮双向间歇转动，也称可变向棘轮机构。如图 3-87(a)所示，棘轮齿为对称的梯形齿，配对称型的棘爪，其运动特点是当棘爪在实线 AB 位置时，棘轮沿逆时针单向间歇转动；当棘爪翻转到虚线 AB' 位置时，棘轮沿顺时针单向间歇转动。图 3-87(b)所示为另一种可变向棘轮机构，棘轮齿形为矩形，棘爪的背面为斜面，棘爪在图示位置时，棘轮沿逆时针单向间歇转动；当棘爪被提起并绕其自身轴线转过 180°再

放下时，棘轮的间歇转动方向改为顺时针单向间歇转动。

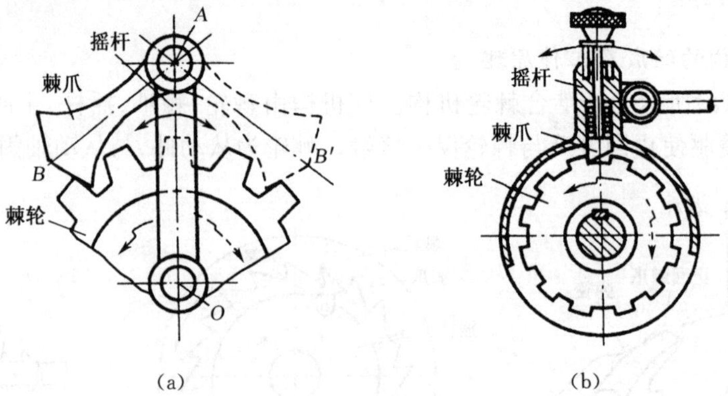

图 3-87 可变向棘轮机构

以上所述的各棘轮机构，若在不改变摇杆摆角的情况下，棘轮每次的转动角是固定不可调的。但有时需要改变棘轮每次的转动角度，方法除改变摇杆摆角大小外，还可以在棘轮外加装遮板(见图 3-88)，变化遮板的位置可使棘爪行程的一部分在遮板上滑过而不与棘轮的齿面接触，进而达到改变棘轮转角的目的。

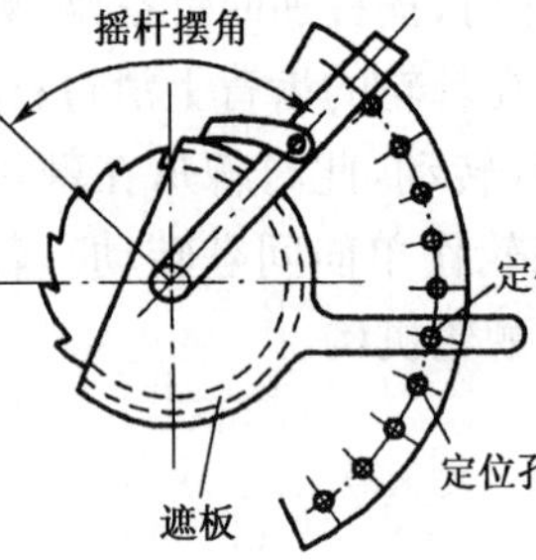

图 3-88 带遮板的棘轮机构

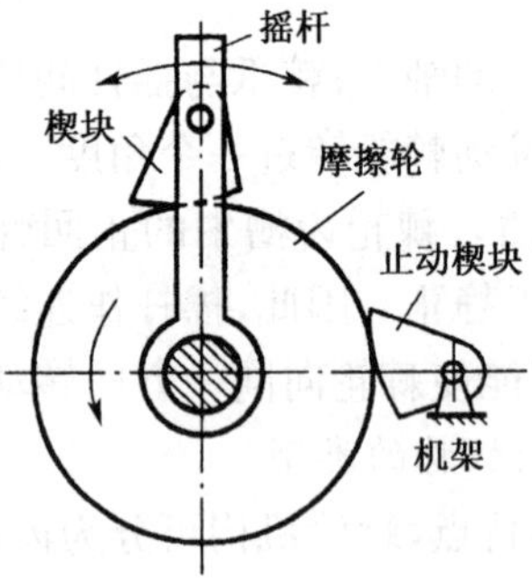

图 3-89 摩擦式棘轮机构

(2) 摩擦式棘轮机构

摩擦式棘轮机构如图 3-89 所示，此机构通过楔块(棘爪)与摩擦轮(棘轮)间的摩擦力来传递运动，当摇杆逆时针摆动时，由于楔块半径的增大而使楔块和摩擦轮外圆面楔紧，从而推动摩擦轮转动；摇杆顺时针摆回时，楔块在摩擦轮外圆面滑过，摩擦轮处于静止，用止动楔块(止回棘爪)防止摩擦轮反转，从而实现了单向的间歇转动。

在棘轮机构中，棘轮多为从动件，由棘爪推动而运动；而棘爪的运动可由凸轮机构、连杆机构或电磁装置等来传递。

3) 棘轮机构的特点及应用

齿式棘轮机构结构简单，棘轮的转角容易实现有级调节。棘爪与棘轮间为刚性推动，因而转角较准确，棘爪和棘轮的主从动关系也可以互换。在回程时，棘爪在棘轮齿背滑过有噪声，易磨损，高速时尤其严重；棘轮为间歇运动，运动开始和终止时转速骤变而产生冲击，传动平稳性较差，故常用于低速、轻载等场合实现间歇运动。

摩擦式棘轮机构结构十分简单，传动较平稳、无噪声(有时也称为"无声棘轮")、棘轮的转角可无级调节，棘爪和棘轮的主从动关系也可以互换，但由于利用摩擦力楔紧传动，从动件的转角准确程度较差，不宜用于运动精度要求高的场合，通常只适用于低速、轻载场合。

在生产中，棘轮机构间歇运动的特性可满足多种要求。如图 3-90(a)所示为牛头刨床示意图，为实现工作台双向间歇进给，由齿轮机构、曲柄摇杆机构和可变棘轮机构组成，如图 3-90(b)所示。

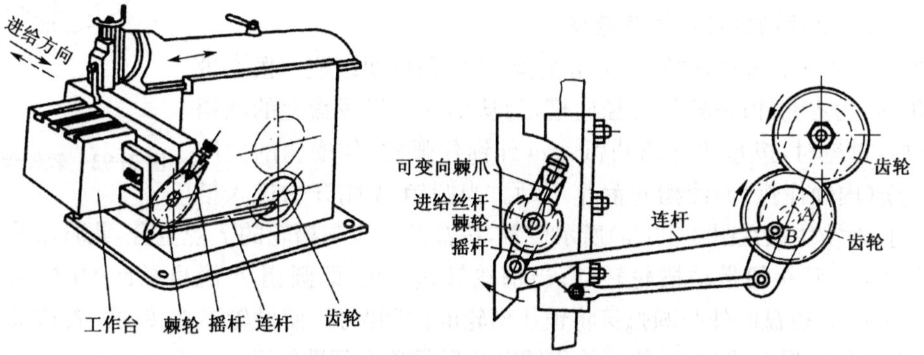

图 3-90 牛头刨床示意图

如图 3-91(a)所示为一种单向离合器，当主动爪轮逆时针转动时，滚柱借助摩擦力滚向空隙的收缩部分，并将套筒楔紧，使套筒与爪轮一同转动；而当爪轮顺时针转动时，滚柱滚向空隙的宽敞部分，而将套筒松开，套筒便静止不动。利用此机构，当主动爪轮以任意角速度反复转动时，可使从动的套筒获得任意大小转角的单向间歇运动。故棘轮机构可用作单向离合器和超越离合器。超越离合器能实现超越运动，即从动件的运动速度可以超过主动件。如图 3-91(b)所示为自行车后轴上的飞轮结构就是一种典型的超越机构。当脚蹬踏板时，链轮 1 通过棘爪 4 驱使后轮 2 顺时针转动；在骑行中，若不踏动踏板，则链轮 1 停止转动，后轮 2 仍带动棘爪 4 从链轮 1 的棘轮齿上滑过而继续顺时针转动，从而实现了快速超越运动。可见，只要后轮 2 的转速大于链轮 1，就有超越运动。

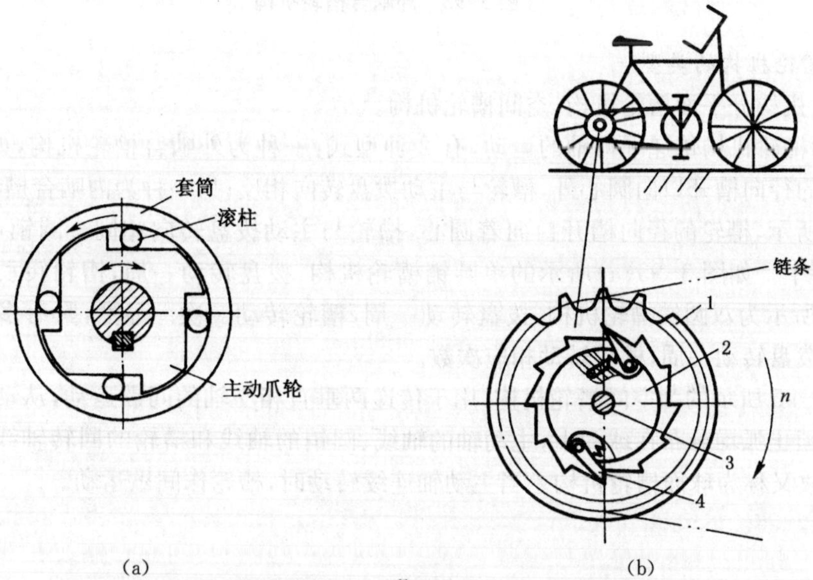

图 3-91 单向离合器和自行车后轴上的飞轮超越机构

棘轮机构还常用作防止机构逆转的停止器，广泛用于卷扬机、提升机及运输设备中，以防止停电等情况造成事故。如图 3-92 所示为提升机的棘轮停止器。

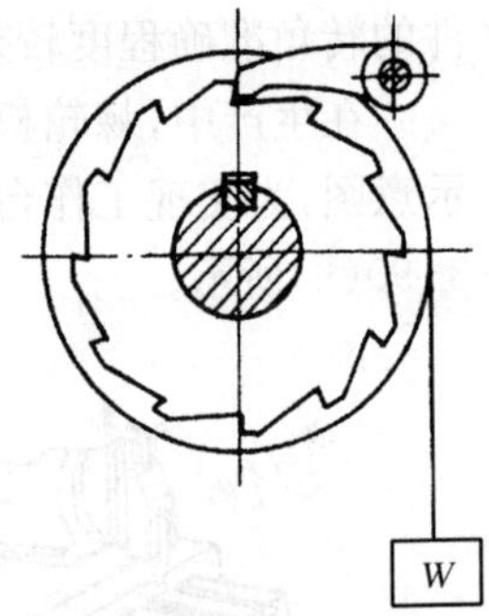

图 3-92 棘轮停止器

3.7.2 槽轮机构

1）槽轮机构的组成及工作原理

如图 3-93(a)所示，槽轮机构由拨盘、槽轮和机架组成。拨盘带有圆销 A，为主动件；槽轮具有径向槽，为从动件。当拨盘上的圆销 A 未进入槽轮时，拨盘的外凸圆弧 abc（外锁住弧）锁住槽轮的内凹圆弧 efg（内锁住弧）而使槽轮静止不动。当圆销 A 刚开始进入槽轮时，内、外锁住弧在图 3-93(a)所示位置，拨盘的 a 点与槽轮的 f 点重合，此时已开始不起锁住作用，圆销 A 便带动槽轮转动；当槽轮转过 $2\Phi_2$，即圆销 A 脱离径向槽时，位置如图 3-93(b)所示，拨盘的外凸圆弧又将锁住槽轮的内凹圆弧，使槽轮不能转动。若拨盘连续转动时，将重复出现上述过程，使槽轮作转向相反的单向间歇转动。

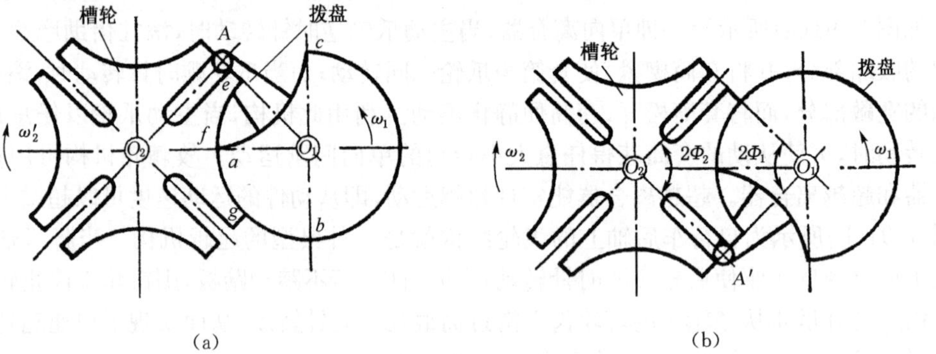

图 3-93 外啮合槽轮机构

2）槽轮机构的类型

槽轮机构分平面槽轮机构、空间槽轮机构。

平面槽轮机构传递平行轴的运动，有 2 种型式：一种为外啮合槽轮机构，如图 3-93 所示，槽轮的径向槽开口向圆心外，槽轮与主动拨盘转向相反；另一种为内啮合槽轮机构，如图 3-94(a)所示，槽轮的径向槽开口向着圆心，槽轮与主动拨盘转向相同。圆销可以一个，也可以是多个。如图 3-93(a)所示的单圆销槽轮机构，拨盘转动一周，槽轮转动一次。如图 3-94(b)所示为双圆销槽轮机构，拨盘转动一周，槽轮转动二次。显然，具有多个圆销的槽轮机构，拨盘转动一周，槽轮转动相应次数。

图 3-95 所示的为空间槽轮机构，用于传递两垂直相交轴的间歇运动，从动槽轮呈半球形，槽和锁止弧均分布在球面上，主动轴的轴线、圆销的轴线和槽轮的回转轴线汇交于槽轮球心 O，故又称为球面槽轮机构。当主动轴连续转动时，槽轮作间歇运动。

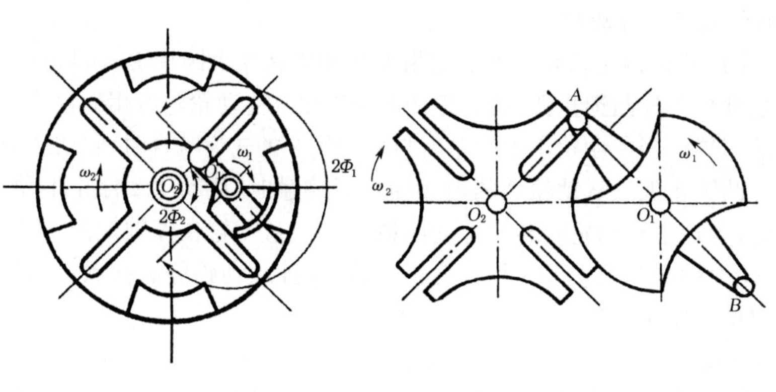

(a)　(b)

图 3-94　内啮合槽轮机构和双圆销槽轮机构

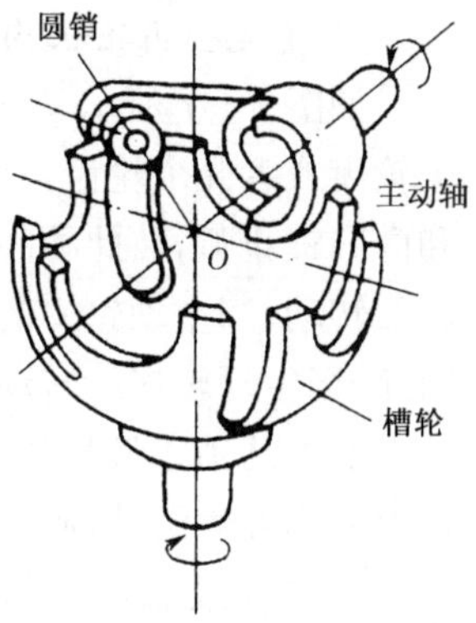

图 3-95　空间槽轮机构

3）槽轮机构的特点及应用

槽轮机构结构简单、工作可靠，在进入和脱离啮合时运动比较平稳，能准确控制转动的角度，但槽轮转角与径向槽数和圆销数有关，故每次槽轮转角大小无法调节，在槽轮转动的始、末位置加速度变化较大，冲击较严重，因而不适用于高速。所以，槽轮机构一般用于转速不很高、转角不需要调节的间歇转动装置中，如自动机械和仪器仪表。如图 3-96(a)所示的电影放映机，用槽轮间歇地传递影片。显然，拨盘转一周，圆销拨动转 1/4 周，胶片移一个画格，并停留一定时间以放映一个画格，若保持拨盘连续转动，使每秒放映 24 幅画格，根据人的视觉的暂留特性可看到连续的画面。如图 3-96(b)所示的六角车床刀架的转位槽轮机构，刀架 3 可装 6 把刀具并与具有相应的径向槽的槽轮 2 固联，拨盘每一周，驱使刀架转 60°，从而将下道工序的刀具转换到工作位置。

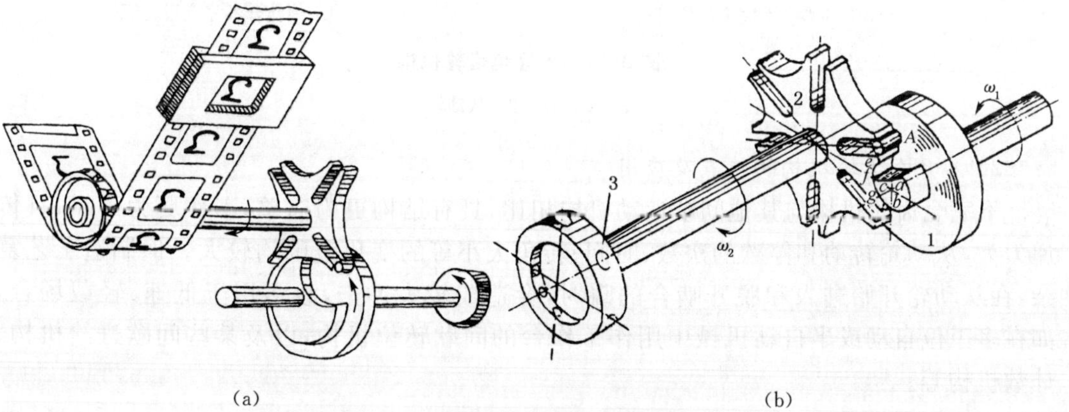

(a)　(b)

图 3-96　送片槽轮机构和刀架转位槽轮机构

1—拨盘；2—槽轮；3—刀架

3.7.3　不完全齿轮机构

不完全齿轮机构是由齿轮机构演变而成的一种间歇运动机构。

1）不完全齿轮机构的组成及工作原理

如图 3-97 所示，不完全齿轮机构主动轮 1 上的轮齿不是布满在整个圆周上，而只有一个轮齿或者几个轮齿，其余部分为外凸锁止弧；从动轮 2 上加工出与主动轮轮齿相啮合的齿和内凹锁止弧，彼此相间地布置。当主动轮 1 上的轮齿与从动轮 2 的轮齿啮合时，驱动从动轮 2 转动；当主动轮 1 的外凸锁止弧与从动轮 2 的内凹锁止弧接触时，从动轮 2 停止不动。因此，当主动轮连续转动时，实现了从动轮时转时停的间歇运动。从动轮在停歇期间，主动轮上的外凸锁止弧与从动轮上的内凹锁止弧互相配合锁住，以保证从动轮停歇在预定的位置上而不发生游动，起到定位的作用。

2）不完全齿轮机构的类型

根据传动时的啮合情况，不完全齿轮机构通常分为外啮合与内啮合两种。外啮合不完全齿轮机构见图 3-97(a)，内啮合不完全齿轮机构见图 3-97(b)。

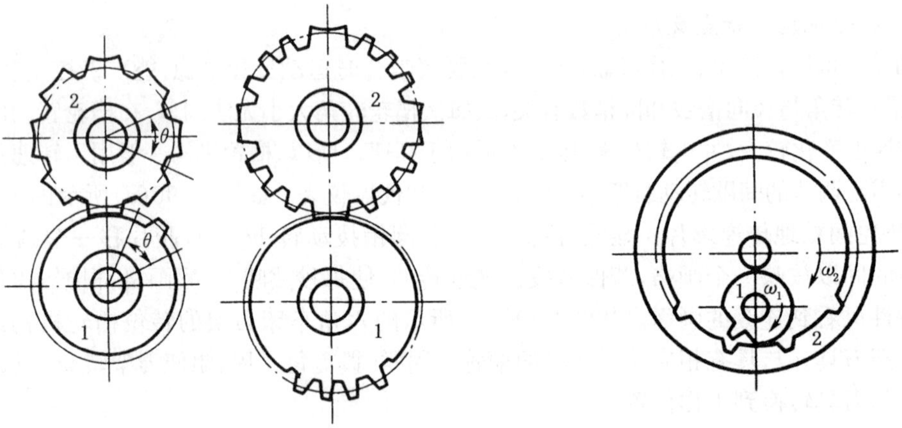

(a) 外啮合不完全齿轮机构　　(b) 内啮合不完全齿轮机构

图 3-97　不完全齿轮机构

1—主动轮　2—从动轮

3）不完全齿轮机构的特点及应用

不完全齿轮机构与其他间歇运动机构相比，具有结构更为简单，工作更为可靠，且传递力大，从动轮转动和停歇的次数、时间、转角大小等的变化范围均较大。但制造工艺复杂，在从动轮开始进入和脱开啮合的瞬时，会造成较大冲击，故多用于低速、轻载场合。如在多工位自动或半自动机械中用作工作台的间歇转位机构，以及某些间歇进给机构、计数机构等。

3.7.4　凸轮式间歇运动机构

1）凸轮式间歇运动机构的类型和工作原理

目前在机械工艺装备中应用较多的有两种凸轮式间歇运动机构。

(1) 圆柱凸轮间歇运动机构　如图 3-98(a)所示，该机构由单槽圆柱凸轮 1、圆盘 2、圆柱销组成，凸轮 1 是主动件，圆盘 2 的端面带有均布圆柱销，是从动件。两构件的轴线一般在空间交错成 90°。当凸轮转动时，其凸轮的沟槽驱动圆盘上的圆柱销，使圆盘做间歇转动。凸轮 1 与圆盘 2 的运动关系如图 3-98(b)所示，圆柱凸轮的直线部分使圆盘停止不动，其曲线部分驱使圆盘转过相邻两圆柱销所夹的中心角 $2\pi/z$。

(2) 蜗杆凸轮间歇运动机构　如图 3-99 所示，该机构由弧面状蜗杆的凸轮 1、圆盘 2、圆柱销组成。蜗杆凸轮 1 一般为单头，是主动件，圆盘 2 为从动构件，其圆柱面上带均布的圆柱销。两构件轴线一般在空间交错成 90°。与上述圆柱凸轮间歇机构一样，当蜗杆凸轮 1 转动时，推动圆盘 2 做间歇转动。

2) 凸轮式间歇运动机构的特点及应用

凸轮式间歇运动机构的原动件是凸轮，根据凸轮的特点，只要选择适当的运动规律，可以减小动负荷，避免刚性冲击，甚至避免柔性冲击。凸轮式间歇运动机构与其他间歇运动机构相比较，最大优点是可以在高速运转下平稳、低噪声地工作，传动精度高。但凸轮的加工比较复杂，加工精度要求高，装配调整要求也较严格。

凸轮式间歇运动机构常用于需要高速运动的自动和半自动机械中。例如电动机硅钢片冲槽机的自动转位装置、拉链嵌齿机的间歇供料装置等。

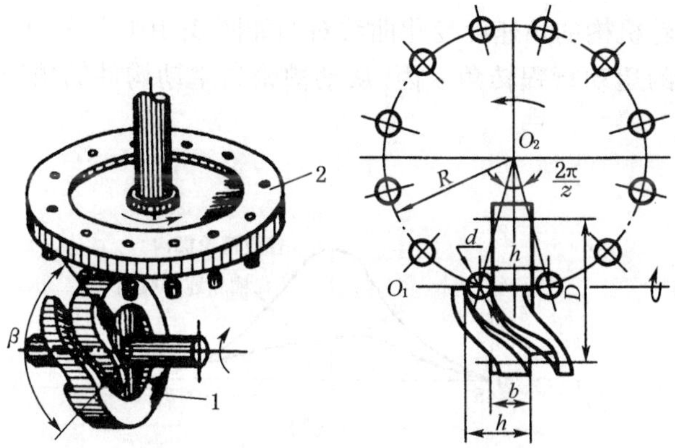

(a)　　(b)

图 3-98　圆柱凸轮间歇运动机构

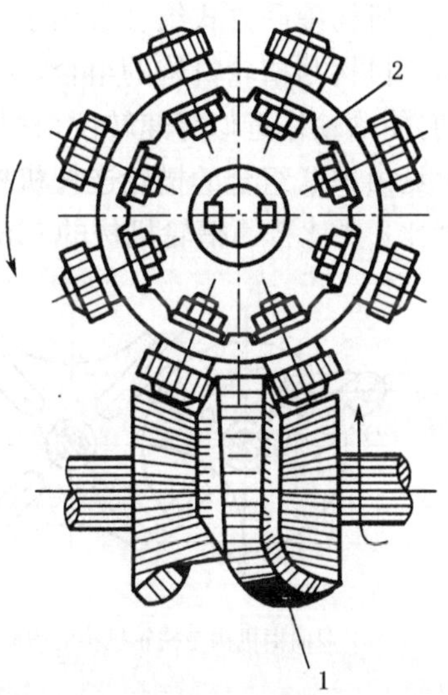

图 3-99　蜗杆凸轮间歇运动机构

3.8　组合机构简介

四杆机构、凸轮机构等都是机械中最基本的传动机构，称为基本机构。由于工程上要求机构能够实现的运动规律和运动轨迹是各种各样的，单一的基本机构都有一定的局限而不能满足要求，所以常常将若干个基本机构组合使用。由几个基本机构按一定顺序组合在一起以完成所需的动作、运动规律或轨迹而组成的机构系统称为组合机构。组合机构可由同类型的或不同类型的基本机构组成，由不同类型的基本机构所组成的组合机构用得较多。基本机构的组合方式不同，便有不同的运动特性。以下简要介绍几种比较典型的组合方式及其特点和应用。

3.8.1 串联式组合机构

如图将若干个单自由度的基本机构顺序联接，使每一前置机构的输出运动作为后续机构的输入运动，这种组合机构称为串联式组合机构。如图 3-100(a)所示的机构中，构件 1，2，5 组成凸轮机构Ⅰ，构件 2，3，4，5 组成曲柄滑块机构Ⅱ，构件 2 是凸轮机构的从动件，又是曲柄滑块机构的主动件。串联组合机构可用图 3-100(b)所示的框图表示。

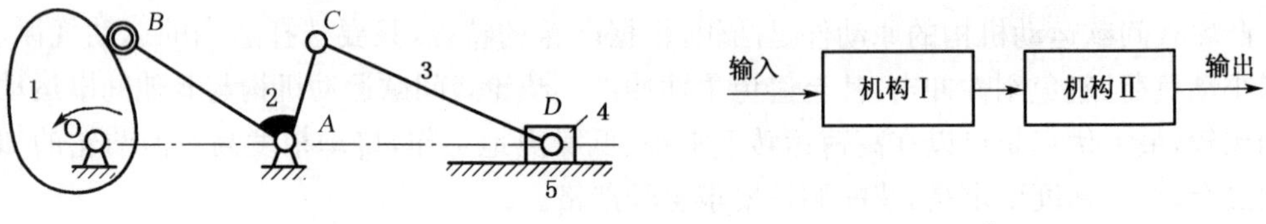

(a) (b)

图 3-100 串联式组合机构

机构串联方式组合常用于改善输出构件的运动和动力特性。如图 3-101(a)所示的双曲柄机构与槽轮机构的组合，主动件 AB 通过连杆 BC 带动从动曲柄 CD 及拨盘等角速转动，使槽轮作近似等速转位，它与普通槽轮机构的角速度变化曲线对照如图 3-101(b)所示，可见由串联组合的槽轮连杆机构在槽轮的运动行程转角 α 内，从动槽轮与主动构件的角速度比 i 要比普通槽轮机构的 i 减缓许多。

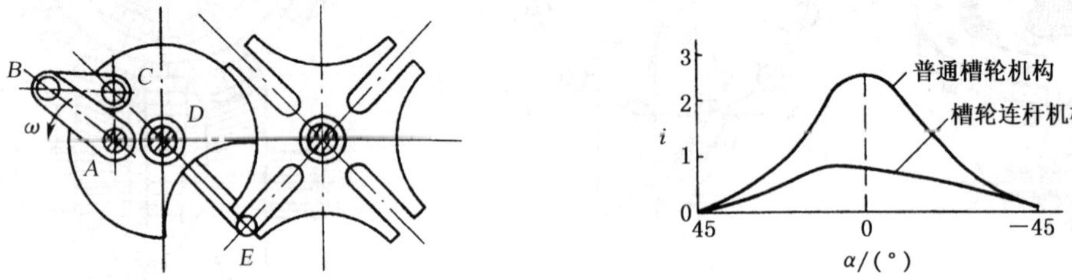

(a) 双曲柄机构与槽轮机构的串联组合 (b) 槽轮角速度变化曲线

图 3-101 槽轮连杆机构

串联式组合机构还可用于增力和运动的放大。图 3-54 所示为增力多杆机构。图3-102所示为齿轮齿条组合机构，活塞杆 4 推动齿轮 3 和与之固联在同一轴的齿轮 5 在固定齿条 1 上滚动，齿轮 5 同时带动活动齿条 2 移动。活动齿条 2 的行程 B 与活塞的行程 A 之间的关系为 $B=2Az_5/z_3$，可见该机构的行程得以放大，速度也被放大。

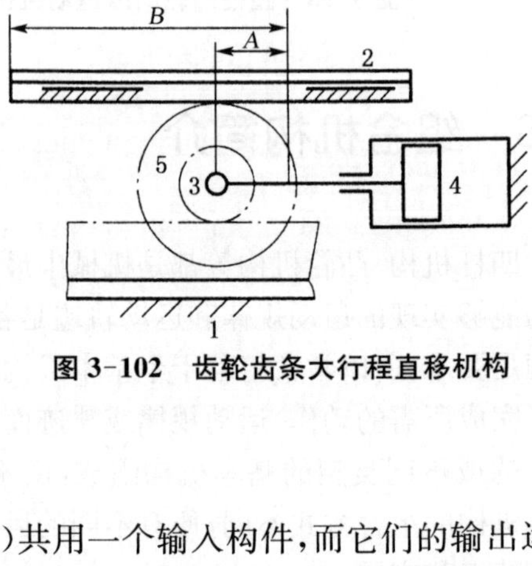

图 3-102 齿轮齿条大行程直移机构

3.8.2 并联式组合机构

几个并列布置的单自由度的基本机构(子机构)共用一个输入构件，而它们的输出运动又同时输入给一个具有多自由度的基本机构(子机构)，从而形成单自由度的机构系统，这种组合机构称为并联式组合机构。如图 3-103(a)所示的双色胶版印刷机的接纸机构为并联组合机构的应用实例。图中双凸轮 1,1′为一个输入构件,转动时同时驱使两个单自由度的四杆机构Ⅰ(*ABCD*)和Ⅱ(*GHKM*)运动,而这两个四杆机构的输出运动又同时输入给一个具有两个自由度的五杆机构Ⅲ(*DEFNM*),从而使连杆 9 上的 *P* 描绘出一条工作要求的运动轨迹,其框图如图 3-103(b)所示。

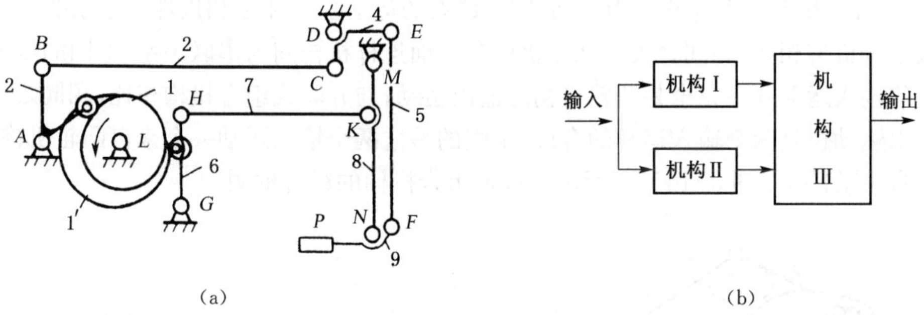

图 3-103 并联式组合机构

机构的并联组合可以实现运动的分解和合成。图 3-103(a)所示实例是将一个运动分解为两个运动,再将这两个运动合成为一个运动输出,从而改善输出构件的受力状态。

3.8.3 反馈式组合机构

将一个多自由度基本机构的一个输出运动输入给一个单自由度基本机构,所获得的输出运动再反馈给原来的多自由度基本机构,则称这种组合机构为反馈式组合机构。如图 3-104(a)所示的精密滚齿机中的分度校正机构为反馈式组合机构的应用实例。它由一个自由度数为 2 的蜗轮蜗杆机构Ⅰ(蜗杆除转动外,还可以沿轴向左右移动)和一个单自由度的凸轮机构Ⅱ组合而成。工作时,主动件蜗杆 1 驱动蜗轮 2 转动,又经与蜗轮 2 固联在同轴的凸轮 2′及滚子从动件 3 将该转动反馈给蜗杆 1,驱动蜗杆 1 沿其轴向左右往复移动,从而使蜗轮 2 产生附加转动,结果是蜗轮 2 的转速会根据蜗杆 1 的移动方向而增加或减少。蜗杆 1 的轴向移动就是通过机构从蜗轮 2 反馈的。图 3-104(b)所示为分度校正机构的组合框图。

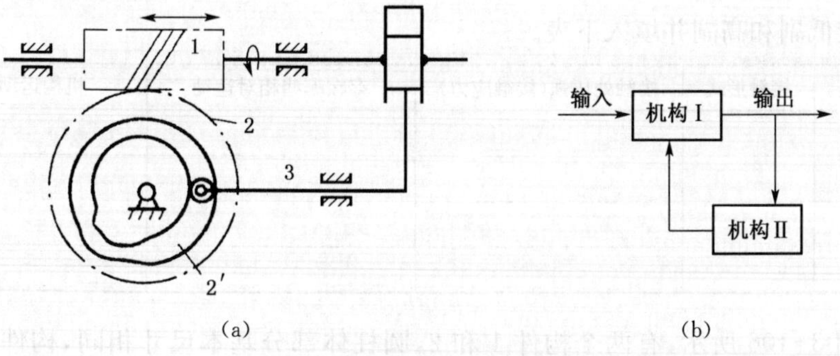

图 3-104 机构的反馈式组合

3.8.4 复合式组合机构

若由一个或几个串联的基本机构去封闭一个具有两个或多个自由度的基本机构，这种组合机构称为复合式组合机构。其特点是：它与串联式组合机构和并联式组合机构相比，既有相同之处，也有不相同之处。图 3-105(a)所示为凸轮—连杆复合式组合机构，它用一个单自由度的凸轮机构Ⅰ(构件 1,4,5 组成)将自由度数为 2 的平面连杆机构Ⅱ(构件 1,2,3,4,5 组成)封闭起来。当构件 1 为主动件时，C 点的运动是构件 1 和构件 4 运动的合成。与串联式组合机构相比，相同之处是凸轮机构与平面连杆机构间为串联关系，不同的是平面连杆机构的输入运动并不完全是凸轮机构的输出运动；与并联式组合机构相比，相同之处是 C 点的输出运动也是两个输入运动的合成，不同的是这两个输入运动一个来自凸轮机构Ⅰ，另一个来自主动件 1。图 3-105(b)所示为这种组合机构的组合框图。

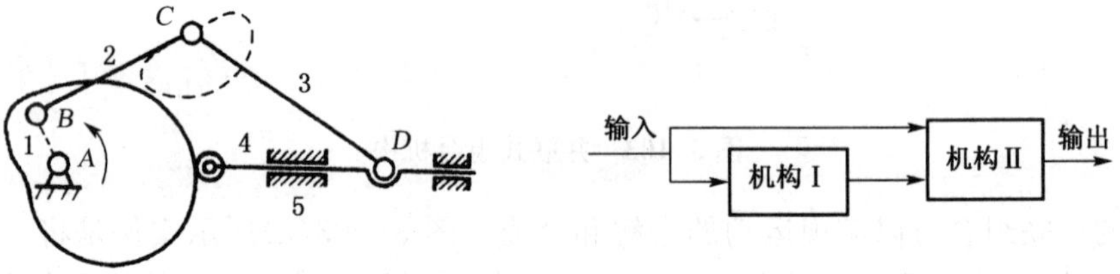

(a) (b)

图 3-105 复合式组合机构

利用上述几种组合方式，可以把有限的基本机构组合成各种各样的组合机构。常说的组合机构指的是用一种机构去影响和约束另一个多自由度机构所形成的封闭式机构系统，或者是由几种基本机构有机联系、互相协调和配合所组成的机构。在组合机构中，通常把自由度大于 1 的差动机构称为组合机构的基础机构，把自由度等于 1 的基本机构称为组合机构的附加机构。

思考题与习题

1. 比较低副和高副并填入下表。

运动副类型		接触形式	接触处压强(接触应力)	存在哪些相对运动	机构运动简图符号
低副					
高副					

2. 如图 3-106 所示，有两个构件 1 和 2，圆柱体部分基本尺寸相同，构件 1 的形心为 O_1，构件 2 孔部分的形心为 O_2，请在(b)图上标注 O_2。现将 1 和 2 装配在一起如(c)图所示，若为间隙配合，问：

(1) 1和2之间能否有相对运动?答:________________。

(2) 相对运动的形式是什么?答:________________。

(3) 理论上O_1、O_2是否重合?答:________________。

(4) 1和2之间形成了什么运动副?答:________________。

(5) 当构件2相对1运动时,O_2点是否运动?答:________________。

(6) (c)图是否能用(d)图表示?答:________________。

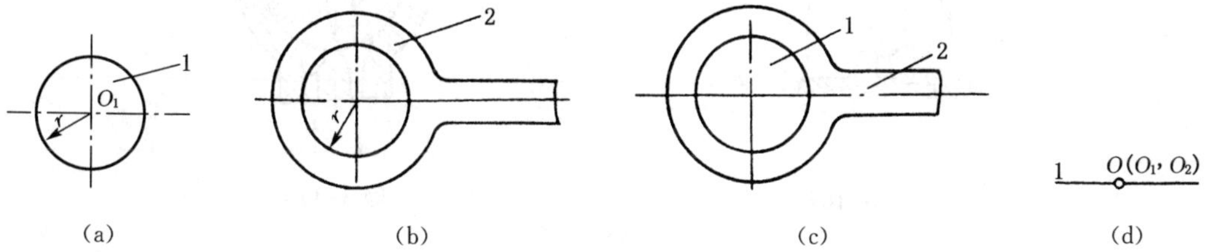

图 3-106

3. 已知条件如图3-107所示:

(1) 将构件1与固定构件3铰接在一起,如(a)图所示。问:O_1点做何运动?(请先画出O_1点的运动轨迹)答:________。

(2) 若再将题2中的构件2装上,形成(b)图,问:

① 1和2之间是否仍有相对运动?答:________________。

② 1和2之间相对运动的形式是否有变化?答:________________。

③ 理论上点O_1与点O_2是否仍重合?答:________________。

④ 构件1运动时,构件2是否跟随构件1一起运动?答:________________。

⑤ (b)图是否能用(c)图表示?答:________________。

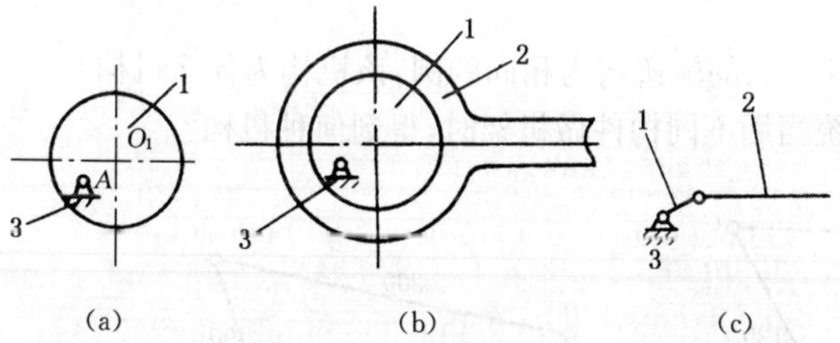

图 3-107

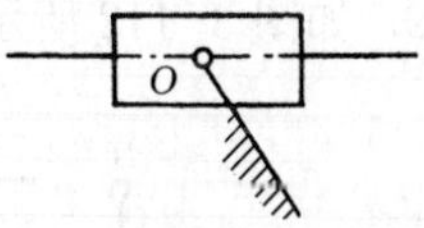

图 3-108

4. 一构件系统如图3-108所示。问:

(1) 该系统由几个构件组成?答:________________。

(2) 在该系统中,哪个构件是机架?答:________________。

(3) 该系统存在几个相对运动?答:________________。

(4) O点能否移动?答:________________。

5. 图3-109所示为手动冲床,试绘制其机构简图并计算其自由度。

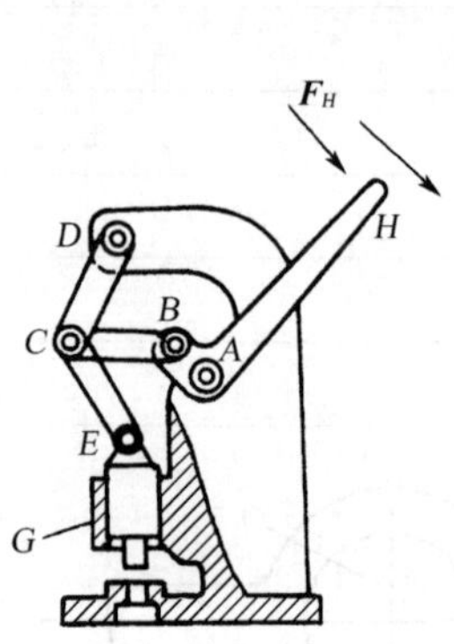

图 3-109

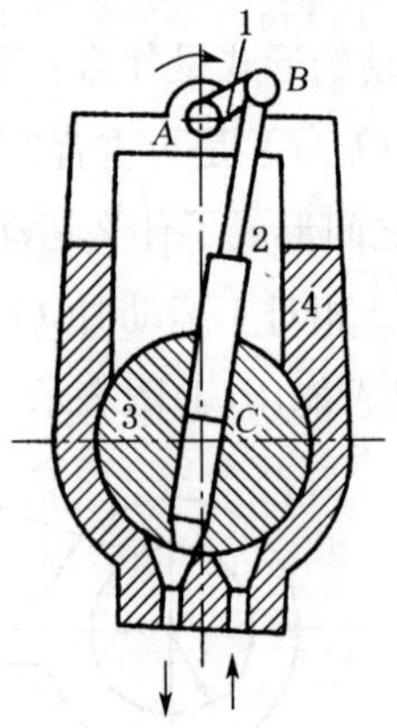

图 3-110

6. 试绘制图 3-110 所示油泵的机构运动简图，并计算其自由度。

7. 如图 3-111 所示，计算下列机构的自由度并验证它们的运动是否确定？

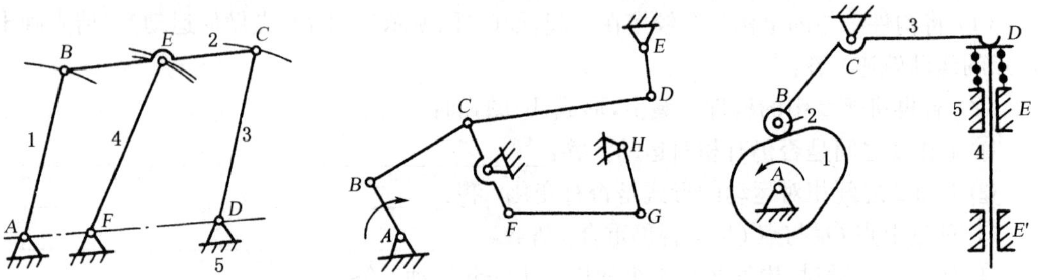

(a) (b) (c)

图 3-111

8. 一平面四杆机构的连杆上任一点的轨迹均为相同的圆，该机构为什么机构？

9. 如图 3-112 所示的构件系统当用不同构件做机架时，得到何种机构？

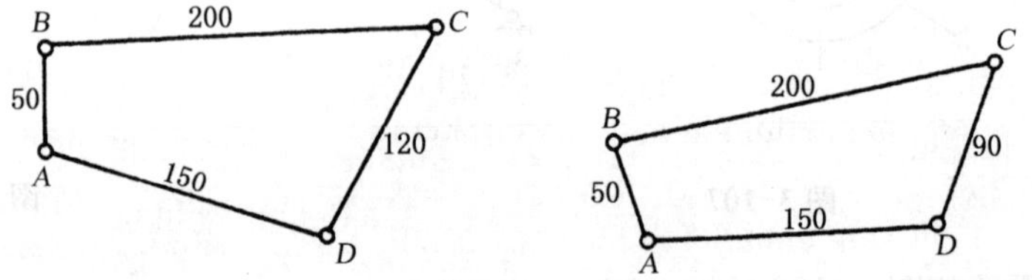

(a) (b)

图 3-112

10. 判断如图 3-113 所示机构是否有急回特性？若有，请用图解法求 θ，并计算出 K 值。

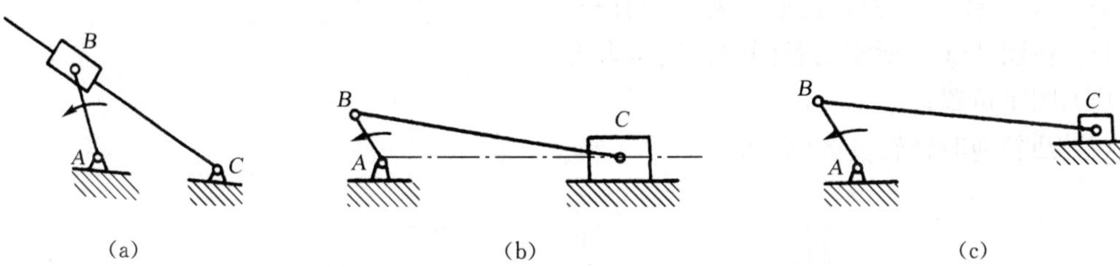

图 3-113

11. 画出如图 3-114 所示机构的 γ，确定其行程 S（或摆角 Ψ）并判断有无"死点"。

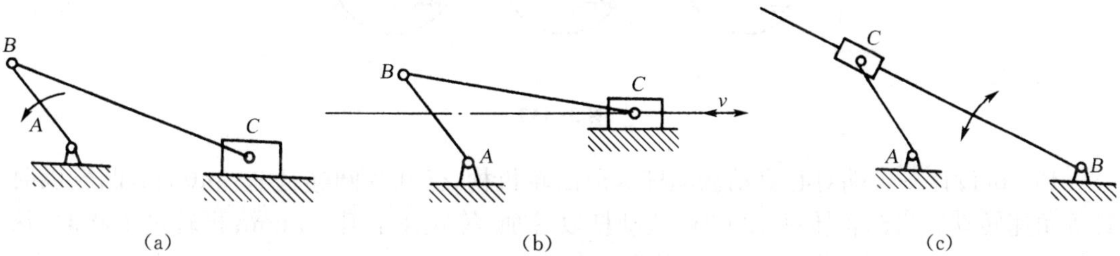

图 3-114

12. 如图 3-115 所示，已知曲柄摇杆机构的摇杆长 $l_{CD}=100$ cm，摆角 $\Psi=40°$，$K=1.2$，机架 $l_{AD}=120$ cm。试设计此四杆机构。

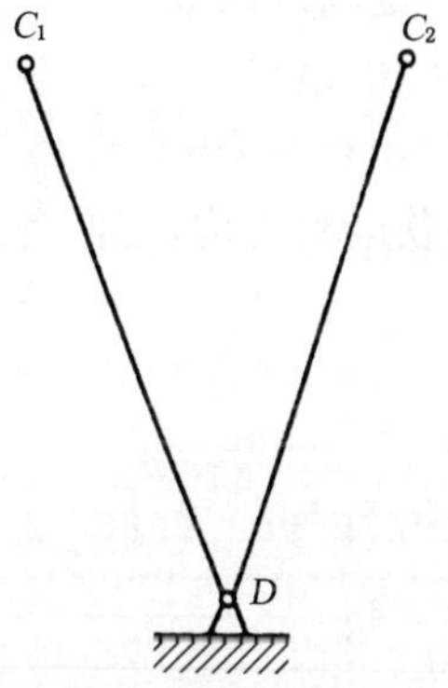

图 3-115

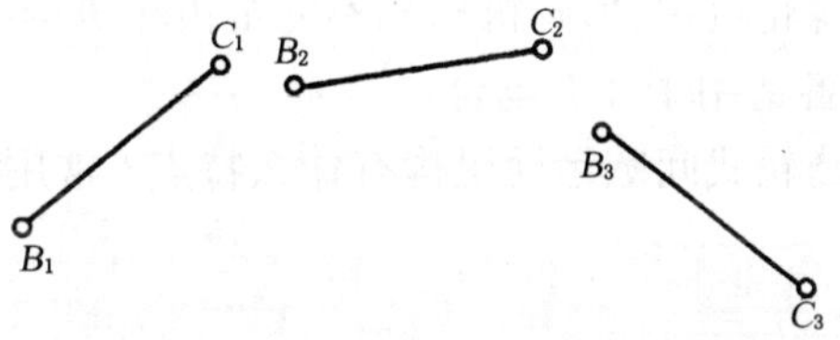

图 3-116

13. 一导杆机构，已知机架长 $l_{AC}=300$ cm，$K=1.5$。求曲柄长 l_{AB}。
14. 一曲柄滑块机构，已知行程 $S=100$ cm，$K=1.4$，偏距 $e=50$ cm。试设计该机构。
15. 如图 3-116 所示，已知连杆长度 $l_{BC}=100$ cm 及三个位置，试设计该铰链四杆机构。
16. 按照尖顶直动从动杆作出的凸轮轮廓线，如果改用滚子从动件相配，则工作时，从动件的运动规律与原来相比________；从动件最大升程将________。
    A. 相同　B. 不相同　C. 变大　D. 变小　E. 不变
17. 凸轮压力角 α 的大小与凸轮尺寸关系及对传动性能的影响是________。
    A. α 愈大凸轮尺寸愈大，对传力有利
    B. α 愈小凸轮尺寸愈小，对传力有利

C. α愈小凸轮尺寸愈大，对传力有利

18. 在图3-117所示的各图中标出压力角。

(1) 图示位置；

(2) 凸轮逆时针转过30°位置。

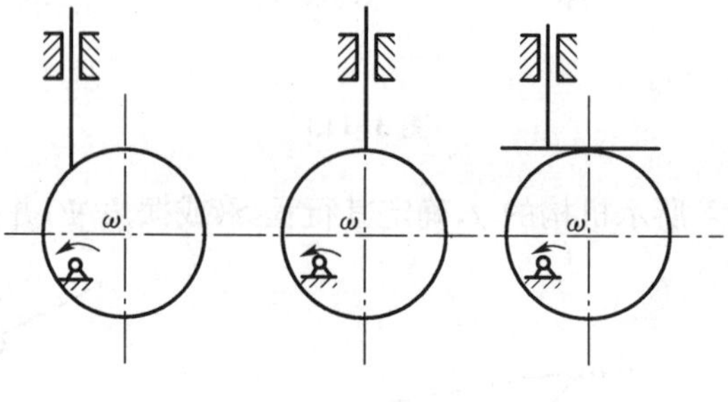

图 3-117

19. 试设计一尖端对心直动从动杆盘形凸轮机构，已知基圆半径 $r_b=40$ cm，凸轮以时针等角速转动。当凸轮转过120°时，从动杆以等加、等减速上升30 mm；再转过150°时，从动件以简谐运动回到原位；凸轮转过其余90°时，从动杆静止不动。

20. 主动摇杆往复摆动时，都能使棘轮沿单一方向间歇转动的是________棘轮机构。

A. 单动式　B. 双动式　C. 可变向式　D. 内啮合式

21. 槽轮转角大小的调节性能为________？

A. 无级调节　B. 有级调节　C. 不能调节　D. 小范围内调节

22. 常见的棘轮机构有哪几种形式？各有什么特点？

23. 在槽轮机构中为什么要在拨盘上设置外凸圆弧？

24. 棘轮机构、槽轮机构和不完全齿轮机构都是常用的间歇运动机构，它们各具有哪些优缺点？各适用于什么场合？

25. 凸轮式间歇运动机构有什么特点？常用于什么场合？

第 4 章　公差与配合基础

【内容简介】

本章主要介绍极限与配合、形状及位置公差、表面粗糙度三方面内容。

【学习目标】

(1) 掌握极限与配合的基本概念。

(2) 了解极限与配合国家标准及其选用。

(3) 掌握形状及位置公差的特征项目符号及其标注。

(4) 了解公差原则。

(5) 掌握表面粗糙度的符号、代号及其标注。

(6) 了解表面粗糙度参数值的选用。

【重点】

极限与配合的基本概念;形状及位置公差的特征项目符号及其标注;表面粗糙度的符号、代号及其标注。

零件的互换性是指同一规格的零件,不需要任何挑选、调整或修配,就能装到机器(或部件)上去,并完全符合规定的性能要求。在日常生活中,经常使用互换性零件。例如:手表或自行车的零件损坏后,换上同一规格的零件就可以继续使用。因为它们都是按互换性要求生产的。互换性为成批大量生产、缩短生产周期、降低成本以及机器的维修提供了有利条件。

标准化是实现互换性生产的基础。公差配合标准包括极限与配合、形状和位置公差及表面粗糙度三方面的内容。

4.1　极限与配合

1959 年我国颁布了国家标准 GB159—174—1959《公差与配合》。后来,又颁布了修订的 GB1800～1803—1979 和 GB/T1804—1992《一般公差　线性尺寸的未注公差》。为适应新形势发展的要求,更好地与国际标准接轨,我国在 1997～1998 年先后制定了 GB/T1800.1—1997《极限与配合　基础　第 1 部分:词汇》;GB/T1800.2—1998《极限与配合　基础　第 2 部分:公差、偏差和配合的基本规定》;GB/T1800.3—1998《极限与配合　基础　第 3 部分:标准公差和基本偏差数值表》。1999 年 9 月发布了 GB/T1800.4—1999《极限与配合　标准公差等级和孔、轴的极限偏差表》、GB/T1801—1999《极限与配合　公差带和配合的选择》。下面介绍这些标准的基本内容。

4.1.1 极限与配合的基本概念

1) 孔和轴

(1) 孔　主要指圆柱形内表面。也包括其他内表面单一尺寸确定的部分。

(2) 轴　主要指圆柱形外表面,也包括其他外表面单一尺寸确定的部分。

孔与轴的区别:从装配关系看,孔是包容面,在它之内无材料,轴是被包容面,在它之外无材料;从加工过程看,孔的尺寸由小变大,轴的尺寸由大变小。

在公差与配合标准中的孔、轴都是由单一尺寸所确定的部分。如图 4-1 中的 D 为孔;d_1、d_2、d_3 为轴。不能区别为孔或轴的尺寸,则为长度尺寸,如图 4-1 中的 L。

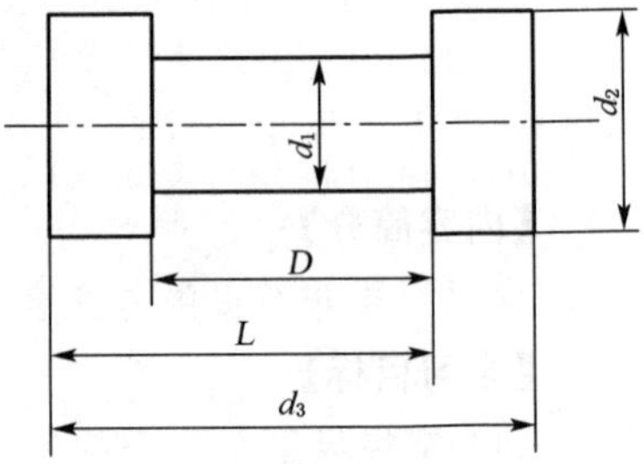

图 4-1　孔和轴

2) 尺寸

(1) 尺寸　用特定单位表示线性尺寸值的数值。

在机械制图中,图样上的尺寸常以毫米为单位,可以省略不写,当以其他单位表示尺寸时,应加以标明。

(2) 基本尺寸　通过它应用上、下偏差可算出极限尺寸的尺寸。孔的基本尺寸用 D 表示,轴的基本尺寸用 d 表示。基本尺寸是根据使用要求,通过计算、试验、类比法而定的。基本尺寸一般应选用标准尺寸。按国家标准 GB2822—1981《标准尺寸》选用(见附录中表1)。基本尺寸标准化可以减少定制刀具、量具、夹具的规格及数量。

(3) 实际尺寸　通过测量获得的尺寸称为实际尺寸。由于测量过程存在测量误差,实际尺寸并非真值;而且,由于零件表面存在形状误差,被测表面不同位置的实际尺寸也往往不相同,如图 4-2 所示的 d_1、d_2、d_3、d_4、d_5。

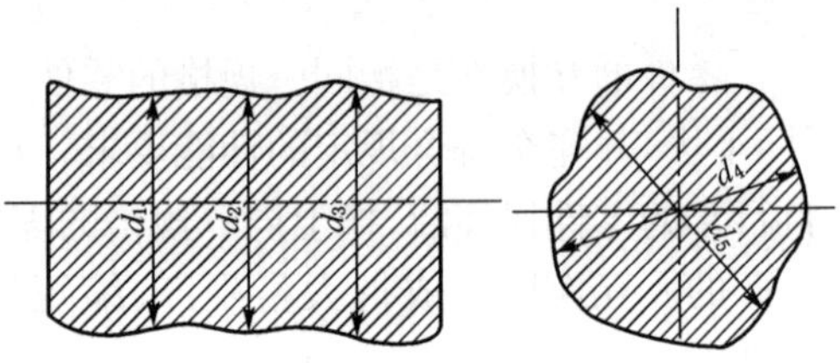

图 4-2　实际尺寸

(4) 极限尺寸　一个孔或轴允许的尺寸的两个极端称为极限尺寸。它以基本尺寸为基数来确定。两个极限尺寸中较大的一个称为最大极限尺寸(D_{max}, d_{max}),较小的一个称为最小极限尺寸(D_{min}, d_{min}),设计中规定极限尺寸是为了限制加工中零件的尺寸变动,实际尺寸在两个极限尺寸之间,则零件合格。

3) 偏差、公差和公差带

(1) 尺寸偏差(简称偏差)

尺寸偏差是指某一个尺寸减其基本尺寸所得的代数差。因此,偏差可为正值、负值或零。最大极限尺寸减其基本尺寸所得的代数差称为上偏差,孔的上偏差用 ES 表示,轴的上偏差用 es 表示。

最小极限尺寸减其基本尺寸所得的代数差称为下偏差,孔的下偏差用 EI 表示。轴的下偏差用 ei 表示;上偏差和下偏差统称极限偏差。

$$ES = D_{max} - D;\ es = d_{max} - d$$

$$EI = D_{min} - D;\ ei = d_{min} - d$$

实际尺寸减其基本尺寸所得的代数差称为实际偏差。合格零件的实际偏差应在极限偏差的范围内。

(2) 尺寸公差(简称公差)

公差是允许尺寸的变动量。公差等于最大极限尺寸减最小极限尺寸;也等于上偏差减下偏差,公差值是绝对值,也不允许为零。

孔公差用 T_D 表示：　$T_D = |D_{max} - D_{min}| = |ES - EI|$

轴公差用 T_d 表示：　$T_d = |d_{max} - d_{min}| = |es - ei|$

(3) 公差带图

公差带图是用来表示两个相互配合的孔、轴的基本尺寸、极限尺寸、极限偏差与公差的相互关系,如图 4-3 所示。为简便起见,一般用图 4-4 来表示。

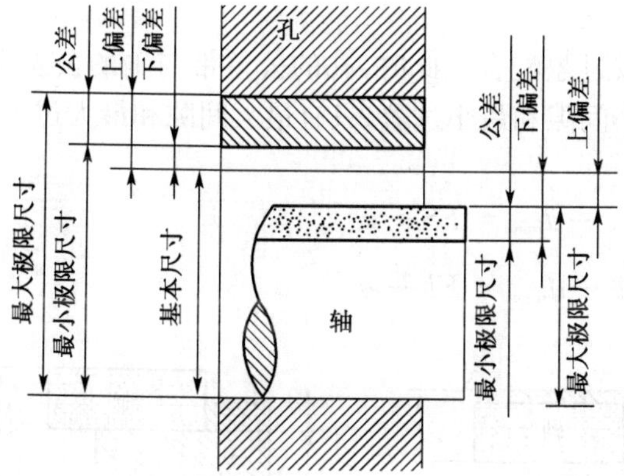

图 4-3　公差带图

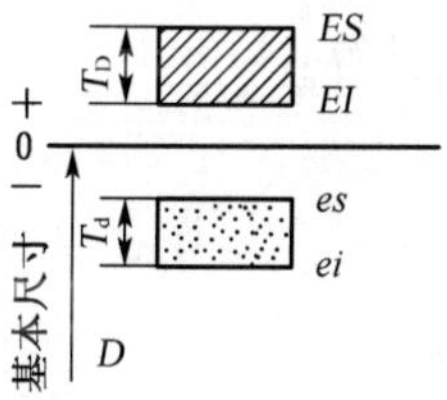

图 4-4　公差带简图

在图 4-4 中,确定偏差的一条基准线称为零线,它表示基本尺寸,也是偏差为零的线。零线上方为正偏差,零线下方为负偏差。

在公差带图中由代表上、下偏差的两条直线限定的区域称为公差带。上面线表示上偏差,下面线表示下偏差。公差带的宽度就是公差值。公差带图中,尺寸单位为毫米(mm),偏差和公差单位用微米(μm),也可以用毫米(mm)。

4) 配合

(1) 配合

配合指基本尺寸相同、相互结合的孔和轴公差带之间的关系。按孔和轴公差带的不同位置关系,将配合分为三类。

① 间隙配合

间隙配合为保证具有间隙(包括最小间隙等于零)的配合。此时,孔的公差带在轴的公差带之上,如图 4-5 所示。这类配合的最大间隙 X_{max}、最小间隙 X_{min},按下式计算：

$$X_{max} = D_{max} - d_{min} = ES - ei$$

$$X_{min} = D_{min} - d_{max} = EI - es$$

② 过盈配合

过盈配合为保证具有过盈量(包括最小过盈等于零)的配合。此时,孔的公差带是在轴的公差带之下,如图 4-6 所示。这类配合的最大极限过盈 Y_{max}、最小极限过盈 Y_{min} 按下式计算:

$$Y_{max} = D_{min} - d_{max} = EI - es$$

$$Y_{min} = D_{max} - d_{min} = ES - ei$$

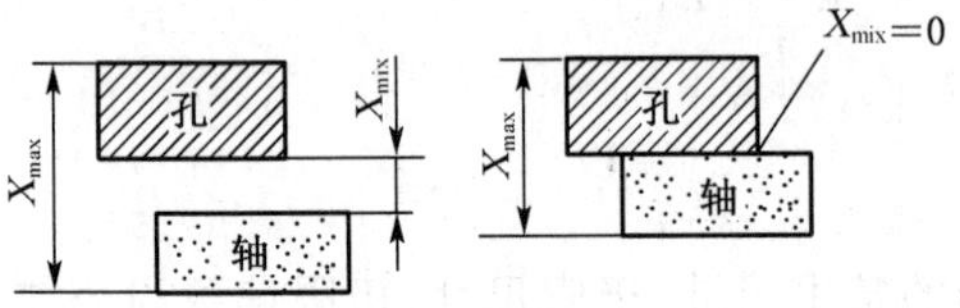

图 4-5 间隙配合

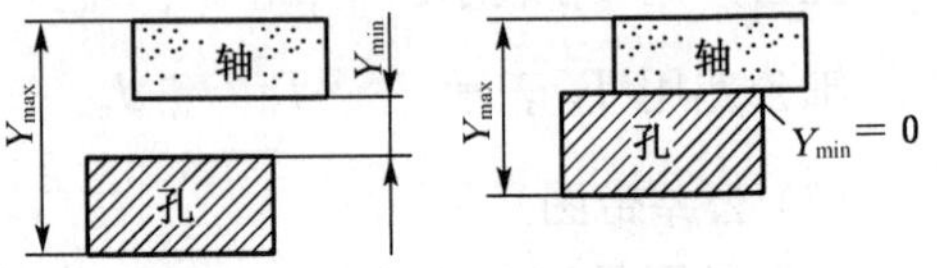

图 4-6 过盈配合

③ 过渡配合

过渡配合为可能形成间隙也可能形成过盈配合。此时,孔的公差带与轴的公差带相互交叠。如图 4-7 所示。这类配合没有最小间隙和最小过盈,只有最大间隙和最大过盈,它们按下式计算:

$$X_{max} = D_{max} - d_{min} = ES - ei$$

$$Y_{max} = D_{min} - d_{max} = EI - es$$

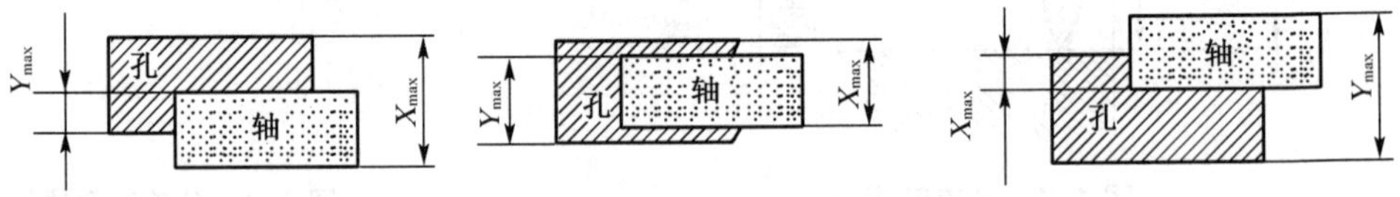

图 4-7 过渡配合

④ 配合公差

指间隙或过盈的允许变动量,用 T_f 表示。

对于间隙配合 $T_f = | X_{max} - X_{min} | = T_D + T_d$

对于过盈配合 $T_f = | Y_{min} - Y_{max} | = T_D + T_d$

对于过渡配合 $T_f = | X_{max} - Y_{max} | = T_D + T_d$

上式是一个很重要的公式,在设计时经常用到。该式说明,配合精度要求越高,则孔轴的精度也应越高(公差越小);配合精度要求越低,则孔、轴的精度越低(公差越大)。

5) 基准制

国标规定基准制有两种:基孔制和基轴制。

基孔制是以孔的公差带为基准且位置固定不变,改变轴的公差带位置来获得不同的配合性质的一种制度。这时,孔为基准孔,它的基本偏差为下偏差且为零,其代号为"H",如图 4-8 所示。

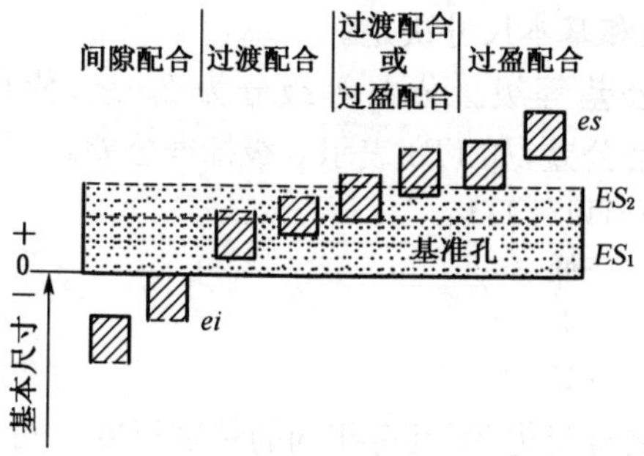

图 4-8　基孔制

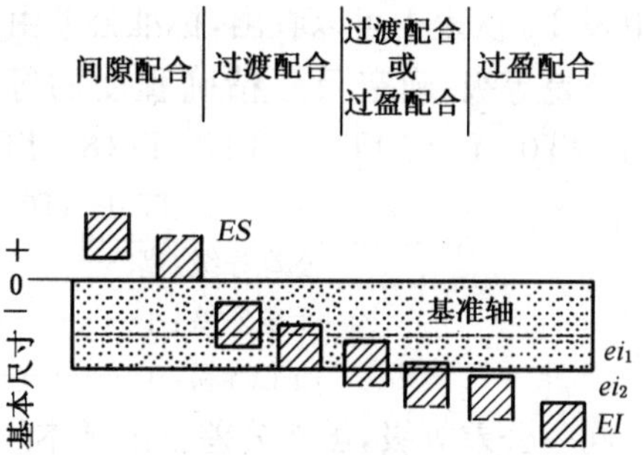

图 4-9　基轴制

基轴制是以轴的公差带为基准且位置固定不变，改变孔的公差带位置来获得不同的配合性质的一种制度。这时，轴为基准轴，它的基本偏差为上偏差且为零，其代号为“h”，如图 4-9所示。

【例 4-1】 计算 $\phi 50^{+0.021}_{0}$ 孔与 $\phi 50^{-0.025}_{-0.044}$ 轴配合的极限间隙和配合公差，并且画出孔、轴公差带图。

解　先画出孔、轴公差带图，见图 4-10。

计算极限间隙和配合公差：

$$X_{min} = EI - es = 0 - (-25) = 25(\mu m)$$

$$X_{max} = ES - ei = 21 - (-44) = 65(\mu m)$$

$$T_f = X_{max} - X_{min} = 65 - 25 = 40(\mu m)$$

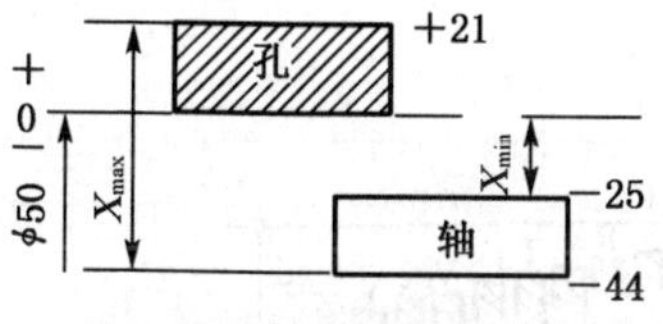

图 4-10　公差带图(单位:μm)

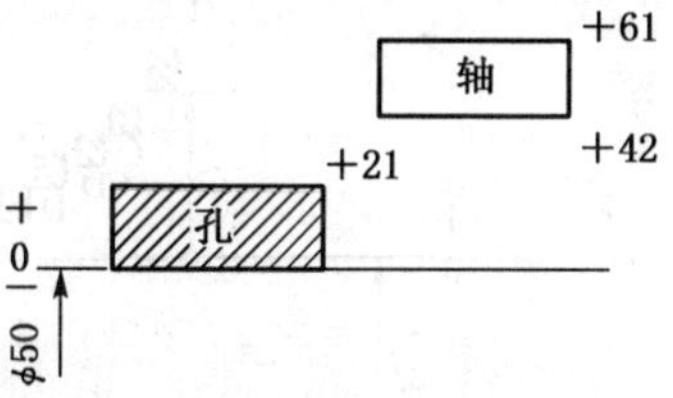

图 4-11　公差带图(单位:μm)

【例 4-2】 计算 $\phi 50^{+0.021}_{0}$ 孔与 $\phi 50^{+0.061}_{+0.042}$ 轴的配合极限过盈和配合公差。

解　由已知条件画出公差带图，见图 4-11。

计算极限过盈和配合公差：

$$Y_{min} = ES - ei = 21 - 42 = -21(\mu m)$$

$$Y_{max} = EI - es = 0 - 61 = -61(\mu m)$$

$$T_f = Y_{min} - Y_{max} = -21 - (-61) = 40(\mu m)$$

4.1.2　极限与配合国家标准

1）标准公差系列

标准公差是国家标准规定的用以确定公差带大小的任一公差值。标准公差的数值见附录中表 2。从表中可以看出，标准公差由公差等级和基本尺寸决定。

公差等级：确定尺寸精确程度的等级称为公差等级。公差等级分为 20 级，依次为 IT01、IT0、IT1、IT2…IT17、IT18。IT 表示标准公差，如 IT8 表示 8 级标准公差。

IT01、IT0、IT1、IT2…IT17、IT18

公差等级：高 ——→ 低

标准公差：小 ——→ 大

加工难易：难 ——→ 易

同一公差等级，虽然公差值随基本尺寸的变化而变化，但具有相同的精度程度。同一基本尺寸的孔和轴，其标准公差取决于公差等级的高低。

2）基本偏差系列

（1）基本偏差

基本偏差是国家标准规定的用以确定公差带相对于零线位置的上偏差或下偏差，一般为靠近零线的那个偏差，如图 4-12 所示。

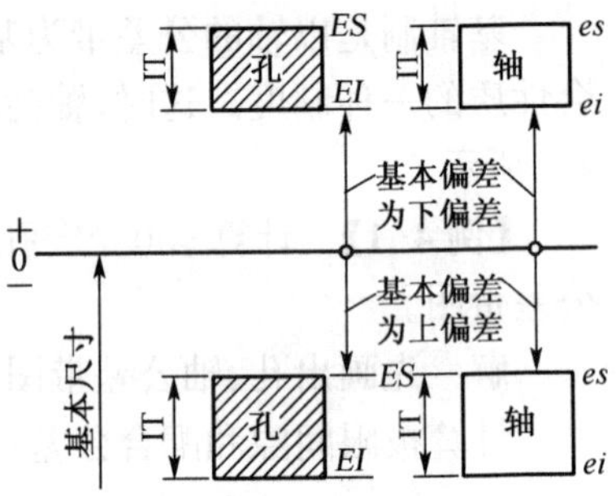

图 4-12 基本偏差

国家标准对孔和轴分别规定了 28 个基本偏差，用拉丁字母表示，大写为孔的基本偏差代号，小写为轴的基本偏差代号，如图 4-13 所示。图中符号 *ES*、*es* 分别表示孔、轴的上偏差，*EI*、*ei* 分别表示孔、轴的下偏差。基本偏差在零线上方为正，在零线以下为负。基本偏差系列图只表示公差带的各种位置，不表示公差带的大小，因此，图中公差带的一端是开口的，只画出靠近零线的那个偏差即可。

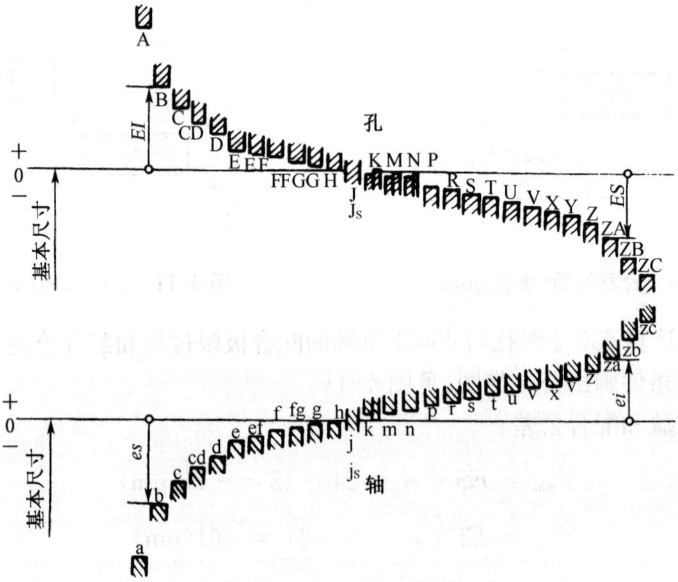

图 4-13 基本偏差系列图

显然，孔和轴的另一个极限偏差不需要再加以规定，可分别由下列公式计算得到：

对于轴：　　$es = ei + \mathrm{IT}$　或　$ei = es - \mathrm{IT}$

对于孔：　　$ES = EI + \mathrm{IT}$　或　$EI = ES - \mathrm{IT}$

国家标准对于不同的基本尺寸和基本偏差确定了孔和轴的基本偏差数值，见附录中表 3、4。

(2) 公差带代号与配合代号

孔、轴公差带代号由基本偏差代号与标准公差等级代号组成，在孔、轴零件图上需标注其公差带代号，如 H7、F8、P8 等为孔的公差带代号；h7、g8、m6 等为轴的公差带代号，公差带可用三种方法标注，例如：

$$\phi 15\mathrm{H7}、\phi 15^{+0.018}_{0}、\phi 15\mathrm{H7}(^{+0.018}_{0})$$

$$\phi 30\mathrm{g8}、\phi 30^{-0.007}_{-0.040}、\phi 30\mathrm{g8}(^{-0.007}_{-0.040})$$

在装配图上应标注配合代号。配合代号由孔、轴公差带代号组成，用分数形式来表示，分子为孔的公差带代号，分母为轴的公差带代号。例如：

$$\phi 40\,\frac{\mathrm{H8}}{\mathrm{f7}}、\phi 60\,\frac{\mathrm{M7}}{\mathrm{h6}}$$

或写成

$$\phi 40\mathrm{H8/f7}、\phi 60\mathrm{M7/h6}$$

查表举例如下：

【例 4-3】 确定 $\phi 30\mathrm{H7/n6}$ 的上、下偏差。

解　查附录中表 2 确定标准公差：IT6＝13 μm，IT7＝21 μm，

查附录中表 3 确定 n 的基本偏差为下偏差 $ei=+15\ \mu\mathrm{m}$，

H 为基准孔，基本偏差为下偏差 $EI=0$，

H7 的上偏差：$ES=EI+\mathrm{IT7}=(0+21)\mu\mathrm{m}=+21\ \mu\mathrm{m}$，

n6 的上偏差：$es=ei+\mathrm{IT6}=(+15+13)\mu\mathrm{m}=+28\ \mu\mathrm{m}$，

所以，孔为 $\phi 30\mathrm{H7}(^{+0.021}_{0})$，轴为 $\phi 30\mathrm{n6}(^{+0.028}_{+0.015})$，公差带如图 4-14 所示。

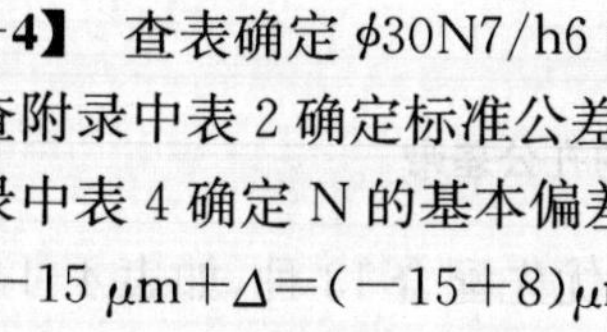

图 4-14

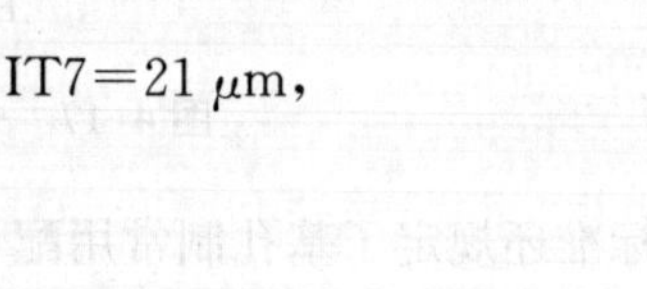

图 4-15

【例 4-4】 查表确定 $\phi 30\mathrm{N7/h6}$ 的上、下偏差。

解　查附录中表 2 确定标准公差：IT6＝13 μm，IT7＝21 μm，

查附录中表 4 确定 N 的基本偏差为上偏差：

$ES=-15\ \mu\mathrm{m}+\Delta=(-15+8)\mu\mathrm{m}=-7\ \mu\mathrm{m}$，

h 为基准轴，基本偏差为上偏差 $es=0$，

N7 的下偏差：$EI=ES-\mathrm{IT7}=(-7-21)\mu\mathrm{m}=-28\ \mu\mathrm{m}$，

h6 的下偏差：$ei=es-\mathrm{IT6}=(0-13)\mu\mathrm{m}=-13\ \mu\mathrm{m}$，

所以，孔为 $\phi 30\mathrm{N7}(^{-0.007}_{-0.028})$，轴为 $\phi 30\mathrm{h6}(^{0}_{-0.013})$，公差带如图 4-15 所示。

3）优选和常用配合

国家标准规定，标准公差有20个等级，基本偏差有28种，可以组成大量的孔、轴公差带。由不同的孔、轴公差带又可以组成更多种的配合。过多的配合，既不能发挥标准的作用，也不利于生产，为此，国家标准规定了优先、常用和一般用途的孔、轴公差带和与之相应的优先和常用配合。

在常用尺寸（≤500 mm）内，国家标准规定一般用途的轴公差带有119种，如图4-16所示，方框中为59种常用公差带，其中画圆圈的为13种优先公差带。一般用途的孔公差带有105种，如图4-17所示，方框中为44种常用公差带，其中画圆圈的为13种优先公差带。

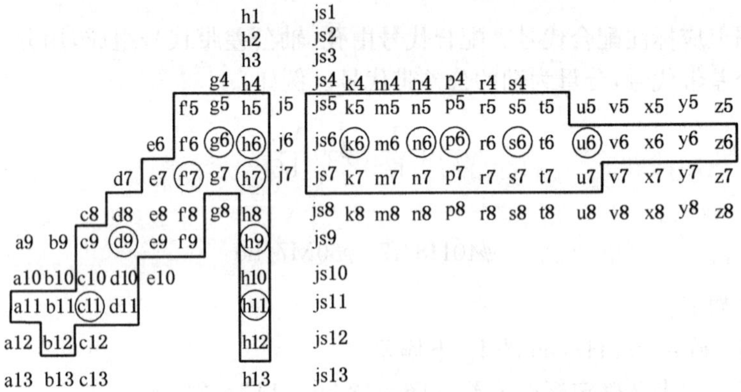

图4-16 一般、常用和优先的轴公差带

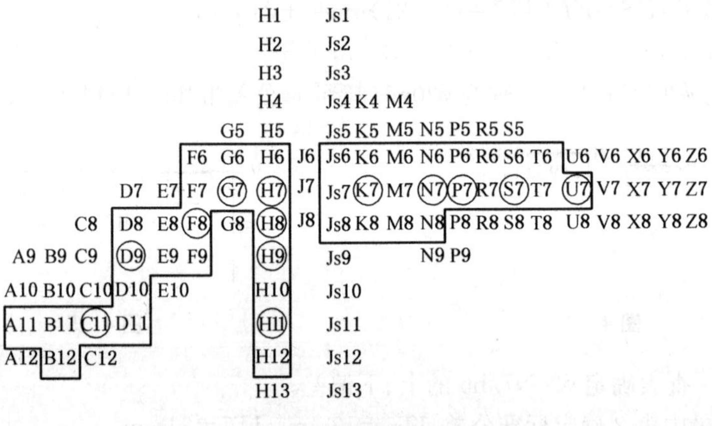

图4-17 一般、常用和优先的孔公差带

国家标准还规定了基孔制常用配合为59种，其中优先配合13种，如表4-1所示。例如表中H7/k6表示基孔制中过渡配合，孔的基本偏差代号为H，公差等级为7级；轴的基本偏差代号为k，公差等级为6级。基轴制的常用配合有47种，其中优先配合13种，如表4-2所示。例如表中F8/h7表示基轴制间隙配合，孔的基本偏差代号为F，公差等级为8级；轴的基本偏差代号为h，公差等级为7级。

表 4-1　基孔制优先常用配合(依据 GB/T1801—1999)

基准孔	轴																				
	a	b	c	d	e	f	g	h	js	k	m	n	p	r	s	t	u	v	x	y	z
	间隙配合								过渡配合			过盈配合									
H6						$\frac{H6}{f5}$	$\frac{H6}{g5}$	$\frac{H6}{h5}$	$\frac{H6}{js5}$	$\frac{H6}{k5}$	$\frac{H6}{m5}$	$\frac{H6}{n5}$	$\frac{H6}{p5}$	$\frac{H6}{r5}$	$\frac{H6}{s5}$	$\frac{H6}{t5}$					
H7						$\frac{H7}{f6}$	*$\frac{H7}{g6}$	*$\frac{H7}{h6}$	$\frac{H7}{js6}$	*$\frac{H7}{k6}$	$\frac{H7}{m6}$	*$\frac{H7}{n6}$	*$\frac{H7}{p6}$	$\frac{H7}{r6}$	*$\frac{H7}{s6}$	$\frac{H7}{t6}$	*$\frac{H7}{u6}$	$\frac{H7}{v6}$	$\frac{H7}{x6}$	$\frac{H7}{y6}$	$\frac{H7}{z6}$
H8					$\frac{H8}{e7}$	*$\frac{H8}{f7}$	$\frac{H8}{g7}$	*$\frac{H8}{h7}$	$\frac{H8}{js7}$	$\frac{H8}{k7}$	$\frac{H8}{m7}$	$\frac{H8}{n7}$	$\frac{H8}{p7}$	$\frac{H8}{r7}$	$\frac{H8}{s7}$	$\frac{H8}{t7}$	$\frac{H8}{u7}$				
				$\frac{H8}{d8}$	$\frac{H8}{e8}$	$\frac{H8}{f8}$		$\frac{H8}{h8}$													
H9			$\frac{H9}{c9}$	*$\frac{H9}{d9}$	$\frac{H9}{e9}$	$\frac{H9}{f9}$		*$\frac{H9}{h9}$													
H10			$\frac{H10}{c10}$	$\frac{H10}{d10}$				$\frac{H10}{h10}$													
H11	$\frac{H11}{a11}$	$\frac{H11}{b11}$	*$\frac{H11}{c11}$	$\frac{H11}{d11}$				*$\frac{H11}{h11}$													
H12		$\frac{H12}{b12}$						$\frac{H12}{h12}$													

注：标 * 符号者为优先配合；$\frac{H6}{n5}$、$\frac{H7}{p6}$在基本尺寸≤3 mm 和$\frac{H8}{r7}$的基本尺寸≤100 mm 时，为过渡配合。

表 4-2　基轴制优先常用配合(依据 GB/T1801—1999)

基准轴	孔																				
	A	B	C	D	E	F	G	H	Js	K	M	N	P	R	S	T	U	V	X	Y	Z
	间隙配合								过渡配合			过盈配合									
h5						$\frac{F6}{h5}$	$\frac{G6}{h5}$	$\frac{H6}{h5}$	$\frac{js6}{h5}$	$\frac{K6}{h5}$	$\frac{M6}{h5}$	$\frac{N6}{h5}$	$\frac{P6}{h5}$	$\frac{R6}{h5}$	$\frac{S6}{h5}$	$\frac{T6}{h5}$					
h6						$\frac{F7}{h6}$	*$\frac{G7}{h6}$	*$\frac{H7}{h6}$	$\frac{js7}{h6}$	*$\frac{K7}{h6}$	$\frac{M7}{h6}$	*$\frac{N7}{h6}$	*$\frac{P7}{h6}$	$\frac{R7}{h6}$	*$\frac{S7}{h6}$	$\frac{T7}{h6}$	*$\frac{U7}{h6}$				
h7					$\frac{E8}{h7}$	*$\frac{F8}{h7}$		*$\frac{H8}{h7}$	$\frac{js8}{h7}$	$\frac{K8}{h7}$	$\frac{M8}{h7}$	$\frac{N8}{h7}$									
h8				$\frac{D8}{h8}$	$\frac{E8}{h8}$	$\frac{F8}{h8}$		$\frac{H8}{h8}$													
h9				*$\frac{D9}{h9}$	$\frac{E9}{h9}$	$\frac{F9}{h9}$		*$\frac{H9}{h9}$													
h10				$\frac{D10}{h10}$				$\frac{D10}{h10}$													
h11	$\frac{A11}{h11}$	$\frac{B11}{h11}$	*$\frac{C11}{h11}$	$\frac{D11}{h11}$				*$\frac{D11}{h11}$													
h12		$\frac{B12}{h12}$						$\frac{H12}{h12}$													

注：标 * 符号者为优先配合。

从表 4-1 和表 4-2 中可以看出：当轴的公差等级≤7 级时，采用孔比轴低一级的配合，当轴的公差等级≥8 级时，采用孔与轴同级配合。在满足使用要求的前提下，公差带与配合的选用原则是：优先—常用——般。

4）标准温度

国家标准规定的标准公差与基本偏差的数值，均以标准温度20℃时的数值为准。因此，精密测量应在20℃室温进行。在孔、轴温度相差较大或其线膨胀系数相差较大时，应考虑温度变化对配合性能的影响。在高温和低温下检测精密零件及有色金属零件时，应考虑温度对测量结果的影响。

5）一般公差——线性尺寸的未注公差

一般公差是指图样上只标注基本尺寸而不注公差尺寸。为了简化制图，突出重要尺寸，对一些非配合尺寸、完全可以由工艺方法保证的尺寸以及一些要求不高的尺寸，在图样上不单独注出公差值，而是在技术要求中作出说明。

推荐性国家标准GB/T1804—1992《一般公差 线性尺寸的未注公差》规定，未注公差尺寸有四个公差等级，即：精密级(f)、中等级(m)、粗糙级(c)和最粗级(v)。未注公差尺寸的极限偏差均采用对称分布，即偏差值为±IT/2，其偏差值见表4-3。

表4-3 未注公差尺寸的极限偏差 (mm)

公差等级	尺寸分段					
	0.5～3	>3～6	>6～30	>30～120	>120～400	>400～1 000
f(精密级)	±0.05	±0.05	±0.1	±0.15	±0.2	±0.3
m(中等级)	±0.1	±0.1	±0.2	±0.3	±0.5	±0.8
c(粗糙级)	±0.2	±0.3	±0.5	±0.8	±1.2	±2
v(最粗级)	—	±0.5	±1	±1.5	±2.5	±4

注：表中所述为线性尺寸的极限偏差数值。

4.1.3 极限与配合的选用

机械设计中，正确地选用极限与配合国家标准对提高产品质量和降低生产成本有着重要的意义。极限与配合的选用包括确定配合制、公差等级与配合种类三方面的内容。下面作一简单介绍。

1）配合制的选用

(1) 一般情况优先选用基孔制，因为孔较轴难加工。采用基孔制可以减少定值刀具、量具的数量。当用冷拉钢材做轴(不需要切削加工)，或在同一基本尺寸的轴上要求不同性质的配合时，采用基轴制，如图4-18所示。

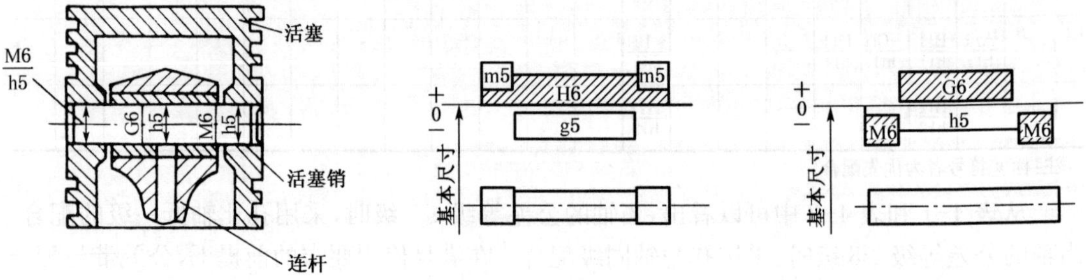

(a) 活塞连杆机构 (b) 基孔制配合 (c) 基轴制配合

图4-18 活塞连杆机构

（2）当设计的零件与标准件配合时，配合制的选用依标准件而定。例如，滚动轴承内圈与轴颈的配合采用基孔制；外圈与壳体孔的配合采用基轴制。

（3）为了满足配合的特殊要求，允许采用任一孔、轴公差带组成的配合，即非基准制配合。如图 4-19 中，轴承座孔与轴承端盖的配合，滚动轴承外圈与壳体孔的配合选项用基轴制，孔公差带为 J7。而为了满足轴承端盖经常拆卸的要求，轴承盖与壳体孔的配合应选用间隙配合 ϕ35J7/f9（不能选用基轴制配合 ϕ35J7/h9）。

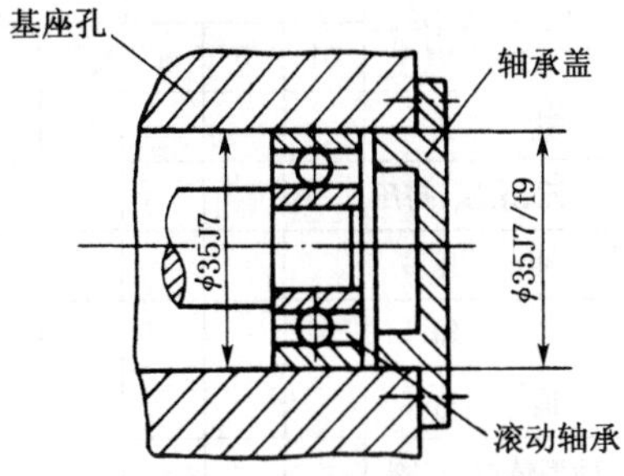

图 4-19　轴承座孔与轴承端盖的配合

2）公差等级的选用

公差等级的高低直接影响产品的使用性能和经济性。选用公差等级的基本原则是：在满足使用要求的前提下，尽可能选用较低的公差等级。通常按类比法选用公差等级，可参见表 4-4。

表 4-4　公差等级的选用

应　用	公差等级																			
	01	0	1	2	3	4	5	6	7	8	9	10	11	12	13	14	15	16	17	18
量　块	—	—	—																	
量　规			—	—	—	—	—	—	—											
配合尺寸							—	—	—	—	—	—	—	—						
精密零件配合				—	—	—	—													
非配合尺寸														—	—	—	—	—	—	—
原材料尺寸										—	—	—	—	—	—	—				

其中，IT5～IT12 用于常用配合尺寸。IT5 的轴和 IT6 的孔用于高精度的重要配合，例如内燃机的活塞销与活塞销孔的配合。IT6 的轴和 IT7 的孔用于较重要的配合，例如普通机床的重要配合、与滚动轴承相配合的外壳孔和轴颈的尺寸公差。IT7～IT8 用于中等精度的配合，例如通用机械的滑动轴承与轴颈的配合。IT9～IT10 用于一般要求的配合，例如键与键槽宽的配合。IT11～IT12 用于不重要的配合。

各种加工方法的合理加工精度，可参见表 4-5。

表 4-5　各种加工方法的加工精度

加工方法	公差等级																	
	01	0	1	2	3	4	5	6	7	8	9	10	11	12	13	14	15	16
研　磨	—	—	—	—	—	—	—											
珩　磨						—	—	—	—									
圆磨、平磨、拉削							—	—	—	—								
铰　孔								—	—	—	—	—						
车镗									—	—	—	—	—					
铣										—	—	—	—					

（续 表）

加工方法	公差等级																
	01	0	1	2	3	4	5	6	7	8	9	10	11	12	13	14	15	16
钻 孔												—	—	—	—			
刨、插、滚压、挤压												—	—					
冲 压													—	—	—	—	—	
压 铸														—	—	—	—	
锻 造																	—	
砂型铸造、气割																		—

3）配合类别的选用

设计机械产品时，选用哪类配合，主要取决于使用要求。对配合的使用要求可以归纳为三个方面：

（1）孔轴间有相对运动（相对转动或相对移动）；

（2）通过配合面来传递扭矩或载荷；

（3）用配合面确定孔轴间的相互位置。

配合类别一般可以按表 4-6 选用。

表 4-6 配合类别的选用

<table>
<tr><td rowspan="4">无相对运动</td><td rowspan="3">传递扭矩</td><td rowspan="2">要求精确定位</td><td>永久结合</td><td>过盈配合</td></tr>
<tr><td>可拆结合</td><td>过渡配合或 H/h 间隙配合加紧固件 *</td></tr>
<tr><td colspan="2">不要求精确定位</td><td>间隙配合加紧固件</td></tr>
<tr><td>不传递扭矩</td><td colspan="2">要精确定位</td><td>过渡配合或小过盈的过盈配合</td></tr>
<tr><td colspan="4">有相对运动</td><td>间隙配合（要精确定位选用 H/h 间隙配合）</td></tr>
</table>

注：* 紧固件指键、螺钉和销钉。

配合类别确定之后，再根据配合的松紧程度选用不同的配合代号，通常用类比法。表 4-7 为优先配合的配合特性和应用表，表 4-8 为常用配合的特点与应用表，可供选用时参考。

表 4-7 优先配合选用说明

优先配合		说 明
基孔制	基轴制	
$\frac{H11}{c11}$	$\frac{C11}{h11}$	间隙非常大，用于很松的、转动很慢的动配合；要求大公差与大间隙的外露组件；要求装配方便的很松配合
$\frac{H9}{d9}$	$\frac{D9}{h9}$	间隙很大的自由转动配合，用于精度非主要要求时，或有大的温度变化、高转速或大的轴颈压力时
$\frac{H8}{f7}$	$\frac{F8}{h7}$	间隙不大的转动配合，用于中等转速与中等轴颈压力的精确转动；也用于装配较易的中等定位配合
$\frac{H7}{g6}$	$\frac{G7}{h6}$	间隙很小的滑动配合，用于不希望自由转动，但可自由移动和滑动并精密定位时；也可用于要求明确的定位配合

（续　表）

优先配合		说　　明
基孔制	基轴制	
$\frac{H7}{h6}$ $\frac{H8}{h7}$ $\frac{H9}{h9}$ $\frac{H11}{h11}$	$\frac{H7}{h6}$ $\frac{H8}{h7}$ $\frac{H9}{h9}$ $\frac{H11}{h11}$	均为间隙定位配合，零件可自由装拆，而工作一般相对静止不动，在最大实体条件下的间隙为零，在最小实体条件下的间隙由公差等级决定
$\frac{H7}{k6}$	$\frac{K7}{h6}$	过渡配合，用于精密定位
$\frac{H7}{n6}$	$\frac{N7}{h6}$	过渡配合，允许有较大过盈的更精密定位
$\frac{H7}{p6}$	$\frac{P7}{h6}$	过盈定位配合，即小过盈配合，用于定位精度特别重要时，能以最好的定位精度达到部件的刚性及对中性要求，而对内孔承受压力无特殊要求，不依靠配合的坚固性传递摩擦负荷
$\frac{H7}{s6}$	$\frac{S7}{h6}$	中等压入配合，适用于一般钢件；或用于薄壁件的冷缩配合，用于铸铁件可得到最紧的配合
$\frac{H7}{u6}$	$\frac{U7}{h6}$	压入配合，适用于可以承受高压入力的零件，或不宜承受大压入力的冷缩配合

表 4-8　常用配合的特点与应用

配合类别	配合代号	配合特性和使用条件	应用举例
间隙配合	a，b，c	a、b 间隙特别大，很少使用。c 间隙很大，适用于高温和松弛的动配合	管道连接，起重机的吊钩铰链（见图 4-20），内燃机的排气门和导管（见图 4-21），用于工作条件较差（如农业机械）等场合
	d，e	一般用于 IT7～IT11 级适用于大直径松的转动配合、高速中载，e 多用于 IT7～IT9，高速重载	如密封盖、滑轮、空转皮带轮等与轴配合（见图 4-22），透平机、重型弯曲机等重型机械的滑动轴承及大型电动机、内燃机主要轴承（见图 4-23）
	f	多用于 IT6～IT8 的转动配合，中等间隙，广泛用于普通机械中	润滑油（润滑脂）润滑的支承，如齿轮箱、小电动机、泵等的转轴与滑动轴承的配合（见图 4-24）
	g	配合间隙小，不推荐用于转动配合。多用于 IT5～IT7 级精密滑动配合	用于插销等定位配合，如精密连杆轴承。活塞及滑阀、连杆销，机床夹具钻套（见图 4-25）
	h	用于 IT4～IT11 级。广泛用于无相对转动的零件，作为定位配合。也用于精密的滑动配合	机床变速箱中齿轮和轴，无相对转动的齿轮、带轮、离合器，车床尾座与套筒（见图 4-26），汽车的正时齿轮与凸轮轴的配合

(续表)

配合类别	配合代号	配合特性和使用条件	应用举例
过渡配合	js	多用于IT4～IT7级，要求间隙比h轴小，并允许略有过盈的定位配合	机床中变速箱中齿轮和轴，电机座与端盖，如联轴节、齿圈与钢制轮毂(见图4-27)，带轮与轴的配合，可用木锤装配
	k	平均间隙接近于零，用于IT4～IT7级，用于稍有过盈的定位配合	消除振动用的定位配合，一般用于木锤装配，如某机床主轴后轴承座与箱体孔的配合(见图4-28)
	m	平均过盈较小的配合，适用于IT4～IT7级，用于不经常拆卸处	压缩机连杆与衬套、减速器的轴与圆锥齿轮，蜗轮青铜轮缘与轮辐的配合(见图4-29)
	n	平均过盈比m稍大，适用于IT4～IT7级，用锤或压入机装配。精确定位，常用于紧密组件配合	链轮轮缘与轮心、振动机械的齿轮与轴、安全联轴器销钉与套等，如钻套与衬套的配合(见图4-25)，冲床齿轮与轴的配合(见图4-30)
过盈配合	p,r	轻型过盈，用于精确定位配合，传递扭矩时要加紧固件	重载轮缘与轴，凸轮孔与凸轮轴，如齿轮与轴套的配合(见图4-24)，连杆小孔与衬套(见图4-31)
	s	中型过盈，不加紧固件可传递较小扭矩，加紧固件可传递较大扭矩，需用热胀法或冷缩法装配	齿轮与轴，柴油机连杆衬套和轴瓦，减速器的轴与蜗轮等，水泵阀座与壳体的配合(见图4-32)
	t	重型过盈，不加紧固件可传递较大扭矩，材料许用应力要求较大	蜗杆轴衬与箱体，轧钢设备中辊子与心轴，偏心压床滑块与轴等，联轴器和轴的配合(见图4-33)
	u	配合过盈大，要用热胀或冷缩法装配	如火车轮毂和轴的配合(见图4-34)
	x, y, z	过盈量很大，一般不推荐采用	钢与轻合金或塑料等不同材料的配合

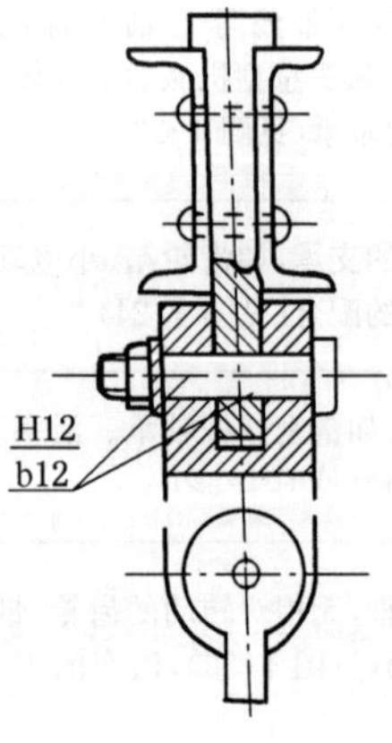

图4-20 起重机吊钩铰链

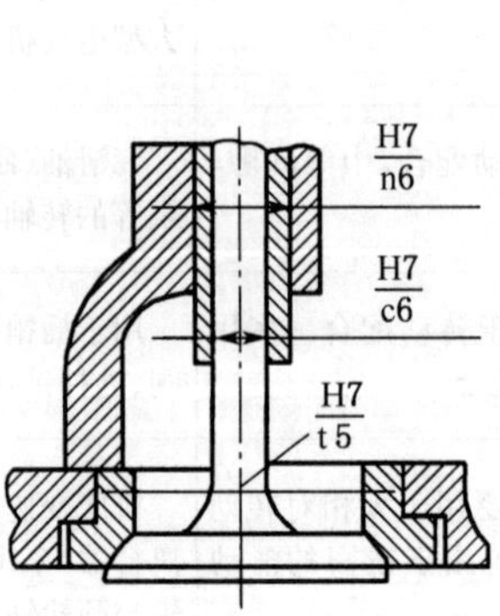

图4-21 内燃机排气门的导杆和导管配合

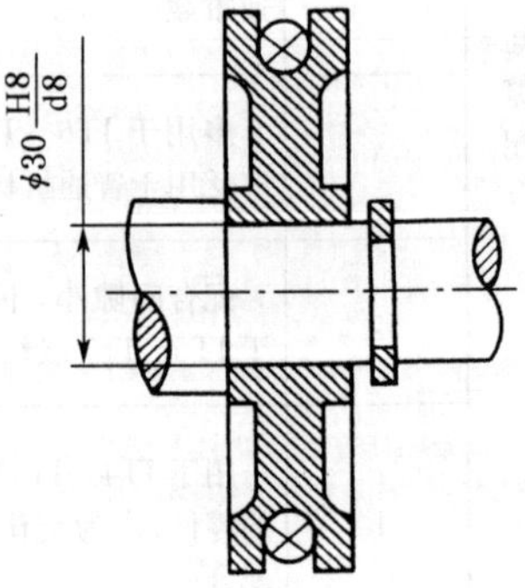

图4-22 滑轮与轴的配合

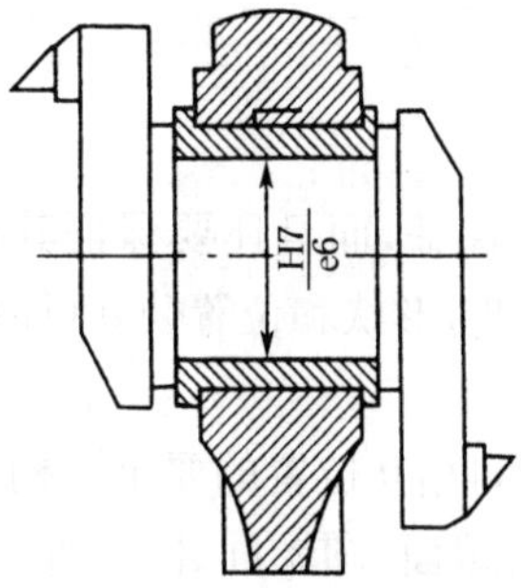

图 4-23　内燃机主轴承与轴瓦的配合

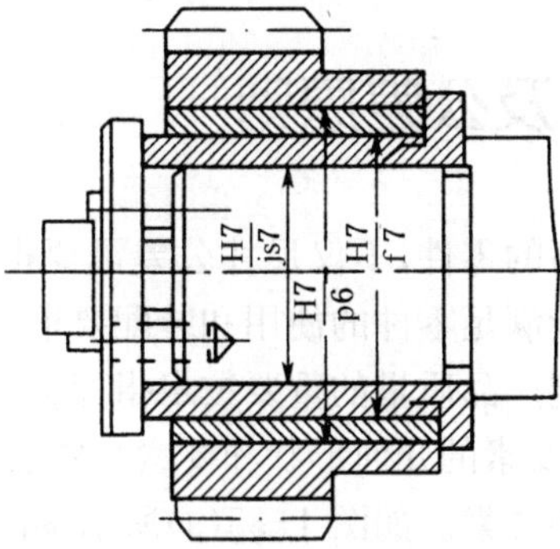

图 4-24　齿轮轴套与轴的配合

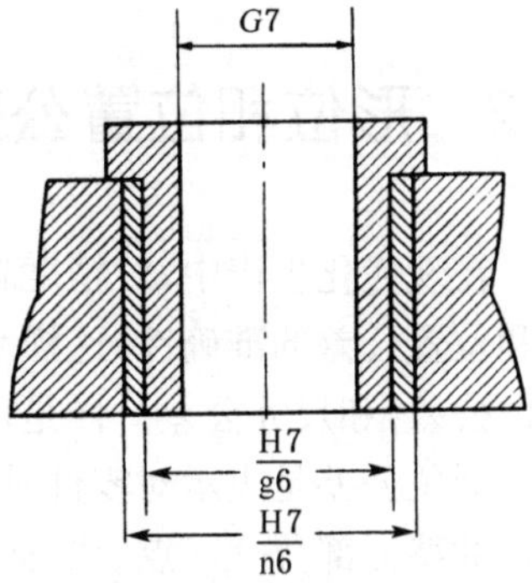

图 4-25　钻套与衬套的配合

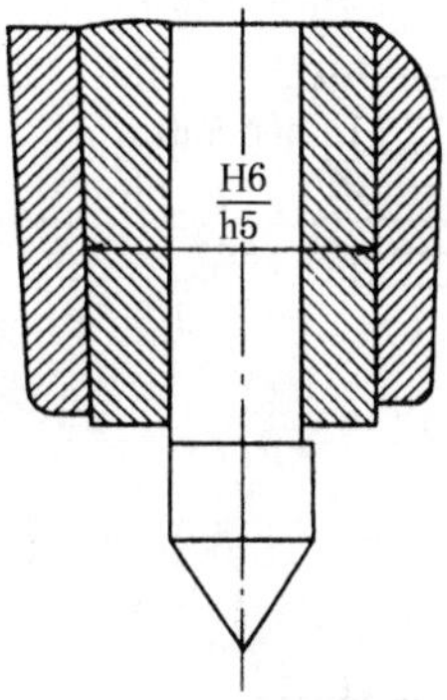

图 4-26　车床尾座和顶尖套筒的配合

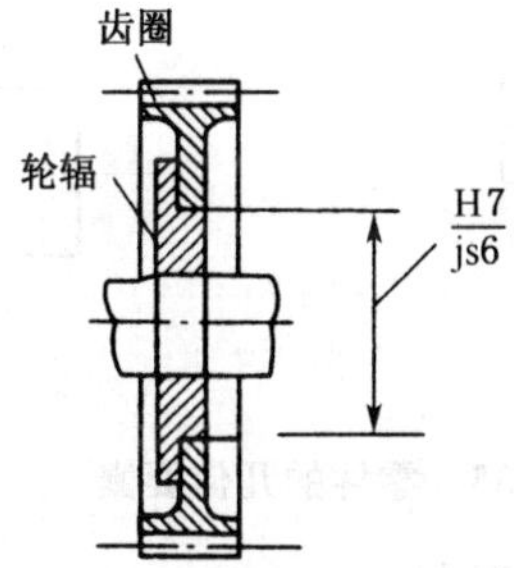

图 4-27　齿圈与钢轮毂的配合

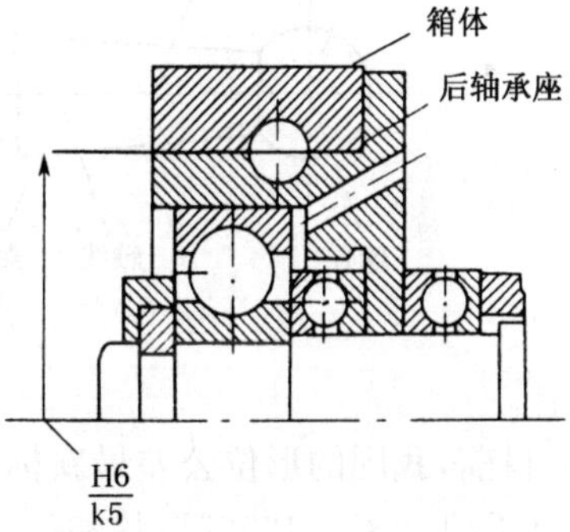

图 4-28　某车床主轴座与箱体孔的配合

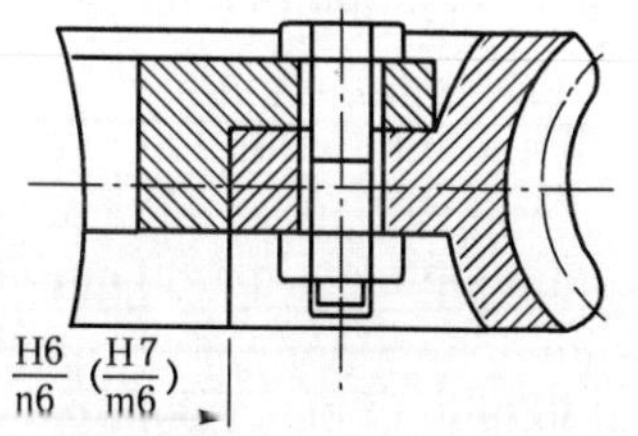

图 4-29　蜗轮青铜轮毂与轮辐的配合

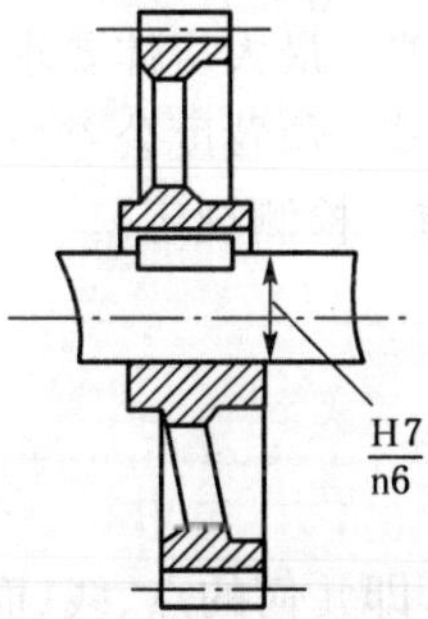

图 4-30　冲床齿轮与轴的配合

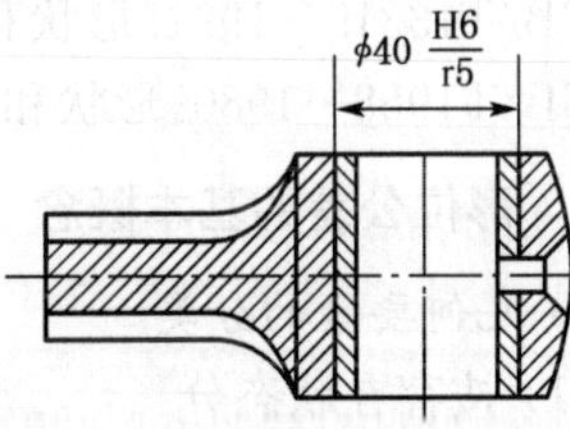

图 4-31　连杆小头孔与轴瓦的配合

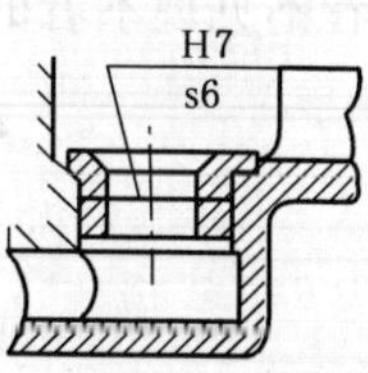

图 4-32　水泵阀座与壳体的配合

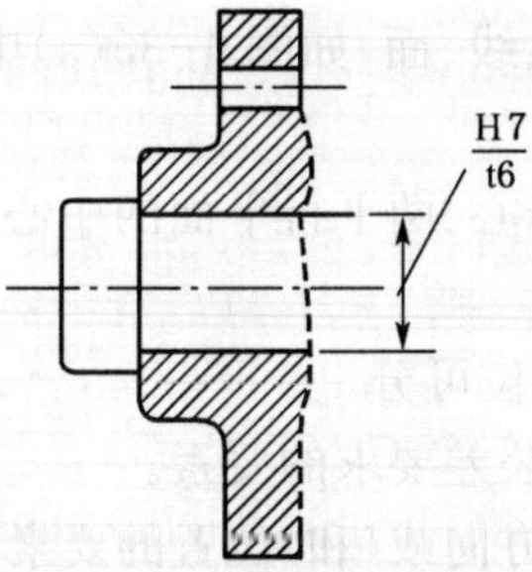

图 4-33　联轴器与轴的配合

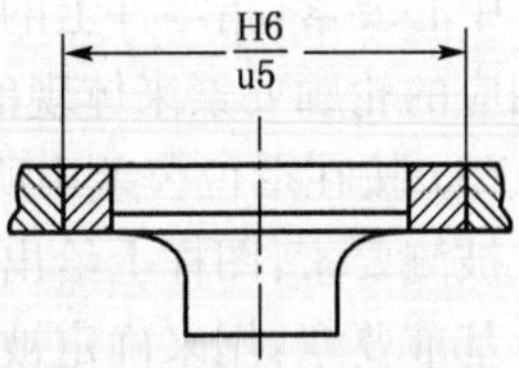

图 4-34　火车车轮与钢箍的配合

4.2 形位和位置公差及公差原则

在现代化生产中，对精度较高的零件，不仅尺寸公差需要得到保证，而且还要保证其形状和位置公差的准确性，这样才能满足零件的使用和装配要求，因此，形状和位置公差（简称形位公差）和尺寸公差一样是评定产品质量的重要技术指标。

形位公差是表示对零件某个要素的几何形状和要素与要素之间相互位置的要求。构成零件的特征部分——点、线、面，即要素。如图 4-35(a)所示零件的球面、圆锥面、圆柱面、平面、素线、轴线、球心和图 4-35(b)所示矩形槽的中心平面。

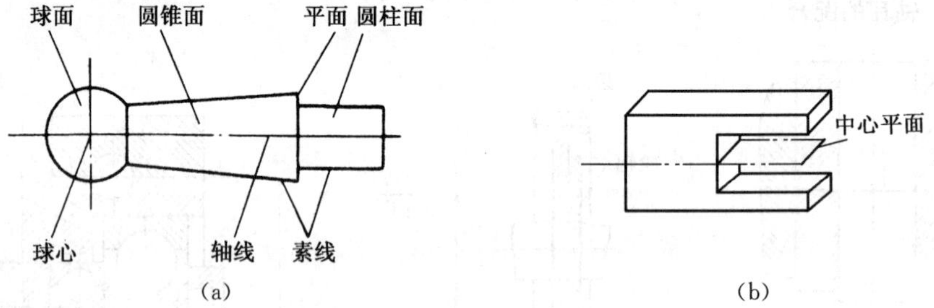

图 4-35 零件的几何要素

目前，我国的形位公差最新标准主要有：

GB/T1182—1996《形状和位置公差 通则、定义、符号和图样表示法》；

GB/T1184—1996《形状和位置公差 未注公差值》；

GB/T4249—1996《公差原则》；

GB/T16671—1996《形状和位置公差 最大实体要求、最小实体要求和可逆要求》；

GB/T13319—1991《形状和位置公差 位置度公差》；

GB/T1958—1980《形状和位置公差 检测规定》。

4.2.1 形位公差的基本概念

1) 几何要素的分类

(1) 按存在状态分

理想要素：具有几何学意义的要素，即几何的点、线、面。它们不存在任何误差。

实际要素：零件上实际存在的要素，通常用测量得到的要素来替代。

(2) 按几何特征分

轮廓要素：构成零件轮廓的点、线、面，如图 4-35(a)中的球面、圆锥面、圆柱面、平面以及圆锥面和圆柱面的素线。

中心要素：指零件上的轴线、球心、两平行平面的中心面，它们是看不见摸不着的，总是由相应的轮廓要素来体现的。

(3) 按在形位公差中所处的地位可分

被测要素：图样上给出了形位公差要求的要素。

基准要素：用来确定被测要素方向或(和)位置的要素。

(4) 按被测要素的功能关系分

单一要素：仅对要素本身提出功能要求而给出形状公差的要素。

关联要素：对其他要素有功能关系而给出位置公差的要素。

2）形位公差特征项目及符号

根据 GB/1182—1996 的规定，形状和位置公差共有 14 个特征项目，各个特征项目的名称及对应的符号见表 4-9。

表 4-9　形位公差特征项目及符号

公差		特征项目	符号	有或无基准要求	公差		特征项目	符号	有或无基准要求
形状	形状	直线度	—	无	位置	定向	平行度	//	有
形状	形状	平面度	▱	无	位置	定向	垂直度	⊥	有
形状	形状	圆度	○	无	位置	定向	倾斜度	∠	有
形状	形状	圆柱度	⌭	无	位置	定位	同轴（同心）度	◎	有
形状或位置	轮廓	线轮廓度	⌒	有或无	位置	定位	对称度	⌯	有
形状或位置	轮廓	面轮廓度	⌓	有或无	位置	定位	位置度	⌖	有或无
					位置	跳动	圆跳动	↗	有
					位置	跳动	全跳动	⌰	有

3）形位公差带

形位公差带是限制被测实际要素变动的一个区域，如果被测实际要素全部落在公差带内为合格，否则就为不合格。

形位公差带比尺寸公差带要复杂些，它是空间或平面内的区域，由形状、大小、方向和位置四个要素所组成。

4）形位公差的标注方法

在技术图样中，形位公差应采用代号标注。当无法采用代号标注时（例如用现有的形位公差项目无法表达，或采用代号标注过于复杂），才允许在图样的技术要求中用文字说明。

（1）形位公差代号和基准符号

形位公差代号包括：项目代号、框格和指引线、形位公差数值和有关符号以及基准符号等，其格式如图 4-36(a)所示。

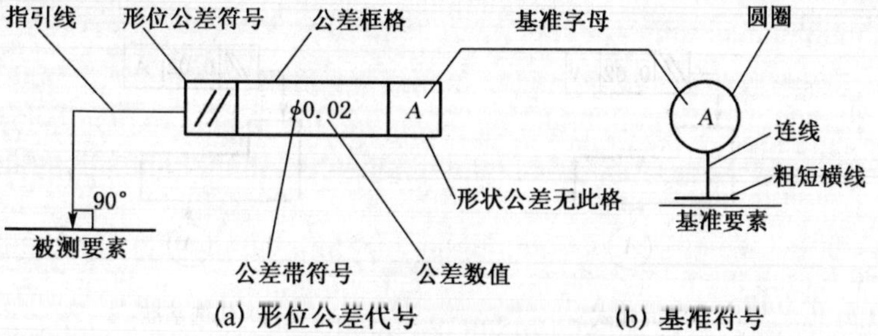

(a) 形位公差代号　　(b) 基准符号

图 4-36　形位公差代号和基准符号

基准符号由基准字母、圆圈、细实线和粗短横线组成，其格式如图 4-36(b)所示。基准字母在任何情况下都应水平书写。

形位公差代号的框格、指引线、圆圈、连线用细实线画出；公差框格至少有两格也有三格、四格或五格的。按规定从左到右填写框格，如图 4-37 所示。框格应水平或垂直放置，其长度根据需要确定。

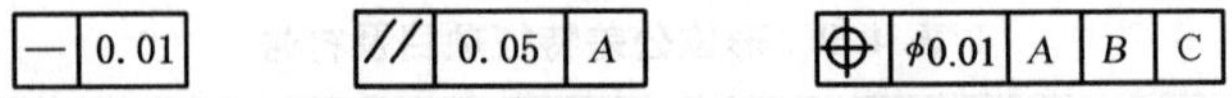

(a) (b) (c)

图 4-37 公差框格填写方法示例

公差框格用指引线与有关的被测要素联系起来，指引线一般从框格的左端或右端引出；也可从侧边直接引出。但必须垂直于框格，见图 4-38。指引线指向被测要素时可弯折，但要尽量避免，且不得多于两次，箭头应指向公差带的宽度方向或直径方向，见图 4-39。

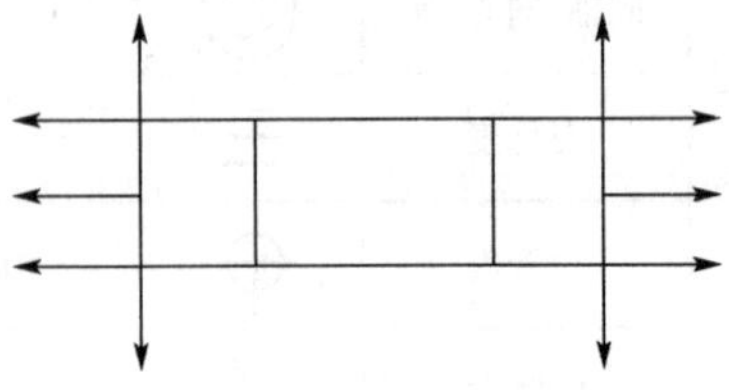

图 4-38 框格指引线的引出

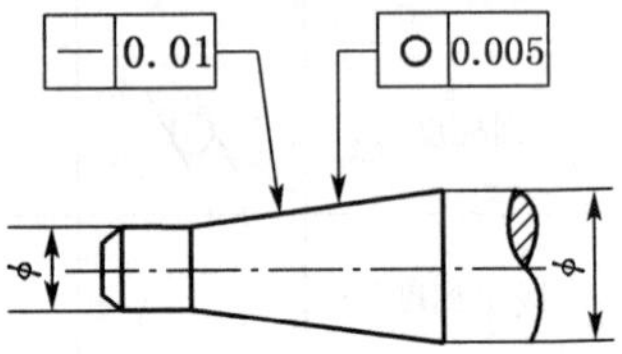

图 4-39 框格指引线应用示例

(2) 形位公差的标注

① 被测要素、基准要素的标注方法如下：

被测要素的标注方式有直接用箭头和用箭头、粗短划线加字母两种，如图 4-40(a)、(b)所示。

基准要素的标注方法有三种。

直接式：基准符号用指引线与框格相连，如图 4-40(c)所示。

间接式：基准符号不便与框格相连时，采用基准符号标注，如图 4-40(d)所示。

任选基准：可采用图 4-40(e)所示的标注方式。

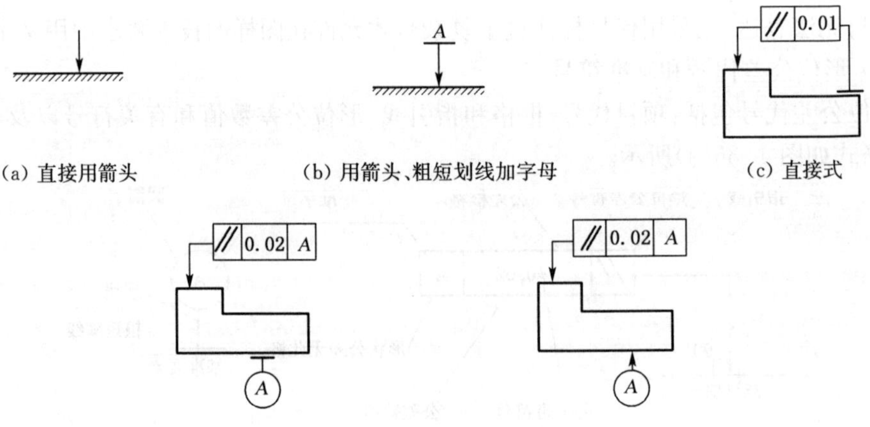

(a) 直接用箭头 (b) 用箭头、粗短划线加字母 (c) 直接式

(d) 间接式 (e) 任选基准

图 4-40 被测要素、基准要素的注法

② 当基准要素或被测要素为轴线、中心平面或由带尺寸要素的确定点时，基准符号中的线、带箭头的指引线应与尺寸线对齐，如图 4-41(a)、(b)。

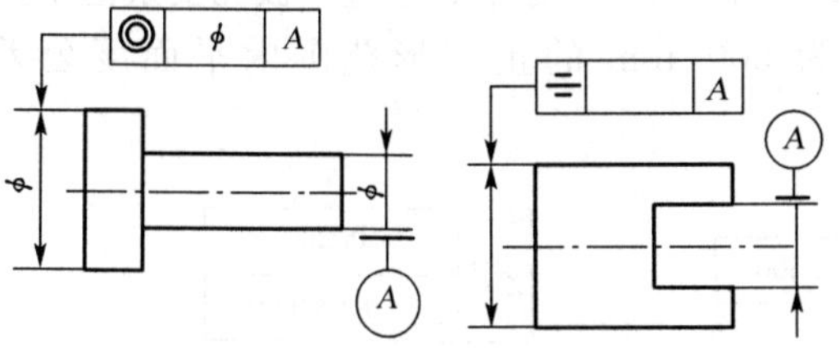

(a)　　(b)

图 4-41　基准、被测要素为轴线或中心平面

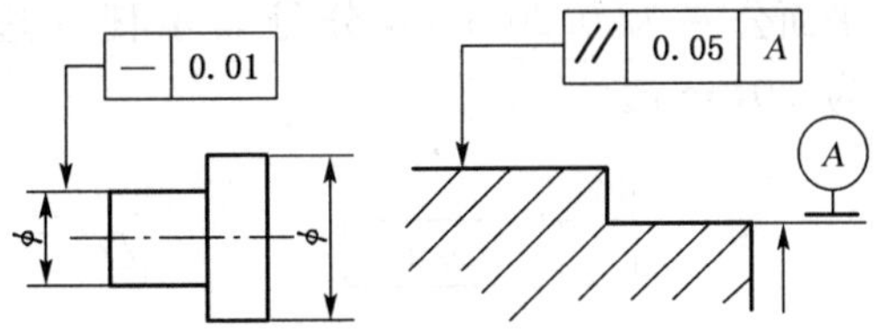

(a)　　(b)

图 4-42　基准、被测要素为线或面

③ 当基准要素或被测要素公差涉及轮廓线或表面时，带字母的短划线及指引线箭头应指向要素的轮廓线或它的延长线上，并应与尺寸线明显地错开，如图 4-42(a)、(b)。

④ 当基准或被测要素为实际表面时，基准符号、箭头可置于带点的参考线上，如图4-43。

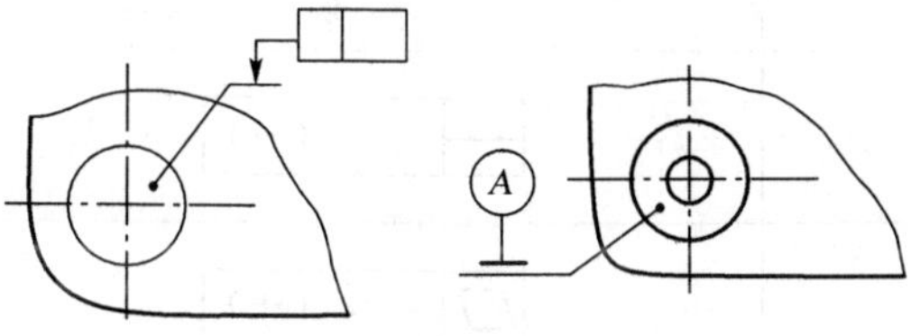

(a)　　(b)

图 4-43　基准、被测要素为实际表面

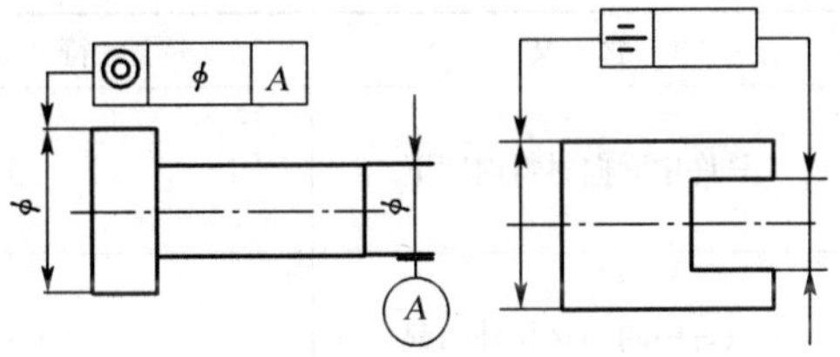

(a)　　(b)

图 4-44　省略箭头的标注

⑤ 当指引线箭头或基准符号与尺寸线箭头重叠时，该箭头可省略，见图 4-44。

⑥ 如果仅要求要素的一部分作为基准或被测要素时，则用细点划线表示其范围，并加注尺寸，如图 4-45 所示。

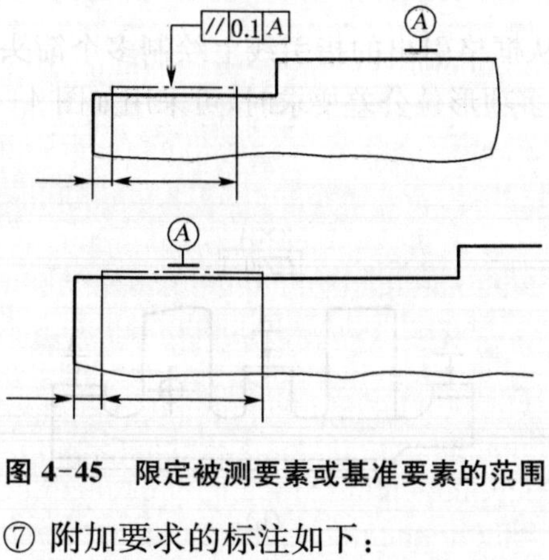

图 4-45　限定被测要素或基准要素的范围

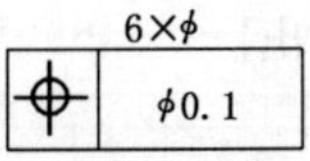

图 4-46　一个以上要素作为被测要素

⑦ 附加要求的标注如下：

a) 当一个以上要素作为被测要素时，如 6 个要素，应在框格上方标明，如“6×”，见图 4-46。

b）如果需要给出被测要素任一长度（或范围）的公差值时，其标注方法如图 4-47 所示。图 4-47(a)表示任一 100 mm 长度上直线度公差为 0.02 mm，图 4-47(b)表示任一边长为 500 mm 的正方形范围内平面度公差为 0.04 mm，图 4-47(c)分子表示整个被测要素范围内平面公差为 0.20 mm，分母表示任一边长为 500 mm 的正方形范围内平面度公差为0.04 mm。

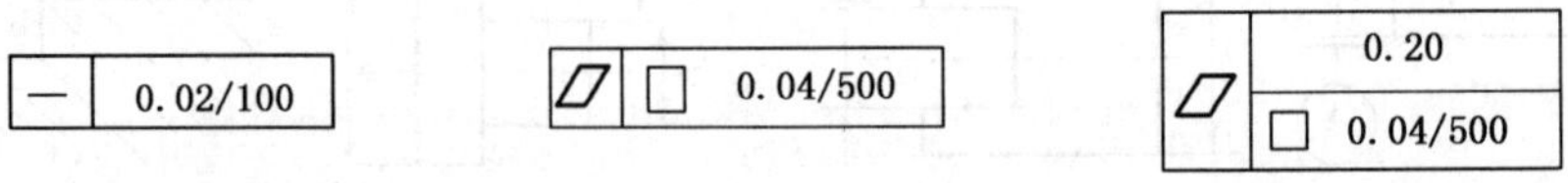

(a) (b) (c)

图 4-47 标注被测要素任一长度(或范围)的公差

c）如果在公差值前面加注“ϕ”时，公差带为圆或圆柱；加注“$S\phi$”时，公差带为球；否则公差带为具有一定宽度的平行要素。

d）对形位公差有附加要求时，应在框格内公差数值后面加注有关符号，见表 4-10。

表 4-10 形位公差附加要求

含 义	符 号	举 例
只许中间向材料内凹下	(−)	— | t (−)
只许中间向材料外凸起	(+)	▱ | t (+)
只许从左至右减小	(▷)	⌭ | t (▷)
只许从右至左减小	(◁)	⌭ | t (◁)

⑧ 形位公差的简化标注方法如下：

多个被测要素有相同的形位公差要求时，可从框格引出的指引线上绘制多个箭头并分别与被测要素相连，见图 4-48。同一被测要素有多项形位公差要求时，可采用如图 4-49 所示的框格并列注出。

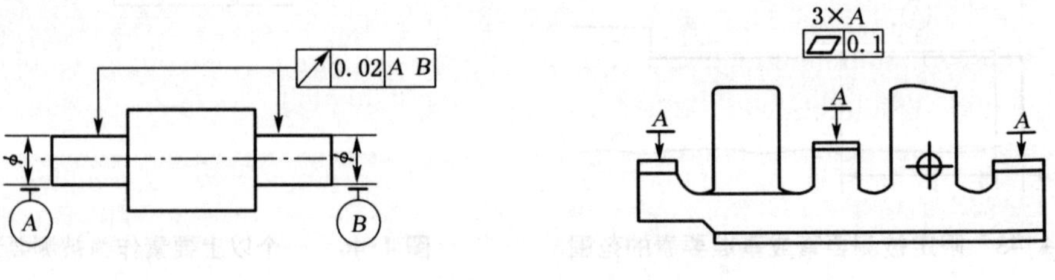

(a) (b)

图 4-48 不同要素有同一形位公差项目要求的标注示例

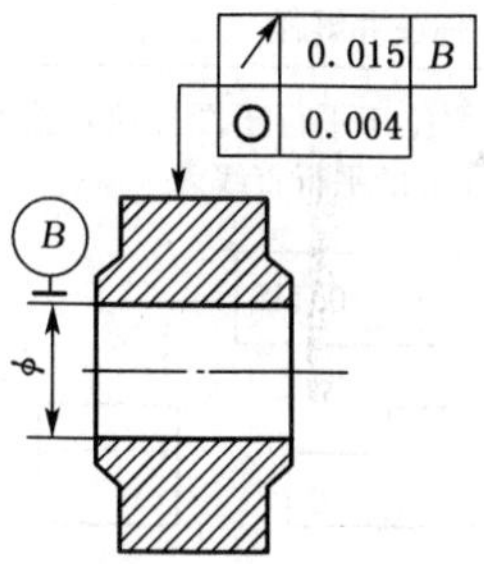

图 4-49　同一要素有多项形位公差项目要求的标注示例

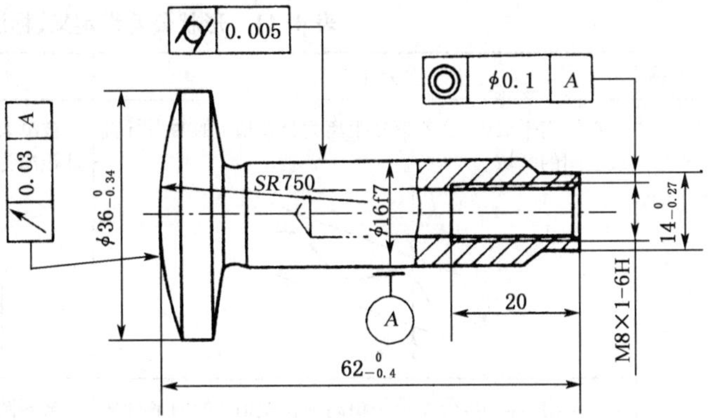

图 4-50　形位公差标注示例

⑨ 形位公差标注示例。

如图 4-50 所示，在顶杆零件图中标注的三个形位公差分别表示：

a) *SR*750 mm 球面对 ϕ16f7 轴线的圆跳动公差为 0.03 mm。

b) ϕ16f7 圆柱体的圆柱度公差为 0.005 mm。

c) M8×1—6H 螺孔的轴心线对 ϕ16f7 轴心线的同轴度公差为 ϕ0.1 mm。

4.2.2　形状和位置公差

1) 形状误差及形状公差

形状误差是指被测实际要素对其理想要素的变动量。

在评定形状误差时，往往用一组平行要素（两平行线、两同心圆或两平行面等）或圆（圆柱、圆球）将被测实际要素紧紧包容起来，使所形成包容区的宽度或直径达到最小，此包容区域称为最小包容区域。最小区域的宽度或直径即为其形状误差值的大小。如图 4-51 所示，$h_3>h_2>h_1$，AB 的直线度误差为 h_1；如图 4-52 所示，圆的误差度为 Δr_2。

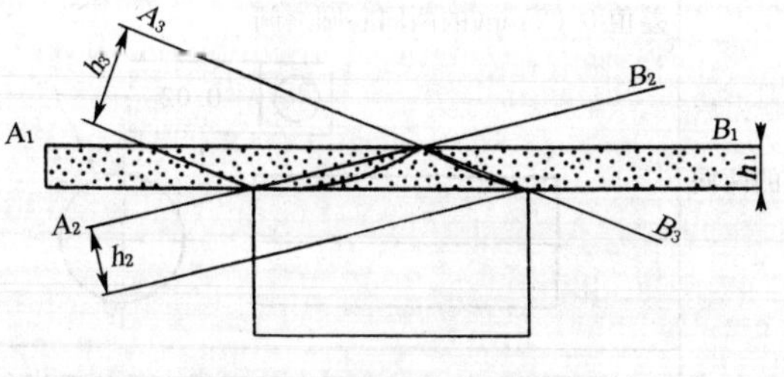

图 4-51　直线度误差示例

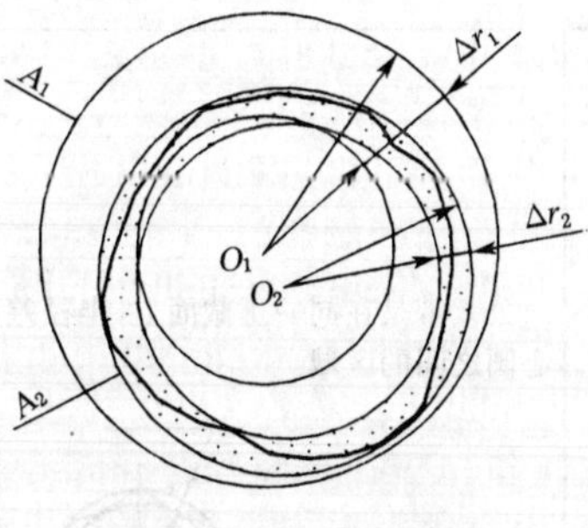

图 4-52　圆度误差示例

形状公差是为了限制形状误差而设置的，一般形状公差用于单一要素，故形状公差是单一实际要素的形状所允许的变动全量。

形状公差带与相应的形状误差的最小区域在形状、方向和位置上是一致的，仅大小不同，公差带的大小为公差值 t，最小区域的大小为误差值 f。

各项形状公差标准示例、读法、公差带见表 4-11。

表 4-11　形状公差带定义、标注和解释

名称	公差带定义	标注和解释
直线度	在给定平面内，公差带是距离为公差值 t 的两平行直线之间的区域 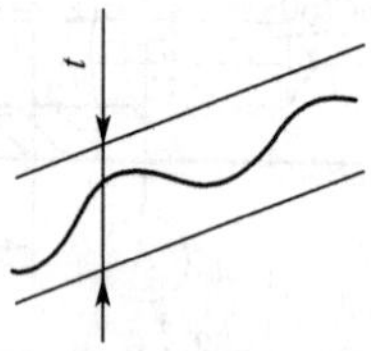	被测表面的素线必须位于平行于图样所示投影面内且距离为公差值 0.1 mm 的平行直线内 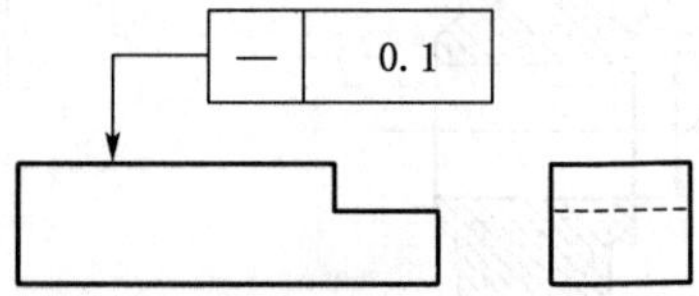
	在给定方向上，公差带是距离为公差值 t 的两平行平面之间的区域 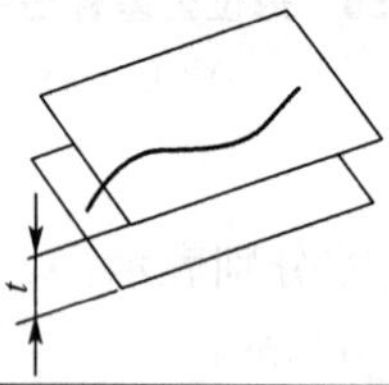	被测圆柱面的一素线必须位于距离为公差值 0.1 mm 的两平行平面之间 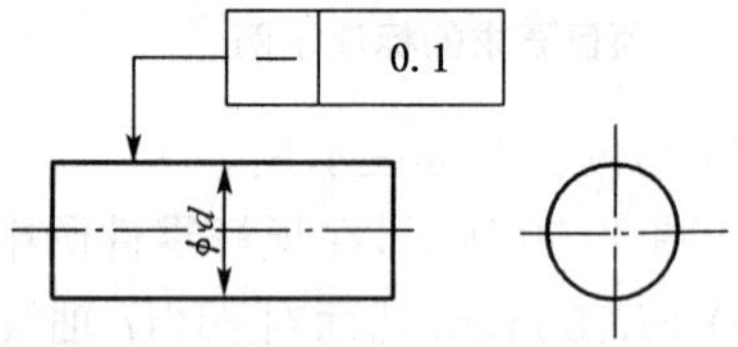
	如在公差值前加注 ϕ，则公差带是直径为 t 的圆柱面内的区域 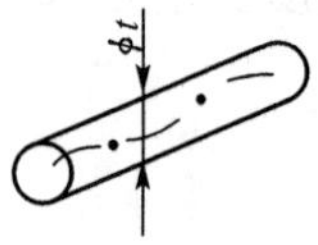	被测圆柱体的轴线必须位于直径为 ϕ0.08 mm 的圆柱面内 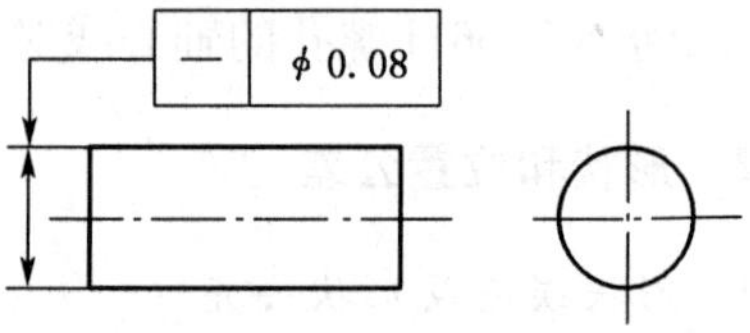
平面度	公差带是距离为公差值 t 的两平行平面之间的区域 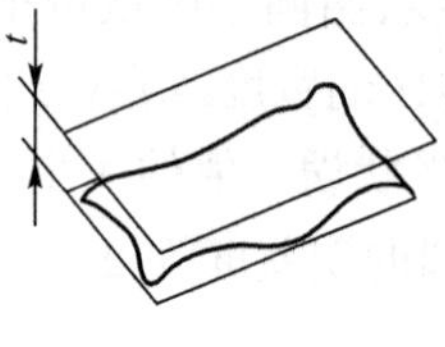	被测表面必须位于距离为公差值 0.06 mm 的两平行平面内 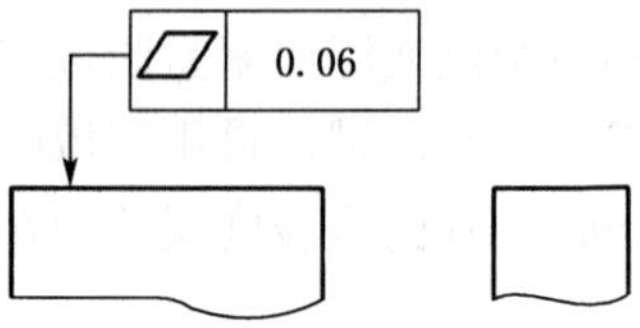
圆度	公差带是在同一正截面上，半径差为公差值 t 的两同心圆之间的区域 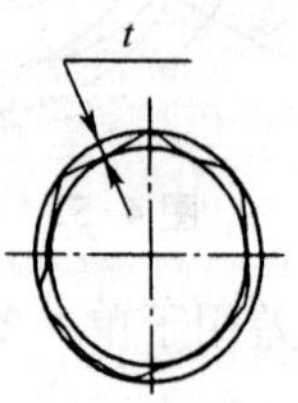	被测圆柱面任一正截面的圆周必须位于半径差为公差值 0.02 mm 的两同心圆之间 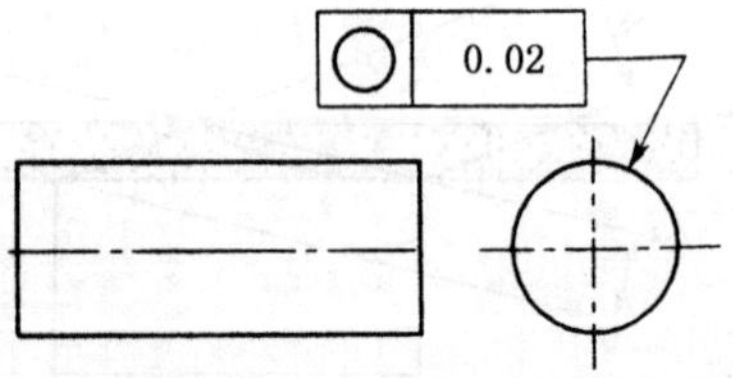
		被测圆锥面任一正截面上的四周必须位于半径差为 0.01 mm 的两同心圆之间 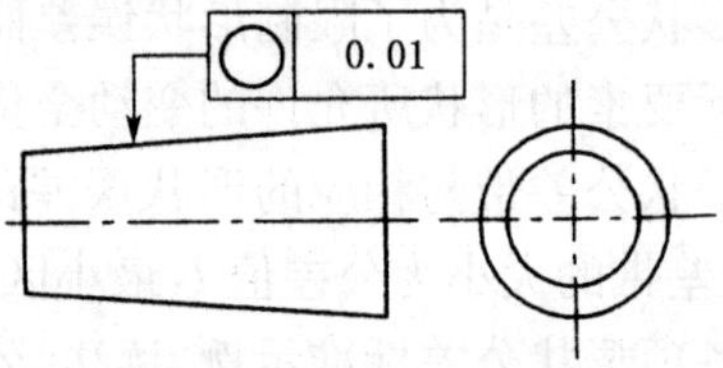

（续　表）

名称	公差带定义	标注和解释
圆柱度	公差带是半径为公差值 t 的两同轴圆柱面之间的区域 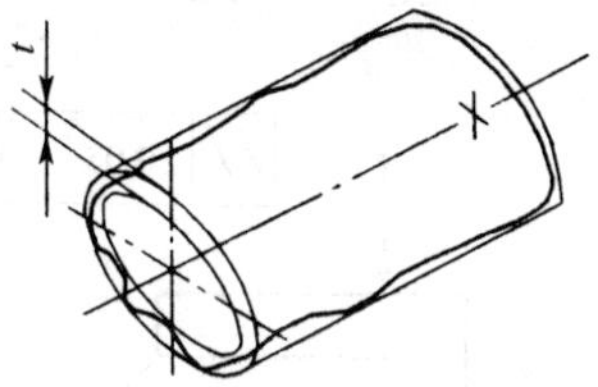	被测圆柱面必须位于半径差为公差 0.05 mm 的两同轴圆柱面之间 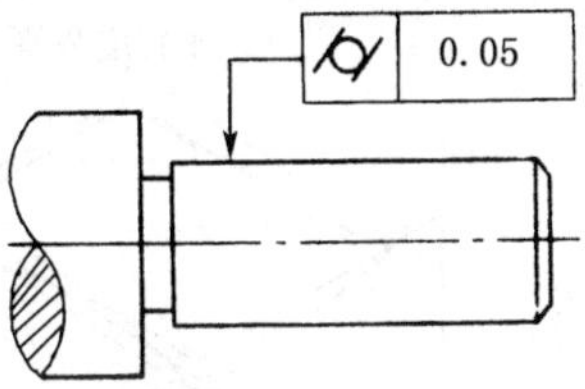
线轮廓度	公差带是包络一系列直径为公差值 t 的圆的两包络线之间的区域。诸圆的圆心位于具有理论正确几何形状的线上 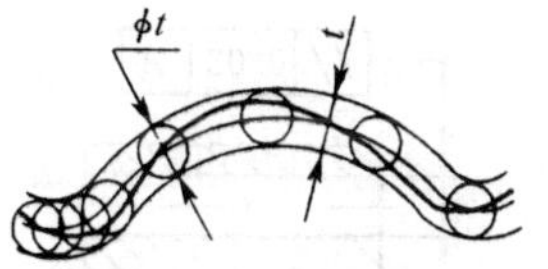	在平行于图样所示投影的任一截面上，被测轮廓线必须位于一系列直径为公差值 0.04 mm，且圆心位于具有理论正确几何形状的线上的包络线 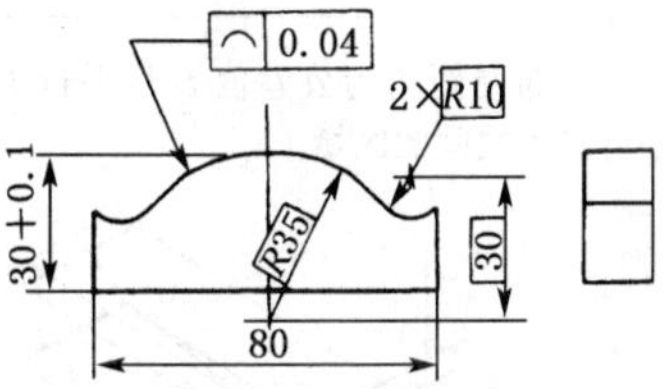 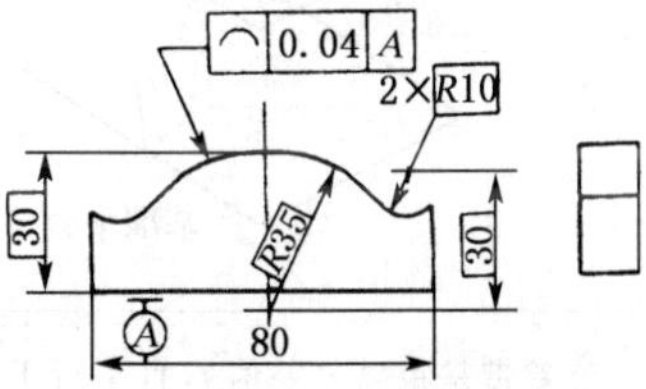
面轮廓度	公差带是包络一系列直径为公差值 t 的球的两包络面之间的区域。诸球的球心位于具有理论正确几何形状的面上 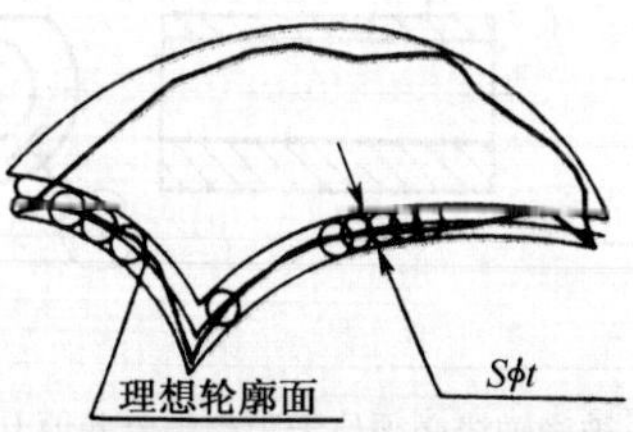	被测轮廓面必须位于包络一系列球的两包络面之间，诸球的直径为公差值的 0.02 mm，且球心位于具有理论正确几何形状的面上 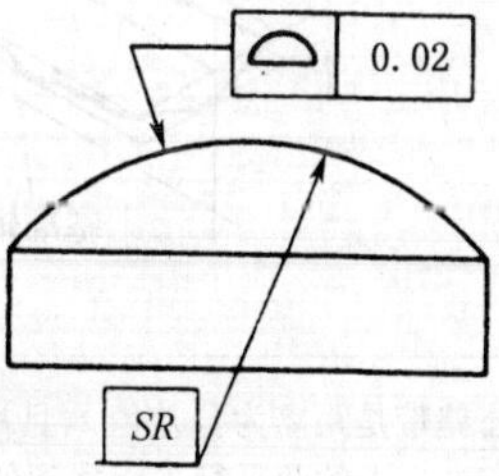

2）位置误差及位置公差

位置误差是指被测实际要素对理想要素位置的变动量，理想要素位置是由或相对于基准而确定的。

基准即理想的基准要素，基准应由基准实际要素按最小区域法建立。

位置公差是关联实际要素的位置对基准所允许的变动全量。

位置公差带的方向和位置由基准确定，各项位置公差标准示例、读法及公差带见表4-12。

表 4-12 位置公差带定义、标注和解释

名称		公差带定义	标注及解释
平行度	面对面	公差带是距离为公差值 t,且平行于基准面的两平行平面之间的区域 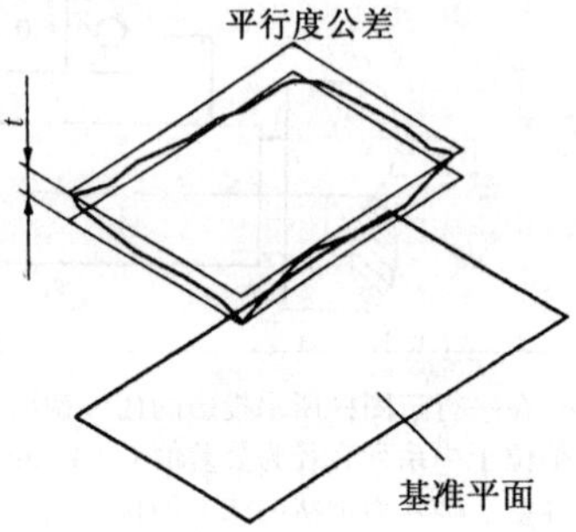	被测表面必须位于距离为公差值 0.05 mm,且平行于基准表面 A(基准平面)的两平行平面内 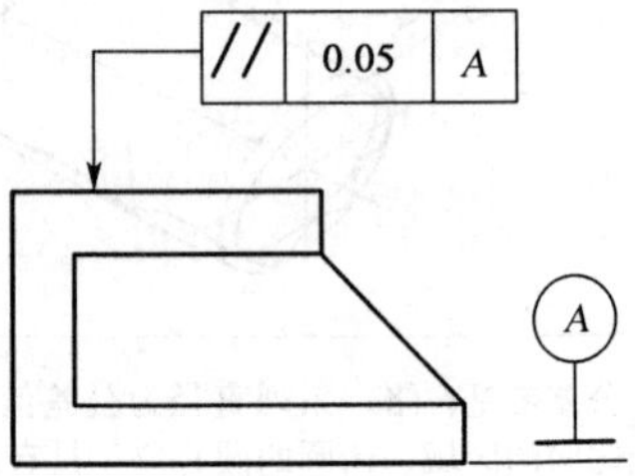
	线对面	公差带是距离为公差值 t,且平行于基准平面的两平行平面之间的区域 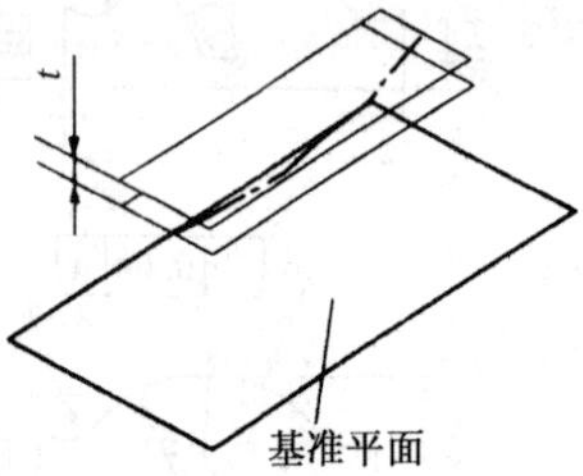	被测轴线必须位于距离为公差值 0.03 mm,且平行于基准表面 A(基准平面)的两平行平面之间 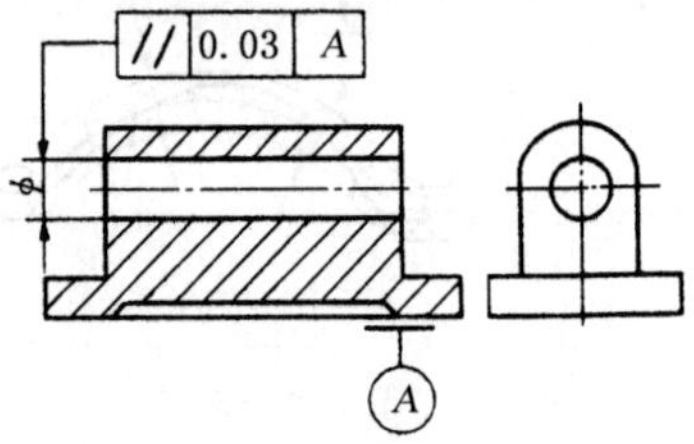
	面对线	公差带是距离公差值 t,且平行于基准轴线的两平行平面之间的区域 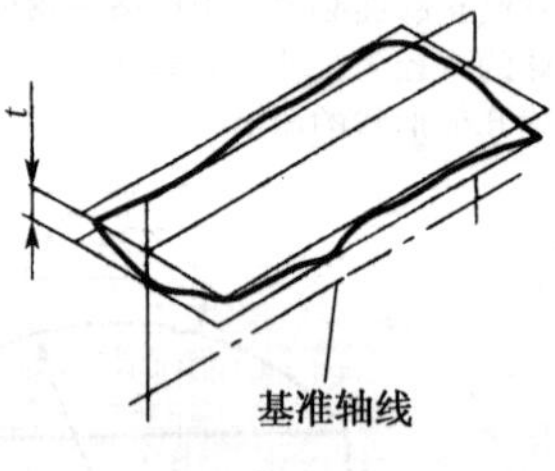	被测表面必须位于距离为公差值 0.05 mm,且平行于基准线 A(基准轴线)的两平行平面之间 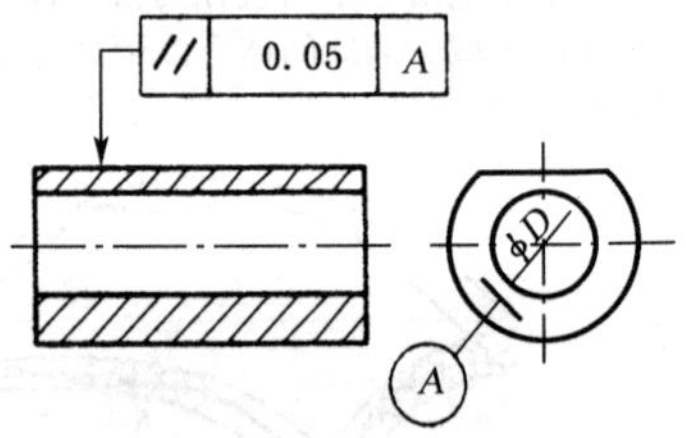
	线对线	公差带是距离为公差值 t,且平行于基准线,并位于给定方向上的两平行平面之间的区域 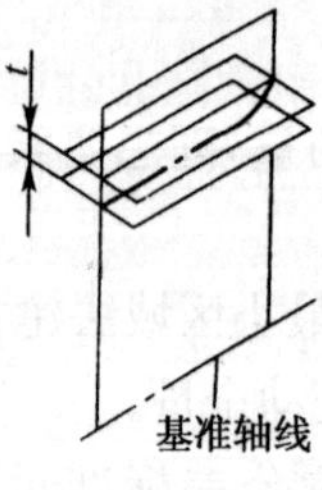	被测轴线必须位于距离为公差值 0.1 mm,在给定方向平行于基准轴线两平行平面之间 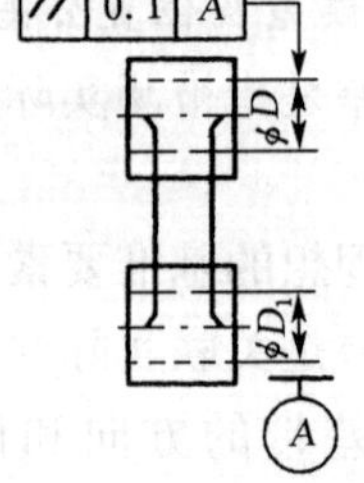

（续 表）

名称		公差带定义	标注及解释
平行度	线对线	如在公差值前加注 ϕ，公差带是直径为公差值 t，且平行于基准线的圆柱面内的区域 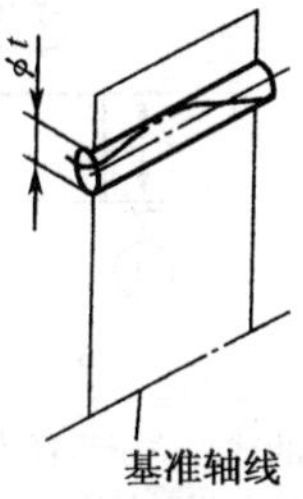	被测轴线必须位于直径为公差值 0.1 mm，且平行于基准轴线的圆柱面内 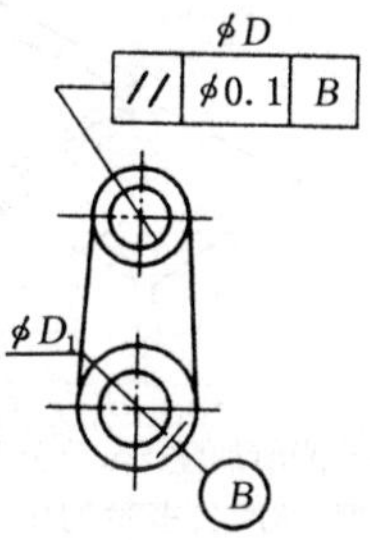
垂直度	面对面	公差带是距离为公差值 t，且垂直于基准平面的两平行平面之间的区域 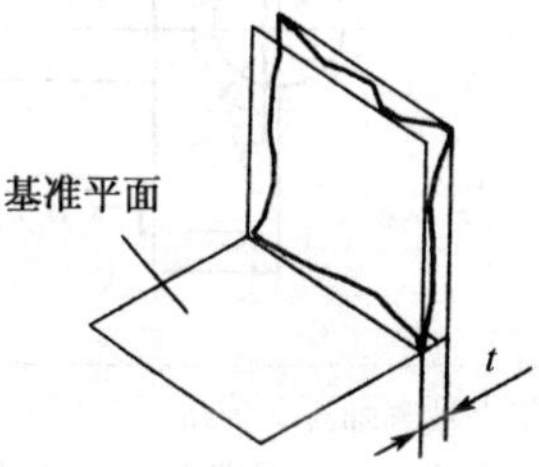	被测面必须位于距离为公差值 0.05 mm，且垂直于基准平面 C 的两平行平面之间。 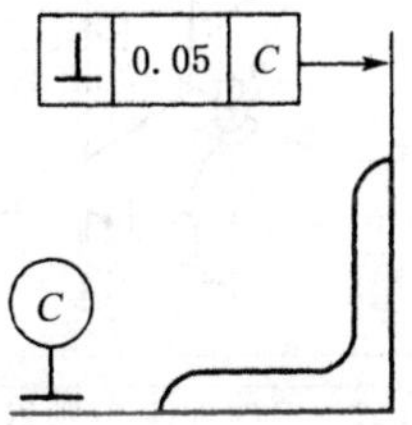
倾斜度	面对线	公差带是距离为公差值 t，且与基准线成一给定角度 α 的两平行平面之间的区域 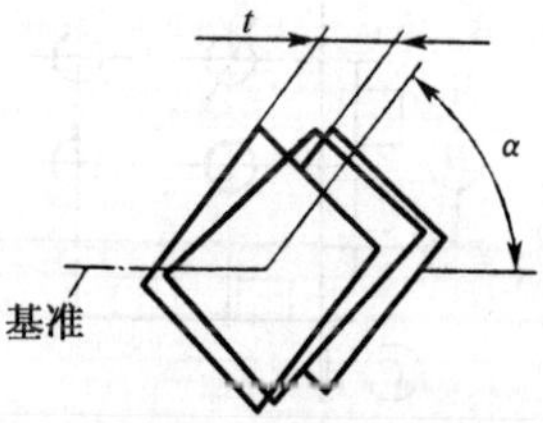	距离为公差值 0.1 mm，且与基准线 D 成理论正确角度 75°的两平行平面之间 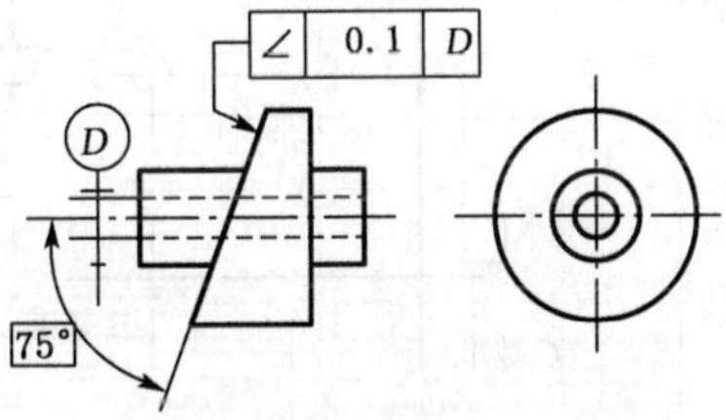
同轴度	轴线的同轴度	公差带是公差值 ϕt 的圆柱面的区域，该圆柱面的轴线与基准轴线同轴 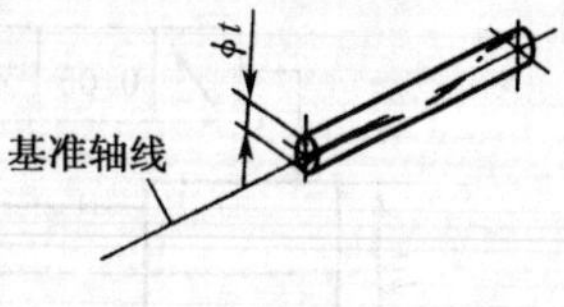	大圆的轴线必须位于公差值 ϕ0.1 mm，且与公共基准线 A—B（公共基准轴线）同轴的圆柱面内 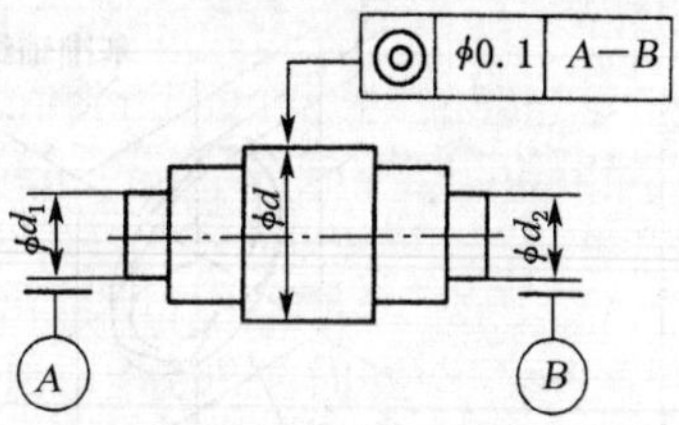

(续 表)

名 称		公差带定义	标注及解释
对称度	中心平面对称度	公差带是距离为公差值 t，且相对基准的中心平面对称配置的两平行平面之间的区域 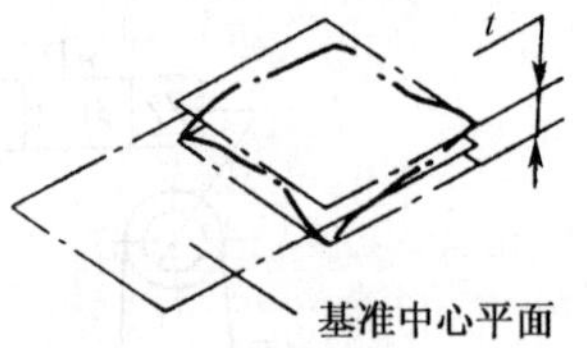	被测中心平面必须位于距离为公差值 0.08 mm，且相对基准中心平面 A 对称配置的两平行平面之间 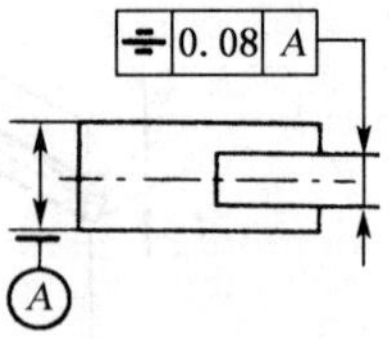
位置度	点的位置度	如公差值前加注 $S\phi$，公差带是直径为公差值 t 的球内的区域，球的公差带的中心点的位置，由相对于基准 A 和 B 的理论正确尺寸确定 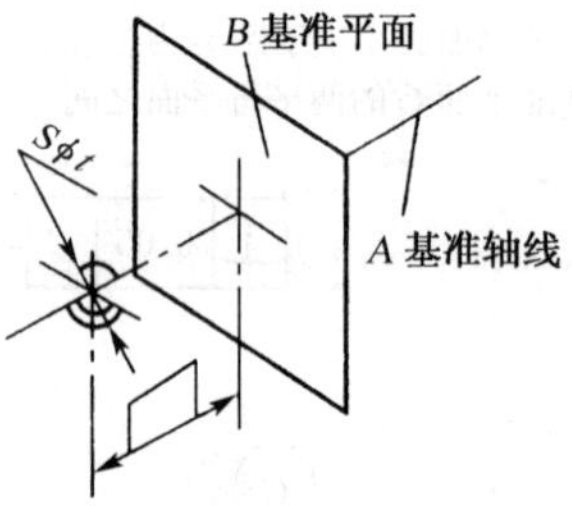	被测球的球心位于直径为公差值 0.08 mm 的球内，该球的球心位于相对基准 A 和 B 所确定的理论位置上 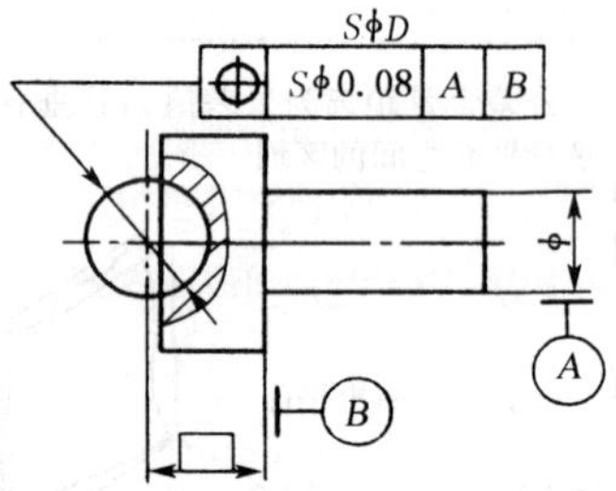
	线的位置度	如在公差值前加注 ϕ，则公差带是直径为 t 的圆柱面内的区域，公差带的轴线的位置相对于三基面体系的理论正确尺寸确定 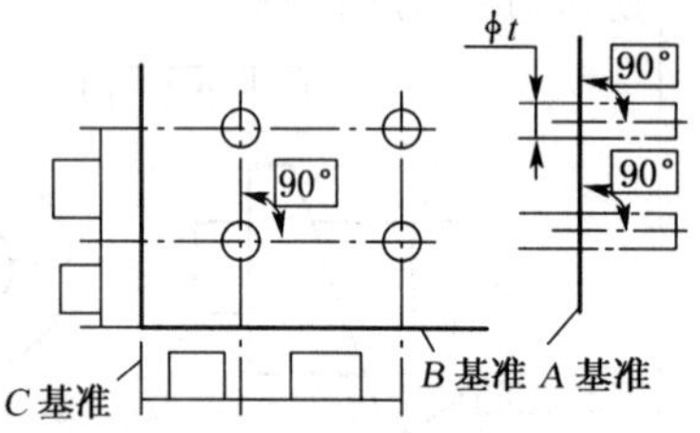	每个被测轴线必须位于直径为公差值 0.1 mm，且以相对于 A、B、C 基准表面（基准平面）所确定的理想位置为轴线的圆柱内 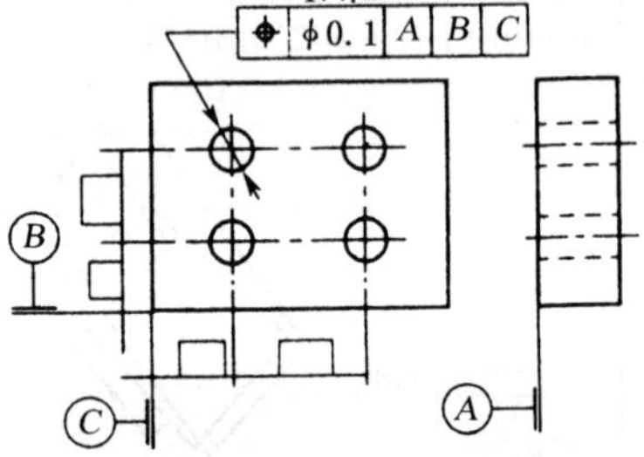
圆跳动	径向圆跳动	公差带是在垂直于基准轴线的任一测量平面内半径差为公差值 t，且圆心在基准轴线上的两个同心圆之间的区域 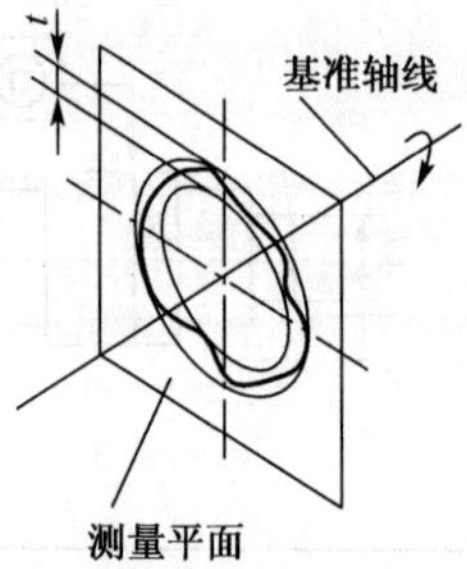	当被测要素围绕基准线 A（基准轴线）作无轴向移动旋转一周时，在任一测量平面内的径向圆跳动量均不大于 0.5 mm 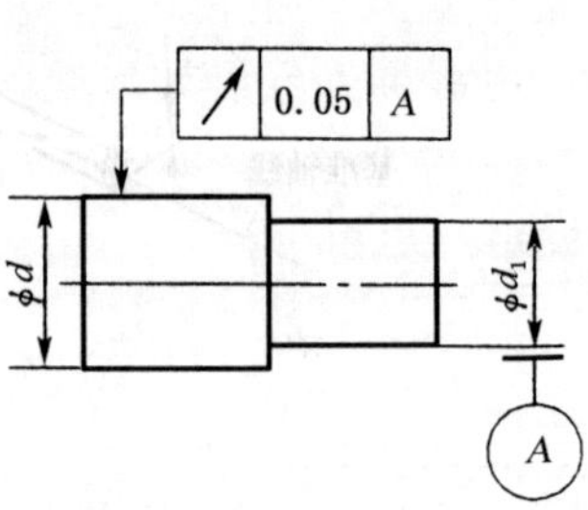

（续　表）

名　称		公差带定义	标注及解释
圆跳动	端面圆跳动	公差带是在与基准同轴的任一半径位置的测量圆柱面上距离为 t 的圆柱面区域 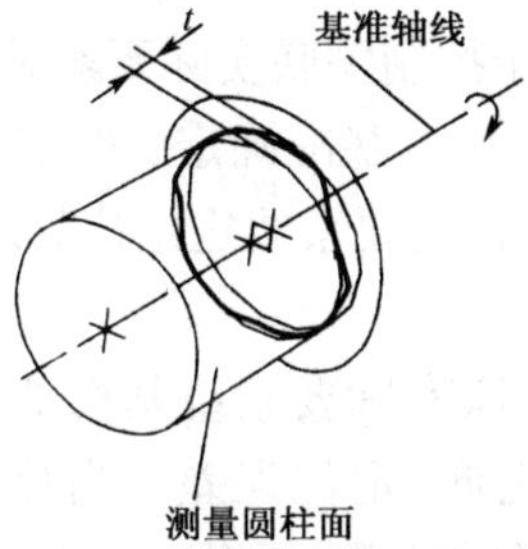	被测面绕基准线 A(基准轴线)作无径向移动旋转一周时，在任一测量圆柱面内的轴向跳动量均不得大于 0.05 mm 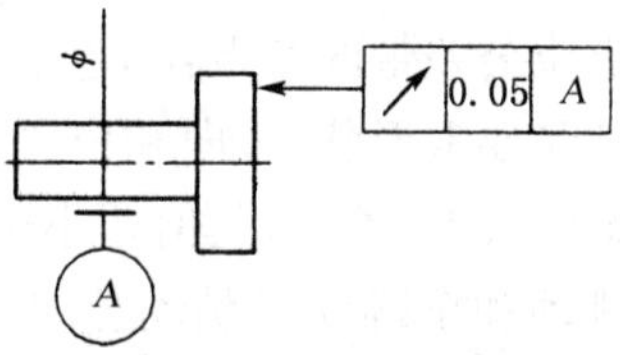
	斜向圆跳动	公差带是在与基准轴线同轴的任一测量圆锥面上距离为 t 的两圆之间的区域。除另有规定，其测量方向应与被测面垂直 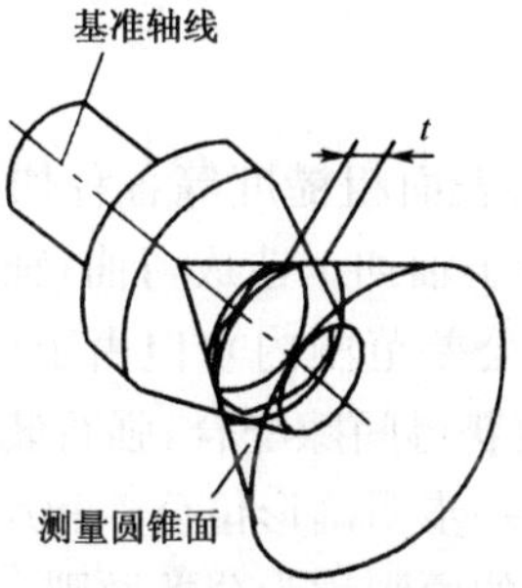	被测面绕基准线 A(基准轴线)作无轴向移动旋转一周时，在任一测量圆锥面上的跳动量均不得大于 0.05 mm 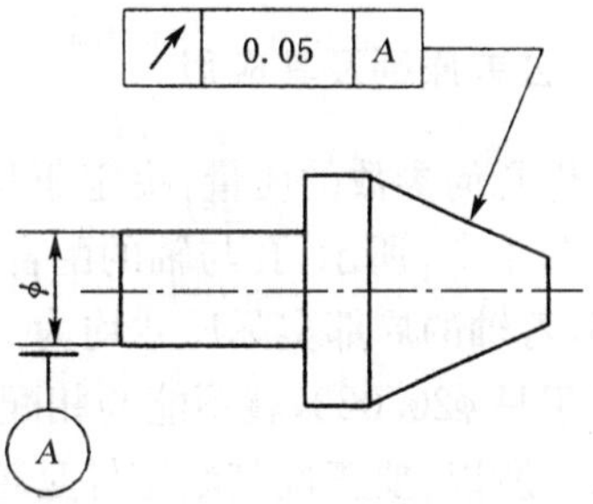
全跳动	径向全跳动	公差带是半径为公差值 t，且与基准同轴的两圆柱面之间的区域 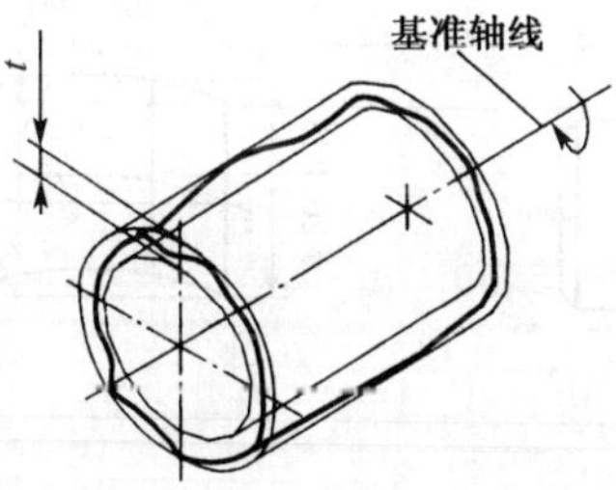	被测要素围绕基准线 A—B 作若干次旋转，并在测量仪器与工件间同时作轴向移动，此时在被测要素上各点间的示值差均不得大于 0.2 mm，测量仪器或工件必须沿着基准轴线方向并相对于公共基准轴线 A—B 移动 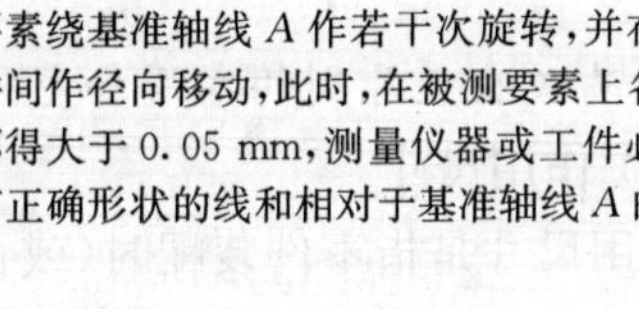
	端面全跳动	公差带是距离为公差值 t，且与基准垂直的两平行平面之间的区域 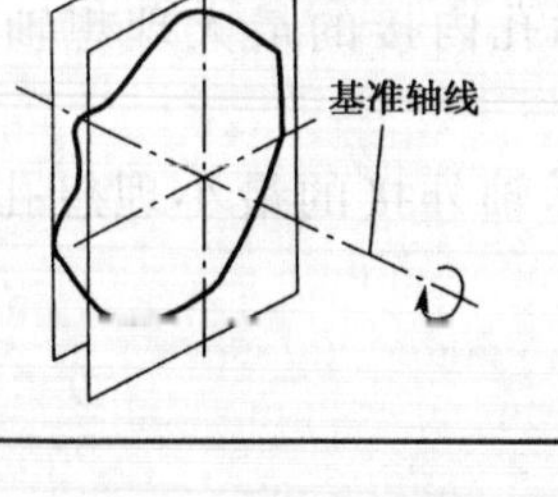	被测要素绕基准轴线 A 作若干次旋转，并在测量仪器与工件间作径向移动，此时，在被测要素上各点间的示值差不得大于 0.05 mm，测量仪器或工件必须沿着轮廓具有正确形状的线和相对于基准轴线 A 的正确方向移动 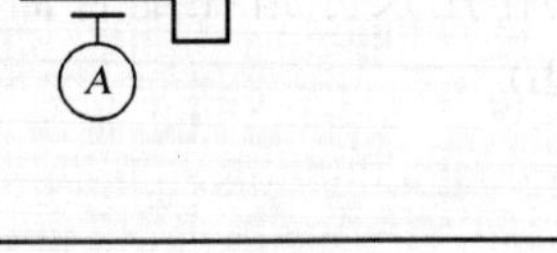

平行度、垂直度、倾斜度属定向公差项目，用于控制关联实际要素对基准在方向上的误差。定向公差带的特点：①定向公差带的方向由基准确定。②定向公差带具有综合控制被测要素的形状和方向误差的功能，通常被测要素给出定向公差后，不必再给出形状公差。若给，形状公差值应小于定向公差值。

同轴度、对称度、位置度属于定位公差项目。用于控制关联实际要素对基准在方位上的误差。定位公差带的特点：①定位公差带的方向和位置由基准确定。②定位公差带具有综合控制被测要素形状、方向和位置误差的功能。通常被测要素给定定位公差后，不必再给出形状和定向公差，若给，其值要小于定位公差值。

圆跳动和全跳动属跳动公差项目。用于控制关联实际要素绕基准轴线回转一周或连续回转时的跳动量。同时可以控制有关的形状和定向、定位误差。当综合控制被测要素不能满足功能要求时，可进一步给出有关的形状、定向、定位公差值。例如：径向圆跳动公差带可控制被测表面轴线对基准轴线的同轴度误差和圆度误差。由于跳动检测方便，故使用较多。

4.2.3 公差原则及其应用

零件几何参数的质量，决定于尺寸、形状、位置、表面粗糙度等各种加工误差的综合结果。如图 4-53 所示，孔与轴的配合为间隙配合。由于轴加工造成弯曲，轴线直线度误差为 $\phi0.036$，若轴的局部实际尺寸均为 $\phi19.987$（在规定公差范围内），但由于形状误差偏大，此轴相当于是 $\phi20.023$，就不能与相配的孔顺利装配而获得间隙配合，强行装配就不能满足设计要求。所以，要正确判断零件是否合格，就必须进一步明确形位公差和尺寸公差之间的内在联系。确定和处理形位公差和尺寸公差之间关系的原则称为公差原则。

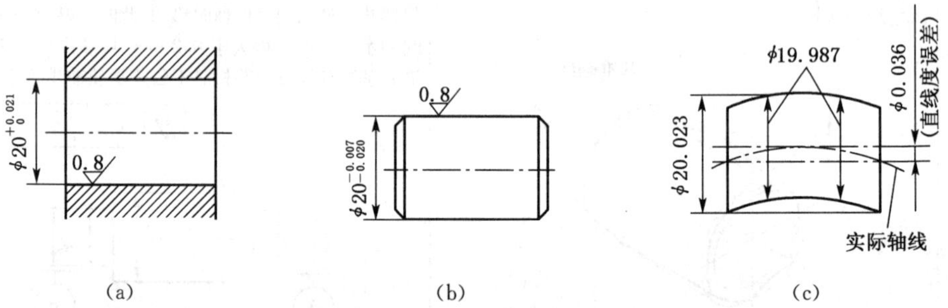

图 4-53 孔与轴间隙配合

1）有关公差原则的术语和定义

(1) 作用尺寸

作用尺寸是指零件装配时（或在配合中）起作用的尺寸。

孔的作用尺寸指在配合面的全长上与实际孔内接的最大理想轴的尺寸（D_m），见图4-54(a)。

轴的作用尺寸指在配合面的全长上与实际轴外接的最小理想孔的尺寸（d_m），见图4-54(b)。

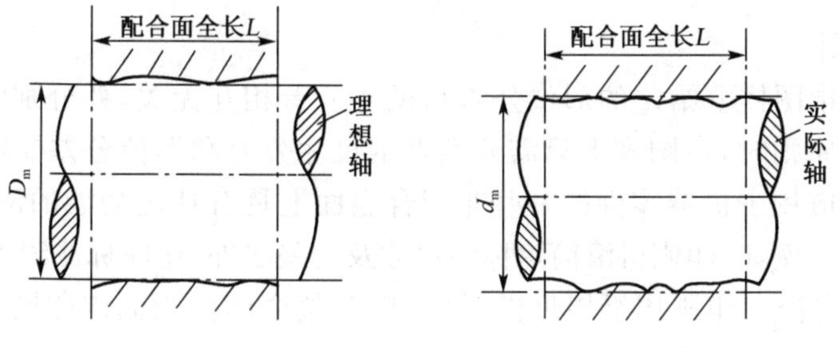

(a) 实际孔　　(b) 理想孔

图 4-54　孔和轴的作用尺寸

作用尺寸有两种:一种是单一要素作用尺寸,它仅考虑形状误差条件下的尺寸,如图 4-55 中的 d_m;另一种是关联要素作用尺寸,它是考虑位置误差条件下的尺寸,如图 4-55 中的 d'_m 轴的关联作用尺寸,它是配合全长上与实际轴外接、直径为最小理想圆柱孔直径,且这个理想圆柱孔要与基准 A 保持垂直关系。

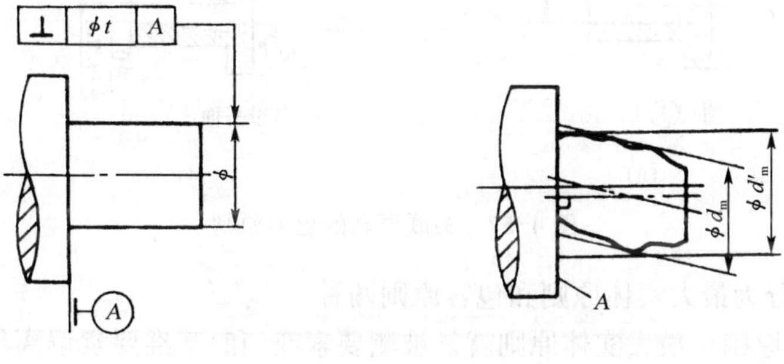

(a)　　(b)

图 4-55　轴的作用尺寸

(2) 最大实体状态、最大实体尺寸和最大实体边界

最大实体状态是指孔、轴具有允许的材料量为最多时的状态。最大实体尺寸是指孔、轴在最大实体状态时的尺寸,对孔为最小极限尺寸(D_{min}),对轴为最大极限尺寸(d_{max})。最大实体边界是由孔、轴的最大实体状态决定的一个理想边界,最大实体边界尺寸等于最人实体尺寸。

(3) 最小实体状态和最小实体尺寸

最小实体状态是指孔、轴具有允许的材料量为最小时的状态。最小实体尺寸是指孔轴在最小实体状态时的尺寸,对孔为最大极限尺寸(D_{max}),对轴为最小极限尺寸(d_{min}),见图4-56。

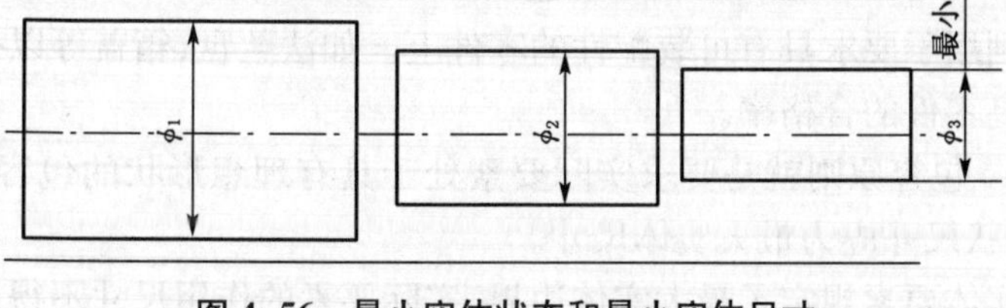

图 4-56　最小实体状态和最小实体尺寸

2) 公差原则

(1) 独立原则

独立原则是指图样上给定的形位公差和尺寸公差相互无关，并分别满足要求的公差原则。采用独立原则时，在图样上只需分别表示尺寸公差和形位公差要求，如表 4-13 所示。独立原则常应用于机器零件的一些非配合表面上具有特定功能的部位，以保证机器零件的使用要求。例如，印刷机滚筒除标注尺寸及公差之外，还应标注滚筒的形状公差，两者共同保证滚筒直径和印刷用纸厚度的尺寸，以及整个印张版面内印刷的清晰程度和均匀性。

(2) 相关原则

相关原则是指图样上给定的形位公差和尺寸公差相互有关的公差原则。其标注如图4-57。

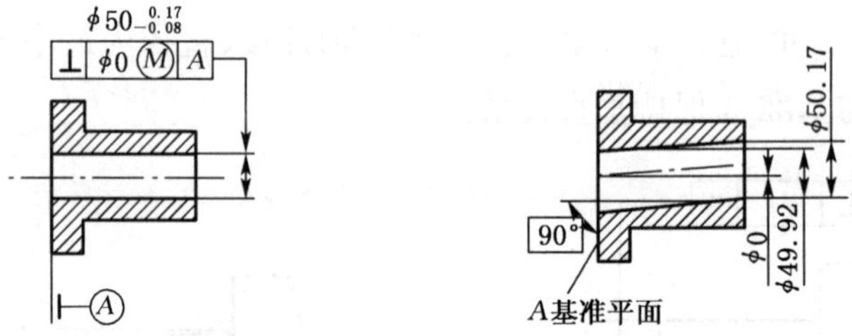

(a) (b)

图 4-57 关联要素的包容原则

相关原则又分为最大实体原则和包容原则两种。

① 最大实体原则 最大实体原则就是被测要素或(和)基准要素偏离最大实体状态，而形状、定向、定位公差获得补偿值的一种原则。其标注如图 4-58 所示。

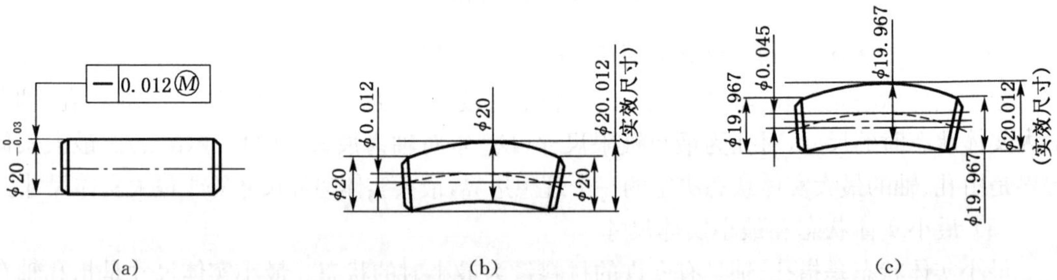

(a) (b) (c)

图 4-58 最大实体原则

最大实体原则确定被测要素或基准要素的尺寸公差与形位公差的关系时，应在公差框中的公差数值或基准代号字母后加注符号Ⓜ。

最大实体原则用于要求具有可装配性的零件上。如法兰盘、箱盖等以孔连接的零件，采用最大原则可提高零件的合格率。

② 包容原则 包容原则就是要求实际要素处于具有理想形状的包容面内的一种公差原则，而理想的形状尺寸应为最大实体尺寸。

包容原则对实体要素规定了最大实体边界，实际要素的作用尺寸不得超过此边界，这就是用尺寸公差来控制形位误差。图 4-59 所示的销轴为包容原则用于单一要素的示例，在尺寸偏差的后面加注符号Ⓔ，则表示销轴的外圆柱面应遵守包容原则。

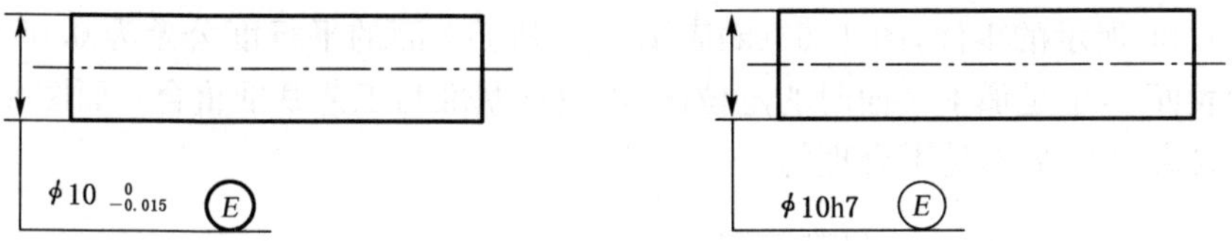

(a)　　(b)

图 4-59　包容原则用于单一要素

当包容原则用于关联要素时，应在公差值的框格内标注 0Ⓜ。当被测实际要素处于最大实体尺寸时，不仅必须具有理想形状，而且还必须位于正确的方向或位置上，即形位公差为 0。当被测实体要素偏离最大实体尺寸时，允许的形位误差最大。

3）三种公差原则的比较

三种公差原则的标准代号、遵守的边界、检验方法和应用范围的比较见表 4-13。

表 4-13　三种公差原则的比较

公差原则	独立原则	包容原则	最大实体原则
标准代号	/	在尺寸公差后加注符号Ⓔ	在形位公差值后或基准代号后加注符号Ⓜ
图　例	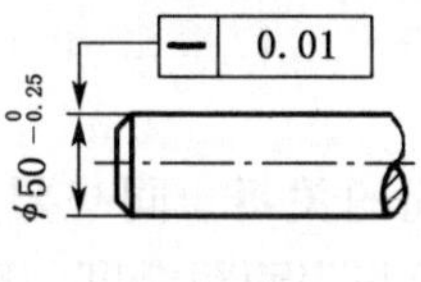	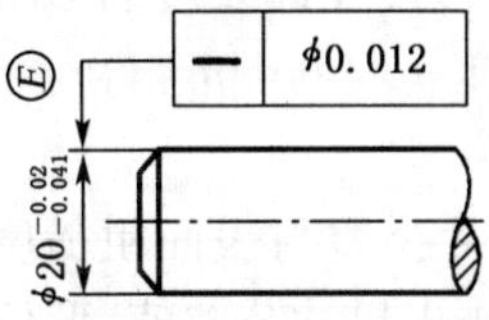	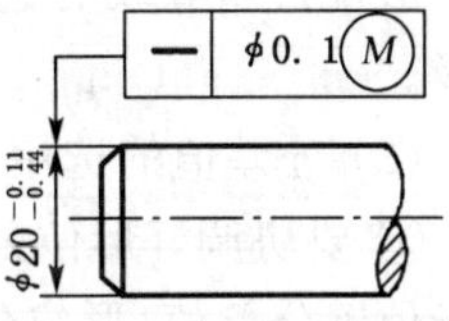
应遵守的边界	/	最大实体边界	实效边界
检验方法	分别检验实际尺寸和形位误差	按国标 GB1957—81《光滑极限量规》或 GB3177—82《光滑工件尺寸的检测》标准规定检验	用两点法检验实际尺寸是否超出最大、最小实体尺寸。 用综合量规检验作用尺寸是否超出实效边界
应用范围	保证功能要求	保证配合性质	保证可装配性

4.2.4　形位公差的选用

形位公差的选用要依据零件的使用要求、工艺性和经济性等原则，选用内容包括形位公差项目、形位公差值和基准要素三方面。

1）形位公差项目的选用

形位公差项目的选用主要根据零件的几何特征来确定。还应考虑零件的功能要求，检测方便和经济性等因素。

2) 基准要素的选择

基准要素的选择,应根据设计和使用要求,选加工或装配中的定位表面作基准,力求使设计基准与工艺基准重合。

如图 4-60 所示的零件,图 4-60(a)表示 2 面对于 1 面的平行度公差为 0.05 mm,设计基准 A 为表面 1,也是加工 2 面时的定位面,即设计基准与工艺基准重合。而图 4-60(b)设计基准 B 为表面 2,显然是不合理的。

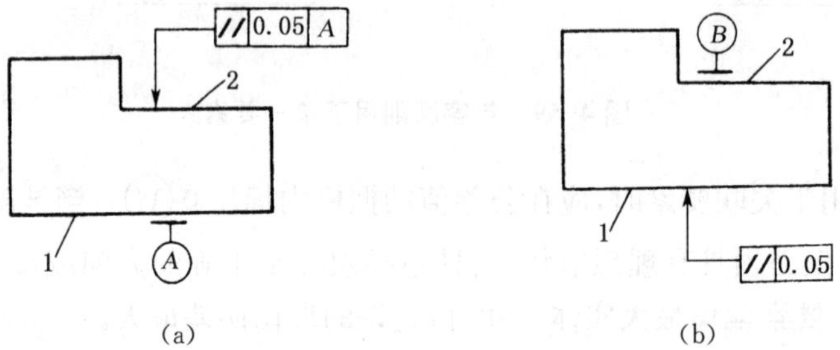

图 4-60 基准要素的选择

3) 形位公差值的选择

(1) 形位公差等级

按 GB/T1184—1980 的规定,形位公差值应按主参数和公差等级选取,见附录中表 5~8。形位公差等级共分 12 级。1 级为最高级,12 级为最低级。其中 6、7 级为基本级,使用普遍。

形位公差等级的选用原则为:在满足零件功能要求的前提下,尽量选用较低的公差等级。

(2) 公差值的选用原则

① 要协调好形位公差、尺寸公差与表面粗糙度之间的关系。同一要素上,形状公差值小于位置公差值;形位公差值小于尺寸公差值;形位公差与表面粗糙度一般相符。

② 在满足功能要求的前提下,考虑到零件结构特点、加工难易程度及经济性等,有时可适当调整形位公差等级。如孔与轴、线对线和线对面及面对面的平行度或垂直度、距离较大的孔或轴、具有较大细长比的孔或轴等,均可适当降低 1~2 级。

4) 未注形位公差的规定

凡图样上的要素都有形位公差的要求,但对一般机床加工能保证的形位公差要求,或要求形位公差值在 9~12 级时,均可不在图样上注出,称未注公差,其公差要求应按 GB/T1184—1996《形状和位置公差未注公差的规定》执行。该标准规定未注形位公差分 H、K、L 三个等级,并对直线度和平面度、垂直度、对称度及圆跳动的未注形位公差值给出了具体的数值要求,对其它形位公差项目也做了具体规定。

5) 形位公差标注示例

【例 4-5】 减速箱输出轴(2-ϕ55j6 处安装滚动轴承、ϕ56r6 处安装齿轮)的形位公差标注如图 4-61 所示。

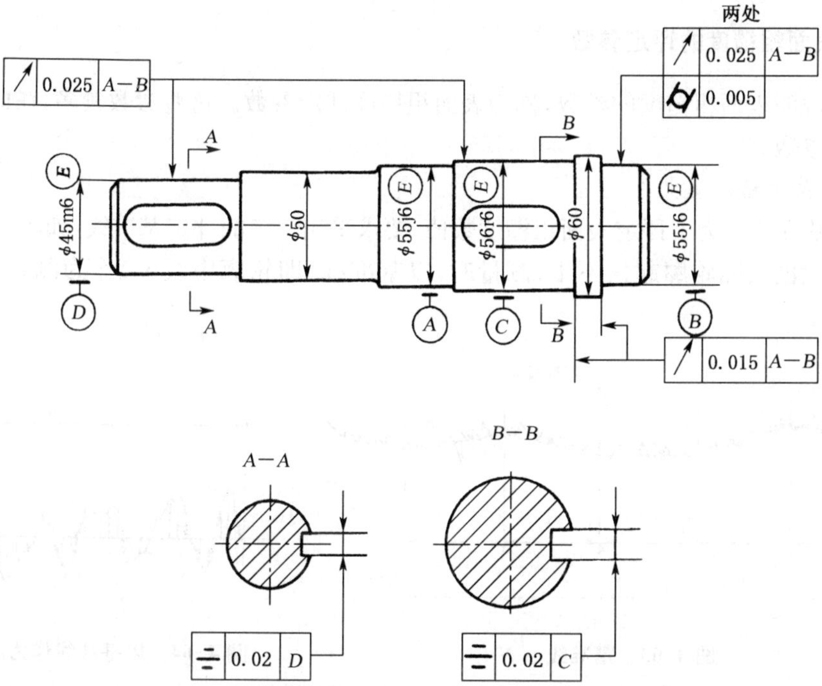

图 4-61　形位公差标注示例

4.3　表面粗糙度

表面粗糙度是一种微观的几何形状误差，它是指在零件加工过程中，由于加工方法不同，使得加工后的零件表面具有较小间距和峰谷所组成的微观几何形状特性。如图 4-62 所示。波距小于 1 mm，大致呈周期性变化的属表面粗糙度范围；波距在 1～10 mm 之间，波形呈周期性变化的属表面波纹度范围；波距大于 10 mm 的属形状误差的范围。

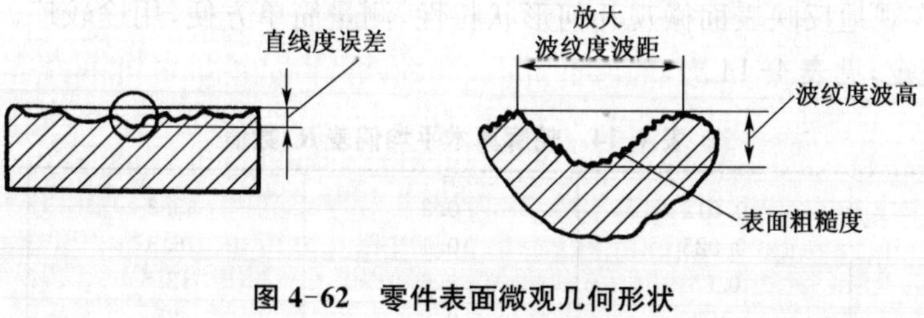

图 4-62　零件表面微观几何形状

表面粗糙度对于零件的配合性质、耐磨性、抗腐蚀性、抗疲劳强度以及接触刚度等均有很大的影响。为保证产品质量、延长零件寿命、降低成本，应对零件的表面粗糙度提出合理的要求。为此，制定了表面粗糙度国家标准 GB/T3505—1983《表面粗糙度　术语　表面及其参数》；GB/T131—1993《机械制图　表面粗糙度符号、代号及其注法》；GB/T1031—1995《表面粗糙度　参数及其数据》。本节简要介绍表面粗糙度的基本术语、参数和表面粗糙度的选用及标准。

4.3.1 表面粗糙度的评定参数

用以说明表面粗糙度的参数，称为表面粗糙度评定参数。这些参数较多，在此只介绍常用的高度参数。

1) 有关术语及定义

(1) 基准线　为了评定表面粗糙度数值，要求采用一定的评定基准线，如图 4-63 所示，因零件表面的实际轮廓起伏不平，测量时，以基准线（即轮廓中线 m）作为测量基准，如图 4-64所示。

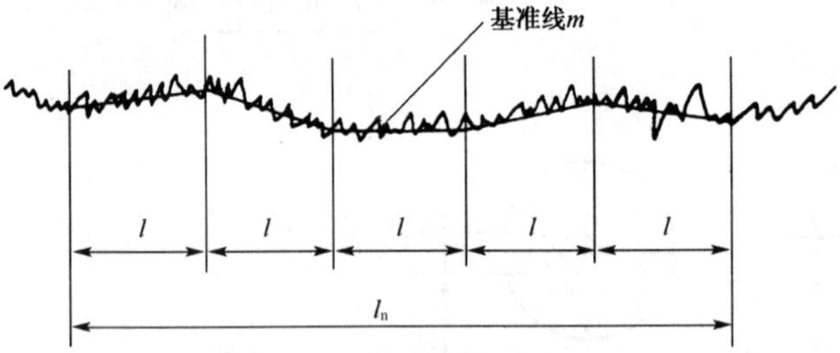

图 4-63　基准线

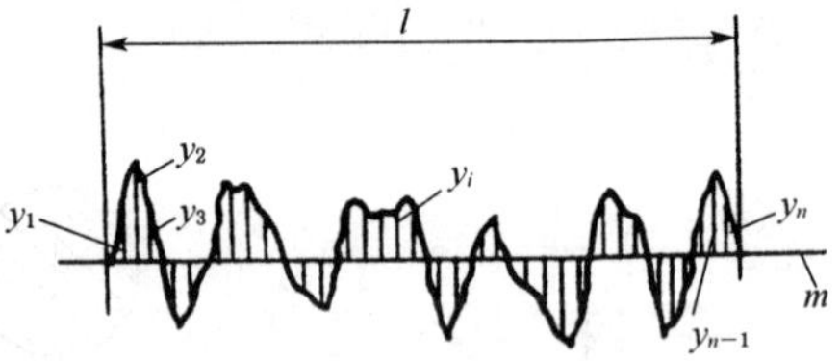

图 4-64　以基准线作为测量基准

(2) 取样长度 l　测量表面粗糙度时所规定的一段基准线长度。它在轮廓总的走向上量取。取样长度一般包括 5 个以上的轮廓峰和轮廓谷（见图 4-63）。

(3) 评定长度 l_n　评定某一表面轮廓粗糙度时所必须的一段的长度。l_n 一般为 5 个 l，以各取样长度 l 上表面粗糙度数值的算术平均值作为评定结果（见图 4-63）。

2) 评定参数

(1) 轮廓的算术平均偏差 R_a　在取样长度内，轮廓线上各点至轮廓中线距离（y_1，y_2，…，y_n）取绝对值的算术平均值（见图 4-64），用公式表示为

$$R_a = \frac{1}{n}\sum_{i=1}^{n} | y_i |$$

R_a 能较客观地反映表面微观几何形状特性，测量简单方便，用途较广。R_a 的数值，国家标准作了规定，见表 4-14。

表 4-14　轮廓算术平均偏差 R_a 数值　(μm)

R_a	0.012 0.025 0.05 0.1	0.2 0.4 0.6 0.8	3.2 6.3 12.5 25	50 100

(2) 微观不平度十点高度 R_z　在取样长度内，5 个最大的轮廓峰高的平均值与 5 个最大的轮廓谷深的平均值之和（见图 4-65）。

用公式表示为

$$R_z = \frac{1}{5}\left(\sum_{i=1}^{5} y_{pi} + \sum_{i=1}^{5} y_{vi}\right)$$

式中：y_{pi}——第 i 个最大的轮廓峰高；

y_{vi}——第 i 个最大的轮廓谷深。

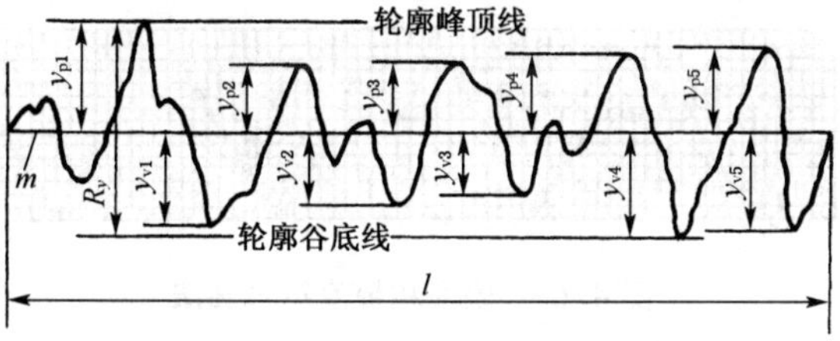

图 4-65　零件表面微观高度

R_z 也是一个常用参数，但由于测量点不多，不如 R_a 全面，常用来作为过于粗糙或光滑表面的粗糙度的评定参数。

(3) 轮廓最大高度 R_y　在取样长度内，轮廓峰顶线和轮廓谷底线之间的距离，见图4-65。

R_z、R_y 数值见表 4-15。

表 4-15　微观不平度十点高度 R_z，轮廓最大高度 R_y 的数值　(μm)

R_z、R_y	0.025 0.05 0.1 0.2	0.4 0.8 1.6 3.2	6.3 12.5 25 50	100 200 400 800	1 600

4.3.2　表面粗糙度的标注(GB/T131—1993)

1) 表面粗糙度代(符)号

表面粗糙度符号及其意义如表 4-16 所示。若取样长度选用标准长度(见附录中表 A-9)在图样上可省略标注；对其他附加要求，可根据需要标注。

表 4-16　表面粗糙度符号、代号

符号	意　义	符号	意　义
	基本符号，表示表面可用任何方法获得	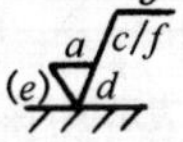	a——粗糙度高度参数代号及其数值(μm)； b——加工方法、镀(涂)覆、表面处理或其他说明等； c——取样长度(mm)或波纹度(μm)； d——加工纹理方向符号； e——加工余量(μm)； f——粗糙度间距参数代号及其数值(mm)或轮廓支承长度率
	表示表面是用去除材料的方法获得。例如：车、铣、钻、磨、剪切、抛光、腐蚀、电火花加工、气割等		
	表示表面是用不去除材料的方法获得。例如：铸、锻、冲压变形、热轧、冷轧、粉末冶金等 或者用于保持原供应状况(包括保持上道工序的状况)的表面		

其中，表面粗糙度的基本符号是由两条不等长且与被注表面投影轮廓线成 60°左右的

倾斜细实线所组成，如图 4-66 所示。表面粗糙度高度参数值标注示例及意义如表 4-17 所示。镀(涂)覆或其他表面处理要求的标注见表 4-18。

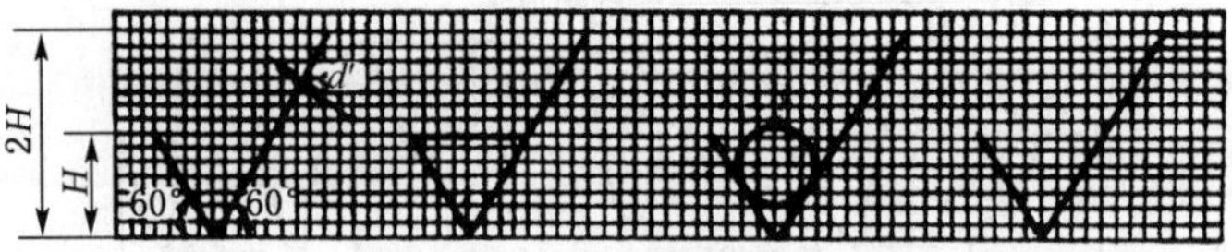

图 4-66　表面粗糙度符号画法

表 4-17　表面粗糙度高度参数值的标注

代号	意　义	代号	意　义
3.2	用任何方法获得的表面，R_a 的上限值为 3.2 μm	3.2max	用任何方法获得的表面，R_a 的最大值为 3.2 μm
3.2	用去除材料方法获得的表面，R_a 的上限值为 3.2 μm	3.2max	用去除材料获得的表面，R_a 的最大值为 3.2 μm
3.2	用不去除材料方法获得的表面，R_a 的上限值为 3.2 μm	3.2max	用不去除材料方法获得的表面，R_a 的最大值为 3.2 μm
R_y3.2	用任何方法获得的表面，R_y 的上限值为 3.2 μm	R_y3.2max	用任何方法获得的表面，R_y 的最大值为 3.2 μm
R_z3.2 R_z1.6	用去除材料方法获得的表面，R_z 的上限值为 3.2 μm，下限值为 1.6 μm	R_z3.2max R_z1.6max	用去除材料方法获得的表面，R_z 的最大值为 3.2 μm，最小值为 1.6 μm
3.2 R_y12.5	用去除材料方法获得的表面，R_a 的上限值为 3.2 μm，R_y 的上限值为 12.5 μm	3.2max R_y12.5max	用去除材料方法获得的表面，R_a 的最大值为 3.2 μm，R_y 的最大值为 12.5 μm
当允许在表面粗糙度参数的所有实测值中超过规定值的个数少于总数的 16%时，应标注表面粗糙度参数的上限值或下限值		当要求在表面粗糙度参数的所有实测值中不得超过规定值时，应标注表面粗糙度参数的最大值或最小值	

表 4-18　镀(涂)覆或其他表面处理要求的标注

示例	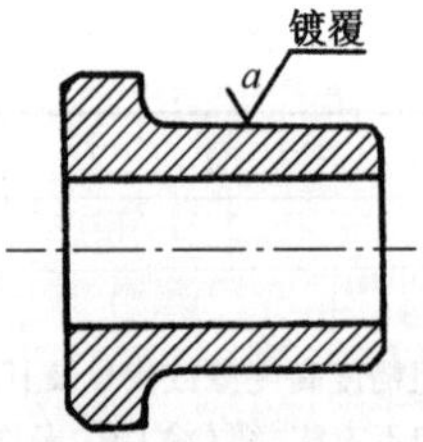	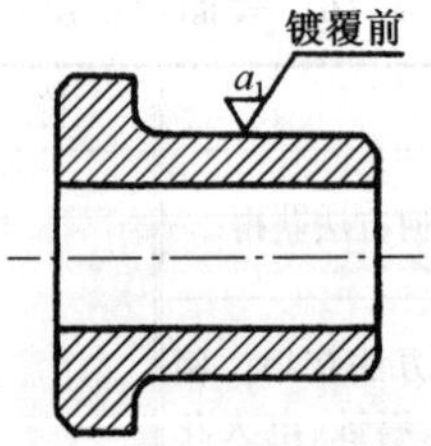	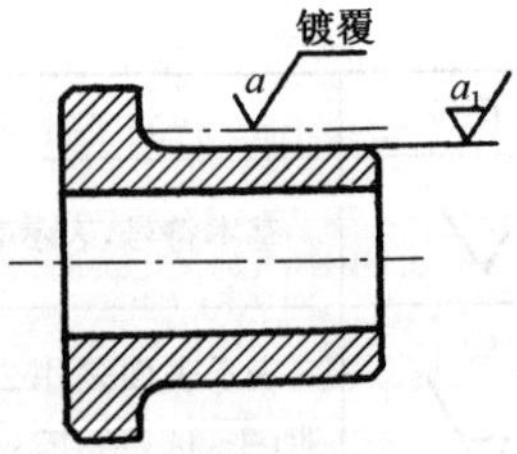
说明	表示镀(涂)覆(或其他表面处理)后的表面粗糙度值	表示镀(涂)覆前的表面粗糙度值	表示镀(涂)覆前镀(涂)覆后的表面粗糙度值

注：镀(涂)覆或其他表面处理要求的表示方法或标记见 GB/T13911—1992 和 GB/T4054—1983 规定。

2) *表面粗糙度的标注方法*(GB/T131—1993)

表面粗糙度代号在图样上的正确标注方法见表 4-19。

有时采用简化标注，标注示例如图 4-67。

表 4-19　表面粗糙度代号在图样上的注法

图　　例	标 注 方 法 说 明
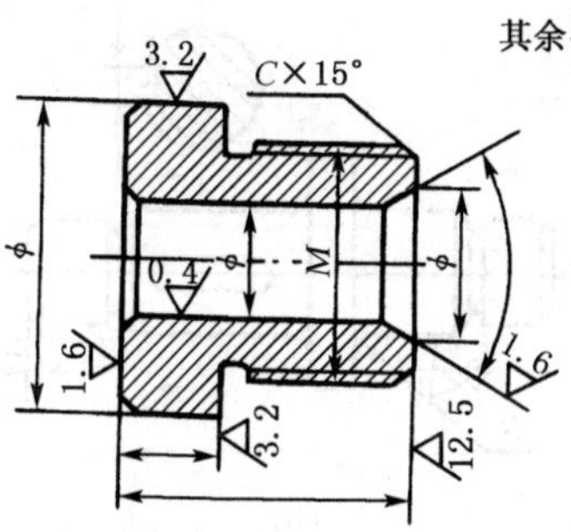	1. 表面粗糙度代号一般注在可见轮廓线、尺寸界限或它们的延长线上，也可注在引出线上 2. 符号的尖端必须从材料外指向表面
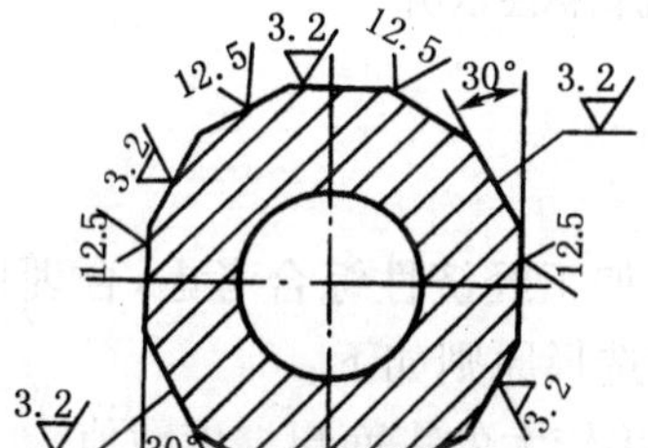	3. 表面粗糙度代号方向必须按图规定的方向标注，代号中数字注写方向与尺寸数字方向一致
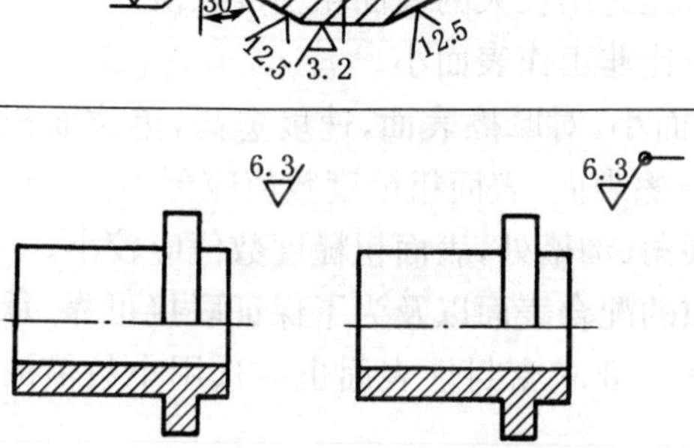	4. 当零件所有表面具有相同的表面粗糙度时，其符号、代号可在图样的右上角统一标注，且代号和文字高度均应是其他表面所注代号和文字的 1.4 倍
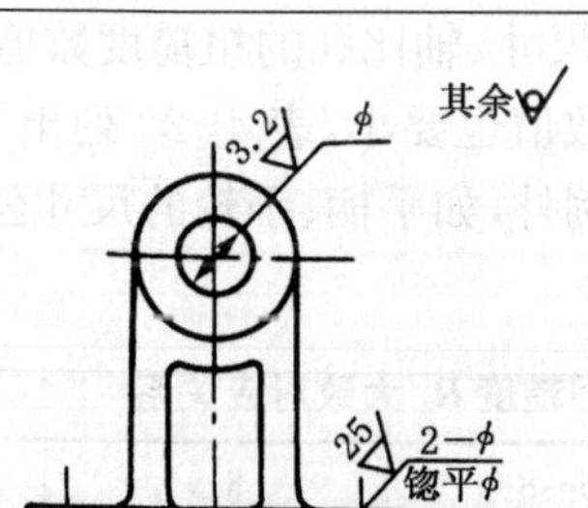	5. 当零件的大部分表面具有相同的表面粗糙度要求时，对其中使用最多的一种符号、代号可以统一注在图样的右上角，并加注其余两字。代号和文字也为图中的 1.4 倍 6. 对不连续的同一表面，可用细实线连接，只标注一次表面粗糙度代号 7. 当地位狭小或不便标注时，可引出标注
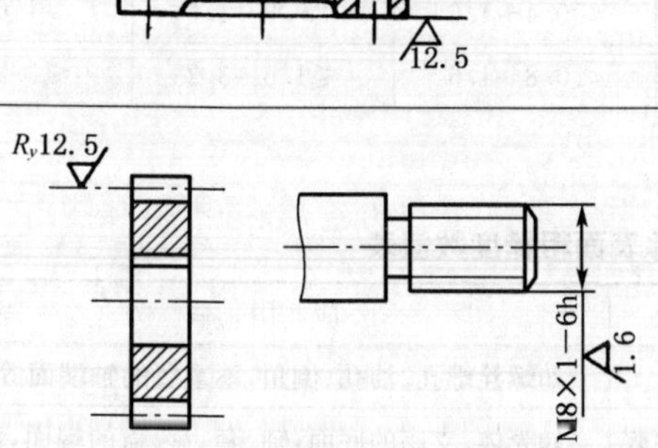	8. 齿轮工作表面没有画出其齿形时，表面粗糙度代号可按左图方式标出 9. 螺纹工作表面（侧面）没有画出牙形时，其表面粗糙度代号可按右图方式标出

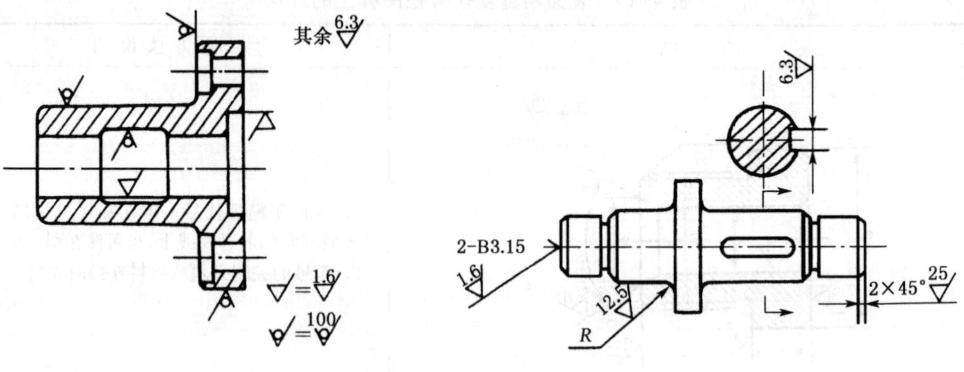

(a) (b)

图 4-67 表面粗糙度简化标注示例

4.3.3 表面粗糙度参数值的选用

零件的表面粗糙度，应根据零件的使用要求和加工经济性综合考虑，合理地进行选择。具体选择时，可参考同类产品图纸类比确定。一般选择原则如下：

(1) 在满足表面功能要求的前提下，尽可能选用较大的表面粗糙度数值。

(2) 同一零件上，工作表面粗糙度数值应比非工作表面小。

(3) 摩擦表面粗糙度数值应比非摩擦表面小，对摩擦表面，速度愈高，单位面积压力愈大，则表面粗糙度数值应愈小。尤其对滚动摩擦表面，表面粗糙度数值应更小。

(4) 受交变应力作用时，特别是在零件圆角、沟槽处，表面粗糙度数值应较小。

(5) 配合质量要求高的配合表面、小间隙的配合表面以及为了保证联接可靠、承受重载荷的过盈配合表面，其表面粗糙度数值应较小。要求密封性表面也应选用小数值的表面粗糙度。

(6) 配合性质相同、公差等级相同，小尺寸比大尺寸、轴比孔的粗糙度数值要小。

通常尺寸公差和形位公差小的表面，其粗糙度数值也要小，表 4-20 列出了常用尺寸公差等级与表面粗糙度 R_a 的大致对应关系。但也有例外，如手柄、手轮的尺寸公差很大，但粗糙度数值却要求较小。

表 4-20 常用尺寸公差等级与表面粗糙度 R_a 大致对应关系

尺寸公差等级			6～8	8,9	10
R_a/μm	尺寸范围/mm	＞3～18	≤0.4～1.6	≤0.8～1.6	≤1.6～3.2
		＞18～120	≤0.8～1.6	≤1.6～3.2	≤3.2～6.3

常用零件表面粗糙度使用情况见表 4-21。

表 4-21 常用零件表面粗糙度数值表

表面粗糙度值	应 用 场 合	应 用 举 例
R_a25	不重要的加工表面	如螺栓螺孔、油孔、倒角，不重要的轴端面等
R_a 12.5	尺寸精确度不高，没有相对运动的接触表面或重要零件的非工作表面	如壳体、支座的底面，轴、套、盘、盖的端面，齿轮、皮带轮的侧面，键槽的非工作表面等

（续　表）

表面粗糙度值	应　用　场　合	应　用　举　例
R_a 6.3	有相对运动或较重要的接触面	如机座、箱体的安装底面和端面，轴和密封圈的摩擦接触面，轴肩端面以及键槽的工作表面等
R_a 3.2	传动零件的配合表面	如低速工作的滑动轴承和轴的摩擦表面、轴承盖凸肩表面、端盖的内侧面等
R_a 1.6	较重要的配合面	如与滚动轴承配合的轴与孔、中速转动的轴颈、齿轮的齿廓表面、拨叉的工作表面等
R_a 0.8	重要的配合面	如高速转动的轴颈与衬套孔的工作表面，曲轴、凸轮轴的工作表面，汽缸与活塞的配合面，滑动导轨的工作面，阀与阀座的接触面，齿轮的孔与轴，销孔等

思考题与习题

1. 判断题(正确填 T，错误填 F)：

(　　)(1) 基本尺寸是设计给定的尺寸，因此零件的实际尺寸越接近基本尺寸越好。

(　　)(2) 最大极限尺寸一定大于基本尺寸，最小极限尺寸一定小于基本尺寸。

(　　)(3) 公差，可以说是零件尺寸允许的最大偏差。

(　　)(4) 某一对孔、轴结合的实际间隙为＋0.003 mm，则此孔、轴组成的配合一定是间隙配合。

(　　)(5) 优先采用基孔制的原因主要是孔比轴难加工。

(　　)(6) 选用公差带时，应按常用、优先、一般公差带的顺序选取。

(　　)(7) 滚动轴承是标准件，因此轴承内径与轴颈的配合应为基轴制，轴承外径与外壳孔的配合应为基孔制。

2. 形位公差带由哪四个要素构成？

3. 端面对轴线的垂直度和端面圆跳动、同轴度和径向圆跳动、圆柱度和径向全跳动各有何区别？如何选用？

4. 什么是作用尺寸？

5. 表面粗糙度评定参数有哪些？说出高度参数的名称、代号、含义及其特点。

6. 表面粗糙度的代(符)号有哪些？它们表示的意义是什么？

7. 根据已知数据，填写下列空白处：

基本尺寸	$D_{max}(d_{max})$	$D_{min}(d_{min})$	$ES(es)$	$EI(ei)$	$T_D(T_d)$	标注
轴 ϕ30			−0.040	−0.092		
轴 ϕ50	ϕ50.015	ϕ49.990				
孔 ϕ60				0	0.060	
孔 ϕ125			＋0.148		0.063	

8. 试查表和计算出下列尺寸的孔和轴的上、下偏差及公差，并画出公差带图：

(1) ϕ50H8/f7　(2) ϕ50P7/h6

9. 确定下列各孔、轴公差带的极限偏差，说明属何基准制，哪类配合？

(1) ϕ20H9/h9 (2) ϕ60H6/p5

(3) ϕ90M8/h8 (4) ϕ60P6/h5

10. 已知孔和轴的基本尺寸为 ϕ30，采用基孔制，孔的公差等级为 7 级；轴的基本尺寸代号为 n，公差等级为 6 级，试用配合代号和公差带代号分别标注在图 4-68(a)、(b)、(c)上，若此轴加工后量得的尺寸为 ϕ30，此轴是否合格？为什么？

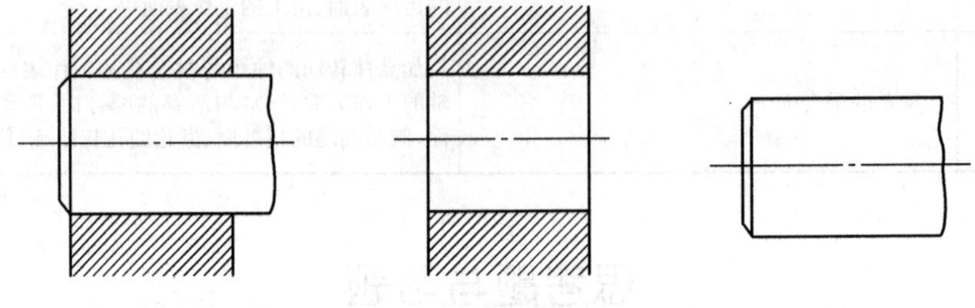

(a) (b) (c)

图 4-68

11. 孔、轴零件需按图 4-69 的要求制造。但加工以后测得孔的实际尺寸为 ϕ40.045 mm，已经超过最大极限尺寸，此时，为了获得原有的配合性质，孔的尺寸为一定值，试问轴的上、下偏差为何值？采用这种措施后，零件是否仍然具有互换性？

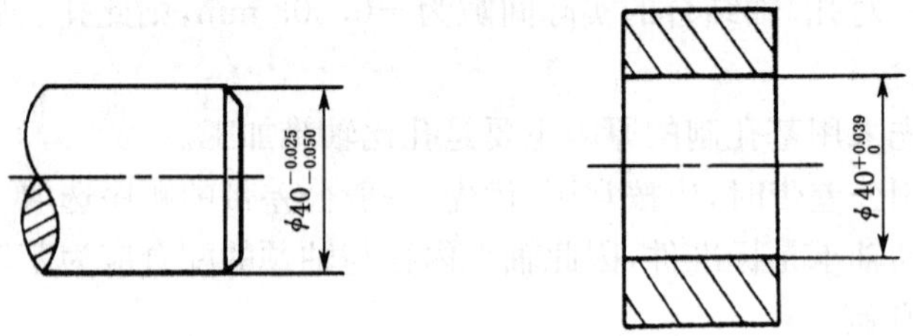

图 4-69

12. 某零件如图 4-70 所示，试区分孔、轴或长度尺寸。

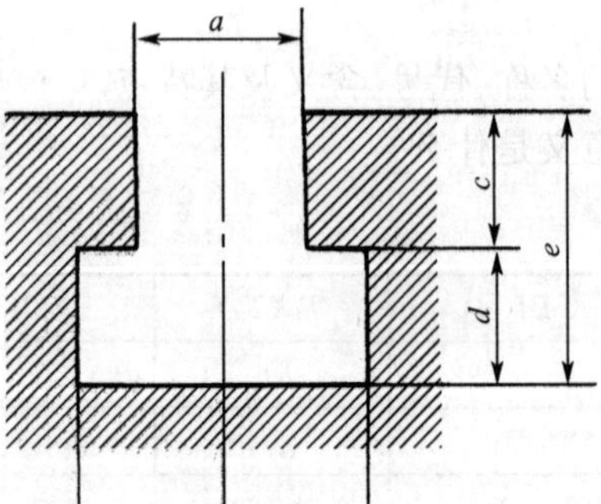

图 4-70

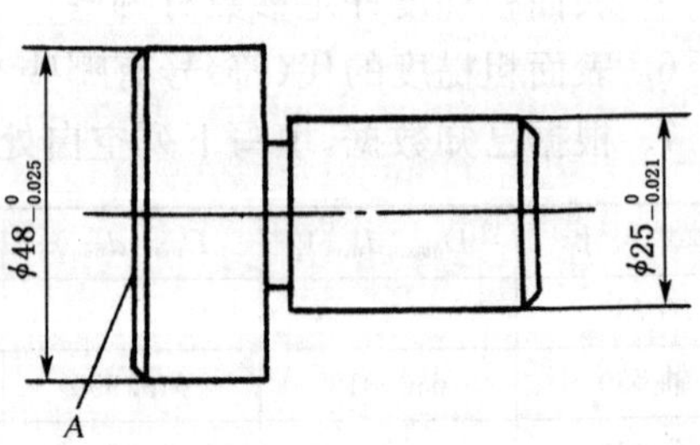

图 4-71

13. 试将下列技术要求标注在图 4-71 所示定位销上：

(1) $\phi48_{-0.025}^{\ 0}$ 轴线对 $\phi25_{-0.021}^{\ 0}$ 轴线的同轴度公差为 $\phi0.02$ mm。

(2) $\phi48_{-0.025}^{\ 0}$ 左侧端面 A 在 $\phi42$ 处对 $\phi25_{-0.021}^{\ 0}$ 轴线的端面圆跳动公差为0.03 mm。

(3) $\phi25_{-0.021}^{\ 0}$ 外圆柱面的圆柱度公差为 0.01 mm。

(4) $\phi48_{-0.025}^{\ 0}$ 右侧端面对 $\phi25_{-0.021}^{\ 0}$ 轴线的垂直度公差为 0.05 mm。

14. 将图 4-72(a)中标注的错误找出，并改正（形位公差项目不改）标注在图 4-72(b)上。

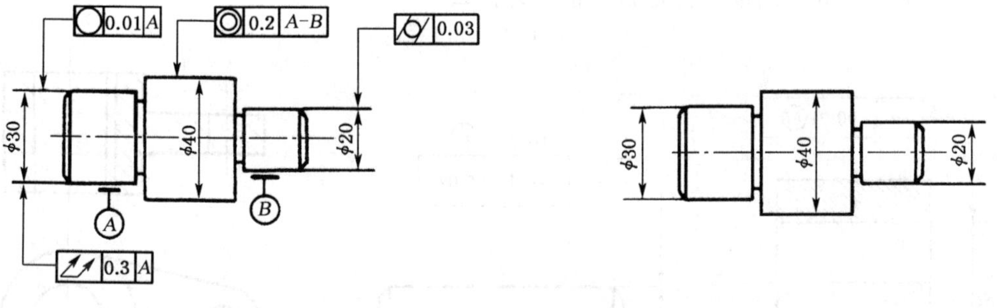

(a)　　(b)

图 4-72

15. 图 4-73 所示销轴的三种形位公差标注，它们的公差带有何不同？

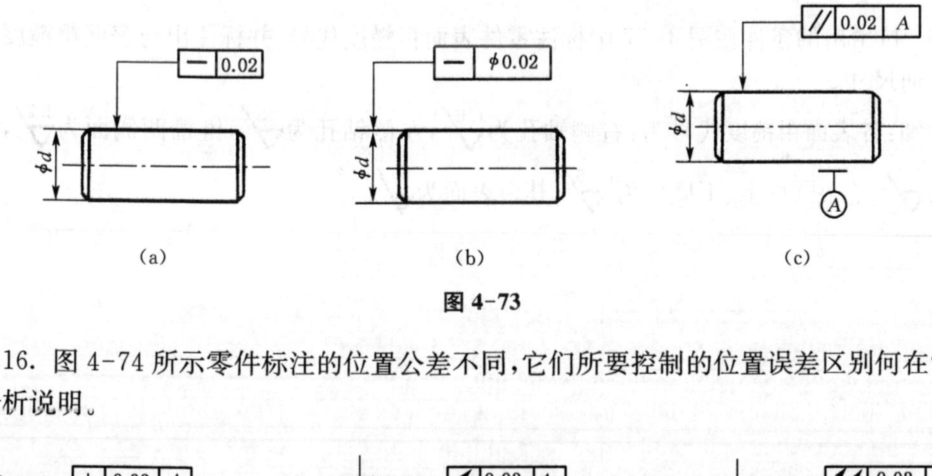

(a)　　(b)　　(c)

图 4-73

16. 图 4-74 所示零件标注的位置公差不同，它们所要控制的位置误差区别何在？试加以分析说明。

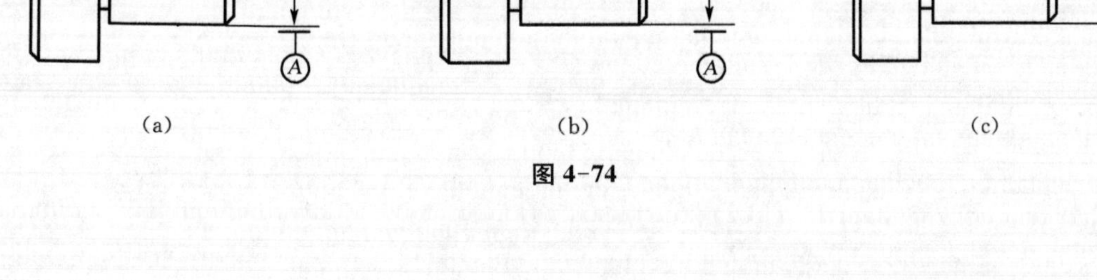

(a)　　(b)　　(c)

图 4-74

17. 某零件孔的尺寸公差与形状公差要求如图 4-75 所示，试计算：

(1) 直线度公差的最大允许值；

(2) 当实际尺寸为 $\phi 30.02$ mm 时的直线度公差值；

(3) 当实际尺寸为最大实体尺寸时的直线度公差值；

(4) 最大实体尺寸与最小实体尺寸值。

18. 某零件加工要求见图 4-76，加工后该零件实际直径处处为 $\phi 9.99$ mm，轴线的直线度误差为 $\phi 0.02$ mm，问该零件是否合格？为什么？

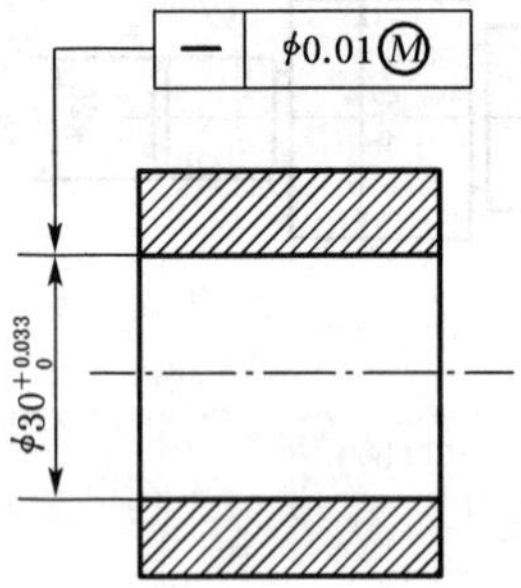

图 4-75

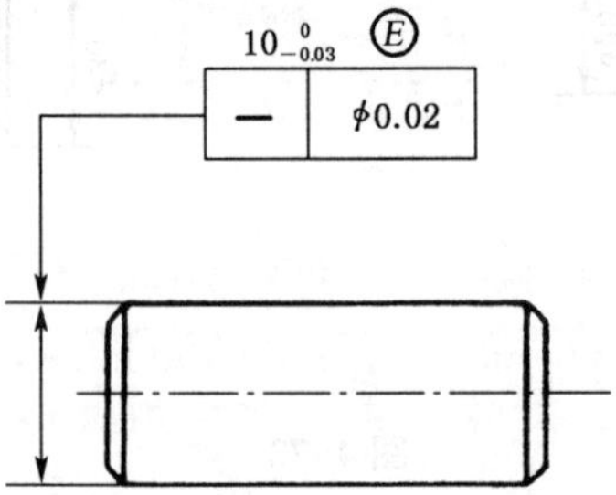

图 4-76

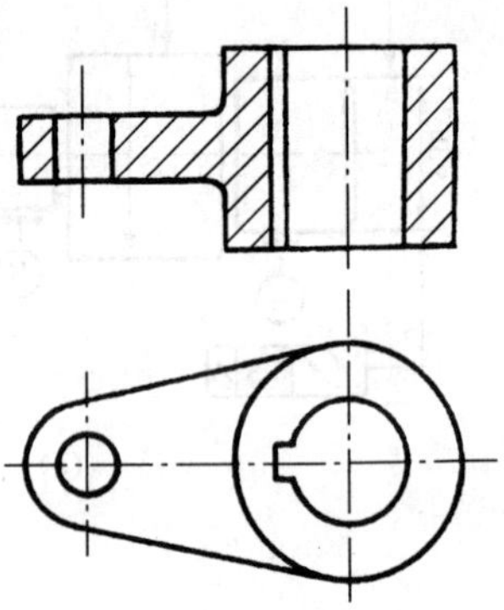

图 4-77

19. 按给出的条件在图 4-77 中标注零件表面粗糙度代号，并标注出与表面粗糙度有关联的几何尺寸。

已知：各表面粗糙度代号为：右侧轴孔为$\overset{1.6}{\sqrt{}}$，左侧钻孔为$\overset{25}{\sqrt{}}$，键槽两侧面为$\overset{3.2}{\sqrt{}}$，键槽底面为$\overset{6.3}{\sqrt{}}$，空心圆柱上、下底面为$\overset{12.5}{\sqrt{}}$，其余表面为$\overset{\circ}{\sqrt{}}$。

第5章 联 接

【内容简介】

本章主要介绍机械中常用的一些联接,如键联接、销联接、螺纹联接以及联轴器和离合器等。

【学习目标】

(1) 了解键、销联接的类型、特点和应用。

(2) 掌握键联接的类型和尺寸的选择方法。

(3) 了解螺纹的形成、类型、应用及主要参数。

(4) 掌握螺纹联接的基本类型和结构特点。

(5) 了解螺纹联接的预紧和防松。

(6) 了解联轴器和离合器的类型、特点及应用。

(7) 掌握联轴器和离合器的选择方法。

【重点】

普通平键的选用,螺栓联接的基本类型,联轴器和离合器的选择。

联接是指将两个或两个以上的物体接合在一起的一种组合形式。在机械中,为了便于制造、安装、运输、维修等,广泛地使用了各种联接。

联接的方式有动联接和静联接两大类。动联接是指机器工作时,被联接的零部件之间有相对运动,如变速器中滑移齿轮与轴的联接。静联接则是指机器工作时,被联接的零部件之间不允许产生相对运动,如减速器中箱体和箱盖的联接。

联接通常又分为可拆联接和不可拆联接。可拆联接是指不需损坏联接中任一零件就可拆开的联接,一般具有通用性强、可随时更换、维修方便等特点,允许多次重复拆装,常见的有键联接、销联接、螺纹联接等。不可拆联接一般是指需要损坏联接中的某一部分才能拆开的联接,具有结构简单、成本低廉、简单易行的特点,常见的有铆接、焊接、胶接和过盈配合等(其中小过盈配合也可认为是可拆联接,如滚动轴承与轴的配合)。

由于大多数机械的失效破坏出现在联接处,故应对联接设计给予足够重视。常用的联接件有键、销、螺栓、螺钉、螺母、垫圈和联轴器等。由于这些联接件的应用非常广泛,使用量大,因此它们中有些结构和尺寸都已经标准化,并由专门的工厂大量生产。在使用时,可根据要求确定它们的型号,选购即可。

本章主要介绍可拆联接。

5.1 键联接

键联接主要用来实现轴和轴上零件(轮毂件:如齿轮、带轮等)的周向固定,以传递运动和转矩。有些类型的键还可实现轴上零件的轴向固定或轴向滑动。

5.1.1 键联接的类型

键是标准件,按装配方式不同可分为两大类:

(1) 松键联接:平键、花键和半圆键。

(2) 紧键联接:楔键和切向键。

1) 平键联接

键的两个侧面是工作面,平键的上表面与轮毂之间留有间隙,如图 5-1(a)所示。工作时,靠键侧面与键槽的相互挤压来传递转矩。该联接结构简单、装拆方便、对中性好,能够承受冲击或变载荷,因而得到广泛的应用。但这种联接不能承受轴向力,因而对轴上零件不能起到轴向固定的作用。

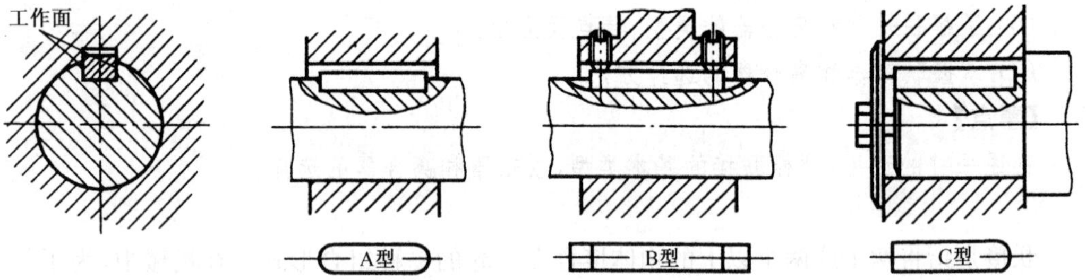

(a) 平键联接　(b) 圆头　(c) 方头　(d) 单圆头

图 5-1　普通平键联接

(1) 普通平键联接

如图 5-1 所示,普通平键根据端部结构可分为圆头(A 型)、方头(B 型)和单圆头(C 型)三类。A 型平键的轴上键槽用指状铣刀加工,见图 5-2(a),键在槽中轴向定位好,应用广泛,但键槽端部应力集中较大;B 型平键的轴上键槽用盘状铣刀加工,见图 5-2(b),轴的应力集中比较小,但不利于键的固定,尺寸大的 B 型键要用紧定螺钉压紧在键槽中;C 型平键的轴上键槽也用指状铣刀加工,通常用于轴端处的联接。无论采用哪类键联接,由于轮毂上的键槽是用插刀或拉刀加工的,因此都是开通的。

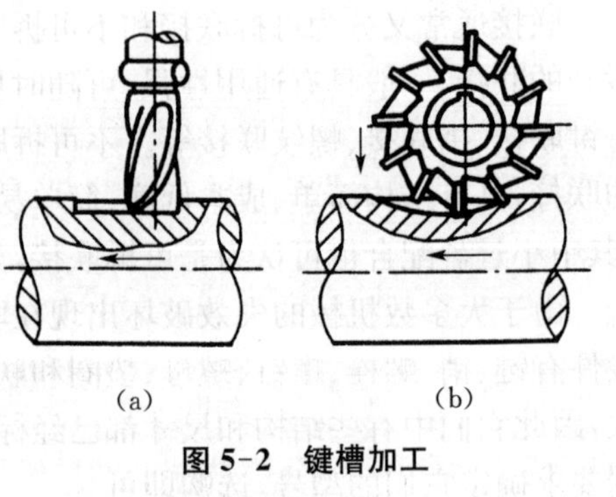

(a)　(b)

图 5-2　键槽加工

(2) 导向平键和滑键

用于动联接，即轮毂与轴之间有轴向相对移动的联接。导向平键（见图 5-3）是一种较长的平键，键一般需用螺钉固定在轴上，键的中部常设有起键螺钉孔，轮毂可沿键作轴向滑移。当轴上零件滑移距离较大时，因过长的导向平键制造较困难，宜采用滑键（见图 5-4）。滑键固定在轮毂上，沿轴上键槽作轴向滑移。导向平键和滑键常用于变速箱内滑移齿轮与轴的联接。

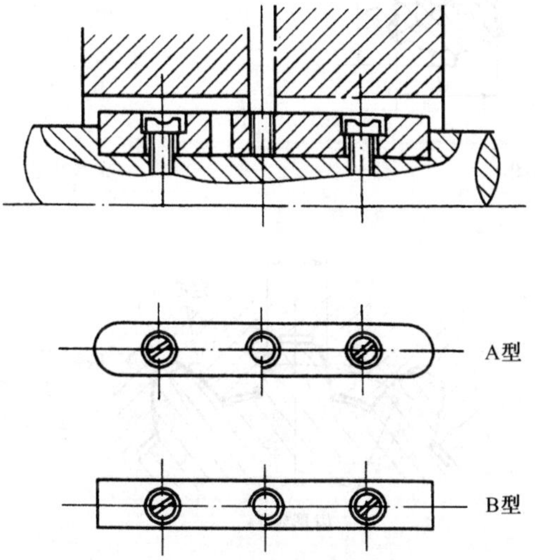

图 5-3 导向平键联接

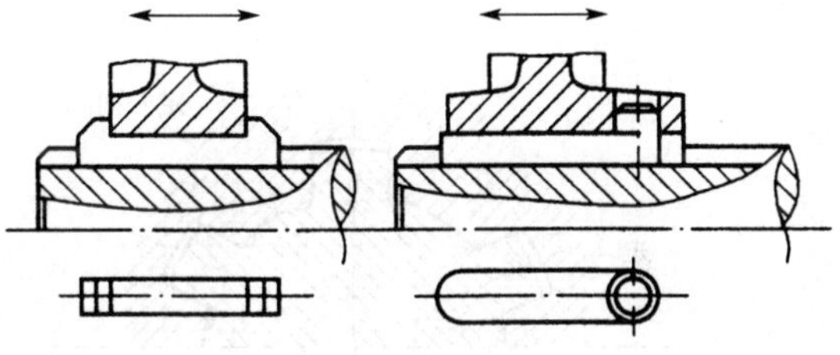

图 5-4 滑键联接

2）花键联接

如图 5-5(a)所示，花键联接是由带键齿的花键轴（外花键）和带键齿槽的轮毂（内花键）构成，具有均布的多个键齿，工作时靠键齿侧面与键槽侧面的挤压传递转矩。与平键相比，花键联接具有以下特点：键齿多、分布均匀，故承载能力强；轴上零件和轴的对中性好，导向性好，旋转精度高；键槽浅，应力集中较小，轴和轮毂的强度削弱少；但加工时需专用设备，精度要求高，制造成本高。

花键已标准化，按其剖面齿形分为矩形花键、渐开线花键等。

(1) 矩形花键联接

如图 5-5(b)所示，矩形花键的齿侧为直线，齿形简单，加工方便；标准中规定，用热处理后磨削过的小径定心，定心精度高，稳定性好，因此应用广泛，多用于汽车、拖拉机、机床等行业。

(2) 渐开线花键联接

如图 5-5(c)所示，渐开线花键的齿廓为渐开线，其标准压力角为 30°或 45°。其中 $\alpha=30^\circ$的渐开线花键承载能力大，$\alpha=45^\circ$的渐开线花键因齿短，承载能力较低，齿的工作面高度小，多用于轻载薄壁零件的联接。渐开线花键联接具有以下特点：加工方法与齿轮加工相同，加工工艺性好；齿根圆角较大，应力集中小，联接强度高、寿命长；采用渐开线齿侧自动定心，定心精度高。

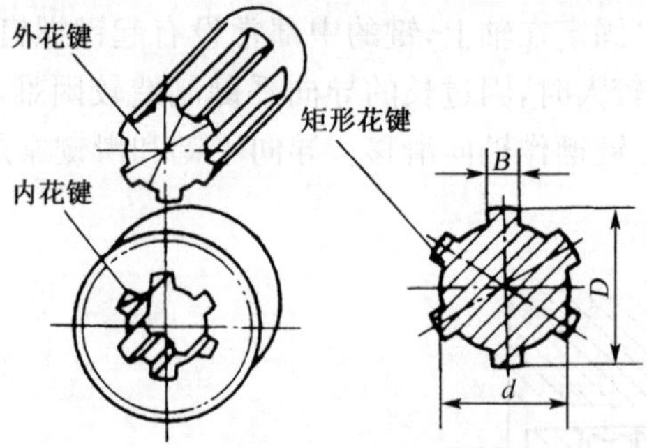

(a) 花键轴测图

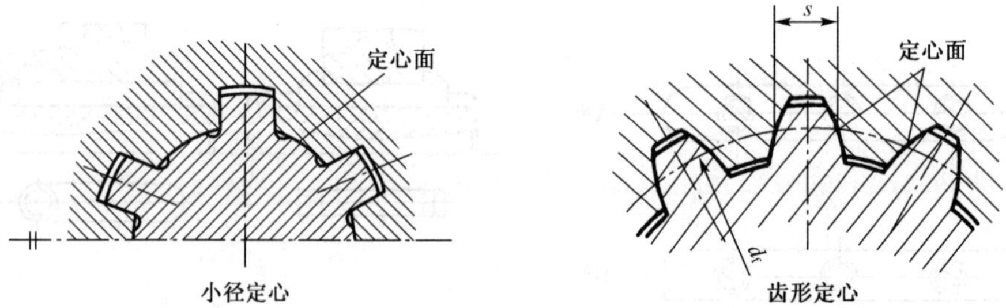

(b) 矩形花键联接　　(c) 渐开线花键联接

图 5-5　花键联接

3) 半圆键联接

半圆键用于静联接，键的侧面是工作面，见图 5-6。安装时，键可在键槽内绕其几何中心摆动，以适应轮毂键槽底面的斜度。但由于键槽较深，对轴的强度削弱较严重，故一般只适用于轻载或锥形轴端的联接中。

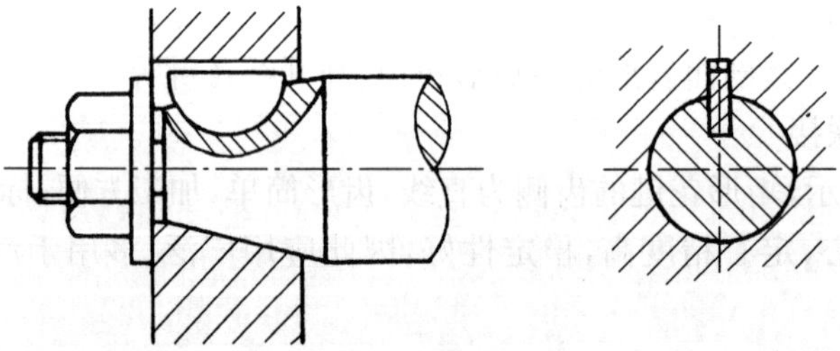

图 5-6　半圆键联接

4) 楔键联接

如图 5-7 所示，楔键联接用于静联接，分普通楔键和钩头楔键两种，普通楔键容易制造，钩头楔键装拆方便。楔键的上、下表面是工作面，楔键的上表面和轴毂的键槽底面均有 1∶100的斜度。装配时，将楔键沿轴线打入到轴和毂的槽内，其工作面上会产生很大的预紧力。工作时，依靠楔键的上、下表面与轮毂和轴之间的摩擦力来传递转矩，并能承受单方向的轴向力。该联接的对中性差，在高速、变载荷作用下易松动，仅用于对旋转精度要求不高，载荷平稳和低速的场合。为安全起见,楔键联接应加装防护罩。

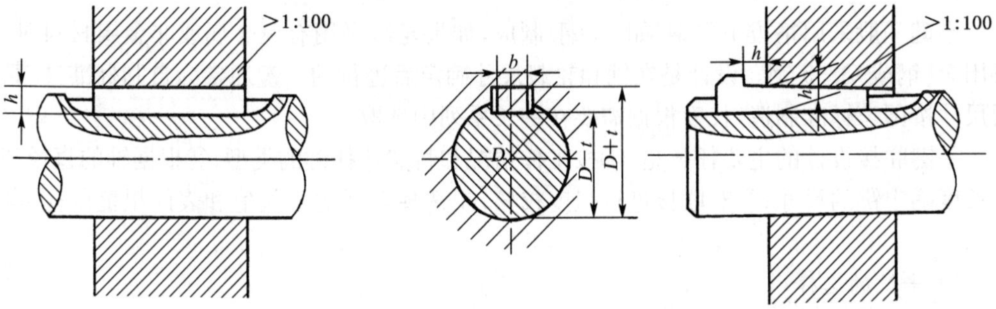

(a) 普通楔键联接 (b) 钩头楔键联接

图 5-7 楔键联接

5) 切向键联接

切向键联接只用于静联接。切向键联接的结构如图 5-8(a)所示,由一对楔键沿斜面拼合而成,其工作原理与楔键相同,依靠其与轴和轮毂的摩擦传递转矩,但只能传递单向转矩。装配时,将两个键从轮毂的两端打入并楔紧,因此会影响到轴和轮毂的对中性。若要传递双向转矩,则需安装两对互成 120°～135°的切向键,如图 5-8(b)所示。切向键对轴的强度削弱较大,对中性较差,故适用于对中性和运动精度要求不高、低速、重载、轴径大于 100 mm 的场合。

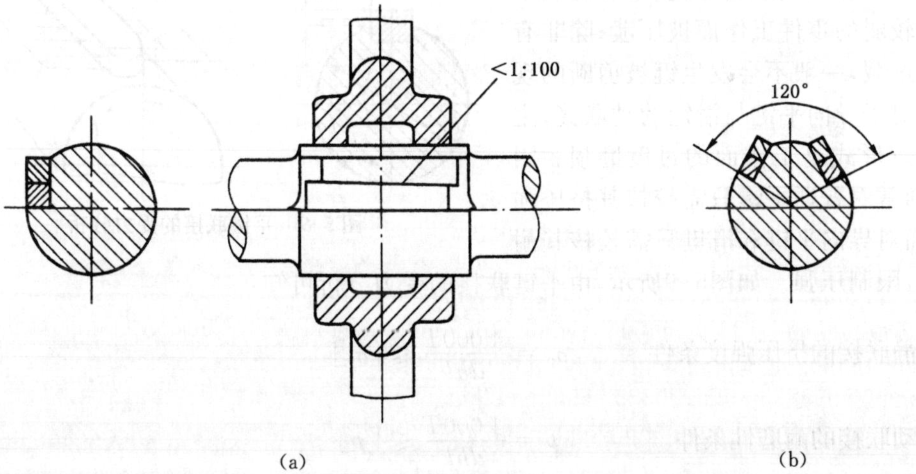

(a) (b)

图 5-8 切向键联接

松键联接与紧键联接的主要区别在于:紧键联接靠摩擦力传递载荷,键上有 1∶100 的斜度,键的工作面为上、下表面,对中性差,只能用于静联接;松键联接靠键的侧面承受挤压传递转矩,键的工作面为两侧面,对中性较好,既可按静联接设计,又可按动联接设计,其中花键联接可以看成是平键联接增加键数的结果。

5.1.2 平键联接的设计

平键一般采用精拔中碳钢(如 45 钢)制成,如果轮毂采用有色金属或非金属材料时,键可用 20 钢或 Q235 钢。设计是在轴和轮毂尺寸确定后进行的。键通常为自制标准件,其截面尺寸按国家标准制造,长度根据需要在键长系列中选取。

平键联接设计的主要任务是:①按工作情况和特点选择键的类型;②根据轴的直径和轮毂长度确定键的尺寸;③对联接进行强度校核;④选择合适的公差值和表面粗糙度;⑤画工作图。

1) 平键的选择

(1) 键的类型选择

选择键的类型应考虑以下一些因素:对中性的要求;传递转矩的大小;轮毂是否需要沿轴向滑移及滑移的距离大小;键在轴上的位置等。

(2) 键的尺寸选择

① 确定键的截面尺寸　根据轴的直径 d,从国家标准中(见表 5-1)查取键的截面尺寸(宽度 b、高度 h)。

② 确定键的长度　键的长度 L 根据轮毂宽度 B 确定,一般 $L=B-(5\sim10)$mm,并须符合标准中规定的长度系列。

2) 平键联接的强度校核

实践表明,在静联接中,普通平键联接的主要失效形式是键、轴和轮毂中强度较弱的零件工作面被压溃;除非有严重过载,一般不会发生键被剪断的现象。对于导向平键与滑键的动联接,主要失效形式是工作面的过度磨损。因此,通常对普通平键只需校核其挤压强度,而对导向平键和滑键只需校核其耐磨性,限制压强。如图5-9所示,由平键联接的受力分析可知:

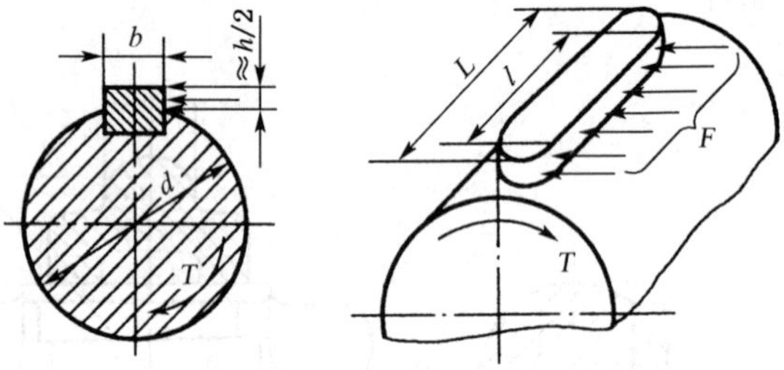

图 5-9　平键联接的受力分析

静联接的挤压强度条件　　$$\sigma_p=\frac{4\,000T}{dhl}\leqslant[\sigma_p] \tag{5-1}$$

动联接的耐磨性条件　　$$p=\frac{4\,000T}{dhl}\leqslant[p] \tag{5-2}$$

式中:T——传递的转矩(N·m);

d——轴的直径(mm);

h——键的高度(mm);

l——键的工作长度(mm),A 型键 $l=L-b$,B 型键 $l=L$,C 型键 $l=L-b/2$;

$[\sigma_p]$(或$[p]$)——键联接的许用挤压应力(或许用压强)(MPa),见表 5-2,计算时应取联接中较弱材料的许用值。

表 5-1　普通平键和键槽尺寸(摘自 GB/T1096—2003、GB/T1095—2003)　(mm)

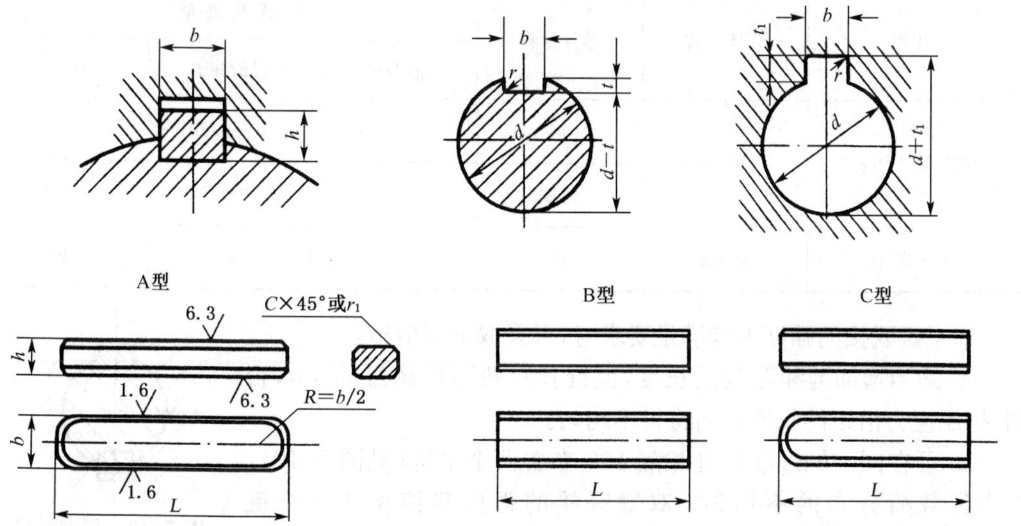

标记示例:普通平键(B 型) b=16 mm, h=10 mm, L=100 mm: 键 B16×100 GB/T1096—2003(A 型可不标出 A)

d	$b\times h$	L	宽度 b 极限偏差					深度				半径 r	
			较松联接		一般联接		较紧联接	轴 t		毂 t_1			
			轴 H9	毂 D10	轴 N9	毂 Js9	轴和毂 P9	公差尺寸	极限偏差	公差尺寸	极限偏差	最小	最大
6～8	2×2	6～20	+0.025 0	+0.060 +0.020	−0.001 −0.029	±0.0125	−0.006 −0.031	1.2	+0.1 0	1	+0.1 0	0.08	0.16
>8～10	3×3	6～36						1.8		1.4			
>10～12	4×4	8～45	+0.030 0	+0.078 +0.030	0 −0.030	±0.015	−0.012 −0.042	2.5		1.8			
>12～17	5×5	10～56						3.0		2.3		0.16	0.25
>17～22	6×6	14～70						3.5		2.8			
>22～30	8×7	18～90	+0.036 0	+0.098 +0.040	0 −0.036	±0.018	−0.015 −0.051	4.0	+0.2 0	3.3	+0.2 0		
>30～38	10×8	22～110						5.0		3.3		0.25	0.40
>38～44	12×8	28～140	+0.043 0	+0.120 +0.050	0 −0.043	±0.0215	−0.018 −0.061	5.0		3.3			
>44～50	14×9	36～160						5.5		3.8			
>50～58	16×10	45～180						6.0		4.3			
>58～65	18×11	50～200						7.0		4.4			
>65～75	20×12	56～220	+0.052 0	+0.149 +0.065	0 −0.052	±0.026	−0.022 −0.074	7.5		4.9		0.40	0.60
>75～85	22×14	63～250						9.0		5.4			
>85～95	25×14	70～280						9.0		5.4			
>95～110	28×16	80～320						10.0		6.4			
L 系列	6, 8, 10, 12, 14, 16, 18, 20, 22, 25, 28, 32, 36, 40, 45, 50, 56, 63, 70, 80, 90, 100, 110, 125, 140, 160, 180, 200, 220, 250, 280, 320												

注:1. 在工作图中,轴槽深用 t 或($d-t$)标注,但($d-t$)的公差应取负号;轮毂槽深用 t_1 或($d+t_1$)标注。

2. 较松键联接用于导向平键,一般用于载荷不大的场合;较紧键联接用于载荷较大、有冲击和双向转矩的场合。

表 5-2 键联接的许用挤压应力和许用压强 (MPa)

许用值	联接方式	零件材料	载荷性质		
			静载荷	轻微冲击	冲击
许用挤压应力[σ_p]	静联接	钢	120～150	100～120	60～90
		铸铁	70～80	50～60	30～45
许用压强[p]	动联接	钢	50	40	30

如果键联接的强度不能满足要求时，可采取下列措施：

① 适当增加键和轮毂的长度，但键长一般不得超过 2.5 d，否则，挤压应力沿键的长度方向将很不均匀。

② 可在同一轴毂联接处相隔 180°布置两个平键（见图 5-10）。考虑到载荷分布的不均匀，双键联接的强度只能按 1.5 个键计算。

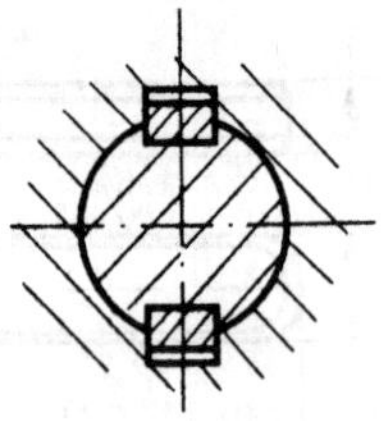

图 5-10 双键联接

3）平键联接的公差配合

平键联接的配合尺寸是键宽和键槽宽 b 的配合（见图 5-11），具体配合分三类：较松联接、较紧联接和一般联接。配合零件的公差带代号及各配合性质及应用如表 5-3 所示。键联接是键与轴及轮毂三个零件的配合，由于键是标准件，故配合采用基轴制。平键联接的公差带图如图 5-12 所示。

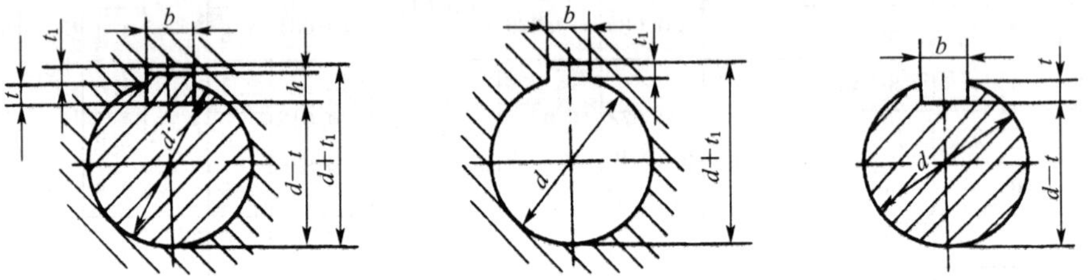

(a) 平键联接 (b) 轮毂槽 (c) 轴槽

图 5-11 键和键槽的剖面尺寸

表 5-3 各种平键联接的性质及应用

配合种类	尺寸 b 的公差			配合性质及应用
	键	轴槽	轮毂槽	
较松键联接	h9	H9	D10	轮毂可在轴上移动，主要用于导向平键
一般键联接		N9	Js9	键在轴上及轮毂中均固定，用于载荷不大的场合
较紧键联接		P9	P9	键在轴上及轮毂中牢固地固定，用于传递重载荷、冲击载荷或传递双向转矩

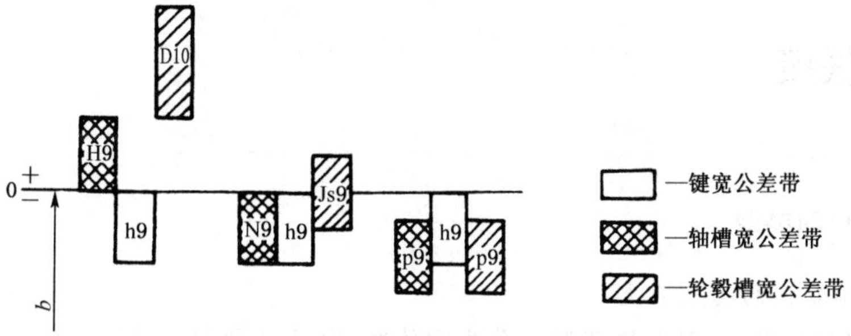

图 5-12 平键联接的公差带图

平键联接的非配合尺寸中，轴槽深度 t 和轮毂槽深度 t_1 等公差配置均采用单向制。深度 t 和 t_1(或 $d+t_1$)的下偏差为零，上偏差为正值；尺寸($d-t$)的上偏差为零，下偏差为负值；轴槽上的公差带用 H14，即下偏差为零，上偏差为正值。

平键联接，键和键槽的公差与配合可查表 5-1。

键与键槽的形位误差将使装配困难，影响联接的松紧程度，使工作面负荷不均匀，对中性不好，因此需要给予限制。国家标准中对键和键槽的形位公差有以下规定：

① 键槽(轴槽和轮毂槽)对轴和轮毂轴线的对称度公差一般按 7～9 级选取。

② 键槽配合表面的粗糙度推荐值一般为 $R_a \leqslant 3.2\ \mu m$，非配合表面 $R_a \leqslant 6.3\ \mu m$。

【例 5-1】 试选择一铸铁齿轮与钢轴的平键联接。已知传递的转矩 $T = 1\,250\ N \cdot m$，载荷有轻微冲击，与齿轮配合处的轴径 $d = 80\ mm$，轮毂宽度 $B = 120\ mm$。

解 (1) 选择键型：该联接为静联接，为了便于安装固定，选普通平键 A 型(圆头)。

(2) 确定尺寸：根据轴的直径 $d = 80\ mm$，由表 5-1 查得：键宽 $b = 22\ mm$；键高 $h = 14\ mm$。根据轮毂宽度和键长系列，取键长 $L = B-(5 \sim 10) = 120-(5 \sim 10) = 110\ mm$。

(3) 强度校核：该联接中轮毂的材料最弱，由表 5-2 查得$[\sigma_p] = 55\ MPa$。键的工作长度 $l = L-b = (110-22)mm = 88\ mm$。

按静联接校核键联接的强度 $\sigma_p = \dfrac{4\,000T}{dhl} = \dfrac{4\,000 \times 1\,250}{80 \times 14 \times 88} MPa = 50.73\ MPa \leqslant [\sigma_p]$

所以强度足够。

该键的标记为：键 22×110GB/T1096—2003。

(4) 键槽尺寸：该平键联接键宽极限偏差按一般联接选取，由表 5-1 查得：

轴槽深 $d-t = 80-9^{+0.2}_{0}$

$= 71^{0}_{-0.2}\ mm$

轴槽宽 $b = 22^{0}_{-0.052}\ mm$

轮毂槽深 $d+t_1 = 80+5.4^{+0.2}_{0}$

$= 85.4^{+0.2}_{0}\ mm$

轮毂槽宽 $b = 22 \pm 0.026\ mm$

轴、轮毂键槽及其尺寸见图 5-13。

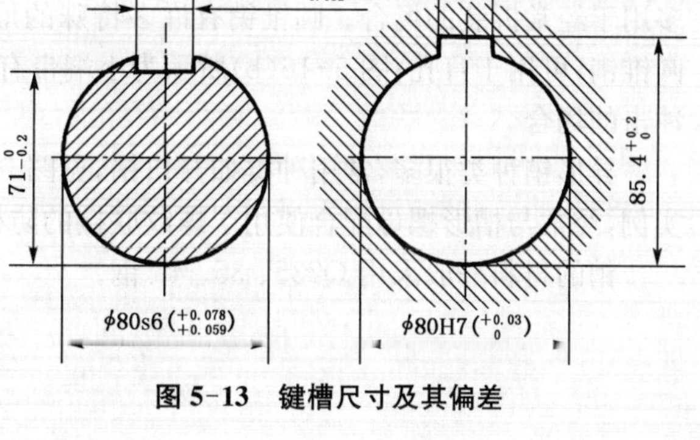

图 5-13 键槽尺寸及其偏差

5.2 销联接

5.2.1 销联接的类型

1) 根据销联接的功能分类

根据销联接的功能不同,销联接可分为定位销、联接销和安全销等。

定位销主要用来固定零件之间的相互位置,如图 5-14 所示,一般不承受载荷或只能承受很小的载荷,平面定位时其数目不得少于 2 个;联接销用于轴和轮毂或其他零件的联接,如图 5-14 所示,适用于轻载和不很重要的场合;安全销用作安全装置中的过载剪断零件,其直径应按销的剪切强度计算,当过载 20%～30%时即应被剪断,对设备起安全保护作用,如图 5-15 所示 。

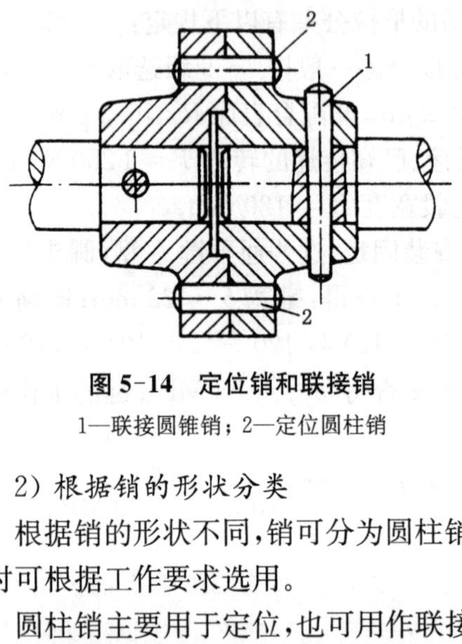

图 5-14 定位销和联接销

1—联接圆锥销;2—定位圆柱销

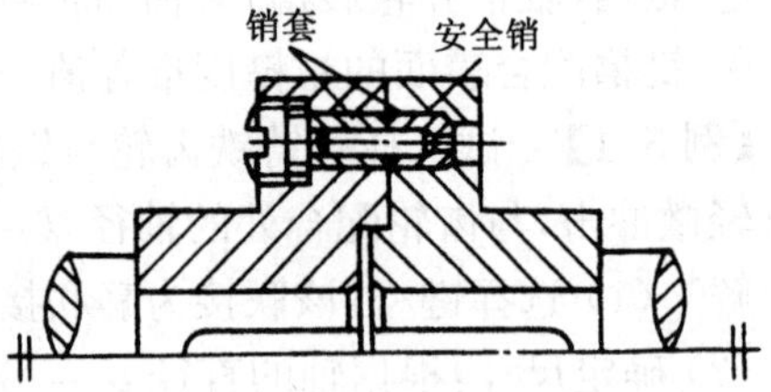

图 5-15 安全销

2) 根据销的形状分类

根据销的形状不同,销可分为圆柱销、圆锥销和异形销三类。这些销都有国家标准,使用时可根据工作要求选用。

圆柱销主要用于定位,也可用作联接。圆柱销与销孔之间是过盈配合的关系,为了保证其定位精度和联接的紧固性,不宜经常拆卸。

圆锥销主要用于定位。圆锥销有 1∶50 的锥度,具有自锁性能,定位精度比圆柱销高,多用于经常拆装的场合。圆锥销有许多特殊的形式,图 5-16(a)所示为大端具有外螺纹的圆锥销,可用于盲孔;图 5-16(b)所示为小端带有外螺纹的圆锥销,可用螺母锁紧,适用于有冲击的场合。

异形销种类很多,常用种类如开口销,见图 5-17(a)。图 5-17(b)所示为开口销的应用实例,经常与槽形螺母配合使用于螺纹联接的防松装置中,以锁定螺纹联接件。

销的材料一般采用 Q235、35、45 钢。

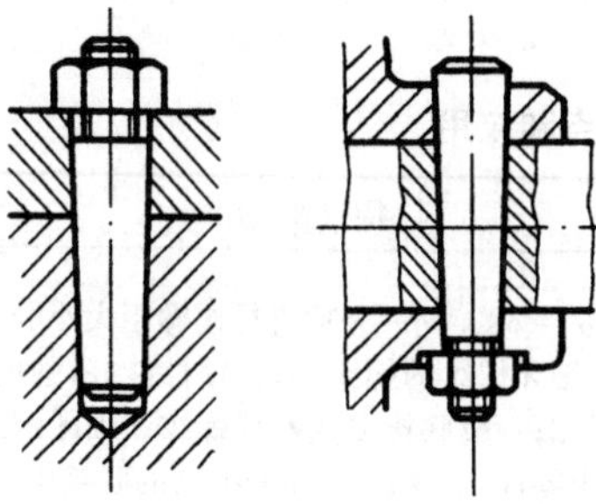

(a) (b)

图 5-16 圆锥销的特殊形式

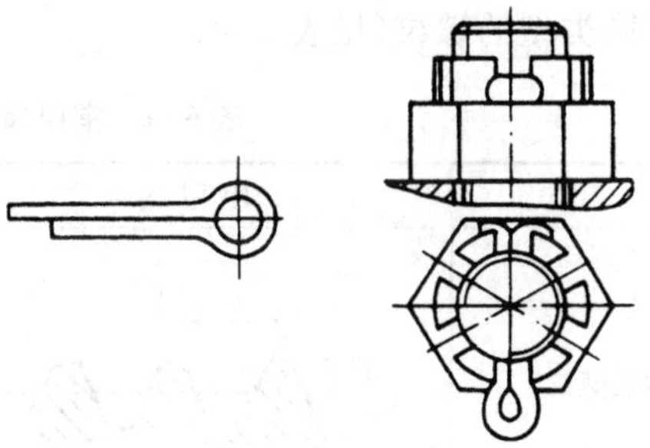

(a) 开口销 (b) 开口销应用实例

图 5-17 开口销及其应用

5.2.2 销联接的选择和配作

1) 销联接的选择

在设计销联接的时候,可先根据联接的结构特点和工作要求来选择销的类型和尺寸,必要时再作强度校核。

定位销通常不做强度校核,其直径按结构确定。联接销的直径可按结构特点用经验确定,必要时应校核其挤压和剪切强度。

2) 销孔的配作

当用销进行联接或定位的时候,两个零件上的销孔必须在装配时一起加工出来,即同时钻孔和铰孔。在工艺上,称为配作。因此,在各自零件图的销孔尺寸上,应当注明“与件××配作”。图 5-18(a)所示为圆柱销的销孔尺寸,图 5-18(b)所示为圆锥销的销孔尺寸。

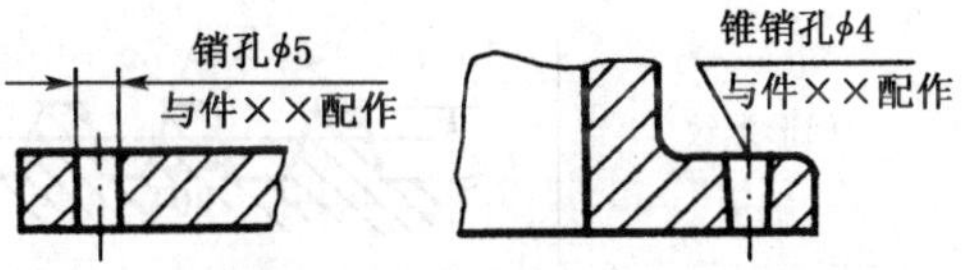

(a) (b)

图 5-18 销孔的尺寸

5.3 螺纹联接

螺纹联接是利用螺纹零件构成的可拆联接,结构简单,装拆方便,联接可靠,成本低,广泛应用于各类机械设备中。螺纹联接件大部分已标准化,应根据国家标准选用。

5.3.1 螺纹

1) 螺纹的形成、类型、特点和应用

螺纹的形成见图 5-19,将一直角三角形(底边长为 πd_2)绕在一圆柱体(直径为 d_2)上,使三角形底边与圆柱体底面圆周重合,则此三角形斜边在圆柱体表面所形成的空间曲线称为螺旋线。用不同形状的车刀沿螺旋线可切

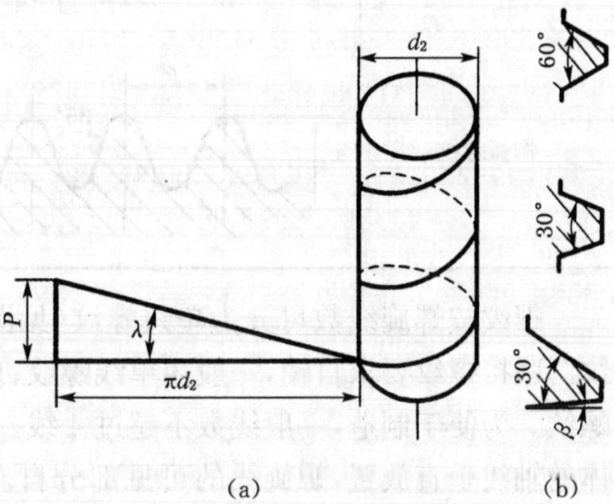

(a) (b)

图 5-19 螺纹的形成

制出不同类型的螺纹(见表5-4)。

表5-4 常用螺纹的牙型、特点和应用

种 类		牙型图	特点及应用
普通螺纹		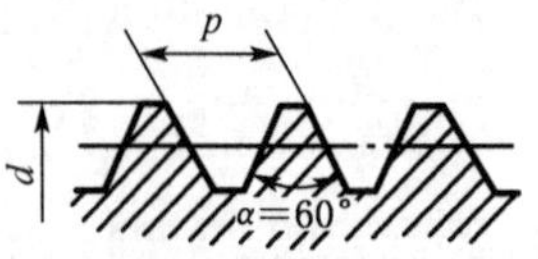	牙型角 $\alpha = 60°$，同一公称直径按螺距大小分为粗牙与细牙两种，细牙螺纹的螺距小，自锁性能好，强度高，但不耐磨，易滑扣；一般联接多用粗牙螺纹。细牙螺纹多用于薄壁或细小零件，受变载、冲击和振动的联接中，以及精密的微调机构中
管螺纹	圆柱管螺纹	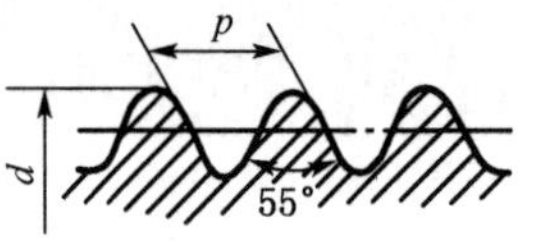	牙型角 $\alpha = 55°$，公称直径近似于管子内径，内外螺纹吻合后牙型间无间隙，螺纹副本身不具有密封性。当要求联接后有一定的密封性能时，可压紧被联接件螺纹副外的密封面，也可在密封面间添加密封物 多用于压力为1.56 MPa下的水、煤气管路、润滑和电力线路系统
管螺纹	圆锥管螺纹	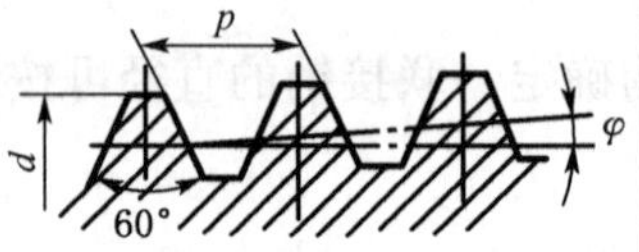	牙型角 $\alpha = 55°$ 和 $60°$ 两种，螺纹副本身具有密封性，不用填料即可保证螺纹联接的不渗漏性。必要时，可在螺纹副内添加密封物保证密封 通常用于高温、高压系统的密封及机械联接
梯形螺纹		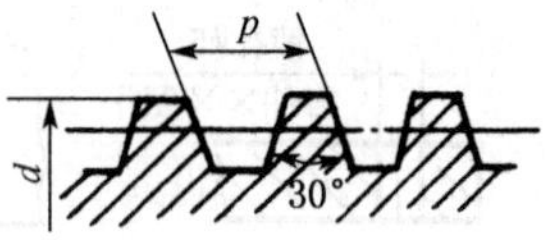	牙型角 $\alpha = 30°$，牙根强度高、工艺性好、对中性好，采用剖分螺母可以调整间隙，是应用较广的传动螺纹，如机床丝杠等
矩形螺纹		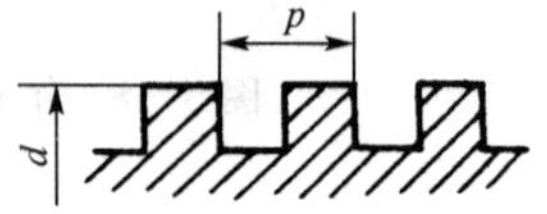	牙型为正方形，传动效率高于其它螺纹，强度较低，精确制造困难，对中精度低，磨损后无法补偿间隙 用于传力螺纹，如千斤顶、小型压力机等
锯齿形螺纹		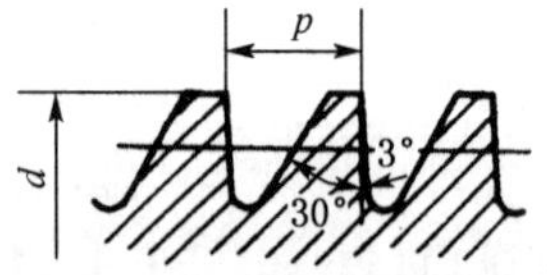	牙型角 $\alpha = 30°$，兼有矩形螺纹的高效率和梯形螺纹的高强度，对中性好，工艺性好 用于单向受力的传力螺纹，如轧钢机的压下螺旋、螺旋压力机等
圆弧螺纹		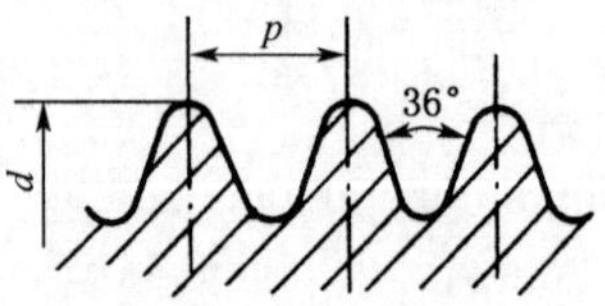	牙型角 $\alpha = 36°$，牙粗、圆角大、螺纹不易破损，积聚在螺纹凹处的尘垢和铁锈易消除 用于经常和污物接触及易生锈的场合，如水管闸门的螺旋导轴等

螺纹按螺旋线数可分为单线螺纹(见图5-20(a))、双线螺纹(见图5-20(b))和多线螺纹。联接螺纹要求自锁，一般用单线螺纹；传动螺纹要求传动效率高，多用双线螺纹或三线螺纹。为便于制造，一般线数不超过4线。螺纹按旋向可分为左旋螺纹和右旋螺纹，将螺旋体的轴线垂直放置，螺旋线的可见部分自左向右上升的，为右旋，见图5-20(a)；反之为左旋，见图5-20(b)。常用螺纹为右旋螺纹，只有在特殊情况下才采用左旋螺纹。

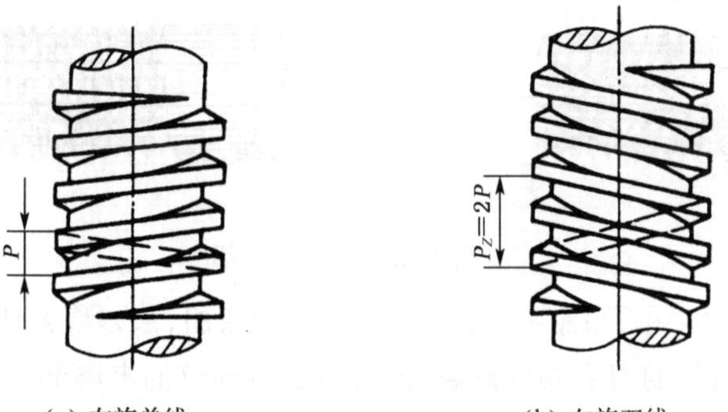

(a) 右旋单线　　(b) 左旋双线

图 5-20　螺纹的线数与旋向

2) 螺纹的加工

(1) 加工方法

螺纹的加工方法很多，最常见的加工方法是在车床上车削螺纹。图 5-21(a)所示为外螺纹的加工情况，图 5-21(b)所示为内螺纹的加工情况。

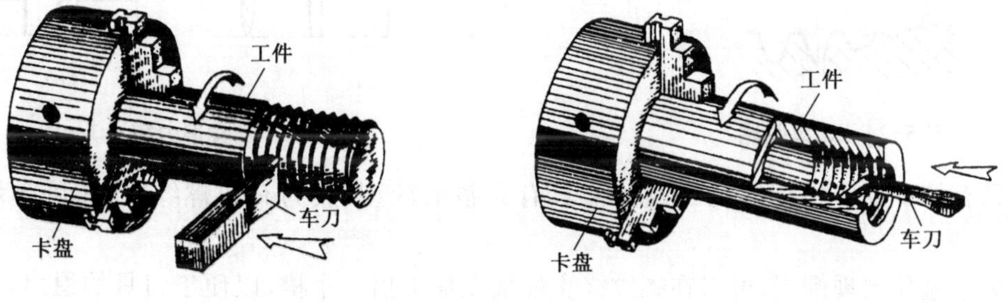

(a)　　(b)

图 5-21　车削螺纹

此外，螺纹的加工方法还有用丝锥攻螺纹、用板牙套螺纹、用搓丝板搓螺纹等。如图 5-22 所示，对于直径较小的螺纹，一般先用钻头在被联接件上钻出一个光孔，见图 5-22(a)，然后用丝锥攻螺纹，钻孔深度和螺纹深度分别用 H 和 L 表示，见图 5-22(b)，钻孔深度 H 应大于螺纹深度 L。

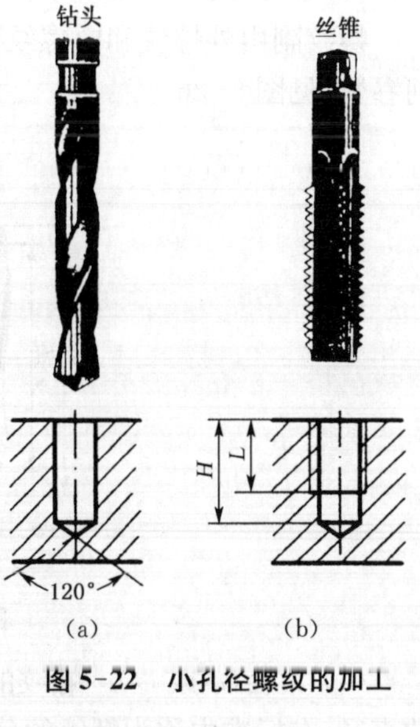

(a)　　(b)

图 5-22　小孔径螺纹的加工

(2) 螺纹的工艺结构

加工螺纹时，常见的工艺结构如下。

① 螺纹的端部

为了防止螺纹端部的损坏、便于加工和装配，通常在螺纹的起始处做出一定形状的端部，如加工出圆锥形的倒角或球面形的圆顶，如图 5-23 所示。

② 螺尾和退刀槽

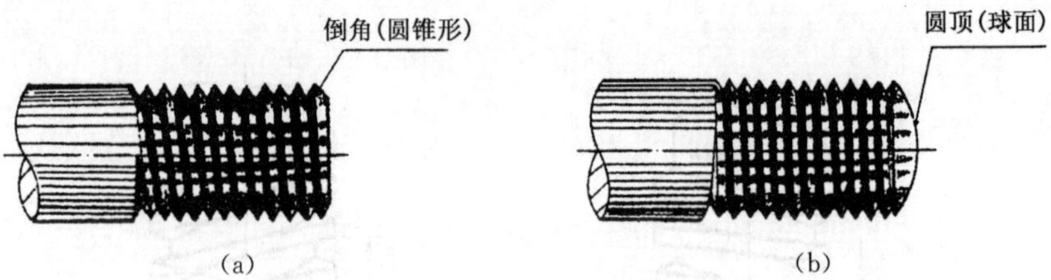

图 5-23 螺纹的端部

在车削螺纹的过程中,当车削的螺纹长度达到要求时,需要将刀具退离工件,称为退刀。在退刀的过程中,刀具的刀尖要逐渐离开工件,使得螺纹的末尾部分向工件的光滑表面过渡。在螺纹终止处附近,螺纹牙型逐渐变浅,形成了不完整的牙型,这一段长度的螺纹称为螺纹收尾,简称螺尾,螺尾长度用 l 表示,如图 5-24 所示。

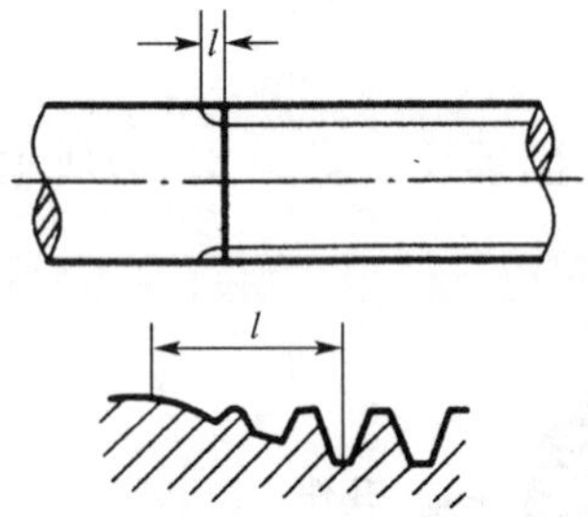

图 5-24 螺纹收尾

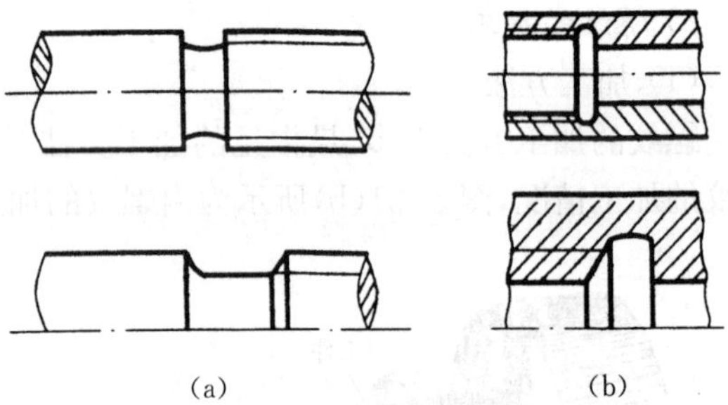

图 5-25 螺纹退刀槽

只有加工到要求深度的螺纹才能具有完整的牙型,成为有效螺纹,才能可靠地进行联接。

为了避免出现螺尾,可以在螺纹终止处预先加工出一个槽,以便于刀具的退出,这个槽称为螺纹退刀槽。图 5-25(a)所示为外螺纹的退刀槽,图 5-25(b)所示为内螺纹的退刀槽。

3) 螺纹的主要参数

螺纹副由外螺纹和内螺纹相互旋合而成。现以圆柱普通螺纹为例说明螺纹的主要几何参数(见图 5-26)。

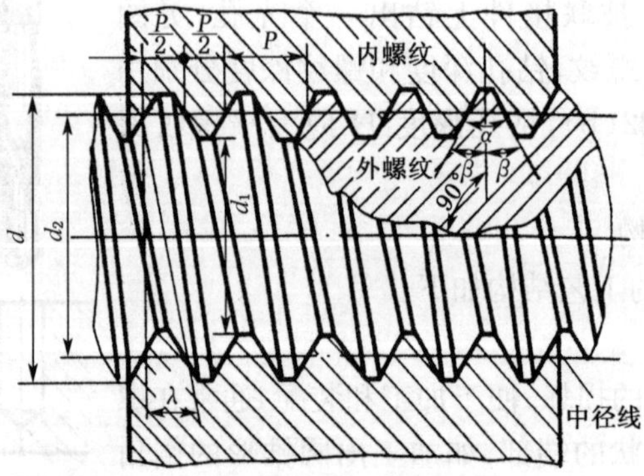

图 5-26 圆柱普通螺纹的主要参数

(1) 大径(d 或 D) 螺纹的最大直径,即与外螺纹牙顶或内螺纹牙底相切的假想圆柱的直径,在标准中称为螺纹的公称直径。

(2) 小径(d_1 或 D_1) 螺纹的最小直径，即与外螺纹牙底或内螺纹牙顶相切的假想圆柱的直径，小径用于螺纹的强度计算。

(3) 中径(d_2 或 D_2) 通过螺纹轴向剖面内牙型上的沟槽与凸起宽度相等处的假想圆柱的直径。中径近似等于螺纹的平均直径，即 $d_2 \approx (d_1 + d)/2$。中径是确定螺纹几何参数和配合性质的直径。

(4) 螺纹线数(n) 螺纹的螺旋线数目。

(5) 螺距(P) 螺纹相邻两牙在中径线上对应点间的轴向距离。

(6) 导程(P_Z) 同一螺旋线相邻两牙在中径线上对应点间的轴向距离。单线螺纹，$P_Z = P$；多线螺纹，$P_Z = nP$。

(7) 螺旋升角(λ) 在中径圆柱上，螺旋线的切线与垂直于螺纹轴线的平面间的夹角，也称为导程角。$\tan\lambda = P_Z/\pi d_2 = nP/\pi d_2$。

(8) 牙型角(α) 在螺纹轴向截面内，螺纹牙型两侧边的夹角。

(9) 牙侧角(β) 在螺纹轴向截面内，螺纹的牙侧与螺纹轴线的垂线间的夹角。对称牙型的牙侧角 $\beta = \alpha/2$。

(10) 螺纹接触高度(h) 内外螺纹旋合后接触面的径向高度，常作为螺纹的工作高度。

5.3.2 常用螺纹联接件

由于使用的场合及要求各不相同，螺纹联接件的结构形式也有多种类型。常用的螺纹联接件有螺栓、双头螺柱、螺钉、紧定螺钉、螺母、垫圈等。螺纹联接件的结构型式和尺寸大多已标准化，设计时应结合实际，根据有关标准合理选用。常用螺纹联接件的结构特点及应用见表5-5。

表5-5 常用螺纹联接件的类型、结构特点及应用

<table>
<tr><th>类型</th><th>图 例</th><th>结构特点及应用</th></tr>
<tr><td>六角头螺栓</td><td>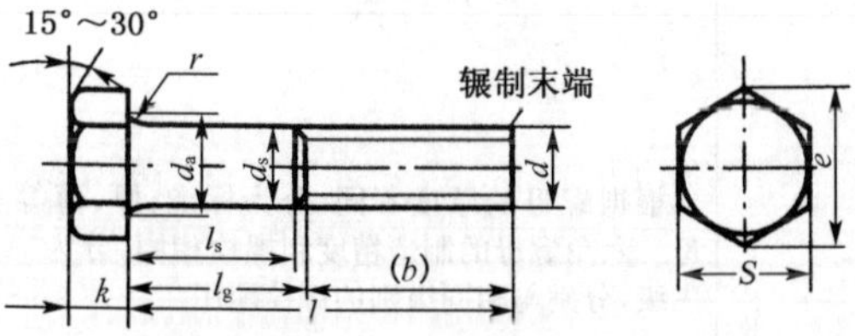
</td><td>种类很多，应用最广，精度分A、B、C三级，通常多用C级。螺栓杆部可制出一段螺纹或全螺纹，螺纹可用粗牙或细牙(A，B级)</td></tr>
<tr><td>双头螺柱</td><td>A型
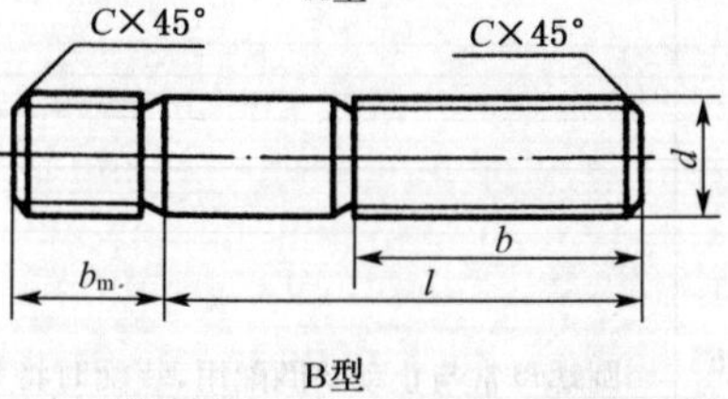

B型
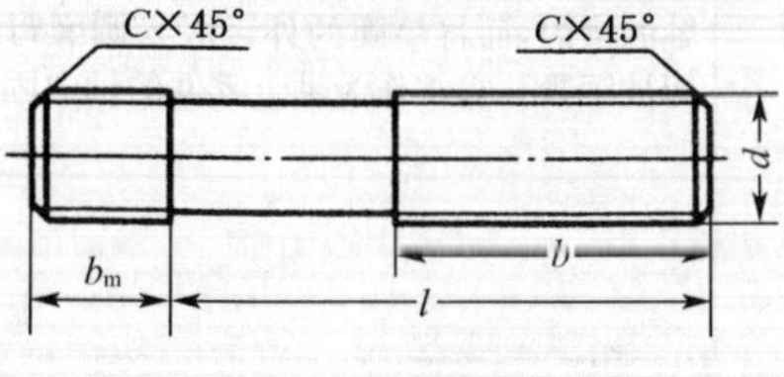
</td><td>螺柱两端都有螺纹，两端螺纹可相同或不同，有A型和B型两种结构，螺柱的一端常用于拧入厚度大不便于穿通孔的被联接件中，拧入后即不拆卸；另一端则用于安装螺母以固定被联接零件</td></tr>
</table>

（续 表）

类型	图 例	结构特点及应用
螺钉	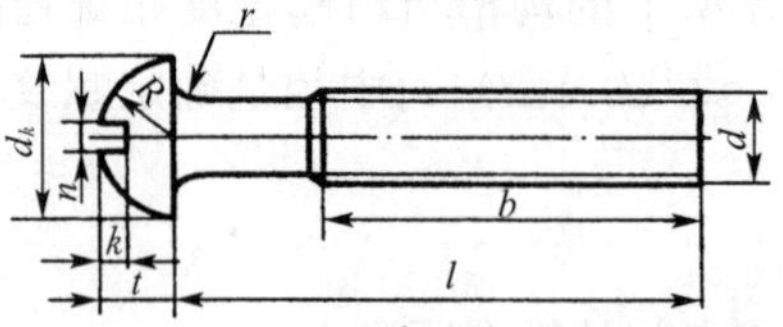 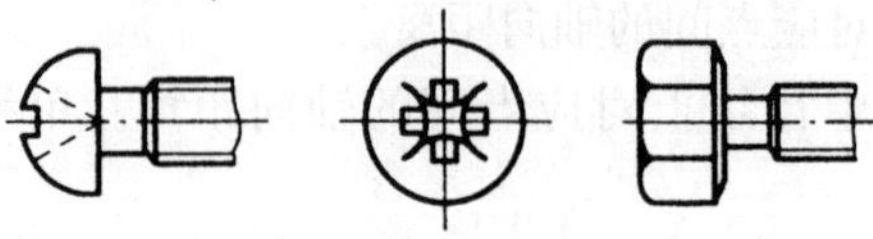 十字槽盘头　六角头 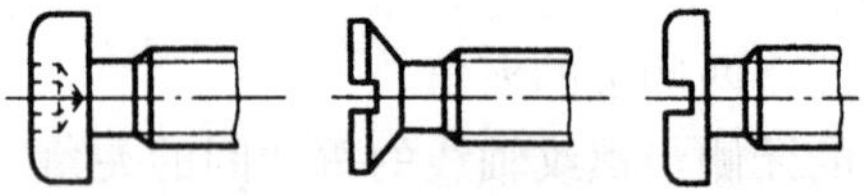 内六角圆柱头　一字开槽沉头　一字开槽盘头	头部形状有六角头、圆柱头、圆头、沉头和盘头等。起子槽有十字槽、一字槽、内六角孔等形式。十字槽螺钉头部强度高，易于实现自动化装配；内六角螺钉能承受较大的扳手力矩，联接强度高，可代替六角头螺栓，用于要求结构紧凑的场合
紧定螺钉	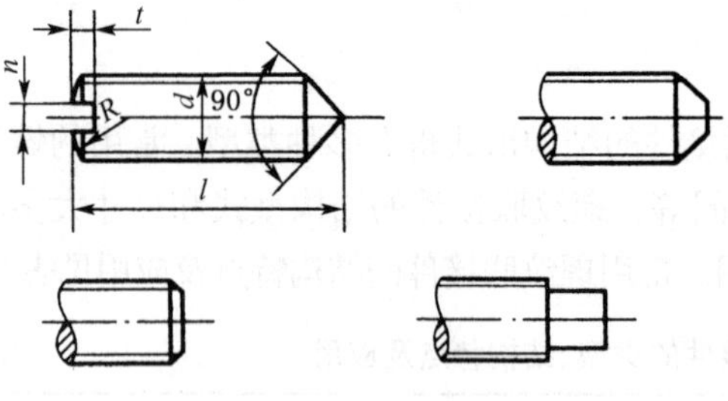	紧定螺钉的末端形状常用的有锥端、平端和圆柱端。锥端适用于被紧定零件的表面硬度较低或不经常拆卸的场合；平端接触面积大，不伤零件表面，适用于被紧定零件的表面硬度较高或经常拆卸的场合；圆柱端压入轴上的凹坑中，适用于紧定空心轴上零件位置
六角螺母	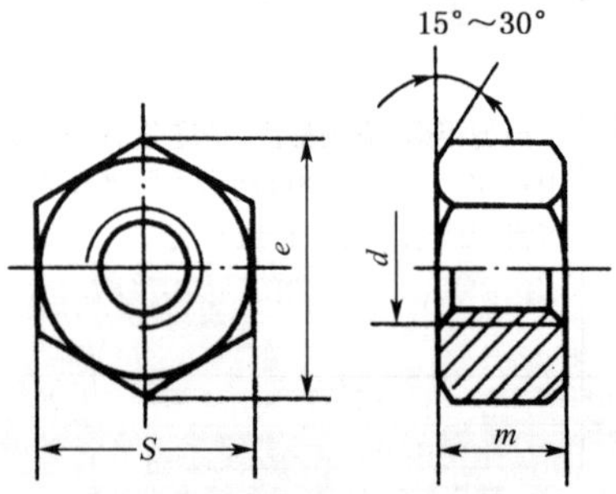	根据螺母的厚度不同，分为标准、厚、薄等三种螺母。六角螺母的制造精度和螺栓相同，分为 A、B、C 三级，分别与相同级别的螺栓配用
圆螺母	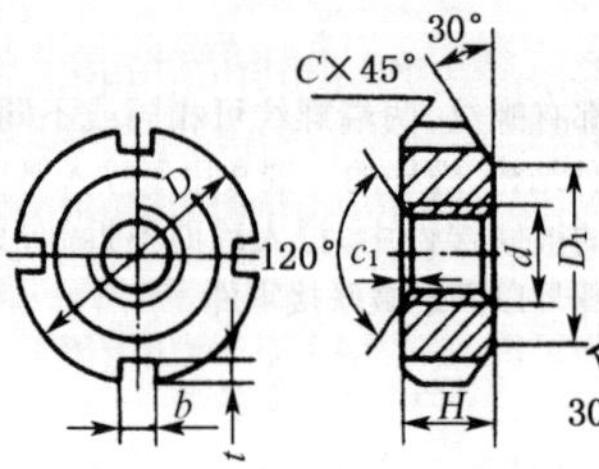 圆螺母 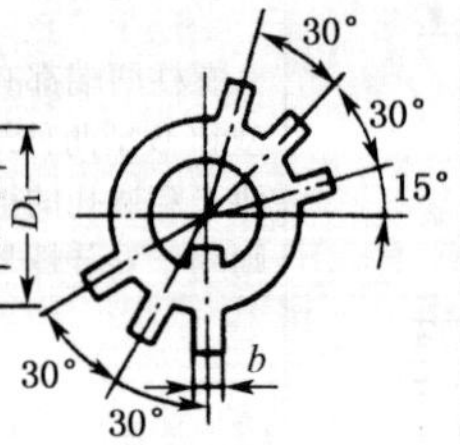 止动垫圈	圆螺母常与止动垫圈配用，装配时将垫圈内舌插入轴的槽内，而将垫圈的外舌嵌入圆螺母的槽内，螺母即被锁紧。它常作为轴上零件的轴向固定用

(续 表)

类型	图 例	结构特点及应用
垫圈	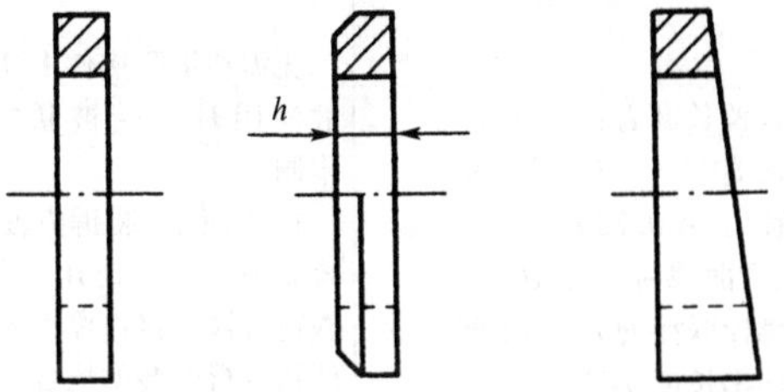 平垫圈　斜垫圈	垫圈是螺纹联接中不可缺少的零件,常放置在螺母和被联接件之间,起保护支承表面的作用。平垫圈按加工精度不同分为A级和C级两种;用于同一螺纹直径的垫圈又可分为特大、大、普通、小四种规格,特大规格主要在铁木结构上使用,斜垫圈用于倾斜的支承面
钢膨胀螺栓	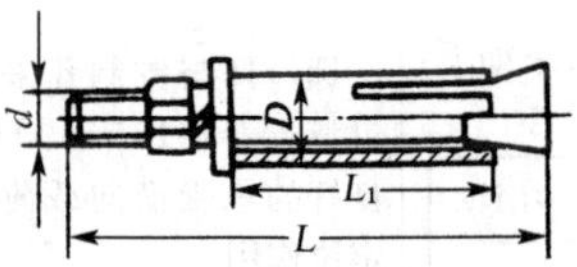 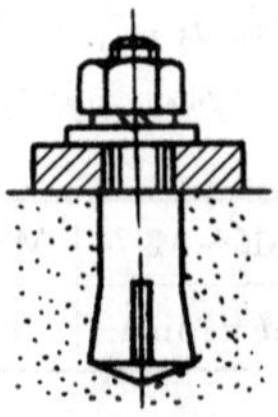 安装示意图	用于墙壁上物体的支承固定。联接靠胀管在预钻孔内膨胀,与孔壁挤压产生足够的联接力。常用螺纹规格为M6～M16,螺旋长度为65～300 mm,胀管直径10～20 mm。钻孔直径见有关手册
塑料胀管	 甲型  乙型	分甲型、乙型两种。适用于木螺钉旋紧联接。靠螺钉旋入胀管后,胀管径向膨胀与预钻孔壁胀紧,形成联接。常用于混凝土、硅酸盐砌块等墙壁。直径6～12 mm,长度31～60 mm,钻孔直径应小于或等于胀管直径
自攻螺钉	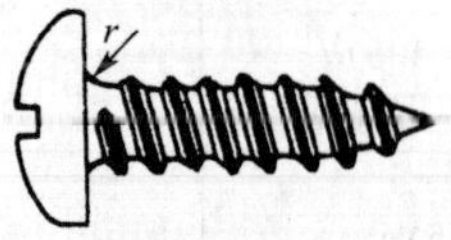 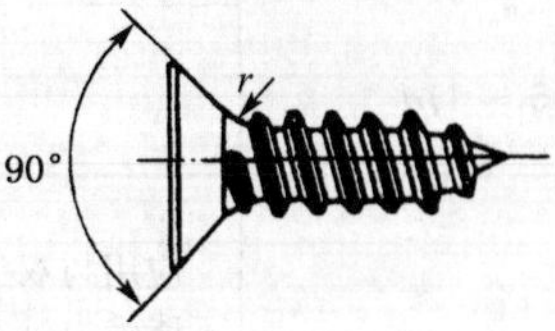	多用于联接较薄的钢板和有色金属板。螺钉较硬,一般热处理硬度50～58HRC。安装前需预制孔,在实际使用时,应根据具体条件,经过适当的工艺验证,确定最佳预制孔直径,但不需预制螺纹,在联接时利用螺钉直接攻出内螺纹。自攻螺钉用板厚一般为1.2～5.1 mm

5.3.3 螺纹联接

1) 螺纹联接的基本类型

螺纹联接的基本类型、结构尺寸及应用特点见表5-6。

表 5-6 螺纹联接的基本类型、结构尺寸及应用特点

<table>
<tr><th colspan="2">类型</th><th>结 构 图</th><th>主要尺寸关系</th><th>特点及应用</th></tr>
<tr><td rowspan="2">螺栓联接</td><td>普通螺栓联接</td><td>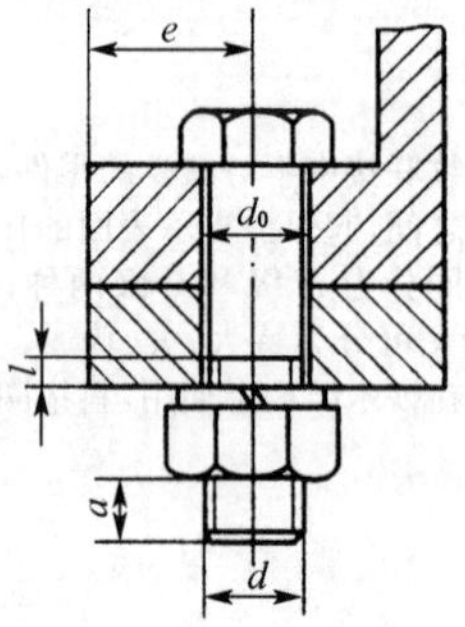</td><td rowspan="2">1. 螺纹余留长度 l_1：
静载荷 $l_1 \geqslant (0.3 \sim 0.5)d$
变载荷 $l_1 \geqslant 0.75d$
冲击、弯曲载荷 $l_1 \geqslant d$
配合螺栓联接的 l_1 尽可能小
2. 螺纹伸出长度 a：
$a = (0.2 \sim 0.3)d$
3. 螺栓轴线到边缘的距离 e：
$e = d + (3 \sim 6)\text{mm}$
4. 螺栓孔直径 d_0：
普通螺栓 $d_0 = 1.1d$
配合螺栓的 d_0 与 d 的关系如下：
<table><tr><td>d</td><td>M6～M27</td><td>M30～M48</td></tr><tr><td>d_0</td><td>d+1 mm</td><td>d+2 mm</td></tr></table></td><td>无需在被联接件上切制螺纹，故使用时不受被联接材料的限制
构造简单，装拆方便，损坏后容易更换。广泛用于传递轴向载荷且被联接件厚度不大、能从两边进行安装的场合</td></tr>
<tr><td>配合螺栓联接</td><td>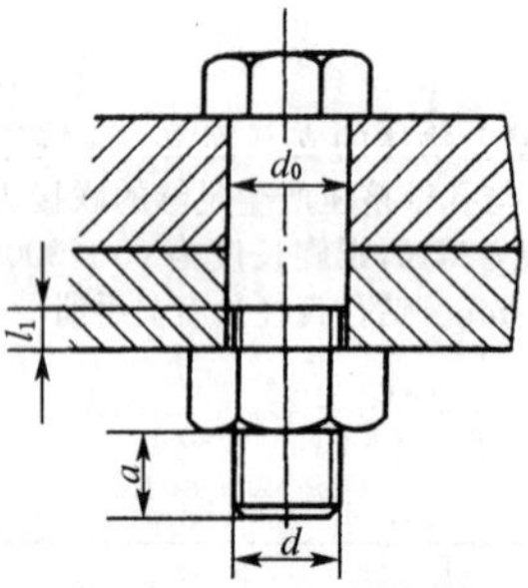</td><td>螺栓杆与铰制孔采用基孔制过渡配合(H7/m6、H7/n6)，有良好的承受横向载荷的能力和定位作用</td></tr>
<tr><td colspan="2">双头螺柱联接</td><td>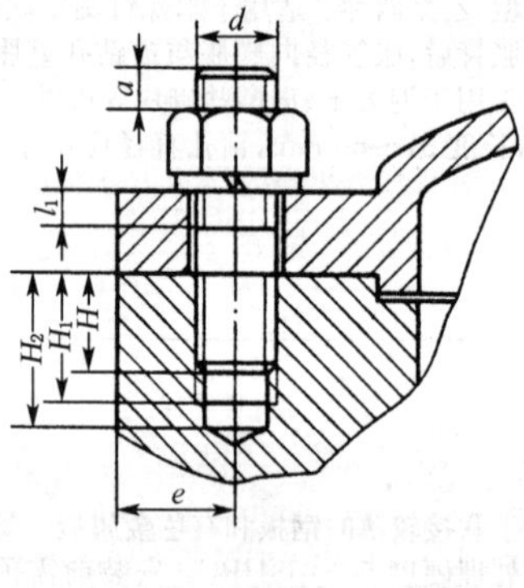</td><td rowspan="2">1. 螺纹旋入被联接件的长度 H：
钢或青铜：$H \approx d$
铸铁：$H = (1.25 \sim 1.5)d$
铝合金：$H = (1.5 \sim 2.5)d$
2. 螺纹孔的深度：
$H_1 = H + (2 \sim 2.5)p$
3. 钻孔深度：
$H_2 = H_1 + (0.5 \sim 1)d$
4. l_1、a、e 同上</td><td>一端旋入并紧定在较厚被联接件的螺纹孔中，另一端穿过较薄被联接件的通孔，与螺母组合使用，用于结构受限制，不能用螺栓联接，且需经常装拆的场合</td></tr>
<tr><td colspan="2">螺钉联接</td><td>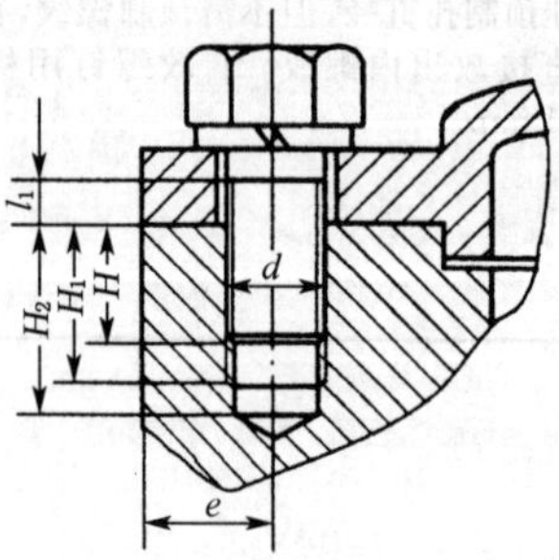</td><td>应用与双头螺柱联接相似，但不能受力过大或经常装拆，以免损伤被联接件的螺纹孔。由于不用螺母，结构上比双头螺柱联接更简单、紧凑</td></tr>
</table>

（续　表）

类型	结 构 图	主要尺寸关系	特点及应用
紧定螺钉联接	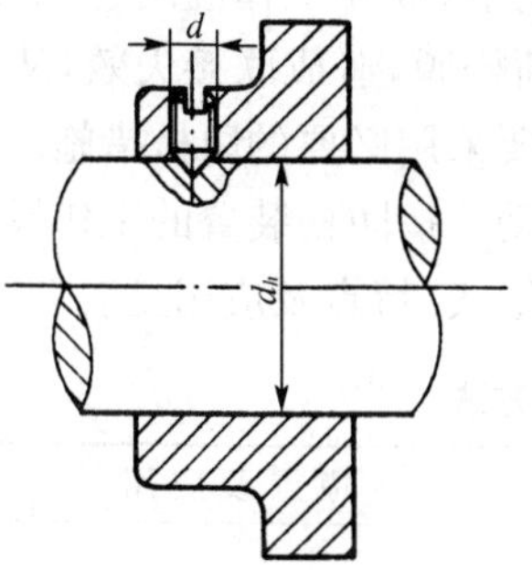	$d=(0.2\sim0.3)d_h$ 当传递的力或转矩大时取大值	紧定螺钉旋入被联接件之一的螺纹孔中，其末端顶住另一被联接件表面的凹坑中，以固定两个零件的相对位置，并可传递不大的力或转矩

2）螺纹联接的预紧和防松

（1）螺纹联接的预紧

在实际工程中，绝大多数螺纹联接在装配时都必须拧紧，从而使联接在承受工作载荷前就事先受到预紧力的作用，称为预紧。预紧的螺纹联接称为紧联接，不预紧的螺纹联接称为松联接。

预紧的目的是增强联接的可靠性、紧密性和刚性，提高联接的防松能力，防止受载后被联接件间出现间隙或发生相对位移，对于受变载荷的螺纹联接还可提高其疲劳强度。但过大的预紧力可能会使螺栓过载，甚至断裂破坏。因此对重要的螺纹联接，为了保证所需的预紧力，又不使联接螺栓过载，在装配时应控制预紧力。预紧力的大小可通过控制拧紧力矩来实现，生产中常借助测力矩扳手（见图 5-27(a)）或定力矩扳手（见图 5-27(b)）来控制拧紧力矩，对要求精确控制预紧力时，可采用测量螺栓伸长法检查（见图 5-28）。

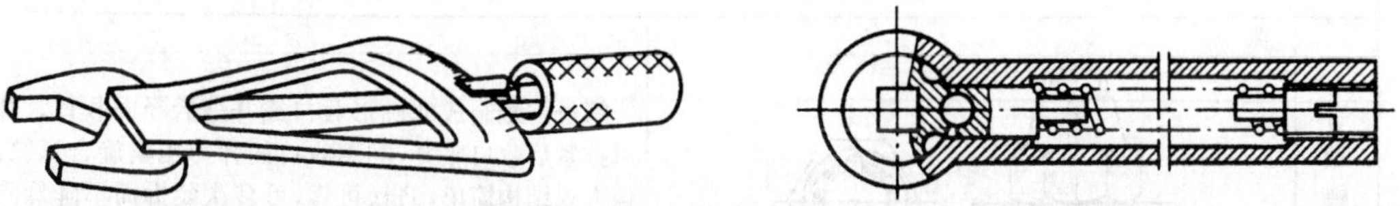

(a)　　　　(b)

图 5-27　测力矩扳手和定力矩扳手

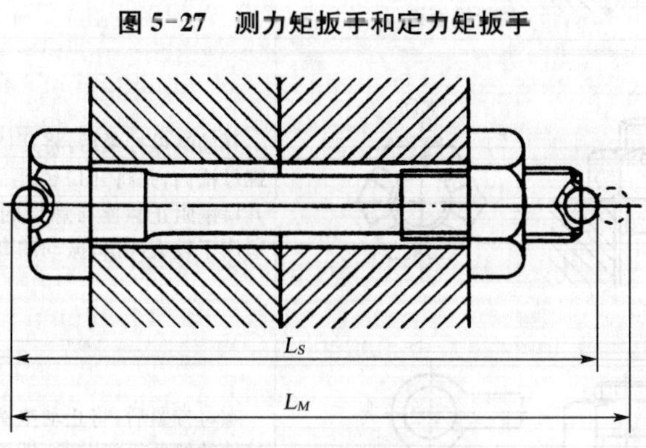

图 5-28　测量螺栓伸长法

L_S—拧紧前长度；L_M—拧紧后长度

(2) 螺纹联接的防松

常用的螺纹联接件都是单线螺纹，具有自锁性。在静载荷、工作温度变化不大时，螺纹联接件一般不会自动松脱。但在冲击、振动或变载荷作用下，或在工作温度急剧变化时，都可能使预紧力在某一瞬间减小或消失，引起螺纹联接逐渐松脱，造成联接失效，从而影响机器的正常运转，甚至导致严重的事故。因此，设计时还需要采用必要的防松措施。

防松的目的是在螺纹拧紧后防止螺旋副间再相对转动。按防松装置的工作原理不同可分为摩擦防松、机械防松和永久性防松三类，各自的结构形式、特点及应用见表 5-7。

表 5-7 螺纹联接常用的防松方法

防松方法		结构形式	特点及应用
摩擦防松	对顶螺母	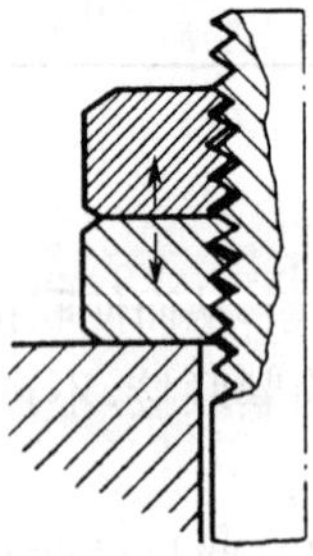	两螺母对顶拧紧后，使旋合螺纹间始终受到附加的压力和摩擦力作用而防止松脱。该方式结构简单，适用于平稳、低速和重载的固定装置上的联接，但轴向尺寸较大
	弹簧垫圈	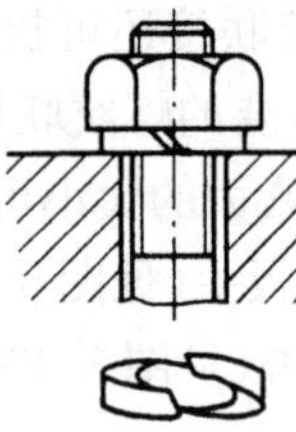	螺母拧紧后，靠垫圈被压平产生的弹性反力使旋合螺母间压紧，同时垫圈斜口的尖端抵住螺母与被联接件的接触面，也有防松作用。该方式结构简单，使用方便。但在冲击、振动的工作条件下，防松效果较差，用于不重要的联接
	自锁螺母	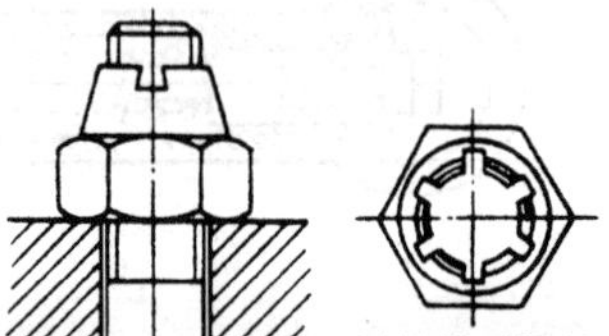 锁紧锥面螺母	螺母一端制成非圆形收口或开缝后径向收口。螺母拧紧后收口胀开，利用收口的弹力压紧旋合螺纹。该方式结构简单，防松可靠，可多次装拆而不降低防松性能
机械防松	开口销与开槽螺母	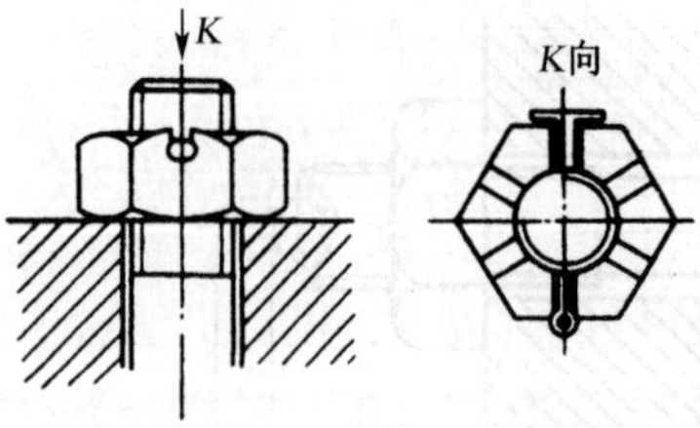	开槽螺母拧紧后，将开口销穿入螺栓尾部的小孔和螺母槽内，并将开口销尾部掰开与螺母侧面贴紧，靠开口销阻止螺栓与螺母的相对转动而防松。该方式适用于较大冲击、振动的高速机械
	止动垫圈	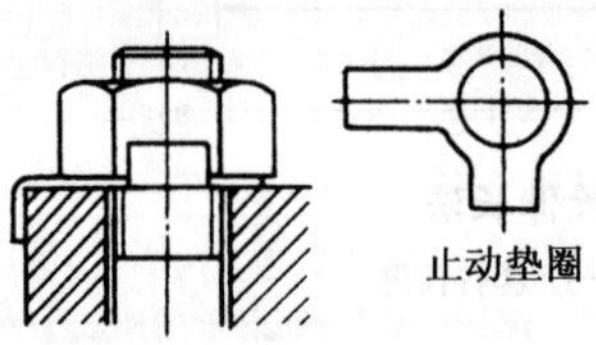 止动垫圈	螺母拧紧后，将止动垫圈上的耳分别向螺母和被联接件的侧面折弯贴紧，即可将螺母锁住。该方式结构简单，使用方便，防松可靠

（续 表）

防松方法		结 构 形 式	特点及应用
机械防松	串联钢丝	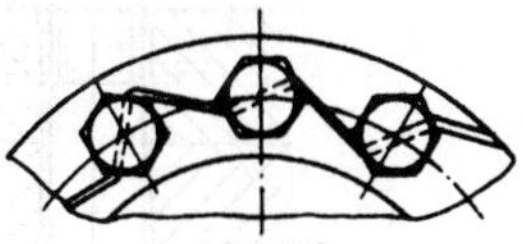 (a) 正确 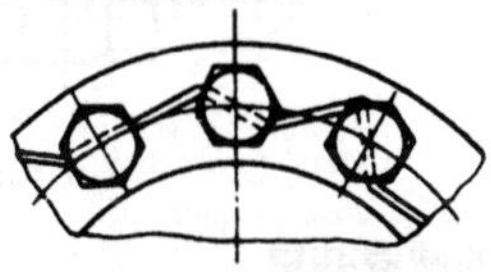 (b) 不正确	用低碳钢丝穿人螺钉头部的孔内，将各螺钉串联起来，使其相互制约。使用时必须注意钢丝穿入的正确方向。该方式适用于螺钉组联接，防松可靠，但装拆不方便
永久性防松	粘合剂防松	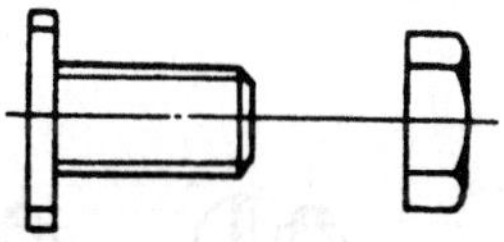	用粘合剂涂于螺纹旋合表面，拧紧螺母后，粘合剂能自行固化，防松效果好，但不便拆卸
	冲点防松	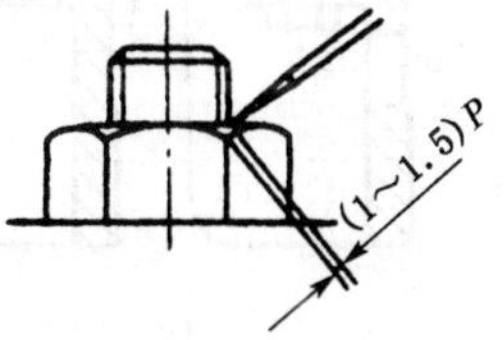	在螺纹件旋合好后，用冲头在旋合缝处或端面冲2～3点防松。该方式防松可靠，但此联接为不可拆联接

3）螺纹联接的结构设计

在工程实际中，螺栓联接应用最为广泛，且常成组使用。螺栓联接的结构设计主要是确定合适的联接接合面的几何形状和布置形式、螺栓的类型和数目，应尽可能使各螺栓和联接接合面间受力均匀，便于加工和装配。因此，设计时应综合考虑以下几方面的问题：

（1）接合面应尽量设计成轴对称的简单几何形状（见图 5-29），尽量对称布置螺栓，使螺栓组的几何中心与接合面的形心重合。这样便于加工和装配，接合面受力也比较均匀。

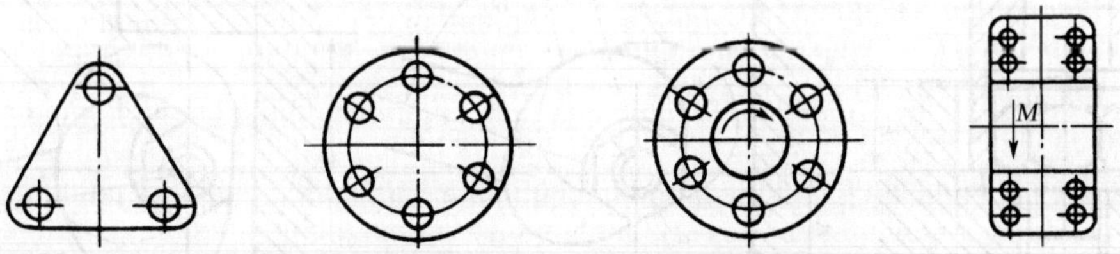

图 5-29 螺栓组联接接合面的常用形状

（2）为便于钳工划线、钻孔，螺栓应布置在同一圆周上，螺栓数目取易等分的数字，如 3、4、6、8、12 等。

（3）当螺栓组承受弯矩或转矩时，应尽量将螺栓布置在靠近接合面的边缘。对于承受较大横向载荷的螺栓组联接，可采用销、套筒、键等抗剪零件来承受局部横同载荷（见图 5-30），以减少螺栓的预紧力及其结构尺寸。

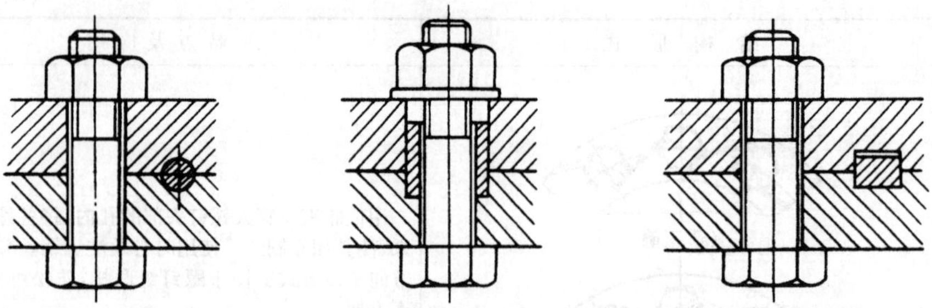

(a) 减载销　(b) 减载套筒　(c) 减载键

图 5-30　承受横向载荷的减载装置

(4) 螺栓联接的结构应保证安装的可能性及装拆方便，如图 5-31 所示，图 5-31(a)无法装配，图 5-31(b)难以装配，图 5-31(c)容易装配。

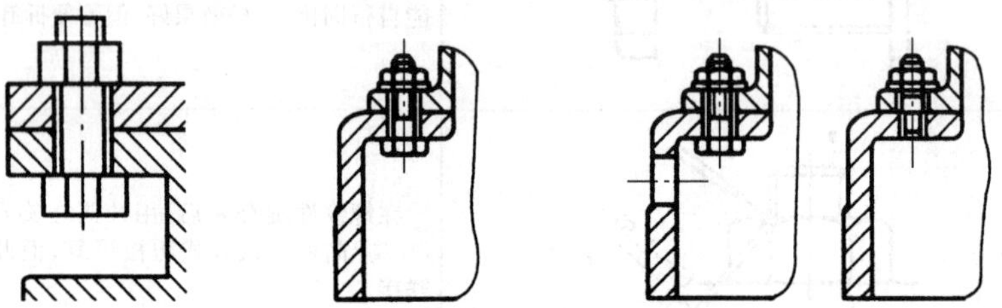

(a)　(b)　(c)

图 5-31　螺栓联接装拆工艺性

(5) 螺栓布置要有合理的距离。考虑装拆的需要，布置螺栓时，螺栓之间及螺栓与箱体侧壁之间应留有足够的扳手空间。图 5-32 中的 A、B、C、D、E 等尺寸应有利于螺栓的装拆，具体尺寸可查有关机械设计手册。

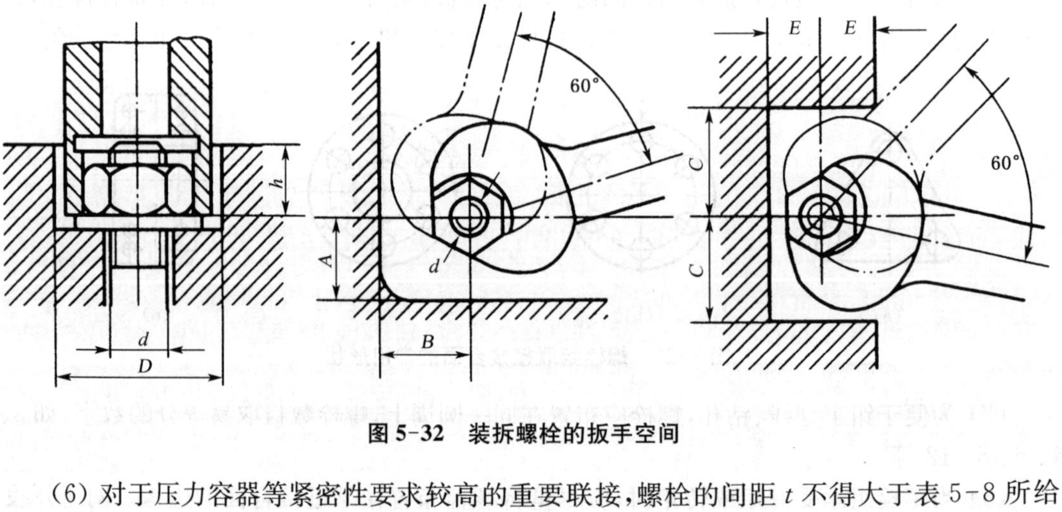

图 5-32　装拆螺栓的扳手空间

(6) 对于压力容器等紧密性要求较高的重要联接，螺栓的间距 t 不得大于表 5-8 所给出的数据。

表 5-8 有紧密性要求的螺栓间距

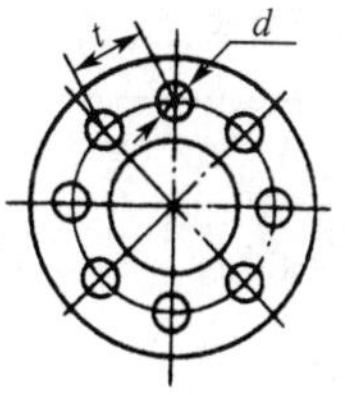

工作压力/MPa					
≤1.6	1.6～4	4～10	10～16	16～20	20～30
t/mm					
7d	4.5d	4.5d	4d	3.5d	3d

注：表中 d 为螺纹的公称直径。

(7) 避免承受附加弯曲应力，与螺栓接触的被联接件表面应平整并垂直于螺栓的轴线，可采用如图 5-33 所示的支承面结构。

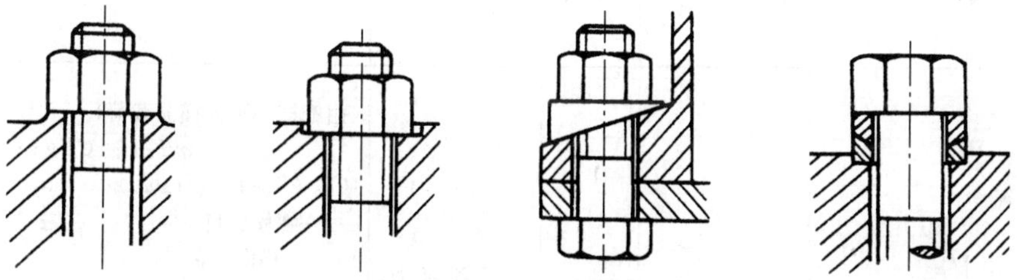

(a) 凸台　(b) 沉头孔　(c) 斜垫圈　(d) 球面垫圈

图 5-33 支承面结构

为使联接牢固、可靠、接合面受力均匀，在螺栓联接装配过程中，应根据螺栓分布情况按一定顺序逐次拧紧各个螺栓(必要时可分 2～3 次完成)，见图 5-34。

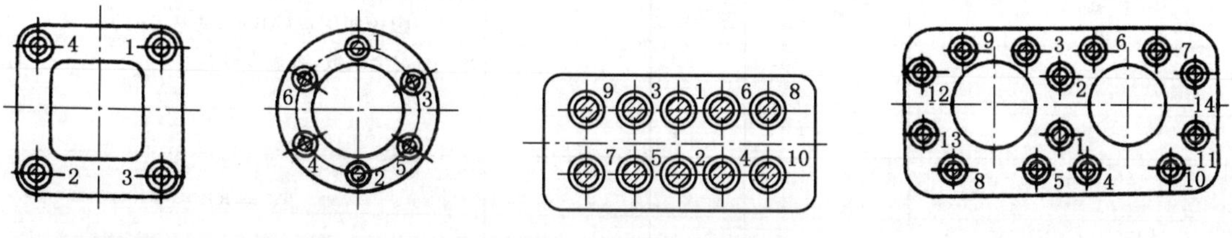

(a)　(b)　(c)　(d)

图 5-34 拧紧螺栓的顺序示例

5.3.4 螺栓联接的强度计算

螺栓联接的强度计算主要是根据联接的类型、联接的装配情况和受载状态等条件，通过工作能力分析，确定或验算最危险截面的尺寸(一般是螺纹的小径 d_1)，再根据螺纹的小径 d_1 查阅标准选定螺纹的公称直径 d。在制定标准时，已考虑了螺纹联接各部分的强度要求。因此，螺纹联接的其他尺寸直接按标准确定，不需要进行承载能力计算。

1) 螺栓联接的工作情况分析

对于重要的工作场合，可根据螺栓联接的工作情况，按表 5-9 中的相应条件，选取相应强度公式进行计算。

表 5-9 螺纹联接的工作情况分析

类 型	预紧及特点	联接受力方向	螺栓受载情况	强度计算公式
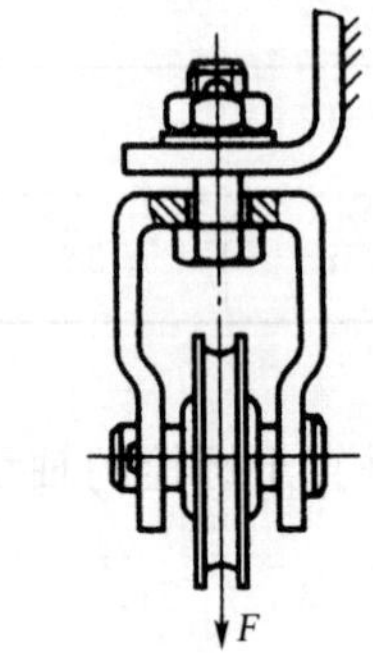	松联接： 螺栓和孔间有间隙，不预紧，主要用于起吊	轴向	不受预紧力，工作时受轴向静载荷 F，螺栓杆受拉	$\sigma=\frac{4F}{\pi d_1^2}\leqslant[\sigma]$ (5-3) F——轴向作用力 (N) d_1——螺纹小径 (mm) $[\sigma]$——许用拉应力 (MPa) $[\sigma]=\sigma_s/(1.2\sim1.7)$ σ_s——螺栓屈服点(MPa)，查表 5-10
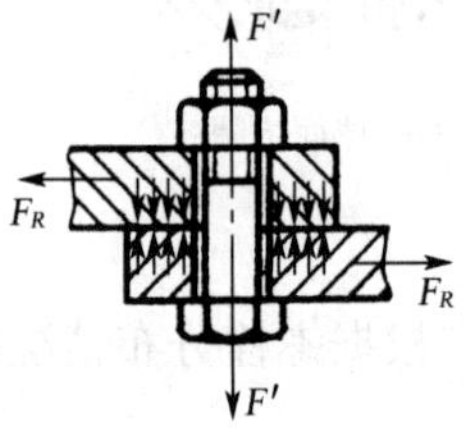	紧联接： 螺栓和孔间有间隙。要预紧，应用较多	横向	受预紧力，工作时螺栓杆受拉，轴向拉力为 F'。由联接件接合面的摩擦力传递横向载荷 F_R	(由摩擦力平衡横向载荷) $zmF'\mu\geqslant CF_R$ 所以 $F'\geqslant CF_R/(zm\mu)$ z——螺栓数目 F_R——横向载荷(N) μ——接合面摩擦因数，查表 5-11 m——接合面数 F'——预紧力(N) C——可靠性因数，一般为 1.1～1.3 $\sigma=\frac{5.2F'}{\pi d_1^2}\leqslant[\sigma]$ (5-4) 许用拉应力 $[\sigma]=\sigma_s/S$ σ_s——螺栓屈服点(MPa)，查表 5-10 S——安全系数，查表 5-12
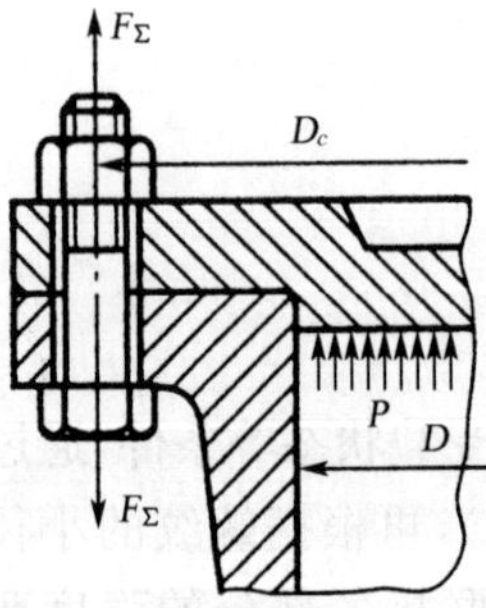	紧联接： 螺栓和孔、间有间隙。应用较多，要预紧	轴向	同时受预紧力和 F，螺栓杆受拉，其轴向总载荷用 F_Σ 表示	$F_\Sigma=KF$ F——轴向载荷(N) K——被联接件的紧固因素 $K=2.5\sim2.8$，要求紧固 $K=1.6\sim2$，要求紧固，动载荷 $K=1.2\sim1.6$，要求紧固，静载荷 $\sigma=\frac{5.2F_\Sigma}{\pi d_1^2}\leqslant[\sigma]$ (5-5) 许用拉应力$[\sigma]=\sigma_s/S$ F_Σ——轴向总载荷(N) σ_s——螺栓屈服点(MPa)，查表 5-10 S——安全系数，查表 5-12

（续　表）

<table>
<tr><th>类　型</th><th>预紧及特点</th><th>联接受力方向</th><th>螺栓受载情况</th><th>强度计算公式</th></tr>
<tr><td>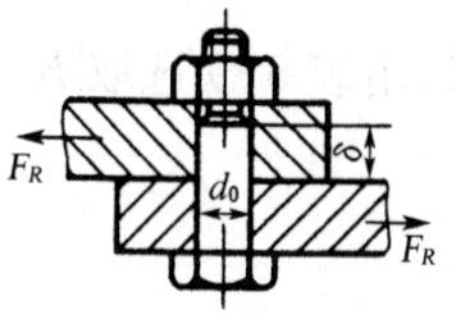</td><td>配合螺栓：
联接采用基孔制过渡配合，理论上是松联接，实际上要拧紧</td><td>横向</td><td>工作时受横向载荷 F_R，螺栓杆受剪切和挤压</td><td>剪切：　$\tau=\frac{4F_R}{n\pi d_0^2}\leqslant[\tau]$　(5-6)
$[\tau]$——许用切应力(MPa)
n——受剪切面数
d_0——螺栓受剪处直径(mm)
挤压：　$\sigma_p=\frac{F_R}{d_0\delta}\leqslant[\sigma_p]$　(5-7)
$[\sigma_p]$——许用挤压应力(MPa)，查表 5-12
δ——挤压面积最小的厚度(mm)</td></tr>
</table>

2）螺纹联接件常用材料及许用应力

一般螺纹联接件常用材料为 Q215、Q235、35 和 45 钢；对于重要的或有特殊要求的联接件可采用 15Cr、40Cr、15MnVB、30CrMnSi 等力学性能高的合金钢。联接件常用材料的力学性能见表 5-10，被联接件接合面间的摩擦因数见表 5-11。

螺纹联接许用应力与联接是否拧紧、是否控制预紧力、受力性质和材料等有关，螺栓联接的许用应力见表 5-12。

表 5-10　螺纹联接件常用材料力学性能　(MPa)

材料	Q215	Q235	35	45	40Cr
强度极限 σ_b	340～420	410～470	540	610	750～1 000
屈服极限 σ_s	220	240	320	360	650～900

表 5-11　被联接件接合面间的摩擦因数 μ 值

<table>
<tr><th>被联接件</th><th>接合面的表面状态</th><th>μ</th><th>被联接件</th><th>接合面的表面状态</th><th>μ</th></tr>
<tr><td rowspan="3">钢或铸铁件</td><td>干燥的机加工表面</td><td>0.10～0.16</td><td rowspan="3">钢结构</td><td>经喷砂处理</td><td>0.45～0.55</td></tr>
<tr><td rowspan="2">有油的机加工表面</td><td rowspan="2">0.06～0.10</td><td>涂富锌漆</td><td>0.35～0.40</td></tr>
<tr><td>轧制、经钢丝刷去锈</td><td>0.30～0.35</td></tr>
</table>

表 5-12　螺纹联接的许用应力和安全系数

<table>
<tr><th>类型</th><th>许用应力</th><th colspan="3">相关因数</th><th colspan="3">安全系数</th></tr>
<tr><td rowspan="6">普通螺栓联接</td><td rowspan="6">$[\sigma]=\sigma_s/S$</td><td colspan="3">松联接</td><td colspan="3">$S=1.2\sim1.5$</td></tr>
<tr><td rowspan="5">紧联接</td><td rowspan="2">控制预紧力</td><td>测力矩或定力矩扳手</td><td colspan="3">$S=1.6\sim2$</td></tr>
<tr><td>测量螺栓伸长量</td><td colspan="3">$S=1.3\sim1.5$</td></tr>
<tr><td rowspan="3">不控制预紧力</td><td>材料</td><td>M6～M16</td><td>M16～M32</td><td>M32～M60</td></tr>
<tr><td>碳钢</td><td>4～3</td><td>3～2</td><td>2～1.3</td></tr>
<tr><td>合金钢</td><td>5～4</td><td>4～2.5</td><td>2.5</td></tr>
<tr><td rowspan="3">配合螺栓联接</td><td>许用切应力
$[\tau]=\sigma_s/S$</td><td rowspan="3">紧联接</td><td>螺栓材料</td><td>钢</td><td colspan="3">$S=2.5$</td></tr>
<tr><td rowspan="2">许用挤压应力
$[\sigma_p]=\sigma_{lim}/S$</td><td rowspan="2">螺栓或孔壁材料</td><td>钢 $\sigma_{lim}=\sigma_s$</td><td colspan="3">$S=1\sim1.25$</td></tr>
<tr><td>铸铁 $\sigma_{lim}=\sigma_b$</td><td colspan="3">$S=2\sim2.5$</td></tr>
</table>

【例 5-2】 试确定某压力容器盖的螺栓直径，已知气缸直径 $D=280$ mm，气缸压力 $p=0\sim1.0$ MPa，螺栓数 $z=12$，缸盖厚度为 20 mm，装配时不控制预紧力。

解 (1) 单个螺栓承受的工作载荷 F

$$F=\frac{\pi D^2}{4z}p=\frac{\pi\times0.28^2}{4\times12}\times1.0\times10^6\ \mathrm{N}=5\,131\ \mathrm{N}$$

(2) 单个螺栓承受的总工作载荷 F_Σ。由于压力容器有紧密性要求，由表 5-9 选取 $K=2.5$，故总工作载荷为

$$F_\Sigma=KF=2.5\times5\,131=12\,828\ \mathrm{N}$$

(3) 选择螺栓材料，确定螺栓直径 d。选取螺栓材料为 45 钢，由表 5-10，$\sigma_s=360$ MPa；初选螺栓直径 $d=16$ mm，由表 5-12 取安全系数 $S=3$；许用拉应力 $[\sigma]=\sigma_s/S=360/3=120$ MPa。由式(6.9) 可知：

$$d_1\geqslant\sqrt{\frac{5.2F_\Sigma}{\pi\times120}}=\sqrt{\frac{5.2\times12\,828}{\pi\times120}}\ \mathrm{mm}=13.30\ \mathrm{mm}$$

查螺纹标准可知 $d_1=13.835$ mm，选取螺栓直径 $d=16$ mm 合适。

5.3.5 螺旋传动

螺旋传动是由螺杆和螺母组成的螺旋机构，主要用来将回转运动转变为直线运动，同时传递运动和动力。

螺旋机构按摩擦性质的不同，可分为滑动螺旋机构、滚动螺旋机构和静压螺旋机构三大类，它们的特点和应用见表 5-13。

表 5-13 各类螺旋传动的特点和应用

种 类	特 点	应 用
滑动螺旋机构	结构简单，制造方便，运转平稳，易于自锁；但摩擦阻力大，传动效率低(约 30%～40%)，有侧向间隙，反向有空行程，低速有爬行	金属切削机床的进给、分度机构的传动螺旋，摩擦压力机、千斤顶的传力螺旋
滚动螺旋机构	传动效率高(在 90%以上)，具有传动的可逆性，运转平稳，低速不爬行；经调整预紧，可获得很高的定位精度和较高的轴向刚度；但结构复杂，抗冲击性能差，不具有自锁性。多由专业厂制造	数控机床、精密机床、测试机械、仪器的传动螺旋和调整螺旋飞行器、船舶等自动控制系统的传动螺旋和传力螺旋
静压螺旋机构	传动效率高(可达 99%)，具有传动的可逆性，运转平稳，无爬行现象；反向时无空行程，定位精度高，磨损很小；螺母结构复杂，需有一套要求较高的供油系统	精密机床的进给、分度机构的传动螺旋

1) *滑动螺旋机构*

滑动螺旋在传动中螺杆与螺母间产生滑动摩擦。滑动螺旋机构所用的螺纹为传动性能好、效率高的矩形、梯形或锯齿形螺纹。

(1) 滑动螺旋机构的类型 按其用途不同可分为以下三种类型：

① 传力螺旋 以传递动力为主，可用较小的转矩产生较大的轴向力，一般为间隙性工

作，工作速度不高，通常要求有较高的强度和自锁性，如螺旋千斤顶（见图 5-35(a)）或螺旋压力机（见图 5-35(b)）。

为了保证良好的自锁性能，传力螺旋的螺纹升角 $\lambda \leqslant 4°30'$。

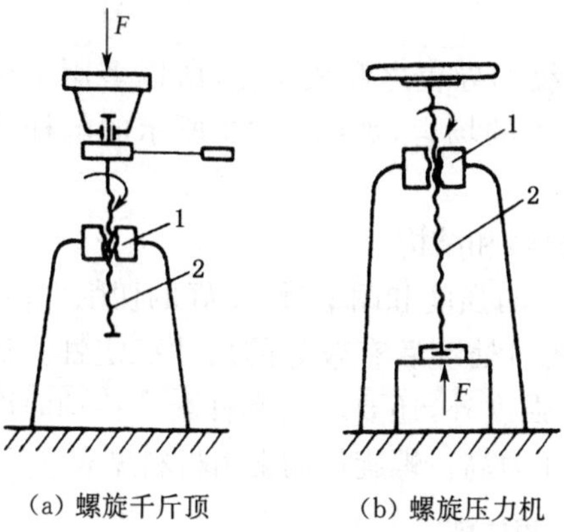

(a) 螺旋千斤顶　(b) 螺旋压力机

图 5-35　传力螺旋机构

1—螺母；2—螺杆

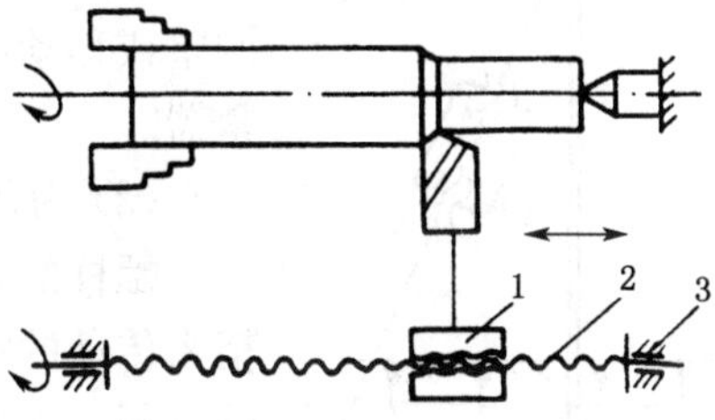

图 5-36　机床进给螺旋

1—螺母；2—螺杆；3—机架

② 传导螺旋　以传递运动为主，要求有较高的传动精度和传动效率，如机床进给螺旋（见图 5-36）。传导螺旋可采用多线螺纹来提高效率。

③ 调整(差动)螺旋　用于调整、固定零件的相对位置。常要求微量或快速调整，一般受力较小，如机床夹具、仪器或测量装置中的调整螺旋、差动螺旋等。

如图 5-37 所示机构，螺杆 3 上有两种导程的螺纹（P_{Z1}，P_{Z2}），可组成两个螺旋副。当螺旋副中两螺纹旋向相同时，成为差动螺旋机构。在差动螺旋机构工作时，可动螺母对机架移动的距离为

$$L = \frac{(P_{Z1} - P_{Z2})\phi}{2\pi} \tag{5-8}$$

式中：L——螺母移动距离(mm)；

P_{Z1}、P_{Z2}——螺母 1、2 的导程(mm)；

ϕ——螺杆的转角(rad)。

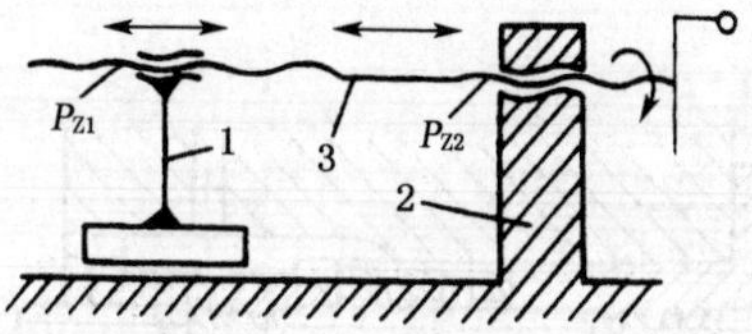

图 5-37　调整螺旋机构

1—可动螺母；2—机架(含固定螺母)；3—螺杆

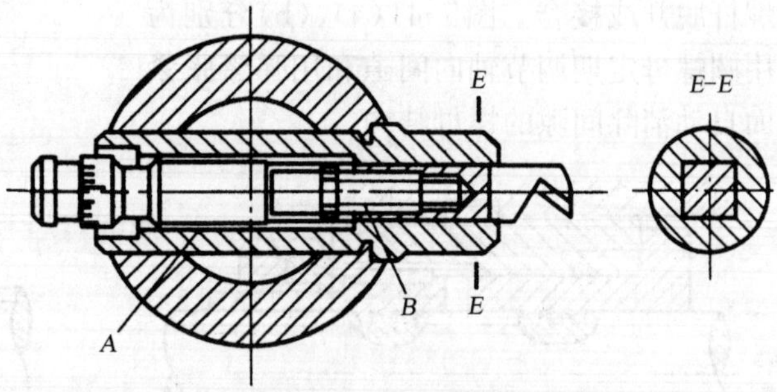

图 5-38　镗刀微调机构

P_{Z1}、P_{Z2} 相差越小，则 L 也越小。这一特性可用于微调机构中，例如图 5-38 所示镗刀的微调机构，A、B 两处为螺旋副。

当两螺旋副中螺纹旋向相反时，成为复式螺旋机构。在复式螺旋机构中，可动螺母 1 相对机架移动的距离为

$$L=\frac{(P_{Z1}+P_{Z2})\phi}{2\pi} \tag{5-9}$$

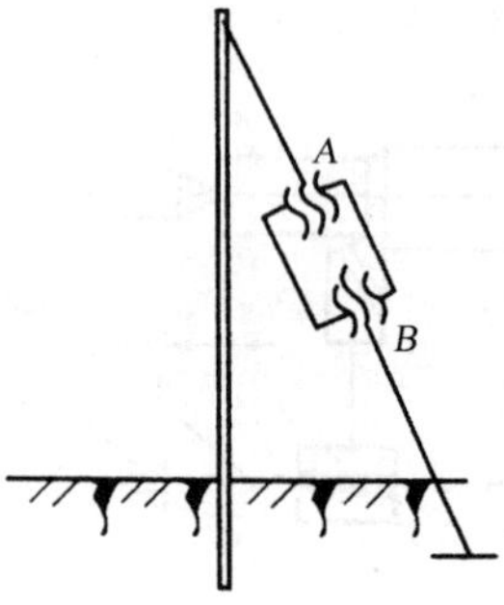

图 5-39　电杆线张紧器

螺母移动距离与两螺纹的导程之和成正比，所以多用于快速调整或移动两构件相对位置的场合，如图 5-39 所示的电杆线张紧器。

(2) 滑动螺旋机构的材料和结构

螺杆的材料应具有足够的强度和耐磨性、良好的切削性，对于精密传动的螺旋，还要求在热处理后有较好的尺寸稳定性。螺母的材料除要求具有足够的强度外，还要求与螺杆配合传动时摩擦因数小，耐磨性好，抗胶合能力高。螺旋传动常用材料见表 5-14。

表 5-14　螺旋传动常用材料

	工作条件	常 用 材 料
螺杆	一般传动	Q275，40Mn，40，50
	重要丝杠	T10，T12，65Mn，40Cr，40MnB，20CrMnTi
	精密丝杠	9Mn2V，CrWMn，38CrMoAl
螺母	一般传动	ZCuSn10Pb1，ZCuSn5Pb5Zn5
	重要丝杠	ZCuAl10Fe3，ZCuZn25Al6Fe3Mn3
	精密丝杠	耐磨铸铁，灰铸铁

螺母结构有整体螺母和开合螺母两种。螺纹副间一般总存在间隙，磨损后间隙加大，当螺杆反方向运动时就会产生空程。所以，对传动精度要求高的螺旋，应采取消除间隙的措施。开合螺母能在径向或轴向调整间隙(见图 5-40)，并能方便地与螺杆脱开或接合。图5-41(a)、(b)分别为用圆螺母定期调节轴向间隙和用弹簧张紧而自动消除间隙的螺母结构。

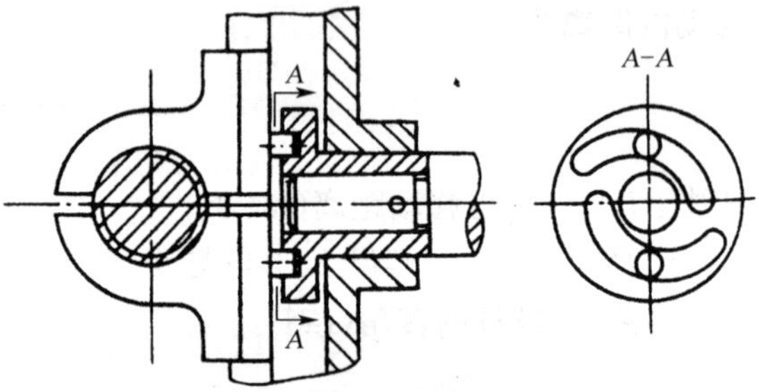

图 5-40　开合螺母

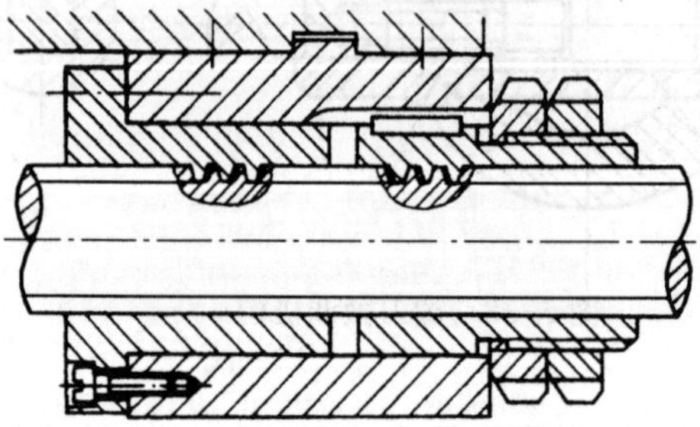
(a) 用螺母定期调节螺纹间隙

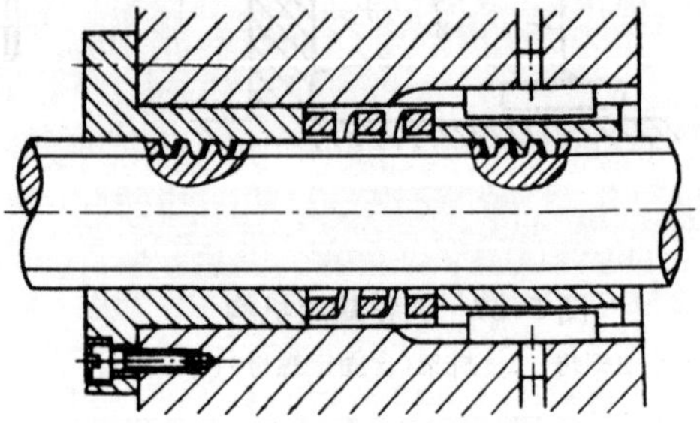
(b) 用弹簧自动消除螺纹间隙

图 5-41　可轴向消除间隙的螺母

2）滚动螺旋机构

滚动螺旋机构由具有螺旋槽的螺杆、螺母及其中的滚珠组成，见图5-42。当螺杆或螺母转动时，滚珠沿螺旋槽滚道滚动，形成滚动摩擦。滚珠经导向装置可返回滚道，反复循环。

滚珠的循环方式分为内循环和外循环两类。

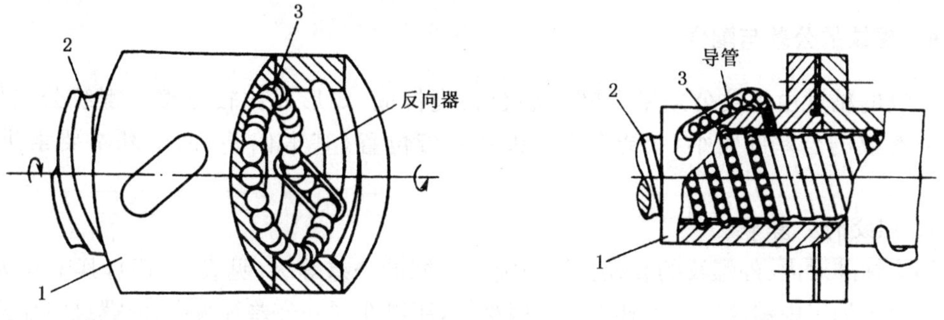

(a) 内循环 (b) 外循环

图5-42 滚珠的循环方式

1—螺母；2—螺杆；3—滚珠

内循环中螺母的每圈螺纹装有一反向器，滚珠在同一圈滚道内形成封闭循环回路，见图5-42(a)。内循环滚珠的流动性好，摩擦损失少，传动效率高，径向尺寸小，但反向器及螺母上定位孔的加工精度要求高。

外循环可利用两端与工作滚道的始末相通的导管作为滚珠的返回通道，见图5-42(b)，其加工较方便，但径向尺寸较大。

滚动螺旋传动机构的特点和应用见表5-13。

3）静压螺旋机构

静压螺旋机构工作时(见图5-43)，压力油经节流器进入螺母螺纹牙两侧的油腔，随后经回油路流出，从而在螺母与螺杆的螺纹牙表面之间产生压力油膜，螺旋传动便在液体摩擦状态下工作，大大降低了摩擦因数。

当螺杆未受载荷时，螺杆的螺纹牙位于螺母螺纹沟槽的中间位置，螺纹牙两侧的间隙和油腔压力都相等，螺杆处于平衡状态。当螺杆受轴向载荷 F_a 作用向右移时，见图5-43(a)，左侧间隙减小为 h_1，右侧间隙增大为 h_2，$h_2>h_1$，由于节流器作用，使左侧油压大于右侧油压，即 $p_1>p_2$，从而在螺杆上产生一平衡 F_a 的液压力。

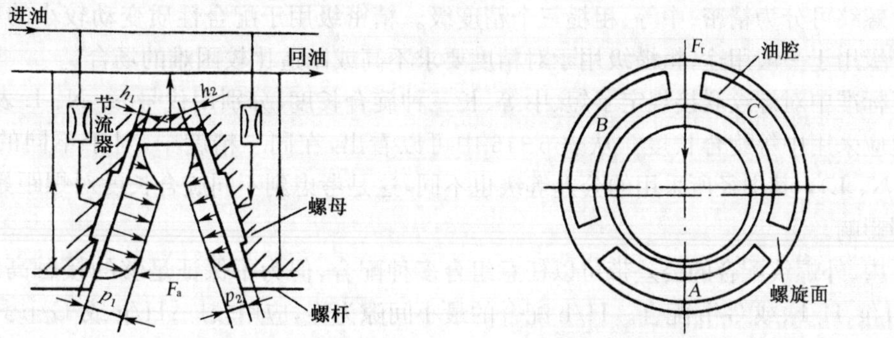

(a) 受轴向力时 (b) 受径向力时

图5-43 静压螺旋机构的工作原理

图 5-43(b)中，每一螺纹牙侧有三个油腔，当螺杆受径向力 F_r 作用下移时，油腔 A 侧间隙减少，压力升高，B 和 C 侧间隙增大，压力降低，从而在螺杆上产生一向上的液压力与 F_r 平衡。静压螺旋也能承受螺杆上的倾覆力矩。

静压螺旋传动机构的特点和应用见表 5-13。

5.3.6 螺纹的公差与配合

螺纹的精度由螺纹公差带和螺纹旋合长度构成，要形成比较完整的螺纹公差体制，必须对螺纹的公差带大小（公差等级）和公差带位置（基本偏差）两个基本要素进行标准化。

1）螺纹的公差等级

国家标准对内、外螺纹的直径分别规定了不同的公差等级（见表 5-15），其中 6 级是基本级。由于加工内螺纹比加工外螺纹要困难些，所以在同一公差等级中，内螺纹中径公差比外螺纹中径公差大些。

表 5-15 螺纹的公差等级

螺纹直径	公差等级	螺纹直径	公差等级
内螺纹小径 D_1	4、5、6、7、8	外螺纹大径 d	4、6、8
内螺纹中径 D_2	4、5、6、7、8	外螺纹中径 d_2	3、4、5、6、7、8、9

2）螺纹的基本偏差

内、外螺纹的公差带位置如图 5-44 所示。螺纹的基本牙型是计算螺纹偏差的基准。螺纹公差带相对于基本牙型的位置由基本偏差确定。外螺纹的基本偏差是上偏差 es，内螺纹的基本偏差是下偏差 EI。

标准中对内螺纹规定了两种基本偏差，其代号为 G、H，见图 5-44(a)、(b)；对外螺纹规定了四种基本偏差，其代号为 e、f、g、h，见图 5-44(c)、(d)。H 和 h 的基本偏差值为零，G 的基本偏差值为正，e、f、g 的基本偏差值为负值。

3）螺纹的公差带及其选用

在生产中为了减少刀具、量具的规格和种类，对公差带的种类应加以限制，标准中推荐了一些常用的公差带，见表 5-16。除非特殊需要，不应选择标准中未规定的公差带。

螺纹可分为精密、中等、粗糙三个精度级。精密级用于配合性质变动较小的精密螺纹；中等级用于一般用途；粗糙级用于对精度要求不高或制造比较困难的场合。

标准中对螺纹联接规定了短、中等、长三种旋合长度，分别用代号 S、N、L 表示。一般情况应采用中等旋合长度。从表 5-16 中可以看出，在同一精度中，对于不同的旋合长度（S、N、L），其中径所采用的公差等级也不同，这是考虑到不同旋合长度对螺距累积误差有不同影响。

内、外螺纹配合的公差带可以任意组合多种配合，但为了保证足够的接触高度，建议采用 H/g、H/h、或 G/h 配合。H/h 配合的最小间隙为零，应用较广；H/g 或 G/h 具有适当间隙，多用于以下几种情况：①要求拆卸容易；②高温下工作；③需要涂镀保护层；④改善螺纹的疲劳强度。

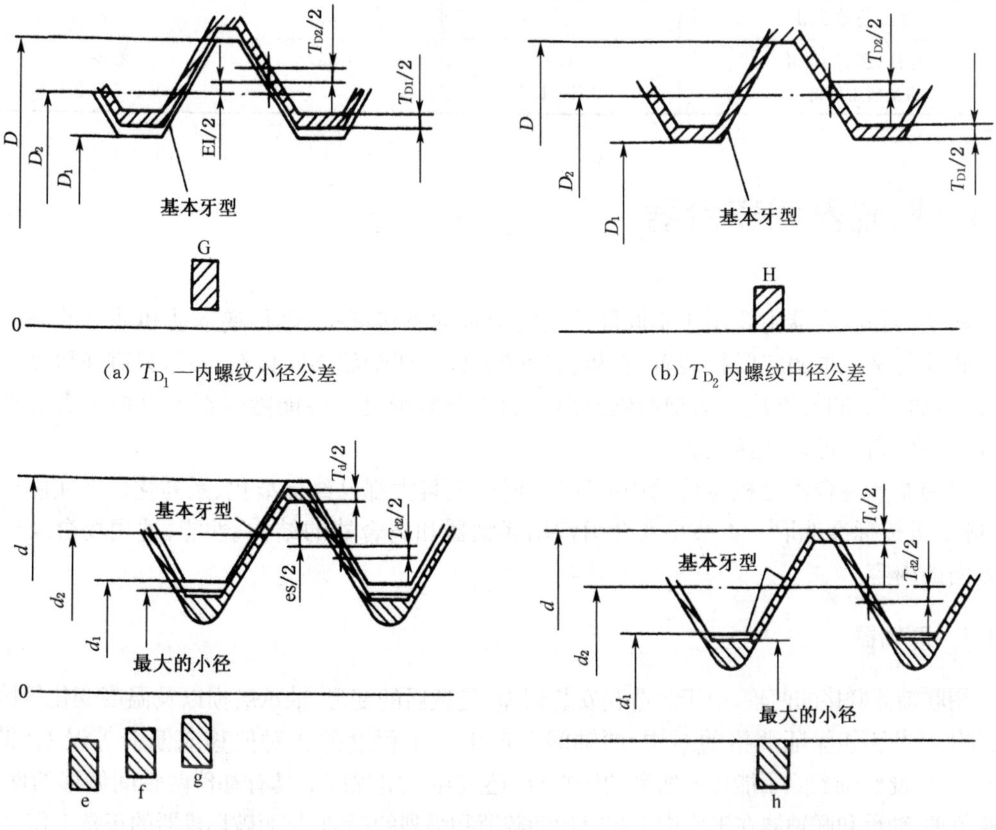

(a) T_{D_1}—内螺纹小径公差　(b) T_{D_2} 内螺纹中径公差

(c) T_d—外螺纹大径公差　(d) T_{d_2}—外螺纹中径公差

图 5-44　螺纹的基本偏差

表 5-16　螺纹的常用公差带

精度等级	内螺纹公差带			外螺纹公差带		
	s	N	L	S	N	L
精密级	4H	4H5H	5H6H	(3h4h)	4h	(5h6h)
中等级	＊5H (5G)	[＊6H] (6G)	＊7H (6G)	(5h6h) (5g6g)	＊6e ＊6f [＊6g] ＊6h	(7h6h) (7g6g)
粗糙级	—	7H (7G)	—	—	(8h) 8g	—

注:大量生产的精制紧固螺纹,推荐采用带方框的公差带;带＊的公差带应优先选用;其次是不带＊的公差带;()号中的公差带尽可能不用。

4) 螺纹的表面粗糙度

螺纹牙侧表面的粗糙度,主要按用途和中径公差等级来确定,如表 5-17 所示。

表 5-17 螺纹牙侧表面的粗糙度 R_a(不大于)

螺纹公差等级	4,5	6,7	7～9
螺栓、螺钉、螺母 轴及套上的螺纹	1.6 0.8～1.6	3.2 1.6	3.2～6.3 3.2

5.4 联轴器和离合器

联轴器和离合器主要用于不同部件之间两轴的直接联接,以传递运动和动力的联接形式。联轴器是一种固定联接装置,在机器运转过程中两轴始终联接在一起,只有在机器停止运转时,通过拆卸的方法才能把两轴分离。而离合器则是一种能随时都可以根据需要将两轴接合或分离的可动联接装置。

联轴器和离合器是机械传动中的通用部件,而且大都已经标准化、系列化。在实际应用中,应尽量按标准选取。本节主要介绍常用联轴器和离合器的结构、性能、适用场合及选用等方面的内容。

5.4.1 联轴器

用联轴器联接的两轴,由于制造和安装误差、受载后的变形、轴承磨损以及温度变化等因素的影响,往往不能保证严格的对中,两轴间会产生一定程度的相对位移或偏斜等误差(见图5-45)。因此联轴器除了能传递所需的转矩外,还应在一定程度上具有补偿两轴间偏移的性能,以避免轴、轴承和联轴器在工作中引起附加动载荷和强烈的振动,从而破坏机器的正常工作。

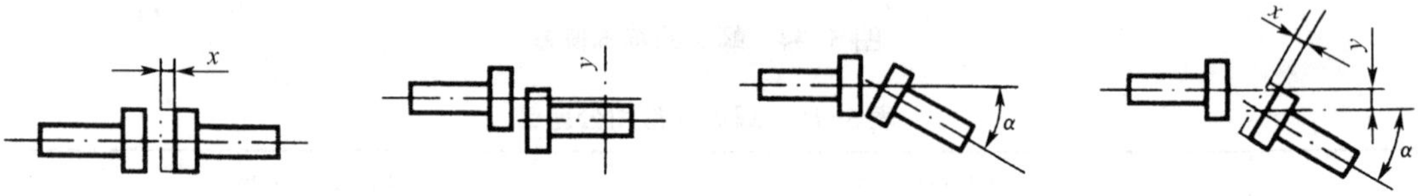

(a) 轴向偏移 (b) 径向偏移 (c) 角偏移 (d) 综合偏移

图 5-45 轴线的相对偏移形式

1) 联轴器的类型

联轴器可分为三大类:

(1) 刚性联轴器 它要求被联接的两轴严格对中而没有相对偏移。

(2) 挠性联轴器 它允许并能补偿两轴间的相对偏移,按补偿偏移的方式不同可分为无弹性元件挠性联轴器和有弹性元件挠性联轴器。

(3) 安全联轴器 它限制被联接两轴传递转矩的数值,超出此数值则自行断开。

2) 常用联轴器的结构和特点

(1) 刚性联轴器

① 套筒联轴器

如图5-46所示,套筒联轴器采用一个公用套筒,通过键或销等联接件将两轴联接起来。这种联轴器结构简单,制造容易,径向尺寸小,但装拆时需作较大的轴向移动。一般适用于低速、轻载、对中性好、两轴直径相同的联接。这种联轴器尚未标准化。

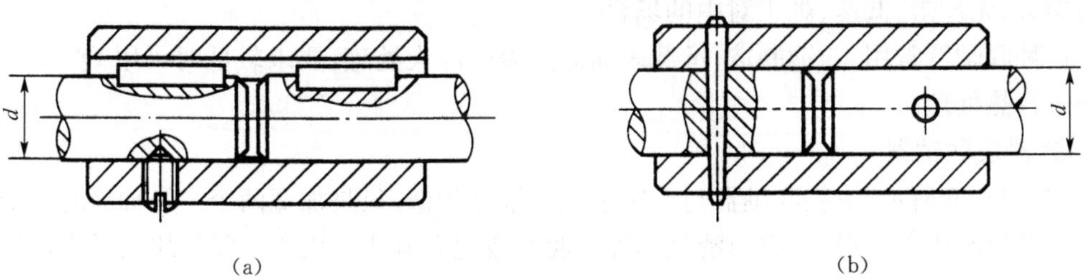

图 5-46 套筒联轴器

② 凸缘联轴器

如图 5-47 所示，凸缘联轴器是由两个带凸缘的半联轴器用螺栓联接而成。两个半联轴器的对中方法有两种：一种是靠铰制孔螺栓对中，见图 5-47(a)，另一种是通过半联轴器上的凸肩与另一个半联轴器上的凹槽相配合而对中，见图 5-47(b)。这种联轴器的结构简单、装拆方便、传递的转矩大，适用于两轴线能严格对中、载荷平稳、转速不高的场合。

凸缘联轴器的材料常用灰铸铁或碳钢，在重载或圆周速度大于 30 m/s 时应用铸钢或锻钢。

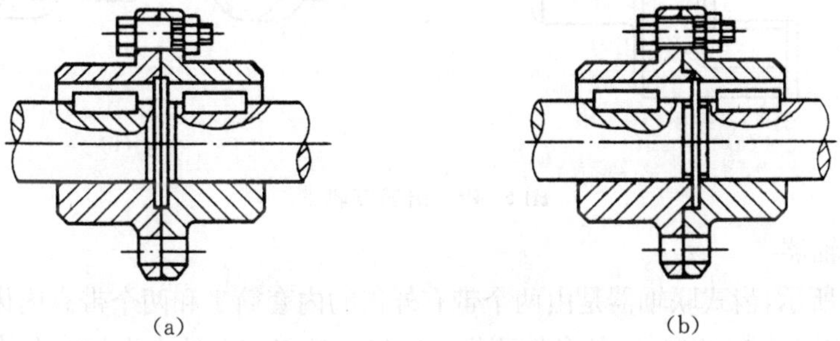

图 5-47 凸缘联轴器

(2) 挠性联轴器

① 十字滑块联轴器

如图 5-48 所示，十字滑块联轴器是由两个端面开有凹槽的半联轴器(1 和 3)以及十字滑块 2 组成。十字滑块两面的凸牙分别嵌入 1、3 的凹槽内并滑动，以补偿两轴的偏移。由于这种联轴器的半联轴器与十字滑块组成移动副，不能发生相对转动，因此，主动轴与从动轴的角速度相等。

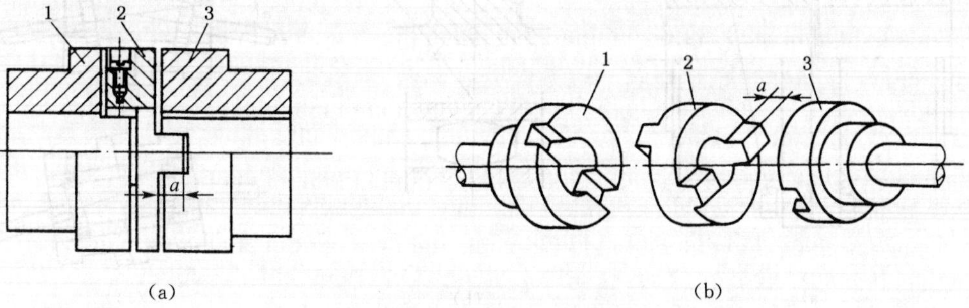

图 5-48 十字滑块联轴器

1、3—半联轴器；2—十字滑块

十字滑块联轴器结构简单，径向尺寸小，承载能力大，对安装精度要求不高。主要适用于转矩大、无冲击、低速、难于对中的场合。

这种联轴器常用 45 钢制造，承载表面需经表面淬火处理，要求较低时可用 Q275 制造，不必进行热处理。

② 滑块联轴器

如图 5-49 所示，滑块联轴器与十字滑块联轴器相似，只是加宽两个半联轴器的沟槽，并把十字滑块改成方形滑块，方形滑块用加布胶木或尼龙制成。由于中间滑块质量小，且具有弹性，故允许较高的转速。

这种联轴器结构简单、尺寸小，适用于小功率、高速、无剧烈冲击的场合。

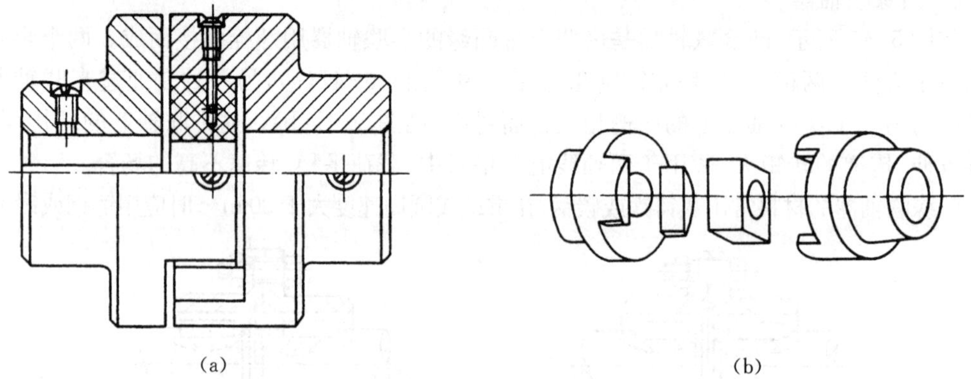

图 5-49 滑块联轴器

③ 齿式联轴器

如图 5-50 所示，齿式联轴器是由两个带有外齿的内套筒 1 和两个带有内齿的外套筒 2 构成，两个内套筒用键与轴相联接，外套筒用螺栓联接。外套筒上的内齿与内套筒上的外齿的齿数、模数相等，其齿廓均为压力角为 20°的渐开线，利用内、外齿的相互啮合实现两轴联接。在啮合过程中，具有较大的顶隙和侧隙。因此，能够补偿两轴的综合偏移，如图5-50(c) 所示。

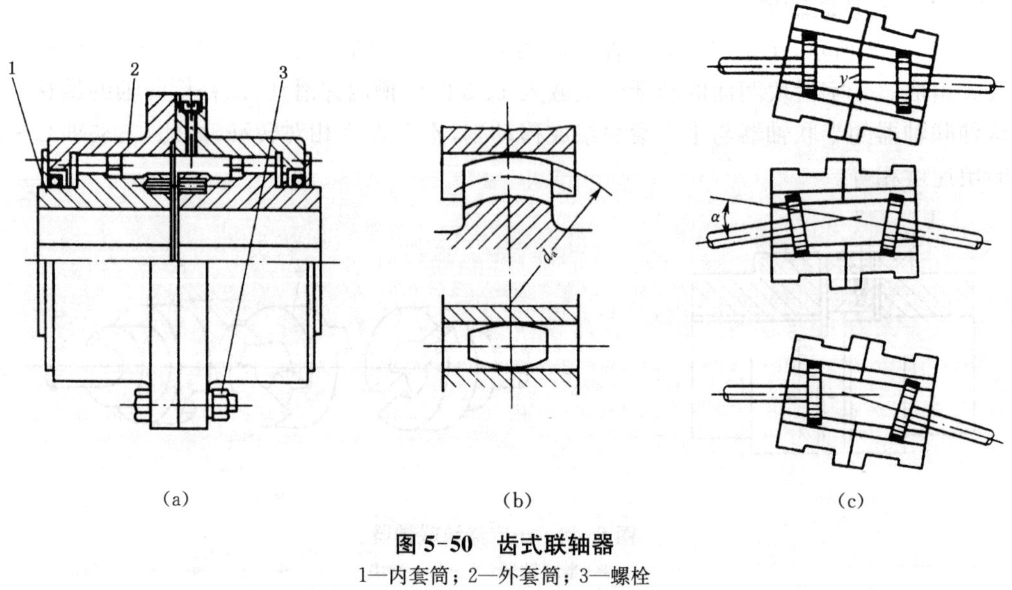

图 5-50 齿式联轴器

1—内套筒；2—外套筒；3—螺栓

齿式联轴器能传递较大的转矩，补偿偏移的能力较强；但制造和安装精度要求较高，成本高。适用于高速、重载的场合。

④ 万向联轴器

如图 5-51(a)所示，万向联轴器由两个固定在轴端的叉形半联轴器 1、2 和一个十字形中间体 3 联接而成。

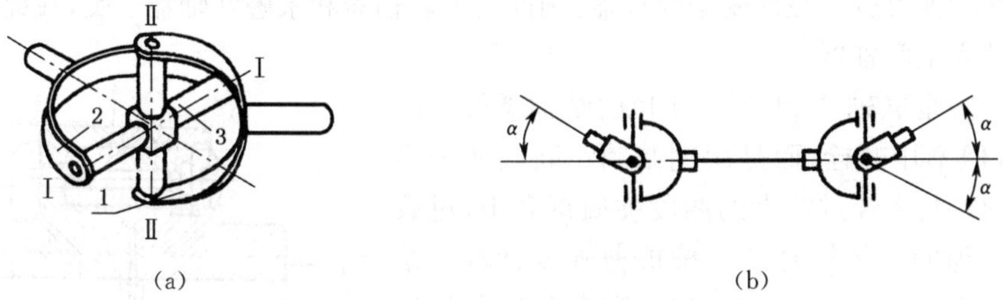

图 5-51 万向联轴器

万向联轴器允许两轴间有较大的角度偏斜，两轴夹角 α 最大可达 35°～45°，但其主、从动轴的角速度不同步，当主动轴以等角速度 ω_1 转动时，从动轴角速度 ω_2 将在一定范围内周期性变化，从而在传动中引起附加动载荷。为了避免这种现象，常将两个万向联轴器联在一起成双使用，如图 5-51(b)所示。

万向联轴器结构紧凑，维护方便，综合补偿能力较强，能传递较大的转矩，广泛应用于汽车、机床等机械中。

⑤ 弹性套柱销联轴器

如图 5-52 所示，弹性套柱销联轴器的结构与凸缘联轴器类似，不同之处在于用装有弹性套的柱销代替了螺栓，工作时弹性套将发生变形，具有良好的缓冲和吸振作用以及补偿两轴综合偏移的能力。

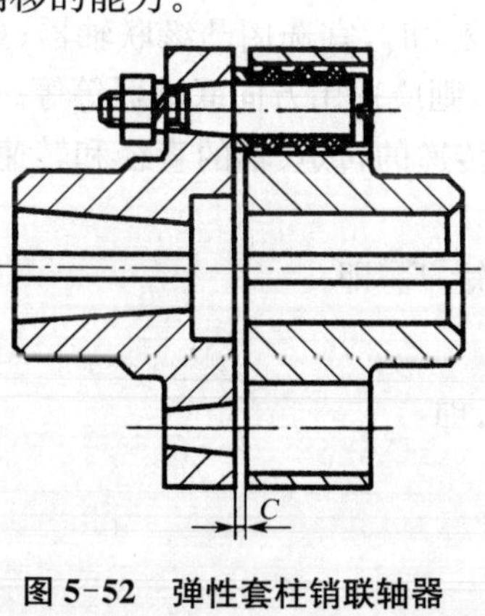

图 5-52 弹性套柱销联轴器

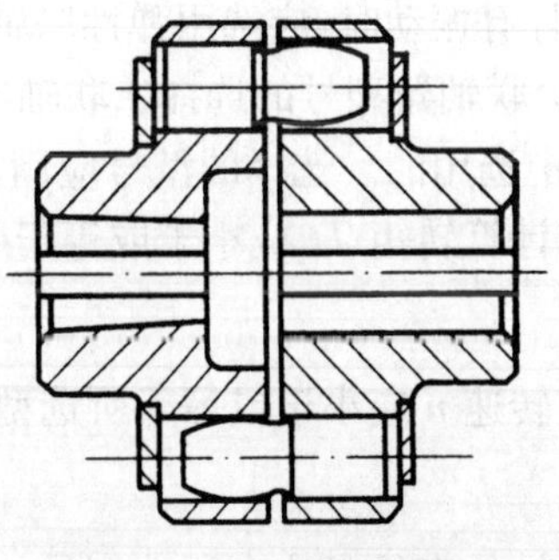

图 5-53 弹性柱销联轴器

半联轴器的材料为 HT200，要求较高时可用 35 钢或 ZG270～500，柱销用 45 钢，弹性套用耐油橡胶或皮革制造。

这种联轴器重量轻、结构简单、成本较低；但弹性套容易磨损，寿命较低。常用于载荷平稳、启动和换向频繁的中、小转矩或转速较高的场合，工作环境温度在－20℃～＋70℃之间。

⑥ 弹性柱销联轴器

如图 5-53 所示，弹性柱销联轴器的结构与弹性套柱销联轴器十分相似，只是采用了非金属材料制成的柱销，取代了带有弹性套的柱销，柱销通常用具有一定弹性的尼龙制成。在载荷平稳、安装精度较高的情况下，可采用圆柱销。为了防止柱销的脱落，在柱销的两端设置了挡板。

与弹性套柱销联轴器相比，弹性柱销联轴器的承载能力较大，寿命长，适用于正反转或启动频繁的传动、对缓冲要求不高的场合。工作环境温度在−20℃～+70℃之间。

(3) 安全联轴器

安全联轴器可分为挠性安全联轴器、刚性安全联轴器和永磁联轴器三类，在此仅介绍其中的剪切销安全联轴器。

剪切销安全联轴器(见图 5-54)的结构类似于凸缘联轴器，但不用螺栓，而是用钢制销钉联接两个半联轴器。销钉装入经过淬火的两段硬质钢套中，过载时销钉即被剪断。销钉直径可按抗剪强度计算。销钉材料可采用 45 钢或工具钢。准备剪断处应预先切槽，这样可使剪断处的塑性变形最小，以免毛刺过大，给更换销钉带来不便。

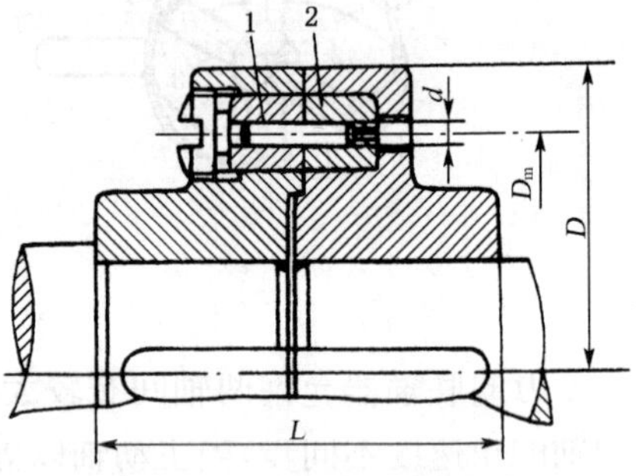

图 5-54 剪切销安全联轴器

1—销钉；2—钢套

由于销钉材料力学性能的不稳定和制造误差等原因的影响，致使剪切销安全联轴器的工作准确性不高。同时，销钉剪断后必须停车更换。但因其结构简单，所以常用于过载可能性不大的机器中。

3) 联轴器的选用

联轴器的选用主要是选择合适的类型，再确定其型号，最后进行必要的强度校核。

(1) 联轴器类型的选择　联轴器的类型应根据机器的工作特点和要求，结合各类联轴器的性能，并参照同类机器的使用经验来选择。一般如两轴的对中要求高，轴的刚度又大时，可选用套筒联轴器或凸缘联轴器；如两轴的对中困难或轴的刚度较小时，则应选用对轴的偏移具有补偿能力的挠性联轴器；如所传递的转矩较大时，宜选用凸缘联轴器；如轴的转速较高且有振动时，应选用弹性联轴器；如两轴相交时，则应选用万向联轴器等等。

(2) 联轴器型号的选择　联轴器的型号是根据所传递的转矩、轴的直径和转速，从联轴器标准中选用的。选择的型号应满足以下条件：

① 计算转矩 T_c 应小于或等于所选型号的公称转矩 T_n，即

$$T_c \leqslant T_n \tag{5-10}$$

② 转速 n 应小于或等于所选型号的许用转速$[n]$，即

$$n \leqslant [n] \tag{5-11}$$

③ 轴的直径 d 应在所选型号的孔径范围之内，即

$$d_{min} \leqslant d \leqslant d_{max} \tag{5-12}$$

考虑到机器启动和制动时的惯性力和工作中可能出现的过载，联轴器的计算转矩可按下式计算：

$$T_c = K_A T = 9\,550 K_A P/n \tag{5-13}$$

式中：K_A——工作情况系数，其值见表 5-18；

P——传递功率(kW)；

n——工作转速(r/min)。

表 5-18 联轴器的工作情况系数 K_A

工作机		动力机			
分类	工作情况及举例	电动机 汽轮机	四缸和四缸以上 内燃机	双缸内燃机	单缸内燃机
Ⅰ	转矩变化很小，如发电机、小型通风机、小型离心泵	1.3	1.5	1.8	2.2
Ⅱ	转矩变化小，如透平压缩机、木工机床、运输机	1.5	1.7	2.0	2.4
Ⅲ	转矩变化中等，如搅拌机、增压泵、有飞轮压缩机、冲床	1.7	1.9	2.2	2.6
Ⅳ	转矩变化和冲击载荷中等，如织布机、水泥搅拌机、拖拉机	1.9	2.1	2.4	2.8
Ⅴ	转短变化和冲击载荷大，如造纸机、挖掘机、起重机、碎石机	2.3	2.5	2.8	3.2
Ⅵ	转矩变化大并有极强烈冲击载荷，如压缩机、无飞轮的活塞泵、重型初轧机	3.1	3.3	3.6	4.0

(3) 联轴器型号的强度校核

按上述方法从标准中选择的联轴器，在一般情况下强度是足够的，故不必进行强度校核，但对载荷较大或重要的联轴器，为安全起见，应对其中关键性零件或薄弱零件(如凸缘联轴器中的联接螺栓、弹性柱销联轴器中的柱销等)进行强度校核。进行强度校核的具体方法，可按材料力学的有关知识进行。

4) 联轴器的标记

联轴器的轴孔形式及代号见表 5-19，联轴器轴孔的键槽形式及代号见表 5-20。

表 5-19 联轴器的轴孔形式及代号

轴孔形状	轴孔形式		代号
圆柱形轴孔	长圆柱形轴孔	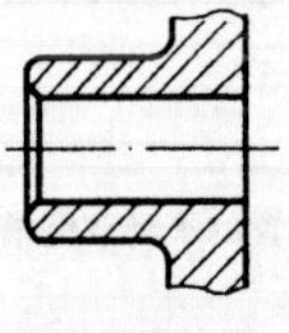	Y 型
	有沉孔的短圆柱形轴孔	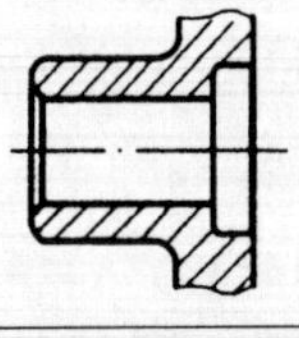	J 型
	无沉孔的短圆柱形轴孔	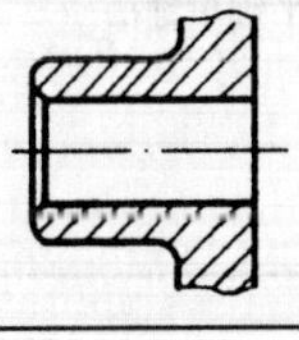	J_1 型

（续 表）

轴孔形状	轴孔形式		代号
圆锥形轴孔	有沉孔的圆锥形轴孔	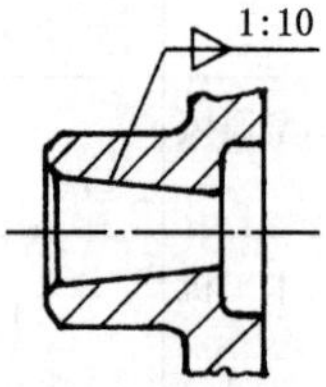	Z型
	无沉孔的圆锥形轴孔	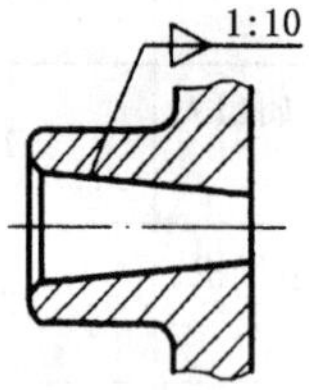	Z_1 型

表 5-20 联轴器的键槽形式及代号

轴孔形状	键 槽 形 式		代 号
圆柱形轴孔	平键单键槽	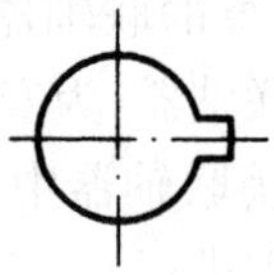	A型
	120°布置的平键双键槽	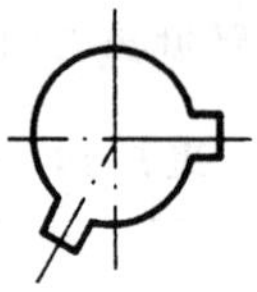	B型
	180°布置的平键双键槽	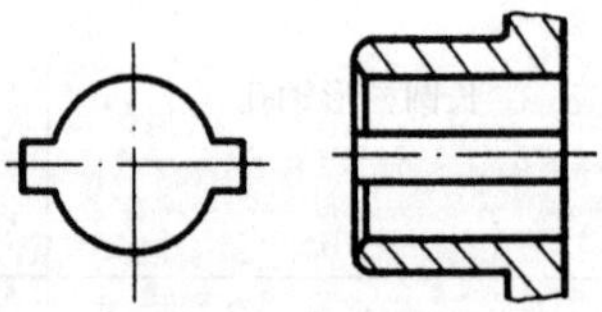	C_1 型
圆锥形轴孔	平键单键槽	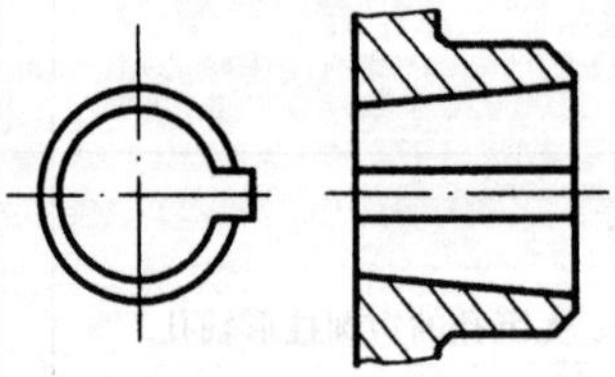	C型

联轴器的标记方法按 GB/T3852—1997 的规定如下：

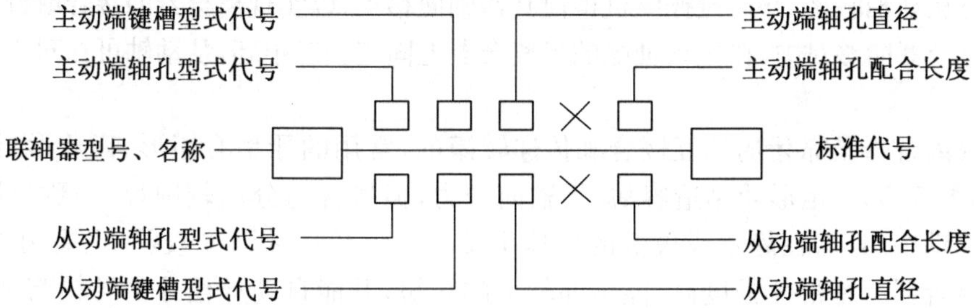

说明：

(1) Y 型轴孔、A 型键槽的代号在标记中可省略。

(2) 联轴器两端轴孔和键槽的型式、尺寸相同时，只标记一端，另一端省略。

【例 5-3】　凸缘联轴器的型号 YL3，主动端：J 型轴孔，A 型键槽，$d_1 = 30\ \text{mm}$，$L = 60\ \text{mm}$。从动端：J_1 型轴孔，B 型键槽，$d_2 = 28\ \text{mm}$，$L = 44\ \text{mm}$。则标记为：

$$\text{YL3 联轴器}\frac{\text{J}30 \times 60}{\text{J}_1\text{B}28 \times 44}\text{GB/T5843—1986}$$

【例 5-4】　弹性套柱销联轴器的型号 TL6，主动端：Y 型轴孔，A 型键槽，$d_1 = 40\ \text{mm}$，$L = 112\ \text{mm}$。从动端：Y 型轴孔，A 型键槽，$d_1 = 40\ \text{mm}$，$L = 112\ \text{mm}$。则标记为：

$$\text{TL6 联轴器 } 40 \times 112\text{GB/T4323—1984}$$

5.4.2　离合器

离合器是在传递运动和动力的过程中通过各种操纵方式使联接的两轴随时接合或分离的一种机械装置。离合器还可以作为启动或过载时控制传递转矩大小的安全保护装置。对离合器的基本要求是：分离和接合迅速、平稳，耐磨性好，散热性好，结构简单，外形尺寸小，调整维修方便。

离合器可分为操纵离合器和自控离合器两大类。操纵离合器必须通过操纵才具有接合或分离的功能。根据不同的操纵方法，操纵离合器可分为机械离合器、电磁离合器、液压离合器、气压离合器四种。自控离合器工作时在主动部分或从动部分的某些性能参数(如转速、转矩等)发生变化时，能自行接合或分离。自控离合器可分为超越离合器、离心离合器和安全离合器三种。

此外，根据离合器内部主、从动部分接合元件的工作原理不同，又可分为嵌合式离合器和摩擦式离合器两大类。嵌合式离合器利用机械嵌合副的接合来传递转矩。摩擦式离合器利用摩擦副的摩擦力来传递转矩。

1) 操纵离合器

(1) 牙嵌离合器

牙嵌离合器的结构形式如图5-55所示。它由两个

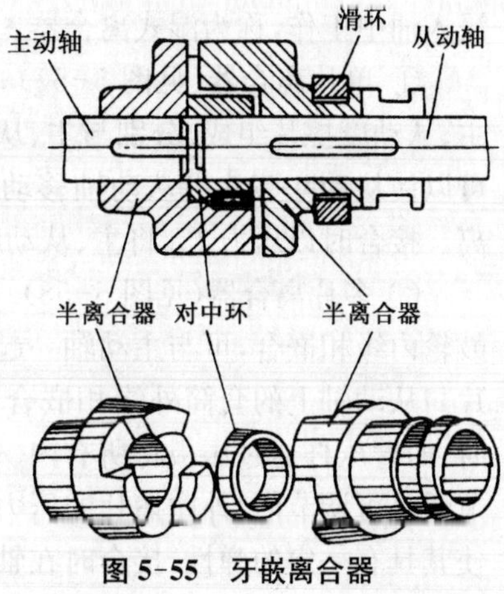

图 5-55　牙嵌离合器

端面带牙的半离合器组成，其中一个半离合器固定在主动轴上，另一个半离合器用导向平键或花键与从动轴联接，并通过操纵机构使其作轴向移动，以实现离合器的接合或分离。为使两个半离合器能够对中，在主动轴端的半离合器上固定一对中环，从动轴可在对中环内自由移动。

牙嵌离合器是靠牙的相互嵌合来传递转矩的，常用的牙型有矩形、三角形、梯形和锯齿形，见图 5-56。矩形牙制造容易，无轴向分力，但接合与分离较困难，一般只用于不常离合的传动中，且需在静止或极低的转速下接合。三角形牙强度较弱，主要用于小 转矩的低速离合器。梯形牙强度高，能传递较大的转短，并能自动补偿牙的磨损与牙侧间隙，从而减小冲击，其应用较广泛。锯齿形牙只能传递单向转矩，主要用于特定场合。牙嵌离合器的牙数一般取为 3～60。

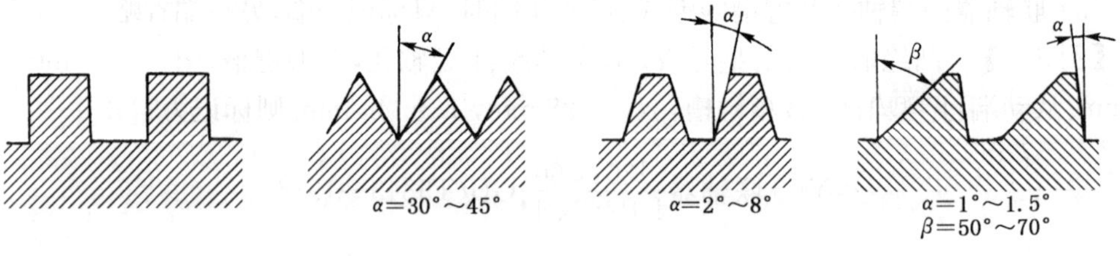

(a) 矩形　(b) 三角形　(c) 梯形　(d) 锯齿形

图 5-56　牙嵌离合器的牙形

(2) 摩擦离合器

与嵌合式离合器相比，摩擦式离合器的优点是：接合或分离不受主、从动轴转速的限制，接合过程平稳，冲击、振动小，过载时可发生打滑，以保护其它重要零件不致损坏。其缺点是：在接合、分离过程中会产生滑动摩擦，故发热量较大，磨损较大，有时其外形尺寸较大。下面介绍应用最广泛的片式离合器。

片式离合器利用圆环片的端平面组成摩擦副，有单片式和多片式。为了散热和减小磨损，可将摩擦片浸入油中工作，称为湿式离合器。

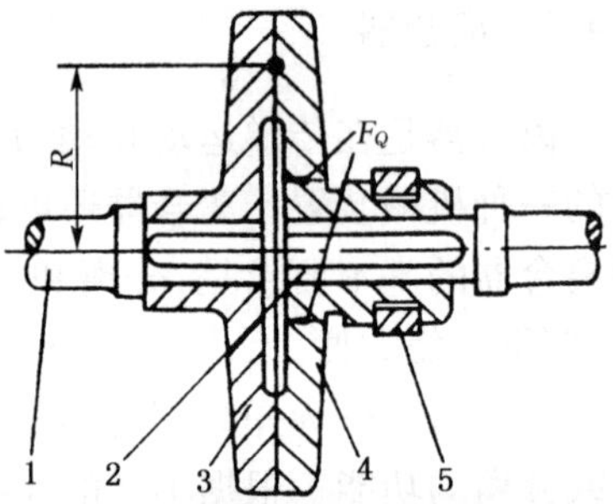

图 5-57　单片离合器

1—主动轴；2—从动轴；3—主动摩擦片；4—从动摩擦片；5—操纵环

① 单片离合器（见图 5-57）　该种离合器主要由主、从动摩擦片组成，分别与主、从动轴相联接，操纵环可以使从动摩擦片沿从动轴移动，从而实现接合与分离。接合时以压力 F_Q 将主、从动摩擦片相互压紧，在接触面间产生摩擦力矩来传递转矩。

② 多片离合器（见图 5-58）　多片离合器有两组摩擦片，一组外摩擦片与主动轴上的鼓轮内缘相嵌合，可与主动轴一起转动，并可在轴向力的作用下沿轴向移动；另一组内摩擦片与从动轴上的套筒外缘相嵌合，故可随从动轴一起转动，也可沿轴向移动。当滑环左移时，曲臂压杆通过压板将所有内、外摩擦片压紧在调节螺母上，离合器即处于接合状态。调节螺母可调节内、外摩擦片的压力，内、外摩擦片的结构见图 5-59，内摩擦片可以制成碟形，使其具有一定的弹性，接合时在轴向压力的作用下可被压紧，与外摩擦片贴紧。脱开时，由

于内摩擦片的弹力作用可以迅速与外摩擦片分离。由于摩擦片数量多，故其承载能力比单片式离合器高。

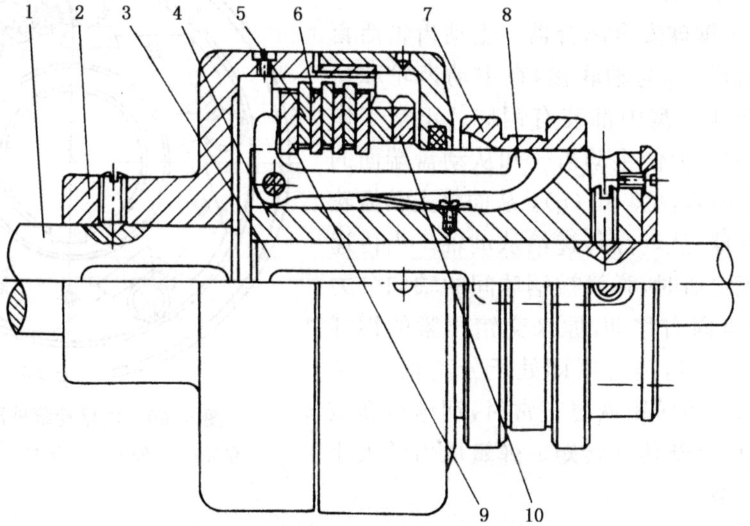

图 5-58 多片离合器

1—主动轴；2—鼓轮；3—从动轴；4—套筒；5—外摩擦片；6—内摩擦片；7—滑环；8—曲臂压杆；9—压板；10—调节螺母

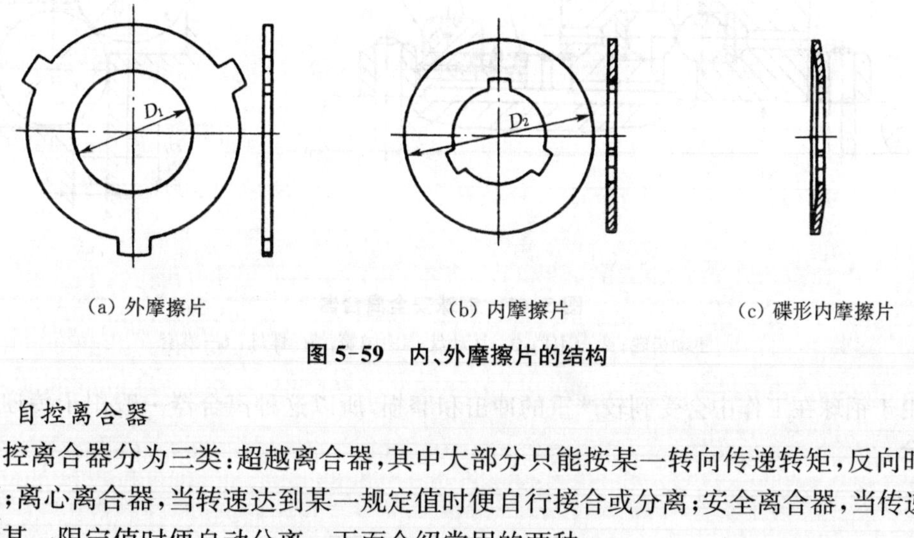

(a) 外摩擦片 (b) 内摩擦片 (c) 碟形内摩擦片

图 5-59 内、外摩擦片的结构

2) 自控离合器

自控离合器分为三类：超越离合器，其中大部分只能按某一转向传递转矩，反向时即自行分离；离心离合器，当转速达到某一规定值时便自行接合或分离；安全离合器，当传递的转矩超过某一限定值时便自动分离。下面介绍常用的两种。

(1) 超越离合器

图 5-60 所示为内星轮滚柱离合器。当星轮作为主动件并顺时针转动时，滚柱受摩擦力作用而滚向星轮与外环空隙的收缩部分，被楔紧在星轮和外环间，从而带动外环随星轮一起转动，离合器处于接合状态。当星轮逆时针转动时，滚柱滚向楔形间隙大的一端，离合器处于分离状态。如果外环与星轮同时作顺时针转动，并且外环的角速度大于星轮的角速度时，离合器也处于分离状态，外环并不能带动星轮转动，即从动件外环可以超越主动件星轮转

动,因而称为超越离合器。这种特性可以用于内燃机的启动装置中。

(2) 安全离合器

图 5-61 为钢球安全离合器。主动齿轮活套在轴上,从动盘用键与轴联接,在主动齿轮和从动盘端面的钢球承窝中都装有钢球。正常工作时,由于弹簧的压力使主动齿轮和从动盘端面的钢球相互交错压紧,见5-61(b),从而将主动齿轮的转矩通过钢球、从动盘传递给从动轴。当传递的转矩超过规定值时,弹簧被钢球间的轴向分力压缩,使从动盘向右移动,原来交错压紧的钢球被放松而相互滑过,离合器即处于分离状态,从动轴停止转动。当转矩恢复正常时,钢球重新被相互压紧,又可重新传递转矩。弹簧压力的大小可用螺母来调节。

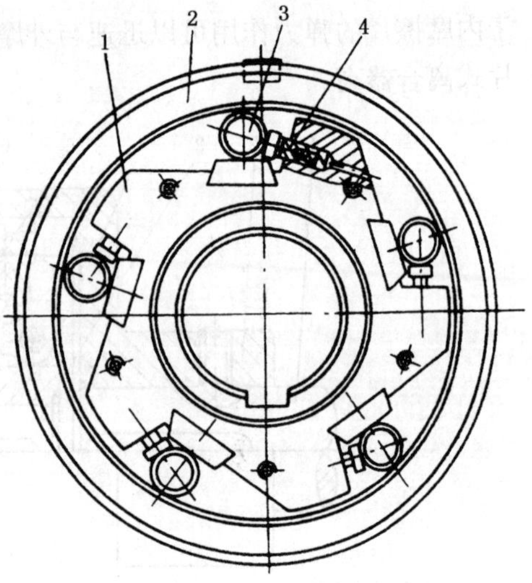

图 5-60 内星轮滚柱离合器

1—星轮;2—外环;3—滚柱;4—弹簧顶杆

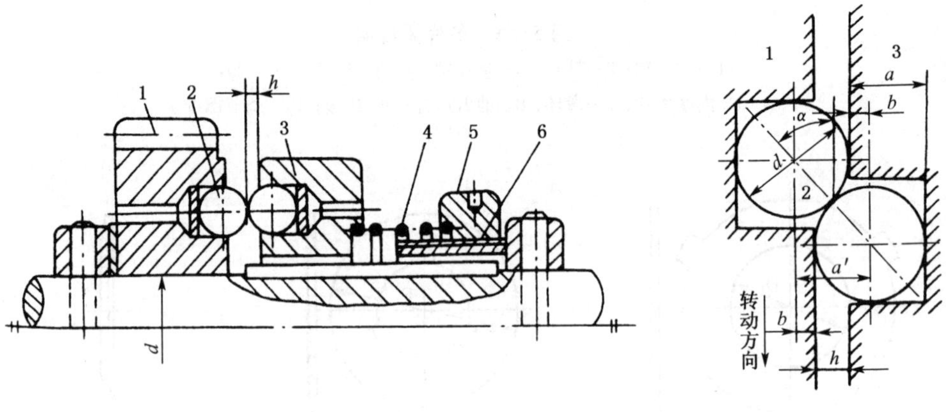

(a) (b)

图 5-61 钢球安全离合器

1—主动齿轮;2—钢球;3—从动盘;4—弹簧;5—螺母;6—螺套

由于钢球在工作中会受到较严重的冲击和磨损,所以这种离合器一般用于传递转矩小的场合。

思考题与习题

1. A 型、B 型、C 型三种普通平键各有何特点?分别适用于什么场合?轴上的键槽是如何加工的?

2. 松键联接和紧键联接在工作原理上有何区别?各有何特点?

3. 与平键相比,花键联接有哪些优缺点?

4. 用定位销进行平面定位时，应该选用几个定位销？应如何准确安装定位销？

5. 常用螺纹有哪些类型？其中哪些用于联接？哪些用于传动？

6. 粗牙螺纹、细牙螺纹的特点是什么？

7. 螺纹的主要参数有哪些？螺距与导程有何不同？螺纹升角与哪些参数有关？

8. 螺纹联接有哪些基本类型？各有什么特点？适用于什么场合？

9. 如图 5-62 所示的螺纹联接结构画得是否合理？为什么？试画出准确的联接结构图。

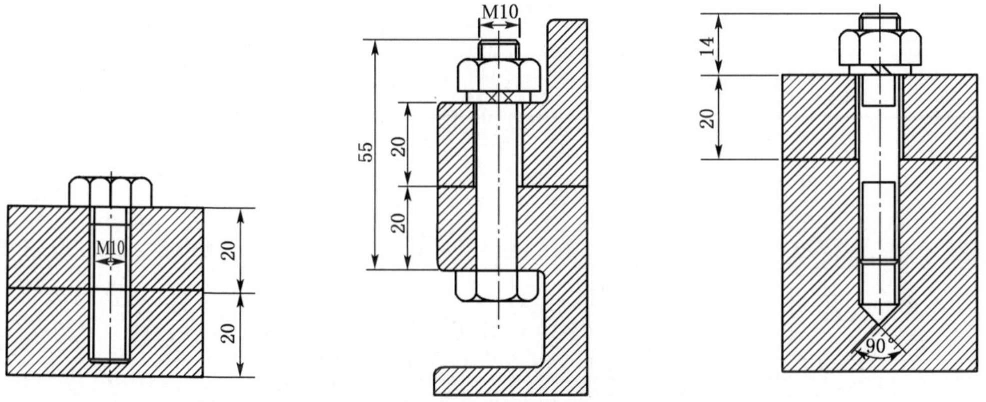

图 5-62

10. 螺纹联接预紧的目的是什么？如何控制预紧力？

11. 螺纹联接为什么要考虑防松问题？常用的防松方法有哪些？

12. 松螺栓联接与紧螺栓联接的区别何在？它们的强度计算有何不同？

13. 为什么传导螺旋和调整螺旋一般选用梯形牙？

14. 联轴器和离合器在用途方面的共同点和主要区别是什么？

15. 哪些类型的联轴器具有缓冲、减振作用？

16. 与牙嵌式离合器相比，摩擦式离合器具有什么优点和缺点？

17. 某机械输出轴的轴端装有一刚性凸缘联轴器。已知传递的转矩 $T = 400\ \mathrm{N \cdot m}$（设为静载荷），联轴器材料为铸铁，轮毂长 $L_1 = 70\ \mathrm{mm}$，与其配合的轴径 $d = 50\ \mathrm{mm}$，试选择该联轴器平键联接的类型和尺寸，并校核其强度。

18. 在一直径 $d = 80\ \mathrm{mm}$ 的轴端，安装一钢制直齿圆柱齿轮，轮毂宽 $B = 1.5d$，工作时有轻微冲击。试确定平键联接的尺寸，并计算其所能传递的最大转矩。

19. 一凸缘联轴器用于联接带式运输机的轴，已知两半联轴器接合面间的摩擦因数 $f = 0.15$，联轴器用四个普通螺栓联接，螺栓分布的圆周直径 $D_0 = 125\ \mathrm{mm}$，传递的转矩 $T = 200\ \mathrm{N \cdot m}$，试确定螺栓的直径。

20. 一气缸内径 $D = 180\ \mathrm{mm}$，缸内气压 $p = 1.5\ \mathrm{MPa}$，缸盖与缸体用 8 个普通螺栓联接，安装时控制预紧力，试确定螺栓的材料和直径。

21. 一凸缘联轴器的两个半联轴器采用 HT300 制造，用配合螺栓联接，螺栓分布的圆周直径 $D_0 = 250\ \mathrm{mm}$，螺栓杆与孔壁的接触表面受挤压长度 $h = 1.25d_0$，螺栓数 $Z = 6$，受剪切面数目 $m = 1$，传递的转矩 $T = 4\,800\ \mathrm{N \cdot m}$，求螺栓直径。

22. 一电动机与减速机相联接，外载荷有中等冲击，已知电机功率 $P = 15\,kW$，转速 $n = 1\,460\ r/min$，电机轴径 $d = 42\ mm$，$L = 110\ mm$，减速机输入轴的直径 $d = 45\ mm$，$L = 80\ mm$，试选择此联轴器的类型和型号。

第 6 章　带传动和链传动

【内容简介】

本章主要介绍挠性传动中的普通 V 带传动和链传动。普通 V 带传动包括带传动的基本参数和几何尺寸、工作能力分析和普通 V 带的设计计算等;链传动包括工作原理、特点及应用,链传动的运动分析,失效形式,功率曲线图,链传动的设计计算,链传动的布置、张紧与维护。

【学习目标】

(1) 了解带、链传动的类型、特点及应用,掌握普通 V 带型号及滚子链的标准规格。

(2) 掌握普通 V 带、滚子链的受力分析、应力分析和运动分析。

(3) 掌握普通 V 带、滚子链的失效形式、设计准则和设计计算。

(4) 了解 V 带轮的结构,掌握带的张紧、安装和维护。

(5) 掌握链传动的合理布置与润滑。

【重点】

传动带中的应力,打滑,弹性滑动,V 带的选型;链传动的特点,多边形效应,链传动的设计等。

6.1　机械传动概述

机器通常都有传动装置,它是将原动机的运动和动力传递给工作机的中间装置,常起到以下作用:

(1) 减速或增速　工作机与原动机的速度往往不一致,利用传动装置可达到改变速度的目的。

(2) 调速　许多工作机的速度需要根据工作之需要进行调整,若用原动机进行调速往往不经济,甚至不可能,而利用传动装置很容易调整工作机的速度。

(3) 改变运动形式　原动机的输出轴常为等速回转运动,而工作机的运动形式多种多样,如直线往复运动、螺旋运动、间歇运动等,依靠传动装置就可实现运动形式的改变。

(4) 增大扭矩　工作机需要的转矩往往是原动机输出转矩的几倍到几十倍,减速传动装置可以实现减速增扭的要求。

(5) 动力和运动的传递和分配　一台原动机有时要带动多台不同速度、不同负载的工作机,利用传动装置可起到分配动力和运动的作用。

传动装置按其工作原理分为机械传动、流体(液体、气体)传动、电力传动三大类。本书只介绍机械传动。

机械传动按其工作原理又可分为摩擦传动、啮合传动和推压传动(例如凸轮机构传动);按其结构的不同可分为直接接触传动和利用中间挠性件的传动。

机械传动设计的基本参数包括传动比、机械效率、功率、扭矩等。

表 6-1 列出了常用机械传动的特点、优缺点比较。

挠性传动是广泛应用的一种传动形式,主要包括带传动和链传动。它借助挠性元件(带、绳、链条等)作为中间件,依靠轮与挠性元件的摩擦或啮合,在主、从动轮之间通过间接的方式传递运动和动力。挠性传动结构简单,特别适合于两轴中心距较大的场合。本章主要介绍带传动和链传动的类型、特点、工作原理及其传动设计。

表 6-1 常用机械传动的形式和应用特点

传动形式		主要优点	主要缺点
摩擦传动	摩擦轮传动	传动平稳,噪声小,有过载保护作用,在运转中平稳地进行调整传动比,广泛地用于无级变速	轴和轴承上作用力很大,不宜传递大功率,有滑动,传动比不能保持恒定,工作表面磨损较快,寿命较短,效率较低
	带 传 动	中心距变化范围大,可用于较远距离的传动,传动平稳,噪声小,能缓冲吸振,有过载保护作用,结构简单,成本低,安装要求不高	有滑动,传动比不能保持恒定,外廓尺寸大,带的寿命较短(通常为 3 500～5 000 h),由于带的摩擦起电,不宜用于易燃、易爆地方,轴和轴承上作用力大
啮合传动	齿轮传动	外廓尺寸小,效率高,传动比恒定,圆周速度及功率范围广,应用最广	制造和安装精度要求较高,不能缓冲,无过载保护作用,有噪声
	蜗杆传动	结构紧凑,外廓尺寸小,传动比大、恒定,传动平稳,噪声小,可做成自锁机构	效率低,传动功率不宜过大,中高速时需用价格贵的青铜,制造精度要求高,刀具费用高
	链 传 动	中心距变化范围大,适宜较远距离的传动,能在高温、油、酸等恶劣条件下可靠工作,轴和轴承上作用力小	运转时瞬时速度不均匀,有冲击、振动和噪音,寿命较低(一般为 5 000～15 000 h)
	螺旋传动	能将旋转运动变成直线运动,并能以较小的转矩得到很大的轴向力,传动平稳,无噪声,运动精度高,传动比大,可用于微调,可做成自锁机构	工作速度一般都很低,滑动螺旋效率低,磨损较快

6.2 带传动概述

6.2.1 带传动的工作原理、特点和应用

1) 带传动的工作原理

带传动按其工作原理分为摩擦型带传动和啮合型带传动。摩擦型带传动是靠带与带轮之间的摩擦力来传递运动和动力的,如图 6-1 所示;啮合型带传动是靠传动轮上的轮齿与挠性元件上的齿或孔相啮合来传递运动和动力的,如图 6-2 所示。

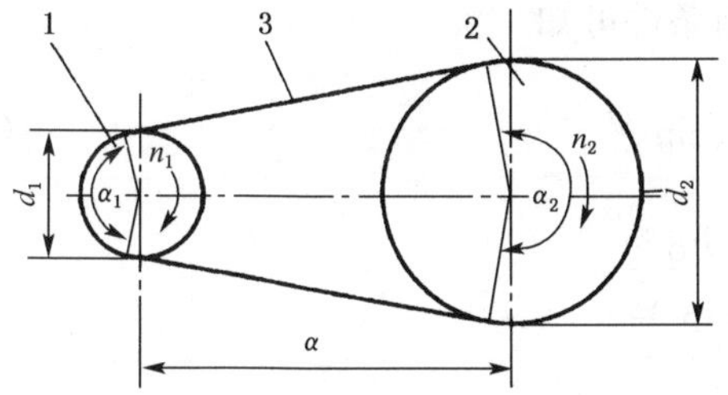

图 6-1　摩擦型带传动工作原理

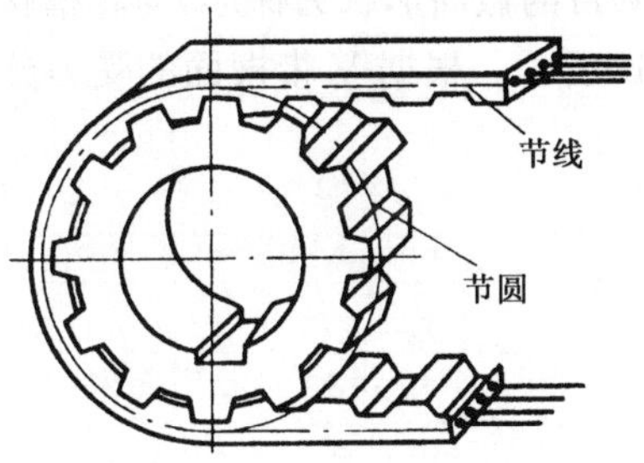

图 6-2　啮合型带传动

摩擦型带传动通常由主动轮、传动带和从动轮组成。传动带以一定的初拉力 F_0 张紧套在带轮上，在 F_0 的作用下，带与带轮的接触面间有正压力，当主动轮 1 转动时，接触面间产生摩擦力，主动轮依靠摩擦力使带 3 一起运动。同时，带依靠摩擦力驱使从动轮 2 一起转动，从而将主动轮的运动和动力通过传动带传递给从动轮。

2）带传动的特点

摩擦型带主要特点有：

（1）传动带具有弹性和挠性，能吸收振动并缓和冲击，因此传动平稳、噪声小；

（2）过载时，传动带与带轮间会发生相对滑动，起到过载保护而不损坏整机的作用；

（3）结构简单，制造成本低，维护方便；

（4）适合于两轴中心距较大的场合传动，因有带做中间零件，故整机尺寸大；

（5）带与带轮间存在弹性滑动，滑动导致速度损失，故无法保证准确的传动比，滑动摩擦导致功率损失，减低传动效率；

（6）带需要张紧在带轮上，张紧力会产生较大的压轴力，使轴和轴承受力较大。

摩擦型带传动适宜于传动要求平稳，但传动比不严格的场合。V 带传动常用的范围是：功率一般为 50～100 kW，带速为 5～25 m/s，传动比不超过 5，效率约为 0.92～0.97。

3）摩擦型带传动的类型

按传动带的截面形状，可分为平带、V 带、多楔带和圆形带等，如图 6-3 所示。

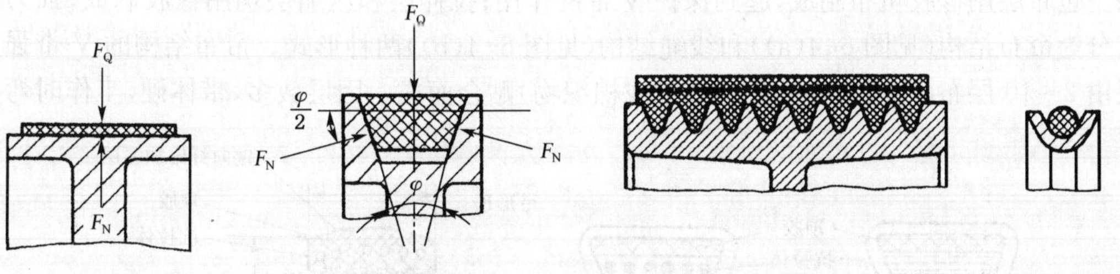

(a) 平带　(b) V 带　(c) 多楔带　(d) 圆形带

图 6-3　带传动的类型

平带的截面形状为矩形，与带轮接触的内表面是工作表面，见图 6-3(a)，张紧力 F_Q 引起带对带轮的压力为 F_N，则工作表面产生的摩擦力 F_f 为

$$F_f = fF_N = fF_Q \tag{6-1}$$

V带的截面形状为梯形，与轮槽接触的两侧面为工作表面，带轮的轮槽也是梯形，如图6-3(b)所示。根据V带楔面的受力分析和平衡条件可知

$$F_Q = 2F_N \sin\frac{\varphi}{2} \tag{6-2}$$

$$F_N = \frac{F_Q}{2\sin\frac{\varphi}{2}} \tag{6-3}$$

$$F_f = 2fF_N = \frac{fF_Q}{\sin\frac{\varphi}{2}} = f_V F_Q \tag{6-4}$$

式中：f——带与带轮间的摩擦系数；

f_V——V带传动的当量摩擦系数，$f_V = \dfrac{f}{\sin\frac{\varphi}{2}}$；

φ——V带轮的轮槽角；假设 $\varphi = 40^\circ$，$f_V \approx 3f$。

在相同张紧力和相同摩擦系数的条件下，V带产生的摩擦力要比平带的摩擦力大，所以V带传动能力强，结构更紧凑，在机械传动中应用更为广泛。

V带按其宽度和高度相对尺寸的不同，又分为普通V带、窄V带、宽V带、汽车V带、齿形V带、大楔角V带等多种类型，其中普通V带应用最广。本章主要讨论普通V带传动。

如图6-3(c)所示，多楔带兼有平带传动和V带传动的特点，柔性好、摩擦力大、能传递较大的功率，多用于结构要求紧凑的大功率传动场合。

如图6-3(d)所示，圆形带截面形状为圆形，一般用皮革或棉绳制成。只能传递较小的功率，如缝纫机、吸尘器等机械传动中。

4) V带结构

普通V带的截面结构包括顶胶(拉伸层)、抗拉体(强力层)、底胶(压缩层)和包布层，见图6-4。当带饶过带轮时，顶层胶受拉而伸长，称为拉伸层；底层胶受压而缩短，称为压缩层。包布层用橡胶帆布制成，起到保护V带的作用；拉伸层和压缩层均用橡胶制成；强力层又分为帘布结构(见图6-4(a))和线绳结构(见图6-4(b))两种形式。帘布结构的V带强力层由2～10层布(纬线很稀的化学纤维或棉织物)贴合而成。因层数多，带体硬，工作时弯曲

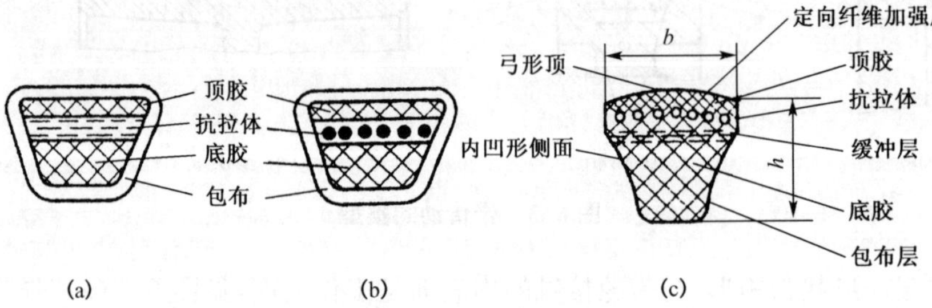

图6-4 V带的结构

与伸直交替进行，易使带发热或脱层损坏，但制造方便，抗拉强度好。线绳结构的 V 带强力层仅有一层线绳，带体比较柔软，抗弯强度高，适用于带轮直径小、转速高的场合，但其抗拉强度较帘布结构低，仅为帘布结构的 80%左右。目前国产 V 带以帘布结构为主。窄 V 带(见图 6-4(c))是用涤纶等合成纤维做强力层的新型 V 带，与普通 V 带相比，在高度 h 相同时，窄 V 带的顶宽 b 可缩小 1/3，其顶部为弓形，侧面(工作面)呈内凹曲线形，承载能力显著高于普通 V 带，适用于传递大功率且要求结构紧凑的场合。

6.2.2　普通 V 带的型号和基本尺寸

V 带已经标准化，其标准有截面尺寸和 V 带基准长度。

按截面尺寸由小到大的排列，我国国家标准 GB/T11544—1997 规定普通 V 带分为 Y、Z、A、B、C、D、E 七种型号，线绳 V 带只有 Z、A、B、C 四种型号。V 带截面尺寸见表 6-2。在相同条件下，截面尺寸越大，传递的功率就越大。

当 V 带在规定张紧力下弯绕在带轮上时，在弯曲平面内保持原长度不变的周线称为节线，由全部节线构成的面称为节面，带的节面宽度称节宽 b_p。在带轮上，与所配用 V 带的节面处于同一位置的槽形轮廓宽度称为基准宽度 b_d，基准宽度处的带轮直径称为基准直径 d_d，见图 6-5。V 带在规定张紧力下，位于基准直径上的周线长度称为 V 带的基准长度 L_d(节线长度，即公称长度)。V 带基准长度的标准尺寸系列见表 6-3。

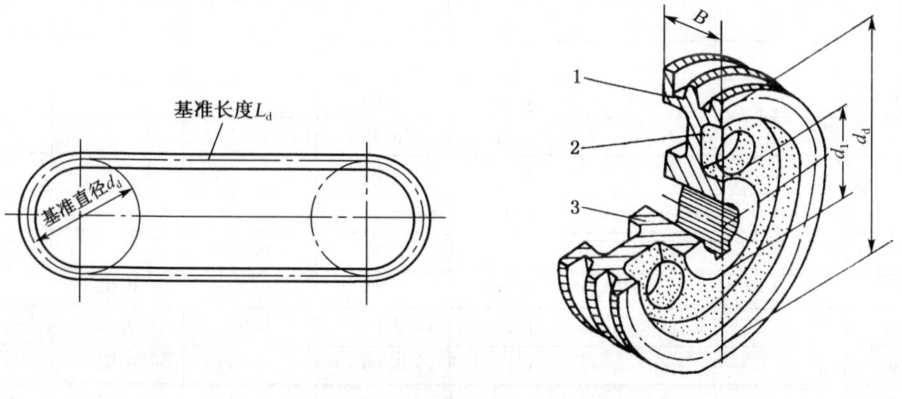

(a)　　(b)

图 6-5　V 带的基准长度和 V 带轮

1—轮缘；2—轮辐；3—轮毂

表 6-2　普通 V 带截面基本尺寸

型　号	Y	Z	A	B	C	D	E
顶宽 b/mm	6	10	13	17	22	32	38
节宽 b_p/mm	5.3	8.5	11	14	19	27	32
高度 h/mm	4	6	8	11	14	19	25
高度 h_a/mm	0.95	2.01	2.75	4.12	4.80	6.87	8.24
楔角 φ	$\varphi=40°$						
每米带长质量 $q/(\mathrm{kg\cdot m^{-1}})$	0.04	0.06	0.10	0.17	0.30	0.62	0.90

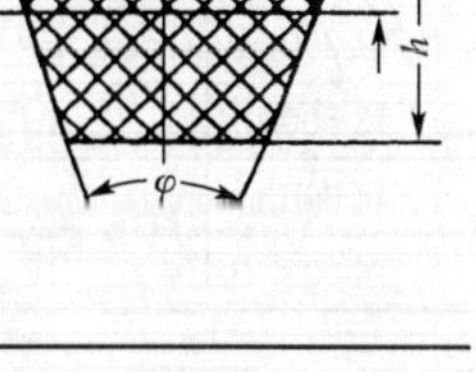

表 6-3 普通 V 带的基准长度系列及长度系数

基准长度 L_d/mm	长度系数 K_L						
	Y	Z	A	B	C	D	E
200	0.81						
224	0.82						
250	0.84						
280	0.87						
315	0.89						
355	0.92						
400	0.96	0.87					
450	1.00	0.98					
500	1.02	0.91					
560		0.94					
630		0.96	0.81				
710		0.99	0.82				
800		1.00	0.85				
900		1.03	0.87				
1 000		1.06	0.89				
1 120		1.08	0.91				
1 250		1.11	0.93				
1 400		1.14	0.96				
1 600		1.16	0.99	0.83			
1 800		1.18	1.01	0.86			
2 000			1.03	0.88			
2 240			1.06	0.91			
2 500			1.09	1.13	0.93		
2 800			1.11	1.03	0.95	0.83	
3 150			1.13	1.07	0.97	0.86	
3 550			1.17	1.09	0.99	0.89	
4 000			1.19	1.13	1.02	0.91	
4 500				1.15	1.04	0.93	0.90
5 000				1.18	1.07	0.96	0.92
5 600					1.09	0.98	0.95
6 300					1.12	1.00	0.97
7 100					1.15	1.03	1.00
8 000					1.18	1.06	1.02
9 000					1.21	1.08	1.05
10 000					1.23	1.11	1.07
11 200						1.14	1.10
12 500						1.17	1.12
14 000						1.20	1.15
16 000						1.22	1.18

6.2.3　V 带传动的主要参数和几何尺寸计算

图 6-6(a)所示为带传动的几何关系。

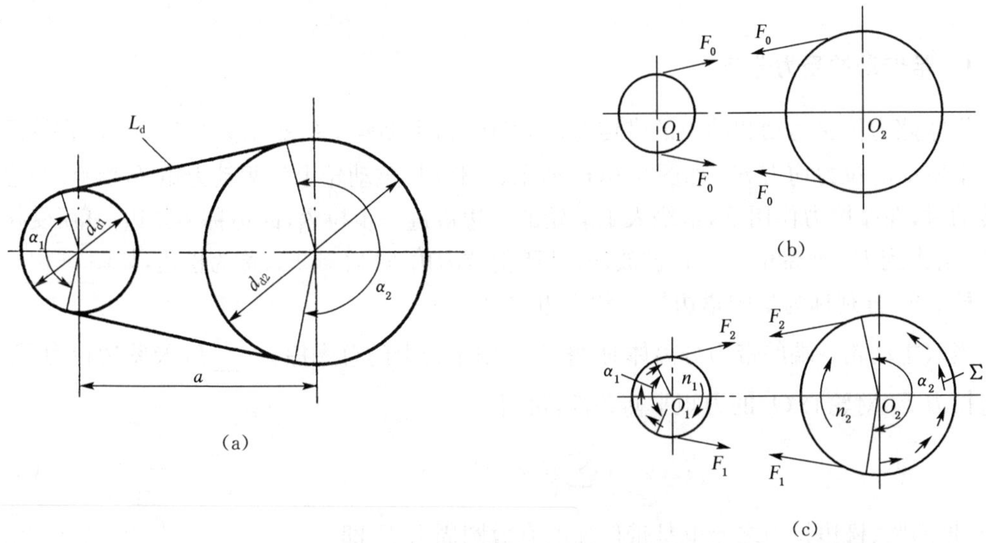

图 6-6　带传动的几何关系和受力分析

1) 传动比

V 带传动的传动比计算与齿轮传动相同：

$$i=\frac{n_1}{n_2}=\frac{d_{d2}}{d_{d1}} \tag{6-5}$$

2) 小带轮包角

带轮的包角 α，就是指带与带轮接触面的弧长所对应的中心角。包角 α 直接影响带传动的承载能力，在相同的条件下，包角越大，传动带的摩擦力和传递功率也越大；如果包角过小则容易产生打滑。小带轮和大带轮的包角分别用 α_1 和 α_2 表示，由图 6-6 可知，$\alpha_1<\alpha_2$。因此，对 V 带传动要求应使 $\alpha_1\geqslant 120°$。

$$\alpha_1=180°-\frac{d_{d2}-d_{d1}}{a}\times 57.3° \tag{6-6}$$

3) 带的基准长度

$$L_d=2a+\frac{\pi}{2}(d_{d2}+d_{d1})+\frac{(d_{d2}+d_{d1})^2}{4a} \tag{6-7}$$

4) 中心距

$$a=\frac{2L_d-\pi(d_{d2}+d_{d1})+\sqrt{[2L_d-\pi(d_{d2}-d_{d1})]^2-8(d_{d2}-d_{d1})^2}}{8} \tag{6-8}$$

中心距计算公式比较繁琐，但由于带传动的中心距一般可以调整，故可采用近似公式计算。

6.3 带传动的工作情况分析

6.3.1 带传动的受力分析

靠摩擦力传递运动和动力的带传动，不工作时，主动轮上的驱动力矩 $T_1=0$，带轮两边传动带所受的拉力均为 F_0，如图 6-6(b)所示；工作时，主动轮上的驱动力矩 $T_1>0$，当主动轮转动时，在摩擦力作用下，带绕入主动轮的一边被进一步拉紧，此边称为紧边，其所受拉力由 F_0 增大到 F_1，而带的另一边被放松，其所受拉力由 F_0 降到 F_2，称为松边，如图 6-6(c)所示。F_1、F_2 分别称为带的紧边拉力和松边拉力。

当取主动轮一端的带为分离体时，根据作用于带上的总摩擦力 $\sum F_f$ 及紧边拉力 F_1 与松边拉力 F_2 对轮心 O_1 的力矩平衡条件，可得

$$\sum F_f = F_1 - F_2 \tag{6-9}$$

另外，带的紧、松边拉力之差就是带传递的有效圆周力 F，即

$$F = F_1 - F_2 \tag{6-10}$$

显然，$\sum F_f = F$，由图 6-6(c)看出有效圆周力不是作用在某一固定点的集中力，而是带与带轮接触弧上各点摩擦力的总和。

有效圆周力 F(N)、带速 v(m/s)和带传递的功率 P(kW)之间的关系为

$$P = \frac{Fv}{1\,000} \tag{6-11}$$

由此公式可知，当带速一定时，传递的功率越大，所需要的摩擦力也越大。

如果假设带在工作前后总长度不变，则带工作时，其紧边的伸长增量等于松边的伸长减量。由于带工作时带的变形处于弹性变形范围，再忽略离心力的影响，那么可以近似看成紧边拉力的增量等于松边拉力的减量，即

$$\begin{cases} F_1 - F_0 = F_0 - F_2 \\ F_1 + F_2 = 2F_0 \end{cases} \tag{6-12}$$

当带与带轮的摩擦处于即将打滑且尚未打滑的临界状态时，F_1 与 F_2 的关系可用欧拉公式表示为

$$F_1 = F_2 e^{f\alpha_1} \tag{6-13}$$

式中：e——自然对数的底，e = 2.718 3；

α_1——小带轮上的包角(rad)；

f——带与带轮间的摩擦系数，V 带传动用当量摩擦系数 f_V。

将式(6-12)和式(6-13)联立求解，得到传动带所能传递的最大有效圆周力 F_{max}，即

$$F_{max} = 2F_0 \frac{e^{f\alpha_1} - 1}{e^{f\alpha_1} + 1} \tag{6-14}$$

由式(6-14)可见，F_{max} 与初拉力 F_0、包角 α_1 和摩擦系数 f(或 f_V)等有关。显然，最大有效圆周力 F_{max} 是随着 F_0、α_1 和 f 的增大而增大。V 带具有较大的 $f_V > f$，因而承载能力强。

6.3.2　带传动的应力分析

传动时，带所受的应力同时有三部分组成。

1）拉应力

$$\begin{cases} \sigma_1 = \dfrac{F_1}{A} \\ \sigma_2 = \dfrac{F_2}{A} \end{cases} \tag{6-15}$$

式中：σ_1——紧边拉应力(MPa)；

σ_2——松边拉应力(MPa)；

A——传动带的截面积(mm^2)。

σ_1 和 σ_2 不相等，带绕过主动带轮时，拉力产生的应力由 σ_1 逐渐降为 σ_2，绕过从动带轮时，又由 σ_2 逐渐增大到 σ_1。

2）离心拉应力

带绕过带轮做圆周运动时，带自身的质量将产生离心力，为了平衡离心力带内引起离心拉力 F_c 及相应的离心拉应力 σ_c。设带以速度 v(m/s)绕带轮运动，带中的离心拉应力 σ_c 为

$$\sigma_c = \frac{qv^2}{A} \tag{6-16}$$

式中：q——带单位长度的质量(kg/m)，见表 6-2。

离心力引起的离心拉应力 σ_c 作用在带的全长上，带上各处大小相等。

3）弯曲应力

如图 6-7 所示，带绕过带轮时因弯曲变形而产生弯曲应力 σ_b，弯曲应力 σ_b 只发生在带绕带轮部分。由材料力学公式得

$$\begin{cases} \text{紧边为} \quad \sigma_{b1} = 2E\dfrac{h_a}{d_{d1}} \\ \text{松边为} \quad \sigma_{b2} = 2E\dfrac{h_a}{d_{d2}} \end{cases} \tag{6-17}$$

式中：E——带材料的弹性模量(MPa)；

h_a——带的节面到外表层的距离(mm)。

由式(6-17)可见，带轮直径越小，带越厚，弯曲应力越大。

带中各截面上的应力大小，可以用自该截面处所作的径向线(把应力相位转 90°)大小表示为如图 6-8 的应力分布图。可见，带工作时受的应力是随带的运转而周期变化的，最大应力出现在带由紧边绕进小带轮处，其值为

$$\sigma_{max} = \sigma_1 + \sigma_c + \sigma_b \tag{6-18}$$

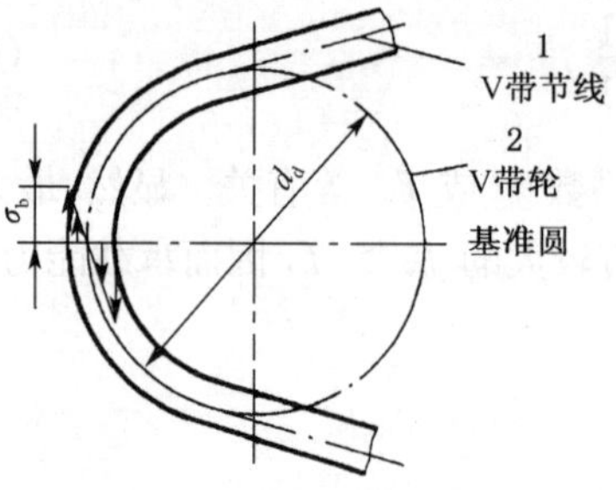

图 6-7　带的弯曲应力

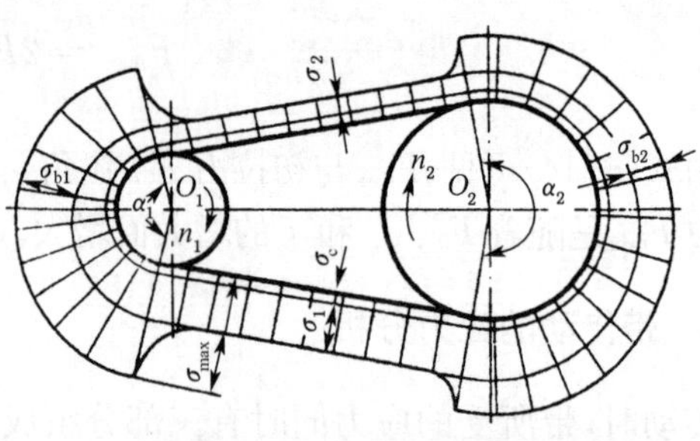

图 6-8　带的应力分布图

带所受的三部分应力在一般情况下，弯曲应力最大，离心应力较小。离心应力随带速的增加而增大。处于交变应力状态下的传动带，当应力循环次数累积到某一值时，带将会发生疲劳破坏。

6.3.3　带传动的弹性打滑

带工作时，如果带不伸长，主动轮和从动轮的圆周速度 v_1 和 v_2 将与带的线速度相等，即

$$\begin{cases} v_1 = v_2 = v_0 \\ v_1 = \dfrac{\pi d_{d1} n_1}{60 \times 1\,000} \\ v_2 = \dfrac{\pi d_{d2} n_1}{60 \times 1\,000} \end{cases} \tag{6-19}$$

则理论传动比 i 为

$$i = \frac{n_1}{n_2} = \frac{d_{d2}}{d_{d1}} \tag{6-20}$$

实际情况是胶带有弹性，受拉力后会产生弹性伸长，拉力愈大，伸长量愈大；拉力愈小，伸长量愈小。带工作时，由于紧边拉力 F_1 大于松边拉力 F_2，因而带在紧边的伸长量大于松边的伸长量。在图 6-9 中，当带的紧边在 a 点进入主动轮时，带速与带轮圆周速度相等，都是 v_1。带随带轮由 a 点转到 b 点时，其拉力逐渐由 F_1 减少到 F_2，造成带的伸长量也相应地减少，亦即带相对向后缩了一点，使带逐渐落后于带轮的圆周速度 v_1，到 b 点后带速降到 v。同样，当带轮绕过从动轮时，带拉力逐渐由 F_2 增大到 F_1，其弹性伸长量也逐渐递增，致使带相对带轮向前移动一点，使带速逐渐大于带轮圆周速度 v_2。可见，$v_1 > v > v_2$。这种因带的弹性变形引起带与带轮间相对滑动的现象称为弹性滑动。弹性滑动是带传动过程中不可避免的物理现象，是带正常工作时固有的特性。

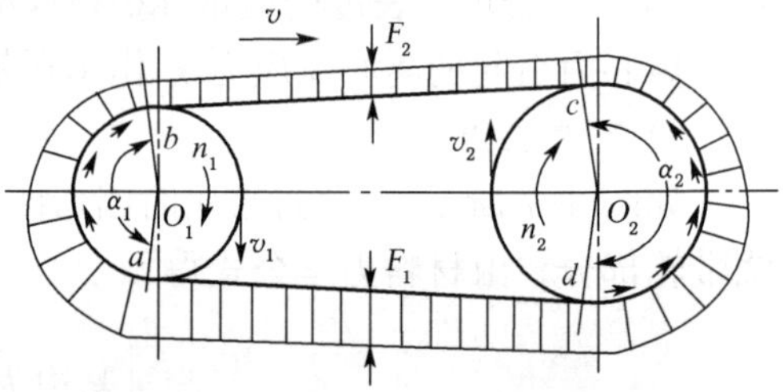

图 6-9　带传动过程中的弹性滑动

弹性滑动引起的后果：

(1) 从动轮的圆周速度总是落后于主动轮的圆周速度，且随载荷变化而变化，导致带传动的传动比不准确。

(2) 损失一部分能量，降低了传动效率，使带的温度升高，引起带的磨损。

由于从动轮的圆周速度总是落后于主动轮的圆周速度，其相对降低率称为带传动滑动系数或滑动率，用 ε 表示为

$$\varepsilon=\frac{v_1-v_2}{v_1}\times 100\%=\frac{\pi d_{d1}n_1-\pi d_{d2}n_2}{\pi d_{d1}n_1}\times 100\% \tag{6-21}$$

因此，考虑弹性滑动时从动轮转速 n_2 与主动轮转速 n_1 的关系应为

$$\begin{cases} i=\dfrac{n_1}{n_2}=\dfrac{d_{d2}}{d_{d1}(1-\varepsilon)} \\ n_2=\dfrac{d_{d1}}{d_{d2}}(1-\varepsilon)n_1 \end{cases} \tag{6-22}$$

由于滑动系数随传递载荷变化而发生变化，不是一个定值，故带传动的传动比不能保持准确值。带传动正常工作时，$\varepsilon \approx 1\% \sim 2\%$，通常情况下可以不予考虑，用公式(6-19)、(6-20)直接计算。

6.3.4　带传动的打滑现象

带传动是靠摩擦正常工作的，在初拉力 F_0 一定时，当传递的有效圆周力 F 超过带与带轮间的极限摩擦力(见式(6-14))，带就会在带轮上发生明显的全面滑动，此现象称为打滑。当传动出现打滑现象时，主动带轮仍会继续转动，但从动带轮和传动带都有较大的速度损失，使带传动处于不稳定的状态，甚至完全不动。由于大带轮上的包角大于小带轮上的包角，由式(6-14)可知，打滑总是在小带轮上首先开始。打滑是有害现象，使传动失效并加剧带的磨损，所以在正常工作时应避免打滑现象出现。

弹性滑动和打滑是两个截然不同的概念，区别见表 6-4。

表 6-4　弹性滑动和打滑的区别

项　　目	弹性滑动	打　　滑
现　　象	局部带在局部轮面上发生的滑动	整个带在整个轮面上发生的滑动
产生的原因	带两边的拉力差	超　　载
结　　论	不可避免	可避免，应避免

6.3.5　带的疲劳破坏

带在工作时的应力随着带的运转而变化，应力为交变应力。转速越高、带越短，单位时间内带绕过带轮的次数越多，带的应力变化就越频繁。长期运转后，传动带在交变应力的反复作用下产生脱层、撕裂、最后疲劳破坏，从而导致传动失效。

6.4　V 带传动的设计计算

6.4.1　设计准则和单根 V 带的额定功率

1）设计准则

带传动的失效形式为打滑、疲劳破坏和磨损。因此，V 带传动的设计准则是：①保证带

与带轮之间不发生打滑，②带在一定时限内不发生疲劳破坏。

为了满足带与带轮之间不发生打滑的条件，带所传递的功率为

$$P=\frac{Fv}{1\,000}=\frac{(F_1-F_2)v}{1\,000}=\frac{F_1\left(1-\frac{1}{e^{f\alpha_1}}\right)v}{1\,000}=\frac{\sigma_1 A\left(1-\frac{1}{e^{f\alpha_1}}\right)v}{1\,000} \tag{6-23}$$

式中：P——功率(kW)；

F——传递的有效圆周力(N)；

v——带速(m/s)。

为了满足带在一定时限内不发生疲劳破坏，应有

$$\sigma_{\max}=\sigma_1+\sigma_c+\sigma_{b1}\leqslant[\sigma] \tag{6-24}$$

即

$$\sigma_1\leqslant[\sigma]-\sigma_c-\sigma_{b1} \tag{6-25}$$

将式(6-25)代入式(6-23)，则单根 V 带的额定功率为

$$P=([\sigma]-\sigma_c-\sigma_{b1})\left(1-\frac{1}{e^{f\alpha_1}}\right)\frac{Av}{1\,000} \tag{6-26}$$

2) 单根 V 带的额定功率

单根 V 带所能传递的功率与带的型号、长度、带速、带轮直径、包角大小及载荷性质等有关。为了便于设计，测得在载荷平稳、$d_{d1}=d_{d2}$（包角为 180°）、带长 L_d 为特定长度的实验条件下，由式(6-26)得到单根 V 带在不发生打滑并具有一定寿命所能传递的功率，称为额定功率 P_0。单根普通 V 带的额定功率见表 6-5。

表 6-5 特定条件下单根普通 V 带的额定功率 P_0 ($\alpha_1=\alpha_2=180°$，特定长度，载荷平稳)

（单位：kW）

型号	小带轮基准直径 d_{d1}/mm	小带轮转速 n_1/(r·min⁻¹)											
		200	400	730	800	980	1 200	1 460	1 600	1 800	2 000	2 400	2 800
Y	20					0.02	0.02	0.02	0.03	0.03	0.03	0.04	0.04
	25				0.03	0.03	0.03	0.04	0.05	0.05	0.05	0.06	0.07
	28				0.03	0.04	0.04	0.05	0.05	0.06	0.06	0.07	0.08
	31.5			0.03	0.04	0.04	0.05	0.06	0.06	0.07	0.07	0.09	0.10
	35.5			0.04	0.05	0.05	0.06	0.06	0.07	0.07	0.08	0.09	0.11
	40			0.04	0.05	0.06	0.07	0.08	0.09	0.10	0.11	0.12	0.14
	45		0.04	0.05	0.06	0.07	0.08	0.09	0.11	0.11	0.12	0.14	0.16
	50		0.05	0.06	0.07	0.08	0.09	0.11	0.12	0.13	0.14	0.16	0.18
Z	50		0.06	0.09	0.10	0.12	0.14	0.16	0.17	0.18	0.20	0.22	0.26
	56		0.06	0.11	0.12	0.14	0.17	0.19	0.20	0.22	0.25	0.30	0.33
	63		0.08	0.13	0.15	0.18	0.22	0.25	0.27	0.30	0.32	0.37	0.41
	71		0.09	0.17	0.20	0.23	0.27	0.31	0.33	0.36	0.39	0.46	0.50
	80		0.14	0.20	0.22	0.26	0.30	0.36	0.39	0.41	0.44	0.50	0.56
	90		0.14	0.22	0.24	0.28	0.33	0.37	0.40	0.44	0.48	0.54	0.60

（续　表）

型号	小带轮基准直径 d_{d1}/mm	小带轮转速 n_1/（$r\cdot min^{-1}$）											
		200	400	730	800	980	1 200	1 460	1 600	1 800	2 000	2 400	2 800
A	75	0.16	0.27	0.42	0.45	0.52	0.60	0.68	0.73	0.78	0.84	0.92	1.00
	80	0.18	0.31	0.49	0.52	0.61	0.71	0.81	0.87	0.94	1.01	1.12	1.22
	90	0.22	0.39	0.63	0.68	0.79	0.93	1.07	1.15	1.24	1.34	1.50	1.64
	100	0.26	0.47	0.77	0.83	0.97	1.14	1.32	1.42	1.54	1.66	1.87	2.05
	112	0.31	0.56	0.93	1.00	1.18	1.39	1.62	1.74	1.89	2.04	2.30	2.51
	125	0.37	0.67	1.11	1.19	1.40	1.66	1.93	2.07	2.25	2.44	2.74	2.98
	140	0.43	0.78	1.31	1.41	1.66	1.96	2.29	2.45	2.66	2.87	3.22	3.48
	160	0.51	0.94	1.56	1.69	2.00	2.36	2.74	2.94	3.17	3.42	3.80	4.06
B	125	0.48	0.84	1.34	1.44	1.67	1.93	2.20	2.33	2.50	2.64	2.85	2.96
	140	0.59	1.05	1.69	1.82	2.13	2.47	2.83	3.00	3.23	3.42	3.70	3.85
	160	0.74	1.32	2.16	2.32	2.72	3.17	3.64	3.86	4.15	4.40	4.75	4.89
	180	0.88	1.59	2.61	2.81	3.30	3.85	4.41	4.68	5.02	5.30	5.67	5.76
	200	1.02	1.85	3.06	3.30	3.86	4.50	5.15	5.46	5.83	6.13	6.47	6.43
	224	1.19	2.17	3.59	3.86	4.50	5.26	5.99	6.33	6.73	7.02	7.25	6.95
	250	1.37	2.50	4.14	4.46	5.22	6.04	6.85	7.20	7.63	7.87	7.89	7.14
	280	1.58	2.89	4.77	5.13	5.93	6.90	7.78	8.13	8.46	8.60	8.22	6.80
C	200	1.39	2.41	3.80	4.07	4.66	5.29	5.86	6.07	6.28	6.34	6.02	5.01
	224	1.70	2.99	4.78	5.12	5.89	6.71	7.47	7.75	8.00	8.06	7.57	6.08
	250	2.03	3.62	5.82	6.23	7.18	8.21	9.06	9.38	9.63	9.62	8.75	6.56
	280	2.42	4.32	6.99	7.52	8.65	9.81	10.47	11.06	11.22	11.04	9.50	6.13
	315	2.86	5.14	8.34	8.92	10.23	11.53	12.48	12.72	12.67	12.14	9.43	4.16
	355	3.36	6.05	9.79	10.46	11.92	13.31	14.12	14.19	13.73	12.59	7.98	—

当实际使用条件与实验条件不相同时，表 6-5 中 P_0 值应当加以修正，修正后得到实际使用条件下的单根普通 V 带所能传递的功率，称为许用功率[P]。计算公式如下：

$$[P]=(P_0+\Delta P)K_\alpha K_L \tag{6-27}$$

式中：K_α——包角系数，考虑不同包角对传动能力的影响，其值见表 6-6；

K_L——长度系数，考虑不同带长对传动能力的影响，其值见表 6-3；

ΔP_0——功率增量(kW)，考虑传动比 $i\neq 1$ 时带在大带轮上的弯曲应力较小，从而使 P_0 值有所提高，ΔP_0 值见表 6-7。

表 6-6　小带轮包角系数 K_α

包角 α/(°)	70	80	90	100	110	120	130	140
K_α	0.56	0.62	0.68	0.73	0.78	0.82	0.86	0.89
包角 α/(°)	150	160	170	180	190	200	210	220
K_α	0.92	0.95	0.96	1.00	1.05	1.10	1.15	1.20

表 6-7　单根普通 V 带 $i\neq1$ 时额定功率的增量 ΔP_0　(单位:kW)

型号	传动比 i	小带轮转速 $n_1/(r\cdot min^{-1})$											
		200	400	730	800	980	1 200	1 460	1 600	1 800	2 000	2 400	2 800
Y	1.19～1.24	0.00	0.00	0.00	0.00	0.01	0.01	0.01	0.01	0.01	0.01	0.01	0.01
	1.25～1.34	0.00	0.00	0.00	0.00	0.01	0.01	0.01	0.01	0.01	0.01	0.01	0.01
	1.35～1.51	0.00	0.00	0.00	0.00	0.01	0.01	0.01	0.01	0.01	0.01	0.01	0.02
	1.52～1.99	0.00	0.00	0.00	0.00	0.01	0.01	0.01	0.01	0.01	0.01	0.02	0.02
	≥2	0.00	0.00	0.00	0.00	0.01	0.01	0.01	0.01	0.01	0.02	0.02	0.02
Z	1.19～1.24	0.00	0.00	0.00	0.01	0.01	0.01	0.02	0.02	0.02	0.02	0.03	0.03
	1.25～1.34	0.00	0.00	0.01	0.01	0.01	0.02	0.02	0.02	0.02	0.02	0.03	0.03
	1.35～1.51	0.00	0.00	0.01	0.01	0.02	0.02	0.02	0.02	0.03	0.03	0.03	0.04
	1.52～1.99	0.01	0.01	0.01	0.02	0.02	0.02	0.02	0.03	0.03	0.03	0.04	0.04
	≥2	0.01	0.01	0.02	0.02	0.02	0.03	0.03	0.03	0.04	0.04	0.04	0.04
A	1.19～1.24	0.01	0.03	0.05	0.05	0.06	0.08	0.09	0.11	0.12	0.13	0.16	0.19
	1.25～1.34	0.02	0.03	0.06	0.06	0.07	0.10	0.11	0.13	0.14	0.16	0.19	0.23
	1.35～1.51	0.02	0.04	0.07	0.08	0.08	0.11	0.13	0.15	0.17	0.19	0.23	0.26
	1.52～1.99	0.02	0.04	0.08	0.09	0.10	0.13	0.15	0.17	0.19	0.22	0.26	0.30
	≥2	0.03	0.05	0.09	0.10	0.11	0.15	0.17	0.19	0.21	0.24	0.29	0.34
B	1.19～1.24	0.04	0.07	0.12	0.14	0.17	0.21	0.25	0.28	0.32	0.35	0.42	0.49
	1.25～1.34	0.04	0.08	0.15	0.17	0.20	0.25	0.31	0.34	0.38	0.42	0.51	0.59
	1.35～1.51	0.05	0.10	0.17	0.20	0.23	0.30	0.36	0.39	0.44	0.49	0.59	0.69
	1.52～1.99	0.06	0.11	0.20	0.23	0.26	0.34	0.40	0.45	0.51	0.56	0.68	0.79
	≥2	0.06	0.13	0.22	0.25	0.30	0.38	0.46	0.51	0.57	0.63	0.76	0.89
C	1.19～1.24	0.10	0.20	0.34	0.39	0.47	0.59	0.71	0.78	0.88	0.98	1.18	1.37
	1.25～1.34	0.12	0.23	0.41	0.47	0.56	0.70	0.85	0.94	1.06	1.17	1.41	1.64
	1.35～1.51	0.14	0.27	0.48	0.55	0.65	0.82	0.99	1.10	1.23	1.37	1.65	1.92
	1.52～1.99	0.16	0.31	0.55	0.63	0.74	0.94	1.14	1.25	1.41	1.57	1.88	2.19
	≥2	0.18	0.35	0.62	0.71	0.83	1.06	1.27	1.41	1.59	1.76	2.12	2.47

6.4.2　设计的一般步骤和方法

1）确定设计计算功率 P_c

设计计算功率 P_c 是根据需要传递的名义功率,综合考虑载荷性质、原动机类型和每天连续工作的时间长短等因素来确定的。可用下式表示:

$$P_c = K_A P \tag{6-28}$$

式中:P——给定的传递功率(kW);

K_A——工作情况系数,按表 6-8 选取。

表 6-8　工作情况系数 K_A

载荷性质	工　作　机	原　动　机					
		Ⅰ类			Ⅱ类		
		每天工作时间/h					
		<10	10～16	>16	<10	10～16	>16
载荷平稳	液体搅拌机;离心式水泵;通风机和鼓风机(≤5kW);离心式压缩机;轻型运输机	1.0	1.1	1.2	1.1	1.2	1.3

（续　表）

载荷性质	工　作　机	原　动　机					
		Ⅰ类			Ⅱ类		
		每天工作时间/h					
		＜10	10～16	＞16	＜10	10～16	＞16
载荷变动小	带式运输机（运砂石、谷物），通风机（＞7.5kW）；发电机；旋转式水泵；金属切削机床；剪床；压力机；印刷机；振动筛	1.1	1.2	1.3	1.2	1.3	1.4
载荷变动较大	旋转式运输机；斗式提升机；往复式水泵和压缩机；锻锤；磨粉机；锯木机和木工机械；纺织机械	1.2	1.3	1.4	1.4	1.5	1.6
载荷变动很大	破碎机（旋转式、鄂式等）；球磨机，棒磨机；起重机；挖掘机；橡胶辊压机	1.3	1.4	1.5	1.5	1.6	1.8

注：① Ⅰ类—普通鼠笼式交流电动机，同步电动机，直流电动机（并激），$n \geqslant 600$ r/min 内燃机。
② Ⅱ类—交流电动机（双鼠笼式、滑环式、单相、大转差率），直流电动机（复激、串激），单缸发电机，$n \leqslant 600$ r/min 内燃机。
③ 在反复起动、正反转频繁、工作条件恶劣等场合，表中 K_A 值均应乘以 1.1。

2）选择带型

V 带的带型可根据设计计算功率 P_c 和小带轮转速 n_1 由图 6-10 选取。当 P_c 和 n_1 坐标交点位于或接近两种型号区域边界时，可取相邻两种型号同时计算，经比较最后选定一种。

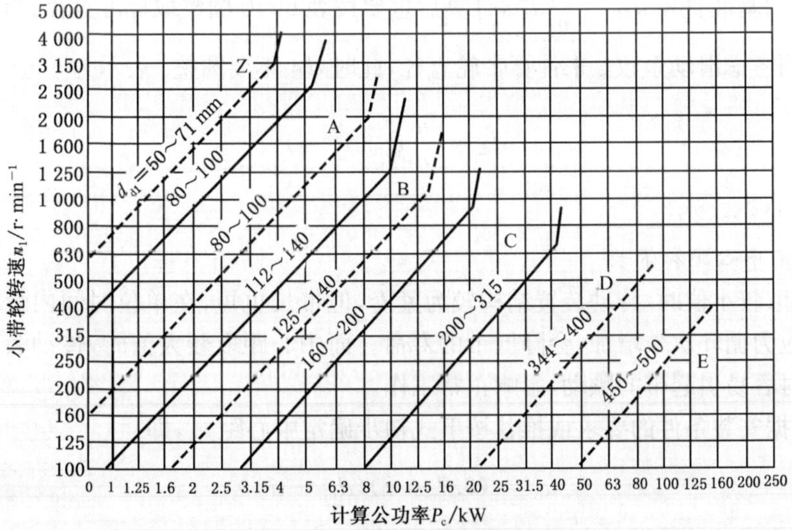

图 6-10　普通 V 带带型选择图

3）确定带轮的基准直径 d_{d1}、d_{d2}

（1）确定小带轮直径 d_{d1}

我们知道，带轮直径越小，则带的弯曲应力越大，越容易疲劳破坏。V 带轮的最小直径 d_{dmin} 见表 6-9。d_{d1} 如选取小值，则传动装置外廓尺寸小、重量轻；而选取大值，则提高了带速，减小了带的拉力，进而可以减少 V 带的根数，但增大了传动装置外廓尺寸。d_{d1} 应大于或等于表 6-9 中的最小基准直径 d_{dmin}，而且要按表 6-10 取标准直径。

表 6-9 V 带轮的最小基准直径 (单位:mm)

V 带型号	Y	Z	A	B	C	D	E
d_{dmin}	20	50	75	125	200	355	500

表 6-10 V 带轮基准直径 d_d 系列 (单位:mm)

20	22.4	25	28	31.5	35.5	40	45	50	56	63	71	75	80
85	90	95	100	106	112	118	125	132	140	150	160	170	180
200	212	224	236	250	265	280	315	355	375	400	425	450	475
500	530	560	630	710	800	900	1 000	1 120	1 250	1 600	2 000	2 500	

(2) 验算带的速度

由式(6-8)可知，传递一定的功率，带速愈高，圆周力愈小，需要带的根数就愈少，但带速过大，带在单位时间内绕过带轮的次数增加，使带的疲劳寿命降低。同时，增加带速会显著增大带的离心力，减少带与带轮间接触压力，从而降低摩擦力和传动能力。如带速过低，则所需有效圆周拉力 F 较大，带的根数较多。一般以 $v = 5 \sim 25$ m/s 为宜，取 $v = 20 \sim 25$ m/s 最有利。验算时用公式(6-19) 计算带速，如果 $v > v_{max}$，则应减小 d_d。

(3) 确定大带轮的基准直径 d_{d2}

大带轮的基准直径 $d_{d2} = \frac{n_1}{n_2} d_{d1}$，计算后也要按表 6-10 圆整取标准直径。当要求传动比精确时，应当考虑滑动系数 ε 来计算带轮直径，此时 d_{d2} 不要圆整。表示为

$$d_{d2} = \frac{n_1}{n_2} d_{d1} (1 - \varepsilon) \tag{6-29}$$

通常取 $\varepsilon = 1\% \sim 2\%$。

(4) 确定中心距和带长

中心距取较小值时，传动装置结构较为紧凑，但带长也短，在单位时间内带绕过带轮的次数增多，应力循环次数增加，会降低带的寿命。而中心距取较大值时，传动装置的外廓尺寸大，高速时容易引起带的颤动，影响正常工作。

一般根据安装条件的要求或推荐按下式初步确定中心距 a_0，即

$$a_0 = (0.7 \sim 2)(d_{d1} + d_{d2}) \tag{6-30}$$

初选 a_0 后，按下式计算带的初选长度 L_{d0}

$$L_{d0} \approx 2a_0 + \frac{\pi}{2}(d_{d1} + d_{d2}) + \frac{(d_{d1} + d_{d2})^2}{4a_0} \tag{6-31}$$

根据初选长度 L_{d0}，查表 6-3 选取与 L_{d0} 相近的基准长度 L_d，作为所选带的带长。再按刚确定的 L_d 反过来计算实际中心距 a。一般用下式近似计算中心距，即

$$a = a_0 + \frac{L_d - L_{d0}}{2} \tag{6-32}$$

考虑安装调整和带松弛后张紧的需要，中心距应该留出一定的调整余量。中心距的变动范围取

$$\begin{cases} a_{\min} = a - 0.015L_d \\ a_{\max} = a + 0.03L_d \end{cases} \tag{6-33}$$

5）验算小带轮包角 α_1

小带轮包角按式(6-3)计算。

一般要求 $\alpha_1 \geqslant 120°$，否则应适当增大中心距或减小传动比，也可以加张紧轮。

6）确定 V 带根数

$$z = \frac{P_c}{[P]} = \frac{P_c}{(P_0 + \Delta P)K_\alpha K_L} \tag{6-34}$$

带的根数应当圆整。为使各根带受力均匀，其根数不宜过多，一般取 $z = 2 \sim 5$ 根为宜，最多不能超过 $8 \sim 10$ 根，否则应改选型号或加大带轮直径后重新设计。

7）计算初拉力 F_0 和轴上压力 F_Q

(1) 初拉力 F_0

初拉力 F_0 过小，产生的摩擦力小，传动易打滑。过大，不易打滑，传递载荷的能力大。但过大会增大带的拉应力，降低带的疲劳强度，同时作用在轴上压力也大。故初拉力大小要适当。

考虑离心力的影响，既保证传递的功率，又不会打滑的单根 V 带的初拉力可按下式计算：

$$F_0 = 500\frac{P_c}{vz}\left(\frac{2.5}{K_\alpha} - 1\right) + qv^2 \tag{6-35}$$

(2) 轴上压力 F_Q

带的张紧对安装带和带轮的轴和轴承而言，会影响其强度和寿命。因此必须确定作用在轴上的径向压力 F_Q。为了简化计算，通常不考虑松边、紧边的拉力差，近似按带两边的初拉力的合力来计算。由图 6-11 可得

$$F_Q = 2zF_0 \sin\frac{\alpha_1}{2} \tag{6-36}$$

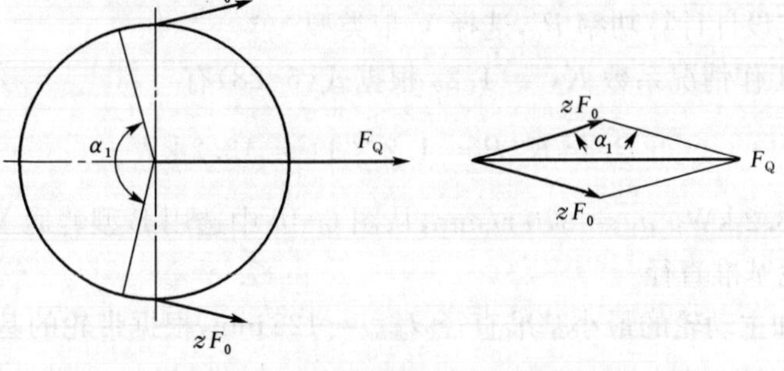

图 6-11　作用在带轮轴上的载荷

8）带轮设计

带轮的设计包括：确定结构类型、结构尺寸、轮槽尺寸、材料，画出带轮工作图。

V带传动设计计算的流程图见图6-12。

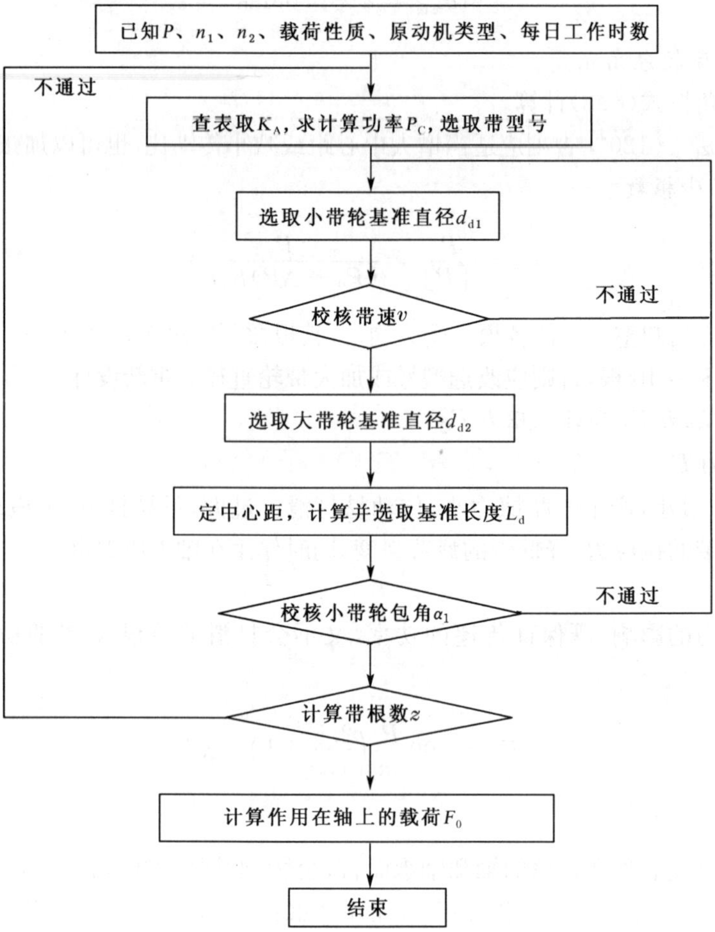

图6-12 V带传动设计计算流程图

【例6-1】 试设计带式输送机的V带传动，采用三相异步电机Y160L-6，其额定功率$P = 11\ kW$，转速$n_1 = 970\ r/min$，传动比$i = 2.5$，两班制工作。

解 (1) 确定设计计算功率P_c，选择V带类型

查表6-8的工作情况系数$K_A = 1.2$，根据式(6-28)有

$$P_c = K_A P = 1.2 \times 11 = 13.2\ kW$$

根据$P_c = 13.2\ kW$，$n_1 = 970\ r/min$，从图6-10中选用B型普通V带。

(2) 确定带轮基准直径

由表6-9查知主动轮的最小基准直径$d_{dmin} = 125\ mm$，根据带轮的基准直径d_d系列，查表6-10取$d_{d1} = 160\ mm$。

根据式(6-20)，计算从动轮基准直径

$$d_{d2}=d_{d1}i=160\times2.5=400\ \text{mm}$$

根据带轮的基准直径 d_d 系列，$d_{d2}=400$ mm。

(3) 验算带的速度

根据式(6-19)

$$v_1=\frac{\pi d_{d1}n_1}{60\times1\,000}=\frac{\pi\times160\times970}{60\times1\,000}=8.13\ \text{m/s}$$

带速在 5～25 m/s 内，合适。

(4) 确定 V 带的基准长度和传动中心距

根据式(6-30)

$$a_0=(0.7\sim2)(d_{d1}+d_{d2})=(0.7\sim2)(160+400)=392\sim1\,120\ \text{mm}$$

本题未告知 V 带传动装置需要的 a_0，可初步确定 $a_0=800$ mm。

根据式(6-31)

$$\begin{aligned}L_{d0}&\approx2a_0+\frac{\pi}{2}(d_{d1}+d_{d2})+\frac{(d_{d1}+d_{d2})^2}{4a_0}\\&=2\times800+\frac{\pi}{2}(160+400)+\frac{(160+400)^2}{4\times800}\\&=2\,498\ \text{mm}\end{aligned}$$

根据表 6-3 选 V 带的基准长度 $L_d=2\,500$ mm。

根据式(6-32)，带的实际中心距

$$a=a_0+\frac{L_d-L_{d0}}{2}=800+\frac{2\,500-2\,498}{2}=801\ \text{mm}$$

根据式(6-33)可得，中心距的调整范围为

$$764\ \text{mm}<a<876\ \text{mm}$$

(5) 验算主动轮的包角 α_1

根据式(6-6)有

$$\begin{aligned}\alpha_1&=180^\circ-\frac{(d_{d2}-d_{d1})}{a}\times57.3^\circ\\&=180^\circ-\frac{(400-160)}{801}\times57.3^\circ=163^\circ\end{aligned}$$

主动轮的包角 $\alpha_1\geqslant120^\circ$，合适。

(6) 计算 V 带的根数

由 B 型普通 V 带，$n_1=970$ r/min，$d_{d1}=160$ mm，查表 6-5 得到额定功率 $P_0=2.70$ kW(用线性插入法)；查表 6-11 得到额定功率的增量 $\Delta P_0=0.30$ kW；由小带轮 $\alpha_1=163^\circ$，查表 6-6 得到包角系数 $K_\alpha=0.953$；由 V 带基准长度 $L_d=2\,500$ mm，查表 6-3 得到长度系数 $K_L=1.03$。则根据式(6-34)有

$$z=\frac{P_c}{[P]}=\frac{P_c}{(P_0+\Delta P)K_\alpha K_L}=\frac{13.2}{(2.70+0.30)\times 0.953\times 1.03}=4.5$$

取 $z=5$ 根。

(7) 计算初拉力 F_0

查表(6-2)得到 $q=0.17$ kg/m,根据式(6-35)有

$$F_0=500\frac{P_c}{vz}\left(\frac{2.5}{K_\alpha}-1\right)+qv^2=500\frac{13.2}{8.13\times 5}\left(\frac{2.5}{0.953}-1\right)+0.17\times 8.13^2$$
$$=275\text{ N}$$

(8) 计算作用在轴上的压力 F_Q

根据式(6-36)有

$$F_Q=2zF_0\sin\frac{\alpha_1}{2}=2\times 5\times 275\times\sin\frac{163^\circ}{2}=2\,719.8\text{ N}$$

(9) 带轮结构设计与技术设计,画出带轮工作图(略)。

6.5 V 带轮的材料和结构

带轮通常由三部分组成:轮缘、轮毂和轮辐。轮缘是用以安装传动带的外环部分,V 带轮缘制有与带的根数、型号相对应的轮槽。轮毂用以与轴联结,轮辐用以联接轮缘和轮毂。

对带轮的要求主要有:质量小且分布均匀,工艺性好,与带接触的工作表面要求严格,必须认真加工达到 $R_a\leqslant 6.3\ \mu$m,以减少带的磨损。转速高 ($v>25$ m/s) 时带轮要进行动平衡测试。铸造和焊接带轮的内应力要小。

带轮的材料常用铸铁,如 HT150、HT200;转速较高的带轮用铸钢或钢板经冲压、焊接制成;小功率传递时用铸铝或非金属。

典型的带轮形式如图 6-13 所示:

(a)实心式:用于尺寸较小的带轮,$d_d\leqslant(2.5\sim 3)d$(d 为轴的直径);

(b)腹板式:用于中小尺寸的带轮,$d_d\leqslant 300$ mm;

(c)孔板式:用于尺寸较大的带轮,$d_d-d>100$ mm;

(d)椭圆轮辐式:用于尺寸大的带轮,$d_d>500$ mm。

普通 V 带轮的结构设计主要根据直径大小选择结构形式(图 6-13 中的四种),根据带型确定轮槽尺寸(见表 6-11)。

普通 V 带轮两侧间的夹角是 40°。轮槽的形状和尺寸与相应型号的带截面尺寸相适应,规定梯形轮槽的轮槽角有 32°、34°、36°、38°等四种,均小于普通 V 带轮两侧间的夹角 40°。这样处理是因为在带轮上弯曲时,其截面形状会发生变化,节面以上(外边或宽边)受拉变窄,节面以下(内边或窄边)受压变宽,从而使 V 带的楔角变小。为保证 V 带与带轮接触良好,应使轮槽角小于 40°。

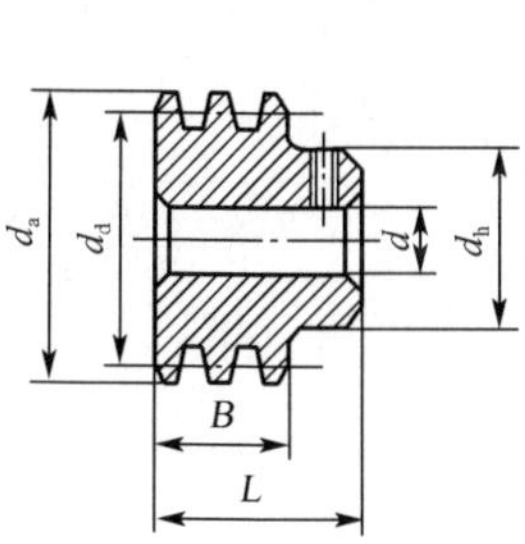

(a) 实心式

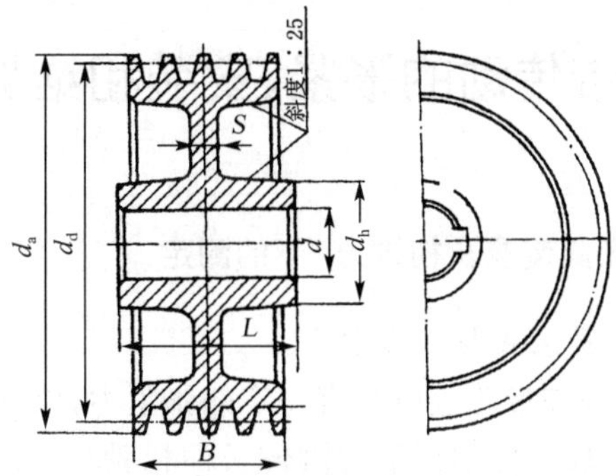

(b) 腹板式

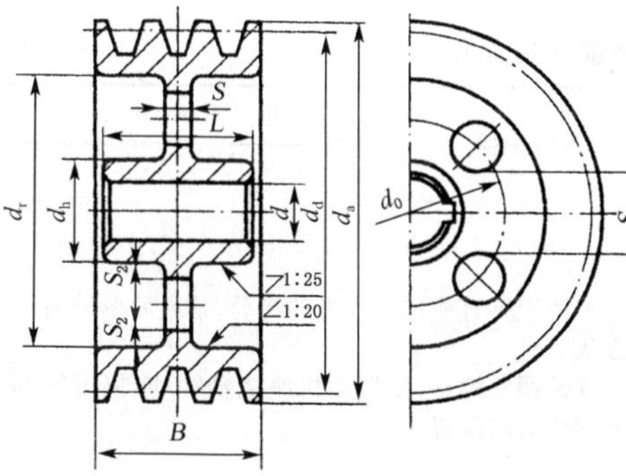

(c) 孔板式

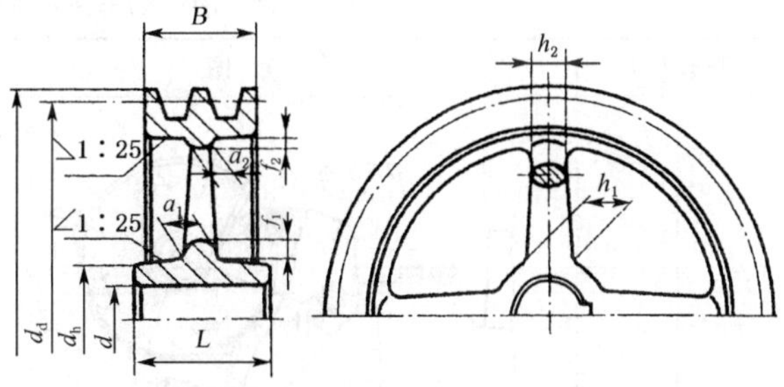

(d) 椭圆轮辐式

$d_h=(1.8\sim2)d$ $h_2=0.8h_1$ $h_1=290\sqrt[3]{\dfrac{p}{nA}}$ p 功率(kW) n 转速(r/min) A 轮辐数

$d_0=\dfrac{d_h+d_r}{2}$ $a_1=0.4h_1$ $S=(0.2\sim0.3)B$ $a_2=0.8a_1$ $S_1\geqslant1.5S$ $S_2\geqslant0.5S$ $f_1=f_2=0.2h$

图 6-13 带轮的结构

表 6-11 普通 V 带轮的轮槽尺寸

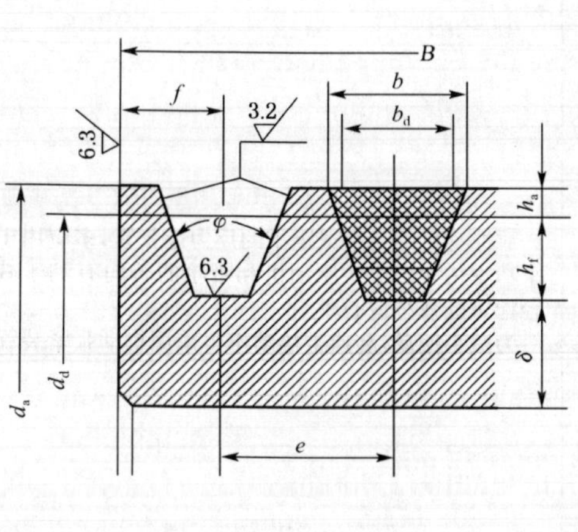

槽型尺寸			型号 Y	Z	A	B	C	D	E
基准线上槽深 h_{amin}			1.6	2.0	2.75	3.5	4.8	8.1	9.6
基准线下槽深 h_{fmin}			4.7	7.0	8.7	10.8	14.3	19.9	23.4
基准宽度 b_d			5.3	8.5	11	14	19	27	32
槽间距 e			8	12	15	19	25.5	37	44.5
槽边距 f			6	7	9	11.5	16	23	28
最小轮缘厚 δ			5	5.5	6	7.5	10	12	15
带轮宽 B			$B=(z-1)e+2f$ z 为带的根数						
轮槽角 φ	32°	d_d	≤60						
	34°			≤80	≤118	≤190	≤315		
	36°		>60					≤475	≤600
	38°			>80	>118	>190	>315	>475	>600

6.6 带传动的张紧、安装和维护

6.6.1 张紧装置及初拉力 F_0 的测定

1) 张紧装置与张紧方法

带安装在带轮上应具有一定的张紧力，以保证传动带正常工作。但传动带不是完全的弹性体，运转一段时间后会因伸长而松弛（由于塑性变形），初拉力 F_0 降低，传动能力下降甚至丧失。为了弥补带的永久变形，保证带的初拉力，同时考虑带的安装方便，带传动必须采用恰当的张紧装置。常见的几种张紧装置如表 6-11 所示。

表 6-12 带传动常用的张紧装置及张紧方法

张紧方法		示 意 图	说 明
用调节轴的位置张紧	定期张紧	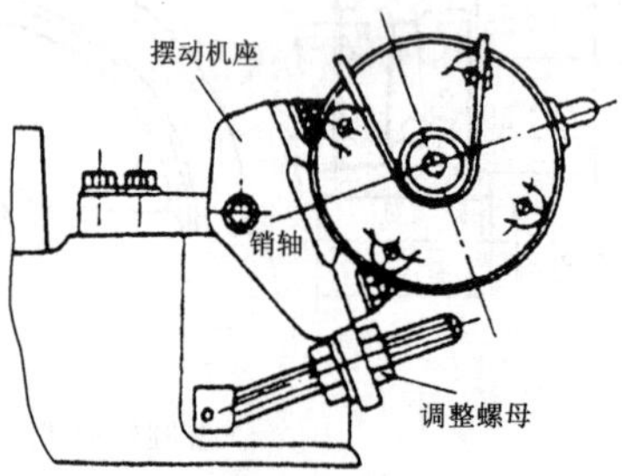	多用于垂直或接近垂直的传动，是最简单的通用方法 旋转调整螺母，使摆动机座绕轴转动，将带轮调节到合适的位置
		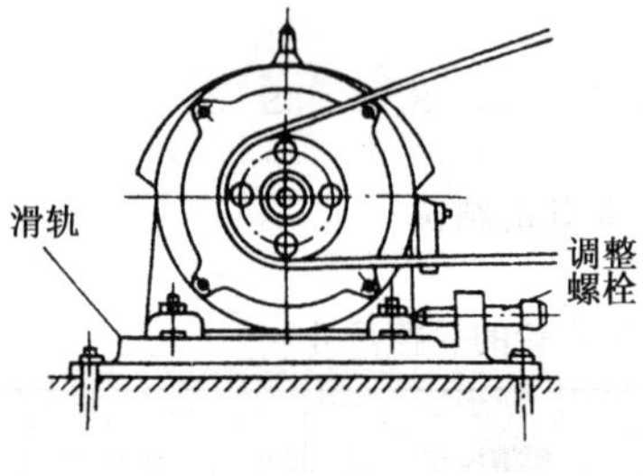	多用于水平或接近水平的传动，是最简单的通用方法 将固定螺栓放松，旋转调整螺钉，使原动机沿导轨移动到合适的位置，调节获得所需的张紧力，拧紧固定螺栓
	自动张紧	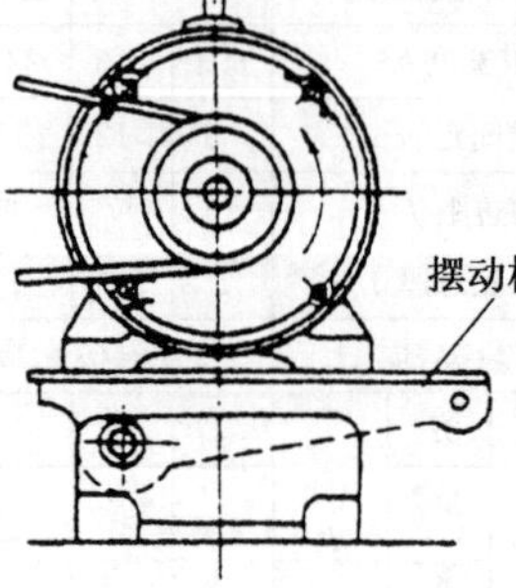	靠原动机的自重或定子的反力矩张紧，多应用于小功率传动。应使原动机和带轮的转向有利于减轻配重或减小偏心距 为减小振动，高速带传动不得采用自动张紧装置

（续　表）

张紧方法		示　意　图	说　　明
用张紧轮张紧	定期张紧	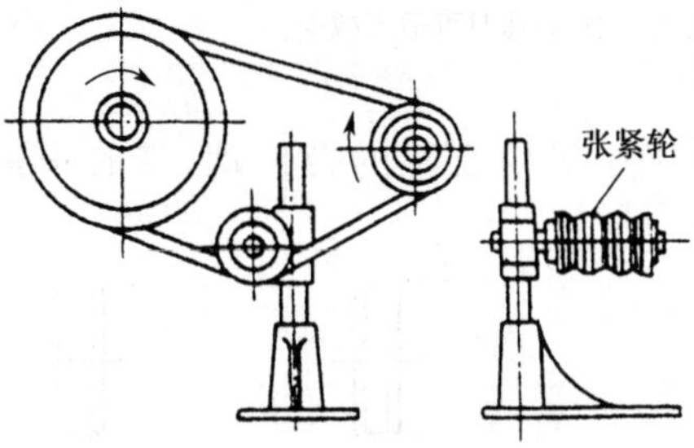	可任意调节预紧力的大小，容易装卸；但影响带的寿命、不能逆转 多用于中心距固定的 v 带传动 张紧轮安装在带的松边，尽量靠近大带轮，以免小带轮上的包角减少过多
	自动张紧	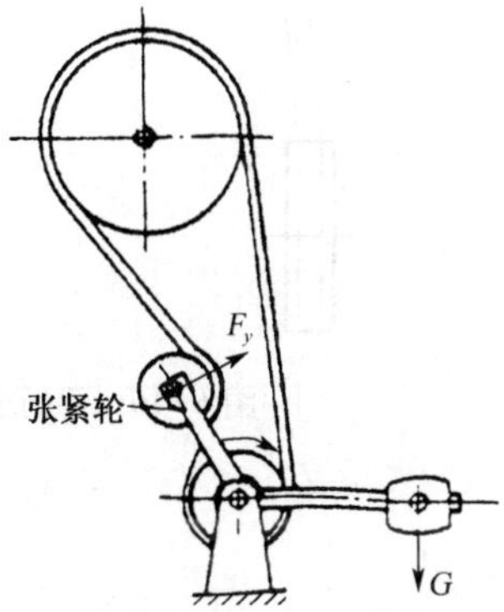	可任意调节预紧力的大小，增大包角，容易装卸；但影响带的寿命、不能逆转 多用于中心距小、传动比大的平带传动。 张紧轮安装在带松边的外侧，尽量靠近小带轮，以增大小带轮上的包角

2）*初拉力 F_0 的测定与控制*

带的初拉力对带的传动能力、寿命和压轴力均有很大的影响，所以在带的安装时，就应保证初拉力的大小。

既保证传递的功率，又不会打滑的单根 V 带的初拉力可按式(6-31)计算。初拉力 F_0 的测控：如图 6-14 所示，在带与带轮切点的跨度中点施加一个规定与带垂直的载荷 G，如果带在每 100 mm 长度上产生的挠度 y 为 1.6 mm，就认为带的初拉力合适。挠度 y 大于此值则说明初拉力低于预定值，带需要进一步张紧，直至达到规定的挠度。载荷 G 取值可参考表 6-12。

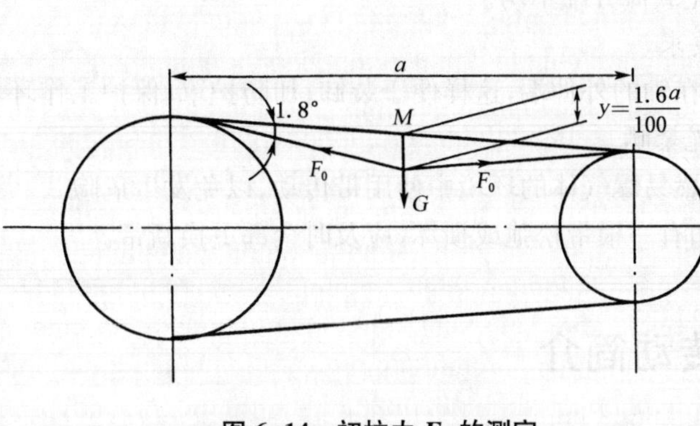

图 6-14　初拉力 F_0 的测定

表 6-13 载荷 G 的取值 (单位:N/根)

带型	Z	A	B	C	D	E
G	5～6	9～11	15～19	25～32	52～69	77～97

注：① 小带轮直径小时,G 取小值;直径大时,G 取大值。中、高速时可适当减少。
② 对新安装的 V 带,G 值应为表中数值的 1.5 倍。

带的张紧程度判定也可凭经验。对于中等中心距的带传动,带的张紧程度以按下 15 mm为宜,如图 6-15 所示。

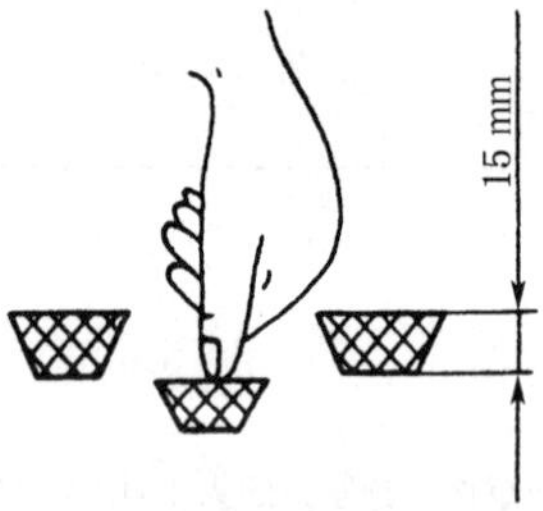

图 6-15 带张紧程度的判定

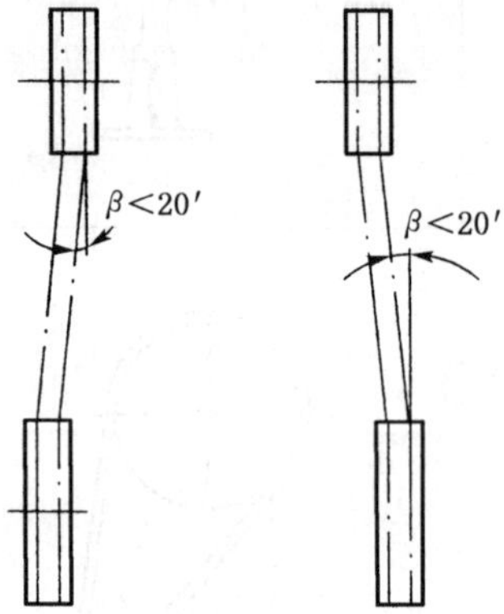

图 6-16 平行安装

6.6.2 安装与维护

正确地安装、使用和加强带的维护,是确保带正常工作、延长带使用寿命的有效途径。

1) *传动安装要求*

(1) 两个带轮的轴线应互相平行,两轮的 V 槽应对齐,误差不得超过 20°,如图 6-16。

(2) 安装时应先缩小中心距,V 带套入槽后,再调整增大中心距并按规定张紧。不能将带硬往带轮上撬,以免损坏带的工作表面和减低带的弹性。

(3) V 带在轮槽中应有正确的位置。带的顶面与带轮外缘平齐,底面与轮槽的底面间应保持一定的间隙,以保证带两侧工作表面与轮槽全部贴合。

(4) 用多根 V 带时,V 带的配组代号应相同,不同厂家生产的 V 带以及新旧 V 带不能同时使用,这样可避免载荷分配不均。

2) *带传动维护要求*

(1) 带轮应布置在轴的外伸端,这样便于装卸;加防护罩;保护工作环境,防止酸、碱、油等污染;带要防止日光暴晒。

(2) 切忌在有易燃易爆气体的环境中使用带传动,以免发生危险。

(3) 定期检查,如有一根带松弛或损坏,应及时全部更换新带。

6.7 同步带传动简介

啮合型带传动包括同步带传动、齿孔带传动。齿孔带传动用带上的孔与轮上的齿相啮合以传递运动，例如电影放映机采用齿孔带传动，以保证同步运动。

同步带传动是通过带齿与轮齿的啮合传递运动和动力，见图 6-2。与摩擦型带传动相比，同步带传动兼有带传动、链传动和齿轮传动的一些特点。具有传动比准确、效率高、传动平稳、噪音低、使用寿命长、中心距允许范围大、轴上压力小、能承受一定冲击、不需要润滑、较其他类型带传动拥有结构紧凑等优点。同步带传动的速度最大可以到达 80 m/s，单级传动比可达 10，传动效率达 0.98～0.99，传动功率可到几百千瓦。在精密仪器、数控机床、计算机等机械传动中得以广泛应用。

目前应用较广泛的同步带齿形有梯形齿和圆弧齿两大类，如图 6-17 所示。梯形齿的齿廓为直线，分周节制和模数制两种。圆弧齿的齿廓为有一段或几段圆弧组成，齿根应力集中小、载荷的分布合理，故能传递较大的载荷，且使用寿命长。

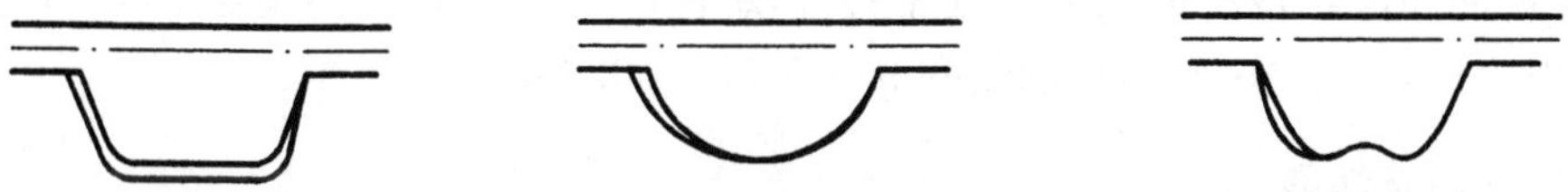

图 6-17　同步带常用齿形

同步带的主要参数是节距 p_b 或模数 m。因抗拉层强度高，工作时长度不变，故将抗拉层的中心线定为节线，节线周长定为公称长度。相邻两齿对应点间沿节线测得的长度为带的节距，用 p_b 表示，模数 $m = p_b/\pi$。

6.8　链传动概述

6.8.1　链传动的类型、特点及应用

链传动有安装在两平行轴上的主、从动轮和绕在链轮上的环形链条组成，如图 6-18 所示。以链条为中间挠性元件，依靠链节和链轮轮齿的啮合来传递运动和动力。

按用途的不同，链分为传动链、起重链和输送链。传动链的链条较精密，用以传递运动和动力；起重链用在各种起重机械中，用以升降重物；输送链主要用于运输机械。传动链主要有滚子链（见图 6-18）和齿形链（见图 6-19），滚子链最为常用。齿形链传动较平稳，噪声小，但重量大，成本较高，一般用于高速传动，链速可达 40 m/s。以下主要介绍滚子链的有关内容。

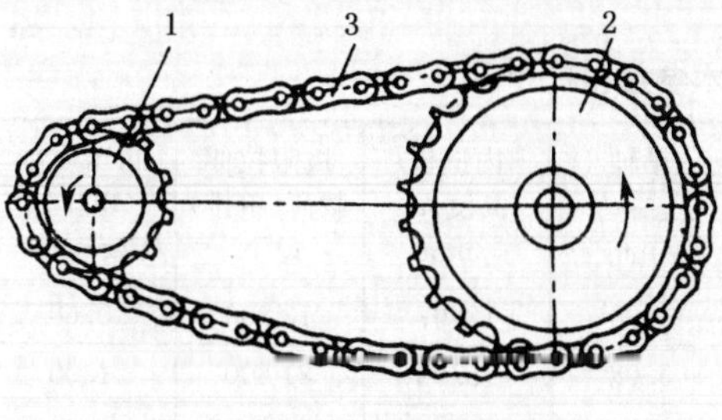

图 6-18　滚子链传动

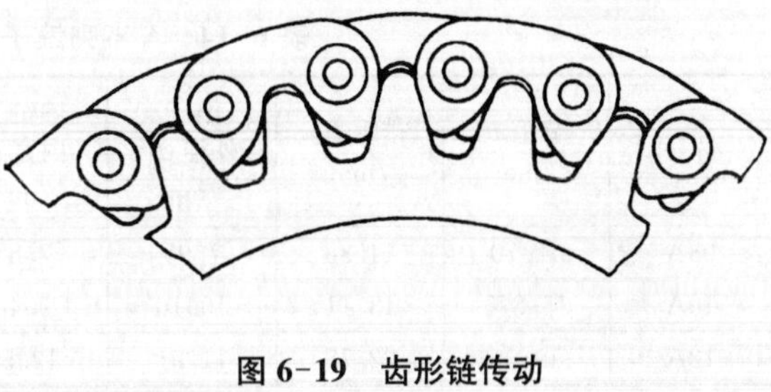

图 6-19　齿形链传动

链传动为具有中间挠性元件的啮合传动，与带传动相比，链传动无弹性滑动和打滑现象。主要特点有：

(1) 能获得准确的平均传动比，但链条的瞬时链速和瞬时传动比不是常数，即不恒定。在工况相同时，链传动结构更为紧凑，传动效率较高，可达 0.98。

(2) 链不需要像带那样很紧地张紧在带轮上，所需张紧力小，因而链条对轴的压力小。

(3) 能在恶劣的环境下（如高温、油污、潮湿和多灰尘）工作。

(4) 中心距较大而结构简单，制造和安装的精度要求较低。

(5) 传动平稳性较差，工作时有一定的冲击和噪声，磨损后易发生跳链和脱链，急速反向转动的性能差。

链传动工作可靠，主要用于平均传动比要求准确，且两轴中心距较大，工作条件恶劣，不宜采用带传动和齿轮传动的场合。通常传递功率 $P \leqslant 100$ kW，传动比 $i \leqslant 8$，链速 $v \leqslant 15$ m/s，中心距 $a = 5 \sim 6$ m，传动效率 $\eta = 0.95 \sim 0.98$。

6.8.2 滚子链及链轮

1) 滚子链的结构和标准

如图 6-20 所示，滚子链由内链板 1、外链板 2、销轴 3、套筒 4 和滚子 5 组成。内链板与套筒、外链板与销轴均为过盈配合（静联接）；套筒与销轴、滚子与套筒均为间隙配合（动联接）。这样，使内、外链板间作相对转动，同时滚子沿链轮轮齿滚动，可减少链条与链轮的摩擦与磨损。链条制成 8 字形，减轻了重量，并使链板各截面强度接近相等。

链条上相邻两销轴的中心距称为节距，以 p 表示。它是链传动最重要的参数，链节距越大，链条各零件的尺寸也越大。

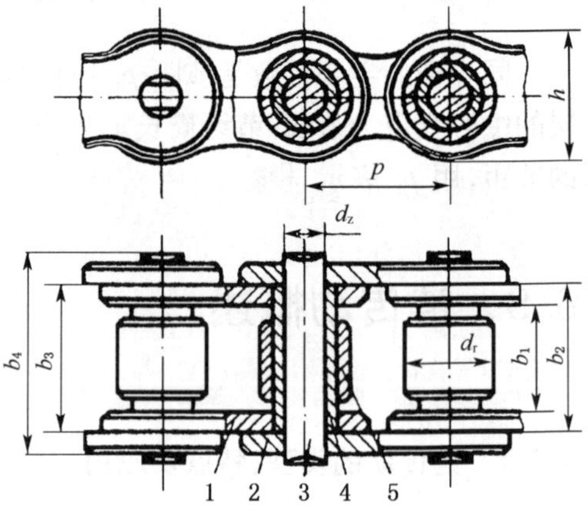

图 6-20 滚子链结构

滚子链已经标准化，分为 A、B 两个系列，常用的 A 系列滚子链的主要参数和尺寸见表 6-13。表中的链号数乘以 1.5875 即为节距 p。后缀 A、B 为系列代号。从表中可知链号越大，链的尺寸就越大，其承载能力也就越高。

按国标规定，套筒滚子链的标记方法为：链号—排数×链节数，标准代号。

例如：16A－1×180GB/T1243—1997。表示按 GB/T1243—1997 标准制造的 A 系列、节距 25.4 mm、单排、链节数为 180 节的滚子链。

表 6-14 A 系列滚子链基本参数和尺寸

链号	节距 P /mm	排距 P_1 /mm	滚子外径 d_1 /mm	内链节内宽 b_1 /mm	销轴直径 d_2 /mm	内链板高度 h_2 /mm	极限拉伸载荷(单排) Q/N	每米质量(单排)q /(kg·m^{-1})
08A	12.70	14.38	7.95	7.85	3.96	12.07	13 800	0.60
10A	15.875	18.11	10.16	9.40	5.08	15.09	21 800	1.00
12A	19.05	22.78	11.91	12.57	5.94	18.08	31 300	1.50

（续　表）

链号	节距 P /mm	排距 P_1 /mm	滚子外径 d_1 /mm	内链节内宽 b_1 /mm	销轴直径 d_2 /mm	内链板高度 h_2 /mm	极限拉伸载荷(单排) Q/N	每米质量(单排)q /(kg·m^{-1})
16A	25.40	22.29	15.88	15.75	7.92	24.13	55 600	2.60
20A	31.75	35.76	19.05	18.90	9.53	30.18	86 700	3.80
24A	38.10	45.44	22.23	25.22	11.10	36.20	124 600	5.60
28A	44.45	48.87	25.40	25.22	12.70	42.24	169 000	7.50
32A	50.80	58.55	28.58	31.55	14.27	48.26	222 400	10.10
40A	63.50	71.55	39.68	37.85	19.84	60.33	347 000	16.10
48A	76.20	87.83	47.63	47.35	23.80	72.39	500 400	22.60

注：① 多排链极限拉伸载荷按表列 Q 值乘以排数计算；
② 使用过渡链节时，其极限拉伸载荷按表列数值 80%计算。

滚子链有单排链和多排链。图 6-21 为双排链滚子链，p_t 为排距。多排链用在较大功率传动的场合，由于制造和装配的误差因素，各排链受载不均，排数不宜过多，常用双排链或三排链，四排以上很少使用。

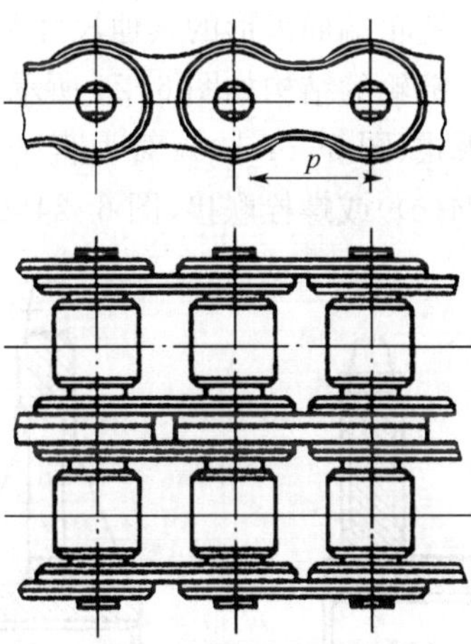

图 6-21　双排链滚子链

链条长度用链节数表示。链节数为偶数时，链条一端的外链板正好与另一端的内链板相联接，接头处用开口销(图 6-22(a))或弹簧夹(图 6-22(b))将销轴轴向固定，该链节称为联接链节。大节距链用开口销，小节距链用弹簧夹。链节数为奇数时，则须采用过渡链节(图 6-22(c))。链条受拉时，过渡链节的弯链板承受附加的弯曲应力作用，强度约降低 20%，应尽量少用。因此，链节数最好取偶数，避免取奇数。

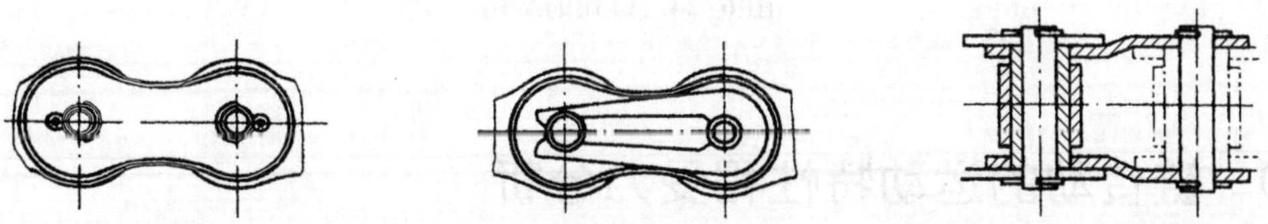
(a) 开口销　(b) 弹簧夹　(c) 过渡链节

图 6-22　滚子链接头型式

2) 链轮

链轮齿应有足够的强度和耐磨性，齿面多经热处理。小链轮的啮合次数比大链轮多，所受到的冲击力也大，所用材料一般优于大链轮。链轮材料为碳素钢(Q275、45 等)，铸铁(HT200)和铸钢(ZG310-570)，重要的链轮用合金钢(40Cr 等)。

链轮齿形如图 6-23，用标准刀具以范成法加工，其端面齿形无需在工作图上画出，只需给出链轮的节距 p、齿数 z 和分度圆直径 d，注明“齿形按 3R　GB1244—85 制造”。端面齿形由 $\widehat{aa}$ 、$\widehat{ab}$ 、$\widehat{cd}$ 三段圆弧和一段直线 bc 组成，简称“三圆弧一直线”。这种齿形接触应力小，磨损轻，冲击小，齿顶较高而不易跳链和脱链。

链轮主要尺寸的计算公式为

分度圆直径 d

$$d=\frac{p}{\sin\left(\frac{180^\circ}{z}\right)} \tag{6-37}$$

齿顶圆直径 d_a

$$d_a=p\left(0.5+\cot\frac{180^\circ}{z}\right) \tag{6-38}$$

齿根圆直径 d_f

$$d_f=d-d_1 \tag{6-39}$$

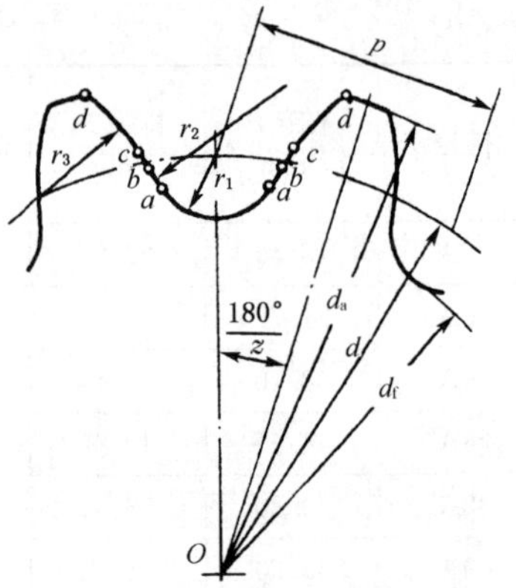

图 6-23 滚子链链轮端面标准齿形

式中：d_1——滚子直径，其值见表 6-13。

链轮端面齿形的其他尺寸和轴面齿形的结构尺寸参见国家标准和有关设计手册。

链轮的结构如图 6-24 所示，小直径链轮采用实心式（图 6-24(a)）；中等直径链轮制成孔板式（图 6-24(b)）；对大直径链轮，常将齿圈和齿心用不同材料制造，然后采用焊接（图 6-24(c)）或螺栓联接（图 6-24(d)）装配在一起。一旦轮齿因磨损而失效，可以更换齿圈。

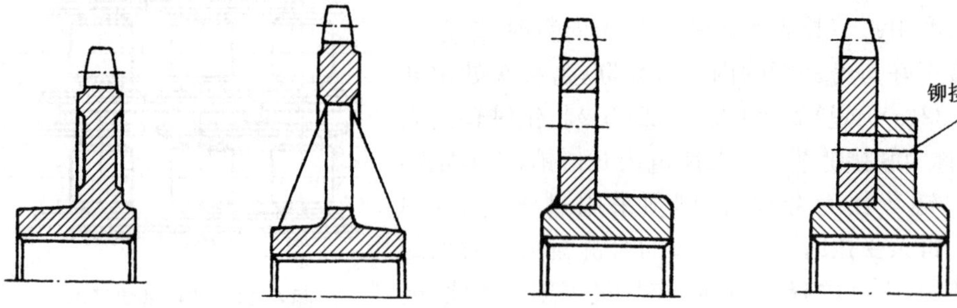

(a) 实心式　(b) 孔板式　(c) 装配式　(c) 装配式

图 6-24 链轮的结构

6.9 链传动的运动特性和受力分析

6.9.1 平均链速和平均传动比

滚子链的结构是刚性链节通过销轴铰接组成，链传动则相当于两个多边形轮子间的带传动，称为多边形效应。链条节距 p 和齿数 z 分别为多边形的边长和边数。设 n_1、n_2 和 z_1、z_2 分别为主、从动链轮的转速和链轮的齿数，则链的平均速度为

$$v=\frac{z_1pn_1}{60\times1\,000}=\frac{z_2pn_2}{60\times1\,000} \tag{6-40}$$

故平均传动比

$$i=\frac{n_1}{n_2}=\frac{z_2}{z_1} \tag{6-41}$$

6.9.2　瞬时链速和瞬时传动比

链传动实际上表现为多边形效应,其瞬时链速和瞬时传动比都不是恒定值。

以链条上某一链节的销轴 A(即铰链 A)为研究对象,来分析链条速度的变化。在传动过程中,销轴 A 的轴线沿链轮分度圆作圆周运动。为便于分析,假设紧边在传动时始终处于水平位置。当主动轮以等角速度 ω 顺时针转动时,链轮分度圆的圆周速度为 $d_1\omega_1/2$,因此销轴 A 的速度也是 $d_1\omega_1/2$,如图 6-25(a)。

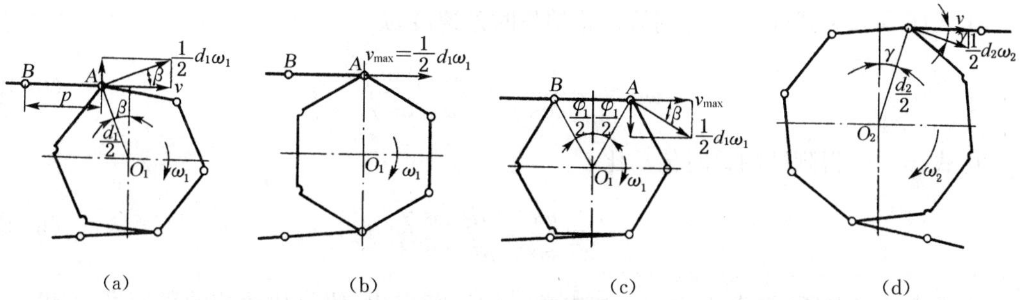

图 6-25　链传动的运动分析

1) 链条水平方向的速度分量

铰链 A 的速度在水平方向的速度分量实际就是链条的水平方向的速度,即链的线速度

$$v=\frac{d_1\omega_1}{2}\cos\beta \tag{6-42}$$

式中:β——主动轮上铰链 A 的圆周速度与水平线的夹角,变化范围是 $-\frac{\varphi_1}{2}\sim+\frac{\varphi_1}{2}$(其中 $\varphi_1=\frac{360^\circ}{z_1}$)。

当 $\beta=0^\circ$ 时,链速达到最大值 $v=v_{max}=\frac{d_1\omega_1}{2}$,见图 6-25(b);当 $\beta=\pm\frac{180^\circ}{z_1}$ 时,链速达到最小值 $v=v_{min}=\frac{d_1\omega_1}{2}\cos\frac{180^\circ}{z_1}$,见图 6-25(c)。由于 $\cos\beta$ 是周期函数,链轮每转过一个链节,水平链速 v 在 $\frac{d_1\omega_1}{2}\sim\frac{d_1\omega_1}{2}\cos\frac{180^\circ}{z_1}$ 的范围内变化一次。因此,尽管主动轮的角速度 ω_1 为常数,链条的瞬时速度却是周期性变化的,不是恒定值。

2) 链条垂直方向的速度分量

$$v'=\frac{d_1\omega_1}{2}\sin\beta \tag{6-43}$$

链轮每转过一个链节,垂直链速 v' 在 $+\frac{d_1\omega_1}{2}\sin\frac{180^\circ}{z_1}\sim-\frac{d_1\omega_2}{2}\sin\frac{180^\circ}{z_1}$ 的范围内变化一

次。链条垂直方向的速度分量 v' 也是周期性变化，从而使链条在垂直方向发生有规律的抖动。

同理，从动轮上的水平链速

$$v=\frac{d_2\omega_2}{2}\cos\gamma \tag{6-44}$$

垂直链速

$$v'=\frac{d_2\omega_2}{2}\sin\gamma \tag{6-45}$$

式中：γ 的变化范围是 $-\frac{\varphi_2}{2}\sim+\frac{\varphi_2}{2}$，其中 $\varphi_2=\frac{360^\circ}{z_2}$。

由式(6-44)和式(6-42)得到从动轮的瞬时角速度 ω_2

$$\omega_2=\frac{2v}{d_2\cos\gamma}=\frac{d_1\omega_1\cos\beta}{d_2\cos\gamma} \tag{6-46}$$

由式(6-46)得到链的瞬时传动比 i'

$$i'=\frac{\omega_1}{\omega_2}=\frac{d_2\cos\gamma}{d_1\cos\beta} \tag{6-47}$$

如图 6-25(d)所示，由于链速 v 与夹角 γ 的不断变化，使得从动轮的角速度 ω_2 也不是常数。主动轮角速度 ω_1 是常数，链的瞬时传动比 i'同样也不是常数。在链传动中不可避免地要产生振动和冲击。这种因链条绕在链轮上形成的多边形啮合传动而引起的速度不均匀现象，称为多边形效应。因此，设计链传动要合理选择参数，以期减轻振动和动载荷。

只有当链轮齿数 $z_1=z_2$、且传动中心距是链节距的整数倍时，才能使 β 和 γ 的变化时间相同，链的瞬时传动比才能恒定($i'=1$)。

6.9.3 受力分析

安装链传动时，链条要受到一定的张紧力，目的是使链的松边垂度不致过大。否则，会影响链条的正常退出啮合，产生明显的振动、跳链和脱链现象。

1) 作用在链条上的力

(1) 圆周力 F　圆周力也就是有效拉力。计算公式如下：

$$F=\frac{1\,000p}{v} \tag{6-48}$$

(2) 离心拉力 F_c　绕在链轮上的链条在运动过程中产生的离心拉力。即

$$F_c=qv^2 \tag{6-49}$$

式中：q—— 单位长度链的质量(kg/m)。

(3) 垂直拉力 F_y　在链传动中，链条保持着适当的垂度，从而产生垂直拉力。链条受到的张紧力正是通过垂直拉力获得的。因此，链传动所需的张紧力比带传动要小的多。有

$$F_y = K_y qga \tag{6-50}$$

式中：K_y——下垂量为 $y = 0.02a$ 时的垂度系数(见表 6-15)，其值与图 6-26 中的中心线与水平线的夹角 β 有关；

g——重力加速度，$g = 9.81\ \mathrm{m/s^2}$；

a——链传动的中心距(mm)。

表 6-15　垂度系数 K_y

布置方式	K_y	
水平布置	7	
倾斜布置	$\beta = 30°$	6
	$\beta = 60°$	4
	$\beta = 75°$	2.5
垂直布置	1	

2) 紧边拉力 F_1 和松边拉力 F_2

如图 6-26 所示，紧边、松边拉力不相等。

紧边拉力有三部分组成：

$$F_1 = F + F_c + F_y \tag{6-51}$$

松边拉力有二部分组成：

$$F_2 = F_c + F_y \tag{6-52}$$

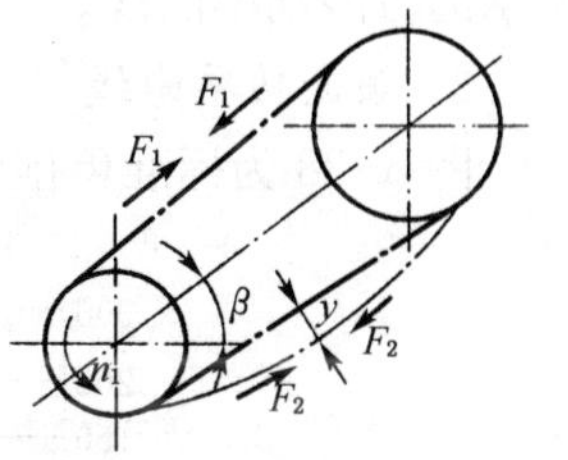

图 6-26　作用在链条上的力

3) 作用在轴上的压力 F'_Q

$$F'_Q = (1.2 \sim 1.3)F \tag{6-53}$$

有冲击和振动时取大值。

6.10　滚子链传动的设计计算

6.10.1　滚子链的主要失效形式

链条的结构比链轮复杂，强度也不如链轮高。所以，一般链传动的失效主要是链条的失效。常见形式有：

1) 链条的疲劳破坏

链条各元件受交变应力作用，经过一定应力循环次数，链板发生疲劳破坏，滚子、套筒表面出现疲劳点蚀和疲劳裂纹。在正常润滑条件下，链板的疲劳强度是决定链传动承载能力的主要因素。

2) 链条铰链的磨损

铰链磨损会使链节距增大而产生跳链和脱链，该失效形式一般出现在开式或润滑不良的链传动中。

3）链条铰链的胶合

在润滑不当或链速过高时，链条铰链的销轴和套筒的工作表面会因润滑膜破坏，在高温、高压下直接接触而导致两表面粘结，相对运动使粘结部位撕开而损坏，这称为胶合。所以，要限制链传动的极限速度。

4）链条的静力拉断

在低速、重载或突然过载时，链条会因静强度不足而被拉断。

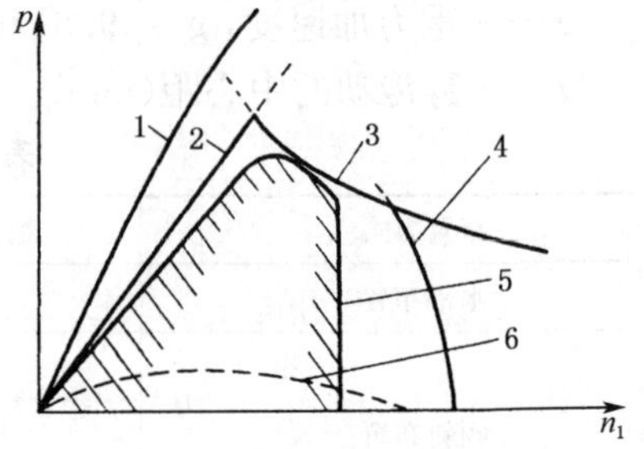

图 6-27　滚子链极限功率曲线

1—链条铰链强度极限；2—链板疲劳强度极限；3—滚子与套筒冲击疲劳强度极限；4—销轴与套筒胶合极限；5—极限功率曲线；6—润滑不良、工作条件恶劣等情况下的功率曲线

6.10.2　滚子链的功率曲线

1）极限功率曲线

链传动的承载能力受多种失效形式的限制，必须综合考虑各失效形式对链传动的影响。如果规定链条的寿命，把主动轮在不同转速下各种失效形式所限定的传动功率绘成曲线，即得图 6-27 所示的极限功率曲线。

2）额定功率曲线

图 6-28 为标准单排 A 系列在特定的实验条件下由实验作出的滚子链的额定功率曲

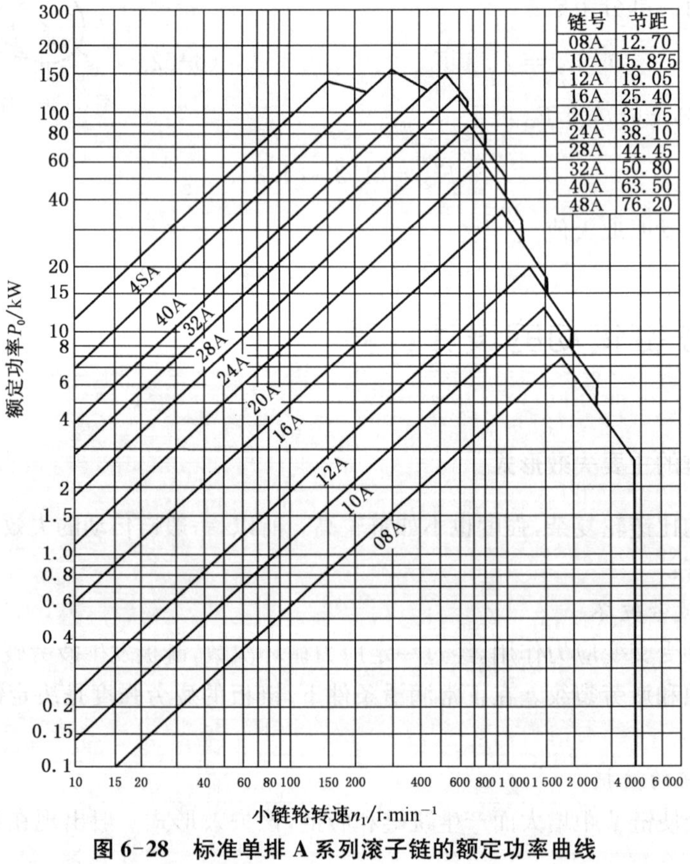

图 6-28　标准单排 A 系列滚子链的额定功率曲线

线。特定的实验条件是：两链轮轴平行，水平布置，两链轮共面；单排链，小链轮齿数 $z_1 = 19$，链长节 $p = 100$；载荷平稳，预期工作寿命 15 000 h；符合规定的润滑方式（见图 6-29）；链条因磨损引起的相对伸长量不超 3%。

当采用推荐的润滑方式润滑时，图 6-28 表明了链传动所能传递的功率、小链轮的转速和链号之间的关系。

当实际润滑条件与图 6-29 所推荐的润滑方式不同（或无法采用）或润滑不良时，应将从图 6-28 查得的 P_0 适当降低。具体如下：

当链速 $v \leqslant 1.5$ m/s 时，如润滑不良取 $(0.3 \sim 0.6)P_0$，如无润滑，取 $0.15P_0$；

当链速 1.5 m/s $< v \leqslant 7$ m/s 时，如润滑不良取 $(0.15 \sim 0.3)P_0$；

当链速 $v > 7$ m/s 时，如润滑不良则传动不可靠，不宜采用链传动。

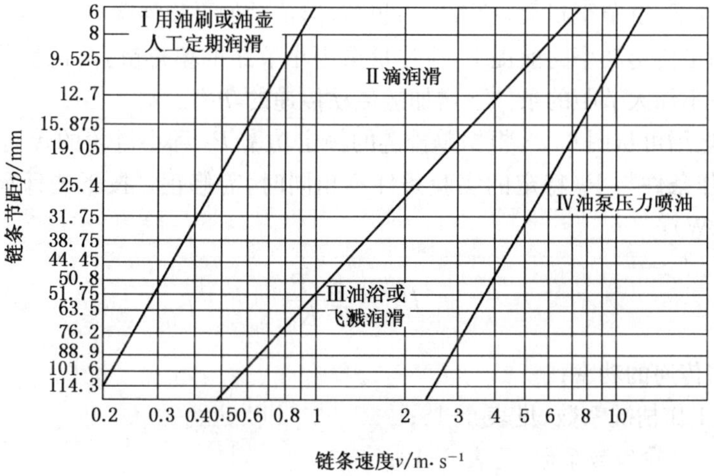

图 6-29　推荐的润滑方式

6.10.3　链传动的主要参数及其选择

1）平均传动比 i

通常链传动的传动比 $i \leqslant 7$，推荐 $i = 2 \sim 3.5$。当工作速度较低（$v < 2$ m/s）且载荷平稳、传动外廓尺寸不受限制时，允许 $i \leqslant 10$。

2）链轮齿数 z_1、z_2

链轮齿数不宜过多或过少。齿数越少，链轮的不均匀性和动载荷会增加，链轮直径小，会增加链节的负荷和工作频率，加速链条磨损。齿数过多，链轮尺寸大，当链条磨损后，易引起脱链，同样会缩短链条的使用寿命。由于链条的链节数常取偶数，链轮齿数一般应取与链节数互为质数的奇数。链轮齿数优选数列：17、19、21、23、25、38、57、76、95、114。一般小链轮齿数参照链速（表 6-16）和传动比（表 6-17）选取，推荐 $z_1 = 29 - 2i$。通常设计时，先按传动比选 z_1，再按表 6-16 核验链速。前者保证限制大链轮齿数和传动尺寸，后者确保传动的平稳性。

表 6-16 小链轮齿数 z_1 与链速 v

链速 $v/(m \cdot s^{-1})$	0.6～3	3～8	>8
齿数 z_1	≥17	≥21	≥25

表 6-17 小链轮齿数 z_1 与传动比 i

传动比 i	1～2	3～4	5～6	>6
齿数 z_1	31～27	25～23	21～17	17

当 z_1 确定后，则大链轮齿数 $z_2 = iz_1$。为避免出现跳链和脱链现象，减少传动外廓尺寸和重量，一般 $z_2 \leqslant 120$。

3）链节距和排数

在一定条件下，链节距越大，承载能力越高，但传动的平稳性降低，动载荷和噪音随之加大。因此，在满足传递功率的前提下，应尽量选用小节距的单排链，高速重载时选小节距的多排链，这样在不加大节距的条件下增加链传动传递的功率。

链节距的选用可从图 6-28 根据单排链的额定功率 P_0 和小链轮的转速 n_1 查出。但当链传动实际工作条件与 P_0 特定的实验条件不相同时，需修正。按下式计算链传动的设计计算功率 P_c(kW)：

$$P_c = \frac{K_A P}{K_z K_P} \tag{6-54}$$

式中：P——需传递的功率；

K_A——工作情况系数，见表 6-18；

K_z——小链轮齿数系数，见表 6-19；

K_P——多排链系数，见表 6-20。

表 6-18 工作情况系数 K_A

载荷性质		输入动力		
		内燃机-液力传动	电动机或汽轮机	内燃机-机械传动
平稳载荷	离心式压缩机、鼓风机；液体搅拌机；发电机；均匀负载输送机；印刷机；自动电梯	1.0	1.0	1.2
中等冲击	多缸往复压缩机；半液体搅拌机；不均匀负载输送机；金属切削机床；纺织机械，食品机械	1.2	1.3	1.4
严重冲击	单双缸往复压缩机；挖掘机；往复式、振动式输送机；破碎机；锻压机械；石油钻机	1.4	1.5	1.7

表 6-19 小链轮齿数系数 K_z

z_1	9	11	13	15	17	19	21
K_z	0.446	0.554	0.664	0.775	0.887	1.00	1.11
z_1	23	25	27	29	31	33	35
K_z	1.23	1.34	1.46	1.58	1.70	1.81	1.94

表 6-20　多排链系数 K_P

排数	1	2	3	4	5	6	7
K_P	1.0	1.7	2.5	3.3	4.0	4.6	与生产厂商协商

根据设计计算功率 P_0（取 $P_c = P_0$）和小链轮的转速 n_1，由图 6-28 查出链号、链节距，由图 6-29 选择推荐的润滑方式进行。

4）中心距 a 和链节数 L_p

中心距的大小对链传动的性能有较大的影响。过小，链在小链轮上的包角减小，链的循环频率增加而影响传动寿命；过大，传动外廓尺寸大，链条松边垂度太大而易使链条抖动。一般初选 $a = (30 \sim 50)p$，最大不超过 $a_{max} \leqslant 80p$。

链条的长度 L_{p0} 一般用链节数表示 L_p，则 $L = L_p p$。根据带长计算公式(6-31)，推导链节数的计算如下：

$$L_{p0} = \frac{2a_0}{p} + \frac{z_1 + z_2}{2} + \frac{p}{a_0}\left(\frac{z_2 - z_1}{2\pi}\right)^2 \tag{6-55}$$

初算出链节数 L_{p0}，必须圆整为近似的整数 L_p，最好是偶数，以避免使用过渡链节。再根据圆整的 L_p，计算实际中心距 a

$$a = \frac{p}{4}\left[\left(L_p - \frac{z_1 + z_2}{2}\right) + \sqrt{\left(L_p - \frac{z_1 + z_2}{2}\right)^2 - 8\left(\frac{z_2 - z_1}{2\pi}\right)}\right] \tag{6-56}$$

一般情况下，a 和 a_0 相差很小，亦可以用下式近似计算

$$a \approx a_0 + \frac{L_p - L_{p0}}{2} \tag{6-57}$$

为便于链条的安装以及保证合理的松边下垂量，实际安装的中心距较计算得到的实际中心距 a 小 2～3 mm。中心距通常设计成为可以调节的，这样便于链节磨损变长后调节链条的张紧程度；否则必须设置张紧装置。

5）链条作用在轴上的压力 F_Q

按公式(6-53)计算。

【例题 6-2】 试设计一链式输送机上的滚子链传动。已知电动机额定功率 $p = 7.5$ kW，主动链轮转速 $n_1 = 960$ r/min，从动链轮转速 $n_2 = 320$ r/min，中等冲击，中心距可以调整。

解　设计步骤和方法如下：

(1) 确定链轮齿数 z_1、z_2

传动比
$$i = \frac{n_1}{n_2} = \frac{960}{320} = 3$$

假定链速 $v = 3 \sim 8$ m/s，并参考传动比 $i = 3$，根据表 6-16 和表 6-17 确定小链轮齿数 $z_1 = 23$；

大链轮齿数 $z_2 = iz_1 = 3 \times 23 = 69$。

(2) 确定链号和链节距 p

由公式(6-54)

$$P_c = \frac{K_A P}{K_z K_P}$$

式中：K_A——工作情况系数，由表 6-18 查得，$K_A = 1.3$；

K_z——小链轮齿数系数，由表 6-19 查得，$K_z = 1.23$；

K_P——多排链系数，由表 6-20 查得，$K_P = 1.7$(按双排链考虑)。

得设计计算功率

$$P_c = \frac{K_A P}{K_z K_P} = \frac{1.3 \times 7.5}{1.23 \times 1.7} = 4.66\ \text{kW}$$

根据 $P_c = 4.66$ kW，$n_1 = 960$ r/min，由图 6-28 选定链号为 10 A，链节距 $p = 15.875$ mm。

(3) 验算链速 v 和选择润滑方式

由公式(6-40)

$$v = \frac{z_1 P n_1}{60 \times 1\,000} = \frac{23 \times 15.875 \times 960}{60 \times 1\,000} = 5.84\ \text{m/s}$$

由表 6-16 知链速 v 与假设链速 3～8 m/s 相符，链速合适；按图 6-29 传动采用油浴润滑。

(4) 确定中心距 a 和链节数 L_p

① 初选中心距 a_0：取 $a_0 = 40p = 40 \times 15.875 = 635$ mm。

② 确定链节数 L_p：

初求链节数

$$\begin{aligned} L_{p1} &= \frac{2a_0}{p} + \frac{z_1 + z_2}{2} + \frac{p}{a_0}\left(\frac{z_2 - z_1}{2\pi}\right)^2 \\ &= \frac{2 \times 635}{2} + \frac{23 + 69}{2} + \frac{15.875}{635}\left(\frac{69 - 23}{2 \times \pi}\right)^2 \\ &= 127.3 \end{aligned}$$

L_{p1} 圆整并取偶数得到 $L_p = 126$。

该链标记为：10A—2×126 GB/T1243—1997。

③ 计算实际中心距 a：

由公式(6-56)

$$\begin{aligned} a &= \frac{p}{4}\left[\left(L_p - \frac{z_1 + z_2}{2}\right) + \sqrt{\left(L_p - \frac{z_1 + z_2}{2}\right)^2 - 8\left(\frac{z_2 - z_1}{2\pi}\right)}\right] \\ &= \frac{15.875}{4}\left[\left(126 - \frac{23 + 69}{2}\right) + \sqrt{\left(126 - \frac{23 + 69}{2}\right)^2 - 8\left(\frac{69 - 23}{2\pi}\right)}\right] \\ &= 628.69\ \text{mm} \end{aligned}$$

考虑安装垂度，最终中心距 $a = 625$ mm。

(5) 链条作用在轴上的压力 F_Q

由公式(6-48)，并考虑工作情况系数 $K_A = 1.3$，得链的实际拉力

$$F = \frac{1\,000P_c}{v} = \frac{1\,000 \times 7.5 \times 1.3}{5.84} = 1\,669.5\ \text{N}$$

由公式(6-53)计算

$$F_Q = 1.3F = 1.3 \times 1\,669.5 = 2\,170.4\ \text{N}$$

(6) 链轮材料及热处理

链轮材料选用 45 钢，经热处理后硬度为 40～50 HRC。

(7) 链轮的结构和技术设计(略)

6.11　链传动的布置、张紧与维护

1) 链传动的布置

链传动的合理布置，可提高链传动的工作能力和使用寿命。布置链传动时，链轮两轴线应互相平行，两轮位于同一平面内，一般采用水平布置或接近水平布置。链轮中心连线与水平线的夹角一般不要大于 45°，并保证松边在下边。

表 6-21　链传动的布置

传动参数	正确布置	不正确布置	说　　明
$i > 2$ $a = (30 \sim 50)p$	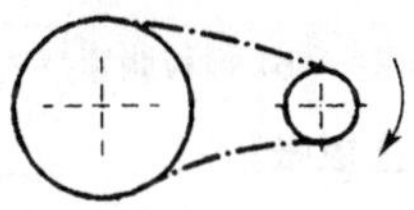	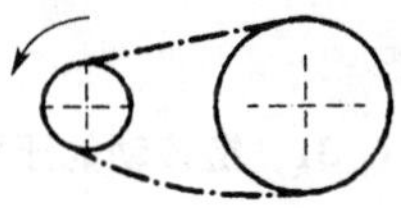	两轮轴线在同一水平面，紧边在上或在下均不影响工作。
$i > 2$ $a < 30p$	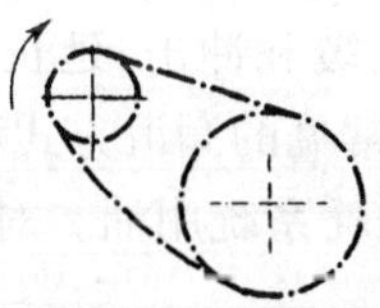	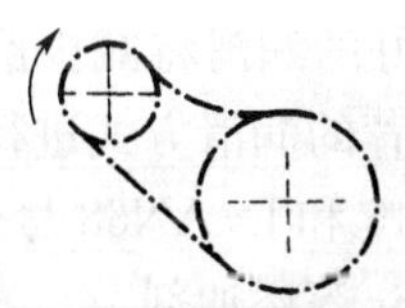	两轮轴线不在同一水平面，松边应在下面，否则松边下垂量增大后，链条易与链轮卡死
$i > 1.5$ $a > 60p$		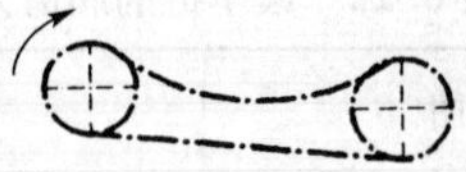	两轴在同一水平面，松边应在下面，否则下垂量增大后，松边会与紧边相碰，需经常调整中心距
i、a 为任意值	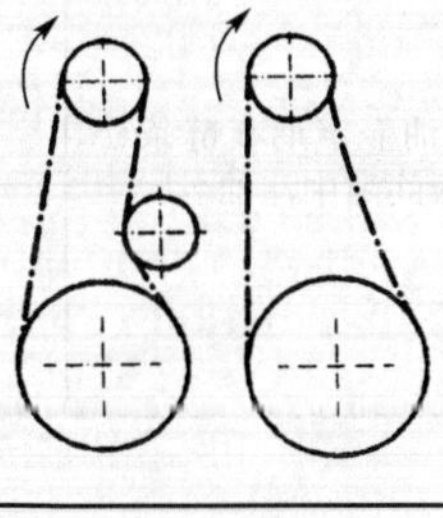	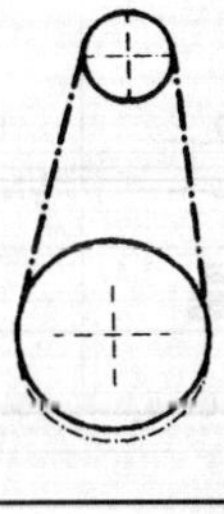	两轮轴线在同一铅垂面内，下垂量增大，会减少下链轮有效啮合齿数，降低传动能力，为此采用：(a) 中心距可调；(b) 张紧装置；(c) 上下两轮错开，使其不在同一铅垂面内

2）链传动的张紧

链条在使用过程中会因磨损而逐渐伸长，造成松边垂度过大而引发啮合不良、松边颤动和跳齿等现象。为防止这种现象，应使链张紧。常用的张紧方法有调整中心距和采用张紧装置。张紧装置要用张紧轮，张紧轮可以用链轮也可用滚轮，一般设在松边的外侧，如图6-30所示。对于大中心距的链传动可以用压板或拖板张紧，如图6-31所示。

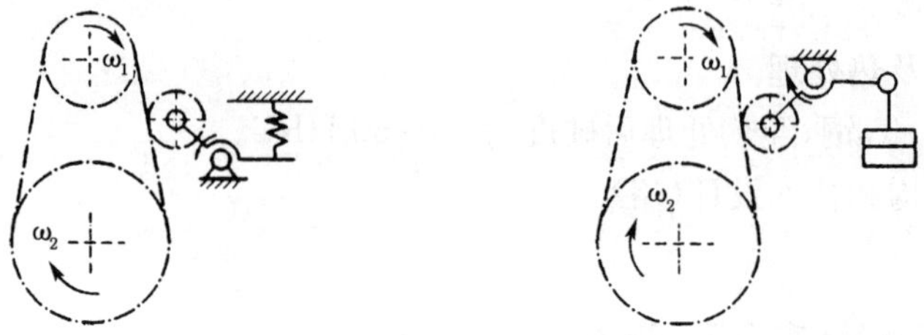

(a) 靠弹簧自动张紧　　(b) 靠挂重自动张紧

图6-30　链传动的压轮张紧

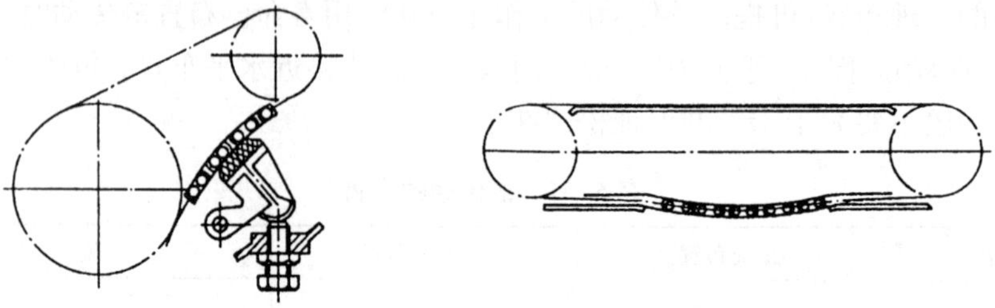

(a) 压板张紧　　(b) 拖板张紧

图6-31　链传动的压板和拖板张紧

3）链传动的润滑

润滑对链传动影响很大，良好的润滑将减少磨损、缓和冲击，延长链条的使用寿命。润滑方式的选择应当按图6-29推荐的润滑方式进行。常见的润滑方式和要求见表6-21。润滑油推荐使用L-AN32，L-AN46和L-AN68号全损耗系统用油。对于开式或低温重载传动可在润滑油中加入MoS_2、WS_2等添加剂。

表6-22　滚子链的润滑方式和供油量

方　式	简　图	润滑方式	供油量
人工润滑	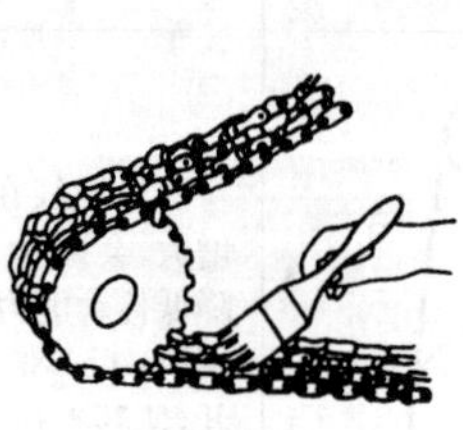	用刷子或油壶定期在链条松边内、外链板间隙中注油	每班注油一次

（续　表）

方　式	简　图	润滑方式	供油量
滴油润滑	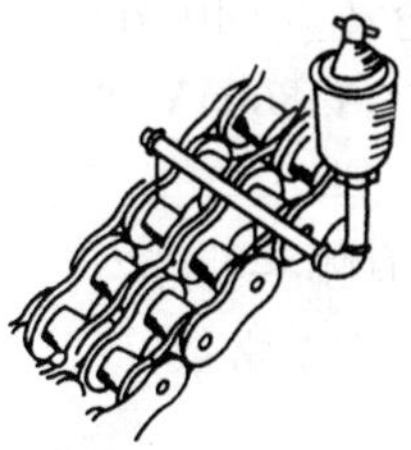	装有简单外壳，用油杯滴油	单排链、每分钟供油5～20滴，速度高时取大值
油浴润滑	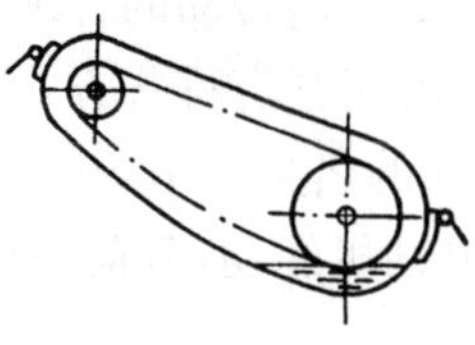	采用不漏油的外壳使链条从油槽中通过	链条浸入油面过深，搅油损失大，油易发热变质，一般浸油深度6～12 mm
飞溅润滑	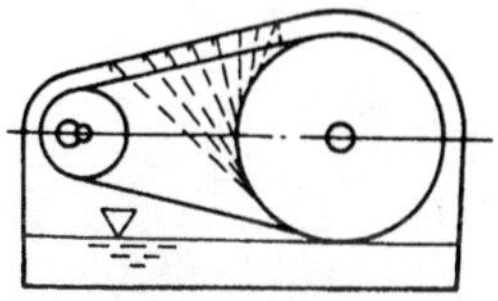	采用不漏油的外壳，飞溅润滑，甩油盘圆周速度 $v \geqslant 3$ m/s，当链条宽度大于 125mm 时，链轮两侧各装一个甩油盘	甩油盘浸油深度12～35 mm
压力润滑	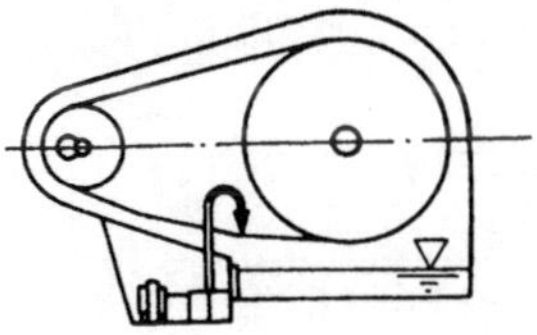	采用不漏油的外壳，油泵强制供油，喷油管口设在链条啮合入口处，循环油可起冷却作用	每个喷油口供油量可根据链节距及链速大小查阅有关手册

思考题与习题

1. 简述带传动的工作原理及主要特点。

2. V 带传动为什么会产生弹性滑动？弹性滑动与打滑有什么不同？

3. 为何 V 带传动应用广泛？V 带结构有哪些特点，其标准规格如何？

4. 在机械传动系统中，为何常把带传动布置在高速级？

5. 什么叫包角？它对带传动有何影响？包角与哪些因素有关？如果小带轮包角过小，如何处理？

6. 设计 V 带传动时，为什么要限制带的速度？为什么带轮直径不宜取得太小？

7. V 带传动的设计准则是什么？简述 V 带传动的计算步骤。

8. 如图 6-32，某车床变速箱与 Y 系列异步交流电动机之间采用 V 带传动减速。已知电动机功率 $P=$

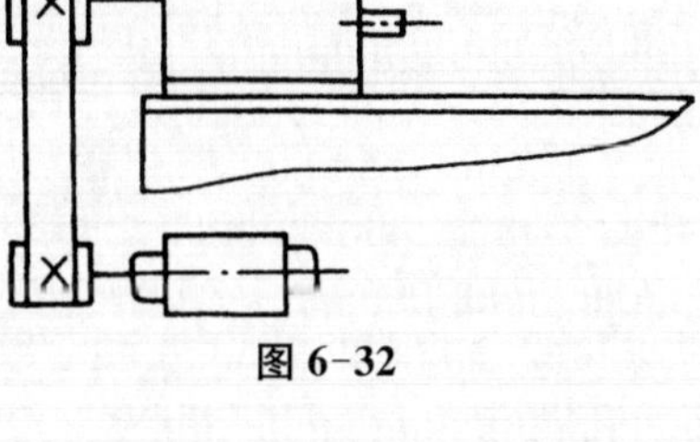

图 6-32

5.5 kW，转速 $n_1 = 1\,440$ r/min，传动比 $i = 2.1$，两班制工作，中心距约为 800 mm，试设计此 V 带传动。

9. 已知 V 带传动的主动轮 $d_{d1} = 100$ mm，从动轮 $d_{d2} = 400$ mm，主动轮安装在三相异步电动机上，电动机转速 $n_1 = 1\,440$ r/min，采用两根（A1800）V 带，三班制工作，载荷较平稳。试求该传动所能传递的功率。

10. 链传动属于何种传动？链传动与带传动相比有哪些特点？

11. 为何链传动平均传动比是常数，而瞬时传动比不是常数？

12. 选择滚子链传动参数的依据是什么？

13. 链工作一段时间后发生脱链的主要原因是什么？链传动的合理布置方式有哪些？

14. 链条的张紧作用与带传动是否一样？链传动的张紧有哪些方式？为何要张紧？

15. 设计一带式运输机的滚子链传动。已知，传递的名义功率 $P = 5$ kW，主动链轮转速 $n_1 = 970$ r/min，从动链轮转速 $n_2 = 320$ r/min，电动机驱动，载荷平稳，链传动近于水平布置，中心距不小于 550 mm。

第7章 齿轮传动

【内容简介】

本章主要介绍圆柱齿轮传动、圆锥齿轮传动以及蜗杆传动,内容包括渐开线特性、啮合特性、啮合传动、几何尺寸计算等齿轮啮合原理和齿轮受力分析、失效形式、计算准则、设计计算方法、齿轮的结构等齿轮强度计算两个方面。

【学习目标】

(1) 了解齿轮传动的特点和类型。掌握渐开线的形成、性质及渐开线齿廓的啮合特性。

(2) 熟练掌握标准渐开线齿轮各部分几何尺寸的计算。

(3) 掌握齿轮传动的正确啮合条件、连续传动条件及正确安装条件。

(4) 了解渐开线齿廓加工原理及根切现象。

(5) 了解常用的齿轮材料。

(6) 熟练掌握标准直齿圆柱齿轮的受力分析及设计计算。

(7) 了解斜齿圆柱齿轮齿廓形成原理及啮合特点,掌握几何尺寸的计算和受力分析。

(8) 了解直齿圆锥齿轮齿廓形成原理及啮合特点,掌握几何尺寸的计算和受力分析。

(9) 了解齿轮的结构及其类型。

(10) 了解蜗杆传动的特点、类型及应用,掌握普通圆柱蜗杆传动的基本参数,掌握正确啮合条件、几何尺寸计算以及受力分析。

【重点】

渐开线直齿圆柱齿轮传动的基本特点、啮合传动特性、受力分析以及强度计算。

7.1 概述

7.1.1 齿轮传动的特点

齿轮传动是机械传动中最主要的一种传动方式,应用非常广泛。与其他传动相比,齿轮传动能实现空间任意两轴间的运动和动力的传递,具有工作可靠、使用寿命长、传动比恒定、效率高、结构紧凑、传递功率和速度范围广等优点。主要缺点是制造成本较高,需专用机床和设备,不宜用于轴间距离很大的传动。

7.1.2 齿轮传动的类型

齿轮传动应用既广,类型也多。根据两齿轮轴线相对位置的不同可将其分为三大类。

1）平行轴齿轮传动

平行轴齿轮传动属于平面传动，常见的类型有：

（1）直齿圆柱齿轮传动　直齿圆柱齿轮又简称正齿轮或直齿轮。直齿轮的轮齿方向与其轴线平行。直齿圆柱齿轮传动又可分为：

① 外啮合齿轮传动　两齿轮的传动方向相反（见图 7-1）。

② 内啮合齿轮传动　两齿轮的传动方向相同（见图 7-2）。

③ 齿轮与齿条传动（见图 7-3）。

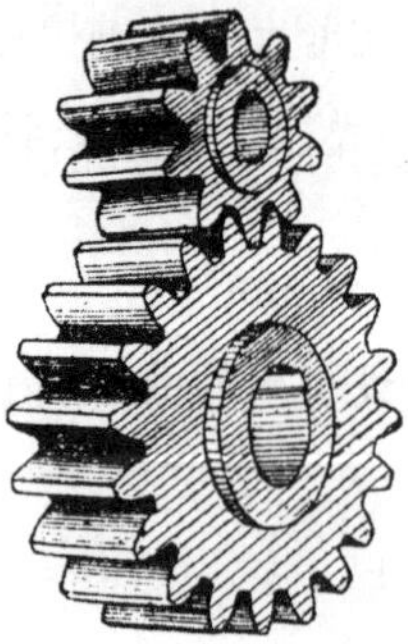

图 7-1　外啮合齿轮传动

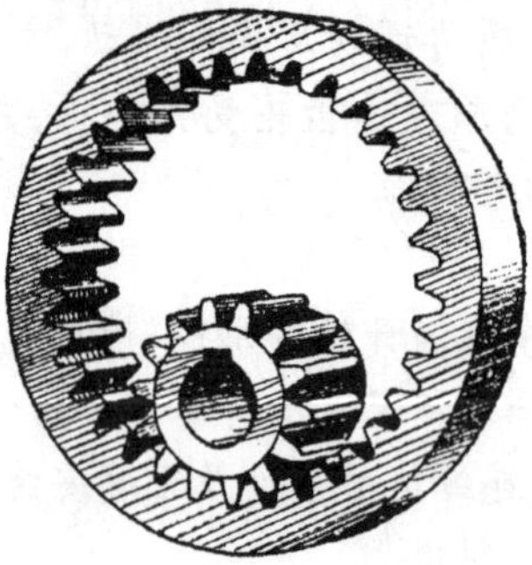

图 7-2　内啮合齿轮传动

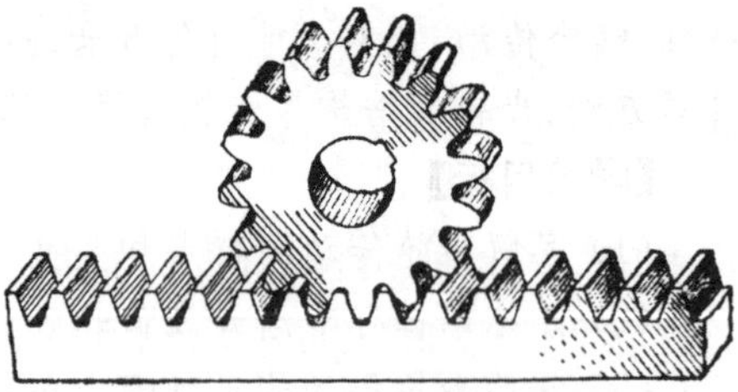

图 7-3　齿轮与齿条传动

（2）斜齿圆柱齿轮传动　斜齿圆柱齿轮又简称斜齿轮。斜齿轮的轮齿对其轴线倾斜了一个角度（叫螺旋角），如图 7-4 所示。斜齿圆柱齿轮传动也可分为外啮合、内啮合以及齿轮与齿条等三种齿轮传动。

（3）人字齿轮传动　人字齿轮可看作是由螺旋角方向相反的两个斜齿轮组成的，可制成整体式的或拼合式的。人字齿轮传动如图 7-5 所示。

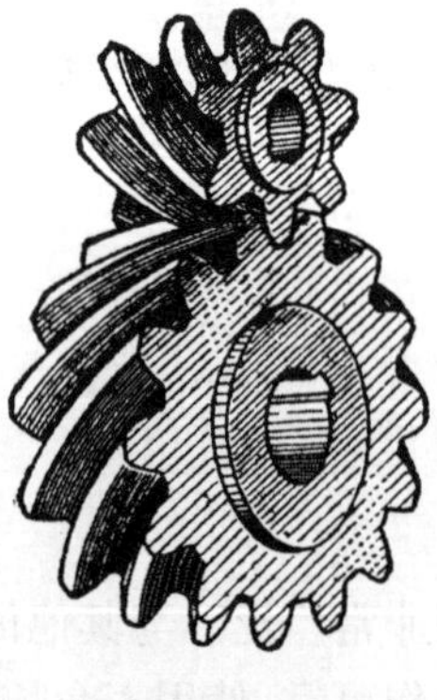

图 7-4　斜齿圆柱齿轮传动

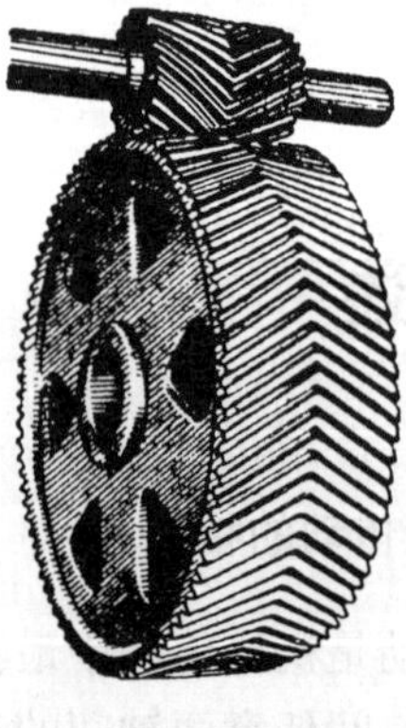

图 7-5　人字齿轮传动

2）相交轴齿轮传动

相交轴齿轮传动属于空间齿轮传动，常用圆锥齿轮传动来实现。圆锥齿轮的轮齿排列在截圆锥体的表面上，有直齿、斜齿及曲齿之分，因而分别组成直齿、斜齿及曲齿圆锥齿轮传动，如图 7-6 所示。其中以直齿圆锥齿轮的应用最广，而斜齿圆锥齿轮则很少应用；由于曲齿圆锥齿轮能够适应高速重载的要求，故目前已经得到广泛的应用。

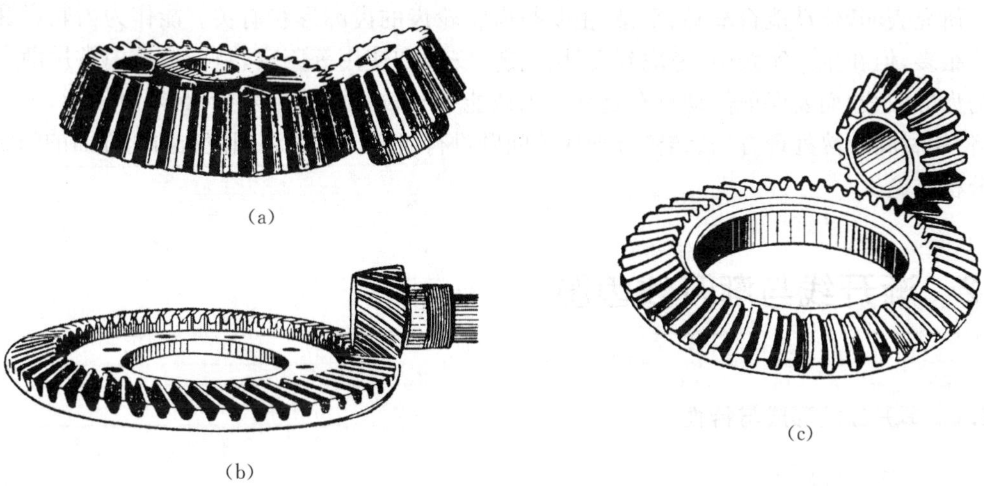

图 7-6　圆锥齿轮传动

3) 交错轴齿轮传动(轴线既不平行也不相交)

交错轴齿轮传动也属于空间齿轮传动,常见的类型有:

(1) 螺旋齿轮传动　螺旋齿轮传动是用于交错轴之间的一种斜齿圆柱齿轮传动,它由两个互相啮合的螺旋(斜齿圆柱)齿轮组成,如图 7-7 所示。

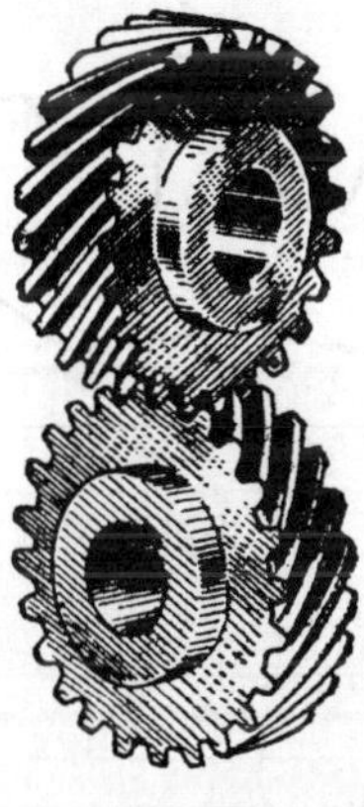

图 7-7　螺旋齿轮传动

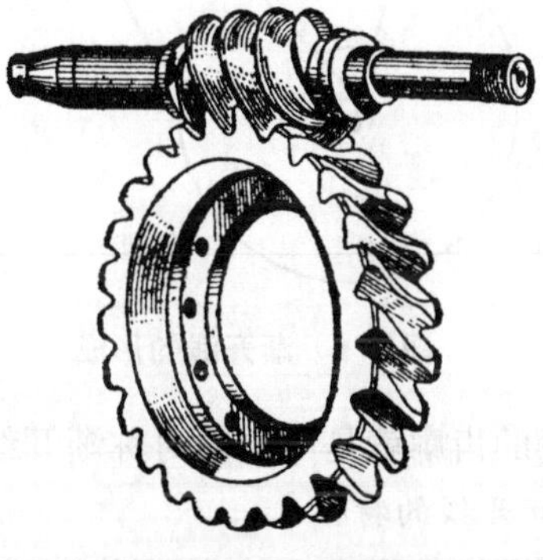

图 7-8　蜗杆蜗轮传动

(2) 蜗杆蜗轮传动　蜗杆蜗轮传动也是用于交错轴之间传动的一种空间齿轮机构,两轴间的交错角通常为 90°,如图 7-8 所示。

7.1.3　齿轮传动的基本要求

为了满足传动的需要,必须对齿轮传动提出下列基本要求:

(1) 传动要准确平稳　即要求在传动过程中,瞬时传动比要恒定,以免产生冲击、振动和噪音。

(2) 承载能力要高　即要求齿轮有足够的强度,能传递较大的动力,而且有较长的使用寿命和较小的尺寸。

研究表明,传动能否准确、平稳,主要与齿轮轮齿的齿廓形状有关。能作为齿轮齿廓的曲线很多,但在生产实践中,考虑到设计、制造、安装和使用等因素,目前机械中常用渐开线作为齿廓曲线;而要保证传动具有足够的承载能力和较长的使用寿命,必须对齿形、齿轮强度、使用材料及热处理方法、结构合理性等问题进行研究。本章将围绕这两个方面的问题展开分析讨论。

7.2 渐开线与渐开线齿廓

7.2.1 渐开线的形成与特性

1) 渐开线的形成

如图 7-9 所示,设半径为 r_b 的圆上有一直线 L 与其相切,当直线 L 沿圆周作纯滚动时,直线上任一点 K 的轨迹称为该圆的渐开线。该圆称为基圆,r_b 称为基圆半径,直线称为基圆的发生线。

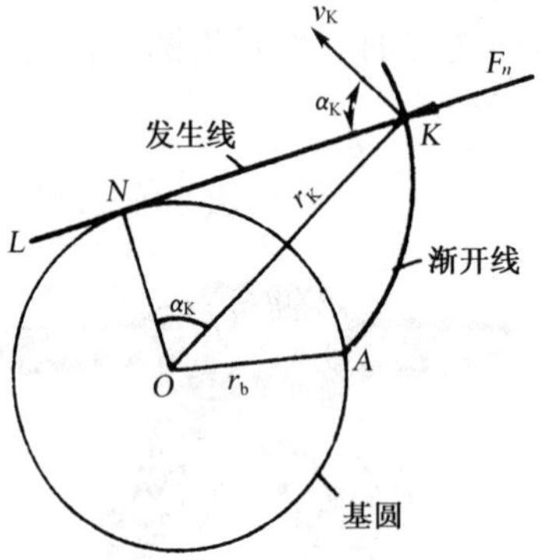

图 7-9 渐开线的形成

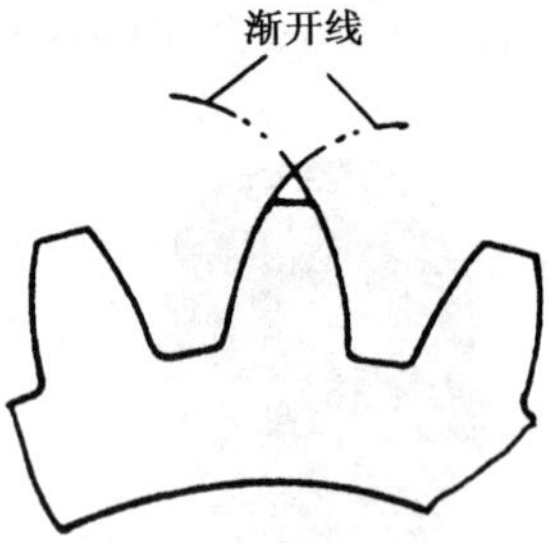

图 7-10 渐开线齿廓

齿轮的齿廓就是由两段对称渐开线组成的(见图 7-10)。

2) 渐开线的特性

由渐开线的形成,可知渐开线有以下特性(见图 7-9):

(1) 发生线上沿基圆滚过的长度等于基圆上被滚过的弧长,即 $\overline{NK} = \widehat{AN}$。

(2) 由于发生线 NK 是渐开线在任一点 K 的法线,因此渐开线上任意点的法线与基圆相切。切点 N 是渐开线上 K 点的曲率中心,线段 NK 是渐开线上 K 点的曲率半径。

(3) 渐开线的弯曲程度取决于基圆的大小(见图 7-11)。基圆越大,渐开线越平直,当基圆半径趋于无穷大时,渐开线变成直线。齿条的齿廓就是这种直线齿廓。

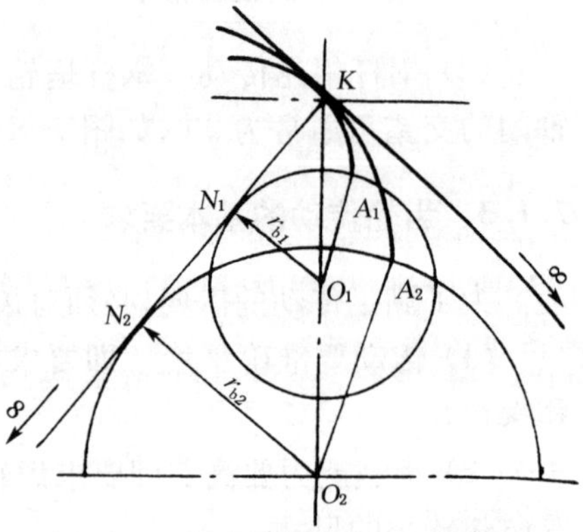

图 7-11 不同基圆上的渐开线

(4) 作用于渐开线上 K 点的正压力 F_n 方向(法线方向)与点 K 的速度 v_K 方向所夹的锐角 α_K 称为渐开线在 K 点的压力角，由图 7-9 可知

$$\cos\alpha_K = \frac{r_b}{r_K} \tag{7-1}$$

因基圆半径 r_b 为定值，所以渐开线齿廓上各点的压力角不相等，离中心愈远(即 r_b 愈大)，压力角愈大，基圆上的压力角 $\alpha_b = 0$。

(5) 基圆内无渐开线。

7.2.2 渐开线齿廓的啮合传动特性

1) 瞬时传动比恒定

如图 7-12 所示，设两渐开线齿廓某一瞬时在 K 点接触，主动轮 1 以角速度 ω_1 顺时针转动，并推动从动轮 2 以角速度 ω_2 逆时针转动，两轮齿廓上 K 点的速度分别为：$v_{K1} = \omega_1\overline{O_1K}$，$v_{K2} = \omega_2\overline{O_2K}$。过 K 点作两齿廓的公法线 nn，与两基圆分别切于 N_1、N_2 两点。由图 7-12 可知，两基圆半径分别为 $r_{b1} = \overline{O_1N_1} = \overline{O_1K}\cos\alpha_{K1}$，$r_{b2} = \overline{O_2N_2} = \overline{O_2K}\cos\alpha_{K2}$。为使两轮连续且平稳地工作，$v_{K1}$ 和 v_{K2} 在公法线 nn 上的速度分量应相等，否则两齿廓将相互压入或分离。因而

$$v_{K1}\cos\alpha_{K1} = v_{K2}\cos\alpha_{K2}$$

即

$$\omega_1\overline{O_1K}\cos\alpha_{K1} = \omega_2\overline{O_2K}\cos\alpha_{K2}$$

故瞬时传动比为

$$i = \frac{\omega_1}{\omega_2} = \frac{\overline{O_2K}\cos\alpha_{K2}}{\overline{O_1K}\cos\alpha_{K1}} = \frac{r_{b2}}{r_{b1}} \tag{7-2}$$

由于渐开线齿轮的两基圆半径 r_{b1}、r_{b2} 不变，所以渐开线齿廓在任意点 K 接触，两齿轮的瞬时传动比恒定，且与基圆半径成反比，满足齿轮传动的第一个基本要求。

在图 7-12 中，公法线 nn 与两齿轮的连心线 O_1O_2 的交点 P 称为节点。分别以 O_1、O_2 为圆心，O_1P、O_2P 为半径所作的两个相切的圆称为节圆。节圆半径分别用 r'_1 和 r'_2 表示。因为 $\triangle O_1N_1P \sim \triangle O_2N_2P$，所以有

$$i = \frac{\omega_1}{\omega_2} = \frac{r_{b2}}{r_{b1}} = \frac{\overline{O_2N_2}}{\overline{O_1N_1}} = \frac{r'_2}{r'_1} \tag{7-3}$$

即瞬时传动比与节圆半径也成反比。显然，两节圆的圆周速度相等，因此在齿轮传动中，两个节圆作纯滚动。

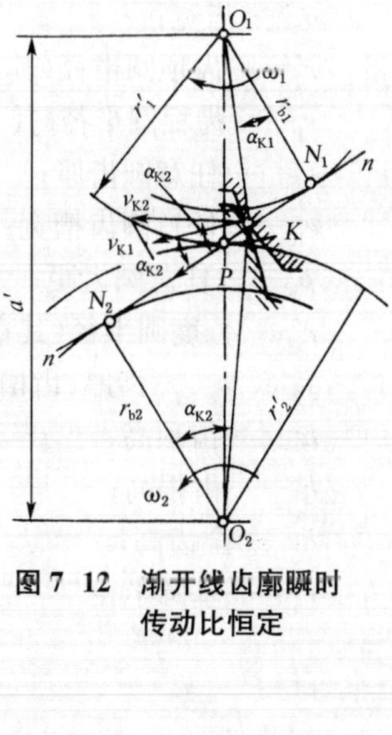

图 7-12 渐开线齿廓瞬时传动比恒定

2) 中心距可分性

两轮中心 O_1、O_2 的距离称为中心距，用 a' 表示，可知

$$a' = r'_1 + r'_2 \tag{7-4}$$

显然，渐开线齿轮传动的安装中心距略有变化，节圆半径也随之改变，但由式(7-2)可知，因两轮基圆半径不变，所以传动比仍保持不变，这种中心距稍有变化并不改变传动比的性质，称为中心距可分性。这一性质，为齿轮的制造和安装带来方便。中心距可分性是渐开线齿轮传动的一个重要优点。

3）齿廓传力方向不变性

如图 7-13 所示，一对渐开线齿轮制造、安装完毕，两基圆同一方向只有一条内公切线 N_1N_2，由渐开线性质 2)可知，无论两渐开线齿廓在何位置接触，过接触点 K 所作的公法线均与两基圆内公切线相重合。若不计齿廓间摩擦力的影响，则齿廓间传递的压力总是沿着公法线 N_1N_2 的方向。这个特性称为传递压力方向不变性，它使传动平稳，这是渐开线齿轮传动的又一个优点。

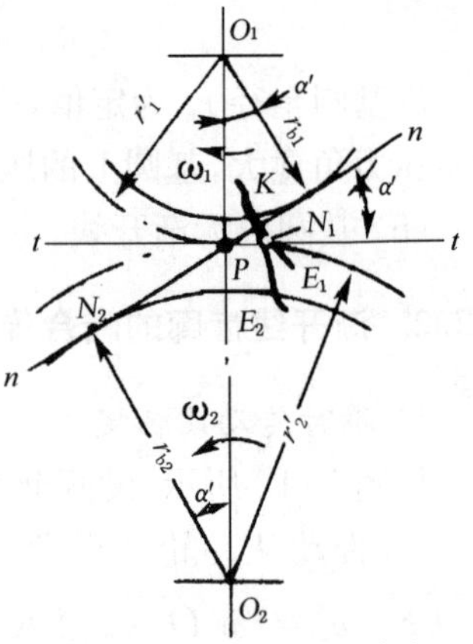

图 7-13 渐开线齿廓传力方向不变

轮齿啮合过程中，两渐开线齿廓的接触点都在公法线 N_1N_2 的范围内，故啮合线(啮合点的轨迹)为一条直线，N_1N_2 称为理论啮合线。过节点 P 作两节圆的公切线 tt，它与啮合线 N_1N_2 所夹的锐角 α' 称为啮合角，在数值上等于渐开线在节圆上的压力角。

7.3 渐开线标准直齿圆柱齿轮的几何尺寸计算

7.3.1 齿轮各部分的名称与符号

如图 7-14 所示为渐开线直齿圆柱外齿轮的一部分，其各部分名称和符号在《机械制图》课程中已有介绍，此处复习如下：

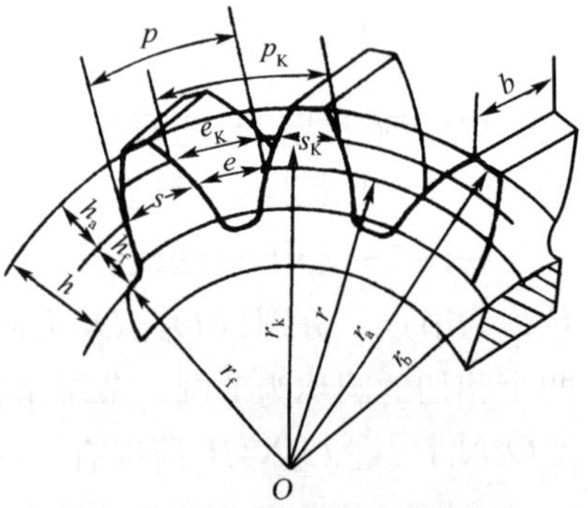

图 7-14 齿轮各部分名称与符号

b——齿宽；

r_a——齿顶圆半径(其直径为 d_a)；

r_f——齿根圆半径(其直径为 d_f)；

s_K——任意圆齿厚；

e_K——任意圆齿槽宽；

p_K——任意圆齿距；

r——分度圆半径(其直径为 d)；

s、e、p——齿厚、齿槽宽、齿距(均在分度圆上度量的弧长)；

h_a——齿顶高；

h_f——齿根高；

h——全齿高；

r_b——基圆半径。

7.3.2 齿轮的主要参数

1）齿数 z

形状相同，沿圆周方向均布的轮齿个数，称为齿数。齿轮的齿数与传动比有关，通常由工作条件确定。

2）模数 m

分度圆直径 d 与齿数 z 及齿距 p 有如下关系：

$$\pi d = pz \quad 或 \quad d = \frac{p}{\pi}z$$

式中 π 是一个无理数，为使计算和测量方便，工程上令 $p/\pi = m$，称为模数，并定为标准值，见表 7-1。

表 7-1 标准模数系列（摘自 GB/T1357—1987）

第一系列	…	1	1.25	1.5	2	2.5	3	4	5	6	8	10	12
	16	20	25	32	40	50							
第二系列	…	1.75	2.25	2.75	(3.25)	3.5	(3.75)	4.5	5.5	(6.5)	7	9	(11)
	14	18	22	28	36	45							

注：1. 本表适用于渐开线圆柱齿轮，对斜齿轮是指法向模数。
2. 优先选用第一系列，括号内的模数尽可能不用。

于是有

$$d = mz \tag{7-5}$$

模数是齿轮尺寸计算中一个重要的基本参数，其单位为毫米。齿数相同的齿轮，模数大，则轮齿的尺寸也大，轮齿所能承受的载荷也大。如图 7-15 所示。

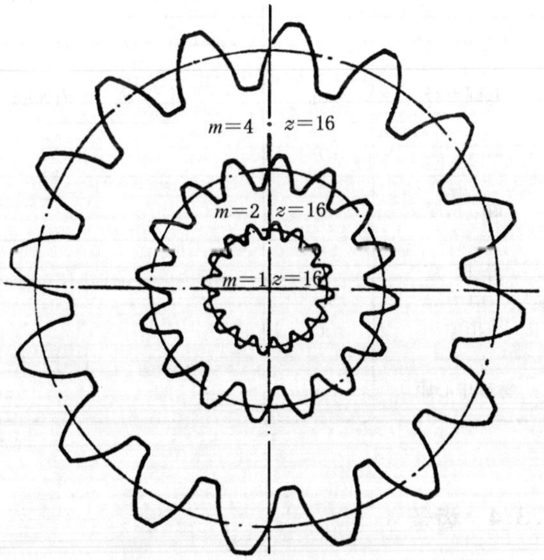

图 7-15 不同模数的齿轮

由式(7-1)和上式可得

$$d_b = d\cos\alpha = mz\cos\alpha \tag{7-6}$$

3）压力角 α

如前所述，在不同直径的圆周上，渐开线齿廓的压力角是不同的。为了便于设计和制造，我国标准规定分度圆上的压力角为标准压力角，其值为 $\alpha = 20°$。可见，分度圆是齿轮上具有标准模数和标准压力角的圆。任何齿轮的分度圆都是唯一的。

4）齿顶高系数 h_a^* 和顶隙系数 c^*

由于齿距与模数成正比，为了使齿形匀称，取齿高的尺寸也与模数成正比，即

$$\left.\begin{aligned} h_a &= h_a^* m \\ h_f &= h_a^* m + c^* m = (h_a^* + c^*)m \\ h &= h_a + h_f = (2h_a^* + c^*)m \end{aligned}\right\} \tag{7-7}$$

式中：h_a^*——齿顶高系数，我国标准规定：正常齿制 $h_a^* = 1$，短齿制 $h_a^* = 0.8$；

c^*——顶隙系数（称 $C = c^* m$ 为顶隙），我国标准规定：正常齿制 $c^* = 0.25$，短齿制 $c^* = 0.3$。

我们将模数 m、压力角 α、齿顶高系数 h_a^* 和顶隙系数 c^* 均为标准值，且分度圆上的齿厚 s 等于齿槽宽 e 的齿轮称为标准齿轮。

7.3.3 齿轮几何尺寸计算

外啮合标准直齿圆柱齿轮的几何尺寸计算公式见表 7-2。

表 7-2 外啮合标准直齿圆柱齿轮几何尺寸计算公式

名 称	代 号	计 算 公 式	
		小 齿 轮	大 齿 轮
齿顶高	h_a	$h_a = h_a^* m$	
齿根高	h_f	$h_f = (h_a^* + c^*)m$	
全齿高	h	$h = h_a + h_f = (2h_a^* + c^*)m$	
分度圆直径	d	$d_1 = mz_1$	$d_2 = mz_2$
齿顶圆直径	d_a	$d_{a1} = d_1 + 2h_a = m(z_1 + 2h_a^*)$	$d_{a2} = d_2 + 2h_a = m(z_2 + 2h_a^*)$
齿根圆直径	d_f	$d_{f1} = d_1 - 2h_f = m(z_1 - 2h_a^* - 2c^*)$	$d_{f2} = d_2 - 2h_f = m(z_2 - 2h_a^* - 2c^*)$
基圆直径	d_b	$d_{b1} = d_1 \cos\alpha$	$d_{b2} = d_2 \cos\alpha$
齿 距	p	$p = \pi m$	
齿 厚	s	$s = \frac{\pi n}{2}$	
齿 槽 宽	e	$e = \frac{\pi n}{2}$	
顶隙	C	$C = c^* m$	
标准中心距	a	$a = \frac{d_1 + d_2}{2} = \frac{m(z_1 + z_2)}{2}$	

7.3.4 齿条

对于渐开线齿轮，当基圆半径增加到无穷大时，就演化为齿条，如图 7-16 所示。齿条上齿厚 s 与齿槽宽 e 相等的直线称为中线。齿条与齿轮相比主要有两点不同：

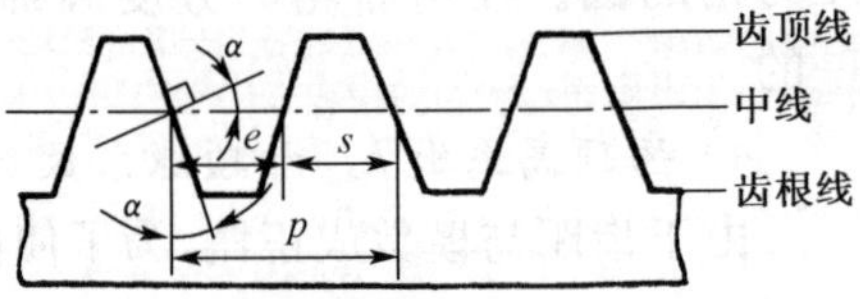

图 7-16 齿条

(1) 齿条的齿廓是直线，传动时作移动，所以齿条直线齿廓上各点的压力角相同，都等于齿廓倾斜角(齿形角)，即等于标准压力角 α。

(2) 与中线平行的任意直线上的齿距均相等，即 $p_K = p = \pi m$。

7.3.5　公法线长度和分度圆弦齿厚

齿轮在加工、检验时，常用通过测量公法线长度和分度圆弦齿厚的方法来保证齿轮的尺寸精度。

1) 公法线长度

基圆切线与齿轮某两条反向齿廓交点间的距离称为公法线长度，用 W 表示，见图 7-17。测量公法线长度只需普通的卡尺或专用的公法线千分尺，测量方法简便，结果准确，在齿轮加工中应用较广。标准齿轮的公法线长度的计算公式为

$$W = m[2.9521(k-0.5)+0.014z] \tag{7-8}$$

式中：m——模数(mm)；

z——齿数；

k——跨齿数，由下式计算

$$k = \frac{z}{9}+0.5 \approx 0.111z+0.5 \tag{7-9}$$

计算出的跨齿数 k 应四舍五入取整数，再代入式(7-8)计算 W 值。

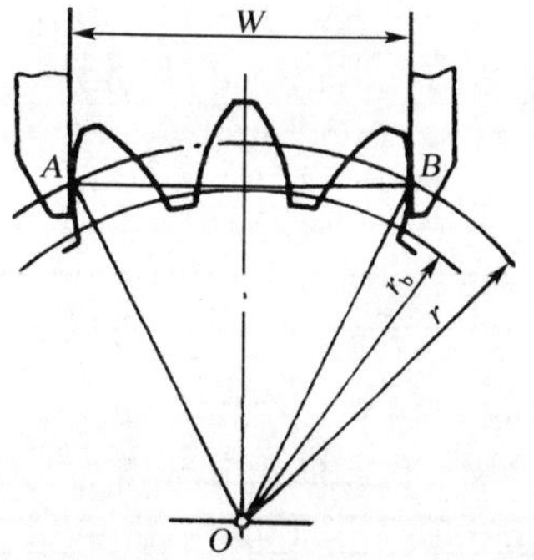

图 7-17　公法线长度

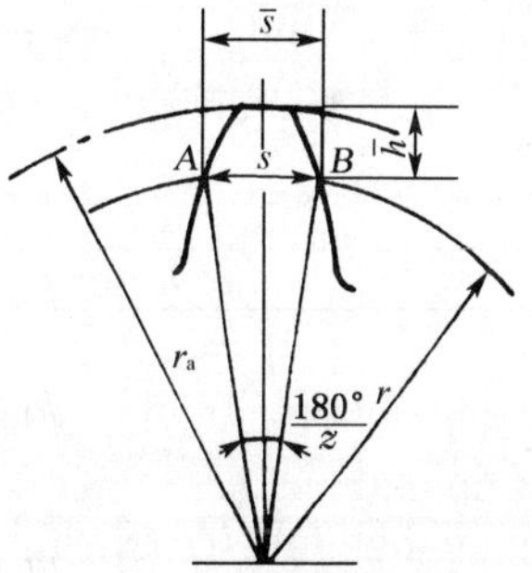

图 7-18　分度圆弦齿厚与弦齿高

2) 分度圆弦齿厚

测量公法线长度，对于斜齿圆柱齿轮将受到齿宽条件的限制；对于大模数齿轮，测量也有困难；此外，还不能用于检测锥齿轮和蜗轮。在这种情况下，通常改测齿轮的分度圆弦齿厚。

分度圆上齿厚对应的弦长 AB 称分度圆弦齿厚，用 $\bar{s}$ 表示，见图 7-18。为了确定测量位置，把齿顶到分度圆弦齿厚的径向距离称为分度圆弦齿高，用 $\bar{h}$ 表示。标准齿轮分度圆弦齿厚和弦齿高的计算公式分别为

$$\bar{s} = mz\sin\frac{90°}{z} \tag{7-10}$$

$$\bar{h} = m\left[h_a^* + \frac{z}{2}\left(1-\cos\frac{90°}{z}\right)\right] \tag{7-11}$$

7.4 渐开线标准直齿圆柱齿轮的啮合传动

7.4.1 一对渐开线齿轮正确啮合的条件

前已证明，一对渐开线齿廓能保证定传动比传动，但这并不能表明任意两个渐开线齿轮都能正确地啮合传动。

图 7-19 所示为一对渐开线齿轮的啮合情况。由于两轮齿廓是沿着啮合线进行啮合的，故只有当两轮在啮合线上的齿距(称法向齿距)相等时，才能保证两齿轮的相邻齿廓正确啮合。即应使 $(\overline{ab})_1 = (\overline{ab})_2$，由渐开线性质可知

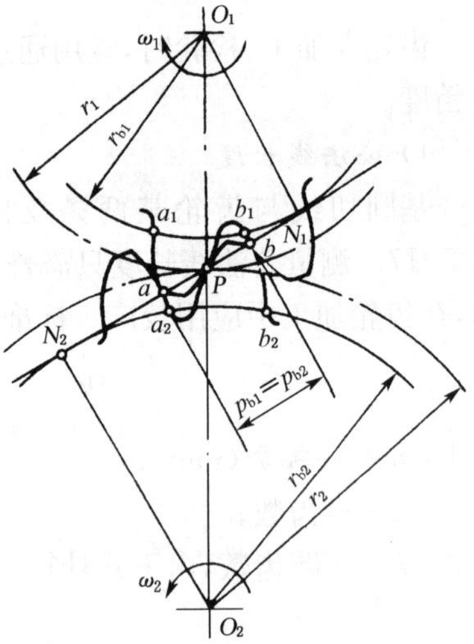

图 7-19 渐开线齿轮啮合

$$\left.\begin{aligned}(\overline{ab})_1 &= \widehat{a_1b_1} = p_{b1}\\(\overline{ab})_2 &= \widehat{a_2b_2} = p_{b2}\end{aligned}\right\}$$

因而得

$$p_{b1} = p_{b2}$$

又因

$$\cos\alpha = \frac{r_b}{r} = \frac{\dfrac{p_b z}{2\pi}}{\dfrac{pz}{2\pi}} = \frac{p_b}{p}$$

所以

$$p_{b1} = p_1\cos\alpha_1 = \pi m_1\cos\alpha_1$$

$$p_{b2} = p_2\cos\alpha_2 = \pi m_2\cos\alpha_2$$

于是有

$$m_1\cos\alpha_1 = m_2\cos\alpha_2$$

由于模数、压力角都已标准化，要使上式成立，必须使

$$\left.\begin{aligned}m_1 = m_2 = m\\\alpha_1 = \alpha_2 = \alpha\end{aligned}\right\}\tag{7-12}$$

上式表明，一对渐开线齿轮的正确啮合条件是：两齿轮的模数和压力角必须分别相等。

7.4.2 一对渐开线外啮合标准齿轮的标准中心距

一对渐开线外啮合标准齿轮，如果正确安装，在理论上是没有齿侧间隙(简称侧隙)的。而标准齿轮正确安装，实现无侧隙啮合的条件是：

$$s_1 = e_2 = \frac{\pi n}{2} = s_2 = e_1$$

所以正确安装的两标准齿轮，两分度圆正好相切，节圆和分度圆重合，这时的中心距称为标准中心距，用 a 表示（见图 7-20）。即

$$a = r_1' + r_2' = r_1 + r_2 = \frac{m}{2}(z_1 + z_2) \tag{7-13}$$

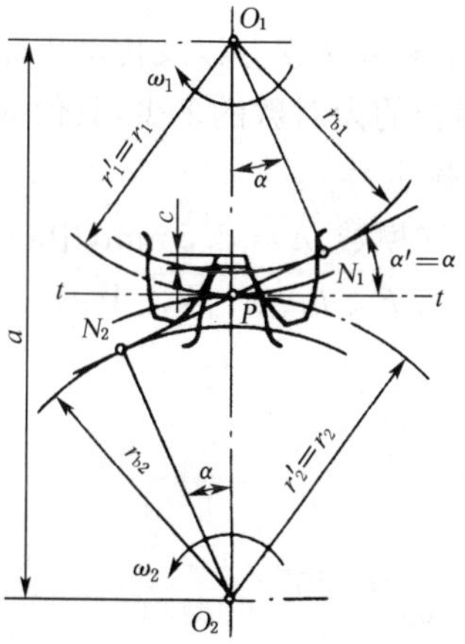

图 7-20　正确安装的一对标准齿轮

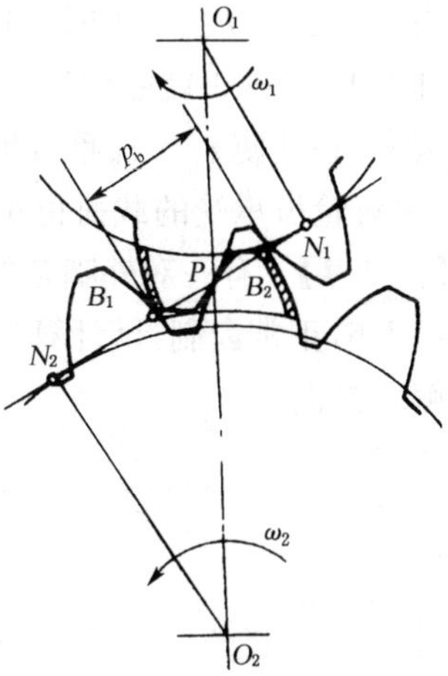

图 7-21　轮齿啮合过程

7.4.3　一对渐开线齿轮连续传动的条件

前面分析了齿轮传动的正确啮合条件，这只能保证齿轮的正确啮合，并不能说明齿轮的传动是否连续。那么，为了保证传动的连续性，还必须满足连续传动条件。

如图 7-21 所示，一对齿廓开始啮合时，主动轮的齿根推动从动轮的齿顶，故啮合起始点是从动轮齿顶圆与啮合线 N_1N_2 的交点 B_2。随着齿轮传动的进行，两齿廓的啮合点沿啮合线向 N_2 点移动。当啮合终止时，主动轮的齿顶与从动轮的齿根部分接触，啮合的终点位于主动轮的齿顶圆与啮合线 N_1N_2 的交点 B_1。线段 B_1B_2 为齿廓啮合点的实际轨迹，故称实际啮合线段。因基圆内无渐开线，线段 B_1B_2 不会超过 N_1 和 N_2 点，N_1 和 N_2 点称为啮合极限点，线段 N_1N_2 称为理论啮合线段。

由上述分析可知，在两轮齿啮合过程中，其齿廓上只有从齿顶到齿根的一段参加啮合，实际参加啮合的这段齿廓称为齿廓工作段，如图 7-21 中的阴影部分。

要使齿轮连续传动，必须保证在前一对轮齿啮合点尚未移到 B_1 点脱离啮合前，第二对轮齿能及时到达 B_2 点进入啮合。显然两轮连续传动的条件为

$$\overline{B_1B_2} \geqslant p_b$$

通常把实际啮合线长度与基圆齿距的比称为重合度，以 ε 表示，即

$$\varepsilon = \frac{\overline{B_1B_2}}{p_b} \geqslant 1 \tag{7-14}$$

经推导可得，一对外啮合轮齿的重合度计算公式为

$$\varepsilon=\frac{\overline{B_1B_2}}{p_b}=\frac{\overline{PB_1}+\overline{PB_2}}{\pi m\cos\alpha}=\frac{1}{2\pi}\left[z_1(\operatorname{tg}\alpha_{a1}-\operatorname{tg}\alpha)+z_2(\operatorname{tg}\alpha_{a2}-\operatorname{tg}\alpha)\right]$$

式中：α——分度圆压力角；

α_{a1}、α_{a2}——分别为齿轮1、2的齿顶圆压力角，其值为：$\alpha_{a1}=\arccos\frac{r_{b1}}{r_{a1}}$；$\alpha_{a2}=\arccos\frac{r_{b2}}{r_{a2}}$。

当 $\alpha=20°$，$h_a^*=1$ 时，可推得 $\varepsilon_{max}=1.982$。

理论上，$\varepsilon=1$ 就能保证连续传动，但由于齿轮的制造和安装误差以及传动中轮齿的变形等因素，必须使 $\varepsilon>1$。重合度的大小，表明同时参与啮合的齿对数的多少，其值大则传动平稳，每对轮齿承受的载荷也小，相对地提高了齿轮的承载能力。

【例7-1】 有一对外啮合标准直齿圆柱齿轮传动，已知模数 $m=2.5$ mm，中心距，传动比 $i=2.6$，正常齿制。试计算这对齿轮的 d_1、d_2、d_{a1}、d_{a2}；h_a、h_f、h；W_1、W_2。

解 根据

$$a=\frac{m}{2}(z_1+z_2)=\frac{mz_1(1+i)}{2}$$

得

$$z_1=\frac{2a}{m(1+i)}=\frac{2\times 90}{2.5\times(1+2.6)}=20$$

则

$$z_2=iz_1=2.6\times 20=52$$

$$d_1=mz_1=(2.5\times 20)\ \text{mm}=50\ \text{mm}$$

$$d_2=mz_2=(2.5\times 52)\ \text{mm}=130\ \text{mm}$$

$$d_{a1}=(z_1+2h_a^*)m=[(20+2\times 1)\times 2.5]\ \text{mm}=55\ \text{mm}$$

$$d_{a2}=(z_2+2h_a^*)m=[(52+2\times 1)\times 2.5]\ \text{mm}=135\ \text{mm}$$

$$h_a=h_a^*m=(1\times 2.5)\ \text{mm}=2.5\ \text{mm}$$

$$h_f=(h_a^*+c^*)m=[(1+0.25)\times 2.5]\ \text{mm}=3.125\ \text{mm}$$

$$h=h_a+h_f=(2.5+3.125)\ \text{mm}=5.625\ \text{mm}$$

$k_1=0.111z_1+0.5=0.111\times 20+0.5=2.72$，取 $k_1=3$

$$\begin{aligned}W_1&=m[2.9521(k_1-0.5)+0.014z_1]\\&=\{2.5\times[2.9521\times(3-0.5)+0.014\times 20]\}\ \text{mm}\\&=19.125\ \text{mm}\end{aligned}$$

$k_2=0.111z_2+0.5=0.111\times 52+0.5=6.272$，取 $k_2=6$

$$\begin{aligned}W_2&=m[2.9521(k_2-0.5)+0.014z_2]\\&=\{2.5\times[2.9521\times(6-0.5)+0.014\times 52]\}\ \text{mm}\\&=42.411\ \text{mm}\end{aligned}$$

7.5　渐开线齿轮的加工原理与根切现象

7.5.1　渐开线齿轮的加工方法

渐开线齿轮的加工方法很多，如切削加工法、铸造法、锻造法、轧制法以及电加工法等。其中最常用的是切削加工法，按其切齿原理可分为仿形法和展成法两类。

1）仿形法

用与齿槽形状相同的成形铣刀加工齿形的方法，称为仿形法，图 7-22(a)是用盘状铣刀进行加工，图 7-22(b)是用指状铣刀进行加工。

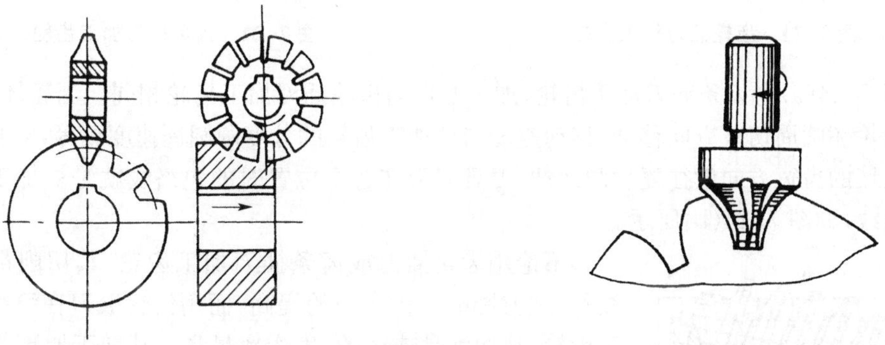

(a) 盘状铣刀加工　　(b) 指状铣刀加工

图 7-22　仿形法加工齿轮

因渐开线的形状与基圆大小有关，由 $r_b = r\cos\alpha = \dfrac{mz\cos\alpha}{2}$ 可知，在模数和压力角相同的情况下，齿数不同，基圆半径不同齿形也就不同，这样，加工同模数而不同齿数的齿轮，要得到正确的齿形，就需要用不同的铣刀，这当然是不实际的。为了减少刀具的数量，对同一模数的铣刀只备有 8 把或 15 把一套，每把铣刀可铣一定齿数范围的齿轮，表 7-3 是 8 把一套铣刀的具体规定。

表 7-3　齿轮铣刀刀号及加工的齿数范围

刀　号	1	2	3	4	5	6	7	8
加工齿数范围	12～13	14～16	17～20	21～25	26～34	35～54	55～134	≥135

仿形法的优点是加工方法简单，不需要专用的加工机床，但生产效率低、精度低，故仅适用于单件或小批量生产，或精度要求不高的齿轮。

2）展成法(亦称范成法)

展成法是目前齿轮规模加工中最常用的一种方法，它是利用一对相互啮合齿轮的共轭齿廓互为包络的原理来加工齿轮齿廓的。这种方法采用的刀具主要有齿轮插刀、齿条插刀和齿轮滚刀。

如图 7-23(a)所示为齿轮插刀加工齿轮。齿轮插刀是一个具有切削刃的渐开线齿轮。其顶部比正常齿高出 $c^{*}m$，以便切出顶隙部分。它与轮坯安装在插齿机上按一定的传动比转动，就像一对齿轮啮合传动一样，称展成运动。同时插刀沿轮坯齿宽方向做往复切削运动，插刀刀刃各个位置的包络线就形成了齿轮的渐开线齿廓，见图 7-23(b)。

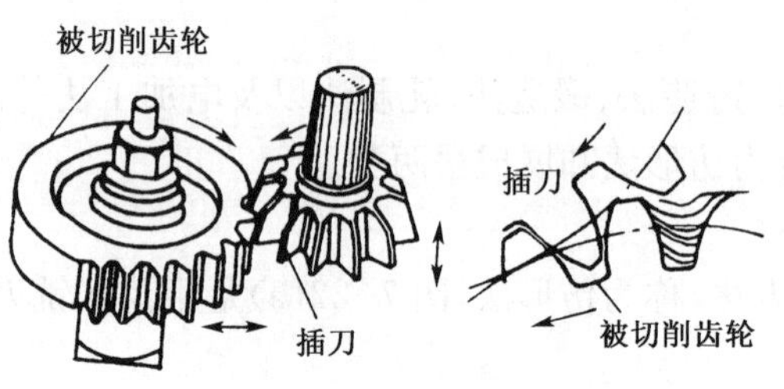

(a) (b)

图 7-23 齿轮插刀加工齿轮

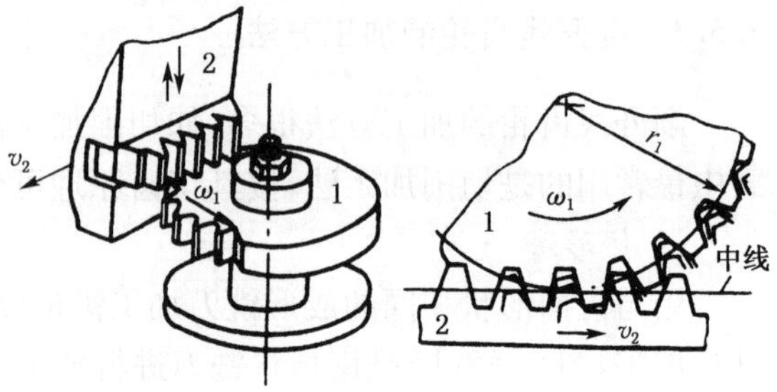

(a) (b)

图 7-24 齿条插刀加工齿轮

图 7-24(a)为齿条插刀加工齿轮，加工原理与齿轮插刀加工齿轮相同。当轮坯转动时，刀具沿轮坯圆周切线方向移动，移动速度与被加工齿轮的分度圆圆周速度相等，同时齿条插刀沿轮坯的齿宽方向做往复切削运动，刀具刀刃在各个位置时的包络线就是被加工齿轮的齿廓曲线，如图 7-24(b)所示。

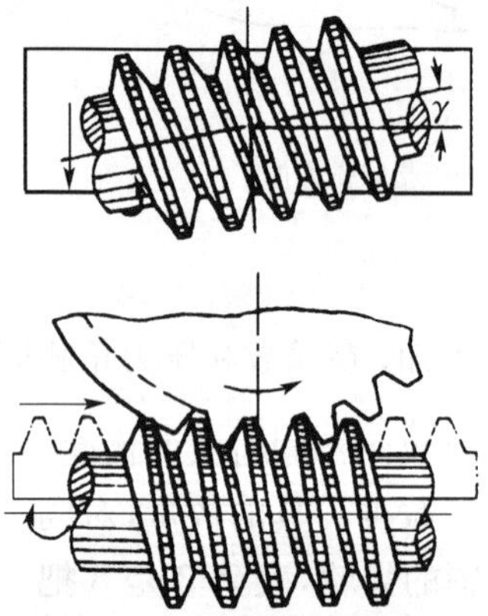

图 7-25 齿轮滚刀加工齿轮

不论用齿轮插刀或齿条插刀加工齿轮，其切削都不是连续的，这就影响了生产率的提高，而用齿轮滚刀在滚齿机上加工齿轮，其切削是连续的，生产率最高。其加工原理与用齿条插刀加工齿轮基本相同，齿轮滚刀呈螺旋形，沿纵向开有沟槽，其轴向剖面与齿条相同，如图 7-25 所示。当齿轮滚刀绕本身轴线回转时，就相当于一个无限长假想齿条连续地向一个方向移动，齿轮滚刀同时还沿轮坯轴线方问缓慢移动，直至切出完整的齿形为止。

齿条插刀与齿轮滚刀都是齿条型刀具。

用展成法加工齿轮，一把刀具可加工出同模数、同压力角而不同齿数的所有齿轮。加工精度较高，生产率也高，在成批生产中最宜采用。

7.5.2 渐开线齿轮加工中的根切现象与最少齿数

1) 根切现象

用展成法加工齿轮，有时出现轮齿根部渐开线被刀具齿顶切去一部分的现象(见图7-26)，称为根切。根切将削弱轮齿的弯曲强度，减小重合度，影响传动质量，所以应尽量避免。

经过分析证明，用展成法切削齿轮时，若刀具的齿顶线或齿顶圆与啮合线的交点超过被加工齿轮的啮合极限点 N_1 时，就会产生根切。

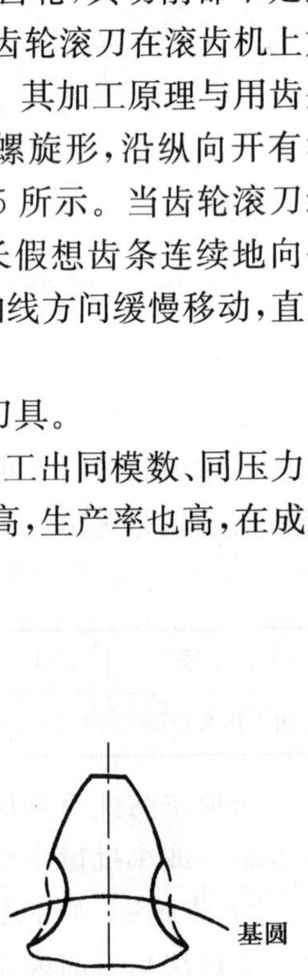

图 7-26 产生根切的轮齿

2）不根切的最少齿数

用齿条型刀具切削齿轮，要不产生根切，必须使刀具齿顶线与啮合线的交点 B 不超过啮合极限点 N_1，如图7-27所示。即应使 $\overline{N_1A} \geqslant \overline{BB_1}$，

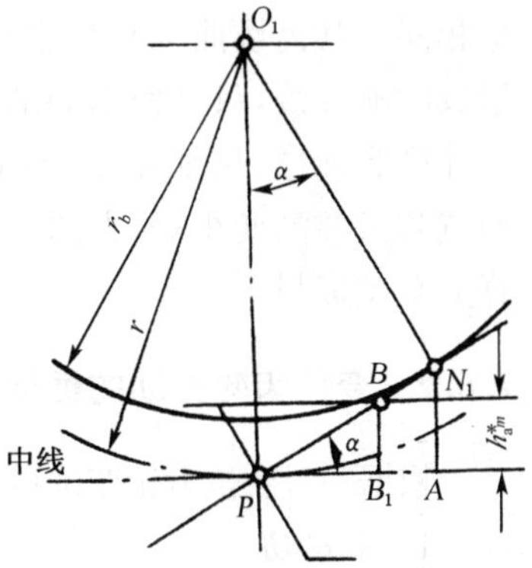

图 7-27 不产生根切的刀具位置

因为
$$\overline{N_1A} = \overline{PN_1}\sin\alpha = r\sin^2\alpha = \frac{1}{2}mz\sin^2\alpha$$

所以有
$$\overline{BB_1} = h_a^* m$$

$$\frac{1}{2}mz\sin^2\alpha \geqslant h_a^* m$$

则不根切的最少齿数为
$$z_{\min} = \frac{2h_a^*}{\sin^2\alpha} \tag{7-15}$$

当 $\alpha = 20°$，$h_a^* = 1$ 时，$z_{\min} = 17$；而 $h_a^* = 0.8$ 时，$z_{\min} = 14$。

7.6 变位齿轮传动简介

7.6.1 变位齿轮概念

标准齿轮设计计算比较简单，因而得到了广泛的应用。但标准齿轮有许多不足之处，如最少齿数受限制；中心距必须取标准值；大小齿轮强度差较大；不便于修配齿轮等，于是出现了变位齿轮。

用齿条型刀具加工齿轮，若对刀时中线与被加工齿轮分度圆相切，加工出来的齿轮即为标准齿轮（$s = e$），如图7-28(a)所示。如若不然，加工出来的齿轮称变位齿轮（$s \neq e$），如图7-28(b)、(c)所示。以切制标准齿轮的位置为基准，刀具相对轮坯中心所移动的距离称为变位量，用 xm 表示，x 称为变位系数，m 为齿轮模数。并且规定刀具远离轮坯的变位为正变位（$x > 0$），切制出的齿轮称为正变位齿轮；刀具移近轮坯的变位为负变位（$x < 0$），相应切出的齿轮称为负变位齿轮。

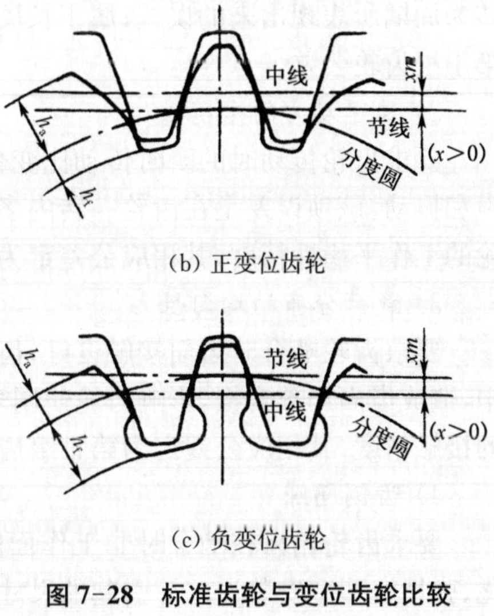

(a) 标准齿轮

(b) 正变位齿轮

(c) 负变位齿轮

图 7-28 标准齿轮与变位齿轮比较

由于齿条在不同高度上的齿距 p、压力角 α 都是相同的，所以无论齿条型刀具位置如何变化，切制出的变位齿轮模数、压力角都与齿条中线上的相同，为标准值。它的分度圆直径、基圆直径与标准齿轮

也相同。其齿廓曲线和标准齿轮的齿廓曲线为同一基圆形成的渐开线，只是使用的部位不同。但变位齿轮的某些尺寸已非标准，例如正变位齿轮的齿厚和齿顶高变大，齿槽宽和齿根高变小等，见图 7-29。变位齿轮的几何尺寸计算见有关资料。

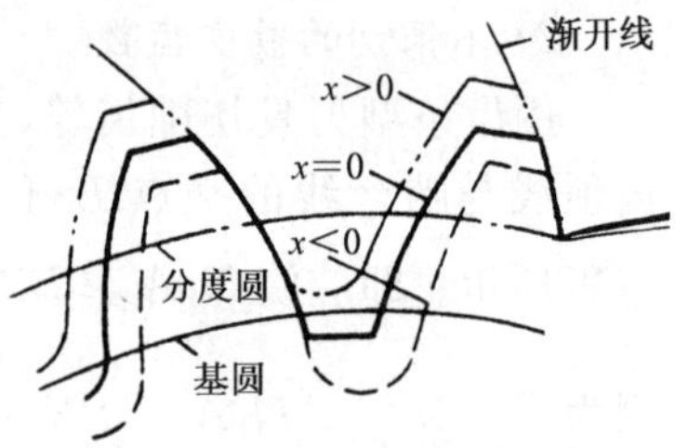

图 7-29 齿廓曲线的比较

7.6.2 变位齿轮传动的类型

根据一对变位齿轮变位系数之和 $x_{\Sigma}=x_1+x_2$ 的不同，变位齿轮传动可分为以下三种类型：

1）零传动

当 $x_{\Sigma}=x_1+x_2=0$，称为零传动。零传动又分为两种情况：若 $x_1=x_2=0$，即为标准齿轮传动；若 $x_1=-x_2$，则其安装中心距 $a'=a$，啮合角 $\alpha'=\alpha$，但两个齿轮的齿顶高、齿根高部发生了变化，全齿高不变，这种变位传动又称为高度变位齿轮传动。

2）正传动

当 $x_{\Sigma}=x_1+x_2>0$ 时，称为正传动，此时 $a'>a$，$\alpha'>\alpha$，故又称为正角度变位齿轮传动。变位系数适当分配的正传动有利于提高其强度和使用寿命，因此在机械中被广泛应用。

3）负传动

当 $x_{\Sigma}=x_1+x_2<0$ 时，称为负传动，此时 $a'<a$，$\alpha'<\alpha$，故又称为负角度变位齿轮传动。这种传动对齿轮根部强度有削弱作用，一般只在需要调整中心距（$a'<a$）时才有应用。

7.7 圆柱齿轮传动的精度

7.7.1 齿轮传动的使用要求

1）传递运动的准确性

要求齿轮在一转范围内，最大的转角误差被限制在一定范围内，即该项误差是以齿轮一转为周期所表现出来的误差，属于长周期误差类型，它控制齿轮的运动精度，相应公差定为第Ⅰ组齿轮公差。

2）传递动力的平稳性

要求齿轮传动时的瞬时传动比变化不能过大，即不能忽快忽慢，以免引起冲击，产生噪声和振动，该项误差是在齿轮一转内多次重复出现的误差，属于短周期误差类型，它控制齿轮的工作平稳性精度，其相应公差定为第Ⅱ组齿轮公差。

3）载荷分布的均匀性

要求齿轮啮合时齿面接触良好，齿面接触面积和位置要符合传动要求，以免引起应力集中，造成齿面局部磨损，影响齿轮使用寿命，该项误差属于齿轮轮齿的齿向误差，它控制齿轮的接触精度，其相应公差定为第Ⅲ组齿轮公差。

4）齿侧间隙

要求齿轮轮齿在啮合时非工作面间应有一定的间隙，以便贮存润滑油，补偿因温度变化、弹性变形和安装误差等引起的尺寸变化，以免工作中产生轮齿干涉或卡死。

7.7.2 直齿圆柱齿轮误差

齿轮误差主要来源于加工齿轮的机床、刀具、夹具和齿坯本身的误差以及安装、调整误差。

1）影响传递运动准确性的误差（第Ⅰ公差组）

齿轮径向误差和切向误差能全面反映齿轮传递运动的准确性误差，对一般机械中使用的齿轮，可考虑以下两个项目：

（1）齿圈径向跳动误差 ΔF_r（公差 F_r，见表7-4）

表7-4 齿圈径向跳动公差 F_r 值 （μm）

分度圆直径/mm		法向模数/mm	精度等级											
大于	到		1	2	3	4	5	6	7	8	9	10	11	12
—	125	≥1～3.5	3.6	5.5	9	14	22	36	50	63	80	100	125	160
		>3.5～6.3	4.5	7.0	11	18	28	45	63	80	100	125	160	200
		>6.3～10	5.0	8.0	13	20	32	50	71	90	112	140	180	224
125	400	≥1～3.5	4.0	6.0	10	16	25	40	56	71	90	112	140	180
		>3.5～6.3	5.0	8.0	13	20	32	50	71	90	112	140	180	224
		>6.3～10	5.5	9.0	14	22	36	56	80	100	125	160	200	250
400	800	≥1～3.5	4.5	7.0	11	18	28	45	63	80	100	125	160	200
		>3.5～6.3	5.0	8.0	13	20	32	50	71	90	112	140	180	224
		>6.3～10	5.5	9.0	14	22	36	56	80	100	125	160	200	250

（2）公法线长度变动误差 ΔF_W（公差 F_W，见表7-5）

表7-5 公法线长度变动公差 F_W 值 （μm）

分度圆直径/mm		精度等级											
大于	到	1	2	3	4	5	6	7	8	9	10	11	12
—	125	2.0	3.0	5.0	8.0	12	20	28	40	56	80	112	160
125	400	2.5	4.0	6.5	10	16	25	36	50	71	100	140	200
400	800	3.0	5.0	8.0	12	20	32	45	63	90	125	180	250

2）影响传动平稳性的误差（第Ⅱ公差组）

影响传动平稳性的各项误差，是齿轮一转中多次重复出现的短周期误差，主要有：

（1）齿形误差 Δf_f（公差 f_f，见表7-6）

表7-6 齿形公差 f_f 值 （μm）

分度圆直径/mm		法向模数/mm	精度等级											
大于	到		1	2	3	4	5	6	7	8	9	10	11	12
—	125	≥1～3.5	2.1	2.6	3.6	4.8	6	8	11	14	22	36	56	90
		>3.5～6.3	2.4	3.0	4.0	5.3	7	10	14	20	32	50	80	125
		>6.3～10	2.5	3.4	4.5	6.0	8	12	17	22	36	56	90	140
125	400	≥1～3.5	2.4	3.0	4.0	5.3	7	9	13	18	28	45	71	112
		>3.5～6.3	2.5	3.4	4.5	6.0	8	12	17	22	36	56	90	140
		>6.3～10	2.6	3.4	5.0	6.5	9	13	19	28	45	71	112	180
400	800	≥1～3.5	2.6	3.4	4.5	6.5	9	12	17	25	40	63	100	160
		>3.5～6.3	2.8	3.8	5.0	7.0	10	14	20	28	45	71	112	180
		>6.3～10	3.0	4.0	5.5	7.5	11	16	24	36	56	90	140	224

(2) 基圆齿距偏差 Δf_{pb}(极限偏差 $\pm f_{pb}$,见表 7-7)

表 7-7　基圆齿距极限偏差 $\pm f_{pb}$ 值　　(μm)

分度圆直径/mm		法向模数/mm	精度等级											
大于	到		1	2	3	4	5	6	7	8	9	10	11	12
—	125	≥1～3.5	1.0	1.4	2.4	3.6	5	9	13	18	25	36	50	71
		>3.5～6.3	1.2	1.8	3.0	4.5	7	11	16	22	32	45	63	90
		>6.3～10	1.4	2.0	3.2	5.0	8	13	18	25	36	50	71	100
125	400	≥1～3.5	1.0	1.6	2.4	4.2	6	10	14	20	30	40	60	80
		>3.5～6.3	1.2	2.0	3.2	5.0	8	13	18	25	36	50	71	100
		>6.3～10	1.4	2.4	3.6	5.5	9	14	20	30	40	60	80	112
400	800	≥1～3.5	1.2	1.8	3.0	4.5	7	11	16	22	32	45	63	90
		>3.5～6.3	1.4	2.0	3.2	5.0	8	13	18	25	36	50	71	100
		>6.3～10	1.6	2.6	4.2	6.5	10	16	22	32	45	63	90	125

注：对 6 级及高于 6 级的精度,在一个齿轮的同侧齿面上,最大基圆齿距与最小基圆齿距之差,不允许大于基圆齿距单向极限偏差的数值。

(3) 齿距偏差 Δf_{pt}(极限偏差 $\pm f_{pt}$,见表 7-8)

表 7-8　齿距极限偏差 $\pm f_{pt}$ 值　　(μm)

分度圆直径/mm		法向模数/mm	精度等级											
大于	到		1	2	3	4	5	6	7	8	9	10	11	12
—	125	≥1～3.5	1.0	1.6	2.5	4.0	6	10	14	20	28	40	56	80
		>3.5～6.3	1.2	2.0	3.2	5.0	8	13	18	25	36	50	71	100
		>6.3～10	1.4	2.2	3.6	5.5	9	14	20	28	40	56	80	112
125	400	≥1～3.5	1.1	1.8	2.8	4.5	7	11	16	22	32	45	63	90
		>3.5～6.3	1.4	2.2	3.6	5.5	9	14	20	28	40	56	80	112
		>6.3～10	1.6	2.5	4.0	6.0	10	16	22	32	45	63	90	125
400	800	≥1～3.5	1.2	2.0	3.2	5.0	8	13	18	25	36	50	71	100
		>3.5～6.3	1.4	2.2	3.6	5.5	9	14	20	28	40	56	80	112
		>6.3～10	1.8	2.8	4.5	7.0	11	18	25	36	50	71	100	140

3) 影响载荷均匀性的误差(第Ⅲ公差组)

齿向误差 ΔF_{β}(公差 F_{β},见表 7-9)

表 7-9　齿向公差 F_{β} 值　　(μm)

齿轮宽度/mm		精度等级											
大于	到	1	2	3	4	5	6	7	8	9	10	11	12
—	40	2.8	3.6	4.5	5.5	7	9	11	18	28	45	71	112
40	100	4.0	5.0	6.0	8.0	10	12	16	25	40	63	100	160
100	160	5.0	6.0	8.0	10	12	16	20	32	50	80	125	200
160	250	6.0	7.5	10	12	16	19	24	38	60	105	160	240

7.7.3 齿轮副的要求

1）齿轮副的接触斑点

装配好的齿轮副，在轻微的制动下，运转后齿面上分布的接触擦亮痕迹，称为接触斑点。接触斑点应分布在齿面中部附近（齿高方向大于40%，齿宽方向大于60%），齿顶和边缘倒棱处不允许接触。

2）齿轮副的侧隙

齿轮副的侧隙可在规定中心距极限偏差的情况下，控制单个齿轮的齿厚偏差来实现。

3）齿轮副的安装误差

齿轮副的安装误差是指齿轮副中两传动轴线之间的位置误差。有齿轮副的中心距偏差 Δf_a（极限偏差 $\pm f_a$）和轴线的平行度误差 Δf_x、Δf_y。

以上各项偏差值可查《机械设计手册》。

7.7.4 圆柱齿轮的精度标准

1）精度等级及其选用

GB/T10095—1988 对齿轮精度规定了12个等级，其中1级最高，12级最低。常用6～9级精度。两个互相啮合的齿轮，其精度等级一般相同。

齿轮的精度等级应根据圆周速度、齿面硬度、齿轮类型等决定。一般先根据齿轮的圆周速度确定第Ⅱ公差组精度等级（见表7-10），第Ⅰ组可比第Ⅱ组低一级或同级，第Ⅲ组可比第Ⅱ组高一级或同级。

表7-10 第Ⅱ公差组精度选择

精度等级	最大圆周速度 $v/(m \cdot s^{-1})$						应用举例
	圆柱齿轮				直齿锥齿轮		
	直齿		斜齿				
	≤350HBS	>350HBS	≤350HBS	>350HBS	≤350HBS	>350HBS	
6	18	15	36	30	10	9	普通分度机构或高速传动用的重要齿轮，飞机、汽车、机床中的重要齿轮
7	12	10	25	20	7	6	一般机械制造业的重要齿轮，飞机、汽车、机床中的一般齿轮
8	6	5	12	9	4	3	一般机械制造业的齿轮，飞机、汽车、机床中的不重要齿轮，农业机械中的重要齿轮
9	4	3	8	6	3	2.5	低速传动用齿轮，农业机械中的一般齿轮
10	1	1	2	1.5	0.8	0.8	辅助、手动或低精度机器中的齿轮

注：锥齿轮传动的圆周速度按平均直径计算。

2）齿轮副侧隙的选用

标准中规定在中心距极限偏差已确定的情况下，通过改变齿厚偏差的大小可获得不同的最小侧隙。14种齿厚偏差代号分别用C、D、E、F、G、H、J、K、L、M、N、P、R、S

表示，每种代号表示的齿厚偏差以齿距极限偏差绝对值 f_{pt} 的倍数表示，见图 7-30 和表 7-11。

表 7-11　齿厚极限偏差

$C=+1f_{pt}$	$G=-6f_{pt}$	$L=-16f_{pt}$	$R=-40f_{pt}$
$D=0$	$H=-8f_{pt}$	$M=-20f_{pt}$	$S=-50f_{pt}$
$E=-2f_{pt}$	$J=-10f_{pt}$	$N=-25f_{pt}$	
$F=-4f_{pt}$	$K=-12f_{pt}$	$P=-32f_{pt}$	

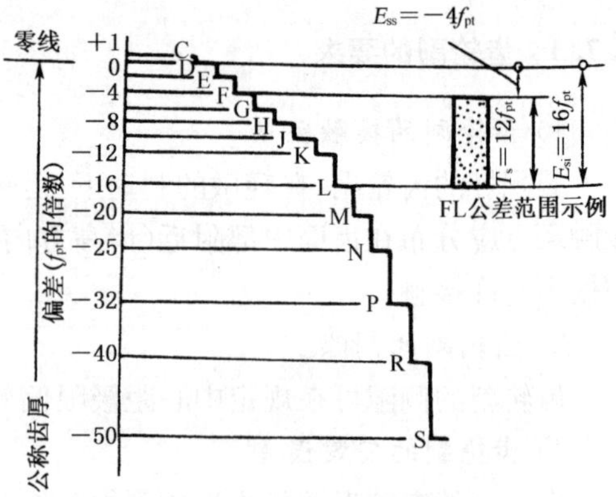

图 7-30　齿厚偏差种类

齿厚上下偏差分别用两种偏差代号表示。如用 FL 表示时，齿厚上偏差为 F，$E_{ss}=-4f_{pt}$；齿厚下偏差为 L，$E_{si}=-16f_{pt}$，则齿厚公差 $T_s=E_{ss}-E_{si}=12f_{pt}$。

齿轮副的侧隙应根据齿轮的工作条件和使用要求来确定。对于高温、重载下工作的齿轮，应选取较大的侧隙；对于一般的齿轮传动，选取中等大小的侧隙；对于控制系统和读数装置中的齿轮，应选取较小的齿轮侧隙或零侧隙。

3）公法线平均长度偏差

当采用跨测一定齿数的公法线平均长度偏差来替代齿厚偏差的测量时，公法线平均长度上偏差 $E_{Ws}=E_{ss}\cos\alpha-0.72F_r\sin\alpha$，公法线平均长度公差 $T_W=T_s\cos\alpha-1.44F_r\sin\alpha$，公法线平均长度下偏差 $E_{Wi}=E_{Ws}-T_W=E_{si}\cos\alpha+0.72F_r\sin\alpha$。

4）检验组的选择

当齿轮的三个公差组精度等级及齿侧间隙选定后，就能根据齿轮传动的用途和工作条件选择相应的检验组，作为检验和验收齿轮的依据。常用齿轮检验项目的选择可参见表 7-12。

表 7-12　常用齿轮的检验项目

齿轮精度	5、6	7、8	9	10
第Ⅰ公差组	F_p	F_r 和 F_W		F_r
第Ⅱ公差组	f_f 和 f_{pt}，或 f_f 和 $\pm f_{pb}$		$\pm f_{pt}$ 和 $\pm f_{pb}$	$\pm f_{pt}$ 和 $\pm f_{pb}$
第Ⅲ公差组	F_β 或接触斑点			
齿轮副侧隙	E_{ss} 和 E_{si}			

注：F_P 为齿距累积公差。

5）齿轮公差的标注

在齿轮工作图上应标注齿轮的精度等级和齿厚极限偏差的代号或数值。

标注示例：

(1) 齿轮的三个公差组精度等级同为 7 级，其齿厚上偏差为 F，下偏差为 L。标注如下：

7　F　L

L — 齿厚下偏差(GB/T10095—1988)

F — 齿厚上偏差

7 — 第Ⅰ、Ⅱ、Ⅲ公差组精度等级

(2) 齿轮第Ⅰ公差组精度等级为8级，第Ⅱ、第Ⅲ公差组精度等级为7级，其齿厚上偏差为H，下偏差为K。标注如下：

8— 7—7 H K

- K —— 齿厚下偏差(GB/T10095—1988)
- H —— 齿厚上偏差
- 7 —— 第Ⅲ公差组精度等级
- 7 —— 第Ⅱ公差组精度等级
- 8 —— 第Ⅰ公差组精度等级

7.8 齿轮的失效形式与设计准则

7.8.1 齿轮的失效形式

齿轮的失效都发生在轮齿上，常见的轮齿失效形式有以下几种。

1) 轮齿折断

当一对轮齿进入啮合时，在载荷的作用下，轮齿相当于一个悬臂梁，轮齿承受弯曲应力。其中轮齿根部弯曲应力最大，而且有应力集中，故轮齿折断常发生在齿根部分。

轮齿的折断有两种情况：一种是由于短时过载或受到冲击载荷而发生的突然折断，称过载折断。脆性材料制成的齿轮常出现这种折断；另一种是由于轮齿反复弯曲，在根部出现疲劳裂纹，裂纹逐渐扩大而发生的疲劳折断，见图7-31。

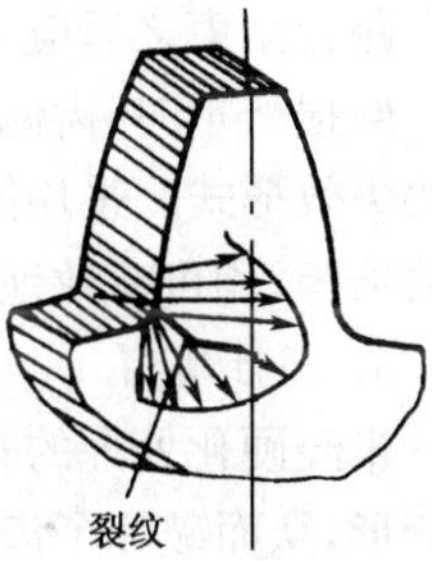

图7-31 齿根疲劳折断

提高轮齿抗疲劳折断能力的措施有很多，如增大齿根圆角半径，消除齿根处的加工刀痕以降低齿根的应力集中，降低齿面的表面粗糙度数值，对轮齿的表面进行强化处理以提高齿面硬度等。

2) 齿面点蚀

齿轮传动时，轮齿啮合表面在法向力作用下，产生按脉动循环变化的接触应力。当这种应力超过材料的接触疲劳极限时，齿廓表层就会产生细小的疲劳裂纹，裂纹扩展使表层金属微粒脱落而形成不规则的小坑或麻点，这种现象称疲劳点蚀。

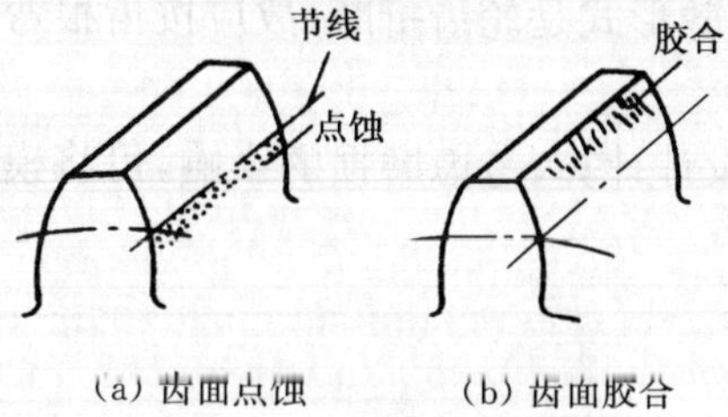

(a) 齿面点蚀 (b) 齿面胶合

图7-32 齿面失效形式

实践表明，疲劳点蚀一般首先出现在靠近节线处的齿根面上，然后再向其他部位蔓延和扩展，如图7-32(a)所示。点蚀的出现不但影响传动的平稳性，引起振动和噪声，还会降低齿轮的承载能力，最终造成齿轮的失效。

一般在齿面硬度≤350HBS的闭式传动中，齿轮较易发生点蚀失效。为防止过早出现点蚀，提高齿轮抗疲劳点蚀的能力,可采取提高齿面硬度、采用粘度较高的润滑油、降低表面粗糙度数值等措施。

在开式齿轮传动中,由于齿面磨损较快,点蚀还来不及出现或扩展即被磨损掉,所以一般看不到点蚀现象。

3) 齿面胶合

在高速重载的齿轮传动中,由于齿面压力很大,工作时产生大量的热,使啮合区温度升高,润滑油粘度迅速降低,引起润滑失效,从而使两齿面在局部接触区因发生高温软化或熔化而相互粘连,当两齿面继续滑动时,较软齿面的材料沿滑动方向被撕下形成胶合沟纹,这种现象称为胶合,如图 7-32(b)所示。在低速重载齿轮传动中,由于齿面间不易形成油膜,也可能出现胶合现象。

要提高齿面的抗胶合能力,可以采用抗胶合能力强的活性润滑油;选用不同的齿轮材料组合;提高齿面硬度和降低表面粗糙度数值等措施。

4) 齿面磨损

齿面磨损有两种情况:一种是由于砂粒、铁屑等落入啮合表面而引起的磨粒磨损;另一种是由于两齿面在相对滑动中互相摩擦所引起的跑合磨损,跑合磨损对齿轮传动是无害的,但在跑合结束之后应及时更换润滑油,以免发生磨粒磨损。

磨损严重时,齿侧间隙增大,齿根变薄,甚至发生轮齿折断。在开式传动中,磨粒磨损是主要失效形式。采用闭式传动,提高齿面硬度,降低轮齿的表面粗糙度数值以及保持润滑油的清洁等,均可有效地减轻齿面的磨粒磨损。

5) 塑性变形

未经硬化处理的软齿面齿轮,常因启动频繁或严重过载,造成齿面或整个轮齿过量的塑性变形,从而破坏了齿面的渐开线齿形,使传动失效。在设计与工作条件相符的情况下,这种失效形式一般不会产生。

7.8.2 计算准则

齿轮失效形式的分析,为齿轮的设计和制造、使用与维护提供了科学的依据。目前,对于齿面磨损和齿面塑性变形,还没有较成熟的计算方法。关于齿面胶合,我国虽已制定出渐开线圆柱齿轮胶合承载能力计算方法(GB/T6413—1986),但只在设计高速重载齿轮传动时,才作胶合计算。对于一般齿轮传动,通常只按齿根弯曲疲劳强度或齿面接触疲劳强度进行计算。

对于软齿面(≤350HBS)闭式齿轮传动,由于主要失效形式是齿面点蚀,故应按齿面接触疲劳强度进行设计计算,再校核齿根弯曲疲劳强度。

对于硬齿面(>350HBS)闭式齿轮传动,由于主要失效形式是轮齿折断,故应按齿根弯曲疲劳强度进行设计计算,然后校核齿面接触疲劳强度。

开式齿轮传动或铸铁齿轮,仅按齿根弯曲疲劳强度设计计算,考虑磨损的影响,可将模数加大10%～20%。

7.9 渐开线标准直齿圆柱齿轮传动的强度计算

7.9.1 齿轮的受力分析和计算载荷

1）齿轮的受力分析

对轮齿进行受力分析是进行齿轮承载能力计算、设计支承齿轮的轴以及选用轴承的基础。齿轮啮合传动时，齿面上的摩擦力与轮齿所受载荷相比很小，可略去不计。因此，在一对啮合的齿面上，只作用着沿啮合线方向的法向力 F_n。取主动小齿轮为研究对象，设法向力 F_n 集中作用在分度圆上齿宽中点 P，如图 7-33 所示。将法向力 F_n 分解为两个互相垂直的分力，即圆周力 F_t 和径向力 F_r，其大小分别为

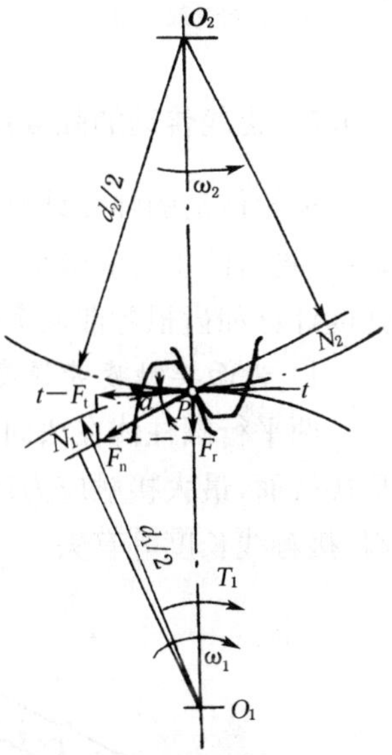

图 7-33 直齿圆柱齿轮受力分析

圆周力

$$F_t = \frac{2T_1}{d_1} \tag{7-16}$$

径向力

$$F_r = F_t \tan\alpha \tag{7-17}$$

法向力

$$F_n = \frac{F_t}{\cos\alpha} \tag{7-18}$$

式中：T_1——主动轮传递的转矩(N·mm)；

d_1——主动轮分度圆直径(mm)；

α——压力角，$\alpha = 20°$。

根据作用与反作用力的关系，作用在主动轮和从动轮上各对力的大小相等、方向相反。主动轮上圆周力是工作阻力，其方向与主动轮转向相反；从动轮上圆周力是驱动力，其方向与从动轮转向相同；两轮的径向力分别指向各自的轮心，如图 7-34 所示。

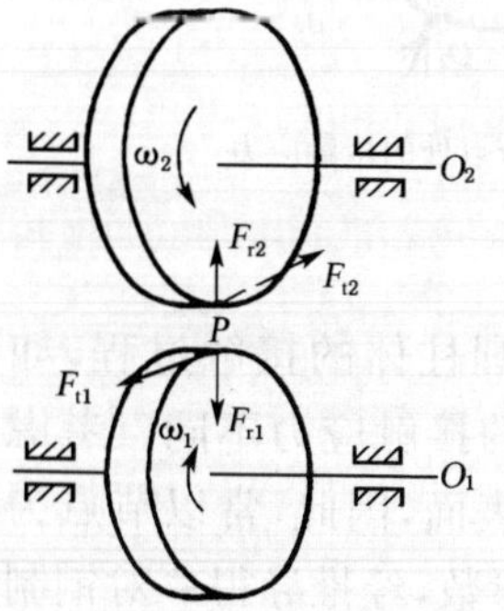

图 7-34 切向力与径向力的方向

2）计算载荷

上述受力分析是在理想的平稳工作条件下进行的，其载荷称为名义载荷。实际上，齿轮在工作时要受到多种因素的影响，所受载荷要比名义载荷大，为了使计算的齿轮受载情况尽量符合实际，引入载荷系数 K，得到计算载荷

$$F_{nc} = KF_n \quad 或 \quad F_{tc} = KF_t \tag{7-19}$$

式中：K——载荷系数，可根据原动机和工作机情况查表7-13。

表 7-13 载荷系数 K

原 动 机	工作机械的载荷特性		
	平 稳	中等冲击	大的冲击
电 动 机	1～1.2	1.2～1.6	1.6～1.8
多缸内燃机	1.2～1.6	1.6～1.8	1.9～2.1
单缸内燃机	1.6～1.8	1.8～2.0	2.2～2.4

注：斜齿、圆周速度低、精度高、齿宽系数小时取小值，反之取大值；齿轮在两轴承之间对称布置时取小值，非对称布置及悬臂布置取大值。

7.9.2 齿轮传动的强度计算

齿轮传动的强度计算是根据轮齿可能出现的失效形式来进行的。在一般的闭式齿轮传动中，轮齿的主要失效形式是齿面疲劳点蚀和轮齿疲劳折断，因此本节只讨论齿面接触疲劳强度计算和齿根弯曲疲劳强度计算。

1）齿面接触疲劳强度计算

两平行圆柱体在法向力作用下相互接触，见图 7-35(a)，接触线因弹性变形而成为窄带形接触面，最大接触应力产生在接触区中心处，其值与正压力大小、两圆柱体的曲率半径、材料、接触线长度等有关。

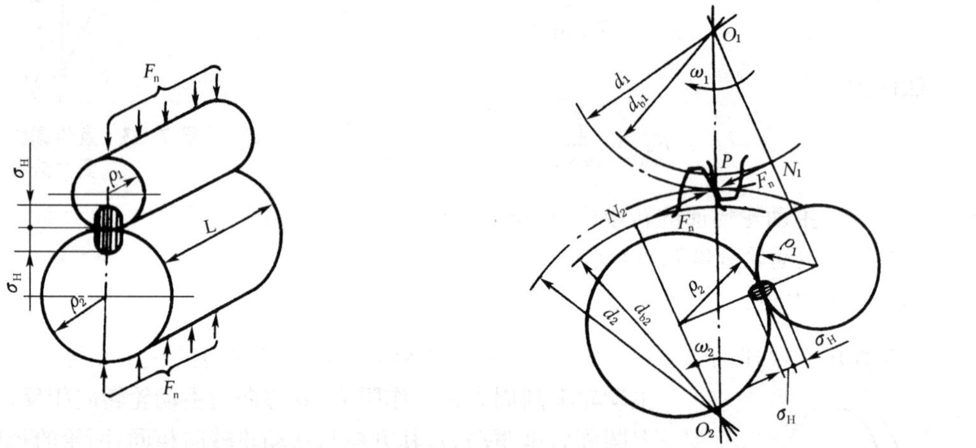

(a) 两平行圆柱体的接触应力 (b) 齿轮节点处的接触应力

图 7-35 接触应力

一对轮齿的啮合，可视为两个曲率半径随时变化着的平行圆柱体的接触过程，如图 7-35(b)所示。因渐开线各点的曲率半径不同，故每个啮合位置的接触应力不同。考虑到节点附近通常是单齿对啮合区，且点蚀多发生在节线附近的齿根表面，因此，常以节点为计算对象。根据弹性力学计算接触应力的赫兹公式，代入齿轮相应参数，经推导得一对钢制标准外啮合直齿圆柱齿轮的齿面接触疲劳强度的校核公式为

$$\sigma_H = 671\sqrt{\frac{KT_1(i+1)}{bd_1^2 i}} \leqslant [\sigma_H] \tag{7-20}$$

式中：b——齿宽(mm)；

i——传动比，$i=\dfrac{z_2}{z_1}>1$；

$[\sigma_H]$——许用接触应力(MPa)，见式(7-24)。

其它各项的含义同前。

令齿宽 $b=\Psi_d d_1$，得齿面接触疲劳强度设计公式

$$d_1 \geqslant \sqrt[3]{\left(\frac{671}{[\sigma_H]}\right)^2 \frac{KT_1(i+1)}{\Psi_d i}} \tag{7-21}$$

式中：Ψ_d——齿宽系数，可查表 7-14。

表 7-14 齿宽系数 Ψ_d

齿轮相对于轴承的位置	软 齿 面	硬 齿 面
对 称 布 置	0.8～1.4	0.4～0.9
非对称布置	0.6～1.2	0.3～0.6
悬 臂 布 置	0.3～0.4	0.2～0.25

注：直齿圆柱齿轮取小值，斜齿轮取大值；载荷平稳、刚度大宜取大值，反之取小值。

公式使用说明和参数选择：

(1) 大小齿轮齿面接触应力 $\sigma_{H1}=\sigma_{H2}$。由于两轮材料、热处理不同，导致齿面硬度不同，故 $[\sigma_{H1}]\neq\sigma_{H2}$，设计时代入较小的$[\sigma_H]$值。

(2) 如材料组合不全是钢，式中常数 671 应修正为 $671\times Z_E/189.8$，Z_E 为材料系数，见表 7-15。

表 7-15 材料系数 Z_E

小齿轮材料	大齿轮材料			
	钢	铸钢	球墨铸铁	铸铁
钢	189.8	188.9	181.4	162.0
铸钢		180.5	180.5	161.4
球墨铸铁			173.9	156.9
铸铁				143.7

注：设计时为使大小齿轮强度趋于相近，表中只取小齿轮材料优于大齿轮材料。

2) 齿根弯曲疲劳强度计算

轮齿受力时，可看作是悬臂梁。实验研究表明，轮齿的危险截面位于和齿廓对称中心线成30°角的直线与齿根圆角相切处，即 ab 截面，如图 7-36 所示。根据力学知识，经推导整理得齿根弯曲疲劳强度校核公式为

$$\sigma_F=\frac{KF_tY_{FS}}{bm}=\frac{2KT_1Y_{FS}}{d_1bm}\leqslant[\sigma_F] \tag{7-22}$$

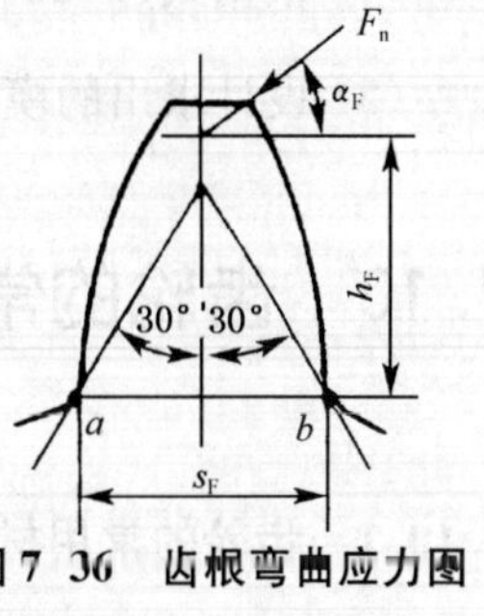

图 7-36 齿根弯曲应力图

将 $b=\Psi_d d_1$ 代入上式得齿根弯曲疲劳强度设计公式

$$m \geqslant \sqrt[3]{\frac{2KT_1}{\Psi_d z_1^2}\frac{Y_{FS}}{[\sigma_F]}} \tag{7-23}$$

式中：Y_{FS}——复合齿形系数，是考虑齿形和齿根应力集中以及压应力、切应力对弯曲应力的影响而引入的系数，可由图 7-37 查得；

$[\sigma_F]$——许用弯曲应力(MPa)，见式(7-25)。

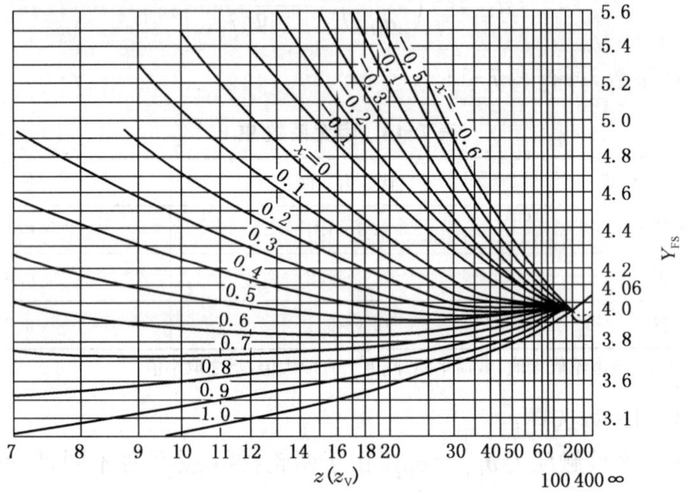

图 7-37 复合齿形系数 Y_{FS}

公式使用说明及参数选择：

(1) 小齿轮齿数 z_1　软齿面闭式齿轮传动在满足弯曲强度的条件下，为提高传动的平稳性，一般取 $z_1=20\sim40$，速度较高时取较大值；硬齿面的弯曲强度是薄弱环节，宜取较少的齿数，以便增大模数(分度圆直径不变时)，通常取 $z_1=17\sim20$。

(2) 齿宽 $b=\Psi_d d_1$ 为减小加工量，也为了装配和调整方便，大齿轮齿宽应小于小齿轮齿宽。若取大齿轮齿宽 $b_2=\Psi_d d_1$，则小齿轮齿宽 $b_1=b_2+(5\sim10)$ mm。

(3) 大小两齿轮的齿根弯曲应力 $\sigma_{F2}\neq\sigma_{F1}$，又由于两轮材料或热处理不同，两轮的许用弯曲应力也不同，所以，校核时应分别验算大小齿轮的弯曲强度，即应使 $\sigma_{F1}\leqslant[\sigma_{F1}]$，$\sigma_{F2}\leqslant[\sigma_{F2}]$。

(4) 根据式(7-23)设计时，应代入 $\frac{Y_{FS1}}{[\sigma_{F1}]}$ 与 $\frac{Y_{FS2}}{[\sigma_{F2}]}$ 中的较大值。

(5) 设计求出的模数应圆整为标准值。动力传动中，一般应使 $m\geqslant(1.5\sim2)$mm。

7.10 齿轮的常用材料、许用应力和圆柱齿轮的结构

7.10.1 齿轮的常用材料

齿轮常用材料有优质碳素钢、合金结构钢、铸钢、铸铁和非金属等。它们的牌号及力学

性能见表 7-16。

表 7-16 齿轮常用材料及其力学性能

材料	牌 号	热处理	力学性能：硬 度	力学性能：抗拉强度 σ_b/MPa	力学性能：屈服点 σ_s/MPa	力学性能：疲劳极限 σ_{-1}/MPa	力学性能：极限循环次数	应用范围
优质碳素钢	45	正火 调质	170～200 HBS 220～250 HBS	610～700 750～900	360 450	260～300 320～360	10^7	一般传动
		整体淬火	40～45 HRC	1 000	750	430～450	(3～4)10^7	体积小的闭式传动、重载、无冲击
		表面淬火	45～50 HRC	750	450	320～360	(6～8)10^7	体积小的闭式传动、重载、有冲击
合金结构钢	35SiMn	调 质	200～260 HBS	750	500	380	10^7	一般传动
	40Cr 42SiMn 40MnB	调 质	250～280 HBS	900～1000	800	450～500		
		整体淬火	45～50 HRC	1 400～1 600	1 000～1 100	550～650	(4～6)10^7	体积小的闭式传动、重载、无冲击
		表面淬火	50～55 HRC	1 000	850	500	(6～8)10^7	体积小的闭式传动、重载、有冲击
	20Cr 20SiMn 20MnB	渗碳淬火	56～62 HRC	800	650	420	(9～15)10^7	冲击载荷
	20CrMnTi 20MnVB	渗碳淬火		1 100	850	525		高速、中载、大冲击
	12CrNi3	渗碳淬火		950		500～550		
铸钢	ZG270～550 ZG310～570 ZG340～640	正 火 正 火 正 火	140～176 HBS 160～210 HBS 180～210 HBS	500 550 600	300 320 350	230 240 260		$v<6\sim7$ m/s 的一般传动
铸铁	HT200 HT300		170～230 HBS 190～250 HBS	200 300	100～120 130～150		10^7	$v<3$ m/s 的不重要传动
	QT400-15 QT600-3	正 火 正 火	156～200 HBS 200～270 HBS	400 600	300 420	200～220 240～260		$v<4\sim5$ m/s 的一般传动
夹布胶木			30～40 HBS	85～100				高速、轻载
塑料	MC 尼龙		20 HBS	90	60			中、低速，轻载

由于小齿轮齿根强度较弱，受载次数又多，为使大、小齿轮寿命接近，常使小齿轮齿面硬度比大齿轮齿面硬度高出 30～50 HBS，传动比大时，其硬度差还应更大些。

7.10.2 齿轮的许用应力

齿轮的许用应力是由齿轮的材料、热处理后齿面硬度等因素决定的，通常采用计算法来确定许用应力。

1) 许用接触应力

$$[\sigma_{H}]=\frac{\sigma_{Hlim}}{s_{Hlim}} \tag{7-24}$$

式中：σ_{Hlim}——试验齿轮在长期持续的交变载荷作用下，齿面保持不点蚀的应力（失效概率为 1%），其值按图 7-38查取；

s_{Hlim}——齿面接触疲劳强度的最小安全系数，其值查表7-17。

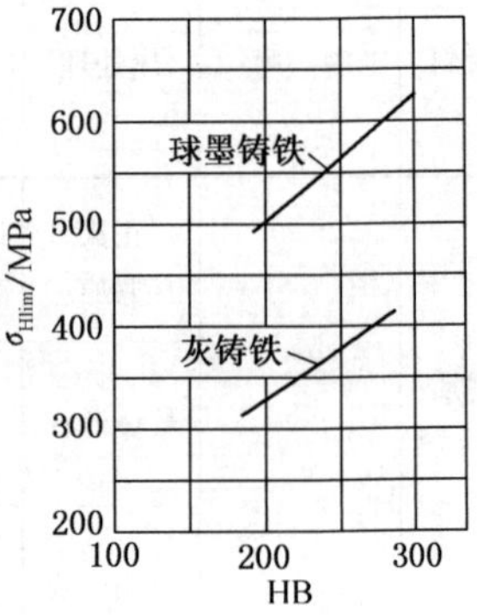

(a)

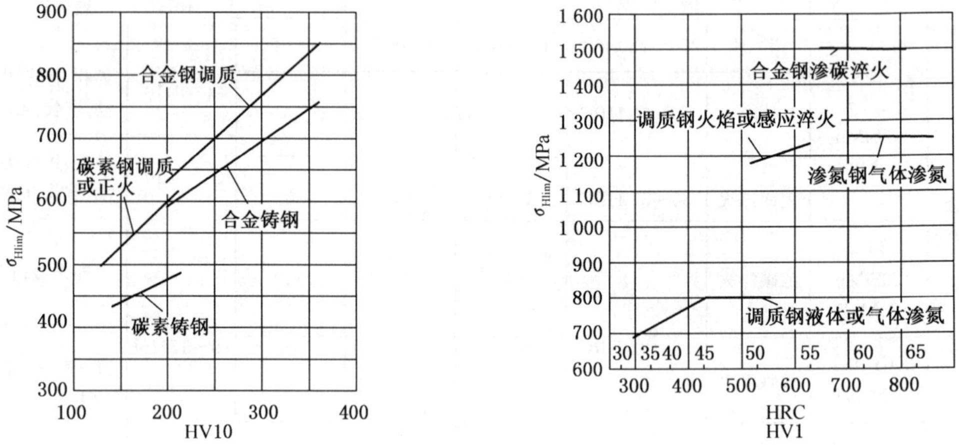

(b) (c)

图 7-38 齿轮材料的接触疲劳极限 $\boldsymbol{\sigma_{Hlim}}$

表 7-17 最小安全系数

齿轮传动的重要性	s_{Hlim}	s_{Flim}
一　般	1	1
齿轮破坏会引起严重后果	1.25	1.5

2) 许用弯曲应力

$$[\sigma_{F}]=\frac{\sigma_{Flim}}{s_{Flim}} \tag{7-25}$$

式中：σ_{Flim}——试验齿轮在单向长期持续的交变载荷作用下，齿根不发生弯曲疲劳破坏的极限应力，其值按图 7-39 查取。如齿轮双向长期工作（经常作正、反转的齿轮），应将图中数值乘以 0.7；

s_{Flim}——齿根弯曲疲劳强度的最小安全系数，其值查表 7-17。

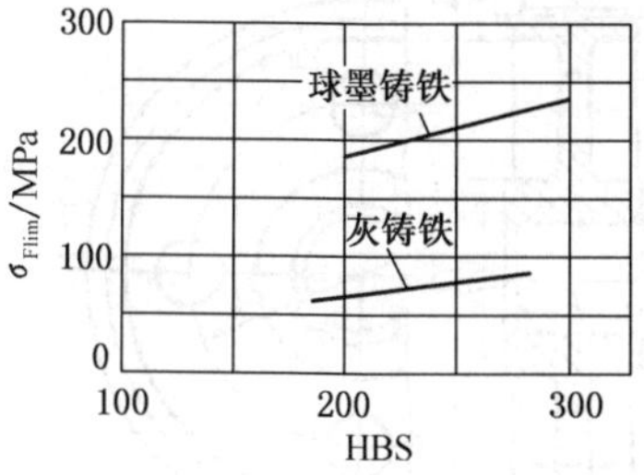

(a)

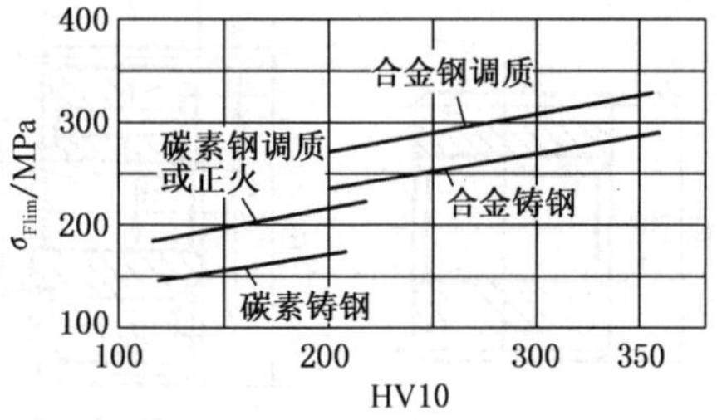

(b)

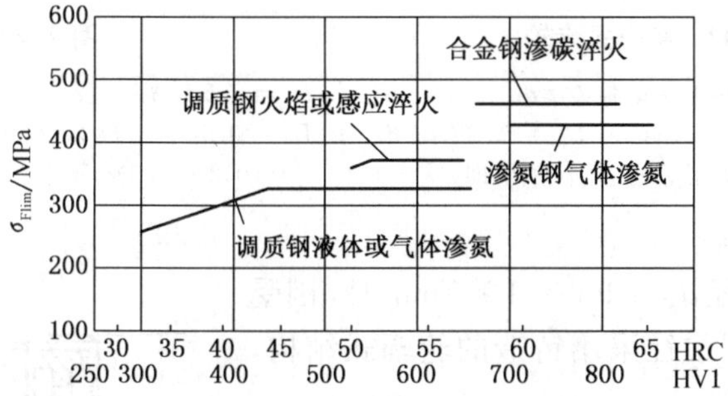

(c)

图 7-39 齿轮材料的弯曲疲劳极限 σ_{Flim}

7.10.3 圆柱齿轮的结构

齿轮的结构设计，一般在主要参数和几何尺寸确定之后进行，其结构形式与直径大小、材料、加工方法等因素有关，设计时常按齿轮直径大小，选择合适的结构形式，再根据经验公式完成结构设计。

1）齿轮轴

对于直径较小或齿根圆到键槽底部距离 $y < 2.5$ m(模数）的钢制齿轮（见图 7-40），应将齿轮与轴制成一体，称为齿轮轴，如图 7-41 所示。

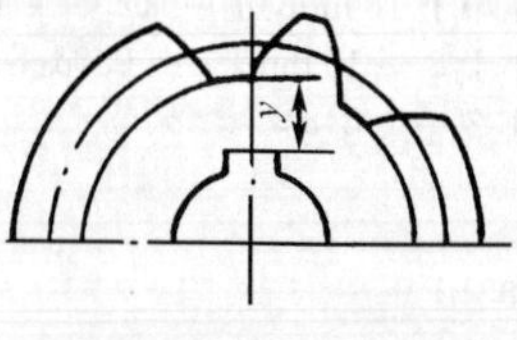

图 7-40 齿根圆到键槽的距离

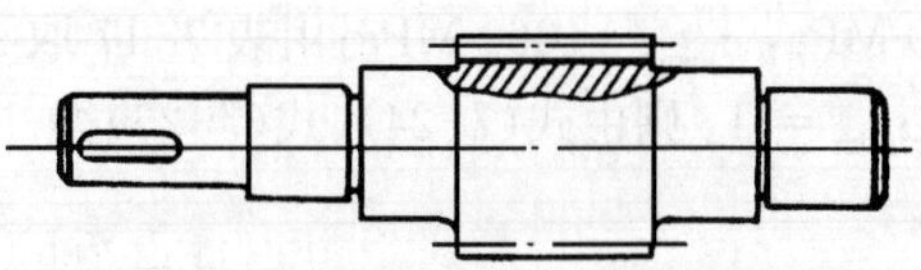

图 7-41 齿轮轴

2）实心式齿轮

齿顶圆直径 $d_a \leqslant 200$ mm 的钢制齿轮，一般采用锻造毛坯的实心式结构（见图 7-42）。

3）腹板式齿轮

当齿顶圆直径 $d_a \leqslant 500$ mm 时，为减轻重量和节约材料，常制成腹板式结构。腹板式齿轮一般采用锻造毛坯，其结构尺寸见图 7-43。

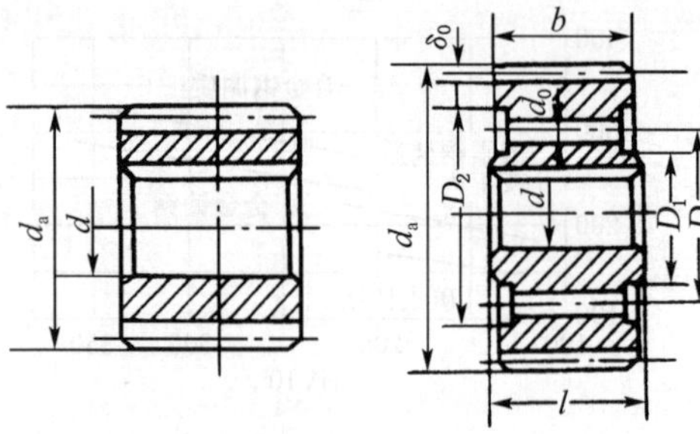

图 7-42 实心式齿轮

$D_1=1.6d$，$l=(1.2\sim1.5)d$，但 $l\geqslant b$；
$\delta_0=2.5\,m$，但不小于 8～10 mm，$D_0=0.5(D_1+D_2)$；
$d_0=10\sim20$ mm，当 d_0 较小时，可不钻孔，即 $d_0=0$

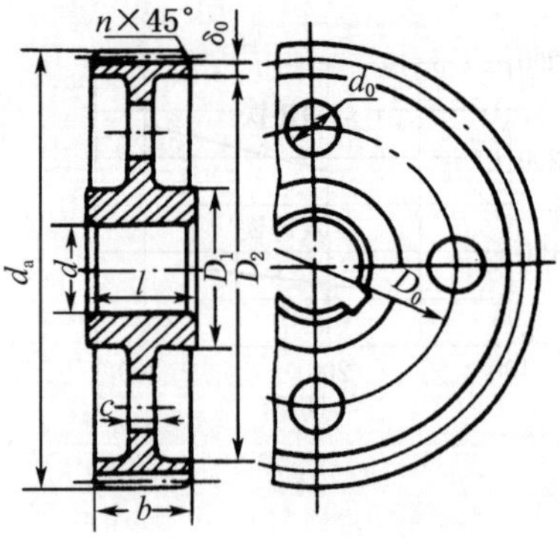

图 7-43 腹板式齿轮

$D_1=1.6d$，$\delta_0=(2.5\sim4)m$，但不小于 8～10 mm；
$D_0=0.5(D_1+D_2)$，$d_0=0.25(D_2-D_1)$；
$c=(0.2\sim0.3)b$，不小于 10 mm，$l=(1.2\sim1.5)d$，$l\geqslant b$

4）轮辐式齿轮

当齿顶圆直径 $d_a=400\sim1\,000$ mm时，因受锻造设备的限制，往往采用铸造的轮辐式结构，见图 7-44。

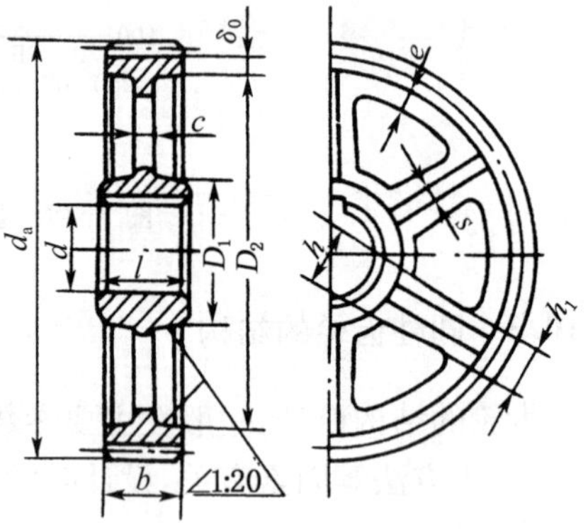

图 7-44 轮辐式齿轮

$b\leqslant200$ mm，$D_1=1.6d$(铸钢)，
$D_1=1.8d$(铸铁)，$h=0.8d$，
$h_1=0.8h$，$c=\dfrac{h}{5}$，$s=\dfrac{h}{6}$，
但不能小于 10 mm，$\delta_0=(2.5\sim4)$m，
但不小于 8～10 mm，$e=0.8\delta_0$，
$l=(1.2\sim1.5)d$，$l\geqslant b$

【例 7-2】 试设计一级直齿圆柱齿轮减速器中的齿轮传动。已知传递功率 $P_1=10$ kW，主动轮转速 $n_1=970$ r/min，传动比 $i=4.04$，电动机驱动，载荷平稳，单向运转。

解 一般用途的减速器，常采用软齿面钢制齿轮。

(1) 选择齿轮材料并确定许用应力。根据表 7-16，小齿轮采用 45 钢调质，齿面硬度为 220～250 HBS，大齿轮采用 45 钢正火，硬度为 170～200 HBS；由图 7-38 查得 $\sigma_{\mathrm{Hlim1}}=570$ MPa，$\sigma_{\mathrm{Hlim2}}=460$ MPa；由图 7-39 查得 $\sigma_{\mathrm{Flim1}}=460$ MPa，$\sigma_{\mathrm{Flim2}}=360$ MPa；由表 7-17 取 $s_{\mathrm{Hlim}}=1$，$s_{\mathrm{Flim}}=1$。则由式(7-24)、式(7-25)得

$$[\sigma_{\mathrm{H1}}]=\frac{\sigma_{\mathrm{Hlim1}}}{s_{\mathrm{Hlim}}}=\frac{570}{1}=570\text{ MPa}$$

$$[\sigma_{\mathrm{H2}}]=\frac{\sigma_{\mathrm{Hlim2}}}{s_{\mathrm{Hlim}}}=\frac{460}{1}=460\text{ MPa}$$

$$[\sigma_{\mathrm{F1}}]=\frac{\sigma_{\mathrm{Flim1}}}{s_{\mathrm{Flim}}}=\frac{460}{1}=460\text{ MPa}$$

$$[\sigma_{\mathrm{F2}}]=\frac{\sigma_{\mathrm{Flim2}}}{s_{\mathrm{Flim}}}=\frac{360}{1}=360\text{ MPa}$$

(2) 按齿面接触疲劳强度进行设计计算

由于是软齿面闭式齿轮传动，齿轮的主要参数应按齿面接触强度确定：

$$d_1 \geqslant \sqrt[3]{\left(\frac{671}{[\sigma_H]}\right)^2 \frac{KT_1(i+1)}{\Psi_d i}}$$

传递转矩 T_1 $T_1 = 9.55 \times 10^6 \dfrac{P_1}{n_1} = \left(9.55 \times 10^6 \times \dfrac{10}{970}\right) \mathrm{N \cdot mm} = 98\,454\ \mathrm{N \cdot mm}$；

载荷系数 K 因载荷平稳，齿轮相对于轴承对称布置，由表 7-13 取 $K = 1.2$；

齿宽系数 Ψ_d 由表 7-14 取 $\Psi_d = 1$；

许用接触应力 $[\sigma_H]$ $[\sigma_H] = [\sigma_{H2}] = 460\ \mathrm{MPa}$；

传动比 i $i = 4.04$。

将以上参数代入式(7-21)，得

$$d_1 \geqslant \sqrt[3]{\left(\frac{671}{[\sigma_H]}\right)^2 \frac{KT_1(i+1)}{\Psi_d i}}$$

$$= \sqrt[3]{\left(\frac{671}{460}\right)^2 \frac{1.2 \times 98\,454 \times (4.04+1)}{1 \times 4.04}}\ \mathrm{mm} = 67.94\ \mathrm{mm}$$

(3) 确定齿轮参数及主要尺寸

① 齿数 取 $z_1 = 29$，则 $z_2 = iz_1 = 4.04 \times 29 = 117.16$，取 $z_2 = 117$。实际传动比：$i' = \dfrac{z_2}{z_1} = \dfrac{117}{29} = 4.03$，传动比误差：$\Delta i = \dfrac{i'-i}{i} = \dfrac{4.03-4.04}{4.04} = -0.14\%$，工程上 Δi 允许在±5%以内，所以合适。

② 模数 $m = \dfrac{d_1}{z_1} = \dfrac{67.94}{29}\ \mathrm{mm} = 2.34\ \mathrm{mm}$，取标准值 $m = 2.5\ \mathrm{mm}$。

③ 中心距 标准中心距 $a = \dfrac{m(z_1+z_2)}{2} = \left[\dfrac{2.5 \times (29+117)}{2}\right] \mathrm{mm} = 182.5\ \mathrm{mm}$。

④ 其他主要尺寸

分度圆直径：

$$d_1 = mz_1 = (2.5 \times 29)\ \mathrm{mm} = 72.5\ \mathrm{mm}$$

$$d_2 = mz_2 = (2.5 \times 117)\ \mathrm{mm} = 292.5\ \mathrm{mm}$$

齿顶圆直径：

$$d_{a1} = d_1 + 2m = (72.5 + 2 \times 2.5)\ \mathrm{mm} = 77.5\ \mathrm{mm}$$

$$d_{a2} = d_2 + 2m = (292.5 + 2 \times 2.5)\ \mathrm{mm} = 297.5\ \mathrm{mm}$$

齿宽：

$$b = \Psi_d d_1 = (1 \times 72.5)\ \mathrm{mm} = 72.5\ \mathrm{mm}，取 b_2 = 72\ \mathrm{mm}$$

$$b_1 = b_2 + (5 \sim 10) = 77 \sim 82\ \mathrm{mm}，取 b_1 = 80\ \mathrm{mm}$$

(4) 验算齿根弯曲疲劳强度

$$\sigma_F = \frac{KF_t Y_{FS}}{bm} = \frac{2KT_1 Y_{FS}}{d_1 bm} \leqslant [\sigma_F]$$

复合齿形系数 Y_{FS}：由 $x=0$（标准齿轮）及 z_1、z_2 查图 7-37 得 $Y_{FS1}=4.12$，$Y_{FS2}=3.96$，则

$$\sigma_{F1}=\frac{2KT_1Y_{FS1}}{d_1bm}=\left(\frac{2\times1.2\times98\,454}{72.5\times2.5\times72.5}\times4.12\right)\text{MPa}=74.60\ \text{MPa}<[\sigma_{F1}]$$

$$\sigma_{F2}=\sigma_{F1}\frac{Y_{FS2}}{Y_{FS1}}=\left(74.60\times\frac{3.96}{4.12}\right)\text{MPa}=71.70\ \text{MPa}<[\sigma_{F2}]$$

弯曲强度足够。

(5) 确定齿轮传动精度

齿轮圆周速度

$$v=\frac{\pi d_1n_1}{60\times1\,000}=\left(\frac{3.14\times72.5\times970}{60\times1\,000}\right)\text{m/s}=3.68\ \text{m/s}$$

由表 7-10 确定第Ⅱ公差组为 8 级精度。第Ⅰ、Ⅲ公差组也可定为 8 级，齿厚偏差选 HK。

(6) 齿轮结构设计

小齿轮 $d_{a1}=77.5$ mm，尺寸较小，采用齿轮轴；

大齿轮 $d_{a2}=297.5$ mm，采用腹板式齿轮。

工作图略。

7.11 斜齿圆柱齿轮传动

7.11.1 斜齿圆柱齿轮传动的啮合特点

1) *齿廓曲面的形成*

前面所述直齿圆柱齿轮的齿廓形成是在垂直于齿轮轴线的端面内进行的，实际上，齿轮具有宽度，因此，齿廓的形成应如图 7-45(a)所示。前述的基圆应是基圆柱，发生线应是发生面。当发生面沿基圆柱作纯滚动时，发生面上与基圆柱母线 NN 平行的任一直线 KK 的轨迹，即为渐开线曲面。

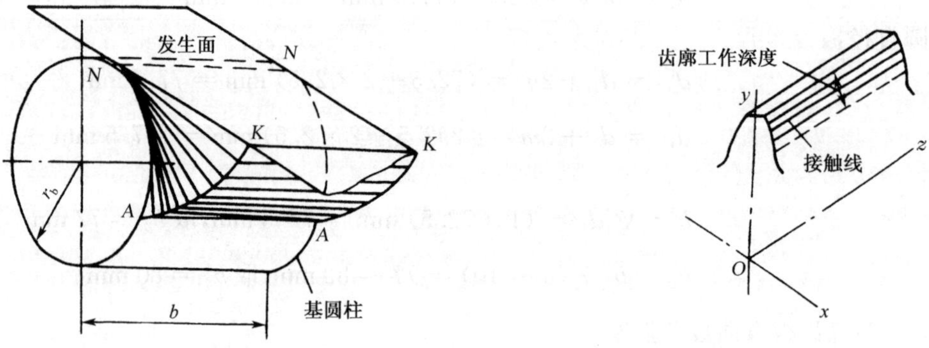

(a) 齿廓曲面的形成　　(b) 接触线

图 7-45　直齿圆柱齿轮齿廓形成

斜齿圆柱齿轮(简称斜齿轮)齿廓的形成原理与直齿圆柱齿轮相似,所不同的是发生面上的直线 KK 与基圆柱母线 NN 成一夹角 β_b,如图 7-46(a)听示。当发生面沿基圆柱作纯滚动时,斜直线 KK 的轨迹为螺旋渐开曲面,即斜齿轮的齿廓,它与基圆的交线 AA 是一条螺旋线,夹角 β_b 称为基圆柱上的螺旋角。齿廓曲面与齿轮端面的交线仍为渐开线。

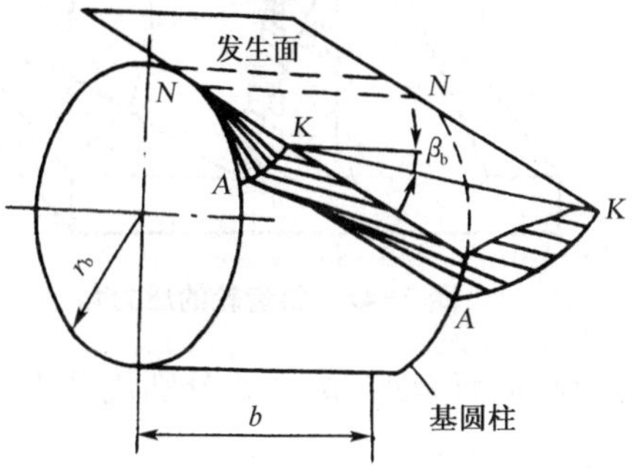

(a) 齿廓曲面的形成

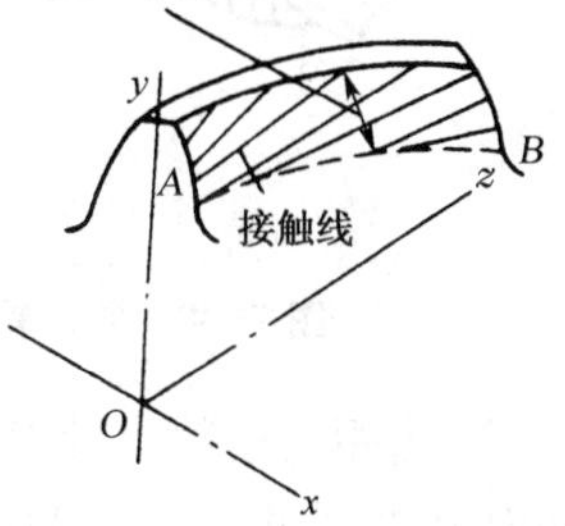

(b) 接触线

图 7-46　斜齿圆柱齿轮齿廓形成

2) 啮合特点

由齿廓曲面的形成可知,直齿圆柱齿轮啮合时,轮齿接触线是一条平行于轴线的直线,并沿齿面移动,如图 7-45(b)所示。所以在传动过程中,两轮齿将沿着整个齿宽同时进入啮合或同时退出啮合,因而轮齿上所受载荷也是突然加上或突然卸下,传动平稳性差,易产生冲击和噪声。斜齿圆柱齿轮啮合时,其瞬时接触线是斜直线,且长度有变化,见图 7-46(b)。一对轮齿从开始啮合起,接触线的长度从零逐渐增加到最大,然后又由长变短,直至脱离啮合。因此,轮齿上的载荷也是逐渐由小到大,再由大到小,所以传动平稳,冲击和噪声较小。此外,一对轮齿从进入到退出,总接触线较长,重合度大,同时参与啮合的齿对数多,故承载能力高。

7.11.2　斜齿轮的主要参数和几何尺寸计算

1) 主要参数

斜齿轮由于齿向的倾斜,故有法面参数和端面参数之分。法面参数在垂直于轮齿方向的平面上度量;端面参数在垂直于齿轮轴线的平面上度量,分别用脚标 n、t 加以区别。

(1) 螺旋角　螺旋线的切线与平行于轴线的母线所夹的锐角称为螺旋角。斜齿轮轮齿的倾斜程度通常用分度圆柱面上的螺旋角来表示。把斜齿轮的分度圆柱展开成矩形,如图 7-47所示,分度圆柱面上的螺旋线就成为直线,它与分度圆柱母线的夹角 β 就是分度圆柱上的螺旋角,简称螺旋角。一般取 $\beta = 8° \sim 25°$。

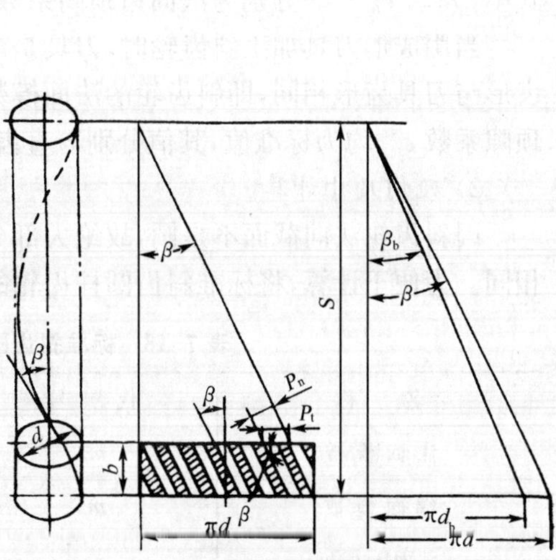

图 7-47　斜齿轮分度圆柱展开图

斜齿轮按其轮齿的旋向可分为左旋和右旋两种，如图 7-48 所示。

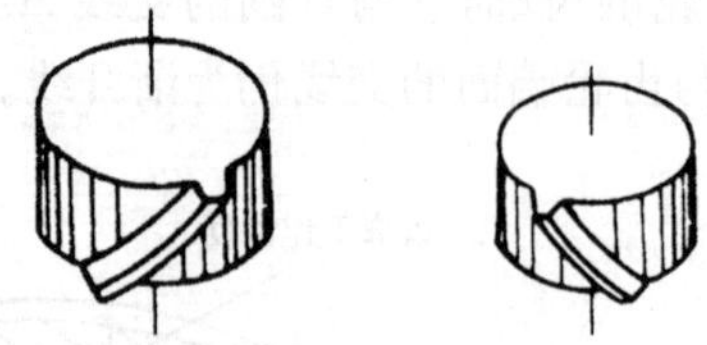

(a) 右旋　　(b) 左旋

图 7-48　斜齿轮的旋向

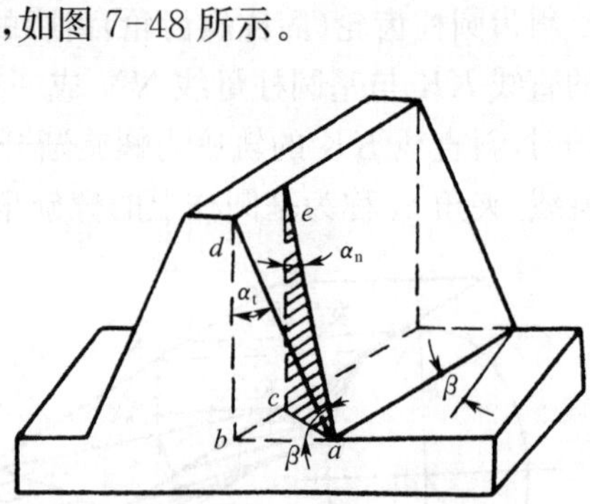

图 7-49　斜齿轮的压力角

(2) 齿距与模数　设 P_n、P_t 分别代表法面齿距和端面齿距，m_n、m_t 分别代表法面模数和端面模数，由图 7-47 可得

$$p_n = p_t \cos\beta \tag{7-26}$$

两边同除以 π 得

$$m_n = m_t \cos\beta \tag{7-27}$$

(3) 压力角　斜齿圆柱齿轮的法面压力角 α_n 和端面压力角 α_t 的关系，可用图 7-49 所示的斜齿条求得

$$\tan\alpha_n = \tan\alpha_t \cos\beta \tag{7-28}$$

(4) 齿顶高系数和顶隙系数　斜齿轮的齿顶高和齿根高，不论从法面或端面上度量都是相同的，通常用法面参数来计算：

$$h_a = h_{an}^* m_n \tag{7-29}$$

$$h_f = (h_{an}^* + c_n^*) m_n \tag{7-30}$$

式中：h_{an}^*、c_n^* ——分别为法面齿顶高系数和法面顶隙系数。

当用成形刀具加工斜齿轮时，刀具是沿着螺旋线方向进刀的。因此，斜齿轮轮齿的法面齿形与刀具齿形相同，即斜齿轮的法面模数 m_n、法面压力角 α_n、法面齿顶高系数 h_{an}^* 与法面顶隙系数 c_n^* 均为标准值，其值分别与直齿圆柱齿轮的 m、α、h_a^*、c^* 相同。

2) 几何尺寸计算

因斜齿轮法向截面不是圆，故绝大部分尺寸按端面参数计算，其端面参数关系与直齿轮相同。为便于计算，将标准斜齿圆柱齿轮的几何尺寸计算公式列于表 7-18。

表 7-18　标准斜齿圆柱齿轮的几何尺寸计算公式

名　称	代　号	计 算 公 式
法 面 模 数	m_n	由齿轮承载能力计算确定，选取标准值
端 面 模 数	m_t	$m_t = m_n / \cos\beta$
法面压力角	α_n	$\alpha_n = 20°$

（续 表）

名 称	代 号	计 算 公 式
端面压力角	α_t	$\tan\alpha_t = \tan\alpha_n/\cos\beta$
分度圆直径	d	$d = m_n z/\cos\beta$
齿 顶 高	h_a	$h_a = h_{an}^* m_n$
齿 根 高	h_f	$h_f = (h_{an}^* + c_n^*)m_n$
全 齿 高	h	$h = h_a + h_f$
齿顶圆直径	d_a	$d_a = d + 2h_a$
齿根圆直径	d_f	$d_f = d - 2h_f$
基 圆 直 径	d_b	$d_b = d\cos\alpha_t$
法 向 齿 距	p_n	$p_n = \pi m_n$
端 面 齿 距	p_t	$p_t = \pi m_t = \pi m_n/\cos\beta$
标准中心距	a	$a = (d_1 + d_2)/2 = m_n(z_1 + z_2)/2\cos\beta$

7.11.3 正确啮合条件与重合度

1）正确啮合条件

一对外啮合斜齿圆柱齿轮要正确啮合，必须满足：两齿轮的模数和压力角分别相等，且两齿轮的螺旋角大小相同，旋向相反。即

$$\left.\begin{aligned} m_{n1} &= m_{n2} = m \\ \alpha_{n1} &= \alpha_{n2} = \alpha \\ \beta_1 &= -\beta_2 \end{aligned}\right\} \tag{7-31}$$

上式中，如果是一对内啮合斜齿圆柱齿轮，则 $\beta_1 = \beta_2$。

2）重合度

图 7-50 为斜齿圆柱齿轮传动的啮合线图，由于螺旋齿面的原因，从进入啮合点 A 到退出啮合点 A'，比直齿轮传动的 B 至 B'，要长出 f。分析表明，斜齿圆柱齿轮传动的重合度可表达为

$$\varepsilon = \varepsilon_\alpha + \varepsilon_\beta \tag{7-32}$$

式中：ε_α——端面重合度，大小与直齿圆柱齿轮传动相同；

ε_β——纵向重合度，$\varepsilon = \dfrac{f}{p_t} = \dfrac{b\tan\beta}{p_t}$。

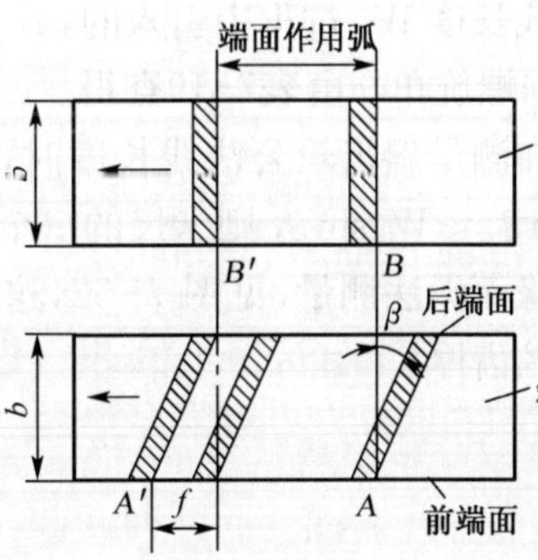

图 7-50 斜齿圆柱齿轮传动的重合度

由此可知，斜齿轮传动的重合度随齿宽 b 和螺旋角 β 的增大而增大，故比直齿轮传动平稳，承载能力高。

7.11.4 斜齿圆柱齿轮的当量齿数

如图 7-51 所示，过斜齿轮分度圆柱上某一点 P 作法向截面，此截面与分度圆柱的交线

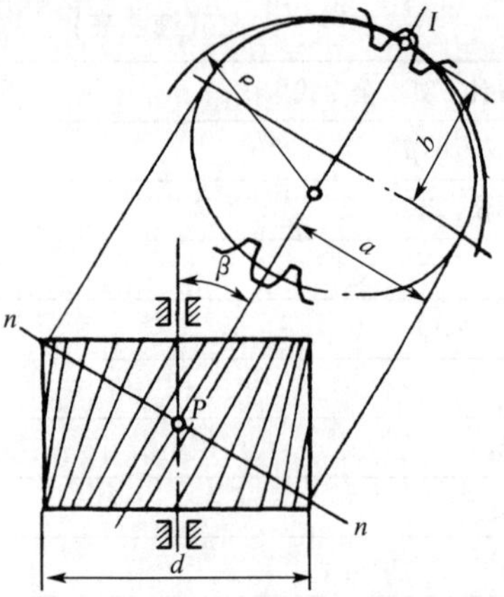

图 7-51 斜齿圆柱齿轮的当量齿数

为一椭圆。易知法向标准齿形位于椭圆短半轴 P 点附近。如以椭圆 P 点的曲率半径为分度圆半径，以 m_n 为模数，α_n 为压力角，作一个假想的直齿圆柱齿轮，则该假想直齿圆柱齿轮的齿形与斜齿轮的法面齿形相近似，这个假想的直齿圆柱齿轮称为该斜齿轮的当量齿轮，其齿数称为当量齿数，以 z_v 表示，经推导得

$$z_v = \frac{z}{\cos^3\beta} \tag{7-33}$$

当量齿数不一定为整数，由于 $\cos^3\beta < 1$，所以 $z_v > z$。用仿形法加工斜齿轮时，应根据当量齿数选择铣刀号码。在斜齿轮的强度计算中也要用到当量齿数。利用式(7-33)还可求出标准斜齿轮不发生根切的最少齿数 z_{min}

$$z_{min} = z_{v\,min}\cos^3\beta = 17\cos^3\beta \tag{7-34}$$

可见斜齿轮不发生根切的最少齿数比直齿轮少，因而结构更为紧凑。

7.11.5 公法线长度与分度圆弦齿厚

1) 公法线长度

由于斜齿轮的轮齿呈螺旋形，因此公法线长度只能在法面内测量。对于标准斜齿轮，其公法线长度和跨齿数 k 的计算公式分别为

$$W_n = m_n[2.952\,1(k - 0.5) + 0.014z'] \tag{7-35}$$

$$k = \frac{z'}{9} + 0.5 \approx 0.111z' + 0.5$$

式中：z'——假想齿数，是将不能测量但能计算的端面公法线长度 W_t 转换为能测量的法面公法线长度 W_n 过程中引入的，$z' = k'z$，系数 k' 根据螺旋角 β 由表7-19查得。

在测量斜齿轮公法线长度时，若齿宽 $b < W_n\sin\beta_b \approx W_n\sin\beta$，则卡尺的一个卡脚就会跨出轮缘而无法测量，见图 7-52，这时可改测分度圆弦齿厚。

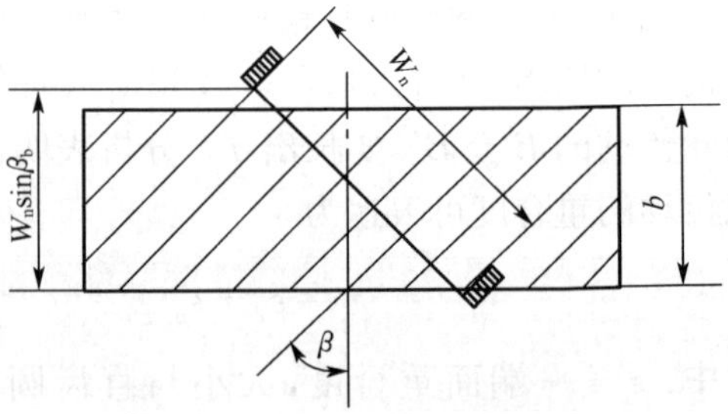

图 7-52 不能测量公法线长度

表 7-19 系数 k'

β(°)	7	8	9	10	11	12	13	14	15	16
k'	1.022	1.028	1.036	1.045	1.054	1.065	1.077	1.090	1.114	1.119
β(°)	17	18	19	20	21	22	23	24	25	
k'	1.136	1.154	1.173	1.194	1.216	1.240	1.266	1.293	1.323	

2）分度圆弦齿厚

斜齿轮的分度圆弦齿厚亦只能在法面上测量。用法面模数 m_n 和当量齿数 z_v 代替式(7-10)、式(7-11)中的 m 和 z，即得标准斜齿圆柱齿轮分度圆弦齿厚和弦齿高的计算公式：

$$\bar{s}_n = m_n z_v \sin\frac{90^\circ}{z_v}$$
$$\bar{h}_n = m_n\left[h_{an}^* + \frac{z_v}{2}\left(1-\cos\frac{90^\circ}{z_v}\right)\right] \tag{7-36}$$

7.11.6 斜齿圆柱齿轮传动的设计计算

1）受力分析

图7-53表示一斜齿圆柱齿轮在节点 P 处的受力情况。若略去齿面摩擦力，则作用在法向平面内的法向力 F_n 可分解为径向力 F_r 和分度圆柱切面分力 F'，F' 又可分解为圆周力 F_t 和轴向力 F_a，各力大小的计算公式为

切向力 $$F_t = \frac{2T_1}{d_1} \tag{7-37}$$

径向力 $$F_r = F'\tan\alpha_n = F_t\frac{\tan\alpha_n}{\cos\beta} \tag{7-38}$$

轴向力 $$F_a = F_t\tan\beta \tag{7-39}$$

法向力 $$F_n = \frac{F'}{\cos\alpha_n} = \frac{F_t}{\cos\alpha_n\cos\beta} \tag{7-40}$$

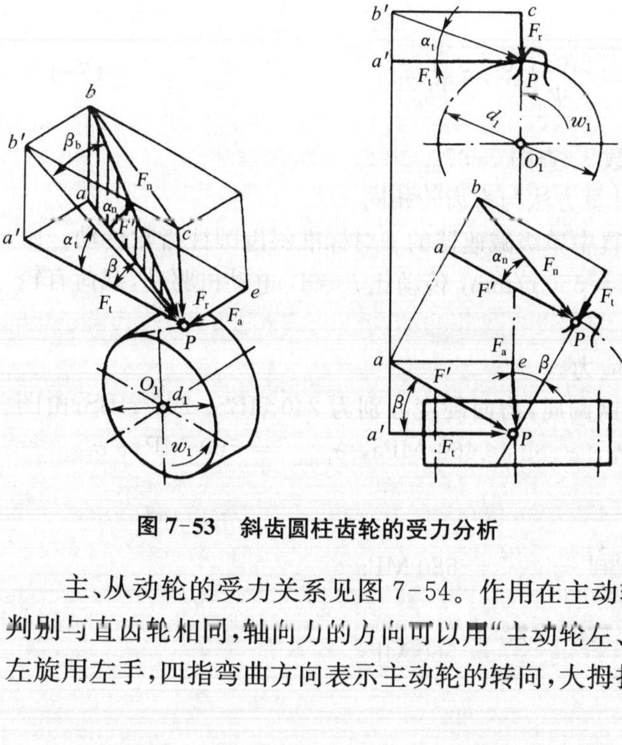

图7-53 斜齿圆柱齿轮的受力分析

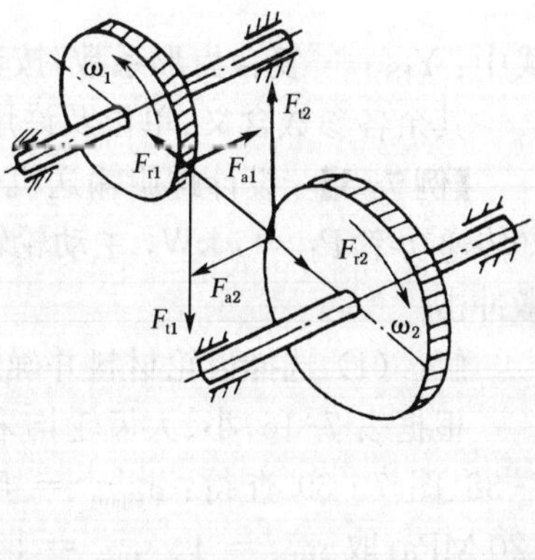

图7-54 斜齿轮主、从动轮受力关系图

主、从动轮的受力关系见图7-54。作用在主动轮和从动轮上的圆周力、径向力的方向判别与直齿轮相同，轴向力的方向可以用“主动轮左、右手定则”来判断：主动轮右旋用右手，左旋用左手，四指弯曲方向表示主动轮的转向，大拇指代表轴向力方向，从动轮的轴向力方

向与其相反，见图 7-55。

2）强度计算

因斜齿轮的法向齿形与当量直齿圆柱齿轮的齿形相同，所以，斜齿轮的强度计算可按当量直齿圆柱齿轮传动来进行。

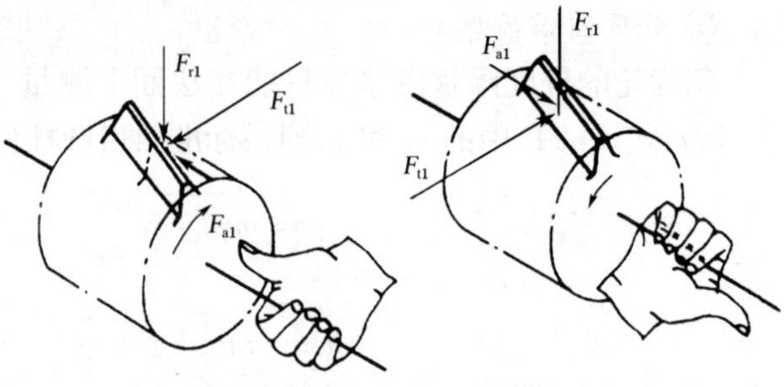

图 7-55　主动轮轴向力方向判别

（1）齿面接触疲劳强度计算　将当量齿轮的有关参数代入直齿轮的强度计算公式，经整理得一对外啮合钢制标准斜齿轮传动。

齿面接触疲劳强度校核公式

$$\sigma_H = 590\sqrt{\frac{KT_1 i+1}{bd_1^2 i}} \leqslant [\sigma_H] \tag{7-41}$$

齿面接触疲劳强度设计公式

$$d_1 = \sqrt[3]{\left(\frac{590}{[\sigma_H]}\right)^2 \frac{KT_1(i+1)}{\Psi_d i}} \tag{7-42}$$

若配对齿轮材料为非钢与钢，则 590 修正为$\frac{590\times Z_E}{189.8}$，$Z_E$ 查表 7-15。

（2）齿根弯曲疲劳强度计算　一对钢制标准斜齿轮传动时，则有：

齿根弯曲疲劳强度校核公式

$$\sigma_F = \frac{1.6KT_1\cos\beta}{d_1 b m_n} Y_{FS} \leqslant [\sigma_F] \tag{7-43}$$

齿根弯曲疲劳强度设计公式

$$m_n \geqslant \sqrt[3]{\frac{1.6KT_1\cos^2\beta}{\Psi_d z_1^2}\frac{Y_{FS}}{[\sigma_F]}} \tag{7-44}$$

式中：Y_{FS}——复合齿形系数，按当量齿数 z_v 查图 7-37。

其余各参数含义、单位及许用应力计算方法与直齿轮相同。

【例 7-3】 设计螺旋输送机传动装置中单级减速器的一对标准斜齿圆柱齿轮传动。已知传递功率 $P_1 = 7$ kW，主动轮转速 $n_1 = 550$ r/min，传动比 $i = 4$，电动机驱动，载荷有轻微冲击。

解　（1）选择齿轮材料并确定许用应力

根据表 7-16，小、大齿轮均采用 45 钢调质，齿面硬度分别为 240 HBS、200 HBS；由图 7-38、图 7-39 查得：$\sigma_{Hlim1} = 580$ MPa、$\sigma_{Flim1} = 460$ MPa，$\sigma_{Hlim2} = 560$ MPa、$\sigma_{Flim2} = 420$ MPa；取 $s_{Hlim} = 1$、$s_{Hlim} = 1$。则

$$[\sigma_{H1}] = \frac{\sigma_{Hlim1}}{s_{Hlim}} = \frac{580}{1} = 580 \text{ MPa}$$

$$[\sigma_{H2}] = \frac{\sigma_{Hlim2}}{s_{Hlim}} = \frac{560}{1} = 560 \text{ MPa}$$

$$[\sigma_{F1}] = \frac{\sigma_{Flim1}}{s_{Flim}} = \frac{460}{1} = 460\ \text{MPa}$$

$$[\sigma_{F2}] = \frac{\sigma_{Flim2}}{s_{Flim}} = \frac{420}{1} = 420\ \text{MPa}$$

(2) 按齿面接触疲劳强度设计计算

$$d_1 \geqslant \sqrt[3]{\left(\frac{590}{[\sigma_H]}\right)^2 \frac{KT_1(i+1)}{\Psi_d i}}$$

传递转矩 T_1　$T_1 = 9.55\times 10^6 P_1/n_1 = (9.55\times 10^6 \times 7/550)\text{N}\cdot\text{mm} = 121\,550\ \text{N}\cdot\text{mm}$；

载荷系数 K　因载荷有轻微冲击，齿轮相对于轴承对称布置，由表 7-13 取 $K = 1.35$；

齿宽系数 Ψ_d　由表 7-14 取 $\Psi_d = 1.2$；

许用接触应力$[\sigma_H]$　$[\sigma_H] = [\sigma_{H2}] = 560\ \text{MPa}$；

传动比 i　$i = 4$。

将以上参数代入式(7-42)，得

$$d_1 \geqslant \sqrt[3]{\left(\frac{590}{[\sigma_H]}\right)^2 \frac{KT_1(i+1)}{\Psi_d i}}$$

$$= \sqrt[3]{\left(\frac{590}{560}\right)^2 \frac{1.35\times 121\,550\times(4+1)}{1.2\times 4}}\ \text{mm} = 57.5\ \text{mm}$$

(3) 确定齿轮参数及主要尺寸

① 齿数　取 $z_1 = 23$，则 $z_2 = iz_1 = 4\times 23 = 92$。

② 模数　初选螺旋角 $\beta = 15°$，则法面模数

$$m_n = \frac{d_1\cos\beta}{z_1} = \left(\frac{57.5\times\cos 15°}{23}\right)\text{mm} = 2.41\ \text{mm}$$

取标准值 $m_n = 2.5\ \text{mm}$。

③ 中心距

标准中心距

$$a = \frac{m_n(z_1+z_2)}{2\cos\beta} = \left[\frac{2.5\times(23+92)}{2\times\cos 15°}\right]\text{mm} = 148.82\ \text{mm}$$

为了便于箱体的加工和测量，取 $a = 150\ \text{mm}$，则实际螺旋角

$$\beta = \arccos\frac{m_n(z_1+z_2)}{2a} = \arccos\frac{2.5\times(23+92)}{2\times 150} = 16.597\,8°$$

在 8°～25°的范围内，故合适。

④ 其他主要尺寸

分度圆直径

$$d_1 = \frac{m_n z_1}{\cos\beta} = \frac{2.5\times 23}{\cos 16.597\,8°}\ \text{mm} = 60\ \text{mm}$$

$$d_2=\frac{m_n z_2}{\cos\beta}=\frac{2.5\times 92}{\cos 16.597\,8^\circ}\ \text{mm}=240\ \text{mm}$$

齿顶圆直径

$$d_{a1}+d_1+2m_n=(60+2\times 2.5)\text{mm}=65\ \text{mm}$$

$$d_{a2}+d_2+2m_n=(240+2\times 2.5)\text{mm}=245\ \text{mm}$$

齿宽

$$b=\Psi_d d_1=(1.2\times 60)\ \text{mm}=72\ \text{mm},\text{取}\ b_2=72\ \text{mm}$$

$$b_1=b_2+(5\sim 10)=77\sim 82\ \text{mm},\text{取}\ b_1=80\ \text{mm}$$

(4) 验算齿根弯曲疲劳强度

$$\sigma_F=\frac{1.6KT_1\cos\beta}{d_1 b m_n}Y_{FS}\leqslant[\sigma_F]$$

当量齿数 z_v

$$z_{v1}=\frac{z_1}{\cos\beta}=\frac{23}{\cos 16.597\,8^\circ}=26.13$$

$$z_{v2}=\frac{z_2}{\cos\beta}=\frac{92}{\cos 16.597\,8^\circ}=104.53$$

复合齿形系数 Y_{FS}　由 $x=0$(标准齿轮)及 z_{v1}、z_{v2} 查图 7-37 得 $Y_{FS1}=4.2$，$Y_{FS2}=3.95$。则

$$\sigma_{F1}=\frac{1.6KT_1\cos\beta}{d_1 b m_n}Y_{FS1}$$

$$=\left(\frac{1.6\times 1.3\times 121\,550\times\cos 16.597\,8^\circ}{72\times 2.5\times 60}\times 4.2\right)\text{MPa}$$

$$=97.85\ \text{MPa}<[\sigma_{F1}]$$

$$\sigma_{F2}=\sigma_{F1}\frac{Y_{FS2}}{Y_{FS1}}=\left(97.85\times\frac{3.95}{4.2}\right)\text{MPa}=92.03\ \text{MPa}<[\sigma_{F2}]$$

弯曲强度足够。

(5) 确定齿轮传动精度

齿轮圆周速度

$$v=\frac{\pi d_1 n_1}{60\times 1\,000}=\left(\frac{3.14\times 60\times 550}{60\times 1\,000}\right)\text{m/s}=1.73\ \text{m/s}$$

由表 7-10 确定第Ⅱ公差组为 8 级精度。第Ⅰ、Ⅲ公差组也可定为 8 级，齿厚偏差选 HK。

(6) 齿轮结构设计

小齿轮 $d_{a1}=65$ mm，尺寸较小，采用齿轮轴(工作图略)；大齿轮 $d_{a2}=245$ mm，采用腹板式齿轮，其结构尺寸由经验公式确定。设与大齿轮配合处的轴径 $d=60$ mm，则大齿轮的零件工作图见图 7-56。

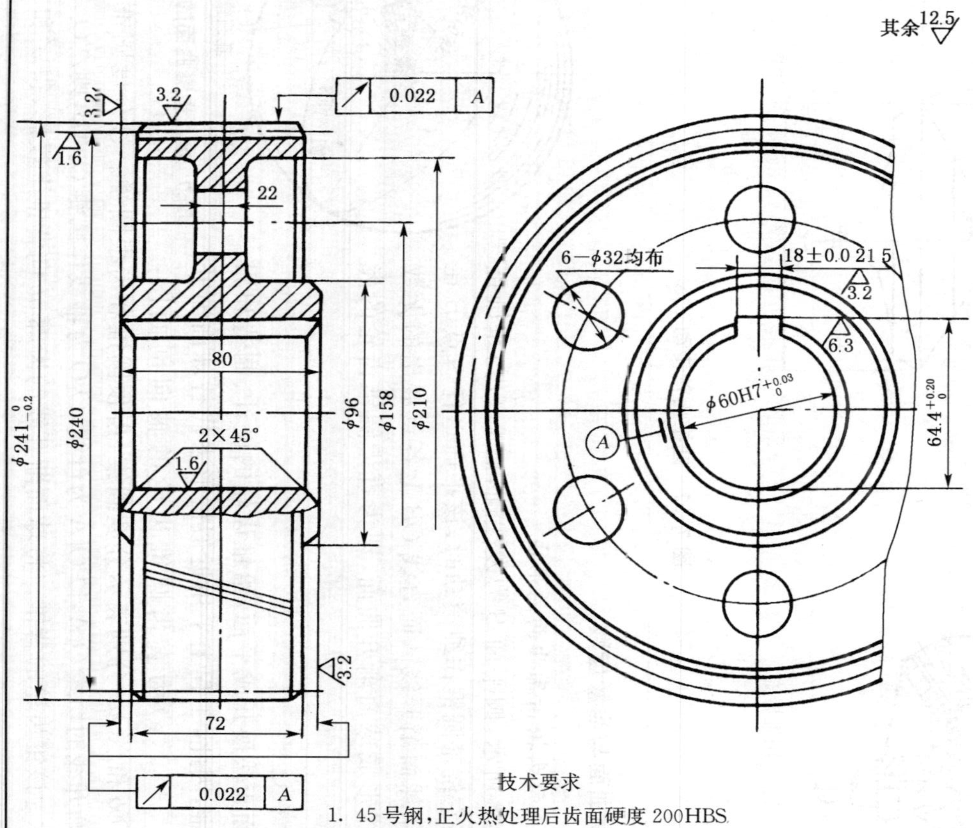

法面模数	m_n	2.5
齿数	z_2	92
齿形角	α_n	20°
齿顶高系数	h_a^*	1
全齿高	h	5.625
螺旋角	β	16°35′52″
螺旋方向	右	
径向变位系数	x	0
公法线平均长度及上下偏差	w_{a2}	$96.154_{-0.220}^{-0.132}$
跨测齿数	K	13
精度等级	8HK GB/T10095—1988	
中心距及其极限偏差	$a \pm f_a$	150±0.031 5
配对齿轮	图号	
	齿数	23
公差组	检查项目代号	公差值
Ⅰ	F_r	0.063
	F_w	0.050
Ⅱ	f_f	0.018
	F_{pt}	±0.022
Ⅲ	F_β	0.025

技术要求

1. 45号钢，正火热处理后齿面硬度200HBS
2. 未注圆角半径R5
3. 未注倒角1×45°

标题栏

图 7-56 齿轮零件工作图

7.12 直齿圆锥齿轮传动简介

7.12.1 概述

圆锥齿轮用于传递两相交轴间的运动和动力，两轴交角 Φ 可根据需要确定，一般机械中多采用 $\Phi = 90^\circ$ 的传动。圆锥齿轮的轮齿分布在截锥体的锥面上，如图 7-57 所示，其轮齿从大端向小端逐渐变小。为了便于测量和估计机构的外形尺寸，规定以大端的参数为标准参数。与圆柱齿轮相对应，圆锥齿轮有齿顶圆锥、分度圆锥、齿根圆锥和基圆锥，其轮齿有直齿、斜齿和曲齿三种。因直齿圆锥齿轮在设计、制造和安装等方面都比较简单，故目前应用较广，本节只介绍轴交角 $\Phi = 90^\circ$ 的直齿圆锥齿轮传动。

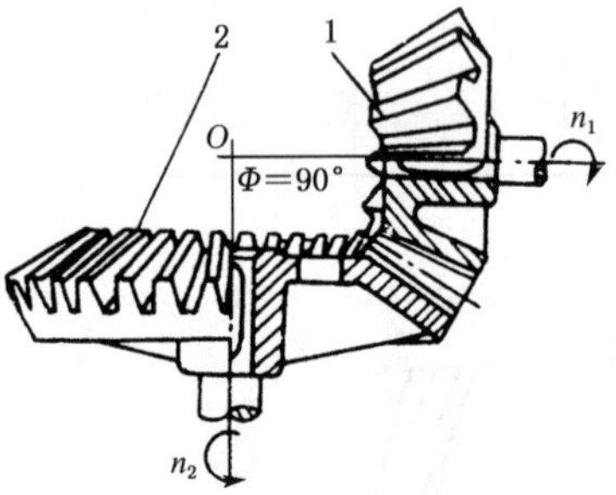

1、2—圆锥齿轮

(a)

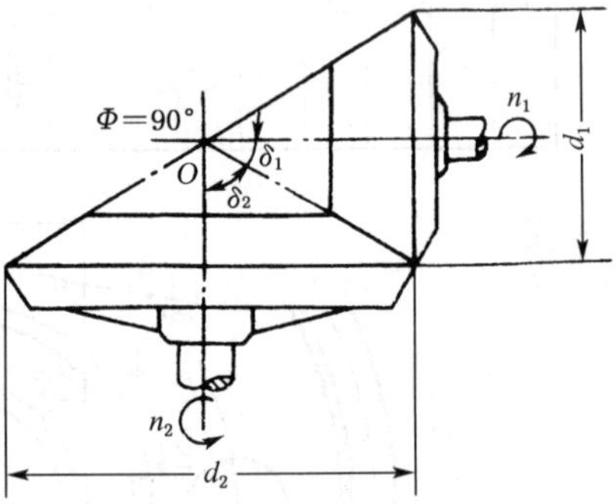

(b)

图 7-57 圆锥齿轮传动

7.12.2 齿廓曲面与当量齿数

1) 直齿圆锥齿轮齿廓曲面的形成

如图 7-58 所示，圆平面 S 为发生面，圆心 O 与基圆锥顶相重合，当它绕基圆锥作纯滚动时，该平面上任一点 B 在空间展出一条球面渐开线。而直线 OB 上各点展出的无数条球面渐开线形成球面渐开曲面，即为直齿圆锥齿轮的齿廓曲面。

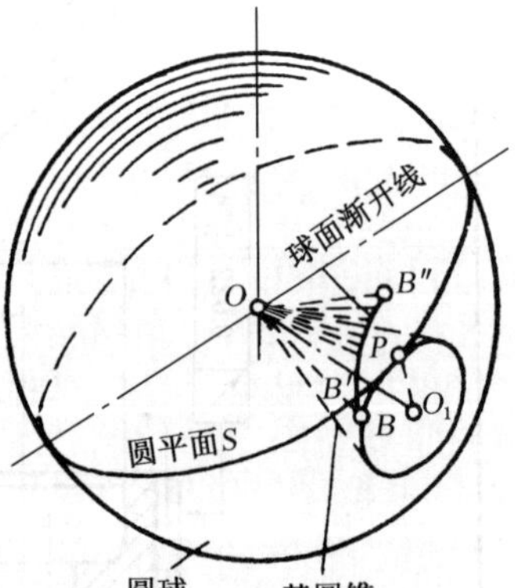

图 7-58 齿廓曲面的形成

2) 当量齿数

由于球面无法展开成平面，给锥齿轮的设计、制造和测量带来了困难，因此，工程上采用近似齿形来代替球面渐开线齿形。图 7-59(a) 为直齿圆锥齿轮的轴向剖面图，$\triangle OAB$、$\triangle Obb$ 和 $\triangle Oaa$ 分别表示分度圆锥、齿顶圆锥和齿根圆锥。过分度圆锥上 A 点作大端球面渐开线的切线 O_1A，以 O_1A 为母线，O_1O 为轴线作圆锥 O_1AB，则 $\triangle O_1AB$ 所代表的圆锥，称为该锥齿轮的背锥。将球面渐开线的齿廓 ab 向背锥上投影，得 a' 和 b' 两点，由图可见，$a'b'$与ab相差甚微。因背锥能展开成平面，所以可用背锥上的齿形近似代替球面上的齿形。

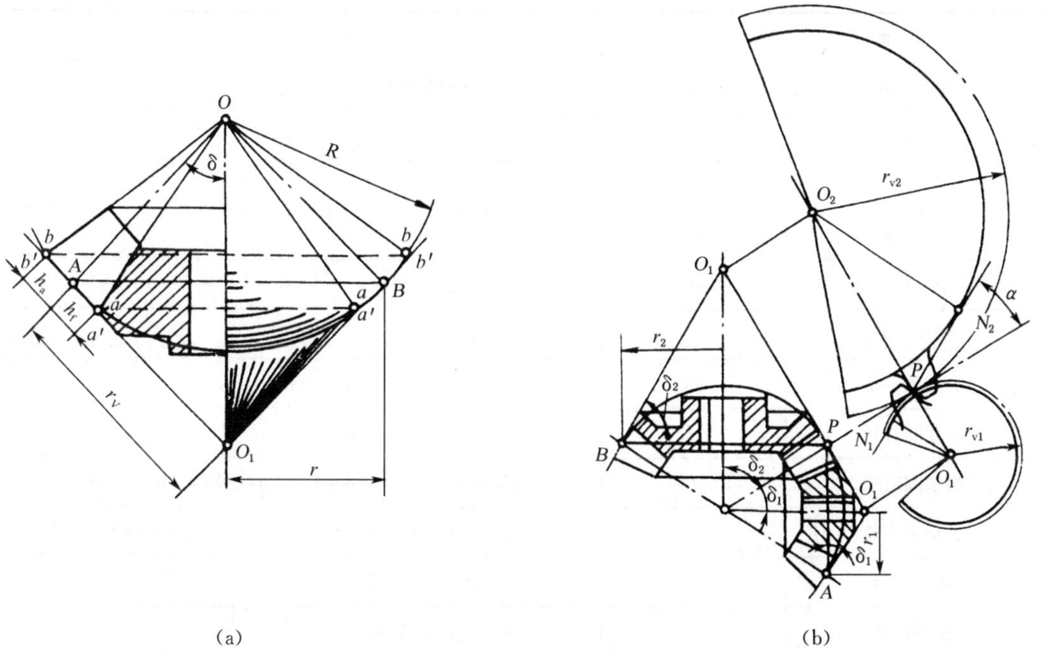

图 7-59 背锥与当量齿轮

将一对啮合的圆锥齿轮的背锥展开成平面，成为两个扇形齿轮，见图 7-59(b)，两扇形的半径为两背锥的锥距 r_{v1} 及 r_{v2}，其齿数即为圆锥齿轮的实际齿数 z_1、z_2。把扇形齿轮补足为一个完整的圆柱齿轮，该圆柱齿轮称为锥齿轮的当量齿轮，其齿数即为当量齿数，用 z_v 表示。由图 7-59(a)可得

$$r_v = \frac{mz_v}{2} = \frac{r}{\cos\delta} = \frac{mz}{2\cos\delta}$$

则有

$$z_v = \frac{z}{\cos\delta} \tag{7-45}$$

用仿形法加工圆锥齿轮时，应根据当量齿数选择铣刀号码。对于标准直齿圆锥齿轮，不根切的最少齿数，也可用当量齿数来确定，即

$$z_{\min} = z_{v\min}\cos\delta = 17\cos\delta \tag{7-46}$$

一对圆锥齿轮的啮合，相当于一对当量直齿圆柱齿轮的啮合。故圆锥齿轮的正确啮合条件为大端模数和压力角必须分别相等。

7.12.3 基本参数与几何尺寸计算

图 7-60 表示一对轴交角 $\varPhi = 90°$ 的标准直齿圆锥齿轮啮合，其节圆锥与分度圆锥重合。它

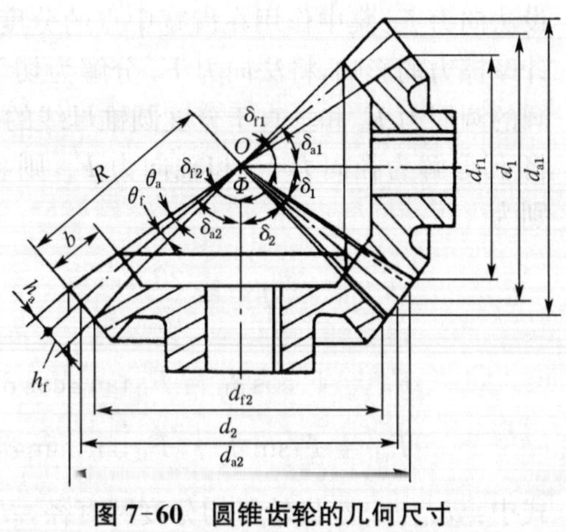

图 7-60 圆锥齿轮的几何尺寸

们各部分名称和几何尺寸计算公式见表7-20。

表 7-20 标准直齿圆锥齿轮几何尺寸计算公式($\Phi=90°$)

名 称	代 号	计 算 公 式
模 数	m	以大端模数为标准
传 动 比	i	$i=z_2/z_1=\cot\delta_1=\tan\delta_2$
齿 顶 高	h_a	$h_a=m$
齿 根 高	h_f	$h_f=1.2m$
全 齿 高	h	$h=2.2m$
齿顶间隙	c	$c=0.2m$
分度圆锥角	δ	$\delta_1=90°-\delta_2$, $\delta_2=\arctan(z_2/z_1)$
分度圆直径	d	$d_1=mz_1$, $d_2=mz_2$
齿顶圆直径	d_a	$d_{a1}=d_1+2m\cos\delta_1$, $d_{a2}=d_2+2m\cos\delta_2$
齿根圆直径	d_f	$d_{f1}=d_1-2.4m\cos\delta_1$, $d_{f2}=d_2-2.4m\cos\delta_2$
齿 顶 角	θ_a	$\theta_a=\arctan(h_a/R)$
齿 根 角	θ_f	$\theta_f=\arctan(h_f/R)$
齿 宽	b	$b=(0.25\sim0.3)R$
顶 锥 角	δ_a	$\delta_{a1}=\delta_1+\theta_a$, $\delta_{a2}=\delta_2+\theta_a$
根 锥 角	δ_f	$\delta_{f1}=\delta_1-\theta_f$, $\delta_{f2}=\delta_2-\theta_f$
锥 距	R	$R=\sqrt{r_1^2+r_2^2}=\frac{m}{2}\sqrt{z_1^2+z_2^2}=\frac{d_1}{2\sin\delta_1}=\frac{d_2}{2\sin\delta_2}$

7.12.4 直齿圆锥齿轮传动的强度计算

1) 轮齿的受力分析

图 7-61 所示为直齿圆锥齿轮传动的受力情况。设法向力 F_n 集中作用在齿宽中点的分度圆锥上,不计摩擦力的影响,将法向力 F_n 分解为切于平均分度圆的圆周力 F_t 和垂直于分度圆锥母线的分力 F',再将 F' 分解为径向力 F_r 和轴向力 F_a,则各力大小分别为

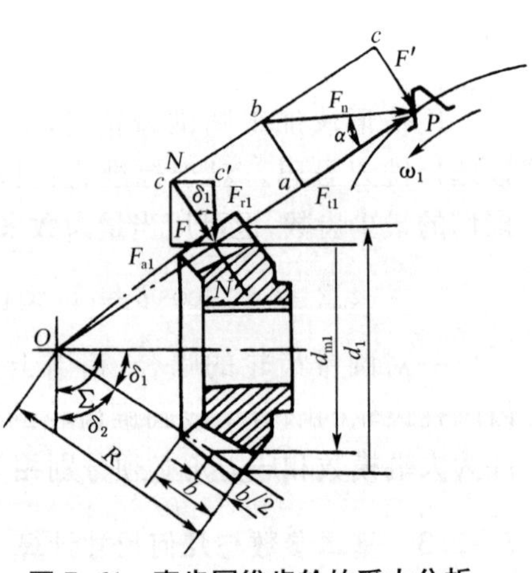

图 7-61 直齿圆锥齿轮的受力分析

$$F_{t1}=\frac{2T_1}{d_{m1}} \quad (7\text{-}47)$$

$$F_{r1}=F'\cos\delta_1=F_{t1}\tan\alpha\cos\delta_1 \quad (7\text{-}48)$$

$$F_{a1}=F'\sin\delta_1=F_{t1}\tan\alpha\sin\delta_1 \quad (7\text{-}49)$$

式中:d_{m1}——小齿轮平均分度圆直径,$d_{m1}=d_1(1-0.5b/R)$。

由图7-62可知，主、从动轮之间存在以下受力关系：

$$F_{t1}=-F_{t2}\quad F_{r1}=-F_{a2}\quad F_{a1}=-F_{a2}\qquad(7\text{-}50)$$

力的方向：F_{t1}与主动轮1转向相反，F_{t2}与从动轮2转向相同，F_{r1}、F_{r2}分别指向自己的轴线，F_{a1}、F_{a2}各自从小端指向大端。

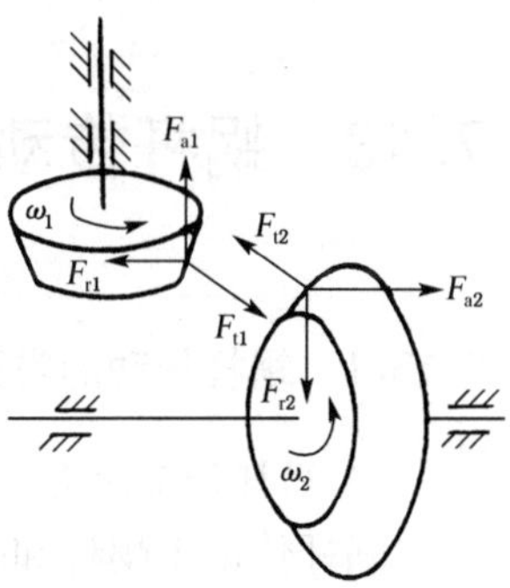

图7-62 受力关系

2）强度计算

直齿圆锥齿轮传动的强度，可近似按平均直径处的一对当量直齿圆柱齿轮的传动进行计算。

（1）齿面接触疲劳强度计算

校核公式

$$\sigma_H=\sqrt{\left[\left(\frac{195.1}{d_1}\right)\frac{KT_1}{i}\right]}\leqslant[\sigma_H]\qquad(7\text{-}50)$$

设计公式

$$d_1\geqslant195.1\sqrt[3]{\frac{KT_1}{i[\sigma_H]^2}}\qquad(7\text{-}51)$$

若两轮材料不是钢-钢，而是钢-铸铁或铸铁-铸铁，则系数195.1分别改为175.6和163.9。

（2）齿根弯曲疲劳强度计算

校核公式

$$\sigma_F=\left(\frac{3.2}{m}\right)^3\frac{KT_1Y_{FS}}{z_1^2\sqrt{i^2+1}}\leqslant[\sigma_F]\qquad(7\text{-}52)$$

设计公式

$$m\geqslant3.2\sqrt[3]{\frac{KT_1Y_{FS}}{z_1^2\sqrt{i^2+1}[\sigma_F]}}\qquad(7\text{-}53)$$

式中：Y_{FS}——复合齿形系数，按当量齿数z_v由图7-63查得。

其余各参数的含义、单位及许用应力计算方法与直齿圆柱齿轮相同。

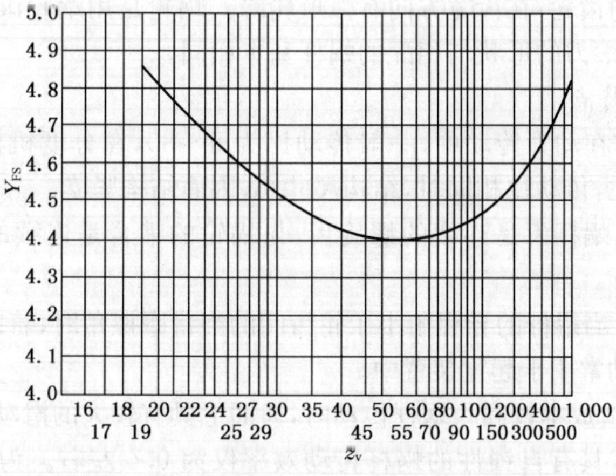

图7-63 直齿圆锥齿轮的复合齿形系数Y_{FS}

7.13 蜗杆传动

7.13.1 蜗杆传动的类型与特点

1）蜗杆传动的类型

蜗杆传动由蜗杆和蜗轮组成，用于传递空间两交错轴间的运动和动力。通常两轴交错角 $\Phi = 90°$，一般蜗杆为主动件。

根据蜗杆形状可分为圆柱蜗杆传动和圆环面蜗杆传动，分别见图 7-64(a)、(b)。圆柱蜗杆加工方便，圆环面蜗杆承载能力强。圆柱蜗杆又可分为阿基米德蜗杆和渐开线蜗杆。本节只讨论应用最广的阿基米德蜗杆传动。

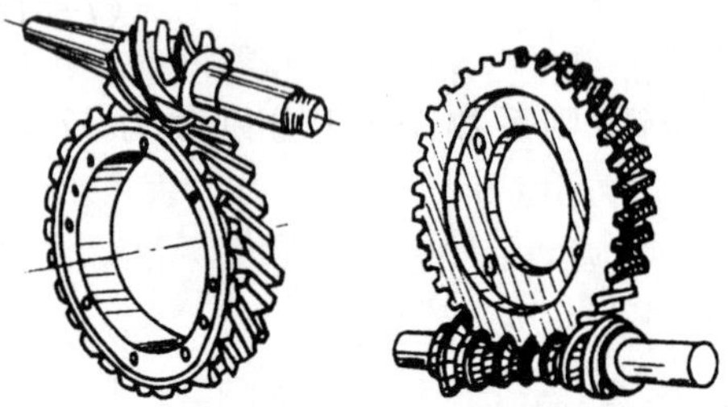

(a) 圆柱蜗杆传动　　(b) 圆环面蜗杆传动

图 7-64　两种蜗杆传动

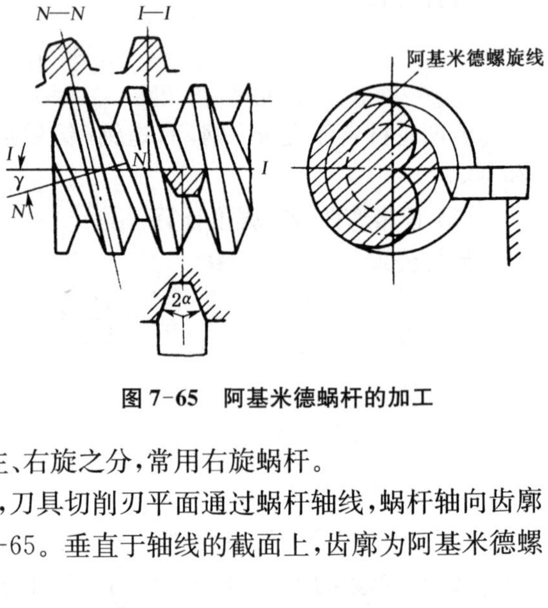

图 7-65　阿基米德蜗杆的加工

蜗杆形似螺杆，有单头、多头之分，亦有左、右旋之分，常用右旋蜗杆。

加工阿基米德蜗杆与车制螺纹方法相同，刀具切削刃平面通过蜗杆轴线，蜗杆轴向齿廓呈直边齿条形，两侧边夹角 $2\alpha = 40°$，见图 7-65。垂直于轴线的截面上，齿廓为阿基米德螺旋线，法向截面齿形为曲线。

蜗轮的形状似斜齿轮，在齿宽方向有弧形轮缘。蜗轮是用蜗轮滚刀在滚齿机上按展成法原理切制而成的，滚刀的形状与相配的蜗杆基本相同。

2）蜗杆传动的特点

(1) 传动比大　在动力传动中，一般传动比为 5～80，在分度机构中可达 1 000 以上。与其他传动形式相比，传动比相同时，结构尺寸小，因而结构紧凑。

(2) 传动平稳　蜗杆齿是连续的螺旋齿，与蜗轮的啮合是连续的，因此，传动平稳，噪声低。

(3) 可以自锁　当蜗杆的导程角小于轮齿间的当量摩擦角时，若蜗轮为主动件，机构将自锁。这种蜗杆传动常用于起重装置中。

(4) 效率低、制造成本较高　蜗杆传动时，齿面上具有较大的滑动速度，摩擦磨损大，故效率约为 0.7～0.8，具有自锁性的蜗杆传动效率仅为 0.4 左右。为了提高减摩性和耐磨性，蜗轮通常采用价格较贵的有色金属制造。

7.13.2 蜗杆传动的基本参数与几何尺寸

1）基本参数

图 7-66 所示为阿基米德蜗杆传动的啮合图。通过蜗杆轴线并与蜗轮轴线垂直的平面称中间平面，在中间平面内，相当于齿条与渐开线齿轮的啮合。因此，蜗杆传动规定以中间平面上的参数为基准，并沿用齿轮传动的计算关系。

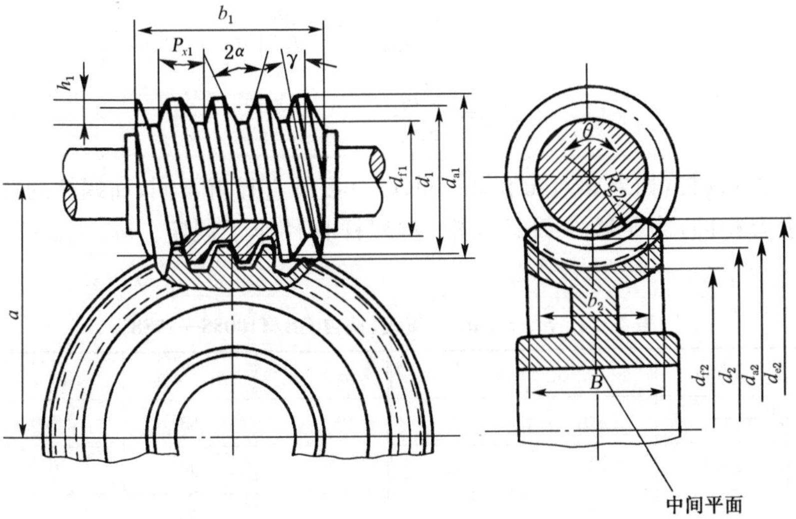

图 7-66 阿基米德蜗杆传动

(1) 模数和压力角 蜗杆蜗轮啮合时，在中间平面上，蜗杆的轴向模数 m_{x1} 和轴向压力角 α_{x1} 应分别与蜗轮的端面模数 m_{t2} 和端面压力角 α_{t2} 相等，亦取标准值，由于两轴线正交，所以蜗杆分度圆上的导程角 γ 应与蜗轮分度圆上的螺旋角 β 大小相等旋向相同，即蜗杆传动的正确啮合条件为

$$m_{x1} = m_{t2} = m$$

$$\alpha_{x1} = \alpha_{t2} = \alpha$$

$$\gamma = \beta$$

(2) 蜗杆头数 z_1、蜗轮齿数 z_2 和传动比 i 当蜗杆回转一周时，蜗轮被蜗杆推动转过 z_1 个齿，因此，其传动比为

$$i = \frac{n_1}{n_2} = \frac{z_2}{z_1} \tag{7-54}$$

蜗杆头数通常为 1、2、4 和 6。单头蜗杆可获得大传动比或自锁的蜗杆传动。但传动效率较低。多头蜗杆传动效率高，但制造困难。蜗杆头数 z_1 可根据传动比查表 7-21 确定。

表 7-21 蜗杆头数

传动比 i	5~6	7~16	15~32	30~83
蜗杆头数 z_1	6	4	2	1

蜗轮齿数 $z_2 = iz_1$。为避免蜗轮发生根切以及影响蜗杆刚度，常取 $z_2 = 28 \sim 80$。

(3) 蜗杆分度圆直径 d_1 和蜗杆导程角 γ　图 7-67 为蜗杆分度圆柱展开图，由图可得

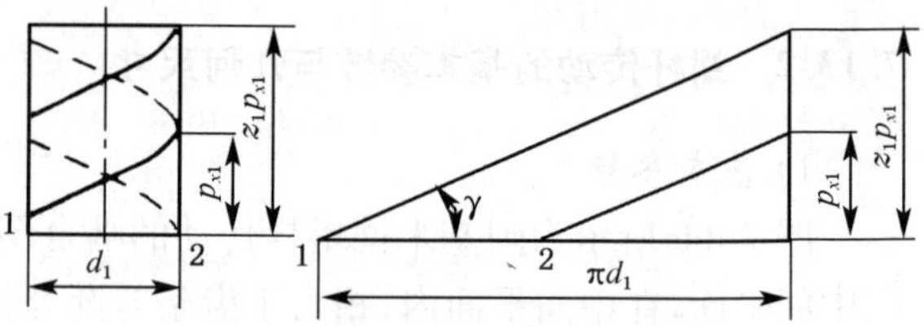

图 7-67　蜗杆分度圆直径与导程角

$$\left.\begin{aligned} \tan\gamma &= \frac{z_1 p_{x1}}{\pi d_1} = \frac{z_1 m}{d_1} \\ d_1 &= \frac{z_1 m}{\tan\gamma} \end{aligned}\right\} \tag{7-55}$$

同一模数的蜗杆，如果 $z_1/\tan\gamma$ 值不同，则分度圆直径就不同，而蜗杆的尺寸形状又必须与蜗轮滚刀相同，为了减少刀具规格，对蜗杆直径作了规定。m、z_1、d_1 的相互配置见表 7-22。

表 7-22　m、z_1、d_1 配置表(摘自 GB/T10085—1988)

m /mm	d_1/mm	z_1	$m^2 d_1$/mm³	m /mm	d_1/mm	z_1	$m^2 d_1$/mm³
2	18	1, 2, 4	72	5	63	1, 2, 4	1 575
	22.4	1, 2, 4	96		90	1	2 250
	28	1, 2, 4	112	6.3	50	1, 2, 4	1 984
	35.5	1	142		63	1, 2, 4, 6	2 500
2.5	20	1, 2, 4	125		80	1, 2, 4	3 175
	25	1, 2, 4, 6	156		112	1	4 445
	31.5	1, 2, 4	197	8	63	1, 2, 4	4 032
	45	1	281		80	1, 2, 4, 6	5 120
3.15	25	1, 2, 4	248		100	1, 2, 4	6 400
	31.5	1, 2, 4, 6	313		140	1	8 960
	40	1, 2, 4	396	10	71	1, 2, 4	7 100
	56	1	556		90	1, 2, 4, 6	9 000
4	31.5	1, 2, 4	504		112	1	11 200
	40	1, 2, 4, 6	640		160	1	16 000
	50	1, 2, 4	800	12.5	90	1, 2, 4	14 062
	71	1	1 136		112	1, 2, 4	17 500
5	40	1, 2, 4	1 000		140	1, 2, 4	21 875
	50	1, 2, 4, 6	1 250		200	1	31 250

2) 几何尺寸计算

圆柱蜗杆传动的几何尺寸计算公式见图 7-66 及表 7-23、表 7-24。

表 7-23　圆柱蜗杆传动几何尺寸计算公式

名　称	符　号	计 算 公 式	
		蜗　杆	蜗　轮
蜗杆轴向齿距	p_x	$p_x = \pi m$	
蜗杆导程角	γ	$\tan\gamma = z_1 m/d_1$	
分度圆直径	d	$d_1 = z_1 m/\tan\gamma$	$d_2 = mz_2$
齿 顶 高	h_a	$h_a = h_a^* m = m$	
齿 根 高	h_f	$h_f = (h_a^* + c^*)m = 1.2m$	
顶隙	C	$C = (0.2 \sim 0.3)m$	
蜗杆齿顶圆直径	d_{a1}	$d_{a1} = d_1 + 2h_a$	
蜗轮顶圆直径	d_{a2}		$d_{a2} = d_2 + 2h_a$
齿根圆直径	d_f	$d_{f1} = d_1 - 2h_f$	$d_{f2} = d_2 - 2h_f$
中 心 距	a	$a = (d_1 + d_2)/2$	

表 7-24　蜗杆、蜗轮宽度部分尺寸计算公式

蜗杆齿数 z_1	1	2、3	4
蜗杆齿宽 b_1	$\geqslant (11 + 0.06z_2)m$		$\geqslant (12.5 + 0.09z_2)m$
蜗轮外径 d_{e2}	$\leqslant d_{a2} + 2m$	$\leqslant d_{a2} + 1.5m$	$\leqslant d_{a2} + m$
蜗轮宽度 b_2	$\leqslant 0.75d_{a1}$		$\leqslant 0.67d_{a1}$
蜗轮轮缘宽度 B	$\approx b_2 + 2m$		$\approx b_2 + 1.8m$
蜗杆齿宽角 θ	$= 2\arcsin(b_2/b_1)$　$(\theta = 90° \sim 130°)$		

7.13.3　蜗杆传动的失效、材料和精度

1）齿面滑动速度

如图 7-68 所示，蜗杆和蜗轮啮合时，齿面间有较大的相对滑动速度。滑动速度 v_s 的大小为

$$v_s = \sqrt{v_1^2 + v_2^2} = \frac{v_1}{\cos\gamma} = \frac{\pi d_1 n_1}{60 \times 1\,000\cos\gamma} \tag{7-56}$$

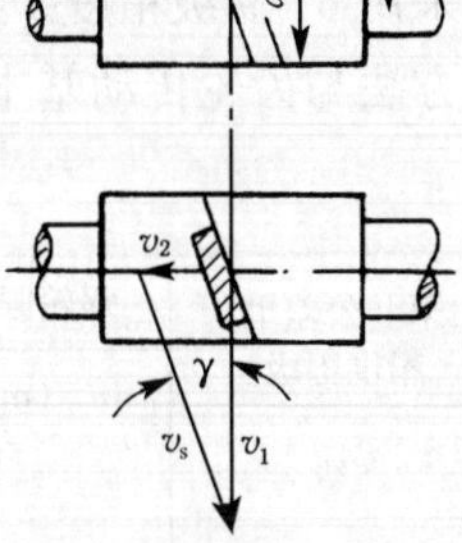

图 7-68　蜗杆传动的滑动速度

滑动速度的大小，对蜗杆传动的润滑情况、失效形式、发热及传动效率都有很大影响。

2）失效形式

蜗杆传动的失效形式和齿轮传动相类似，一般情况下，失效总是发生在强度较弱的蜗轮上。由于蜗杆传动齿面间相对滑动速度较大，摩擦产生的热量多，故闭式蜗杆传动的主要失效形式是点蚀和胶合，开式传动的主要失效形式是齿面磨损及因过度磨损引起的轮齿折断。

3）蜗轮、蜗杆常用材料

由蜗杆传动的失效形式可知，蜗杆和蜗轮的材料不仅要有足够的强度，更要有良好的减

摩、耐磨性和抗胶合性。

(1) 蜗杆材料　蜗杆一般用碳钢或合金钢制造。对高速重载传动，常用 20Cr、20CrMnTi 等，经渗碳淬火硬度为 56 ～ 62 HRC；对一般动力传动的蜗杆常用 45、40Cr 等，表面淬火硬度为 45 ～ 55 HRC；对于低速及不重要的传动，可用 45 钢调质，硬度为 220 ～ 250 HBS。

(2) 蜗轮材料　蜗轮常用青铜和铸铁制造。锡青铜如 ZCuSn10Pb1，耐磨性、抗胶合能力最好，允许的滑动速度 v_s 可达 25 m/s，但价格高；当滑动速度 $v_s < 10$ m/s时，可用铝铁青铜；低速($v_s < 2$ m/s)、轻载时，可用铸铁。蜗轮的常用材料见表 7-25、表 7-26。

表 7-25　锡青铜蜗轮的许用应力

蜗轮材料	铸造方法	滑动速度 $v_s/(m \cdot s^{-1})$	$[\sigma_H]$/MPa		$[\sigma_F]$/MPa	
			蜗杆齿面硬度		受载状况	
			≤350 HBS	>45 HRC	单侧	双侧
ZCuSn10Pb1	砂　模	≤12	180	200	51	32
	金属模	≤25	200	220	70	40
ZCuSn5Pb5Zn5	砂　模	≤10	110	125	33	24
	金属模	≤12	135	150	40	29

表 7-26　铝铁青铜及铸铁蜗轮的许用应力

蜗轮材料	蜗杆材料	$[\sigma_H]$/MPa							铸造方法	$[\sigma_F]$/MPa	
		滑动速度　$v_s/(m \cdot s^{-1})$								受载状况	
		0.5	1	2	3	4	6	8		单侧	双侧
ZCuAL10Fe3	淬火钢	250	230	210	180	160	120	90	砂模	82	64
HT150 HT200	渗碳钢	130	115	90	—	—	—	—		40～48	25～30
HT150	调质钢	110	90	70	—	—	—	—		40～48	35

注：蜗杆未经淬火时，需将表中$[\sigma_H]$值降低 20%。

4) 蜗杆传动的精度等级

国家标准对蜗杆传动规定了 12 个精度等级，1 级精度最高，依次降低。对于动力传动常采用 6～9 级精度。设计时可根据蜗轮圆周速度及使用条件查表 7-27 确定，精度等级标注方法与齿轮传动基本相同。

表 7-27　蜗杆传动的精度等级

第Ⅱ公差组精度等级	蜗轮圆周速度 $v_2/(m \cdot s^{-1})$	蜗杆齿面粗糙度 $R_a/\mu m$	蜗轮齿面粗糙度 $R_a/\mu m$	使用范围举例
7 级	<7.5	≤0.8	≤0.8	中速动力传动
8 级	<3	≤1.6	≤1.6	速度较低或短期工作的传动
9 级	<1.5	≤3.2	≤3.2	不重要的低速传动或手动传动

7.13.4 蜗杆传动的强度计算

1) 受力分析

(1) 蜗轮转向判别 根据蜗杆的旋向和转向，应用“左、右手法则”即能判别蜗轮转向。当蜗杆为右旋时用右手，四指弯曲方向表示蜗杆转向，拇指反方向即为蜗轮转向，见图7-68，如蜗杆为左旋，则用左手判别。

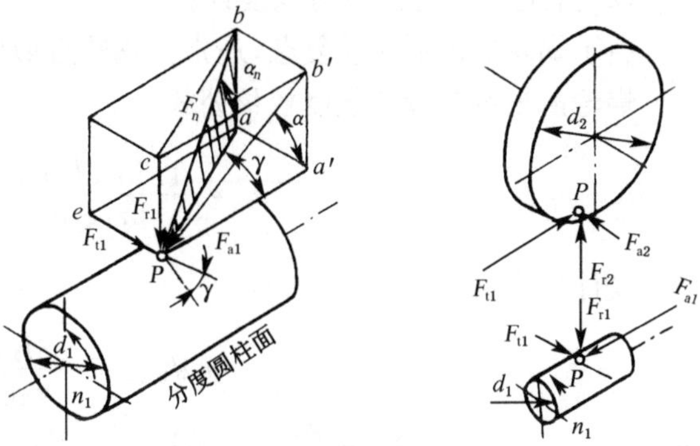

图7-69 蜗杆传动的受力分析

(2) 轮齿上的作用力 如图7-69所示，蜗杆传动轮齿上的作用力与斜齿圆柱齿轮相似。将齿面上的法向力 F_n 分解为三个互相垂直的分力：圆周力 F_t、轴向力 F_a 和径向力 F_r。力的大小为

$$F_{t1} = \frac{2T_1}{d_1} \tag{7-57}$$

$$F_{t2} = \frac{2T_2}{d_2} \tag{7-58}$$

$$F_{r1} = F_{t2}\tan\alpha \tag{7-59}$$

式中：T_1、T_2——为蜗杆、蜗轮上的转矩(N·mm)。其中 $T_2 = T_1 i\eta$，η 为蜗杆传动的效率，见式(7-64)。

各力指向：两轮圆周力和径向力的方向判别与圆柱齿轮相同，由于蜗杆与蜗轮轴线垂直交错，所以蜗杆的圆周力与蜗轮的轴向力、蜗轮的圆周力与蜗杆的轴向力分别大小相等，方向相反。即

$$F_{t1} = -F_{a2} \quad F_{t2} = -F_{a1} \quad F_{r2} = -F_{r2}$$

2) 强度计算

蜗杆传动中，由于蜗轮材料的强度较差，易引起轮齿失效，因此，一般只需对蜗轮进行强度计算。必要时可验算蜗杆的刚度，方法与轴的刚度计算相同。

(1) 蜗轮齿面接触疲劳强度计算

蜗轮齿面接触疲劳强度计算与斜齿轮相似，仍以赫兹公式为基础。经分析推导得钢蜗杆与青铜或灰铸铁蜗轮配对时，蜗轮齿面接触疲劳强度校核公式

$$\sigma_H = \frac{500}{d_2}\sqrt{\frac{KT_2}{d_1}} \leqslant [\sigma_H] \tag{7-60}$$

接触疲劳强度设计公式

$$m^2 d_1 \geqslant KT_2\left(\frac{500}{z_2[\sigma_H]}\right)^2 \tag{7-61}$$

式中：K——载荷系数，通常取 $K = 1.1 \sim 1.5$。载荷平稳、蜗轮圆周速度较低($v_2 < 3$ m/s)时取较小值，反之取较大值；

$[\sigma_H]$——蜗轮材料的许用接触应力(MPa)，见表7-25、表7-26。

(2) 蜗轮齿根弯曲疲劳强度计算

由于蜗轮的齿形比较复杂，通常把蜗轮近似作为斜齿圆柱齿轮进行条件性计算。

蜗轮齿根弯曲疲劳强度校核公式

$$\sigma_F = \frac{1.53KT_2\cos\gamma}{d_1 z_2 m^2} Y_F \leqslant [\sigma_H] \tag{7-62}$$

设计公式

$$m^2 d_1 \geqslant \frac{1.53KT_2\cos\gamma}{z_2[\sigma_F]} Y_F \tag{7-63}$$

式中：Y_F——蜗轮齿形系数，是考虑轮齿的几何形状对齿根弯曲应力的影响而引入的系数。可按当量齿数 $z_v = z_2/\cos^3\beta$ 由表 7-28 查取；

$[\sigma_F]$——蜗轮材料的许用弯曲应力(MPa)，见表 7-25、表 7-26。

其他符号的意义和单位同前。

表 7-28 蜗轮齿形系数

z_v	20	22	24	26	28	30	32	34	36	38
Y_F	1.98	1.93	1.88	1.85	1.80	1.76	1.71	1.67	1.63	1.59
z_v	40	45	50	60	70	80	90	100	150	200
Y_F	1.55	1.48	1.45	1.40	1.37	1.34	1.32	1.30	1.27	1.26

7.13.5 蜗杆传动的效率

闭式蜗杆传动的总效率通常包括三部分：啮合效率，轴承摩擦效率和浸油零件搅油效率。其中影响最大的啮合效率可近似按螺旋传动的效率公式计算，后两项效率约为 0.95～0.97。因此，蜗杆传动的总效率为

$$\eta = (0.95 \sim 0.97)\frac{\tan\gamma}{\tan(\gamma+\rho_v)} \tag{7-64}$$

式中：γ——蜗杆导程角；

ρ_v——当量摩擦角，$\rho_v = \arctan f_v$，f_v 为当量摩擦因数，其值可根据滑动速度由表 7-29查取。

由式 7-64 可知，效率在一定范围内随 γ 的增大而增大，所以，动力传动中常采用多头蜗杆，但 γ 过大使蜗杆加工困难，故 $\gamma_{max} = 27°$。

表 7-29 当量摩擦因数 f_v 和当量摩擦角 ρ_v

蜗轮材料	锡青铜				无锡青铜	
蜗杆齿面硬度	>45 HRC		≤350 HBS		>45 HRC	
滑动速度 $v_s/(m\cdot s^{-1})$	f_v	ρ_v	f_v	ρ_v	f_v	ρ_v
1	0.045	2°35′	0.055	3°09′	0.07	4°00′
2	0.035	2°00′	0.045	2°35′	0.055	3°09′
3	0.028	1°36′	0.035	2°00′	0.045	2°35′

（续 表）

蜗轮材料	锡青铜				无锡青铜	
4	0.024	1°22′	0.031	1°47′	0.04	2°17′
5	0.022	1°16′	0.029	1°40′	0.035	2°00′
8	0.018	1°02′	0.026	1°29′	0.03	1°43′

注：1. 蜗杆齿面粗糙度 $R_a = 0.8 \sim 0.2\ \mu m$。
2. 蜗轮材料为灰铸铁时，可按无锡青铜查取。

在初步估算中，蜗杆传动的总效率可由表 7-30 查得。

表 7-30　蜗杆传动总效率

闭 式 传 动				开式传动	自锁传动
Z_1					<0.5
1	2	4	6	1～2	
0.7～0.75	0.75～0.82	0.82～0.92	0.86～0.95	0.6～0.7	

思考题与习题

1. 若测得一正常齿制标准直齿圆柱齿轮的齿顶圆直径 $d_a = 120$ mm，齿数 $z = 22$。试确定该齿轮的模数 m、分度圆直径 d 和基圆直径 d_b。

2. C6150 车床的一对标准直齿圆柱齿轮，$z_1 = 21$，$z_2 = 66$，$h_a^* = 1$，$m = 3.5$ mm。试计算这对齿轮的 d_1、d_2；h_a、h_f、h；d_{a1}、d_{a2}、a。

3. 一对标准直齿圆柱齿轮传动，其模数 $m = 2$ mm，$\alpha = 20°$，$z_1 = 20$，$z_2 = 40$，如安装中心距为 61 mm，问是否属于标准安装？此时其节圆半径 r_1'、r_2' 各为多少？是否与分度圆一样大？其啮合角 α' 等于多少？

4. 一渐开线标准直齿圆柱齿轮的齿数 $z = 30$，模数 $m = 4$ mm，齿顶高系数 $h_a^* = 1$，压力角 $\alpha = 20°$。求齿廓在分度圆上的曲率半径 ρ。

5. 一对标准斜齿圆柱齿轮传动，已知 $z_1 = 20$，$z_2 = 40$，$m_n = 8$ mm，$\alpha_n = 20°$，$\beta = 20°$，$b = 30$ mm，$h_a^* = 1$。试求 d_1、d_2、d_{a1}、d_{a2}、a、z_{v1}、z_{v2}、W_1、W_2。

6. 图为两级斜齿圆柱齿轮减速器。已知齿轮 3 的螺旋角 $\beta_3 = 15°$，旋向如图 7-70 所示，$m_{n3} = 5$ mm，$z_3 = 24$；齿轮 2 的模数 $m_{n2} = 3$ mm，$z_2 = 39$。试求：

(1) 为使中间轴上两斜齿轮 2、3 产生的轴向力方向相反，画出齿轮 2 的螺旋方向；

(2) 如图 7-70 所示，欲使中间轴上产生的轴向力相互抵消，计算齿轮 2 的螺旋角 β_2。

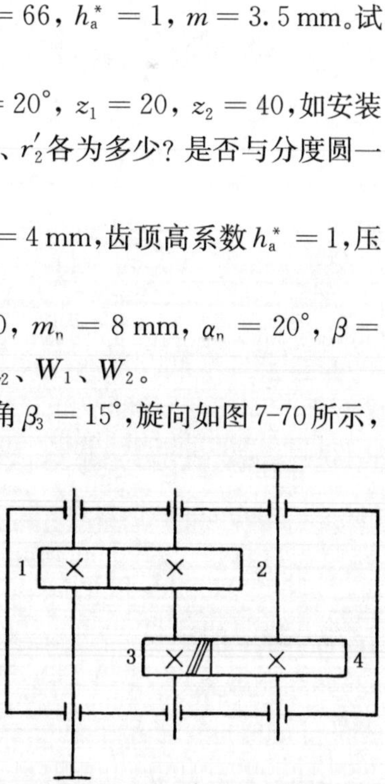

图 7-70

7. 试设计减速器中的一对直齿圆柱齿轮传动。已知传递功率 $P_1 = 12$ m/s，小齿轮转速 $n_1 = 960$ r/min，大齿轮转速 $n_2 = 240$ r/min，单向传动，载荷有中等冲击。

8. 设计一单级斜齿圆柱齿轮传动。已知小齿轮传递功率为 7.5 kW，转速 $n_1 = 1\,460$ r/min，$z_1 = 21$，材料为 40 MnB 调质，大齿轮材料为 45 钢调质，传动比 $i = 3$，载荷平稳，双向运转。

9. 一对轴交角 $\Phi = 90°$ 的直齿圆锥齿轮传动，已知 $m = 2.5$，$z_1 = 32$，$z_2 = 60$。试计算分度圆锥角 δ_1、δ_2；分度圆直径 d_1、d_2；锥距 R 和当量齿数 z_{v1}、z_{v2}。

10. 试判别图 7-71 中各蜗杆传动中蜗轮（或蜗杆）的回转方向及螺旋方向。

11. 有一阿基米德蜗杆传动，已知 $m^2 d_1 = 1\,190\text{mm}^3$，$z_1 = 1$，传动比 $i = 50$。试选择蜗杆模数及分度圆直径，并计算出蜗杆和蜗轮的几何尺寸。

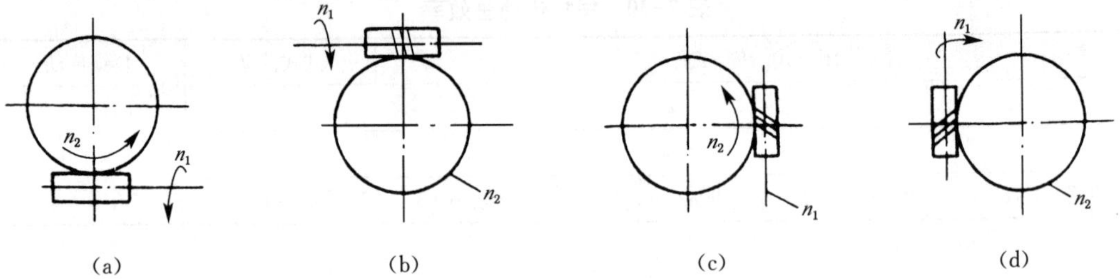

图 7-71

第8章 齿 轮 系

【内容简介】

本章主要讨论定轴轮系、周转轮系以及组合轮系传动比的计算和转向关系的确定。

【学习目标】

(1) 熟练掌握定轴轮系、周转轮系传动比的计算。

(2) 掌握轮系中各个齿轮转动方向的确定方法。

(3) 掌握组合轮系传动比的计算。

(4) 了解轮系的各种应用。

【重点】

平面、空间轮系传动比的计算方法与转动方向的判别。

8.1 齿轮系概述

在前一章研究了由一对齿轮组成的齿轮传动,分析了齿轮传动的啮合原理和相关几何尺寸的计算。但在实际机械中,为了满足不同的工作需要,往往采用一系列相互啮合的齿轮才能达到要求。这种由两个以上相互啮合的齿轮所组成的传动系统称为齿轮系,简称轮系。轮系可以用作变速、变向,获得大传动比、多传动比,也可用来分解或合成运动,应用广泛。

按照轮系传动时各齿轮的轴线位置是否固定,轮系可分为定轴轮系和周转轮系两大类。

(1) 定轴轮系 轮系在传动时,若各齿轮的轴线位置均固定不动,则称该轮系为定轴轮系,如图 8-1 所示。

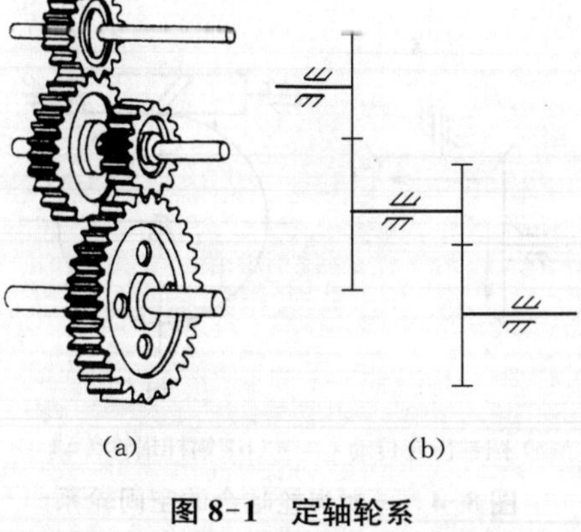

图 8-1 定轴轮系

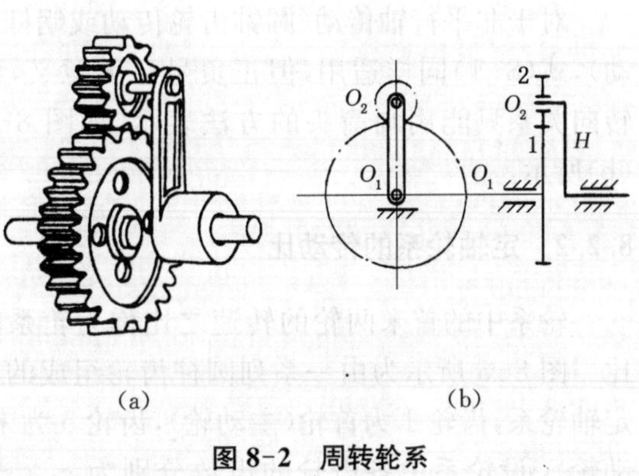

图 8-2 周转轮系

(2) 周转轮系 轮系在传动时,若轮系中至少有一个齿轮的轴线绕另 个齿轮的固定轴线转动,则称该轮系为周转轮系,如图 8-2 所示。

定轴轮系和周转轮系或由两个以上的周转轮系组成的轮系，称为组合轮系。

按照轮系中各个齿轮的轴线是否平行，可将轮系分为平面轮系和空间轮系。若组成轮系的所有齿轮的轴线都相互平行或重合，则称该轮系为平面轮系，否则称为空间轮系。

8.2 定轴轮系的传动比及其计算

8.2.1 一对齿轮啮合的传动比

先来讨论一对平行轴圆柱齿轮的传动比。设主动轮 1 的转速和齿数分别为 n_1 和 z_1，从动轮 2 的转速和齿数分别为 n_2 和 z_2，则传动比为

$$i_{12}=\frac{n_1}{n_2}=\pm\frac{z_2}{z_1} \tag{8-1}$$

式中：“+”号表示一对内啮合圆柱齿轮传动时，从动轮转向与主动轮转向相同，如图 8-3(a)所示；“−”号表示一对外啮合圆柱齿轮传动时，从动轮转向与主动轮转向相反，如图 8-3(b)所示。两轮的转向也可以用画箭头的方法在图中表示。

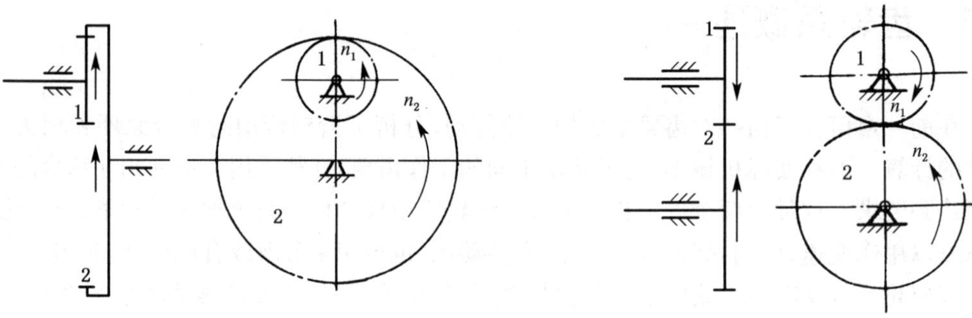

(a) 内啮合圆柱齿轮传动　　(b) 外啮合圆柱齿轮传动

图 8-3 一对齿轮啮合的平面轮系

对于非平行轴传动(圆锥齿轮传动或蜗杆蜗轮传动)，式(8-1)同样适用，但正负号已无意义，齿轮的转向关系只能用画箭头的方法表示，如图 8-4(a)、(b)所示。

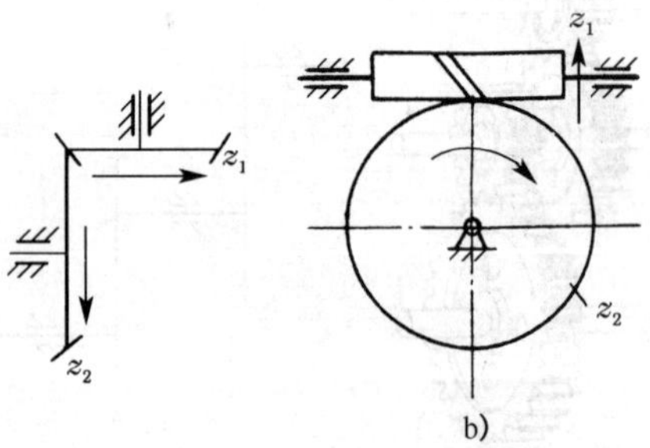

(a) 圆锥齿轮传动　　(b) 蜗杆蜗轮传动

图 8-4 一对齿轮啮合的空间轮系

8.2.2 定轴轮系的传动比

轮系中的首末两轮的转速之比称为轮系的传动比。图 8-5 所示为由一系列圆柱齿轮组成的平行轴定轴轮系，齿轮 1 为首轮(主动轮)，齿轮 5 为末轮(从动轮)，设轮系中各齿轮的齿数分别为 z_1、z_2、$z_{2'}$、z_3、z_4、$z_{4'}$、z_5，转速分别为 n_1、n_2、$n_{2'}(n_{2'}=n_2)$、n_3、n_4、$n_{4'}(n_{4'}=n_4)$、n_5，则轮系的传动比为

$$i_{15}=\frac{n_1}{n_5}$$

根据式(8-1)可以得到：

$$i_{12}=\frac{n_1}{n_2}=-\frac{z_2}{z_1} \qquad i_{2'3}=\frac{n_{2'}}{n_3}=\frac{n_2}{n_3}=-\frac{z_3}{z_{2'}}$$

$$i_{34}=\frac{n_3}{n_4}=-\frac{z_4}{z_3} \qquad i_{4'5}=\frac{n_{4'}}{n_5}=\frac{n_4}{n_5}=+\frac{z_5}{z_{4'}}$$

由此可得：

$$i_{12}\cdot i_{2'3}\cdot i_{34}\cdot i_{4'5}=\frac{n_1}{n_2}\cdot\frac{n_{2'}}{n_3}\cdot\frac{n_3}{n_4}\cdot\frac{n_{4'}}{n_5}$$

$$=\frac{n_1}{n_5}=\left(-\frac{z_2}{z_1}\right)\left(-\frac{z_3}{z_{2'}}\right)\left(-\frac{z_4}{z_3}\right)\left(\frac{z_5}{z_{4'}}\right)$$

$$=(-1)^3\ \frac{z_2 z_3 z_4 z_5}{z_1 z_{2'} z_3 z_{4'}}$$

故

$$i_{15}=\frac{n_1}{n_5}=i_{12}\cdot i_{2'3}\cdot i_{34}\cdot i_{4'5}=(-1)^3\ \frac{z_2\cdot z_4\cdot z_5}{z_1\cdot z_{2'}\cdot z_{4'}}$$

由上式可知，该定轴轮系的传动比等于组成轮系的各对齿轮啮合的传动比的连乘积，也等于轮系中所有从动轮齿数的连乘积与所有主动轮齿数的连乘积之比。传动比的正负号取决于轮系中外啮合齿轮的对数，式中 $(-1)^3$ 表示轮系中外啮合齿轮共有三对，$(-1)^3=-1$ 表示齿轮 1 与齿轮 5 的转向相反。

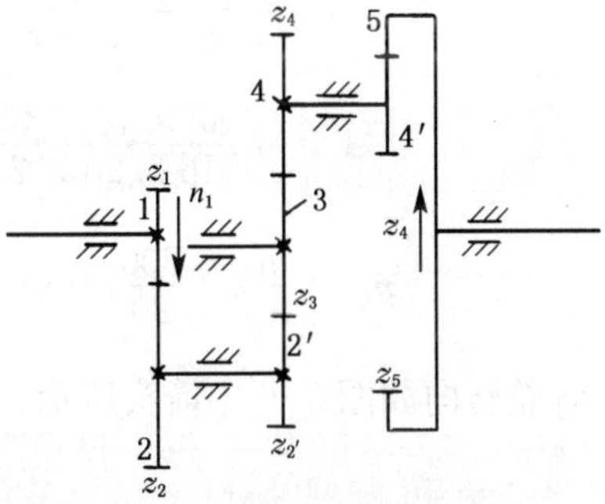

图 8-5 平行轴定轴轮系的传动比

图 8-5 中，齿轮 3 分别与齿轮 $2'$ 和齿轮 4 相啮合，它既是从动轮，又是主动轮，称为惰轮或介轮。上式中等式右边的分子、分母中都已消去齿数 z_3，说明 z_3 并不影响轮系传动比的大小，但会改变传动比的正负号。应用惰轮不仅可以改变从动轴的转向，还可以起到增大两轴间距的作用。

对于一般情况，若用 1、K 表示首末两轮，则定轴轮系的传动比为

$$i_{1K}=\frac{n_1}{n_K}=i_{12}\cdot i_{2'3}\cdot i_{3'4}\cdots i_{(K-1)'K}$$

$$=(-1)^m\ \frac{z_2\cdot z_3\cdot z_4\cdots z_K}{z_1\cdot z_{2'}\cdot z_{3'}\cdots z_{(K-1)'}} \tag{8-2}$$

$$=(-1)^m\ \frac{\text{所有从动轮齿数的连乘积}}{\text{所有主动轮齿数的连乘积}}$$

式(8-2)中，m 为轮系中外啮合齿轮的对数。用 $(-1)^m$ 来判断平面定轴轮系的转向。若轮系中包含有圆锥齿轮传动或蜗杆传动，其传动比的数值仍可用式(8-2)计算，但转向不

再用$(-1)^m$来判断，而需用画箭头的方法表示各轮的转向。

【例 8-1】 如图 8-5 中，已知首轮转速 $n_1=1\,440$ r/min 和转向，各齿轮的齿数分别为：$z_1=z_{2'}=z_{4'}=18$，$z_2=27$，$z_3=z_4=24$，$z_5=81$，试求齿轮 5 的转速 n_5，并在图上注明其转向。

解　由图 8-5 可知，轮系中外啮合圆柱齿轮的对数 $m=3$，齿轮 3 为惰轮，根据式(8-2)可得：

$$i_{15}=\frac{n_1}{n_5}=(-1)^m\frac{z_2\cdot z_4\cdot z_5}{z_1\cdot z_{2'}\cdot z_{4'}}$$

$$=(-1)^3\frac{27\times24\times81}{18\times18\times18}=-9$$

$$n_5=\frac{n_1}{i_{15}}=\frac{1\,440}{-9}\text{r/min}=-160\text{ r/min}$$

因传动比为负号，所以齿轮 5 的转向与主动轮 1 转向相反，如图 8-5 所示。

【例 8-2】 如图 8-6 所示的轮系中，已知首轮转速 $n_1=800$ r/min 和转向，$z_1=16$，$z_2=32$，$z_{2'}=20$，$z_3=40$，$z_{3'}=2$(右旋)，$z_4=40$，求蜗轮的转速 n_4 及各轮的转向。

解　由式(8-2)可得：

$$i_{14}=\frac{n_1}{n_4}=\frac{z_2\cdot z_3\cdot z_4}{z_1\cdot z_{2'}\cdot z_{3'}}$$

$$=\frac{32\times40\times40}{16\times20\times2}=80$$

$$n_4=\frac{n_1}{i_{14}}=\frac{800}{80}\text{r/min}=10\text{ r/min}$$

各轮转向如图 8-6 中箭头所示。

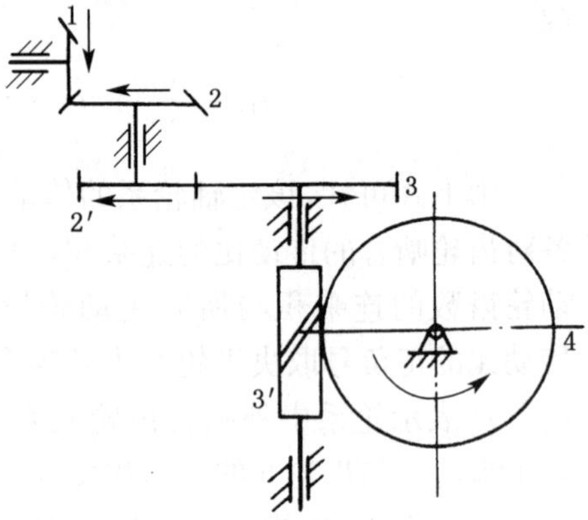

图 8-6　空间定轴轮系

8.3　周转轮系的传动比及其计算

8.3.1　周转轮系的组成

在如图 8-7 所示的轮系中，轴线位置固定的齿轮 1、3 称为太阳轮(或中心轮)；既绕 O_2 自转，又绕 O_H 轴作公转的齿轮 2 称为行星轮；支持行星轮的构件 H 称为行星架(或系杆)，它绕固定几何轴 O_H 转动。O_1、O_3、O_H 必须重合，否则周转轮系不能转动。

周转轮系可分为两类：

(1) 行星轮系　如图 8-7(a)所示，若齿轮 3 固定不动，即 $n_3=0$，则称为行星轮系(若齿轮 1 固定，则也是行星轮系)，这种周转轮系具有一个自由度。

(2) 差动轮系　如图 8-7(b)所示，若两个太阳轮都能转动，则称为差动轮系，这种周转轮系具有两个自由度。

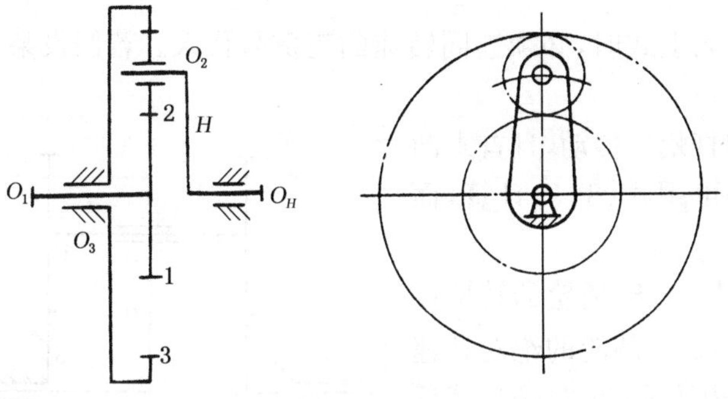

(a) 行星轮系

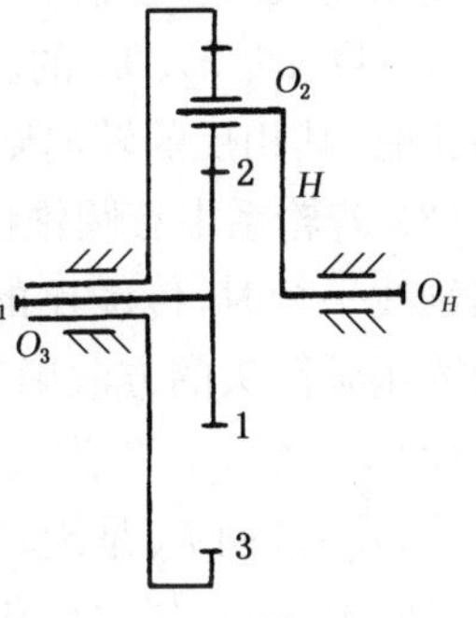

(b) 差动轮系

图 8-7 周转轮系及其分类

8.3.2 周转轮系的传动比

在如图 8-8(a)所示的周转轮系中，由于行星轮的运动不是绕固定轴线转动，故其传动比的计算不能直接应用定轴轮系传动比的公式。根据相对运动原理，若假想给整个周转轮系加上一个与行星架 H 的转速 n_H 大小相等、方向相反的公共转速($-n_H$)，则行星架 H 静止不动，而各构件间的相对运动关系不发生改变。这时，原来的周转轮系就可以转化为定轴轮系。该假想的定轴轮系称为原周转轮系的转化轮系，如图 8-8(b)所示。转化轮系中各构件相对行星架 H 的转速分别用 n_1^H、n_2^H、n_3^H、n_H^H 表示，各构件转化前后的转速如表 8-1 所示。

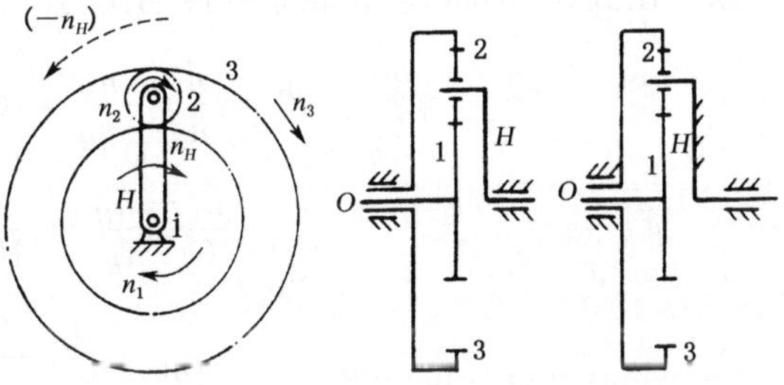

(a) 周转轮系 (b) 转化轮系

图 8-8 周转轮系及其转化轮系

表 8-1 转化前后轮系中各构件的转速

构 件	周转轮系中的转速	转化轮系中的转速	构 件	周转轮系中的转速	转化轮系中的转速
太阳轮 1	n_1	$n_1^H=n_1-n_H$	太阳轮 3	n_3	$n_3^H=n_3-n_H$
行星轮 2	n_2	$n_2^H=n_2-n_H$	行星架 H	n_H	$n_H^H=n_H-n_H=0$

在转化轮系中，由于行星架是固定的，1、3 两轮的传动比可用定轴轮系传动比的计算方法求得，即

$$i_{13}^H=\frac{n_1^H}{n_3^H}=\frac{n_1-n_H}{n_3-n_H}=(-1)^m\frac{z_2\cdot z_3}{z_1\cdot z_2}=-\frac{z_3}{z_1}$$

对一般情况，若用 1、K 表示首末两轮，则转化轮系的传动比为

$$i_{1K}^H=\frac{n_1-n_H}{n_K-n_H}=(-1)^m\frac{\text{从齿轮 1 至 }K\text{ 间所有从动轮齿数的连乘积}}{\text{从齿轮 1 至 }K\text{ 间所有主动轮齿数的连乘积}} \tag{8-3}$$

使用上式时应注意：

(1) 将 n_1、n_2、n_1 的已知值代人上式时，必须连同转速的正负号代入。若假设某一转向为正时，其相反的转向则为负。

(2) 若轮系中有圆锥齿轮和蜗杆蜗轮传动，且首末两轮的轴线平行时，传动比的大小仍可用式(8-3)计算，而转向要用画箭头的方法确定。

(3) $i_{1K}^H \neq i_{1K}$，i_{1K}^H 为转化轮系中 1、K 两轮的转速比(即：n_1^H/i_K^H)。而 i_{1K} 是周转轮系中 1、K 两轮的绝对转速之比(即：n_1/n_K)，其大小和符号必须按式(8-3)经计算后求出。

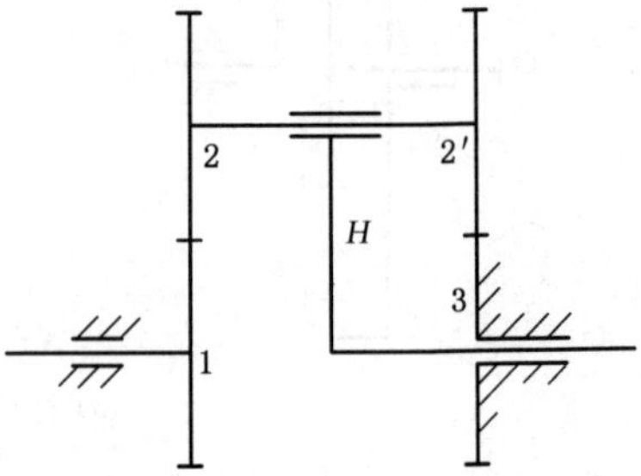

图 8-9

【例 8-3】 如图 8-9 所示为一个大传动比的减速器，已知各轮齿数为 $z_1=100$，$z_2=101$，$z_{2'}=100$，$z_3=99$。求原动件 H 对从动件 1 的传动比 i_{H1}。

解　由式(8-3)得，转化轮系的传动比为

$$i_{13}^H=\frac{n_1-n_H}{n_3-n_H}=(-1)^2\frac{z_2\cdot z_3}{z_1\cdot z_2}$$

$$\frac{n_1-n_H}{0-n_H}=\frac{101\times 99}{100\times 100}$$

故
$$i_{H1}=\frac{n_H}{n_1}=10\,000$$

本例可以说明，周转轮系可以用少齿差齿轮得到很大的传动比，故结构紧凑。但要注意此轮系效率很低，且当构件 1 为主动件时，将发生自锁(即无论给构件 1 加上多大的力矩，机构也不能动)。这种周转轮系可在仪表中用来测量高速转动或作为精密的微调机构。

【例 8-4】 如图 8-10(a)所示为一个差速器，已知各轮齿数为 $z_1=48$，$z_2=42$，$z_{2'}=18$，$z_3=21$，各轮转速 $n_1=100$ r/min，$n_3=80$ r/min，其转向如图所示，求 n_H。

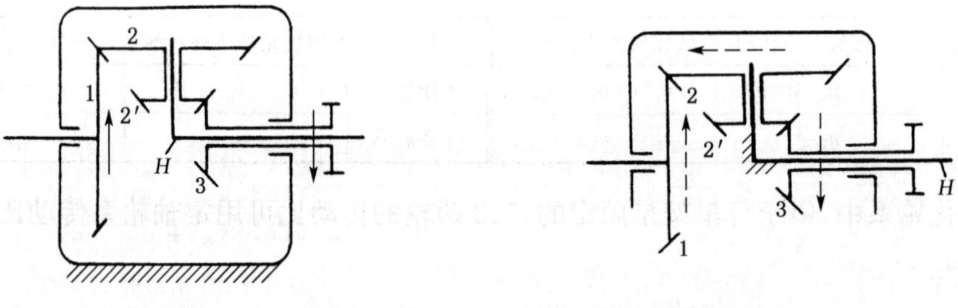

(a) 差动轮系　　(b) 转化轮系

图 8-10

解　此差速器是由圆锥齿轮 1、2、2′、3 和行星杆 H 组成的差动轮系，且 1、3、H 的几何轴线互相重合，因此，由式 8-3 得：

$$i_{13}^H=\frac{n_1-n_H}{n_3-n_H}=\frac{100-n_H}{-80-n_H}=-\frac{z_3\cdot z_2}{z_{2'}\cdot z_1}=-\frac{21\times 42}{18\times 48}=-\frac{49}{48}$$

式中齿数比之前的“－”号，由图 8-10(b)所示的转化轮系用画箭头的方法确定。解得：

$$n_H = \frac{880}{97}(\mathrm{r/min}) = 9.07(\mathrm{r/min})$$

其结果为正值，表明 H 的转向与轮 1 的转向相同。

8.4 组合轮系的传动比

组合轮系是由定轴轮系和周转轮系或由两个以上的周转轮系组合而成的，如图 8-11(a)、(b)所示。

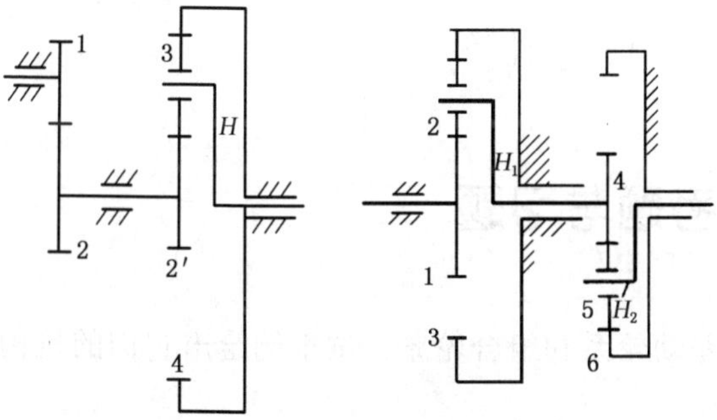

(a) 定轴轮系与周转轮系组合　(b) 两个周转轮系组合

图 8-11　组合轮系

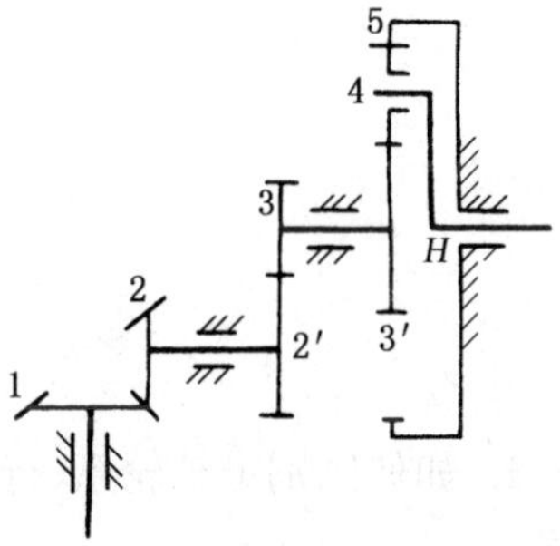

图 8-12

计算组合轮系的传动比时，必须首先将该轮系分解为几个单一的基本轮系，再分别按相应的传动比计算公式列出方程式，最后联立解出所求的传动比。

解决此类问题的关键是：在轮系中先找出单一的周转轮系，即先找出行星轮，再找出支持行星轮的行星架以及与行星轮相啮合的太阳轮，即确定了周转轮系。

【例 8-5】 如图 8-12 所示轮系中，已知各轮齿数分别为 z_1、z_2、$z_{2'}$、z_3、$z_{3'}$、z_4、z_5。求传动比 i_{1H}。

解 (1) 先找出轮系中的行星轮 4，行星架 H，太阳轮 3′、5，组成了周转轮系，即 3′—4—5—H 为周转轮系，余下的部分 1—2—2′—3 为定轴轮系。

(2) 定轴轮系 1—2—2′—3 部分，其传动比为

$$i_{13} = \frac{n_1}{n_3} = \frac{z_2 \cdot z_3}{z_1 \cdot z_{2'}}$$

$$n_1 = \frac{z_2 \cdot z_3}{z_1 \cdot z_{2'}} \cdot n_3 \qquad \text{(a)}$$

(3) 周转轮系 3′—4—5—H 部分，其传动比为

$$i_{3'5}^{H} = \frac{n_{3'} - n_H}{n_5 - n_H} = -\frac{z_5}{z_{3'}}$$

因为轮 5 固定不动，即 $n_5 = 0$。故

$$\frac{n_{3'}-n_H}{0-n_H}=-\frac{z_5}{z_{3'}}$$

即

$$1-\frac{n_{3'}}{n_H}=-\frac{z_5}{z_{3'}}$$

$$n_{3'}=\left(1+\frac{z_5}{z_{3'}}\right)n_H=n_3 \tag{b}$$

将(b)式代入(a)式,得

$$n_1=n_H\left(1+\frac{z_5}{z_3}\right)\left(\frac{z_2\cdot z_3}{z_1\cdot z_{2'}}\right)$$

$$i_{1H}=\frac{n_1}{n_H}=\left(1+\frac{z_5}{z_3}\right)\left(\frac{z_2\cdot z_3}{z_1\cdot z_{2'}}\right)$$

思考题与习题

1. 如何区别定轴轮系、行星轮系、差动轮系和组合轮系？试举例绘出它们的机构运动简图。

2. 如何计算定轴轮系的传动比？怎样确定它们的转向？

3. 如何计算周转轮系的传动比？i_{1K}^H 和 i_{1K} 各表示什么含义？i_{1K}^H 的正负号是否表示齿轮 1、K 的实际转向？为什么？

4. 什么叫惰轮？它对轮系传动比的计算有何影响？

5. 试计算如图 8-7(a)、(b)所示轮系的自由度,并根据自由度区别这两种轮系。

6. 试分析图 8-13 所示轮系的组成并说明各为何种类型轮系？

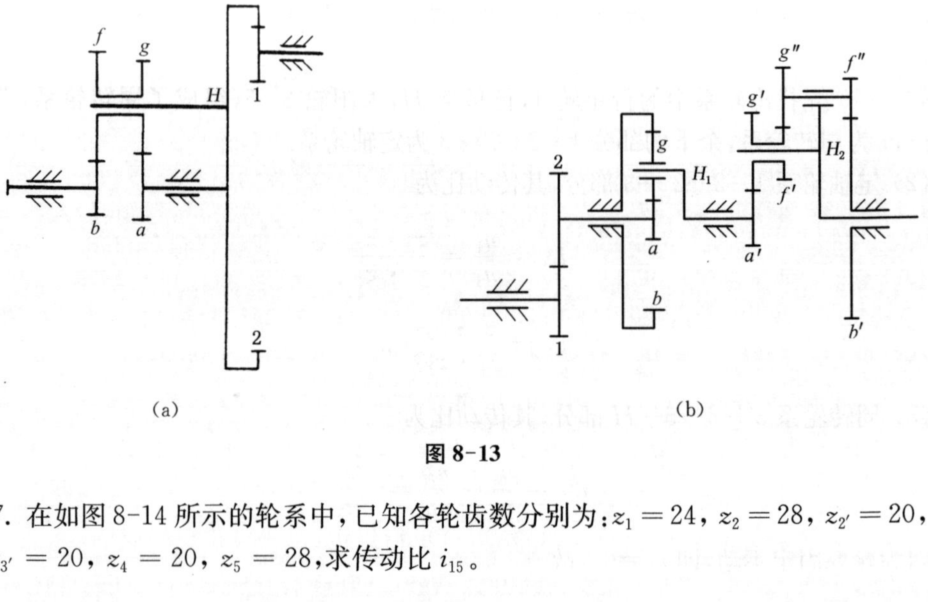

图 8-13

7. 在如图 8-14 所示的轮系中,已知各轮齿数分别为:$z_1=24$, $z_2=28$, $z_{2'}=20$, $z_3=60$, $z_{3'}=20$, $z_4=20$, $z_5=28$,求传动比 i_{15}。

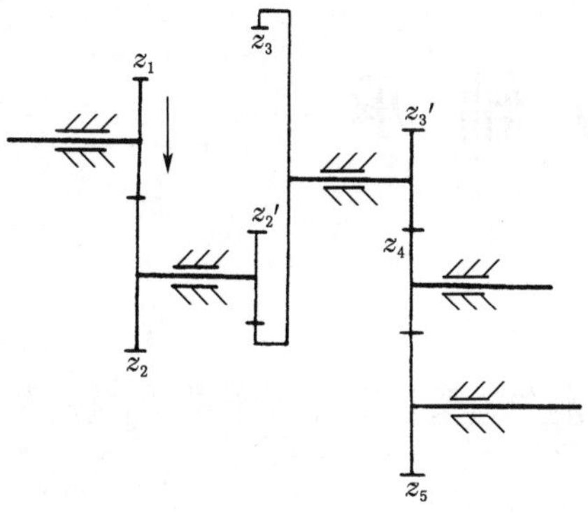

图 8-14

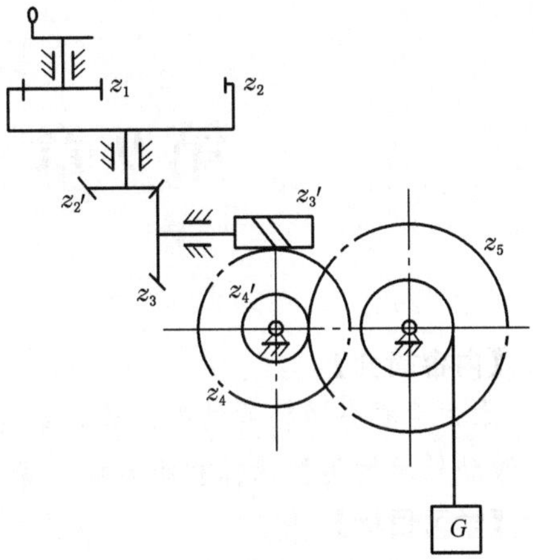

图 8-15

8. 如图 8-15 所示为手摇提升装置，已知各轮齿数为：$z_1=20$，$z_2=50$，$z_{2'}=15$，$z_3=30$，$z_{3'}=1$，$z_4=40$，$z_{4'}=18$，$z_5=52$。求传动比 i_{15}，并指出提升重物 G 时手柄的转向。

9. 在如图 8-16 所示的轮系中，设已知各轮的齿数 $z_1=15$，$z_2=15$，$z_{2'}=20$，$z_3=60$，$n_1=200$ r/min，$n_3=50$ r/min，n_1 与 n_3 转向相同，试求行星架 H 的转速 n_H。

10. 在如图 8-17 所示的手动葫芦中，已知各轮的齿数为 $z_a=12$，$z_g=28$，$z_f=14$，$z_b=54$。试求手动链轮 A 和起重链轮 B 的传动比 i_{AB}。

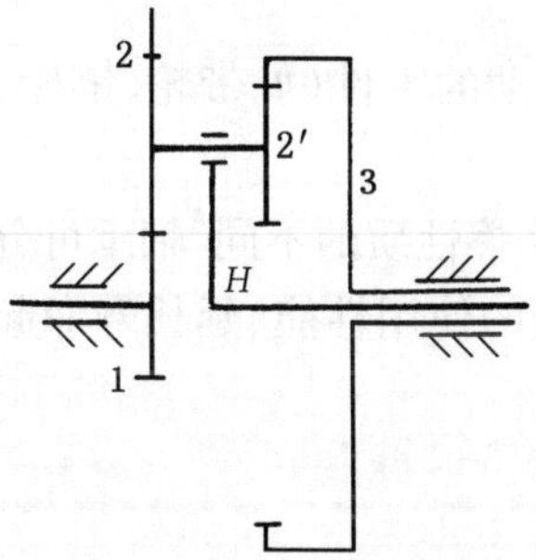

图 8-16

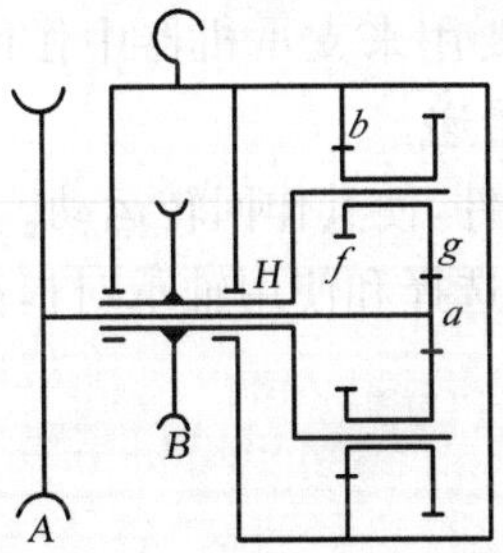

图 8-17

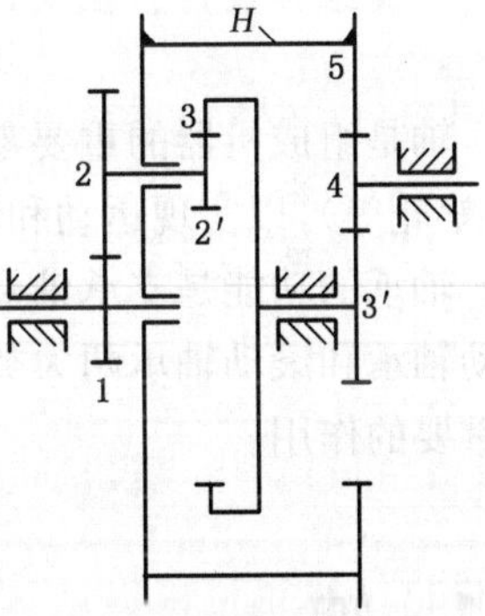

图 8-18

11. 在如图 8-18 所示的电动卷扬机的减速器中，已知各轮的齿数为：$z_1=24$，$z_2=48$，$z_{2'}=30$，$z_3=90$，$z_{3'}=20$，$z_4=40$，$z_5=80$，求传动比 i_{1H}。又若电动机的转速为 $n_1=1\,450$ r/min，求卷筒的转速 n_H。

第9章 轴与轴承

【内容简介】

本章主要介绍轴的结构设计和结构分析的方法，轴的强度计算；轴承的类型、特点及应用，滚动轴承的类型选择和组合设计等内容。

【学习目标】

(1) 了解轴的类型、常用材料及设计步骤。

(2) 掌握轴的结构分析方法和机构设计特点。

(3) 掌握轴的强度计算方法。

(4) 掌握滚动轴承的常用类型、代号分析及选用。

(5) 熟练掌握滚动轴承的当量动载荷及寿命计算。

(6) 了解滚动轴承的组合设计。

(7) 了解滑动轴承的类型和条件性计算方法。

【重点】

轴的结构设计和强度计算；滚动轴承的寿命计算。

轴是组成机器的重要零件，主要用来支承机器中作回转运动的零件(如带轮、链轮、齿轮、蜗轮等)，以实现运动和动力的传递。

轴承的功能是支承轴及轴上零件，使其作回转运动。根据摩擦性质的不同，轴承可分为滑动轴承和滚动轴承两大类。合理选择和使用轴承对提高机械的使用性能、延长寿命起着很重要的作用。

9.1 轴

9.1.1 轴的类型

轴按照工作时的承载情况可分为心轴、转轴和传动轴三类。

(1) 心轴　只承受弯矩的轴称为心轴。心轴又分为转动心轴和固定心轴，前者如火车车轮轴，后者如支承滑轮的轴，见图 9-1(a)。

(2) 传动轴　只承受转矩而不承受弯矩或弯矩很小的轴称为传动轴，如汽车的传动轴，见图 9-1(b)。

(3) 转轴　既承受弯矩又承受转矩的轴称为转轴，如减速器的输出轴，见图 9-1(c)。

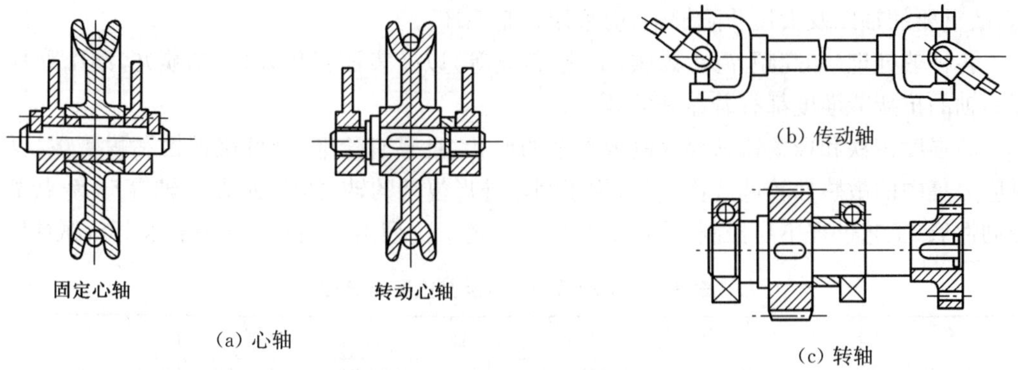

图 9-1 按轴所受载荷的情况分类

按照轴的轴线形状又可分为直轴(包括光轴、阶梯轴、实心轴、空心轴,见图 9-2(a))、曲轴(见图 9-2(b))和挠性轴(见图 9-2(c))。

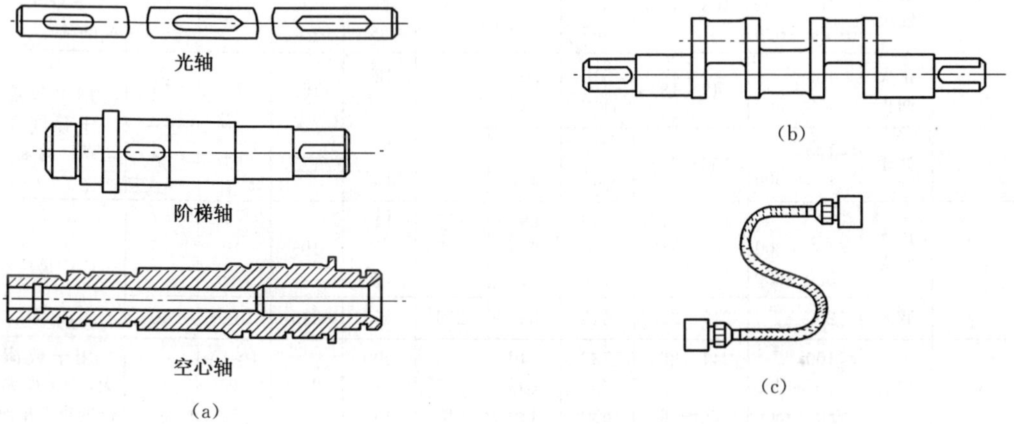

图 9-2 按轴线形状对轴进行分类

9.1.2 轴的材料

工作时轴所受作用力一般都为变应力,轴的失效多为疲劳破坏,因此轴的材料应具有足够的疲劳强度,且对应力集中的敏感性低。轴与滑动轴承发生相对运动的表面应具有足够的耐磨性。同时还应考虑轴的工艺性和经济性等因素,合理选用轴的材料。轴的材料主要是碳素钢和合金钢。

(1) 碳素钢 碳素钢比合金钢价廉,对应力集中的敏感性较低,并能通过热处理改善其综合机械性能,故应用广泛。其中最常见的是 45 号钢,可通过正火或调质处理保证其机械性能。不重要或受力较小的轴,则可采用 Q235 等普通碳素钢。

(2) 合金钢 合金钢具有较高的机械性能和较好的淬火性能,但对应力集中比较敏感,且价格较贵,故多用于传递大功率并要求减轻重量和提高轴颈耐磨性,以及在高温或低温条件下工作的轴。常用的合金钢有 20Cr、20CrMnTi、35SiMn、35CrMo、40Cr、40MnB 等。由于在一般工作温度下(低于 200℃)碳素钢和合金钢的弹性模量相差无几,因此用合金钢代替碳素钢并不能提高轴的刚度。

轴的毛坯多数用轧制圆钢和锻件,有的则直接用圆钢。锻件内部组织均匀性好,强度高，故重要的轴以及大尺寸阶梯轴，应采用锻制毛坯。

各种热处理（如高频淬火、渗碳、氮化、氰化等）以及表面强化处理（如喷丸、滚压等），对提高轴的抗疲劳强度都有着显著的效果。

高强度铸铁和球墨铸铁容易制成复杂的形状，且具有价廉、良好吸振性和耐磨性、以及对应力集中的敏感性较低等优点，可用于制造外形复杂的轴（如曲轴、凸轮轴等）。缺点是冲击韧性低，工艺过程不易控制，质量不够稳定。表 9-1 列出了轴的常用材料及其机械性能。

表 9-1 轴的常用材料及其主要机械性能

钢号	热处理	毛坯直径/mm	硬度/HBS	力学性能				许用弯曲应力			应用
				抗拉强度 σ_b	屈服点 σ_s	弯曲疲劳极限 σ_{-1}	扭转疲劳极限 τ_{-1}	静应力 $[\sigma_{+1}]$	脉动循环应力 $[\sigma_0]$	对称循环应力 $[\sigma_{-1}]$	
				MPa≥				MPa			
20	正火 回火	≤100 >100～300 >300～500	103～156	390 375 365	215 195 190	170	95 90 85	125	70	40	用于载荷不大，要求韧性较高的轴
35	正火 回火	≤100 >100～300	149～187	510 490	265 255	240	120 115	165	75	45	用于要求有一定强度和加工塑性的轴
	调质	≤100 >100～300	156～207	550 530	295 275	230	130 125	175	85	50	
45	正火 回火	≤100 >100～300 >300～500	170～217 162～217 156～217	590 570 540	295 285 275	255 245 230	140 135 130	195	95	55	应用最广泛
	调质	≤200	217～225	640	355	275	155	215	100	60	
40Cr	调质	≤100 >100～300 >300～500	241～286 229～269	735 685 630	540 490 430	355 335 310	200 185 165	245	120	70	用于载荷较大，而无很大冲击的重要的轴
40MnB	调质	≤200	241～286	735	490	345	195	245	120	70	性能接近 40Cr，用于重要的轴
40CrNi	调质	≤100 >100～300	270～300 240～270	900 785	735 570	430 370	260 210	285	130	75	用于很重要的轴
38SiMnMo	调质	≤100 >100～300 >300～500	229～286 271～269 196～241	735 685 630	590 540 480	365 345 320	210 195 175	275	120	70	性能接近 35CrMo
20Cr	渗碳、淬火、回火	≤100	表面 56～62 HRC	640	390	305	160	215	100	60	用于要求强度和韧性均较高的轴
38CrMo-AlA	调质	≤60 >60～100 >100～160	293～321 277～302 241～277	930 835 785	785 685 590	440 410 375	280 270 220	275	125	75	用于要求高耐磨性、高强度且热处理（氮化）变形小的轴
3Cr13	调质	≤100	≥241	835	635	395	230	275	130	75	用于在腐蚀条件下工作的轴
QT400-15	—	—	156～197	400	300	145	125	100	—	—	用于制造形状复杂的轴
QT600-3	—	—	197～269	600	420	215	185	150	—	—	

9.1.3 轴设计的基本要求和一般步骤

轴设计的基本要求是：结构合理，具有足够的强度。不同机械对轴的工作有不同的要求。对于机械中的转轴，主要应满足强度和结构的要求；对于工作时不许有过大变形的轴（如机床主轴），则主要应满足刚度要求；对于高速运转轴（如高速磨床主轴和汽轮机主轴等），则应满足振动稳定性的要求，以免发生共振而破坏。

设计轴的一般步骤是：

（1）先按工作要求选择材料；

（2）初步计算基本直径、确定轴各段直径和长度等结构尺寸，即进行结构设计；

（3）然后进行强度计算，必要时还需进行刚度或振动稳定性验算；

（4）最后绘制工作图。

9.2 轴的结构设计

轴的结构及各部分名称如图 9-3 所示：与传动零件（如齿轮、带轮、联轴器等）配合的轴段称为轴头；与轴承配合的轴段称为轴颈；联接轴头和轴颈的非配合轴段称为轴身；轴上直径变化所形成的阶梯称为轴肩（单向变化）或轴环（双向变化）。

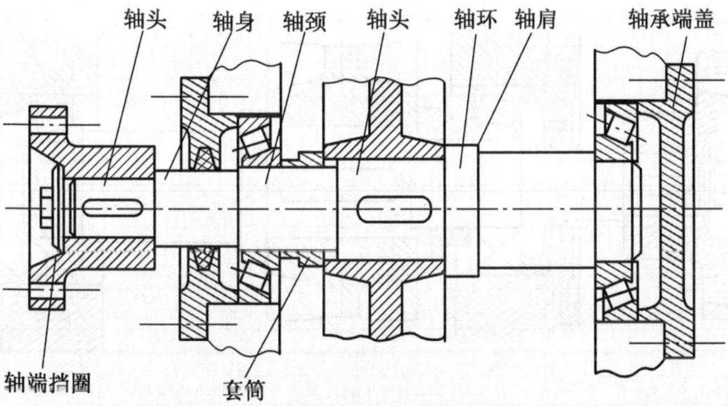

图 9-3 轴的结构及各部分的名称

轴的结构设计主要是确定轴的合理外形和全部结构尺寸。影响轴的结构的因素较多，且其结构型式又要随着具体应用及要求等具体情况的不同而异，因此轴没有标准的结构形式。一般轴的结构设计应满足：

（1）轴及轴上零件能准确牢固地安装在其工作位置上，即固定牢靠，定位准确；

（2）轴上零件应便于装拆和调整；

（3）轴应具有良好的制造工艺性；

（4）尽量做到受力合理。

下面以圆锥-圆柱齿轮减速器（见图 9-4）的输出轴为例来加以说明。

在进行轴的结构设计时，一般应已知：装配简图(见图 9-4)，轴的转速、传递的功率、传动零件(如齿轮)的主要参数和尺寸等。

根据减速器的安装要求，图 9-4 中给出了减速器中主要零件的相互位置关系。设计时，即可按此确定轴上主要零件的相互位置。齿轮距箱体内壁的距离 a，圆锥齿轮与圆柱齿轮间的距离 c，以及滚动轴承内侧与箱体内壁间的距离 s(用以考虑箱体可能有的铸造误差)等均示于图 9-4 中。

现将轴的结构设计步骤和方法简述如下。

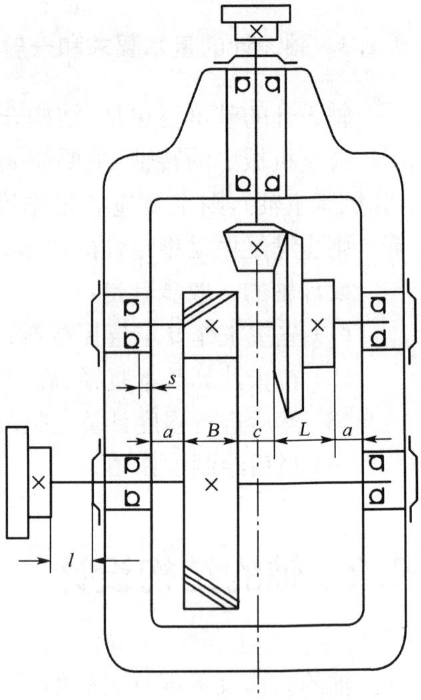

图 9-4 圆锥-圆柱齿轮减速器简图

a，c 取为 1～20 mm；s 取为 5～10 mm；l 根据轴承端盖和联轴器的装拆要求定出

9.2.1 拟定轴上零件的装配方案

不同的装配方案可以得到不同的轴的结构形式。因此，必须拟订几种不同的装配方案，以便进行分析对比与选择。如图 9-5(a)、(b)为两种装配方案，通过比较，后者较前者增加了一个作为轴向定位的长套筒，使机器的零件增多，重量增大。所以相比之下，图9-5(a)所示方案较为合理。

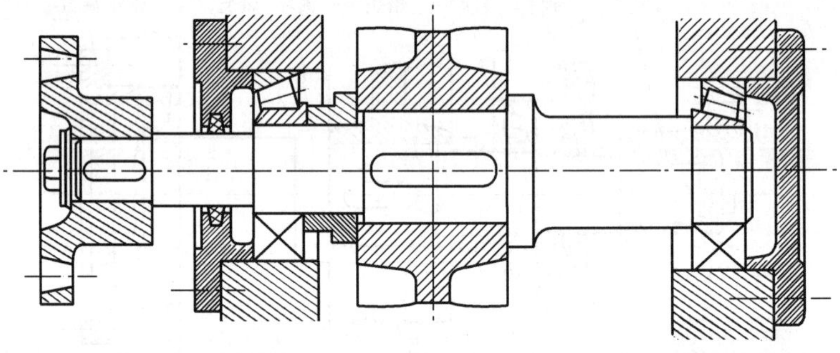

(a)

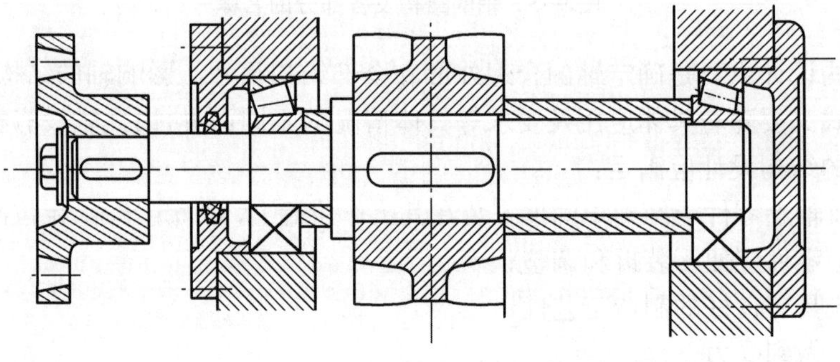

(b)

图 9-5 输出轴的两种结构方案

9.2.2 确定轴的各段直径和长度

一般先用计算法或类比法来确定轴上最小部分的直径，如图 9-5 中轴外伸端装联轴器处的直径，然后根据装配要求确定轴上其余各段的直径及长度，轴的各段长度主要根据各零件与轴配合部分的轴向尺寸而定。

9.2.3 轴上零件的轴向定位和固定

轴上零件的轴向定位和固定方法有轴肩（或轴环）、挡圈、套筒、圆螺母、圆锥形轴端等，其具体应用见表 9-2。

表 9-2 轴上零件的轴向定位和固定方法

定位、固定方法	简 图	特点与应用
轴肩、轴环	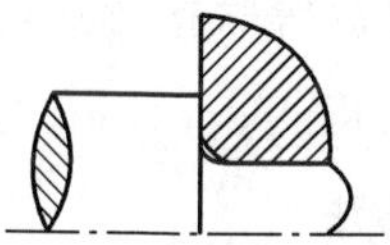 轴肩 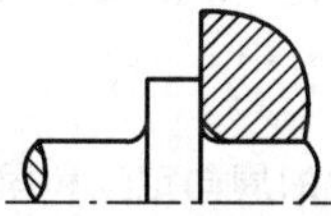 轴环	结构简单、可靠，能承受较大轴向力
圆锥面	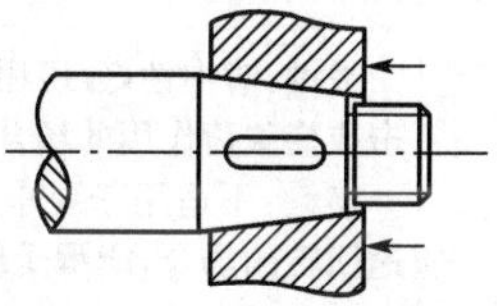	轴和轮毂间无径向间隙，装拆较方便，能承受冲击载荷。锥面加工稍麻烦，多用于轴端零件的定位和固定
圆螺母	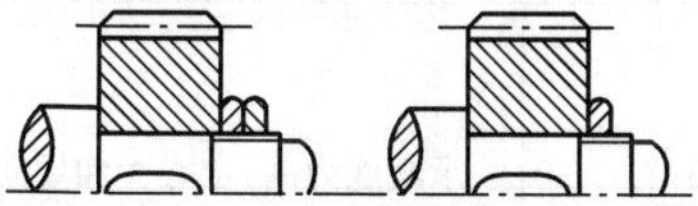	可靠，能承受较大轴向力
弹性挡圈	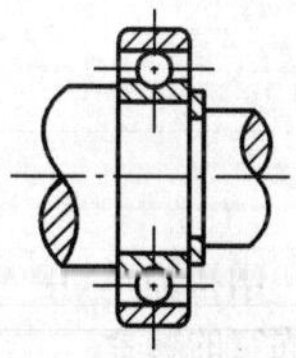	结构简单、紧凑，只承受较小的轴向力，可靠性差
轴端挡圈	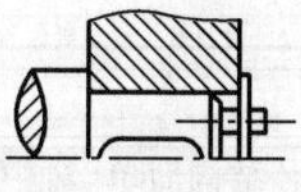	适用于轴端零件的定位和固定，可承受剧烈的振动和冲击载荷
锁紧挡圈	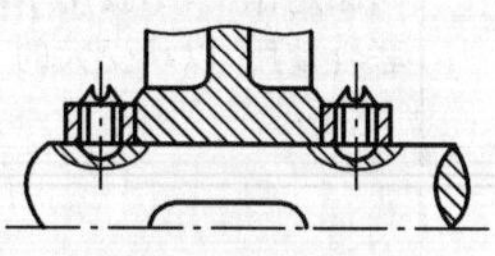	结构简单，不能承受大的轴向力
套筒	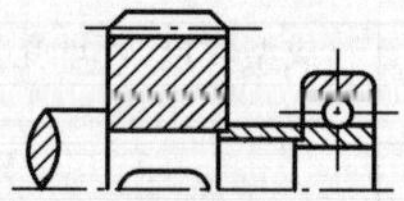	结构简单、可靠，当轴的转速很高时不适用

（续 表）

定位、固定方法	简　图	特点与应用
紧定螺钉	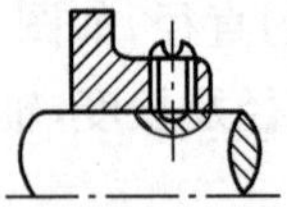	适用于轴向力很小，转速很低或仅为防止偶然的轴向滑移的场合。同时可起到周向定位和固定作用
轴端挡板	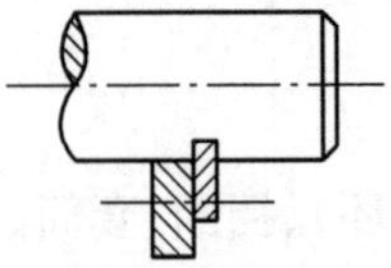	适用于心轴的轴端定位和固定，只能承受小的轴向力

9.2.4 轴上零件的周向固定

轴上零件常用的周向定位方法有键、花键、非圆轴、销、过盈等联接形式，当传力不大时还可用紧定螺钉作周向定位，见表 9-3。

表 9-3 轴上零件的周向定位和固定方法

定位、固定方法	简　图	特点与应用
键	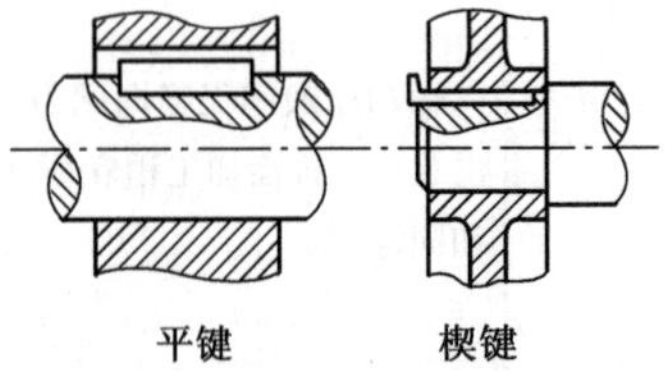 平键　楔键	平键：对中性好，可用于较高精度、高转速及受冲击或变载荷作用的场合； 楔键：不适用于要求严格对中、有冲击载荷及高速回转的场合，能承受单向的轴向力
花键	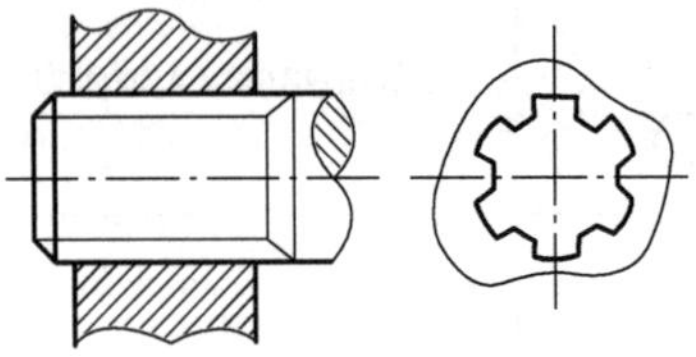	承载能力高，定心性和导向性好，但制造困难，成本高
销	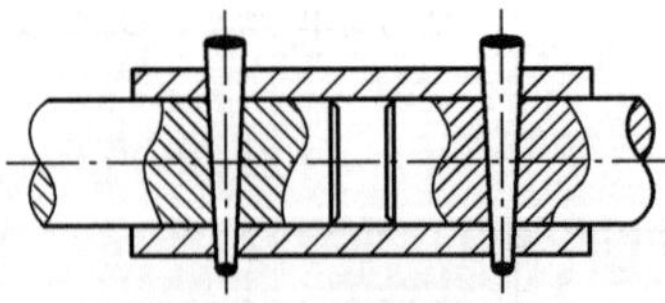	结构简单，用于受力不大，同时需要周向定位和固定的场合
过盈配合	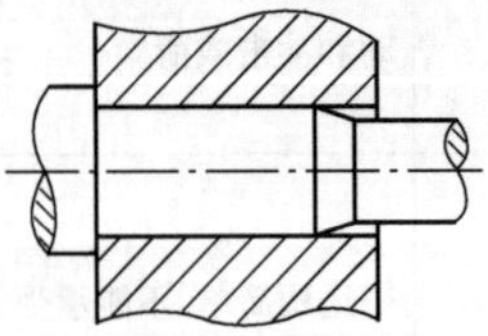	结构简单，对中性好，承载能力高，可同时起到轴向固定作用，不宜用于经常拆卸的场合。常与平键联合使用，以承受大的交变、振动和冲击载荷
非圆截面	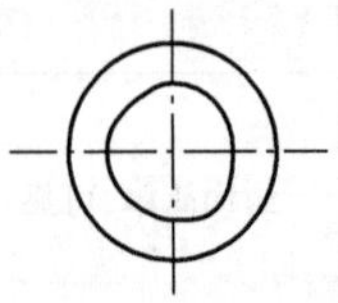	成型联接，可承受大载荷，制造困难

9.2.5 轴的结构工艺性

为了改善轴的抗疲劳强度,减小轴在剖面突变处的应力集中,应适当增大其过渡圆角半径 R,如图 9-6(a),不过同时还要使零件能得到可靠的定位,所以过渡圆角半径又必须小于与之相配零件的圆角半径或倒角尺寸,如图 9-6(d)。当与轴相配的零件必须采用很小的圆角半径,而又要减小轴肩处的应力集中时,可采用内凹圆角,如图 9-6(c),或加装隔离环的结构形式,如图9-6(b)。此外,为了制造方便,节省工时,轴上各处的圆角半径应尽可能统一。

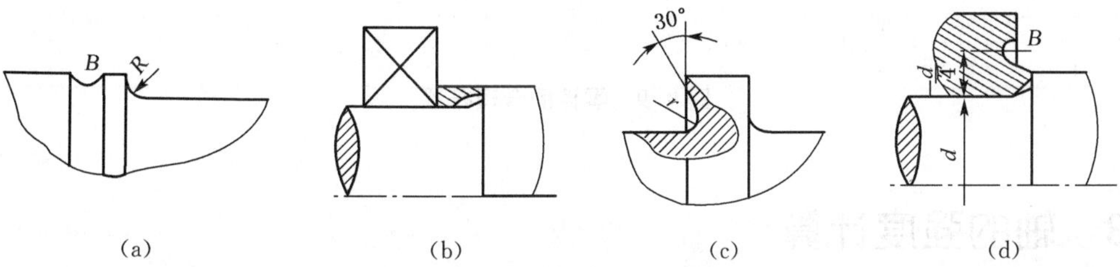

图 9-6 减小应力集中的措施

为了便于装配零件,轴端应制出 45°的倒角,并去掉毛刺。当轴的某段需磨削加工或要车削螺纹时,须留出砂轮越程槽(见图 9-7(a))或退刀槽(见图 9-7(b)),它们的尺寸可参考机械设计手册。

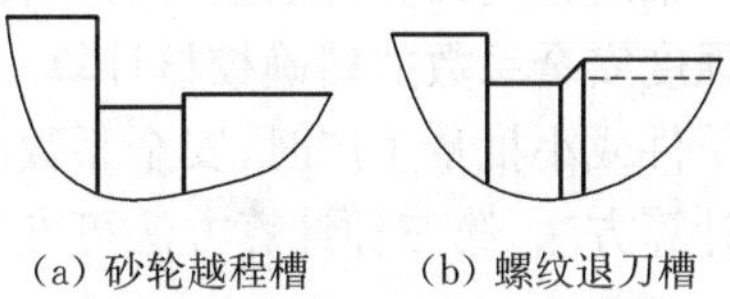

图 9-7 越程槽与退刀槽

当轴上有两个以上的键槽时,应置于同一直线上,槽宽应尽可能统一,以利于加工。轴的表面粗糙度对其疲劳强度有很大影响,粗糙的轴表面容易产生疲劳裂纹,引起应力集中,因此,设计时应注意提高轴的表面质量。采用表面强化处理,如辗压、喷丸、渗碳淬火、氮化、氰化等热处理和化学处理,都可显著提高轴的抗疲劳强度。

此外,还可以采用改进轴上零件的结构来提高轴的强度,图 9-8 所示为卷筒的两种结构形式,如将卷筒的长轮毂(图 9-8(b))改制成两段短轮毂(图 9-8(a)),不仅减小了轴所承受的最大弯矩 M_{max},提高了轴的强度和刚度,而且能减小轮毂的精加工面。

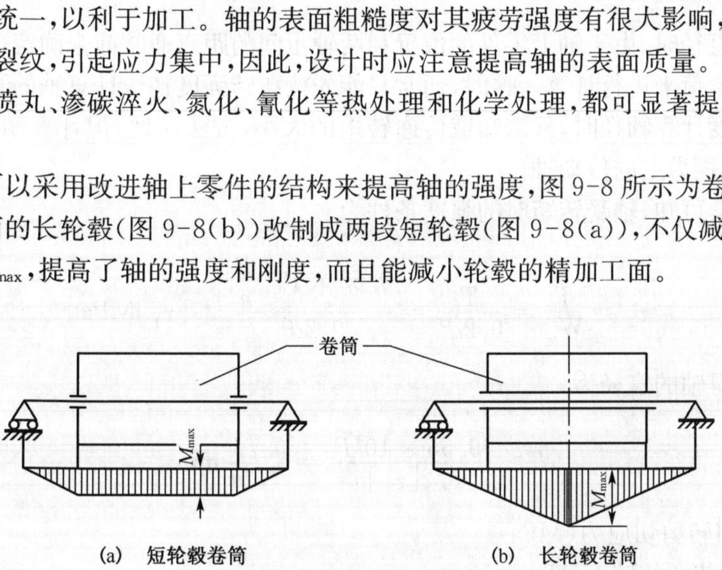

图 9-8 卷筒轮毂的结构

图 9-9 所示为改变轴上零件位置而减小了轴上载荷的例子。将输入轮 1 从图 9-9(a)所示位置改变为图 9-9(b)所示位置,就可使轴所承受的最大转矩 $T_{max}=T_2+T_3+T_4$ 减

至 $T_{max}=T_3+T_4$。

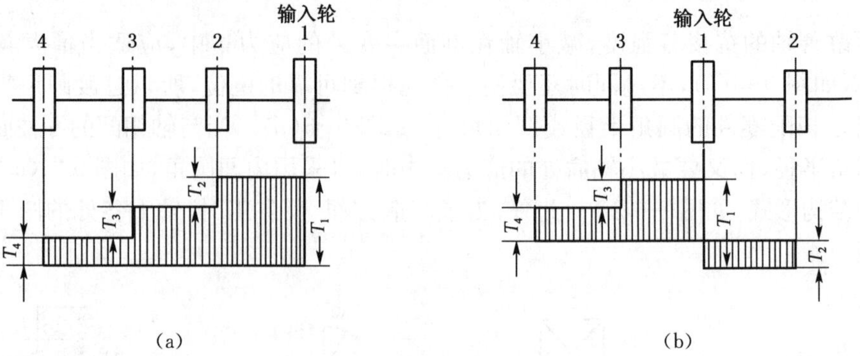

图 9-9 零件的合理布置

9.3 轴的强度计算

轴的强度计算方法主要有三种：按扭转强度的初步计算，按弯扭组合的校核计算和按疲劳强度安全系数的精确校核计算。对于用普通碳素钢和优质碳素钢制造的一般用途的轴，当单件或小批量生产时，安全系数的精确校核计算通常可以不必进行。故本书只介绍前两种计算方法，第三种计算方法可参考有关资料。

9.3.1 按扭转强度初步计算轴径

确定轴的直径时，由于轴上零件的位置和两轴承间的距离通常尚未确定，所以还不能按轴所受的实际载荷来进行计算。这时，通常只能先按扭转强度初步计算轴的直径。

按扭转强度计算轴径时，只需知道传递转矩的大小，方法简便，但计算精度低。它主要用于：传递以转矩为主的传动轴。

由材料力学可知，轴受转矩时的强度条件为

$$\tau_T=\frac{T}{W_n}=\frac{T}{0.2d^3}=\frac{9.55\times10^6\dfrac{P}{n}}{0.2d^3}\leqslant[\tau_T]\text{MPa}$$

由上式可得轴的直径为

$$d\geqslant\sqrt[3]{\frac{9.55\times10^6P}{0.2[\tau_T]n}}=C\sqrt[3]{\frac{P}{n}}\text{mm} \tag{9-1}$$

式中：τ_T——扭转剪切应力(MPa)；

T——轴传递的转矩(N·mm)；

W_n——轴的抗扭截面模量(mm^3)；

P——轴传递的功率(kW)；

n——轴的转速(r/min)；

$[\tau_T]$——轴的许用扭转剪应力(MPa)。

$C=\sqrt[3]{\dfrac{9.55\times10^6}{0.2[\tau_T]}}$决定于轴的材料和相应的$[\tau_T]$，其值见表9-4。

表9-4 常用材料的$[\tau_T]$和C值

轴的材料	Q235、20	35	45	40Cr、35SiMn
$[\tau_T]$/MPa	12～20	20～30	30～40	40～52
C	160～135	135～118	118～107	107～98

注：(1) 当弯矩相对转矩很小或只受转矩时，$[\tau_T]$取较大值，C取小值。
(2) 当用Q235及35SiMn钢时，$[\tau_T]$取小值，C取较大值。

对于受弯矩较大的轴宜取较小的$[\tau_T]$值，以补偿弯矩对轴强度的影响。当轴上有键槽时，应增大轴径以考虑键槽对轴的强度的削弱：单键槽增大3%，双键槽增大7%，然后圆整。

9.3.2 按弯扭合成校核轴的强度

在轴的结构设计完成以后，轴上零件的位置，载荷的大小和方向都已经确定，轴各截面的弯矩即可算出，因此可按弯矩和扭矩的联合作用来校核轴的强度。

按弯扭合成强度计算轴的一般步骤如下：

(1) 画出轴的受力简图。将轴上作用力分为水平面受力图和垂直面受力图，并求出水平面内和垂直面内的支承反力图。

(2) 分别画出水平面内的弯矩M_H图和垂直面内的弯矩M_V图。

(3) 画出合成弯矩$M=\sqrt{M_H^2+M_V^2}$图。

(4) 画出轴的扭矩图。

(5) 应用公式$M_e=\sqrt{M^2+(\alpha T)^2}$画出当量弯矩$M_e$图。式中$\alpha$是根据扭矩性质而定的应力校正系数。对于对称循环变化的扭矩，取$\alpha=1$；对于脉动循环变化的扭矩，取$\alpha=\dfrac{[\sigma_{-1}]_b}{[\sigma_0]_b}\approx0.6$；对于不变的扭矩，取$\alpha=\dfrac{[\sigma_{-1}]_b}{[\sigma_{+1}]_b}\approx0.3$。$[\sigma_{-1}]_b$、$[\sigma_0]_b$、$[\sigma_{+1}]_b$分别为材料在对称循环、脉动循环和静应力状态下的许用弯曲应力，其值可由表9-1查得。

(6) 按当量弯矩M_e用弯扭合成强度条件计算：

$$\sigma_e=\frac{M_e}{W}=\sqrt{\frac{M^2+(\alpha T)^2}{W}}\leqslant[\sigma_{-1}](\text{MPa}) \tag{9-2}$$

式中：W——轴的抗弯截面模量。

表9-5 抗弯、抗扭截面模量计算公式

截面形状	W	W_n	截面形状	W	W_n
	$\dfrac{\pi d^3}{32}\approx0.1d^3$	$2W$	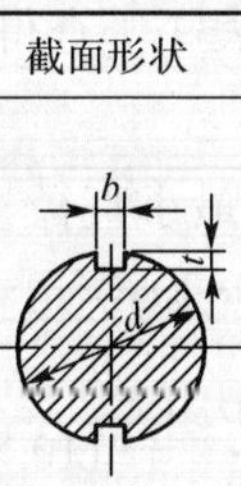	$\dfrac{\pi d^3}{32}-\dfrac{bt(d-t)^2}{d}$	$\dfrac{\pi d^3}{16}-\dfrac{bt(d-t)^2}{d}$

（续 表）

截面形状	W	W_n	截面形状	W	W_n
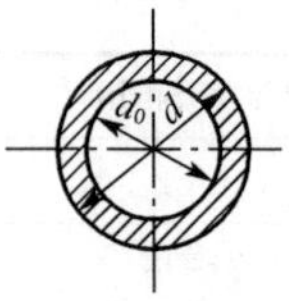	$\frac{\pi d^3}{32}(1-\alpha^4)\approx$ $0.1d^3(1-\alpha^4)$ $\left(\alpha=\frac{d_0}{d}\right)$	$2W$	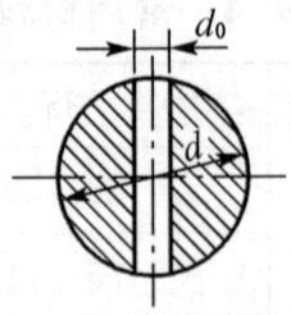	$\frac{\pi d^3}{32}\left(1-1.54\frac{d_0}{d}\right)$	$\frac{\pi d^3}{16}\left(1-\frac{d_0}{d}\right)$
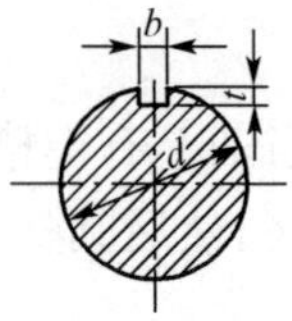	$\frac{\pi d^3}{32}-\frac{bt(d-t)^2}{2d}$	$\frac{\pi d^3}{16}-\frac{bt(d-t)^2}{2d}$	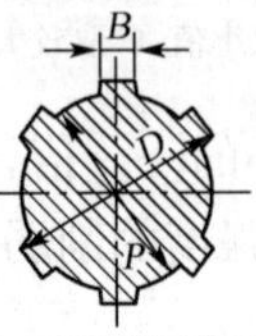	$\frac{\pi d^4+BN(D-d)(D+d)^2}{32D}$ （N-花键齿数）	$2W$

在同一轴上各截面所受的截荷是不同的，设计计算时应选择若干危险截面（即当量弯矩较大而直径较小的截面）进行计算。

【例 9-1】 一台装配工艺用的带式运输机以圆锥-圆柱齿轮减速器作为减速装置。试设计该减速器的输出轴。减速器的装置简图可参看图 9-4。输入轴与电机相联，输出轴通过联轴器与工作机相联，输出轴为单向旋转（从左端看为顺时针旋转）。已知电机功率 $P=10$ kW，转速 $n_1=1\,450$ r/min，齿轮机构的参数列于表 9-6。

表 9-6 减速器齿轮机构的参数

级 别	Z_1	Z_2	m_n/mm	m_t/mm	β	α_n	h_a^*	齿宽/mm
高速级	20	75		35		20°	1	$B=45$，$L=50$
低速级	23	95	4	4.040 4	8°06′34″	20°	1	$B_1=85$，$B_2=80$

解：(1) 求输出轴的功率 P_3、转速 n_3 和转矩 T

若取每级齿轮传动效率（包括轴承效率在内）$\eta=0.97$，则

$$P_3=P\eta^2=10\times0.97^2=9.4\ \text{kW}$$

又

$$n_3=n_1\frac{1}{i}=1\,450\times\frac{20}{75}\times\frac{23}{95}=93.6\ \text{r/min}$$

$$T=9.55\times10^6\frac{P_3}{n_3}=9.55\times10^6\times\frac{9.4}{93.6}\approx959\,080\ \text{N}\cdot\text{mm}$$

(2) 选择轴的材料，确定许用应力

选用 45 钢，并经正火处理，由表 9-1 查得 $\sigma_b=600$ MPa，由表 9-1 查得其许用弯曲应力 $[\sigma_{-1}]_b=55$ MPa。

(3) 按扭转强度初步确定轴的最小直径

查表 9-4 得 $C=110$，根据式(9-1)得

$$d\geqslant C\sqrt[3]{\frac{P_3}{n_3}}=110\times\sqrt[3]{\frac{9.4}{93.6}}\approx51.2\ \text{mm}$$

因有键槽需将轴径增大3%，即 $d_{min}=51.2\times1.03=52.7$ mm，输出轴的最小直径显然是安装联轴器处轴的直径 $d_{\text{I-II}}$（见图9-10）。为了使所选轴径 $d_{\text{I-II}}$ 与联轴器的孔径相适应，故需同时选取联轴器。

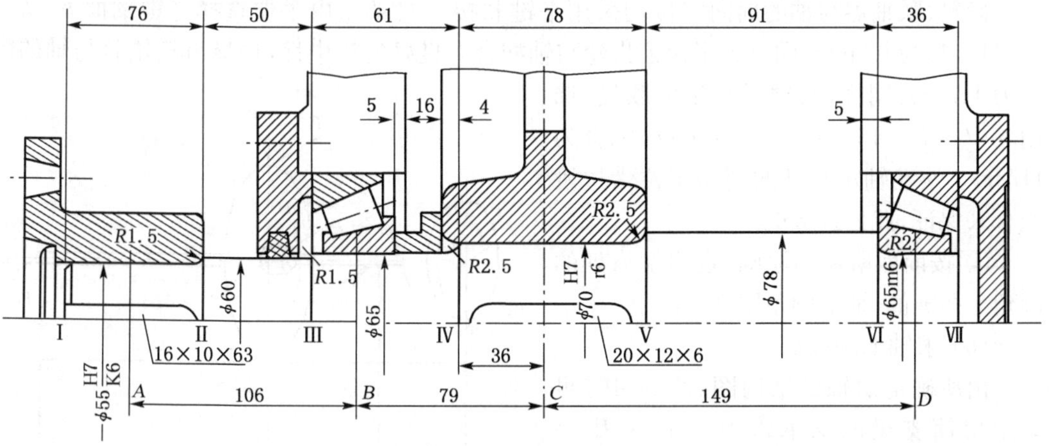

图9-10　轴的结构与装配

按转矩 $T=959\ 080$ N·mm，查设计手册选用TL9型弹性套柱销联轴器，其孔径 $d_1=55$ mm，故取 $d_{\text{I-II}}=55$ mm，半联轴器长 $L\leqslant112$ mm。

(4) 轴的结构设计

① 拟定轴上零件的装配方案

本题的装配方案已在前面分析比较，现选用第一方案，见图9-5(a)。

② 根据轴向定位的要求确定轴各段的直径和长度。

a) 为了满足联轴器的轴向定位要求，I-II轴段右端需制出一轴肩，故取 $d_{\text{II-III}}=60$ mm；左端用轴端挡圈定位，取挡圈直径 $D=65$ mm。因联轴器长 $L=112$ mm，而联轴器与轴的配合部分长度 $L_1=84$ mm，但为了保证轴端挡圈只压在联轴器上而不压在轴的端面上，现取 $L_{\text{I-II}}=76$ mm。

b) 初步选择滚动轴承。因轴承同时受径向力和轴向力的作用，故选用单列圆锥滚子轴承7313E，其尺寸为 $d\times D\times T=65\times140\times36$，故 $d_{\text{III-IV}}=d_{\text{VI-VII}}=65$ mm；$L_{\text{VI-VII}}=36$ mm。

为了右端滚动轴承的轴向定位，需将V-VI段直径放大以构成轴肩，而轴承7313的定位轴肩高度最小为6 mm，现取 $d_{\text{V-VI}}=78$ mm。

考虑到箱体的铸造误差，装配时应留有余地，滚动轴承应距箱内边一段距离 s，取 $s=5$ mm(见图9-4)。

c) 取安装齿轮处的轴段IV-V的直径 $d_{\text{IV-V}}=70$ mm。齿轮左端用套筒顶住轴承来定位，已知齿轮轮毂长 $B_2=80$ mm，为了使套筒端面和齿轮轮毂端面紧贴以保证定位可靠，取 $L_{\text{IV-V}}=76$ mm。齿轮的右端靠轴肩定位。

d) 轴承端盖的总宽度设计为20 mm，并根据轴承端盖的装拆及便于对轴承添加润滑脂的要求，取端盖的外端面与联轴器右端面间距为30 mm，故取 $L_{\text{II-III}}=50$ mm。

e) 取齿轮距箱体内壁距离 $a=16$ mm，圆锥齿轮与圆柱齿轮之间的距离 $c=20$ mm(见图9-4)，则

$$L_{Ⅲ-Ⅳ} = T + s + a + (80 - 76) = 36 + 5 + 16 + 4 = 61 \text{ mm}$$

$$L_{Ⅴ-Ⅵ} = L + c + a + s = 50 + 20 + 16 + 5 = 91 \text{ mm}$$

③ 轴上零件的周向定位

齿轮、联轴器与轴的周向定位均采用平键联接。按 $d_{Ⅳ-Ⅴ}$ 由手册选择平键剖面 $b \times h = 20 \times 12$，长为 63 mm，同时为了保证齿轮与轴配合有良好的对中性，选择齿轮轮毂与轴的配合为 H7/r6；同样，联轴器与轴的联接，选用 $b \times h \times L = 16 \times 10 \times 63$ 的平键，配合为 H7/r6。滚动轴承与轴的周向定位借过渡配合来保证，此处选 m6。

④ 按前面所述的原则，定出轴肩处的圆角半径 r 值，轴端倒角取 $2 \times 45°$。

(5) 求轴上的载荷

由所确定的轴的结构图(图 9-10)可确定出简支梁的支承跨距为 $L_2 + L_3 = 79 + 149 = 228$ mm。据此求出齿轮所在截面 C 处的 M_H、M_V 及 M_e 的值。

① 确定轴上的作用力，画出轴的受力图，见图 9-11(a)

输出轴齿轮的分度圆直径为

$$d_2 = m_t z_2 = 4.040\,4 \times 95 = 383.84 \text{ mm}$$

则
$$F_t = \frac{2T}{d_2} = \frac{2 \times 959\,080}{383.84} = 4\,995\text{N} \approx 5\,000 \text{ N}$$

$$F_r = F_t \frac{\tan \alpha_n}{\cos \beta} = 5\,000 \times \frac{\tan 20°}{\cos 8°06'34''} \approx 1\,840 \text{ N}$$

$$F_a = F_t \tan \beta = 5\,000 \times \tan 8°06'34'' \approx 715 \text{ N}$$

圆周力 F_t，径向力 F_r 及轴向力 F_a 的方向如图 9-11(a)的所示。

② 作水平面内的弯矩 M_H 图(见图 9-11(b))：

支承反力

$$F_{H1} = F_t \frac{L_3}{L_2 + L_3} = 5\,000 \times \frac{149}{228} = 3\,268 \text{ N}$$

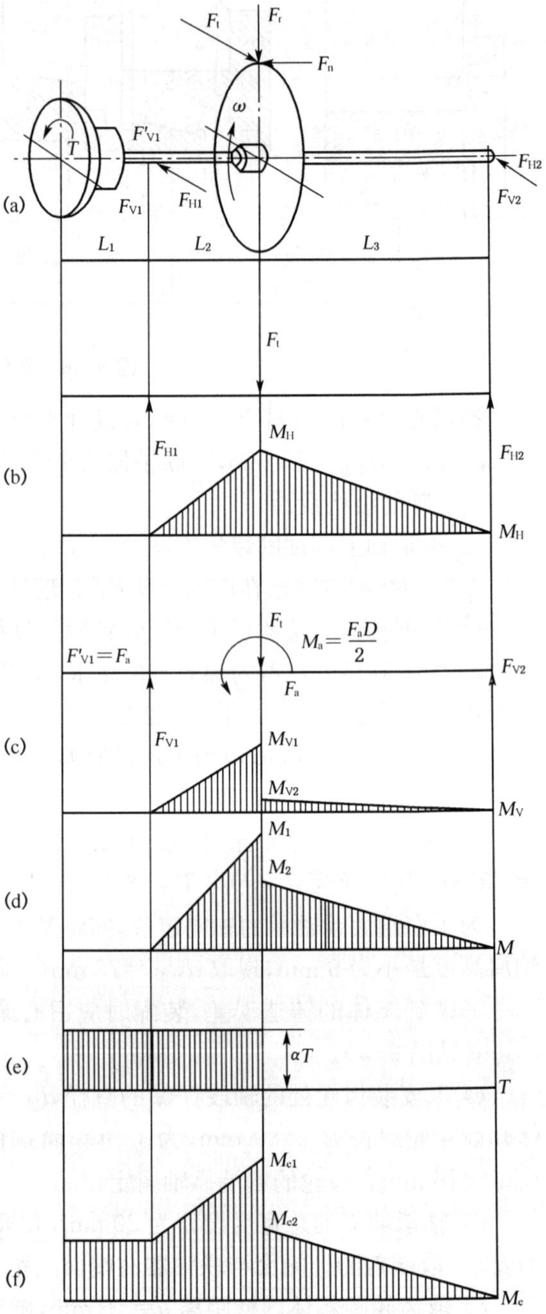

图 9-11 轴的载荷分析图

$$F_{H2} = 1\,732\ \text{N}$$

则
$$M_H = F_{H1} L_2 = 3\,268 \times 79 = 258\,172\ \text{N} \cdot \text{mm}$$

③ 作垂直面内的弯矩 M_H 图(见图 9-11(c))

$$F_{V1} = F_r \frac{L_3}{L_2 + L_3} + \frac{F_a d_2}{2(L_2 + L_3)} = 1\,840 \times \frac{149}{228} + \frac{715 \times 383.84}{2 \times 228} = 1\,804\ \text{N}$$

$$F_{V2} = F_r \frac{L_2}{L_2 + L_3} - \frac{F_a d_2}{2(L_2 + L_3)} = 1\,840 \times \frac{79}{228} - \frac{715 \times 383.84}{2 \times 228} = 36\ \text{N}$$

$$M_{V1} = F_{V1} L_2 = 1\,840 \times 79 = 142\,516\ \text{N} \cdot \text{mm}$$

$$M_{V2} = F_{V2} L_3 = 36 \times 149 = 5\,364\ \text{N} \cdot \text{mm}$$

④ 作合成弯矩图(图 9-11(d))

截面 C 左侧的合成弯矩

$$M_1 = \sqrt{M_H^2 + M_{V1}^2} = \sqrt{258\,172^2 + 142\,516^2} \approx 294\,896\ \text{N} \cdot \text{mm}$$

截面 C 右侧的合成弯矩

$$M_2 = \sqrt{M_H^2 + M_{V2}^2} = \sqrt{258\,172^2 + 5\,364^2} \approx 258\,228\ \text{N} \cdot \text{mm}$$

⑤ 作转矩 T 图(以 αT 代替 T 作图 9-11(e))

因单向传动,转矩可认为按脉动循环变化,所以校正系数 $\alpha = \frac{[\sigma_{-1}]_b}{[\sigma_0]_b} = 0.6$

$$\alpha T = 0.6 \times 959\,080 = 575\,448\ \text{N} \cdot \text{mm}$$

危险截面处的当量弯矩

$$M_{e1} = \sqrt{M_1^2 + (\alpha T)^2} = \sqrt{294\,896^2 + 575\,448^2} \approx 646\,610\ \text{N} \cdot \text{mm}$$

$$M_{e2} = M_2 = 258\,228\ \text{N} \cdot \text{mm}$$

则取
$$M_e = M_{e1} = 646\,610\ \text{N} \cdot \text{mm}$$

⑥ 查表 9-5 可得单键槽抗弯截面模量近似为 $W \approx 0.1\,d^3$

则由式 9-1 得

$$d \geqslant \sqrt[3]{\frac{M_e}{0.1[\sigma_{-1}]_b}} = \sqrt[3]{\frac{646\,610}{0.1 \times 55}} \approx 50\text{mm} < 70\text{mm}$$

所以该轴强度足够,但考虑到外伸端直径为 $\phi 55$,以及轴结构上的需要,不宜将 C 处轴径减小,所以仍保持结构草图中的尺寸,这样轴的刚度也较好。

绘制轴的工作图(略)。

9.4 滚动轴承

滚动轴承是以元件间的滚动接触来支承转动零件的,所以摩擦阻力小,发热量小,效率高，起动灵敏，维护方便，并且已标准化，便于选用与更换，因此使用十分广泛。

9.4.1 滚动轴承的结构

滚动轴承一般由内圈 1、外圈 2、滚动体 3 和保持架 4 组成，如图 9-12 所示。内圈装在轴颈上，外圈装在基座或零件的轴承孔内。一般内圈随轴一起回转，外圈固定。当内、外圈相对旋转时，滚动体在内、外圈的滚道上滚动，保持架使滚动体均匀分布以避免滚动体相互接触引起磨损与发热。

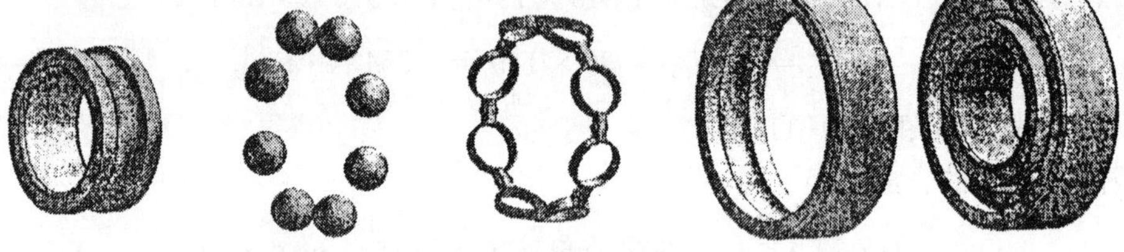

图 9-12　滚动轴承的结构

常见的滚动体形状如图 9-13 所示。

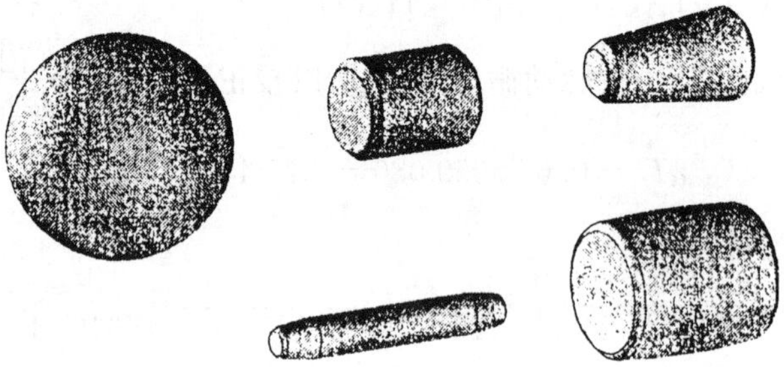

图 9-13　滚动体的形状

滚动轴承的内、外圈、滚动体一般由轴承铬钢制造，如 GCr9、GCr15、GCr15-SiMn 等。热处理后硬度达到 HRC60～65。保持架一般用低碳钢冲压成型，也可使用有色金属或塑料。

9.4.2 滚动轴承的类型与特性

1）滚动轴承类型

滚动轴承类型繁多，根据轴承承受的载荷方向（或公称接触角）的不同，可分为：

（1）向心轴承　主要承受径向载荷，也可承受一定的轴向载荷。

（2）推力轴承　只能承受轴向载荷。

（3）向心推力轴承　能承受径向载荷和轴向载荷的共同作用。

按照滚动体的不同，可分为球轴承和滚子轴承两大类。

表 9-7 列出了一般滚动轴承（GB/T272—93）的类型、结构、特点及应用范围，供选择时参考。

表9-7　滚动轴承类型、特点、应用范围及代号

轴承名称类型及代号	结构简图	基本额定动载荷比*	极限转速比**	允许偏位角	主要特性及应用
调心球轴承 10000	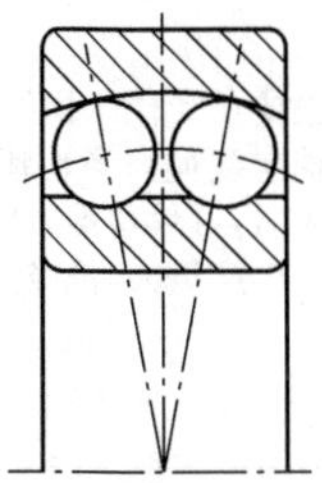	0.6～0.9	中	2°～3°	主要承受径向载荷，也能承受少量的轴向载荷。因为外圈滚道表面是以轴线中点为球心的球面，故能自动调心
调心滚子轴承 20000	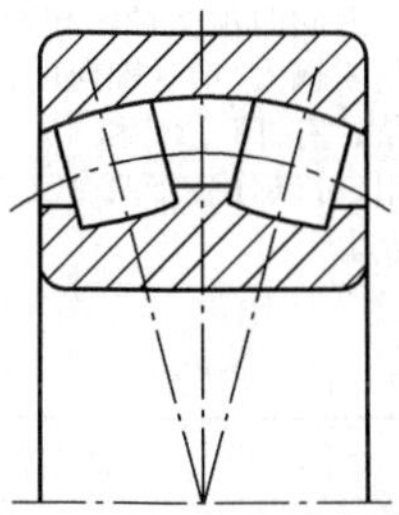	1.8～4	低	1°～2.5°	主要承受径向载荷，也可承受一些不大的轴向载荷，承载能力大，能自动调心
圆锥滚子轴承 30000	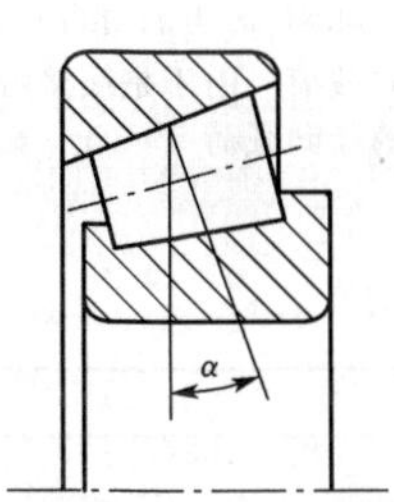	1.1～2.5	中	2′	能承受以径向载荷为主的径向、轴向联合载荷，当接触角 α 大时，亦可承受纯单向轴向联合载荷。因是线接触，承载能力大于7类轴承。内、外圈可以分离，装拆方便，一般成对使用
推力球轴承 51000	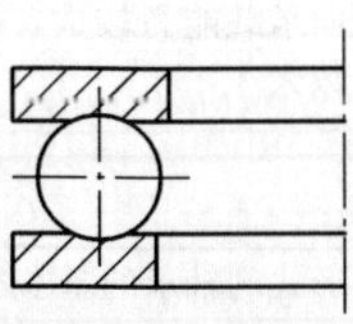	1	低	不允许	接触角 $\alpha=0°$，只能承受单向轴向载荷。而且载荷作用线必须与轴线相重合，高速时钢球离心力大，磨损、发热严重，极限转速低。所以只用于轴向载荷大，转速不高之处
双向推力球轴承 52000	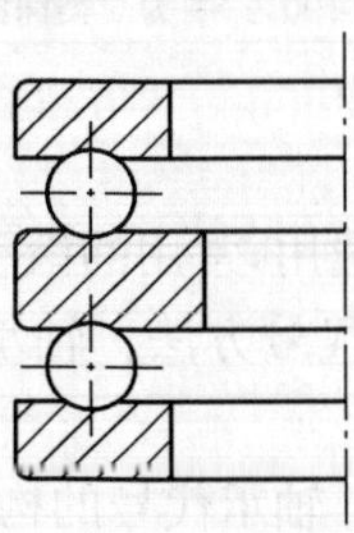	1	低	不允许	能承受双向轴向载荷。其余与推力轴承相同

（续 表）

轴承名称类型及代号	结构简图	基本额定动载荷比*	极限转速比**	允许偏位角	主要特性及应用
深沟球轴承 60000	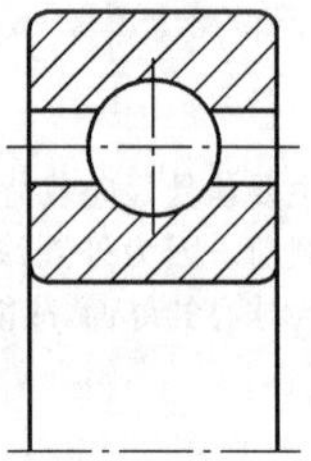	1	高	8′～16′	主要承受径向载荷，同时也能承受少量的轴向载荷。当转速很高而轴向载荷不太大时，可代替推力球轴承承受纯轴向载荷。生产量大，价格低
角接触球轴承 70000	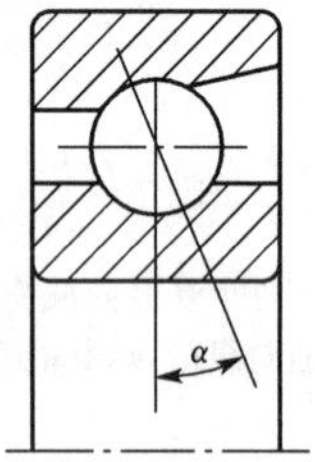	1.0～1.4	较高	2′～10′	能同时承受径向和轴向联合载荷，接触角 α 越大，承受轴向的能力也越大。接触角 α 有 15°、25°和 40°三种。一般成对使用，可以分装于两个支点或同装于一个支点上
圆柱滚子轴承 N0000	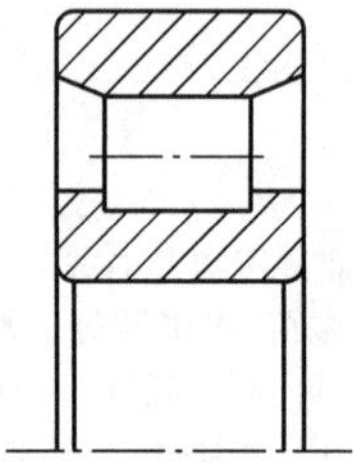	1.5～3	较高	2′～4′	外圈（或内圈）可以分离，故不能承受轴向载荷。由于是线接触，所以能承受较大的径向载荷
滚针轴承 NA0000	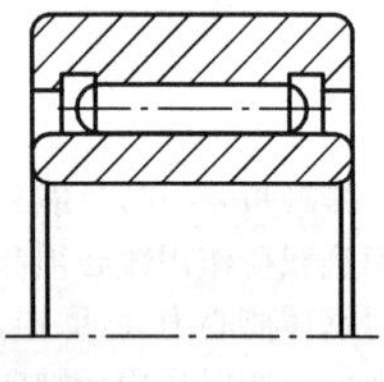	—	低	不允许	在同样内径条件下，与其他类型轴承相比，其外径最小，外圈（或内圈）可以分离，径向承载能力较大，一般无保持架，摩擦系数大

注：1. *基本额定动载荷比：是指同一尺寸系列（直径及宽度）各种类型和结构形式的轴承的基本额定动载荷与 6 类深沟球轴承（推力轴承则与单向推力球轴承）的基本额定动载荷之比。

2. **极限转速比：是指同一尺寸系列 0 级公差的各类轴承脂润滑时的极限转速与 6 类深沟轴承脂润滑时的极限转速之比。高、中、低的含义为：高为 6 类深沟球轴承极限转速的 90%～100%；中为 6 类深沟球轴承极限转速的 60%～90%；低为 6 类深沟球轴承极限转速的 60%以下。

2）滚动轴承的代号

滚动轴承的种类和尺寸规格繁多，为了便于组织生产和选用，常用的滚动轴承大多数已经标准化了。国家标准 GB/T272—1993 规定了滚动轴承的代号方法。轴承的代号用字母和数字来表示，一般印或刻在轴承套圈的端面上。

滚动轴承的代号由基本代号、前置代号和后置代号组成。轴承代号的构成见表 9-8。

表 9-8　滚动轴承代号的构成

前置代号	基本代号				后置代号
字母	类型代号	尺寸系列代号		内径代号	字母(或加数字)
	数字或字母	宽度系列代号	直径系列代号	两位数字	
		一位数字	一位数字		

例如：滚动轴承代号 N2210/P5。在基本代号中：N——类型代号；22——尺寸系列代号；10——内径代号。后置代号：/P5——精度等级代号。

(1) 基本代号(滚针轴承除外)

基本代号表示轴承的类型、结构和尺寸，是轴承代号的基础。基本代号由轴承类型代号、尺寸系列代号和内径代号三部分构成。

① 类型代号

用数字或字母表示，其表示方法见表 9-9。

表 9-9　一般滚动轴承类型代号

代　号	轴承类型	代　号	轴承类型
0	双列角接触球轴承	7	角接触球轴承
1	调心球轴承	8	推力圆柱滚子轴承
2	调心滚子轴承和推力调心滚子轴承	N	圆柱滚子轴承
3	圆锥滚子轴承		双列或多列用字母 NN 表示
4	双列深沟球轴承	U	外球面球轴承
5	推力球轴承	QJ	四点接触球轴承
6	深沟球轴承		

② 尺寸系列代号

尺寸系列代号由轴承的宽(推力轴承指高)度系列代号和直径系列代号组成。各用一位数字表示。

轴承的宽度系列代号指：内径相同的轴承，对向心轴承，配有不同的宽度尺寸系列。轴承宽度系列代号有 8、0、1、2、3、4、5、6，宽度尺寸依次递增。对推力轴承，配有不同的高度尺寸系列，代号有 7、9、1、2，高度尺寸依次递增。在 GB/T272—93 规定的有些型号中，宽度系列代号被省略。

轴承的直径系列代号指：内径相同的轴承配有不同的外径尺寸系列。其代号有 7、8、9、0、1、2、3、4、5，外径尺寸依次递增。如图 9-14 所示为深沟球轴承的不同直径系列代号的对比。

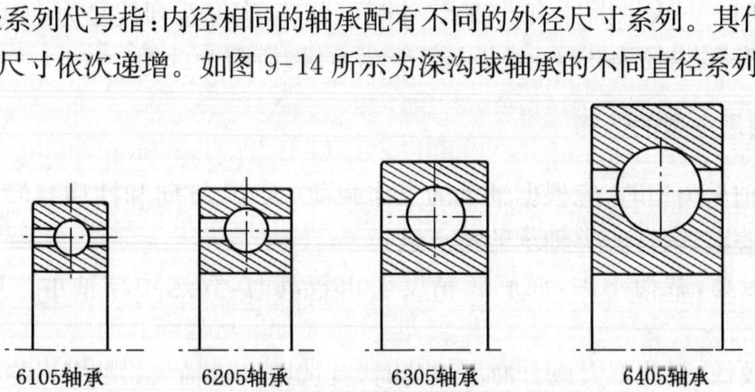

6105轴承　6205轴承　6305轴承　6405轴承

图 9-14　直径系列对比

③ 内径代号

轴承内孔直径用两位数字表示，见表 9-10。

表 9-10 轴承内径代号

内径代号	00	01	02	03	04～99
轴承内径 d/mm	10	12	15	17	数字×5

(2) 前置代号

轴承的前置代号用字母表示。如用 L 表示可分离轴承的可分离内圈或外圈，代号示例如 LN207。

(3) 后置代号

轴承的后置代号是用字母(或加数字)等表示。后置代号的内容很多，下面介绍几种常用的后置代号。

① 内部结构代号用字母表示，紧跟在基本代号后面。如接触角 $\alpha=15°$、25°和 40°的角接触球轴承分别用 C、AC 和 B 表示内部结构的不同。代号示例如 7210C、7210AC 和 7210B。

② 密封、防尘与外部形状变化代号。如"－Z"表示轴承一面带防尘盖；"N"表示轴承外圈上有止动槽。代号示例如 6210-Z、6210 N。

③ 轴承的公差等级分为 2、4、5、6、6x 和 0 级，共 6 个级别，精度依次降低。其代号分别为/P2、/P4、/P5、/P6x、/P6 和/P0。公差等级中，6x 级仅适用于圆锥滚子轴承；0 级为普通级，在轴承代号中省略不表示。代号示例如 6203、6203/P6、30210/P6x。

④ 轴承的游隙分为 1、2、0、3、4 和 5 组，共 6 个游隙组别，游隙依次由小到大。常用的游隙组别是 0 游隙组，在轴承代号中省略不表示，其余的游隙组别在轴承代号中分别用符号/C1、/C2、/C3、/C4、/C5 表示。代号示例如 6210、6210/C4。

实际应用的滚动轴承类型是很多的，相应的轴承代号也是比较复杂的。以上介绍的代号是轴承代号中最基本、最常用的部分，熟悉了这部分代号，就可以识别和查选常用的轴承。关于滚动轴承详细的代号方法可查阅 GB/T272—1993。

代号举例：

30210——表示圆锥滚子轴承，宽度系列代号为 0，直径系列代号为 2，内径为 50 mm，公差等级为 0 级，游隙为 0 组。

LN207/P63——表示圆柱滚子轴承，外圈可分离，宽度系列代号为 0(0 在代号中省略)，直径系列代号为 2，内径为 35 mm，公差等级为 6 级，游隙为 3 组。

9.4.3 滚动轴承类型的选择

选择滚动轴承类型时，应根据轴承的工作载荷(大小、方向和性质)、转速、轴的刚度、经济性等及其他要求，结合各类轴承的特点进行。

(1) 转速较高，载荷不大，而旋转精度要求较高时，宜选用球轴承。如"6"类或"7"类轴承；

(2) 转速较低，载荷不大或有冲击载荷时，宜选用滚子轴承。如"N"类或"2"类轴承；

(3) 当径向载荷和轴向载荷都较大时，若转速高，宜选用角接触球轴承。如"7"类中的

70000 型。若转速不高，宜选用圆锥滚子轴承，如“3”类轴承；

(4) 当轴向载荷比径向载荷大许多且转速较低时，常选用两种不同类型的轴承组合，分别承受轴向载荷与径向载荷。反之，径向载荷比轴向载荷大许多且转速较高时，常选用向心球轴承；

(5) 支承刚度要求较高时，可成对采用角接触球轴承或圆锥滚子轴承；

(6) 支点跨距大，轴的变形大或多支点轴，宜采用调心轴承；

(7) 当轴承座没有剖分面而必须沿轴向安装或拆卸轴承时，宜选用内外圈可分离的轴承。如 N0000、NA0000、30000 等。

9.4.4 滚动轴承失效形式及计算准则

1) 滚动轴承的失效形式

(1) 疲劳点蚀

当轴承在受径向载荷 F_r 作用时，各滚动体所受载荷是不相等的。如图 9-15 所示，结果是轴承上半圈滚动体不受载荷作用，下半圈受载荷作用，处于最低位置的滚动体受载荷最大。因此，滚动体与内外圈之间将产生循环变化的接触应力，从而使轴承工作一段时间后工作表面出现疲劳点蚀现象。严重时轴承将产生振动和噪声，工作温度升高，最终导致失效。

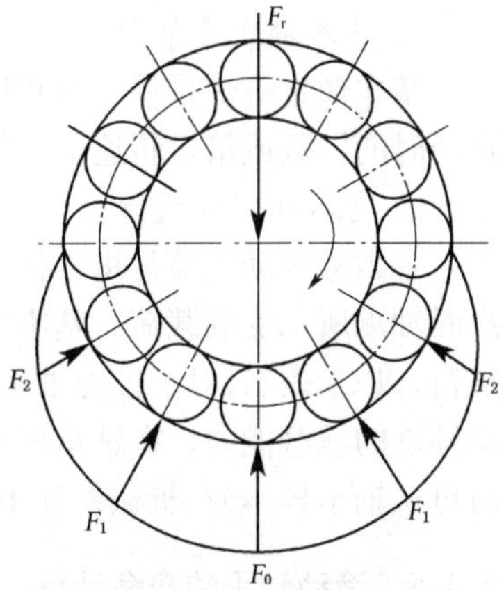

图 9-15 深沟球轴承中径向载荷的分布

(2) 塑性变形

转速极低或间歇摆动的轴承，通常不会产生疲劳点蚀破坏。但在过大的静载荷或冲击载荷作用时，会使滚动体或内外圈滚道上出现不均匀的塑性变形凹坑，这是因轴承的静强度不够而造成的损坏。塑性变形发生后，增加了轴承的摩擦力矩、振动和噪声，降低了旋转精度。

(3) 磨损

滚动轴承如果润滑不充分或密封不良，从而使轴承中进入磨粒性微粒，使轴承发生严重的磨粒性磨损，导致内、外圈和滚动体间的间隙增大，从而使旋转精度降低而报废。除上述失效形式外，如果安装、使用不当，还可能出现内、外圈破裂，滚动体破碎，保持架损坏等失效形式。因此，应合理地选择、计算滚动轴承的尺寸，采用正确的润滑方式和密封形式，以保证安装和调整正确。

2) 滚动轴承的计算准则

针对上述的主要失效形式，滚动轴承的计算准则为：

(1) 对于一般转速($n \geqslant 10$ r/min)的轴承，疲劳点蚀为其主要的失效形式，应进行寿命计算。

(2) 对于低速($n < 10$ r/min)重载或大冲击条件下工作的轴承，其主要的失效形式为塑性变形，应进行静强度计算。

(3) 对于高转速的轴承，除疲劳点蚀外胶合磨损也是重要的失效形式，因此除应进行寿命计算外，还要校验其极限转速。

9.4.5 基本额定寿命与基本额定动载荷

在一定载荷作用下，单个滚动轴承运转到任一套圈或滚动体出现疲劳点蚀前，两套圈相对运转的总转数或工作的小时数称为轴承的寿命。

实践表明，对于结构尺寸、材料、热处理、加工方法完全相同的一批轴承，即使工作条件完全相同，它们的寿命差异也是相当大的，轴承最长工作寿命与最短工作寿命可相差几倍，甚至几十倍。因此，用单个轴承的疲劳寿命作为轴承寿命计算公式中的寿命值是不当的。在规定轴承寿命时，必须考虑可靠性。

1）基本额定寿命

基本额定寿命是指一批相同的轴承，在相同条件下运转，其中90%的轴承不出现疲劳点蚀时的转数或给定转速下工作的小时数，用L_{10}表示。

2）基本额定动载荷

基本额定动载荷是指一批同型号的轴承（外圈固定，内圈旋转）基本额定寿命为10^6转次时轴承所承受的载荷。基本额定动载荷用符号C表示。对于深沟球轴承指的是纯径向载荷，以C_r表示；对于推力轴承是指中心推力载荷，以C_a表示。基本额定动载荷代表了滚动轴承的承载能力。在轴承样本中，对每个型号的轴承都有不同的基本额定动载荷值，需要时可从轴承样本或《机械设计手册》中查取。

9.4.6 滚动轴承的寿命计算

实验表明，轴承的基本额定寿命L_{10}与轴承所受的载荷P大小有关。当P恰好为C时，其基本额定寿命是10^6转，轴承所受的载荷$P \neq C$时，轴承的寿命如何计算？

图9-16表示6207型深沟球轴承通过实验得到的载荷-寿命关系曲线。曲线上相应于寿命的载荷就是6207轴承的基本额定动载荷C。其他型号的轴承，也有与上述曲线的函数规律完全一样的载荷-寿命曲线。把此曲线用公式表示为

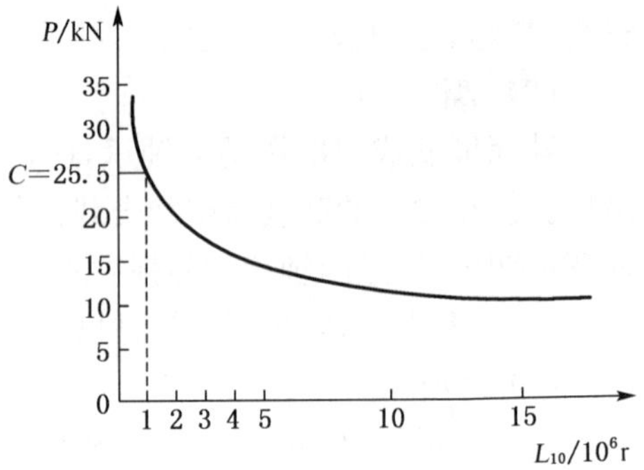

图9-16 轴承载荷-寿命曲线

$$L_{10} = \left(\frac{C}{P}\right)^{\varepsilon} \tag{9-3}$$

若用小时数表示寿命，则上式可改为

$$L_h = \frac{10^6}{60n}\left(\frac{C}{P}\right)^{\varepsilon}(\mathrm{h}) \tag{9-4}$$

式中：L_{10}——可靠度为90%的基本额定寿命（10^6r）；

P——当量动载荷（N）；

ε——寿命指数，球轴承$\varepsilon=3$；滚子轴承$\varepsilon=10/3$；

C——基本额定动载荷（N）。

在计算轴承寿命时，考虑到实际轴承工作温度可能高于120℃，使轴承基本额定动载荷

有所下降，应引入温度系数 f_t，见表 9-11。公式(9-4)可写为

$$L_h = \frac{10^6}{60n}\left(\frac{f_t C}{P}\right)^{\varepsilon}(\text{h}) \tag{9-5}$$

表 9-11　温度系数 f_t

轴承工作温度/℃	100	125	150	200	250	300
温度系数 f_t	1	0.95	0.90	0.80	0.70	0.60

当 P、n 已知，预期寿命为 L_h'，则可根据下式选择轴承型号：

$$C = \frac{P}{f_t}\sqrt[\varepsilon]{\frac{60nL_h'}{10^6}}\ (\text{N}) \tag{9-6}$$

轴承的预期使用寿命 L_h'的参考值列于表 9-12 中。

表 9-12　滚动轴承的预期使用寿命的荐用值

机器类型	预期寿命/h
不经常使用的仪器或设备，如闸门开闭装置等	300～3 000
短期或间断使用的机械，中断使用不致引起严重后果，如手动机械等	3 000～8 000
间断使用的机械，中断使用后果严重，如发动机辅助设备，流水作业线自动传动装置、升降机、车间吊车、不经常使用的机床等	8 000～12 000
每日 8 h 工作的机械(利用率不高)，如一般的齿轮传动、某些固定电动机等	12 000～20 000
每日 8 h 工作的机械(利用率较高)，如金属切削机床、连续使用的起重机、木材加工机械等	20 000～30 000
24 h 连续工作的机械，如矿山升降机、泵、电动机等	40 000～60 000
24 h 连续工作的机械，中断使用后果严重，如纤维生产或造纸设备、发电站主电机、矿井水泵、船舶螺旋桨等	100 000～200 000

9.4.7　滚动轴承的当量动载荷 P

轴承的基本额定动载荷 C 是在一定的试验条件下确定的，对向心轴承是指纯径向载荷，对推力轴承是指纯轴向载荷。在进行寿命计算时，需将作用在轴承上的实际载荷折算成与上述条件相当的载荷，即当量动载荷。在该载荷的作用下，轴承的寿命与实际载荷作用下轴承的寿命相同。当量动载荷用符号 P 表示，计算公式为

$$P = f_P(XF_r + YF_a) \tag{9-7}$$

式中：f_P——载荷系数，是考虑工作中的冲击和振动会使轴承寿命降低而引入的系数，见表 9-13；

F_r——轴承所受的径向载荷(N)；

F_a——轴承所受的轴向载荷(N)；

X，Y——径向载荷系数和轴向载荷系数，见表 9-14。

表 9-13 载荷系数 f_P

载荷性质	无冲击或轻微冲击	中等冲击	强烈冲击
f_P	1.0～1.2	1.2～1.8	1.8～3.0

表 9-14 径向载荷系数 X 和轴向载荷系数 Y

轴承类型		F_a/C_0	e	$F_a/F_r>e$		$F_a/F_r\leq e$	
				X	Y	X	Y
深沟球轴承		0.014 0.028 0.056 0.084 0.11 0.17 0.28 0.42 0.56	0.19 0.22 0.26 0.28 0.30 0.34 0.38 0.42 0.44	0.56	2.30 1.99 1.71 1.55 1.45 1.31 1.15 1.04 1.00	1	0
角接触球轴承	$\alpha=15°$	0.015 0.029 0.058 0.087 0.12 0.17 0.29 0.44 0.58	0.38 0.40 0.43 0.46 0.47 0.50 0.55 0.56 0.56	0.44	1.47 1.40 1.30 1.23 1.19 1.12 1.02 1.00 1.00	1	0
	$\alpha=25°$	—	0.68	0.41	0.87	1	0
	$\alpha=40°$	—	1.14	0.35	0.57	1	0
圆锥滚子轴承		—	$1.5\tan\alpha$	0.40	$0.4\cot\alpha$	1	0

注：e 为判别系数，其数值由 F_a/C_0 的比值而定。C_0 是轴承额定静载荷，其值可查阅轴承手册或机械设计手册。

9.4.8 角接触轴承的轴向载荷

1）角接触轴承的内部轴向力

如图 9-17 所示，由于角接触轴承存在着接触角 α，所以载荷作用中心不在轴承的宽度中点，而与轴心线交于 O 点。当受到径向载荷 F_R 作用时，作用在承载区内第 i 个滚动体上的法向力 F_i 可分解为径向分力 F_{ri} 和轴向分力 F_{si}。各滚动体上所受轴向分力的总和即为轴承的内部轴向力，其大小可按表 9-15 求得，方向沿轴线由轴承外圈的宽边指向窄边。

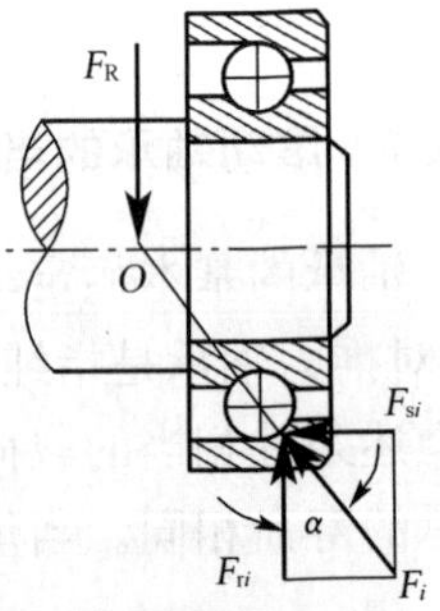

图 9-17 角接触轴承中的内部轴向力分析

表 9-15 角接触轴承的内部轴向力

圆锥滚子轴承	角接触球轴承		
	70000C($\alpha=15°$)	70000AC($\alpha=25°$)	70000B($\alpha=40°$)
$F_s=F_r/(2Y)$	$F_s=eF_r$	$F_s=0.68F_r$	$F_s=1.14F_r$

注：上表中 e 值查表 9-14 确定。

2）角接触轴承轴向力 F_a 的计算

为了使角接触轴承能正常工作，一般这种轴承都要成对使用，并将两个轴承对称安装。常见有两种安装方式：图 9-18 所示为外圈窄边相对安装，称为正装或面对面安装；图 9-19 所示为两外圈宽边相对安装，称为反装或背靠背安装。

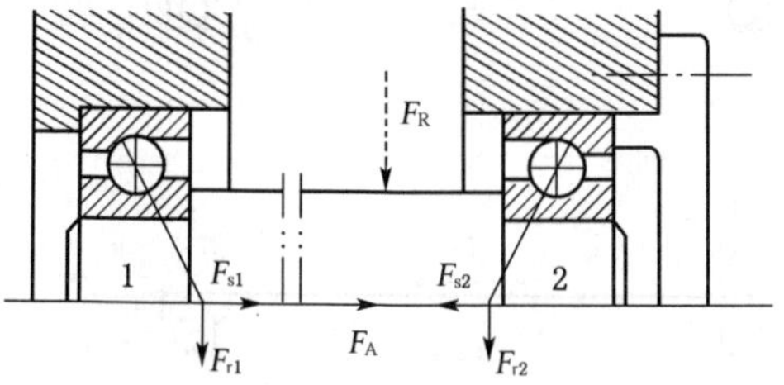

图 9-18 外圈窄边相对安装图

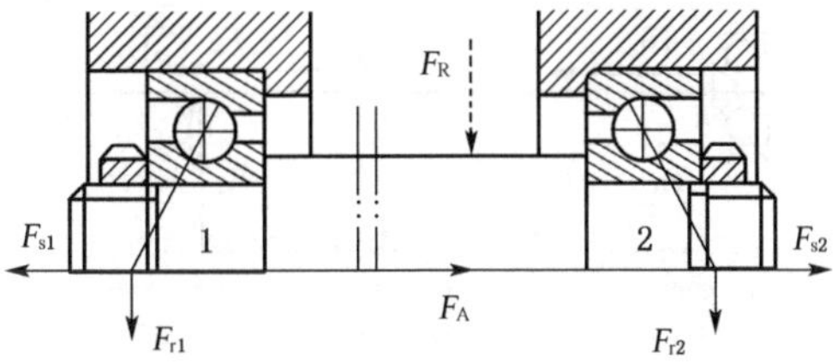

图 9-19 外圈宽边相对安装图

下面以如图 9-18 所示的角接触球轴承支承的轴系为例，分析轴线方向的受力情况。将图 9-18 抽象成为如图 9-20(a)所示的受力简图，F_{a1} 及 F_{a2} 为两个角接触球轴承所受的轴向力，作用在轴承外圈宽边的端面上，方向沿轴线由宽边指向窄边。F_A 称为轴向外载荷(力)，是轴上除 F_a 之外的轴向外力的合力。在轴线方向，轴系在 F_A、F_{a1} 及 F_{a2} 作用下处于平衡状态。由于 F_A 为已知量，F_{a1} 及 F_{a2} 是待求的未知量，这属于超静定的问题，故引入求解角接触轴承轴向力 F_a 的方法如下：

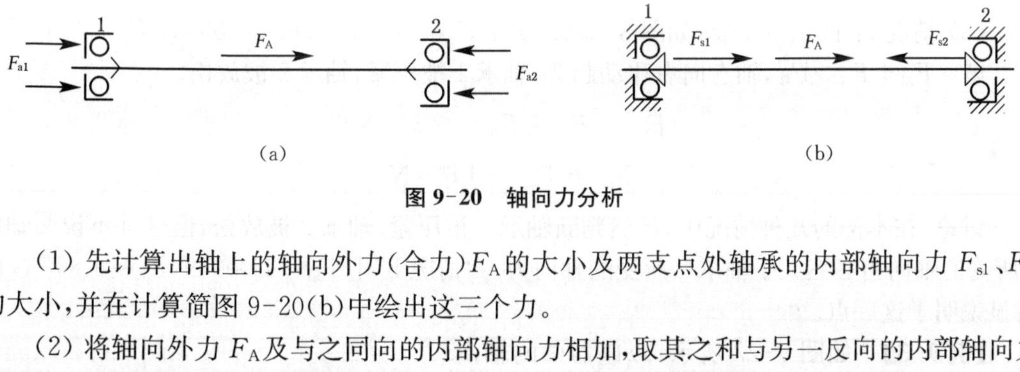

(a) (b)

图 9-20 轴向力分析

(1) 先计算出轴上的轴向外力(合力)F_A 的大小及两支点处轴承的内部轴向力 F_{s1}、F_{s2} 的大小，并在计算简图 9-20(b)中绘出这三个力。

(2) 将轴向外力 F_A 及与之同向的内部轴向力相加，取其之和与另一反向的内部轴向力比较大小。如图 8-20(b)所示，若 $F_{s1}+F_A \geqslant F_{s2}$，根据轴承及轴系的结构，外圈固定不动，轴与固结在一起的内圈有右移趋势，则轴承 2 被“压紧”，轴承 1 被“放松”。$F_{s1}+F_A < F_{s2}$，根据轴承及轴系的结构，外圈固定不动，轴与固结在一起的内圈有左移趋势，则轴承 1 被“压紧”，轴承 2 被“放松”。

(3)“放松端”轴承的轴向力等于它本身的内部轴向力。

(4)“压紧端”轴承的轴向力等于除本身内部轴向力外，其余各轴向力的代数和。

【例 9-2】 已知一对 7206C 轴承支承的轴系，轴上径向力 $F_R=6000$ N，求以下 a、b、c 三种情况两轴承所受的轴向力。

(1) 情况 a：如图 9-21(a)所示，轴向外力 $F_A=0$，$F_a/C_o=0.029$。

解 ① 由图 9-21(a)，得 $F_{r1}=2\,000$ N，$F_{r2}=4\,000$ N

② 由表 9-15 及表 9-14 知，内部轴向力

$$F_{s1}=0.4F_{r1}=0.4\times 2\,000=800\ \mathrm{N}$$

$$F_{s2}=0.4F_{r2}=0.4\times 4\,000=1\,600\ \mathrm{N}$$

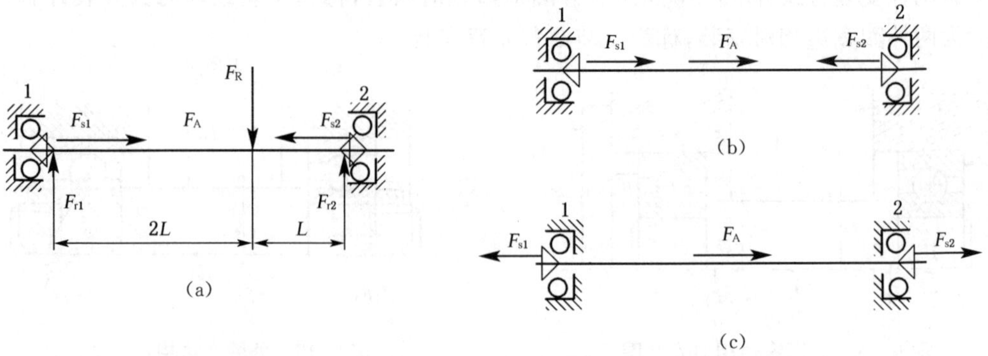

图 9-21 轴承受力示意图

③ 由于 $F_{s1}<F_{s2}$，再根据结构判断轴承 1 被压紧，轴承 2 被放松，所以 $F_{a1}=F_{s2}=1\,600$ N；轴承 2 仅受内部轴向力，$F_{a2}=F_{s2}=1\,600$ N。

(2) 情况 b：$F_A=600$ N，$F_{s1}=800$ N，$F_{s2}=1\,600$ N，方向如图 9-21(b)所示。

解 $F_{s2}>F_A+F_{s1}$，轴承 1 被压紧，轴承 2 被放松。

$$F_{a1}=F_{s2}-F_A=1\,000\ \mathrm{N}$$

$$F_{a2}=F_{s2}=1\,600\ \mathrm{N}$$

(3) 情况 c：两轴承反装，如图 8-21(c)所示，$F_A=1\,000$ N，$F_{s1}=800$ N，$F_{s2}=1\,600$ N。

解 $F_{s2}+F_A>F_{s1}$，轴有向右移动趋势，轴承 1 被压紧，轴承 2 被放松。

$$F_{a1}=F_{s2}+F_A=2\,600\ \mathrm{N}$$

$$F_{a2}=F_{s2}=1\,600\ \mathrm{N}$$

讨论：在本例的几种情况中，虽然判断轴承 1 被压紧，轴承 2 被放松，但这并不说明轴承 1 所受的轴向力必然大于轴承 2 所受的轴向力。“情况 b”中 $F_{a1}=1\,000$ N，$F_{a2}=1\,600$ N 就明显说明了这一点。

【例 9-3】 如图 9-22 所示，减速器中的轴由一对深沟球轴承支承。已知：轴的两端轴颈直径均为 $d=50$ mm，轴受径向力 $F_R=15\,000$ N，轴向力 $F_A=2\,500$ N，工作转速 $n=400$ r/min，载荷系数 $F_P=1.2$，常温下工作，轴承预期寿命 $L'_h=10\,000$ h，支承方式采用图 9-24(a)所示的双固式结构，试选择轴承型号。

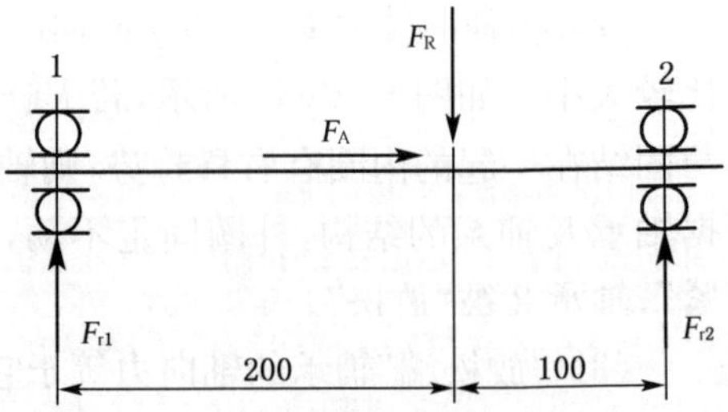

图 9-22 减速器轴承受力示意图

解 (1)求轴承所受的载荷

轴承 1：径向载荷 由静力学平衡方程式得

$$(200+100)F_{r1}-100F_R=0$$

$$F_{r1}=\frac{100}{200+100}F_R=\frac{1}{3}\times 15\,000=5\,000\ \mathrm{N}$$

轴向载荷　由于两轴承用图 9-25(a)所示的双固式支承结构，根据结构图及图 9-22 中轴向力 F_A 的方向判断：轴向力 F_A 全部由轴承 2 承受，轴承 1 不受轴向力，即 $F_{a1}=0$。

轴承 2：径向载荷　由静力学平衡方程式得

$$F_{r2}=F_R-F_{r1}=15\,000-5\,000=10\,000\ \text{N}$$

轴向载荷

$$F_{a2}=F_A=2\,500\ \text{N}$$

轴承 2 承受的载荷大于轴承 1 所承受的载荷，故应按轴承 2 计算。

(2) 试选 6310 轴承进行计算

依题意 $d=50$ mm，试选 6310 轴承，查机械设计手册得 $C=48\,400$ N，$C_o=36\,300$ N。根据表 9-14，$F_{a2}/C_o=2\,500/36\,300=0.069$，应用线性插值法求得 e 值为

$$\frac{0.28-0.26}{0.084-0.056}=\frac{e-0.26}{0.069-0.056}$$

$$e=\frac{0.28-0.26}{0.084-0.056}(0.069-0.056)+0.26=0.27$$

$$F_{a2}/F_{r2}=2\,500/10\,000=0.25<e\text{，取 }X=1,\ Y=0$$

$$P_2=f_P(XF_{r2}+YF_{a2})=1.1\times(1\times10\,000+0\times2\,500)=11\,000\ \text{N}$$

又有球轴承 $\varepsilon=3$，查表 9-9，取 $f_t=1$，则由式 9-5 得

$$L_h=\frac{10^6}{60\,n}\left(\frac{f_tC}{P}\right)^{\varepsilon}=\frac{10^6}{60\times400}\times\left(\frac{1\times48\,400}{11\,000}\right)^3=3\,549.33\ \text{h}<[L_h]=10\,000\ \text{h}$$

由此可见轴承的寿命小于预期寿命，所以 6310 轴承不合适。

(3) 再试选 6410 轴承进行计算

查机械设计手册：得 $C=71\,800$ N，$C_o=46\,400$ N。

由表 9-14，$\dfrac{F_{a2}}{C_o}=\dfrac{2\,500}{56\,400}=0.044$，应用线性插值法求得 $e=0.24$，$\dfrac{F_{a2}}{F_{r2}}=\dfrac{2\,500}{10\,000}=0.25>e$，取 $X=0.56$，Y 值应用线性插值法求得

$$Y=1.99+\frac{1.71-1.99}{0.056-0.028}(0.044-0.028)=1.83$$

$$\begin{aligned}P_2&=f_P(XF_{r2}+YF_{a2})=1.1\times(0.56\times10\,000+1.83\times2\,500)\\&=11\,192.5\ \text{N}\end{aligned}$$

由式(9-5)得

$$L_h=\frac{10^6}{60n}\left(\frac{f_tC}{P}\right)^{\varepsilon}=\frac{10^6}{60\times400}\times\left(\frac{1\times71\,800}{11\,192.5}\right)^3=11\,000\ \text{h}>10\,000\ \text{h}$$

故所选 6410 轴承合适。

(4) 本例题讨论

① 当试算 6310 滚动轴承不合适后，若允许采用增大轴颈的办法改选轴承型号，则可选用 6312 轴承，再计算轴承寿命，判断该轴承是否合适。

② 也可通过计算所需轴承的基本额定动载荷 C' 并与试选轴承的基本额定动载荷 C 比较，判定试选轴承是否合适。

【例 9-4】 如图 9-23 所示为某机械中的主动轴，拟用一对角接触球轴承支承。初选轴承型号为 7211AC。已知轴的转速 $n=1\ 450$ r/min，两轴承所受的径向载荷分别为 $F_{r1}=3\ 300$ N，$F_{r2}=1\ 000$ N，轴向载荷 $F_A=900$ N，轴承在常温下工作，运转时有中等冲击，要求轴承预期寿命 12 000 h。试判断该对轴承是否合适。

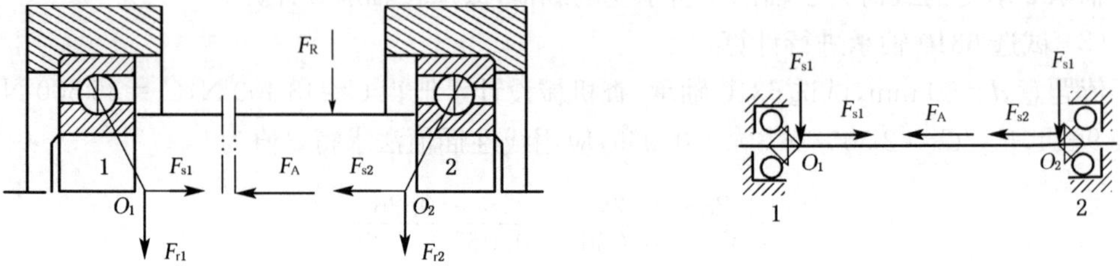

图 9-23 轴承受力分析

解 (1) 计算轴承的轴向力 F_{a1}、F_{a2}

由表 9-13 查得 7211AC 轴承内部轴向力的计算公式为 $F_s=0.68F_r$，故有：

$$F_{s1}=0.68F_{r1}=0.68\times 3\ 300\ \text{N}=2\ 244\ \text{N}$$

$$F_{s2}=0.68F_{r2}=0.68\times 1\ 000\ \text{N}=680\ \text{N}$$

因为

$$F_{s2}+F_A=(680+900)\text{N}=1\ 580\ \text{N}<F_{s1}=2\ 244\ \text{N}$$

故可判断轴承 2 被压紧，轴承 1 被放松，两轴承的轴向力分别为

$$F_{a1}=F_{s1}=2\ 244\ \text{N}$$

$$F_{a2}=F_{s1}-F_A=(2\ 244-900)\text{N}=1\ 344\ \text{N}$$

(2) 计算当量动载荷 P_1、P_2

由表 9-12 查得 $e=0.68$，而

$$\frac{F_{a1}}{F_{r1}}=\frac{2\ 244}{3\ 300}=0.68=e$$

$$\frac{F_{a2}}{F_{r2}}=\frac{1\ 344}{1\ 000}=1.344<e$$

查表 9-12 可得 $X_1=1$，$Y_1=0$；$X_2=0.41$，$Y_2=0.87$。由表 9-11 取 $f_P=1.4$，则轴承的当量动载荷为

$$P_1=f_P(X_1F_{r1}+Y_1F_{a1})=1.4\times(1\times 3\ 300+0\times 2\ 244)=4\ 620\ \text{N}$$

$$P_2=f_P(X_2F_{r2}+Y_2F_{a2})=1.4\times(0.41\times 1\ 000+0.87\times 1\ 344)=2\ 211\ \text{N}$$

(3) 计算轴承寿命 L_h

因 $P_1>P_2$，且两个轴承的型号相同，所以只需计算轴承 1 的寿命，取 $P=P_1$。

查手册得7211AC轴承的C_r=50 500 N。又球轴承$\varepsilon=3$，取$f_t=1$,则由式(9-5)得

$$L_h=\frac{10^6}{60n}\left(\frac{f_tC}{P}\right)^{\varepsilon}=\frac{10^6}{60\times 1\,450}\times\left(\frac{1\times 50\,500}{4\,620}\right)^3=15\,010\ \text{h}>12\,000\ \text{h}$$

由此可见轴承的寿命大于预期寿命,所以该对轴承合适。

9.4.9 滚动轴承的静强度计算

对于缓慢摆动或低转速($n<10$ r/min)的滚动轴承,其主要失效形式为塑性变形,应按静强度进行计算确定轴承尺寸。对在重载荷或冲击载荷作用下转速较高的轴承,除按寿命计算外,为安全起见,也要再进行静强度验算。

1) 基本额定静载荷C_0

轴承两套圈间相对转速为零,使受最大载荷滚动体与滚道接触中心处引起的接触应力达到一定值(向心和推力球轴承为4 200 MPa,滚子轴承为4 000 MPa)时的静载荷,称为滚动轴承的基本额定静载荷C_0(向心轴承称为径向基本额定静载荷C_{0r},推力轴承称为轴向基本额定静载荷C_{0a})。各类轴承C_0的值可由轴承标准中查得。实践证明,在上述接触应力作用下所产生的塑性变形量,除了对那些要求转动灵活性高和振动低的轴承外,一般不会影响其正常工作。

2) 当量静载荷P_0

当量静载荷P_0是指承受最大载荷滚动体与滚道接触中心处,引起与实际载荷条件下相当的接触应力时的假想静载荷。其计算公式为

$$P_0=X_0F_r+Y_0F_a \tag{9-8}$$

式中：X_0，Y_0——当量静载荷的径向系数和轴向系数,可由表9-16查取。若由式(9-8)计算出的$P_0<F_r$，则应取$P_0=F_r$。

表9-16 单列轴承的径向静载荷系数和轴向静载荷系数

轴承类型		X_0	Y_0
深沟球轴承		0.6	0.5
角接触球轴承	$\alpha=15°$	0.5	0.46
	$\alpha=25°$		0.38
	$\alpha=40°$		0.26
圆锥滚子轴承		0.5	$0.22\cot\alpha$
推力球轴承		0	1

3) 静强度计算

轴承的静强度计算式为

$$C_0\geqslant S_0P_0 \tag{9-9}$$

式中：S_0——静强度安全系数,其值可查表9-17。

表 9-17 静强度安全系数 s_o

旋转条件	载荷条件	s_o	使用条件	s_o
连续旋转轴承	普通载荷	1~2	高精度旋转场合	1.5~2.5
	冲击载荷	2~3	振动冲击场合	1.2~2.5
不常旋转及作摆动运动的轴承	普通载荷	0.5	普通旋转精度场合	1.0~1.2
	冲击及不均匀载荷	1~1.5	允许有变形量	0.3~1.0

【例 9-5】 齿轮减速器中的 30205 轴承受轴向力 $F_a=2\,000$ N,径向力 $F_r=4\,500$ N,静强度安全系数 $s_o=2$,试验算该轴承是否满足静强度要求。

解 由机械设计手册查得 30205 轴承的基本额定静载荷为

$$C_o = 37\,000\ \text{N},\ X_o = 0.5,\ Y_o = 0.9$$

当量静载荷

$$P_o = X_oF_r + Y_oF_a = (0.5 \times 4\,500 + 0.9 \times 2\,000)\text{N} = 4\,050\ \text{N}$$

由式(9-9)

$$\frac{C_o}{P_o} = \frac{37\,000}{4\,050} = 9.14 > s_o = 2$$

该轴承满足静强度要求。

9.4.10 滚动轴承的组合设计

为了保证轴承在机器中正常工作,除了要正确选择轴承类型和确定轴承的尺寸外,还必须正确、合理地进行轴承组合的结构设计,主要考虑下述几方面。

1) 滚动轴承的轴向固定

为了保证轴和轴上零件的轴向位置并能承受轴向力,轴承内圈与轴之间以及外圈与轴承座孔之间,均应有可靠的轴向固定。图 9-24 所示为轴承轴向固定的常用方法,轴承内圈的一端常用轴肩定位固定,另一端则可采用圆螺母(见图 9-24(a))、轴用弹性挡圈(见图 9-24(b))、轴端挡板(见图 9-24(c))等。外圈在轴承孔中的轴向位置常用轴承盖、座孔的台肩(见图 9-24(d))、孔用弹性挡圈(见图 9-24(b))、止动环(见图 9-24(e))及外螺母(见图 9-24(f))等来保证。

2) 滚动轴承轴系的支承结构形式

为了保证轴工作时的位置,防止轴的窜动,轴系的轴向位置必须固定。其典型结构形式有下述三种。

(1) 两端单向固定

此种结构适用于工作温度变化不大的短轴,如图 9-25 所示。考虑到轴工作时受热膨胀,安装时轴承盖与轴承外圈之间应留有间隙。如图 9-25(a)所示,常取间隙 $\Delta=0.25\sim0.4$ mm。一般还要在轴承盖和机座间加调整垫片,以便调整轴承的游隙。

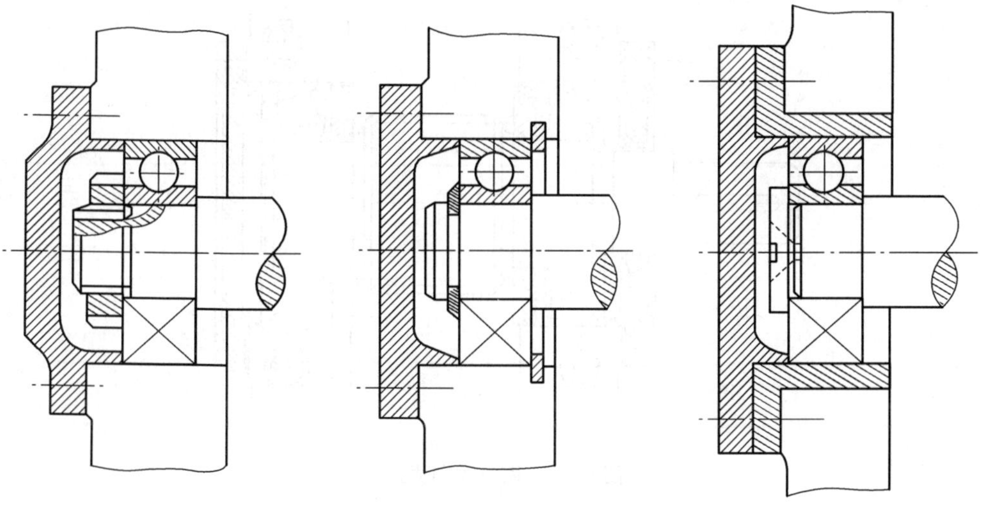

(a) (b) (c)

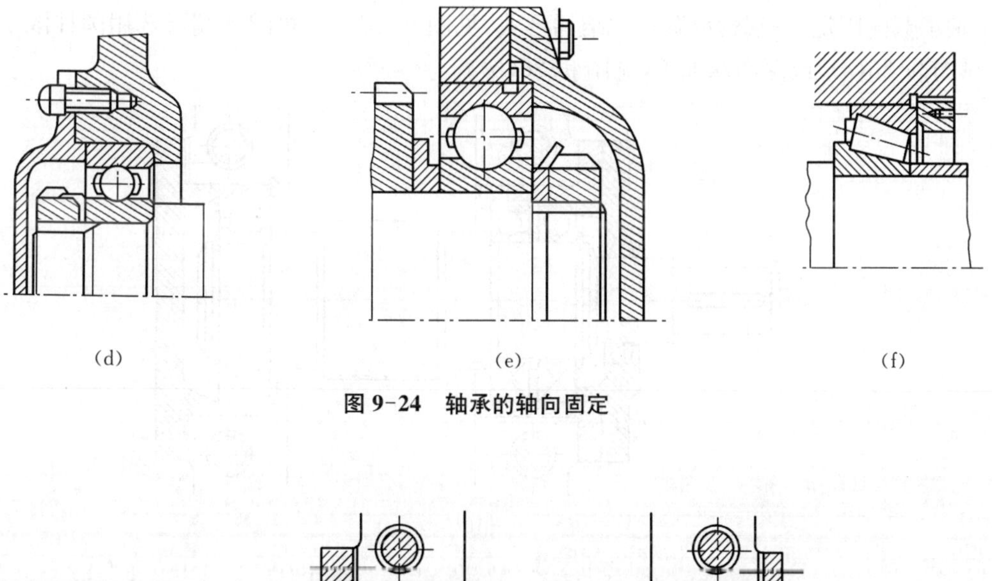

(d) (e) (f)

图9-24 轴承的轴向固定

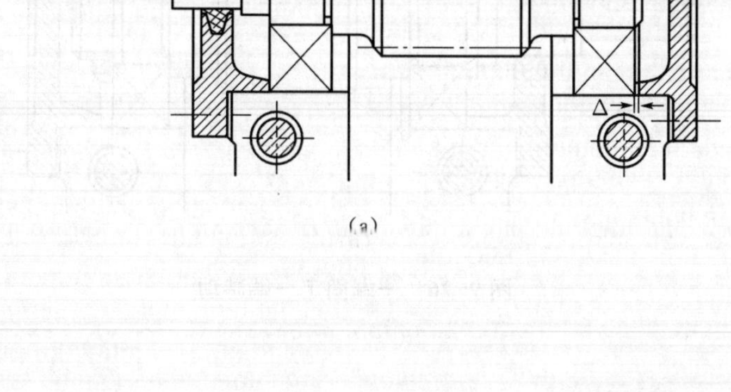

(a)

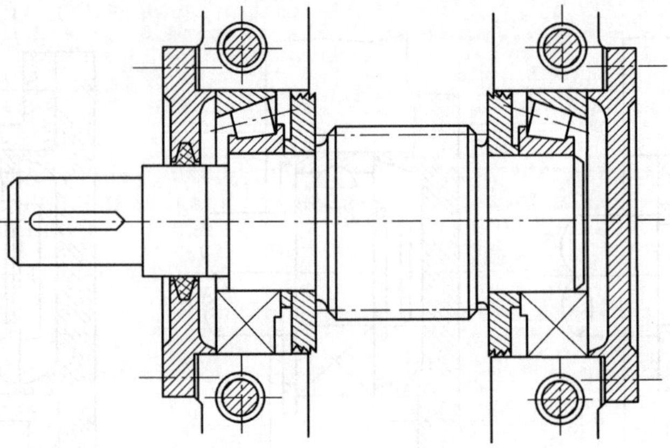

(b)

图 9-25 两端单向固定

(2) 一端固定一端游动

当轴在工作温度较高的条件下工作或轴细长时，为弥补轴受热膨胀时的伸长，常采用一端轴承双向固定、一端轴承游动的结构形式，见图 9-26。一般游动端可选用圆柱滚子轴承(见图 9-26(a))或深沟球轴承(见图 9-26(b))。

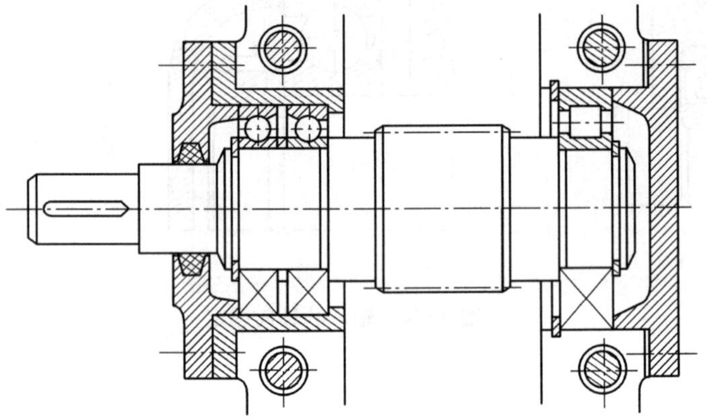

(a)

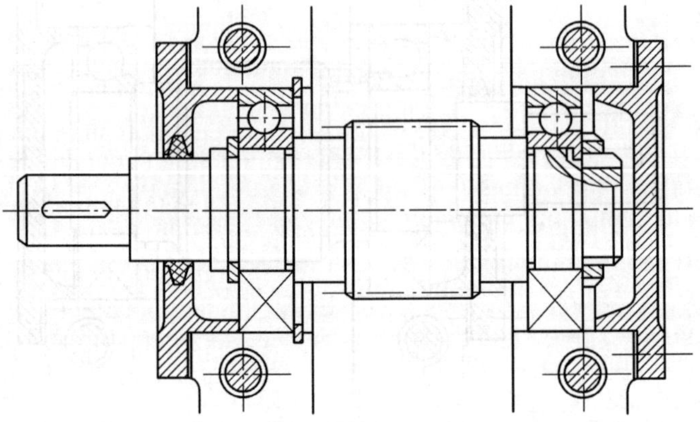

(b)

图 9-26 一端固定一端游动

(3) 两端游动

图 9-27 为典型的两端游动支承，两个支承都采用外圈无挡边的圆柱滚子轴承，轴承的内、外圈各边都要求固定，以保证轴能在轴承外圈的内表面作轴向游动。这种支承适用于要求两端都游动的场合（如人字齿轮的主动轴，以自动补偿因螺旋角偏差造成两侧轮齿不完全对称而引起的啮合误差。为了保证整个啮合系统的正常工作，传动的另一根轴要做成固定式。

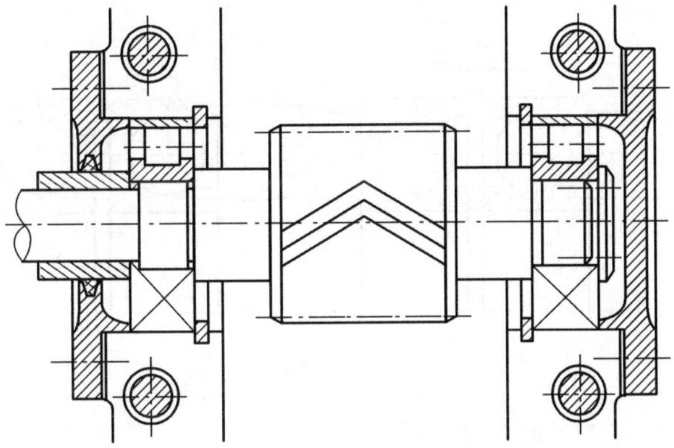

图 9-27 两端游动

3) 轴承组合位置的调整

为了保证轴上零件处于设计时的正确位置，轴系部件安装时应能进行必要的调整。轴承组合位置的调整，包括轴承间隙的调整和轴系的轴向位置的调整。

轴承间隙的调整方法很多，最常见的是用增减轴承盖与箱体间的垫片来调整，如图 9-25所示。

轴系位置的调整是为了保证轴上零件获得正确的位置。图 9-28(a)所示为圆锥齿轮传动，为使其分度圆锥顶重合，应能调整其轴向位置。图 9-28(b)所示为蜗杆传动，为保证蜗轮中间平面通过蜗杆的轴线，可调整蜗轮的轴向位置。轴向位置的调整是通过在轴两端的轴承盖处增减垫片实现的。

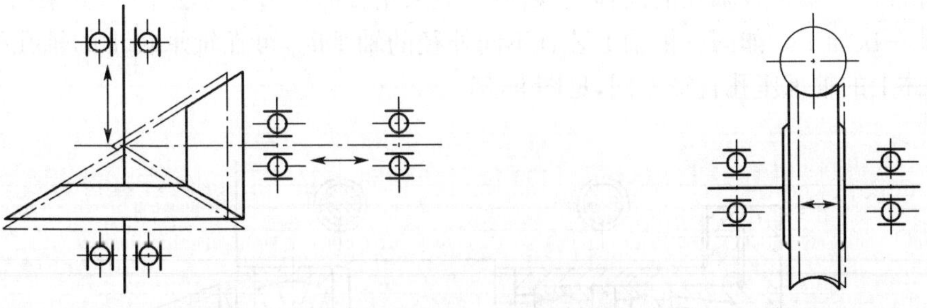

(a) (b)

图 9-28 轴的轴向位置调整

4) 滚动轴承的预紧

滚动轴承的预紧是指采用适当的方法使轴承的滚动体和内、外套圈之间产生一定的预变形，以保持轴承内、外圈均处于压紧状态，使轴承以负游隙运行。预紧的目的是提高轴承的旋转精度，增加轴承的组合刚性，减小轴在运转时的振动和噪声。

轴承预紧可以利用在轴承外圈（或内圈）之间加金属垫片（见图 9-29(a)）或将外圈（或内圈）磨窄（见图 9-29(b)）来实现，也可以通过调整两轴之间隔套的宽度等方法来获得。

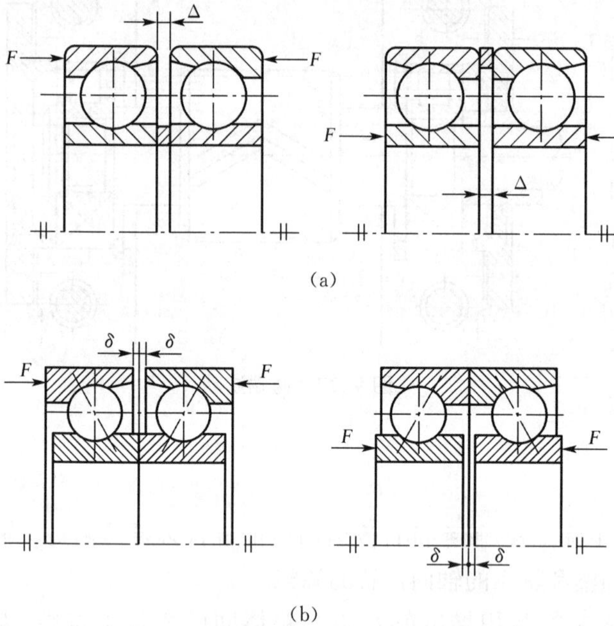

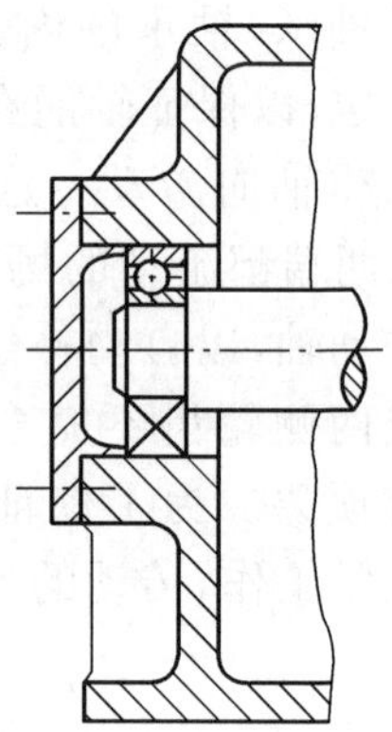

图 9-29　轴承的预紧

图 9-30　增加轴承座刚度的结构

5）保证支承的刚度和同轴度

轴和安装轴承的轴承座必须具有足够的刚度，否则会因这些零件的变形而使滚动体的运动受到阻碍，影响轴承的旋转精度，甚至会使轴承过早损坏。因此，安装轴承的轴承座孔处的壁厚应适当加大或设加强肋，见图 9-30。

为保证同一轴上各轴孔的同轴度，箱体一般采用整体铸造的方法生产，并采用直径相同的轴承孔一次加工。如同一根轴上装有不同外径的轴承时，可在轴承较小的轴孔处加一套环，使箱体上的轴承座孔直径相同，见图 9-31。

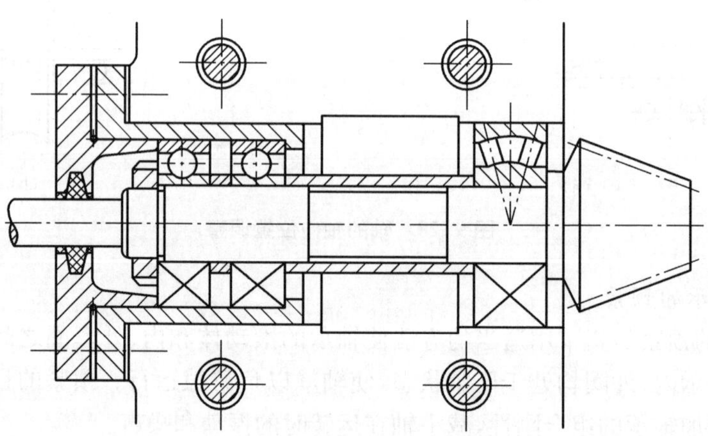

图 9-31　采用套环的轴承组合结构

9.4.11 滚动轴承的配合

滚动轴承与轴及机架的周向固定是依靠相互配合来保证的，配合的松紧将会直接影响轴承的旋转精度。无论是外圈与轴承座孔，还是内圈与轴，如配合过紧，轴承转动会不灵活；如配合过松，又会引起擦伤、磨损和旋转精度降低。因而轴承的内、外圈都要设计恰当的配合。由于轴承是标准件，一般内圈与轴颈的配合采用基孔制，外圈与轴承座孔的配合采用基轴制。轴颈公差带常取 n6、m6、k6、js6 等；座孔的公差带常取 K7、J7、H7、G7 等。

滚动轴承配合的选择原则：

（1）转动圈比不动圈配合松一些；

（2）高速、重载、有冲击、振动时，配合应紧一些，载荷平稳时，配合应松一些；

（3）旋转精度要求高时，配合应紧一些（减小游隙）；

（4）常拆卸的轴承或游动套圈应取较松的配合；

（5）与空心轴配合的轴承应取较紧的密合。

9.5 滑动轴承

工作时轴承和轴颈的支承面间形成直接或间接滑动摩擦的轴承称为滑动轴承。

滑动轴承按承受载荷作用的方向不同，可分为径向滑动轴承和推力滑动轴承。径向滑动轴承用于承受径向载荷，推力滑动轴承用于承受轴向载荷。

9.5.1 滑动轴承的结构

滑动轴承一般由轴承体、轴瓦、润滑及密封装置组成。

1）径向滑动轴承结构

常见的有整体式、剖分式、调心式滑动轴承。

（1）整体式径向滑动轴承　图 9-32 所示为整体式径向滑动轴承的典型结构，它由轴承座、整体轴承套、油孔等组成。轴承套以过盈配合与轴承座孔相连接，为了防止轴承套与轴承座之间的相对运动，使用止动螺钉进行固定。顶部设有安装油杯的螺纹孔，轴套上对应地开有油槽，其内表面开有油沟，以便将润滑油导入承载区进行润滑。它的优点是结构简单、成本低。缺点是轴套磨损后，间隙无法调整；装拆不便（只能从轴端装拆）。所以只适用于低速、轻载或间歇工作的机器。

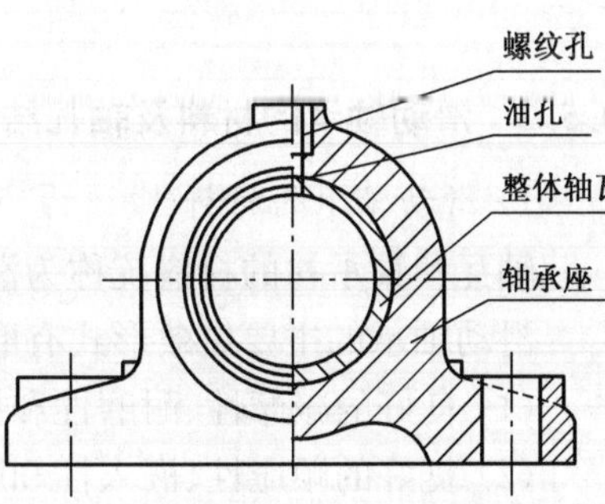

图 9-32　整体式径向滑动轴承

（2）剖分式径向滑动轴承　如图 9-33 所示，它由轴承座，轴承盖，剖分轴瓦（附轴承衬）、双头螺柱（调整垫片）等组成。轴瓦表面有油沟，油通过油孔、油沟而流向轴颈表面，轴瓦剖分面一般是水平剖分或倾斜 45°角剖分，以适应不同径向载荷方向的要求。这种轴承装拆方便、轴瓦磨损后间隙可调整。

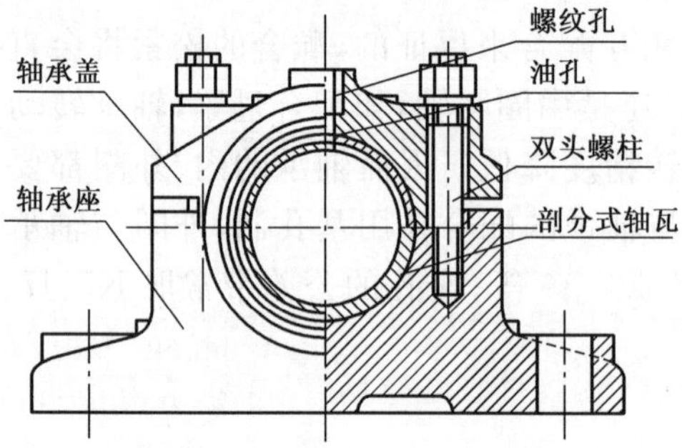

图 9-33 剖分式径向滑动轴承

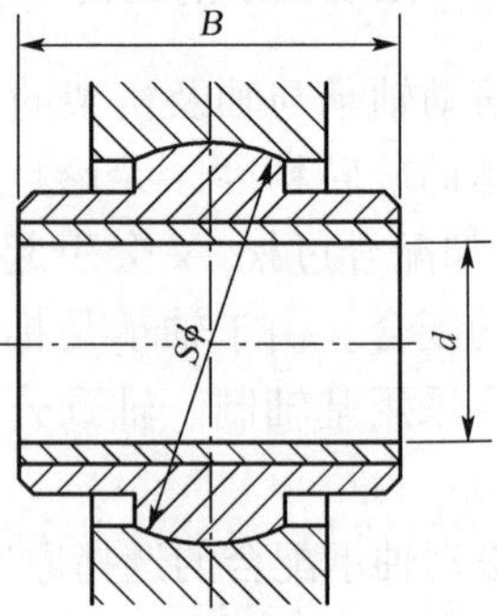

图 9-34 自动调心式滑动轴承

(3) 自动调心式滑动轴承　适于宽径比 $B/d>1.5$ 的轴承,可避免轴弯曲变形或轴承孔倾斜时造成轴颈与轴瓦两端边缘接触加剧磨损和发热。其结构特点是:轴瓦外表面做成球面,支承面制成凹球面,用于支承挠度较大或多支点的长轴,见图 9-34。

2) 推力滑动轴承结构

推力滑动轴承用于承受轴向载荷。常见的推力轴承轴颈形状如图 9-35 所示。实心端面轴颈由于工作时轴心与边缘磨损不均匀,以致轴心部分压强极高,所以很少采用。空心端面轴颈和环状轴颈工作情况较好。载荷较大时,可采用多环轴颈。

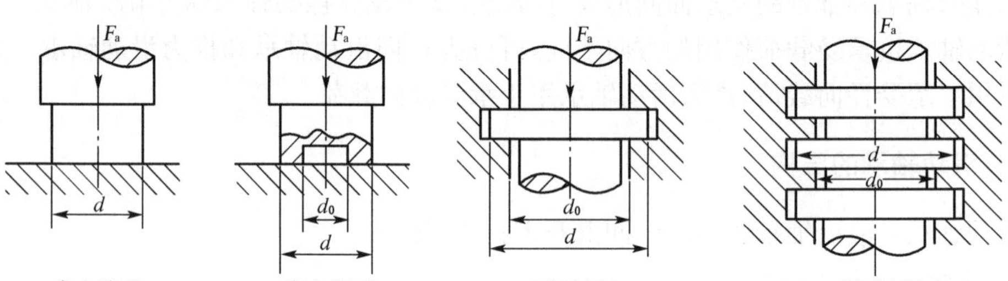

图 9-35 推力滑动轴承

9.5.2 滑动轴承的材料及轴瓦结构

1) 滑动轴承的材料

轴瓦和轴承衬的材料统称为滑动轴承的材料。

滑动轴承的主要失效形式有磨损、胶合和疲劳破坏等,所以对轴承材料的要求是:

(1) 良好的减摩性、耐磨性和抗胶合性;

(2) 良好的顺应性、嵌入性和磨合性;

(3) 足够的强度和必要的塑性;

(4) 良好的耐腐蚀性、热化学性能(传热性和热膨胀性)和调滑性(对油的吸附能力);

(5) 良好的工艺性和经济性等。

但是,任何一种材料不可能同时具备上述性能,因而设计时应根据具体工作条件,按主要性能来选择轴承材料。常用的轴瓦和轴承衬的材料及其性能见表 9-18。

表 9-18 常用的金属轴瓦和轴承衬材料及性能

轴瓦材料		最大许用值			最高工作温度/℃	最小轴颈硬度/HBS	性能比较				备 注
		$[p]$/MPa	$[v]$/$m \cdot s^{-1}$	$[pv]$/$MPa \cdot m \cdot s^{-1}$			抗咬粘性	顺应性嵌入性	耐蚀性	疲劳强度	
锡基轴承合金	ZSnSb11Cu6 ZSnSb8Cu4	平稳载荷			150	150	1	1	1	5	用于高速、重载下工作的重要轴承，变载荷下易疲劳，价贵
		25	80	20							
		冲击载荷									
		20	60	15							
铅基轴承合金	ZPbSb16 Sn16Cu2	15	12	10	150	150	1	1	3	5	用于中速、中等载荷的轴承，不宜受显著的冲击载荷。可作为锡锑轴承合金的代用品
	ZPbSb15 Sn5Cu3	5	8	5							
锡青铜	ZCuSn10P1	15	10	15	80	200	3	5	1	1	用于中速、重载及受变载荷的轴承
	ZCuSn5 Pb5Zn5	8	3	15							用于中速、中等载荷的轴承
铝青铜	ZCuAl10Fe3	15	4	12	280	200	5	5	5	2	用于润滑充分的低速、重载轴承

除了上述几种金属材料外，还可采用其他金属材料及非金属材料，如黄铜、铸铁、塑料、橡胶及粉末冶金等作为轴瓦材料。

2）轴瓦结构

常用的轴瓦有整体式和剖分式两种结构。

整体式轴承采用整体式轴瓦，整体式轴瓦又称为轴套，如图 9-36(a)所示。剖分式轴承采用剖分式轴瓦，如图 9-36(b)所示。

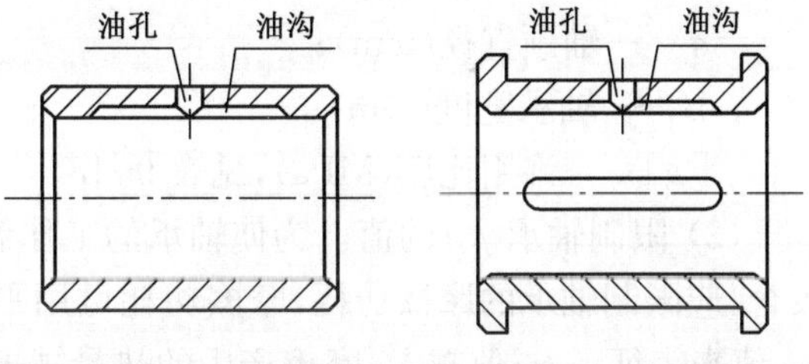

(a) 整体式轴瓦　　(b) 剖分式轴瓦

图 9-36 轴瓦的结构

轴瓦可以由一种材料制成，也可以在高强度材料的轴瓦基体上浇注一层或两层轴承合金作为轴承衬，称为双金属轴瓦或三金属轴瓦。为了使轴承衬与轴瓦基体结合牢固，可在轴瓦基体内表面或侧面制出沟槽，如图 9-37 所示。

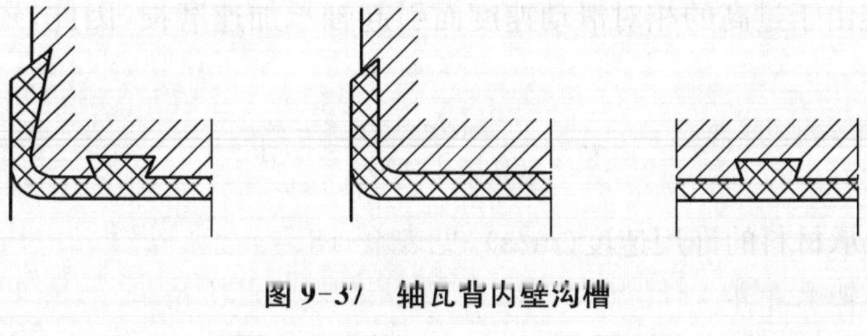

图 9-37 轴瓦背内壁沟槽

为了润滑轴承的工作表面，一般在轴瓦上要开出油孔和油沟。图 9-38 所示为几种常见的油沟形式。通常油孔和油沟开在非承载区，这样可以保证承载区油膜的连续性。为了使润滑油能均匀地分布在整个轴颈长度上，轴向油沟应取轴瓦长度的 0.8 倍，但不能开通到端部。

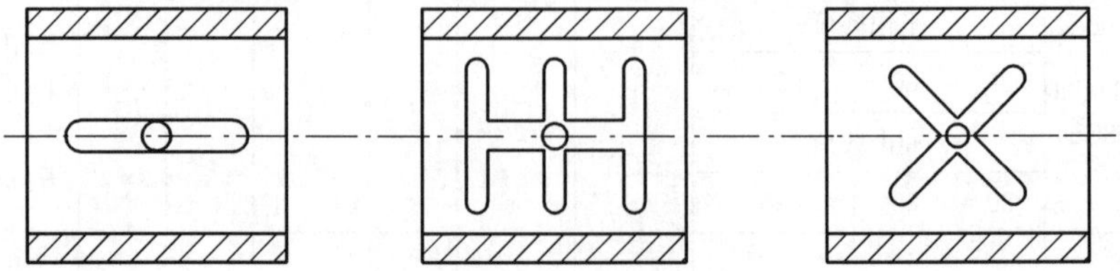

图 9-38 油沟形式(非承载区)

9.5.3 非液体摩擦滑动轴承的条件性计算

对于速度较低，载荷不大，有冲击或间歇工作的滑动轴承，常常设计成非液体摩擦滑动轴承。非液体摩擦滑动轴承主要失效形式为工作表面磨损和胶合，其计算准则是：维持边界油膜不破裂。计算方法采用以下条件性计算：

1) 径向滑动轴承的计算

(1) 限制轴承的平均比压 p 为使轴承不发生过度磨损，应限制平均比压，即

$$p=\frac{F}{dB}\leqslant[p] \tag{9-10}$$

式中：F——轴承的径向力(N)；

d——轴颈直径(mm)；

B——轴承宽度(mm)；

$[p]$——许用比压(MPa)，见表 9-18。

(2) 限制轴承 pv 的值 为使轴承的工作温度不至于过高而导致油膜破裂或工作表面胶合，应限制轴承的摩擦功耗，摩擦功耗可用平均比压 p 和轴承的相对滑动速度 v 的乘积 pv 值来表征。pv 值越大，摩擦产生的热量越多。因此，应限制轴承的 pv 值。即

$$pv=\frac{F}{dB}\frac{\pi dn}{60\times 1\,000}=\frac{Fn}{19\,100B}\leqslant[pv] \tag{9-11}$$

式中：n——轴颈转速(r/min)；

$[pv]$——轴承材料的 pv 许用值(MPa·m/s)，见表 9-18。

(3) 限制轴承的相对滑动速度 v 载荷较轻、速度较高的轴承，即使 p 与 pv 值都在许用范围内，也可能由于过高的相对滑动速度而引起轴承加速磨损，因此，还应限制相对滑动速度。即

$$v=\frac{\pi dn}{60\times 1\,000}\leqslant[v] \tag{9-12}$$

式中：$[v]$——轴承材料的许用速度(m/s)，见表 9-18。

2) 推力滑动轴承计算

推力滑动轴承的工作面为轴颈端面，多为环形面，如图 9-35 所示。其计算方法和径向

滑动轴承类同。

(1) 限制轴承的平均比压 p

$$p=\frac{F_a}{\frac{\pi}{4}(d^2-d_0^2)Z}\leqslant[p] \tag{9-13}$$

式中：F_a——轴承的轴向力(N)；

d_0、d——分别为轴颈止推环形面的内、外直径(mm)；

Z——轴环数。

(2) 限制轴承的 pv 值

$$pv=\frac{F_a n}{3\,000(d-d_0)Z}\leqslant[pv] \tag{9-14}$$

式中：v——轴颈止推环形面平均直径处的圆周速度(m/s)；

n——轴颈转速(r/min)。

从理论上说，当载荷一定时，增加环数 Z，可以减小轴承的径向尺寸，但实际上 Z 越大，受力越不均匀。因此，多环轴颈的环数不宜太多。考虑到各环受力的不均匀，多环轴承的各环[p]和[pv]按表 9-18 中所列值的 50%计。

思考题与习题

1. 在轴的材料中，哪种材料应用最普遍？为什么？
2. 为保证机械性能，轴应进行哪种热处理？
3. 用合金钢代替碳素钢而不改变轴的结构尺寸，对其强度和刚度各有何影响？
4. 试比较光轴与阶梯轴在加工、装配、强度及零件的固定等方面的优缺点。
5. 已知一传动轴所传递的功率 $P=16$ kW，转速 $n=720$ r/min，材料为 Q235 钢。求该轴所需的最小直径。
6. 如图 9-39 所示，减速器输出轴的输出功率 $P=55$ kW，转速 $n=300$ r/min，轴上齿轮对称分布在轴承之间，其分度圆直径 $d=200$ mm，轴承跨距为 400 mm。建议轴选用 45 号调质钢。试画出该轴的受力图、弯矩图、转矩图，并求出其危险截面直径 d。

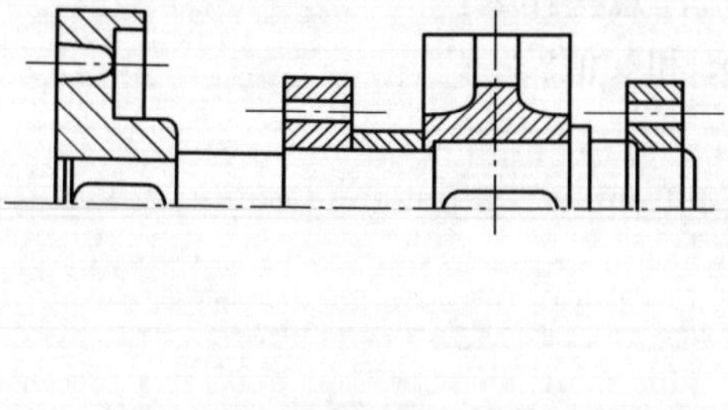

图 9-39

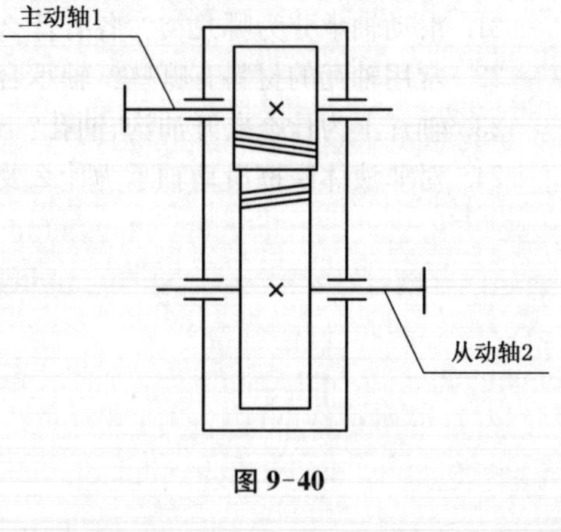

图 9-40

7. 设计单级斜齿圆柱齿轮减速器中的从动轴，其简图如图 9-40 所示。已知齿轮的圆周力为 $F_1=4\ 350$ N，径向力 $F_r=1\ 610$ N，轴向力 $F_a=630$ N。齿轮节圆直径 $d'=240$ mm，轴承跨距 $L=120$ mm，建议轴的材料选用 45 号调质钢。

8. 滚动轴承分为哪几类？各有什么特点？

9. 试述下列轴承代号的含义：

6201　6410　5130　77308C　30312/P6x　N211/P5

10. 选择滚动轴承时，应考虑哪些因素？

11. 装、拆滚动轴承时，应注意哪些问题？

12. 滚动轴承的主要失效形式有哪些？

13. 滚动轴承的基本额定动载荷与基本额定静载荷在概念上有何不同？

14. 何谓滚动轴承的基本额定寿命？何谓当量动载荷？如何计算？

15. 校核一非液体摩擦滑动轴承，其径向载荷 $F_r=16\ 000$ N，轴颈直径 $d=80$ mm，转速 $n=100$ r/min，轴承宽度 $B=80$ mm，轴瓦材料为 ZCuSn5Pb5Zn5。

16. 某轴上的 6208 轴承，所承受的径向载荷 $F_r=3\ 000$ N，轴向载荷 $F_a=1\ 270$ N。试求其当量动载荷 P。

17. 某轴拟用一对 6307 深沟球轴承支承。已知：转速 $n=800$ r/min，每个轴承受径向载荷 $F_r=2\ 100$ N，载荷平稳，预期寿命 $[L'_h]=8\ 000$ h，试求轴承的基本额定寿命。

18. 某水泵的轴颈直径为 $d=30$ mm，转速 $n=1\ 450$ r/min，径向载荷为 $F_r=1\ 320$ N，轴向载荷 $F_a=600$ N。要求寿命 $[L'_h]=5\ 000$ h，载荷平稳，试选择轴承型号。

19. 图示轴用一对 7310AC 轴承支承，轴向外载荷 $F_A=1\ 800$ N，轴承 1 所受的径向载荷为 $F_{r1}=945$ N，轴承 2 所受径向载荷为 $F_{r2}=5\ 445$ N，轴的转速 $n=960$ r/min，载荷系数 $f_P=1.2$，常温下工作，预期寿命 $[L'_h]=1\ 000$ h，试求：(1) 轴承所受的轴向力 F_{a1}，F_{a2}；(2) 该轴承的寿命 L_h。

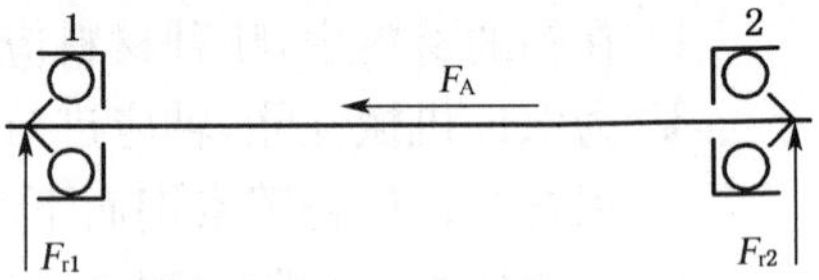

图 9-41　轴承受力图

20. 一常温工作的斜齿圆柱齿轮减速器中的输出轴，已知斜齿轮齿数 $z=100$，模数 $m_n=3$ mm，螺旋角 $\beta=15°$，传递功率 $P=7.5$ kW，转速 $n=200$ r/min，轴颈 $d=55$ mm，要求轴承对称布置，两支点距离 $L=260$ mm，预期使用寿命 $[L'_h]=40\ 000$ h。若采用深沟球轴承，试确定轴承型号。

21. 滑动轴承分为哪几类？各有什么特点？

22. 常用轴瓦的材料有哪些？轴承合金为什么只能做轴承衬？

23. 轴瓦上为什么要开油沟、油孔？开油沟时应注意些什么？

24. 对非液体摩擦滑动轴承为什么要校核 p、pv 和 v 值？

第 10 章　机械中的摩擦、磨损、润滑与密封

【内容简介】

本章主要介绍机械中的摩擦、磨损及常用的润滑方式、润滑装置以及密封装置。

【学习目标】

(1) 了解摩擦与润滑的四种类型。

(2) 了解零件的磨损过程和磨损类型。

(3) 掌握常用润滑剂的选用方法。

(4) 掌握常用的润滑方式和润滑装置的选用。

(5) 了解密封方式和密封件的选用与应用。

【重点】

常用的润滑剂、润滑方式、润滑装置以及密封装置的选用。

摩擦是一种普遍存在的自然现象。凡是两个物体直接接触，在外力作用下产生相对运动或有相对运动趋势，就会有摩擦。上述的第一种情况称为动摩擦，第二种情况称为静摩擦，两个物体的接触面称为摩擦面。在机械中存在着大量的摩擦。摩擦一方面可以利用(如自行车行驶、螺纹自锁、人走路都要依靠摩擦)，另一方面也会带来严重危害：一是生热，造成能量损失(此热量很难再利用)；二是使组成运动副的两个零件产生磨损，磨损达到一定程度后，零件失效。据估计，世界上由于各种摩擦而消耗的能量占总能量的 1/3～1/2，约有 80% 的零件是因为磨损严重而报废的。磨损不仅是零件失效的一种形式，有时也是引起其他失效的初始原因之一。

为了防止因磨损而产生零件失效，可在两摩擦面之间加入能减少摩擦、减轻磨损的物质，这些物质就是润滑剂。摩擦与润滑多数情况下密不可分。

机器零件中润滑油的泄漏，外部灰尘、水、气体以及其他杂质的侵入，严重影响了机器的正常工作，甚至出现故障。所以，密封是机械设计的另一重要问题。

本章主要介绍机械中的摩擦、磨损及常用的润滑方式、润滑装置以及密封装置。

10.1　摩擦与润滑

对于动摩擦按状态不同可分为四类。

(1) 干摩擦　不加任何润滑剂(如果认为空气不是润滑剂的话)的摩擦状态为干摩擦状态，简称干摩擦。干摩擦时由于两个零件的摩擦面存在微观不平度，宏观上看是全面接触了，但从微观上看则是面积很小的凸峰接触，见图 10-1(a)。

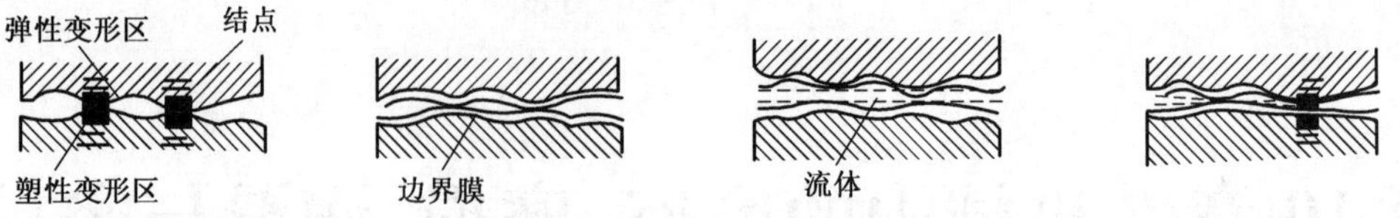

(a) 干摩擦　(b) 边界摩擦(润滑)　(c) 滑动轴承摩擦(润滑)　(d) 混合摩擦(润滑)

图 10-1　摩擦状态

当工作载荷(负荷、负载)和零件的自重作用在这些凸峰上时,就会有很大的压强,使其产生塑性变形并粘着,形成节点。只有切断这些节点,两个零件才能相对运动,这就是有很大的摩擦阻力的原因。零件在干摩擦下工作时,会产生严重磨损,很快失去原有精度而失效;同时也会产生大量的热,有时还会烧坏零件的摩擦表面。因此,在机械中不允许有干摩擦(靠摩擦力工作的情况除外)。

(2) 边界摩擦(润滑)　在两摩擦面间加入润滑剂后,金属表面会吸附一层极薄的能起润滑作用的保护膜,称为边界膜,这种状态称为边界摩擦(润滑)状态,见图 10-1(b)。边界膜的厚度在 0.1 μm 以下,一般比零件微观表面上的凸峰小,故两摩擦面仍有凸峰接触,虽然此时表现出来的摩擦因数(约为 0.08～0.15)比干摩擦小,但磨损仍然存在。

(3) 流体摩擦(润滑)　两摩擦表面被流体(液体或气体)完全分开的摩擦(润滑)状态称为流体摩擦(润滑)状态,见图 10-1(c)。由于此时只要克服液体内部的层间粘滞阻力即可运动,故表现出来的摩擦因数很小(约为 0.001～0.01),零件的摩擦面也不会发生磨损。

流体润滑又分为流体静压润滑和流体动压润滑两种情况。流体静压润滑是用泵将流体输送到两摩擦面之间,靠流体静压力承受外载荷。流体动压润滑则是在具有一定形状的两个摩擦面之间存入具有一定粘度的流体,并使两个摩擦面作相对运动,靠由此而产生的流体动压力承受外载荷。这种润滑状态在滑动轴承中的应用称为液体动压轴承。

轴静止时,在外载荷 F 的作用下其外表面与轴承的内表面接触,见图 10-2(a);当轴顺时针转动时,由于摩擦阻力的作用,使轴的外表面沿着轴承的内表面滚爬,同时靠润滑油的粘性和吸附性带动楔形油层也顺时针流动并开始在轴的右侧产生动压力,见图 10-2(b);当轴的转速达到某值以后,液体动压力的合力与外载荷 F 相平衡,润滑油将轴的外表面与轴承的内表面完全隔开形成流体润滑,见图 10-2(c)。经分析可知,形成流体动压润滑的条件是:①两摩擦面之间有楔形流体层;②流体有足够的粘性和吸附性,足以吸附在摩擦面上;③两摩擦面要以足够的速度相对运动,且保证流体从楔形的大口流向小口;④两摩擦表面的最小流体膜厚度要大于微观不平高度之和的若干倍。

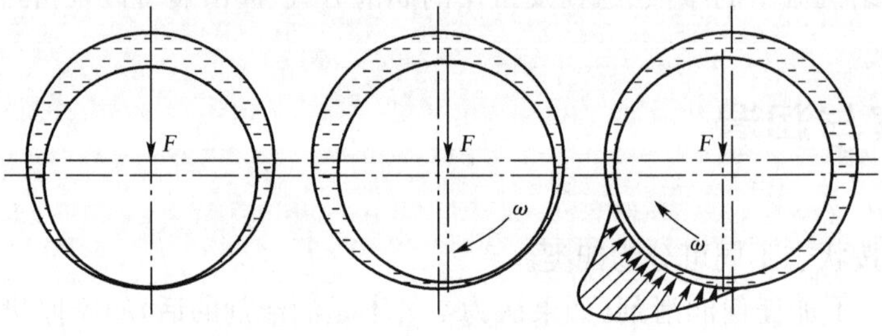

(a)　(b)　(c)

图 10-2　径向滑动轴承流体摩擦状态

(4) 混合摩擦(润滑)　边界摩擦(润滑)与局部液体摩擦(润滑)同时存在的摩擦(润滑)状态称为混合摩擦(润滑)状态,见图 10-1(d)。此时仍有零件微观表面上的凸峰接触和磨损,只不过表现出来摩擦因数比干摩擦小得多罢了。

10.2　磨损

1) 磨损过程

零件摩擦面上的表面材料不断损失的现象称为磨损。零件的磨损过程可分为三个阶段,它们依次是:跑合磨损、稳定磨损和剧烈磨损阶段。

工作时间 t 与磨损量 q 之间的关系可用磨损曲线来表示,见图 10-3。

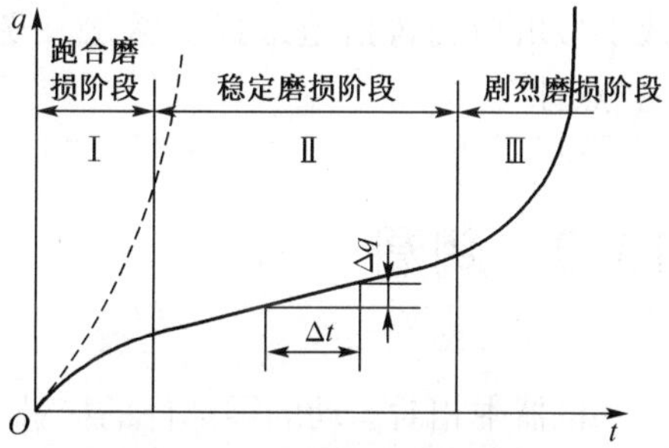

图 10-3　零件的磨损曲线

跑合磨损又称为磨合磨损,是指所装配或大修后的机器按一定的规范进行试运转,使各运动副的摩擦表面互相适应、贴合良好的一种方法。机器只有经过跑合后才能正常工作并具有预期的寿命。对于不同的机器有不同的跑合规定,但总的要求都是:①逐步加载、加速;②跑合后更换润滑油。如果设计或使用不当(如使用初期承载过大、速度过高、润滑不良),就会造成非正常磨损(如图 10-3 中虚线所示)。材料、载荷、润滑状况和工作温度与磨损量的关系如图 10-4 所示。

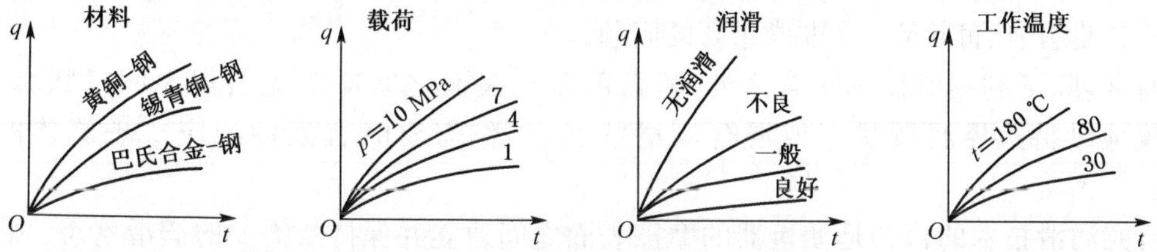

图 10-4　影响零件磨损的因数

2) 磨损类型与减磨措施

磨损主要分为三种类型:

(1) 粘着磨损　在边界摩擦和混合摩擦状态下,两摩擦表面上的微观凸峰相互接触焊合成结点,相互运动时会发生材料转移(在两者材料相同时更容易发生),称为粘着磨损。特别是在高速或重载的情况下,这种磨损尤为严重。按粘着磨损的程度不同依次为轻微粘着、涂抹、划伤、撕脱和咬焊,后三种又统称为胶合。可以采用合理选择材料组合、限制摩擦面的温度和压强、改变润滑油的油性或加入极压添加剂等措施减轻粘着磨损。

(2) 磨粒磨损　由于金属微粒或其他硬质微粒(统称为磨粒)进入两摩擦面之间造成的磨损称为磨粒磨损。可采取封闭式传动并经常更换清洁的润滑油,采取合理的密封方式并经常更换新的密封件,提高零件的表面硬度等措施改善磨粒磨损。

(3) 疲劳磨损(点蚀) 两个摩擦表面由于存在较高的接触应力,会产生微小裂纹。在摩擦力、润滑油进入微小裂纹后的挤压力和接触应力的共同反复作用下,裂纹逐步扩展,到一定程度后就发生了小的金属剥落,在摩擦表面形成小麻点或凹坑,这就是疲劳磨损,又称“点蚀”,见图10-5所示。

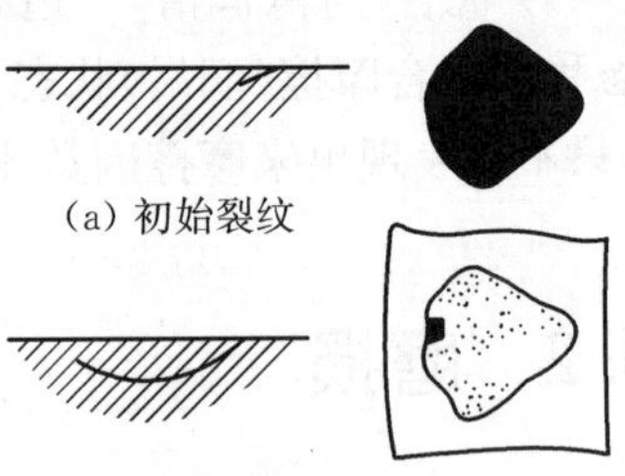

图 10-5 点蚀形成过程

点蚀在润滑良好的条件下也会发生。可采取提高表面硬度、降低表面粗糙度、改善两摩擦面的几何形状以及减小接触应力等措施来提高接触疲劳强度,防止过早出现“点蚀”。

10.3 润滑

机器中相对运动的零部件的接触表面产生的摩擦及磨损,其后果是破坏零件的配合尺寸和强度,当磨损量超过允许极限时会导致失效,直接影响机械的使用寿命。所以,在机械设计中,采用合理的润滑,是一个十分重要的问题。

10.3.1 润滑的作用和润滑技术

合理的润滑可以降低接触面间的摩擦阻力、减轻磨损、提高机械的效率并延长机械的寿命。此外,润滑还能起冲洗杂质、降低工作温度、防止锈蚀、减振、缓冲等作用。因此,在机器的设计和使用中,润滑是一个非常重要的问题。

通常,除了利用摩擦的场合之外,机器的摩擦表面之间应避免出现无润滑状态,最低限度应维持边界润滑状态或混合润滑状态,工作需要时有条件的应实现流体润滑状态。

研究润滑技术的目的是使机器的摩擦表面之间建立并保持所需要的润滑状态。它的内容包括正确地选用润滑剂品种和用量,采用合理的润滑方式,改善润滑剂的性能并保持润滑剂的质量等。

10.3.2 润滑剂

1) 润滑剂及其作用

凡能起降低摩擦阻力作用的介质都可以作为润滑剂。但为取得良好的润滑效果,润滑还应具有良好的吸附性和渗入能力;一定的粘性;较好的化学稳定性和物理稳定性;较高的耐热耐寒及导热能力。

2) 润滑剂的种类及选用原则

常用的润滑剂有润滑油、润滑脂及固体润滑剂。

(1) 润滑油

① 润滑油的类型

润滑油主要有矿物油(石油制品)、动物油、植物油和合成油。矿物油就是石油在提取燃油之后，将重油经减压蒸馏精制而获得所需要的不同粘度的润滑油，如机械油、齿轮油等。润滑油的粘度用牌号表示，牌号越大粘度越高。矿物油具有品种多、防腐性能强、价格便宜等特点，因此应用广泛。

动植物油具有良好的润滑性能，但易腐败、变质，除非有特殊要求的场合，一般做添加剂使用。在矿物油中加入少量动植物油可改善其油性。

合成润滑油一般不是石油产品，是用人工合成方法制成的有特殊性能（如耐高温、低温，抗氧化等）的润滑油。合成润滑油具有良好的润滑性能，承载能力高，但价格贵，只在矿物油无法满足时才单独使用。

② 润滑油的选用原则

润滑油选择不当将造成润滑事故，润滑事故在设备事故中占很大比重。因此必须合理选择润滑油。润滑油选用原则如下：

工作载荷　在一定的工作载荷下，首先要保证润滑剂有足够的承载能力。在液体润滑条件下，润滑油粘度愈高，承载能力则愈大；而边界润滑状态应选油性好或极压性好的润滑油。

工作速度　即两摩擦表面间相对滑动速度愈高，所选润滑油的粘度应愈低，以减少内摩擦阻力，低速运动则应采用粘度较高的油。

工作温度　工作温度决定于环境温度和工作时的温度变化。低温环境应选粘度较小、凝点低的油；高温环境应选粘度大、闪点高的润滑油。特殊低温下，如采用抗凝添加剂也不能满足要求时，则应选用固体润滑剂。工作温度变化大要选粘温性能好、粘度指数较高的油。一般润滑油使用温度最好不超过 60℃，高温条件下润滑油氧化速度加快，应加入抗氧化、抗腐蚀添加剂。

工作性质　如机器在工作中有冲击、振动、运转不平稳，并经常变载、启动、停车以及作往复或间歇运动时，都不利于油膜的形成。应采用高粘度的润滑油，甚至可采用润滑脂或固体润滑剂。

供油方法　采用循环集中润滑、滴油润滑时，应采用低粘度的油。飞溅润滑时要加入抗氧化、抗泡沫添加剂以维持油的润滑性能。人工间歇加油要用粘度较大的油，以免流失。

润滑部位的结构特点　运动副间隙小，摩擦面加工精度愈高，润滑油的粘度应愈低；摩擦面倾斜或暴露面较大者，应采用粘度较高的油。垂直润滑面、升降丝杠、开式齿轮、链条及钢丝绳等，润滑油易流失，应选取附着性好、粘度高的油或采用润滑脂及固体润滑剂。

此外，还应注意工作环境的具体条件，如有腐蚀性气体时，宜选择抗蚀性强的润滑油；在有流水或乳化液喷射、潮湿空气或灰尘屑末严重处，如无可靠的密封，一般不宜采用润滑油，以选用润滑脂较为适宜。

对润滑油的使用稳定性及对接触物质的影响，也应予以注意，如润滑油可能引起密封件收缩、膨胀或裂化；润滑油与切削液、油漆等起作用而变质；极压添加剂中硫、磷等元素对金属零件的腐蚀作用等。

一台设备中用油种类应尽量少，首先应满足主要机构的需要。常用润滑油的主要性能和用途见表 10-1。

表 10-1 常用润滑油的主要性能及用途

名称	粘度代号或牌号	运动粘度/(mm²·s⁻¹) 40℃	50℃	100℃	闪点/℃不低于	凝点/℃不低于	主要用途
全损耗系统用油(GB443—1989)(原名:机械油,标记 L-AN xx)注:xx 为粘度中心值,如 22、32 等	AN5	4.14～5.06	—	—	110	−10	对润滑油无特殊要求的锭子、轴承、齿轮和其他低负荷机械
	AN7	6.12～7.48					
	AN10	9.00～11.0			125		
	AN15	13.5～16.5			165	−15	
	AN22	19.8～24.2			170		
	AN32	28.8～35.2					
	AN46	41.4～50.6			180	−10	
	AN68	61.2～74.8			190		
	AN100	90.0～110			210	0	
	AN150	135～165			220		
工业齿轮油	50	—	45～55		170	−5	工业设备齿轮
	70		65～75				
	90		80～100		190		
	120		110～130				
	150		140～160		200		
	200		180～220			0	
	250		230～270		220		
	300		280～320				
	350		330～370				
工业闭式齿轮油(GB5903—1995)(原名:中负荷工业齿轮油)	N68	61.2～74.8	—	—	180	−8	适用于煤炭、水泥、冶金等工业部门的大型闭式齿轮传动
	N100	90～110					
	N150	135～165			200		
	N220	198～242					
	N320	288～352					
	N460	414～506			—	—	
	N680	612～748			220	−5	
普通开式齿轮油(SY1232—1985)	68	—	—	68～75	200	—	适用于开式齿轮、链条和钢丝绳等
	100			90～110			
	150			135～165			
	220			200～245	210		
	320			290～350			

注:1. 粘度表征润滑油流动时的内部阻力,有运动粘度和动力粘度之分。润滑油采用运动粘度。粘度越大,摩擦损耗越大。

2. 闪点是指在测定条件下,加热后油蒸气与火接触产生短时闪火达 5 s 时的温度。闪点是润滑油的安全性能指标。

3. 凝点是指将油面倾斜成 45°并保持 1 分钟,油面不流动的最高温度。凝点反映油品的低温流动性。

（2）润滑脂

① 润滑脂的分类

润滑脂是在润滑油中加入稠化剂制成的，基础油多用矿物油，有时也用合成油。大多数稠化剂是金属皂，金属皂是钙、钠、锂、铝等碱金属与脂肪和脂肪酸作用的产物。

按所用皂类的不同，润滑脂分为钙基、锂基、钠基润滑脂。

② 润滑脂的选用原则

润滑脂和润滑油相比，它的特点是：粘性大，不易流失，粘性随温度变化的影响较小，粘附能力强，密封性好，但流动性差，摩擦阻力大，不利于散热。因此润滑脂适用于温度、速度、载荷变化较大或有反转、间隙运动以及冲击振动的机器，也宜用于人工间隙供油、密封条件差、不允许润滑剂污染产品以及灰尘屑末很多的场合。但润滑脂不宜用于高速场合，亦不宜作循环润滑剂。

在选择润滑脂时还应注意下列各原则：

所选润滑脂的滴点必须高于工作温度 15℃～20℃（一般为 20℃～30℃）；

载荷愈大和冲击振动严重时，所选润滑脂的锥入度应愈小，以提高油膜承载能力；

速度愈高，所选润滑脂的锥入度应愈大，以减少内摩擦，提高效率；

当润滑脂用于集中润滑时，锥入度一般应在 300 以上。

常用润滑脂主要性能和用途见表 10-2。

表 10-2　常用润滑脂的性能及用途

名　称	牌　号	颜　色	滴点（不低于）/℃	锥入度 /10^{-1}mm	主　要　用　途
钙基润滑脂 GB491—1987	1 号	从淡黄色到褐色	80	310～340	温度低于 55℃，轻载和有自动给脂的轴承，以及汽车底盘和气温较低地区的小型机械
	2 号		85	265～295	中小型滚动轴承及冶金、运输、采矿设备中温度不高于 55℃的轻载、高速机械的润滑
	3 号		90	220～250	中型电动机的滚动轴承，发电机及其他温度在 60℃以下中等载荷中等转速的机械摩擦部位
	4 号		95	175～205	汽车、水泵轴承、重载自动机械的轴承、发电机、纺织机及其他 60℃以下重载、低速的机械
钠基润滑脂 GB/T492—1989	ZN-2	从深黄色到暗褐色	140	265～295	使用温度不高于 110℃，且无水分及湿气的工农业等机械设备
	ZN-3			220～250	
	ZN-4		150	175～205	使用温度不高于 120℃，其他同上
通用锂基润滑脂 GB7324—1994	1 号	从淡黄色到暗褐色	170	310～340	具有一定的抗水性和较好机械安定性，用于温度－20℃～120℃的机械设备的滚动和滑动摩擦部位
	2 号		175	265～295	
	3 号		180	220～250	
钙钠基润滑脂 ZBE36001—1988	ZCN-1	从黄色到深棕色	120	250～290	使用温度为 80℃～110℃，铁路机车和列车、小型电机及其他高温轴承
	ZN-2		135	200～240	

注：1. 滴点是指润滑脂受热后开始滴落时的温度，表征了润滑脂的耐热能力。工作温度一般应低于滴点 15℃～20℃。

2. 锥入度表示润滑脂软硬的程度，锥入度越小表示润滑脂越硬。

(3) 固体润滑剂

固体润滑剂利用固体粉末或薄膜代替润滑油膜以隔离摩擦表面并起润滑作用。常用的固体润滑剂有石墨、二硫化钼、软金属等。固体润滑剂具有很好的化学稳定性，耐高温，润滑简单，维护方便等特点，但由于其粘附性差，导热性不良，摩擦因数不够低，防锈排屑等不如润滑油，因此常用于无法或不能加润滑油的摩擦面。

10.3.3 添加剂

为了改善润滑油或润滑脂的某方面性能，可在其中加入相应的添加剂。添加剂的种类很多，大多是化学衍生物，不能单独作润滑材料，但添加剂可改善润滑油或润滑脂的物理性能和化学性能。

常用添加剂及说明见表 10-3。

表 10-3 常用添加剂及说明

名 称	添 加 剂	说 明
油性添加剂	脂肪，脂肪油，脂肪酸，油酸	加入量 1%～3%，改善油性
抗磨与极压添加剂	磷酸三甲酚酯，环烷酸铅，含硫、磷、氯的油与石蜡，二硫化钼，菜子油，铅皂	加入量 0.1%～5% 多加入重载荷用油中
抗氧化添加剂 抗腐蚀添加剂	二硫代磷酸锌，硫化烯烃，酚胺，2.6-丁基对甲酚，N-苯基萘胺	加入量 0.25%～5% 提高油的抗腐蚀能力
清净分散剂	石油磺酸钙(或钡)，磷酸酯，酚酯，水杨酸酯，聚酰亚胺、聚酯	将氧化沉积物分散悬浮于油中，以减轻磨损和延长油的使用寿命，加入量 0.5%～1.0%
防锈剂	石油磺酸钙(或钡或钠)，二硫代硫酸脂，二硫代碳酸脂，羊毛酯	提高油的防锈能力
降凝剂	聚甲基丙烯酸酯，聚丙烯酰胺，石蜡烷化酚	加入量 0.1%～1.0%，供低温工作的润滑油使用
增粘剂	聚异丁烯，聚丙烯酸酯	改善油的粘温特性，以适应较大的工作温度范围，加入量 3%～10%
消泡沫剂	硅酮，有机聚合物	有消泡作用

10.4 润滑方式和润滑装置

10.4.1 常用的润滑方式和润滑装置

常用油润滑的润滑方式及装置见表 10-4。

常用脂润滑的润滑方式及装置见表 10-5。

表 10-4　常用油润滑的润滑方式及装置

序号	润滑方式	润滑装置	加油方法	特点及应用
1	手工加油			间歇供油。最简单，不可靠。用于轻载、低速、不重要的场合
2	滴油润滑	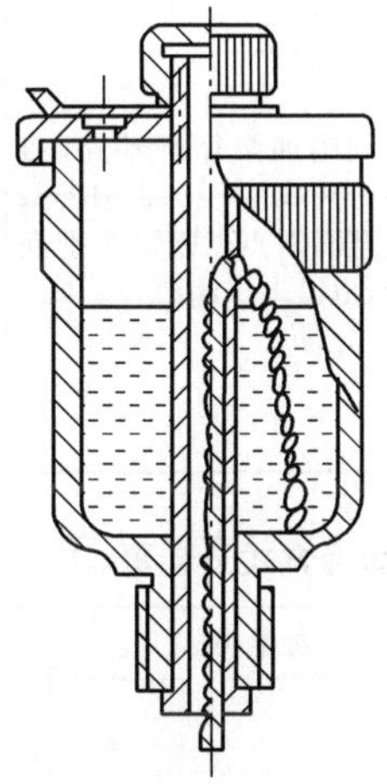	用油绳润滑，靠油绳的虹吸作用，将油滴到摩擦表面	连续供油。结构简单，油量小且无法调节。用于轻载、低速、要求供油量不大的场合
		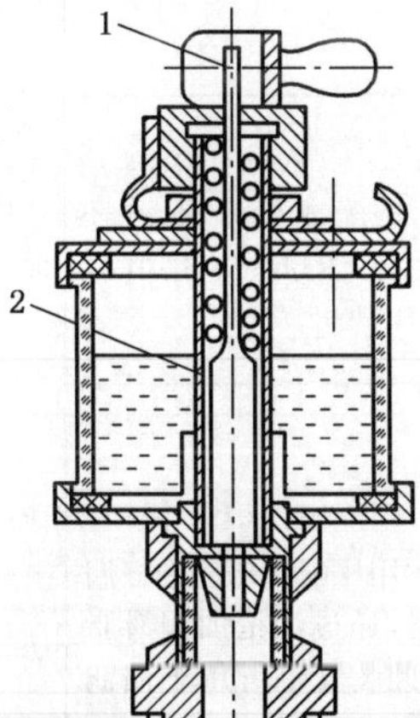	用针阀油杯润滑，靠改变手柄 1 的位置来控制油量。将手柄 1 提至垂直位置，针阀 2 上升，油孔打开可供油，手柄放置水平位置，针阀 2 下降堵住油孔，停止供油	连续供油且油量可调。用于要求供油可靠的场合，手动，机动均可
3	油环润滑	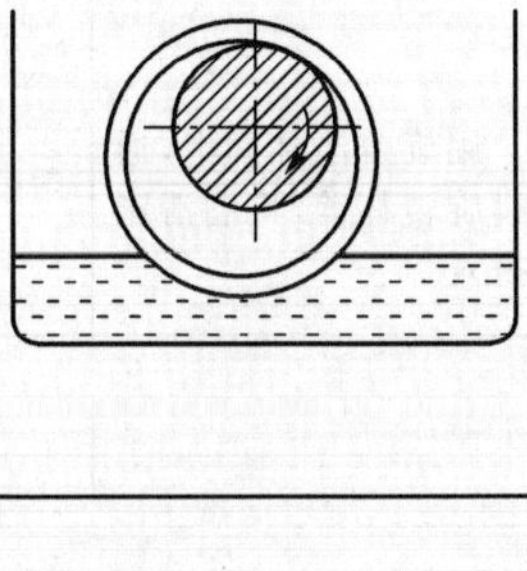	油环自由放在轴颈上，并部分侵入油中，随轴的转动将油带入摩擦面	结构简单，供油量较大。适于轴转速不低于 50～60 r/min的场合

（续 表）

序号	润滑方式	润滑装置	加油方法	特点及应用
4	飞溅润滑		利用回转件直接浸入油池中，转动时将油飞溅至箱壁，沿油路进入摩擦面或用甩油环实现飞溅润滑	简单、可靠，一般不需附加装置。适用于回转圆周速度 $v<12\sim14$ m/s 的场合
5	压力循环润滑	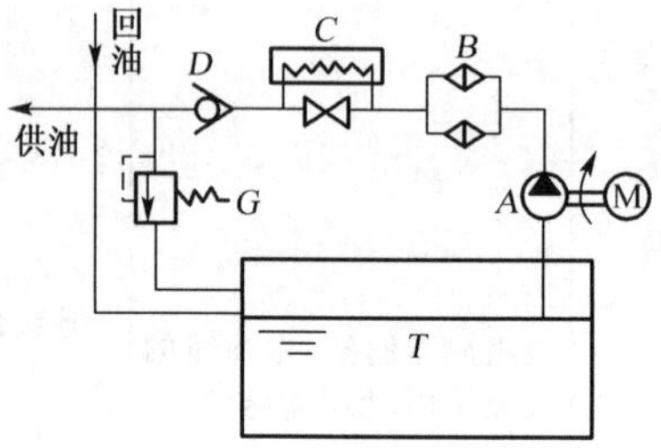	利用油泵循环油路，将压力油（0.1～0.5 MPa），送至润滑点。既可个别润滑，也可多点润滑	润滑可靠，还有冷却作用，但结构复杂，费用高。用于重要、高速、重载或大量润滑点的场合

表 10-5 常用脂润滑的润滑方式及装置

<table>
<tr><th>序号</th><th>润滑方式</th><th>润滑装置</th><th>加油方式</th><th>特点及应用</th></tr>
<tr><td>1</td><td>手工涂抹</td><td></td><td></td><td>最简单，不可靠，用于不重要的场合</td></tr>
<tr><td>2</td><td>装置填充法</td><td></td><td>装配或检修时，在不易流失的部位直接填入</td><td>用于要求不高的场合，摩擦面线速度 $v\leqslant4.5$ m/s</td></tr>
<tr><td rowspan="2">3</td><td rowspan="2">润滑脂杯润滑</td><td>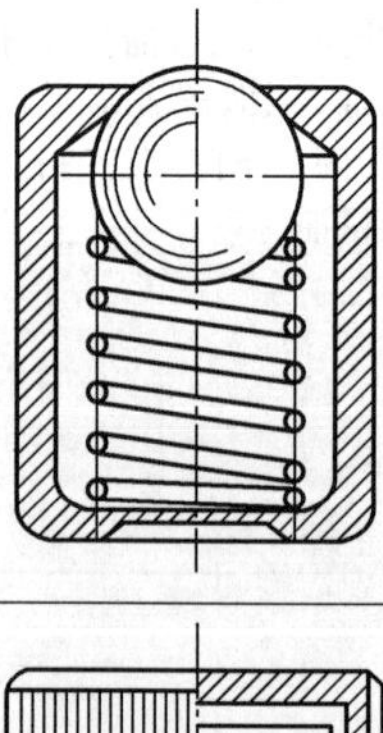</td><td>用压配式压注油杯润滑，通过油枪加润滑脂（此装置也可用于油润滑）</td><td rowspan="2">定期间歇手工加脂，不均匀</td></tr>
<tr><td>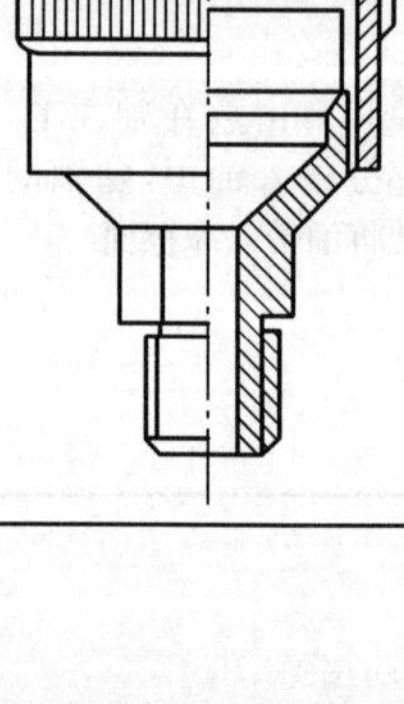</td><td>用旋盖油杯润滑，通过旋转杯盖，将润滑脂挤入</td></tr>
</table>

10.4.2 润滑方式的选取原则

选择润滑方式主要考虑机器零部件的工作状况、采用的润滑剂及所需供油量。为了保证良好的润滑效果，润滑方式应满足：供油可靠并根据工作情况的变化进行调节；使用、维护简单和安全可靠；防止泄露玷污，保证机器的清洁等。

通常，低速、轻载或不连续运转的机械需要油量少，可采用简单的手工定期加油、加脂，或采用滴油、油垫等较简单的连续润滑方式。各种油嘴、油杯及油枪都有国家标准，可按标准选用。

中速、中载和较重要的机械，要求连续供油并起一定冷却作用，常用油浴（浸油）、油杯、溅油润滑或压力供油润滑。

高速、轻载齿轮及轴承发热大，用喷雾润滑效果好。高速、重载、供油量要求大的重要部件应采用压力供油润滑。当机械设备中有大量润滑点或建立车间自动化润滑系统时，可使用集中润滑装置，由润滑站通过泵、分配阀和管道将润滑剂定时定量输送至各润滑部位。

10.4.3 几种典型零部件的润滑

1）齿轮传动的润滑

齿轮传动工作时，啮合齿面间存在着相对滑动，将会产生摩擦和磨损，接触应力也较大，一般在轻载荷、相对滑动速度高、运转平稳的齿轮副中能实现液体润滑；而大多数啮合传动，特别是低速、重载或受冲击载荷的齿轮传动，即使供油充分，也只能维持边界润滑状态，设计时需认真考虑润滑问题。

（1）开式齿轮传动的润滑

开式齿轮传动一般用润滑油或润滑脂定期人工加油润滑，即采用涂抹、充填润滑脂或滴油、油槽浸油等方法供油。对于齿轮速度较低，载荷大，工作环境多尘且可能有水分，为维持一定的润滑油膜，避免流失，常选用粘度高、吸附性好、防锈性能好的沥青质开式齿轮油，速度不太高的开式齿轮传动可采用脂润滑。

（2）闭式齿轮传动的润滑

闭式齿轮传动的润滑方式主要取决于齿轮圆周速度。

低速（齿轮圆周速度 $v < 0.8$ m/s）、轻载的闭式齿轮传动可参照开式齿轮传动进行润滑。

当齿轮圆周速度 $v \leqslant 12$ m/s 时，或圆周速度较高，但工作如是短期间歇的，可采用浸油润滑（油浴润滑）或飞溅润滑（见图 10-6）。将齿轮浸入油中，齿轮旋转时，借助油的粘着力，将油带到啮合齿面而达到润滑的目的。为减小齿轮的运转阻力，避免温升过高以及降低搅油损失，大齿轮的浸油深度一般为 1～2 个齿高，但不得小于 10 mm，见图 10-6(a)。$v = 0.5 \sim 0.8$ m/s 时，可深到 1/6 齿轮半径；速度更低时，可深到 1/3 齿轮半径。对于两级圆柱齿轮减速器，应使高速级大齿轮浸油深度为 1～2 个齿高，以免高速级齿轮润滑不良，见图 10-6(b)。为避免运转时激起箱底的沉淀物进入摩擦表面，损伤齿轮和轴承，通常齿轮齿顶圆到油箱底部的距离应不小于 30～50 mm。

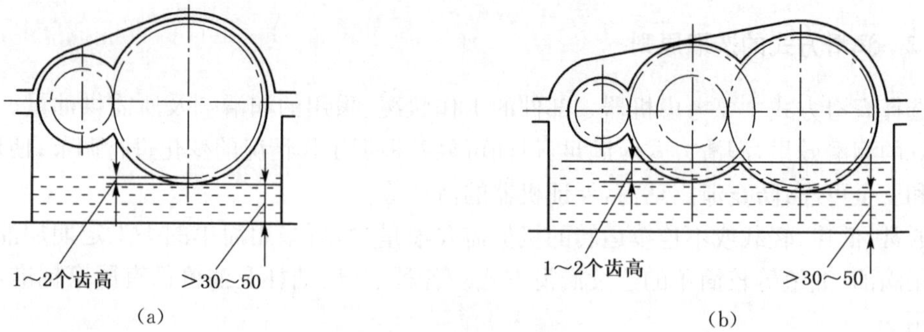

图 10-6　浸油润滑

当齿轮圆周速度 $v > 12$ m/s 时，不宜采用油浴和飞溅润滑。因为此时在离心力作用下，附在齿轮上的油将被甩掉，不能带到啮合区。且搅油损失太大，使功率增大，会引起过高的温升，须采用压力喷油润滑（见图 10-7）。喷油润滑就是用压力油泵或中心供油站，将润滑油直接喷射到轮齿的齿面上。喷油润滑效果好，但需专门设备，费用较高。

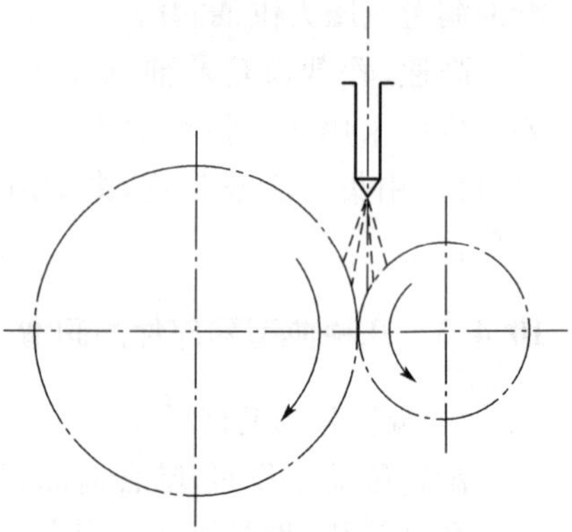

图 10-7　喷油润滑

（3）润滑剂的选择

齿轮传动润滑油种类的选择见表 10-6。润滑油粘度推荐值见表 10-7。润滑油的牌号由粘度值来查表 10-1。

表 10-6　工业齿轮润滑油种类的选择

<table>
<tr><th colspan="2">齿轮接触应力/MPa</th><th>齿轮状况</th><th>使用工况</th><th>推荐使用的工业齿轮润滑油</th></tr>
<tr><td colspan="2"><350</td><td></td><td>一般齿轮传动</td><td>抗氧防锈工业齿轮油</td></tr>
<tr><td colspan="2" rowspan="2">低负荷齿轮 350～500</td><td rowspan="2">调质处理，精度为 8 级</td><td>一般齿轮传动</td><td rowspan="2">抗氧防锈工业齿轮油</td></tr>
<tr><td>有冲击的齿轮传动</td></tr>
<tr><td rowspan="2">中负荷齿轮</td><td>>500～750</td><td>调质处理，精度≥8 级</td><td rowspan="2">矿井提升机、露天采掘机、水泥磨、化工机械、水力电力机械、冶金矿山机械等中的齿轮传动</td><td rowspan="2">中负荷工业齿轮油</td></tr>
<tr><td>>750～1 100</td><td>渗碳淬火，表面淬火和热处理，硬度 58～62HRC</td></tr>
<tr><td colspan="2">重负荷齿轮>1 100</td><td></td><td>冶金轧钢、井下采掘、高温、有冲击或含水部位的齿轮传动</td><td>重负荷工业齿轮油</td></tr>
</table>

表 10-7　齿轮传动润滑油粘度推荐值　(mm^2/s)

齿轮材料	强度极限 σ/MPa	圆周速度/($m \cdot s^{-1}$)						
		<0.5	0.5～1	1～2.5	2.5～5	5～12.5	12.5～25	>25
钢	470～1 000	460	320	220	150	100	68	46
钢	1 000～1 250	460	460	320	220	150	100	68
钢	1 250～1 580	1 000	460	460	320	220	150	100
渗碳或表面淬火的钢	—	1 000	460	460	320	220	150	100
塑料、铸铁、青铜	—	320	220	150	100	68	46	—

注：测试温度为 40℃。

2）蜗杆传动的润滑

蜗杆传动工作状态与齿轮传动相似，但蜗杆蜗轮啮合面的相对滑动速度要大得多，蜗杆材料又较软，若润滑不良就会加大磨损和发生胶合失效。因此，为提高蜗杆传动的效率，降低齿面工作温度，避免胶合和减小磨损，蜗杆传动的润滑具有十分重要的意义。

（1）开式蜗杆的润滑

开式蜗杆的润滑，常采用粘度较高的润滑油和润滑脂，采用手工定期润滑（可参照开式齿轮传动的润滑）。

（2）闭式蜗杆传动的润滑

闭式蜗杆传动的润滑方式，一般根据啮合齿面间的滑动速度和载荷大小来确定，见表 10-8。

表 10-8　蜗杆传动润滑油粘度推荐值和润滑方式

滑动速度 v_s/(m·s^{-1})	<1	<2.5	<5	5～10	10～15	15～25	>25
工作条件	重负荷	重负荷	中负荷	—	—	—	—
40℃(100℃)运动粘度/(mm^2·s^{-1})	100 (50)	460 (32)	220 (20)	100 (12)	150 (15)	100 (12)	85 (68)
润滑方式	浸油润滑			浸油润滑或喷油润滑	喷油润滑的表压力/MPa		
					0.07	0.2	0.3

采用浸油润滑时，蜗杆上置的传动，蜗轮的浸油深度同圆柱齿轮；蜗杆下置的传动，浸油深度不宜大于蜗杆的一个齿高。下置式蜗杆搅油损失大，因此当圆周速度大于 5 m/s 时，蜗杆不宜直接浸油，而在蜗杆轴上装两个甩油环，将油甩到蜗杆传动啮合区进行润滑，此时油面高度不应超过滚动轴承最低滚动体的中心，箱体的深度也可参考齿轮传动。

选择润滑油时，先由表 10-8 查出粘度值，再根据粘度值由表 10-1 查出润滑油的牌号。

3）滑动轴承的润滑

（1）润滑方式的选择

滑动轴承润滑方式与滑动轴承的压强 p(MPa)及轴颈的线速度 v(m/s)有关。根据经验公式

$$k=\sqrt{pv^3}$$

求出 k，再由 k 确定润滑方式，见表 10-9。

表 10-9　由 k 确定润滑方式

k	≤2	2～16	16～32	>32
润滑剂	润滑脂	润滑油		
润滑方式	润滑脂杯润滑	针阀油杯滴油润滑	油环、飞溅及压力循环润滑	压力循环润滑

（2）润滑剂的选择

润滑油的粘度值，由轴颈圆周速度及压强确定，见表 10-10。润滑脂由轴颈圆周速度、压强及轴承工作温度确定，见表 10-11。

表 10-10 滑动轴承润滑油的选择

轴颈圆周速度 $v/(\mathrm{m}\cdot\mathrm{s}^{-1})$	40℃运动粘度/$(\mathrm{mm}^2\cdot\mathrm{s}^{-1})$		
	轻载 $p<3$ MPa	中载 $p=3\sim7.5$ MPa	重载 $p>7.5\sim30$ MPa
<0.1	85～150	140～220	470～1 000
0.1～0.3	65～125	120～170	250～600
0.3～1.0	45～70	100～125	90～350
1.0～2.5	40～70	65～90	—
2.5～5.0	40～55	—	—
5～9	15～45	—	—
>9	5～22	—	—

注：工作温度为10℃～60℃。

表 10-11 滑动轴承润滑脂的选择

轴颈圆周速度 $v/(\mathrm{m}\cdot\mathrm{s}^{-1})$	压强 p/MPa	工作温度 t/℃	选用润滑脂
1	1～6.5	<55～75	2 号钙基脂 3 号钙基脂
0.5～5	1～6.5	<110～120	2 号钠基脂 1 号钙基脂
0.5～5	1～6.5	−20～120	2 号锂基脂

4）滚动轴承的润滑

(1) 润滑方式的选择

滚动轴承的润滑方式，通常根据速度因数 dn 值（d 为轴承内径，n 为轴的工作转速）来选择，见表 10-12。

表 10-12 滚动轴承润滑方式的选择

轴承类型	$dn/(\mathrm{mm}\cdot\mathrm{r}\cdot\mathrm{min}^{-1})$				
	脂润滑	浸油润滑飞溅润滑	滴油润滑	喷油润滑	油雾润滑
深沟球轴承、角接触球轴承、圆柱滚子轴承	$\leqslant(2\sim3)\times10^5$	2.5×10^6	4×10^5	6×10^5	$>6\times10^5$
圆锥滚子轴承		1.6×10^5	2.3×10^5	3×10^5	—
推力轴承		0.6×10^5	1.2×10^5	1.5×10^5	—

(2) 润滑剂的选择

滚动轴承润滑剂，取决于轴承类型、尺寸和运转条件。从使用角度，润滑脂具有使用方便，不易泄漏等特点。故目前大部分滚动轴承用润滑脂润滑。

滚动轴承常用润滑脂及其特点见表 10-13。

表 10-13 滚动轴承常用润滑脂及其特点

种 类	特 点	适 用 范 围
钙基润滑脂	不溶于水，滴点高	温度较低(<70℃)、环境潮湿的轴承
钠基润滑脂	易溶于水，耐高温	温度较高(<120℃)、环境干燥的轴承
钙钠基润滑脂	略溶于水，滴点较高	温度较高(80℃～100℃)、环境较潮湿的轴承
锂基润滑脂	滴点高，抗水性好，寿命长	温度在−20℃～120℃、环境潮湿的轴承

润滑脂的选择要考虑轴承工作温度，dn 界限值和使用环境，见表 10-14。

表 10-14　滚动轴承润滑脂的选择

轴承工作温度/℃	$dn/(\mathrm{mm \cdot r \cdot min^{-1}})$	使　用　环　境	
		干　　燥	潮　　湿
0～40	>80 000	2 号钙基脂、2 号钠基脂	2 号钙基脂
	<80 000	3 号钙基脂、3 号钠基脂	3 号钙基脂
40～80	>80 000	2 号钠基脂	3 号钡基脂、3 号锂基脂
	<80 000	3 号钠基脂	

润滑脂填充量应适量，一般不超过轴承空隙的 1/3～1/2。过量则阻力增大，引起轴承发热，过少达不到润滑目的。

润滑油粘度由轴承工作温度及 dn 界限值确定。见图 10-8。

为保证机器的正常运行，延长使用寿命，除合理选择润滑方式及润滑剂外，还应正确使用与加强管理。应注意以下问题：首先，应按规定的牌号加油。润滑油种类、粘度牌号不能随意变动，不同厂家，不同牌号的润滑油不能混合使用。如果要更换牌号，必须彻底清洗所有零件。其次，应按规定的油量加油。油量过多则搅油损失大，若为润滑脂则摩擦发热量大。一般用油位指示器显示油面高度。再次，应定期加油。根据机器的需要进行定期加油。最后，应定期换油。油在长期使用后会氧化变质，尤其新设备跑合后更需及时更换、清洗，以防油中金属屑及杂质进入摩擦面产生磨粒磨损。

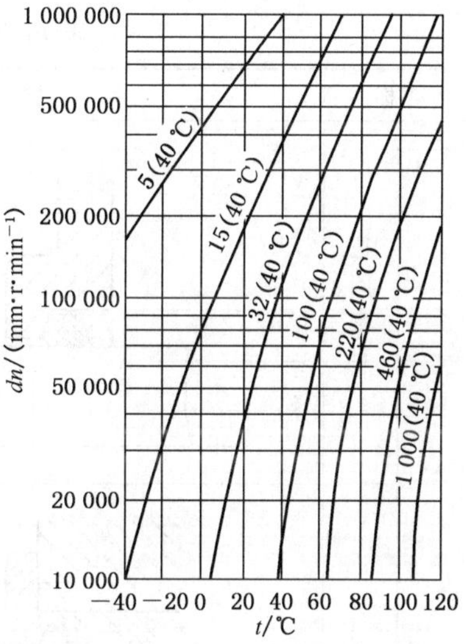

图 10-8　滚动轴承润滑油的粘度选择

10.5　密封方式及密封件

在机械设备中为了防止尘、水及有害介质浸入机体，阻止润滑剂或工作介质的泄漏，必须有密封装置。密封不仅能大量节约润滑剂，保证机器正常工作，提高机器寿命，同时对改善工厂环境卫生、保障人体健康也有很大作用，是降低成本、提高生产水平不可忽视的问题。

10.5.1　密封方式

密封的种类很多，一般分为静密封和动密封两大类。

1）静密封

静密封是指结合表面没有相对运动的密封。它主要是保证两结合面之间有一个连续的压力区，以防止泄漏，常用在凸缘、容器或箱盖等结合处。静密封的方式有以下几种：

(1) 结合表面加工平整，有较高的表面粗糙度，在一定压力作用下贴紧密封。此方法加工要求高，效果不理想，为保证质量有时在结合表面涂水玻璃等。

(2) 比较常用的方法是在结合表面加垫片，密封效果较好，垫片多用纸、耐油橡胶、软金属等制成。

(3) 涂密封胶可代替垫片起到密封作用，有时也可考虑垫片和密封胶合用。

(4) 采用密封圈。

2) 动密封

动密封是指结合表面间有相对运动的密封。根据其相对运动的形式不同，动密封又分为旋转密封和移动密封。旋转密封又分为接触式和非接触式两种，接触式密封是在轴和孔的缝隙中填塞弹性材料并与转动轴间形成摩擦接触，起到密封作用。这种形式主要应用于低速场合。非接触式密封元件与运动件不接触，因而适用于高速场合。

常见动密封方式见表 10-15。

表 10-15 常用动密封的结构、特点及应用

名称		结构	原理与特点	应用
接触式密封	毡圈密封	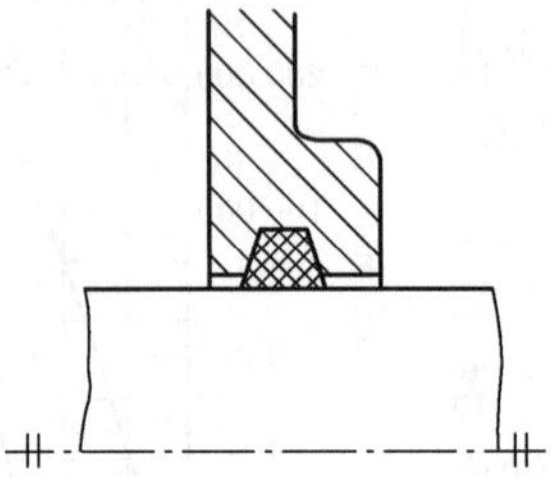	矩形剖面毡圈嵌入梯形槽内，与轴压紧，毡圈能吸油，可自润滑	用于低速、低压、常温场合，不宜用于与密封气体。轴颈圆周速度 $v < 5$ m/s
	油封密封	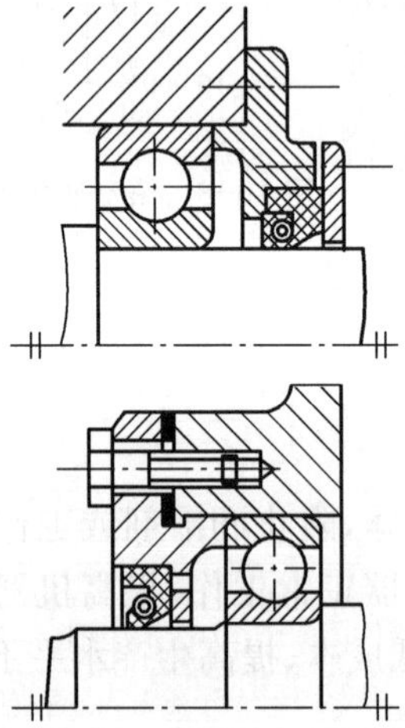	油密封又称皮碗密封。皮碗唇口压紧在轴表面上，唇部向外防尘进入，唇部向内防止泄漏，分有骨架和无骨架两种	用于密封液体、脂、气体，还可防尘。轴颈圆周速度 $v < 7$ m/s，工作温度 $t = -40$℃ ～ 100℃
	O形圈密封	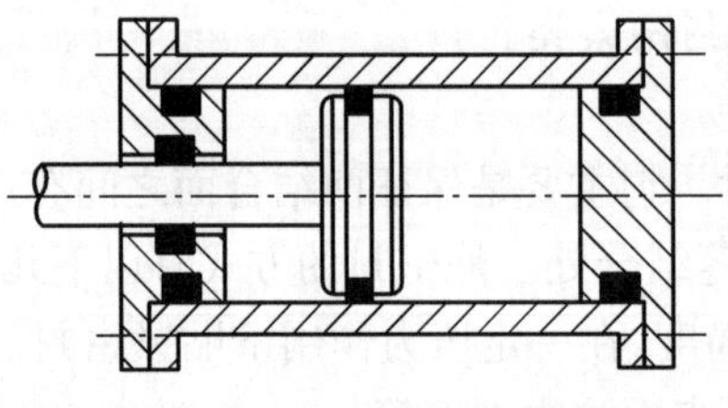	O形圈放入槽内受压缩而压紧在密封面上	用于密封液体。结构简单，密封可靠，应用广泛。轴颈圆周速度 $v \leqslant 2$ m/s，静密封压力可达 200 MPa，动密封压力可达 40 MPa，$t = -20$℃ ～ 80℃

（续 表）

名称		结 构	原理与特点	应 用
非接触式密封	间隙密封	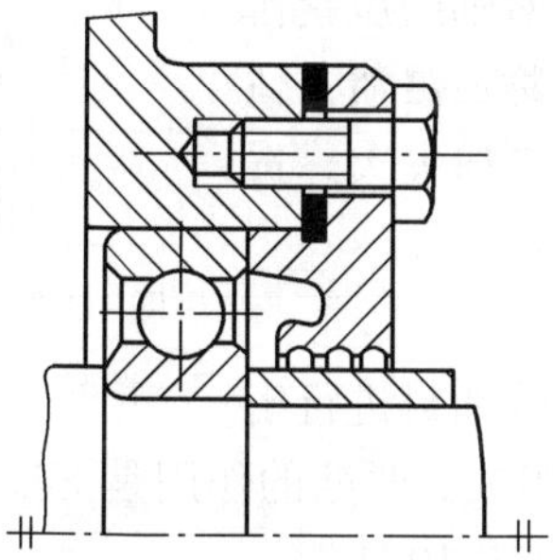	密封处留有细小环形间隙，槽内填入润滑脂	结构简单，用于工作环境清洁、干燥的场所。大多数用于脂润滑条件，密封效果较差。轴颈圆周上的速度 $v < 5 \sim 6$ m/s
	迷宫密封	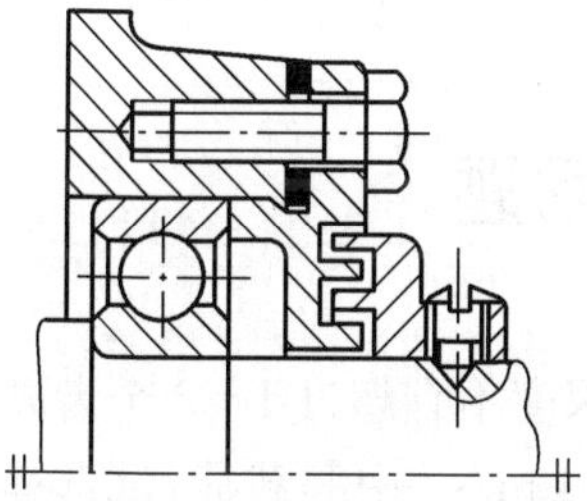	密封处有曲折、狭小的缝隙构成迷宫，填入润滑脂来实现密封	用于多灰尘、潮湿的场合。适于脂及油润滑条件，可用于气体密封，但加工复杂。轴颈圆周速度 $v < 5 \sim 30$ m/s
组合密封		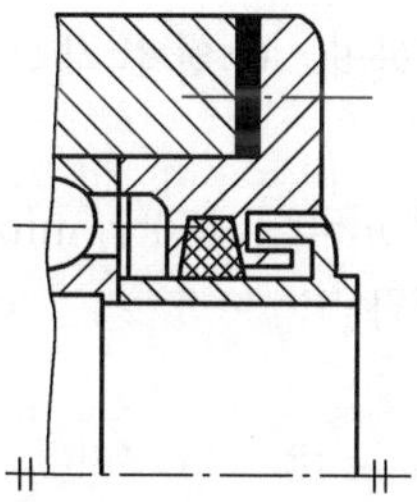	将两种或多种密封方式组合在一起，取它们各自的优点以弥补不足，有多种结构（左图仅为其中一例），但结构有时较复杂	综合效果好，可以有各种组合
机械密封（端面密封）		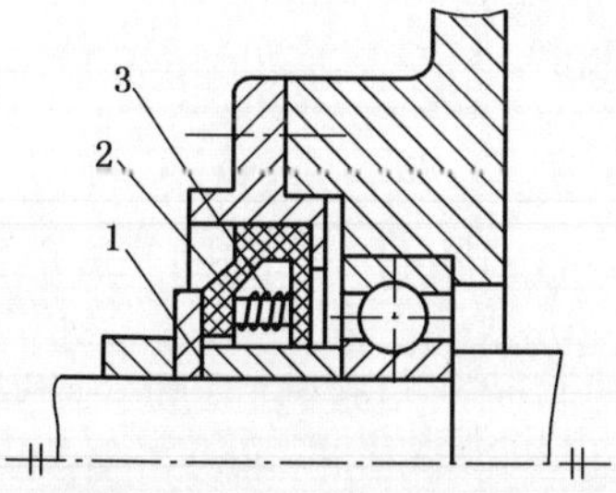	动环 1 固定在轴承上，随轴承转动，静环 2 固定在轴承端盖内。动环与静环的端面在液体压力和弹簧 3 的压力下互相贴合，构成良好密封，故又称端面密封	对轴没有损伤，具有密封性好，使用寿命长，适用范围广等特点，用于高速、高压、高低温或腐蚀介质工作条件下的转轴密封

10.5.2 常用的密封件

1) O 型密封圈

O 型密封圈是断面为 O 型的橡胶实心圆圈。

利用沟槽使 O 型圈受到压缩而实现密封。O 型圈有双向密封能力。常用材料有橡胶，还有金属材料，如薄壁钢管、不锈钢管等。O 型密封圈是最常用的密封元件，已标准化。常用于静密封、往复式动密封以及旋转式动密封。

2) 毡圈

将断面为矩形的毡圈压入梯形槽中,使之产生对轴的压紧作用而实现密封。毡圈材料为毛毡,安装前需用热矿物油浸渍。毡圈密封结构简单,安装方便,但易磨损、寿命短、功率损失大。选用时可查有关标准。

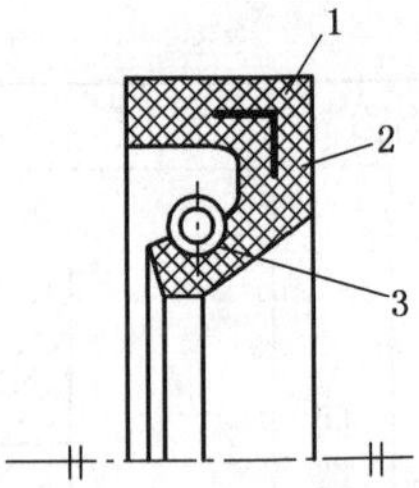

图 10-9 J 型橡胶油封

1—骨架；2—橡胶碗；3—弹簧

3) J 型橡胶油封

对于做旋转运动的轴、套类零件,常用 J 型橡胶油封进行密封(见图 10-9),它是由骨架 1、橡胶碗 2 和弹簧 3 组成。骨架的作用是支撑,弹簧的作用是箍紧。也有无骨架的设计,使用时要用压板压住(见表 10-15)。

思考题与习题

1. 齿轮传动采用浸油润滑时,其大齿轮浸油深度不宜超过 1～2 个齿高,为什么?

2. 已知闭式蜗杆传动中,齿面滑动速度 $v_s = 4$ m/s, 中等载荷,试选择润滑方式、润滑剂的名称牌号。

3. 已知齿轮箱传动中,齿轮材料为 45 钢,调质处理,中等载荷,工作圆周速度 $v =$ 15 m/s,试选择其润滑方式及润滑剂牌号。

4. 一中小功率减速器的轴径 $d = 60$ mm, 转速 $n = 1\ 460$ r/min, 工作温度不超过 100℃,采用滚动轴承。试选择轴承的润滑剂种类和牌号。

5. 两种粘度相同的润滑油能否混用? 为什么?

第 11 章　机械传动系统方案设计

【内容简介】

本章主要介绍机械传动系统常用机构性能与特点比较、机构的选型、机械执行构件间运动的协调配合及机械传动系统方案的设计等问题。

【学习目标】

(1) 了解机械传动系统方案设计的基本步骤。

(2) 掌握机械系统传动方案设计的方法。

(3) 掌握机械系统机构的选型。

(4) 掌握机器的运动循环图的设计。

11.1　概述

机械系统是机器中由原动机输出轴至机器执行构件间传递与变换运动和动力的系统，是机器的重要组成部分。从运动的观点来看，机械传动系统通常包括机械运动速度变换机构(通常称传动机构)和机械运动形式变换机构(通常称执行机构)两部分。一般传动机构位于机械传动系统紧接原动机输出轴的前端，执行机构则位于机械传动系统与执行构件直接相连的后端。

机械传动系统设计的任务是根据要设计的机器的生产任务及给定的运动、动力性能要求和其他限制条件，设计出各组成机构的运动简图和整个机械传动系统的运动简图。其具体步骤概括如下：

(1) 根据机器的工作任务拟定机器的工作原理和运动方案，再进行工艺动作分析，确定执行构件的数目和运动。

(2) 机械系统传动方案设计。

(3) 机构的选型。即合理选择实现各执行构件所需运动的机构的类型并绘制机械传动系统示意图。其中包括原动机、传动机构和执行机构类型的选择，重点是执行机构类型及其组合应用的选择。

(4) 根据工艺过程对各执行构件动作的要求，编制机器的运动循环图，确定各执行构件间动作的协调配合关系。

(5) 机械传动系统运动尺寸设计，绘制各执行机构或其组合的运动简图和机器整个机械传动系统的运动简图。

(6) 机械传动系统运动、动力分析。尤其是根据机械的生产阻力或原动机额定转矩所作的机械受力分析，是下一步机械零部件工作能力计算的依据。

机械传动系统设计的内容和过程又可概括为运动方案设计（或拟定）和运动尺寸设计两个方面，其中机械传动系统运动方案设计是重点，是关键，是一项极富创造性的工作。运动方案设计和运动尺寸设计又不是截然分开的，往往在运动方案设计的过程中离不开运动尺寸设计及机构运动、动力性能的分析与比较。因此，实际设计工作中这两个方面通常是相互交叉、相互并行、甚至反复进行的。

机械传动系统设计是机器设计中极其重要的一环。正确地、合理地设计机器的机械传动系统，对于提高机器的性能和质量，降低机器的制造成本和使用、维修费用等，都是极其重要的。尤其是拟定机械传动系统运动方案的工作，是体现机器先进性和新颖性、乃至构思与创造新机构新机器的主要设计环节。

11.2 机械系统传动方案设计

11.2.1 常用传动机构性能比较

熟悉各种常用传动机构的特性和功用，是正确进行机械系统传动方案设计的基础。

各种常用传动机构的结构、特性、功用及分析与设计，本书前面有关章节已作了介绍，这里不再赘述。下面仅对各种常用传动机构的特性与功用作一概略的分析比较，供机构选型时参考。

1）实现转速变换的机构

通常机器中原动机的速度不等于执行构件的速度，所以，机械传动系统中实现减速（多数情况）或增速的速度变换机构是必不可少的。常用的这类机构有：带传动、链传动、摩擦轮传动、齿轮传动、蜗杆传动、行星齿轮传动等机构。表 11-1 列举了这些机构传递功率的大小；传动效率、圆周速度及单级传动比的范围；以及在传递同样功率和同样传动比时的外廓尺寸的大小与成本的高低；此外还列举了这些机构的主要优、缺点。

表 11-1 实现转速变换的机构类型及其性能

机构类型		传递功率	传动效率	线速度/(m·s^{-1})	单级传动比	外廓尺寸	成本	主要优缺点	
带传动机构	V带、平带	大、中、小	0.92～0.96	5～30	≤5～7	大	低	结构简单，维修方便，传动平稳，中心距变化范围广，但使用寿命较短	能缓和冲击，过载打滑，起保护作用，但不能保证定传动比
	同步带		0.96～0.98	0.1～50	≤10	中	低		能保证恒定的平均传动比
链传动机构	滚子链、齿形链	大、中、小	0.93～0.9	5～25	≤6～10	大	中	平均传动比准确，中心距变化范围广，传递功率大，高速时冲击振动较大，在振动、冲击载荷作用下寿命较短	

（续　表）

机构类型		传递功率	传动效率	线速度/(m·s^{-1})	单级传动比	外廓尺寸	成本	主要优缺点
渐开线圆柱和圆锥齿轮传动机构	开式	大、中、小	0.92～0.96	≤5	≤3～5	中、小	中	适用的速度和功率范围广，寿命长，效率高，传动比准确，应用最广，但制造精度要求高，噪声较大
	闭式		0.96～0.99	≤20～100	≤7			
斜齿轮传动机构		小	0.94～0.96		≤3	中	中	相对滑动较大，磨损较大，不适用于重载传动
蜗杆传动机构	自锁	中、小	0.3～0.4		10～80	小	高	传动比大，结构紧凑，反行程可自锁，但效率低，常需用价格较贵的青铜材料，制造精度要求高
	不自锁		0.7～0.9					
圆弧齿轮传动机构		大、中、小	0.98～0.99	4～50(高速传动可达100)	≤3～5	中、小	中	承载能力较高，但制造及安装精度要求也较高，刀具较复杂
渐开线行星齿轮传动机构		中、小	0.8～0.94		3～60	小	高	传动比大，结构较定轴齿轮传动紧凑，传递功率较大，但装配较复杂。根据类型不同，传动效率与传动比范围相差很大，大传动比时往往效率很低
摩擦轮传动机构		中、小	0.85～0.95		≤5～7	大	低	工作平稳，结构简单，有过载打滑作用，适用于冲压机械，但不能严格保证定传动比，轴上受力大
机械无级变速机构		小	0.85～0.95		≤4～6	中	中	转速变化可均匀过渡，结构紧凑，使用方便，但一般寿命较低，传递功率不大

2）实现运动形式变换的机构

大多数机器中，原动机的运动形式为转动，执行构件的运动形式则是多种多样的。所以，机械传动系统中实现运动形式变换的机构通常也是必不可少的。常用的这类机构有：连杆机构、凸轮机构、螺旋机构、齿轮齿条机构、槽轮机构、棘轮机构、不完全齿轮机构和组合机构等。表 11-2 列举了这类机构的主要特点。

表 11-2　实现运动形式变换的机构及其主要特点

机构类型	主要特点
连杆机构	结构简单、制造方便；行程距离较大，联接处为面接触，磨损较轻，能承受较大载荷；可实现按预定轨迹的设计；难以准确地实现任意给定的运动规律，多在输出件无严格运动要求时使用
凸轮机构	可以实现工作所需的任意运动规律(包括带停歇的运动)；设计方法简单，易于实现各执行构件动作的协调配合，较适用于各种自动机械和控制机构，一般行程较短，凸轮制造复杂，凸轮和从动件接触表面易磨损，高速运转时冲击较大
螺旋机构	运动精度较高，工作平稳，尺寸紧凑，等速比传动，降速效果好；多用于机床的进给机构及机械的调整装置中；可传递较大轴向力，易实现反行程自锁，也常用于起重、升降装置中；机械效率很低，螺纹易磨损，如采用滚珠螺旋，可大为改善
齿轮齿条机构	结构简单，制造方便，效率高，等速比传动；适用于速度较高或行程较大处；运动精度及平稳性不及螺旋机构，换向需借助其他机构

(续 表)

机构类型	主 要 特 点
槽轮机构	结构比较简单,工作可靠,啮入啮出比较平稳;间歇运动转角不可调,有柔性冲击;多用于转位运动,每次槽轮转角不小于45°
棘轮机构	结构简单,角位移调节方便,平稳性较差,高速时噪声大,传递动力不宜大。当要求间歇转动角度很小,或者根据工作需要经常调节转角的大小时,宜选用棘轮机构
不完全齿轮机构	制造容易,动停比不受结构限制,但啮入啮出时冲击较大,转角不能调整,应用较少
组合机构	可以由同类型或不同类型的基本机构组合而成。可实现基本机构因结构限制而无法实现的预期运动和轨迹,如实现给定的输出函数,生成路径和运动,实现间歇和反向,避免柔性冲击,实现大摆角输出等,以满足生产上的各种需要和提高自动化程度

3) 实现其他功能的机构

从机构的不同应用角度来看,机构所能实现的功能决不仅限于上面两种,而机器对机构的功能要求也不仅限于上面两种。机器中常见的其他功能和实现这些功能的机构有:

(1) 轴线位置变换功能及相应机构　机器中各构件的回转轴线间有平行、相交或空间交错等配置,还有的轴线位置在机器工作过程中要求按一定规则发生变动。一般实现转速变换的机构也具有变换轴线位置的功能,工作过程中实现轴线位置变动的机构则有万向联轴器机构、行星齿轮机构。

(2) 运动的合成与分解功能及相应机构　在有些机器中,有时需将两种运动合成为一种运动;在另一些机器中,又需将一种运动分解为两种运动。前者如范成法加工斜齿轮的情况,后者如汽车后桥差速器在汽车转弯时的情况。实现运动的合成与分解的机构有差动轮系及其他二自由度机构等。

(3) 调整、操纵功能及相应机构　为了适应不同的工艺要求和工况条件,机器需具有开停、换向以及对行程长短或转角大小的放大、调整或手动控制等功能。各种离合器可实现运动的离合或开停。实现换向功能的机构有滑移齿轮、双向离合器、双向棘轮等换向机构和自动换向机构。从动件行程或转角放大的功能可利用杠杆原理及活动齿轮倍增原理等予以实现。螺旋滑块、偏心、二自由度、棘轮遮板等调节机构可实现行程及转角的调整功能。安置手轮、手柄或驱动用方头等可用来手动控制机器执行构件的位置或运动。

在种类繁多的机器中,除上述功能外,还需要过载保护、调速、平衡、隔振与减振,以及实现运动的分支与连接等功能。相应的机构或装置有:带传动、摩擦轮传动、安全联轴器和安全离合器、飞轮、调速器、平衡块以及各种减振隔振装置等。

传动系统方案设计与创新设计。

11.2.2 机械系统传动方案设计的一般原则

机械系统传动方案设计是在进行机械装置设计之前,对其传动形式进行反复"分析→预选→评价→决策"的一项前期设计工作,是机器机械系统设计中最具创造性和复杂性的工作。传动方案设计的好坏将直接影响到机械装置的工作性能、结构尺寸、内在质量以及制造、维护等各项经济技术指标。选择传动方式时,首先应综合考虑传动效率、结构尺寸、可靠性、价格以及结构工艺性等一系列的问题。在方案设计的后期,须对初步拟定的两套或两套以上的预选方案进行评价和决策,必要时还需提交主管部门或专家组进行最终的方案论证。进行方案设计时,一般需注意以下几个方面的问题。

1) 合理选择传动形式

(1) 对于小功率的传动,在满足工作性能的前提下,应选用结构较简单、费用较低的传动:如带传动、链传动、普通精度的齿轮传动等;对于大功率的传动,尤其是对长期连续运行的大功率传动,应选用高精度齿轮传动等,这样可以降低运转和维护费用。

(2) 传动比要求精确时,应采用齿轮传动、蜗杆传动、同步带传动、链传动等,而避免采用可能打滑的带传动和摩擦传动等。

(3) 要求结构紧凑、承载能力大时,应优先选用齿轮传动、蜗杆传动等。如硬齿面齿轮传动和承载能力大的新型蜗杆传动等,它们均具有承载能力大、结构紧凑等特点。

(4) 传动的噪声受到严格限制时,应尽量选用带传动、蜗杆传动、摩擦传动或螺旋传动。如需要采用其他传动时,也需对制造和装配精度、结构等方面采取措施,以降低噪声。

(5) 对可能出现过载现象的传动,如采矿、碎矿等工作机,应在原动机与工作机之间,采用带传动等,以起到过载保护作用。

(6) 整个传动机构的布局应外形协调、结构合理,并便于制造、安装、调试和维护等。

2) 简化传动环节

在保证实现机器的预期功能的条件下,简短的传动链,可使传动环节和构件数目减少,有利于降低制造费用,减轻机器质量和减小外廓尺寸,提高传动的效率和系统的刚性。另外,可以减少由于各零件制造误差而形成的运动链的累积误差,提高机器的工作可靠性。

3) 合理安排传动的顺序

在机械传动系统中,各级传动或机构的先后顺序应合理安排,安排的一般原则是:

(1) 带传动及其他摩擦传动宜布置在运动链的最前端(高速级),以求减小外廓尺寸和重量,同时发挥其过载保护和缓冲吸振的作用。链传动、开式齿轮传动则宜布置在运动链中紧靠执行机构一端(低速级),以求运动尽可能平稳和延长使用寿命。

(2) 对于斜齿-直齿圆柱齿轮传动,斜齿轮应安排在高速级以发挥其传动平稳的作用,直齿轮安排在低速级。

(3) 对于圆锥-圆柱齿轮传动,一般将锥齿轮安排在高速级(尺寸较小,易于制造),圆柱齿轮安排在低速级。

(4) 对于闭式-开式齿轮传动,闭式传动安排在高速级,开式齿轮安排在低速级。

(5) 对于摩擦轮传动,因其结构简单,制造方便,通常不要求用于高速级,但对各类摩擦式无级变速器,由于结构复杂,制造困难,为缩小外廓尺寸,应安排在高速级。

4) 合理分配传动比

传动系统总传动比能否合理分配于各级传动机构,将直接影响到系统的传动级数、结构布局、动力传递和外廓尺寸。因此,分配传动比时应注意以下几点。

(1) 根据机械传动系统的设计实践,各种传动机构均已建立了传动比的合理使用范围。设计时,每一级传动的传动比应在该传动的常用范围内选取。

(2) 一级传动的传动比不宜过大，否则其外廓尺寸将会很大。图 11-1 为传动比 $i=10$ 的圆柱齿轮减速器的外廓尺寸比较。由图可知，分成两级传动时，其尺寸和质量都小很多。所以当齿轮传动的传动比 $i=8\sim10$ 时，一般应设计成两级传动。$i>40$ 时，常设计成两级以上的齿轮传动。但对于带传动一般不采用多级传动。

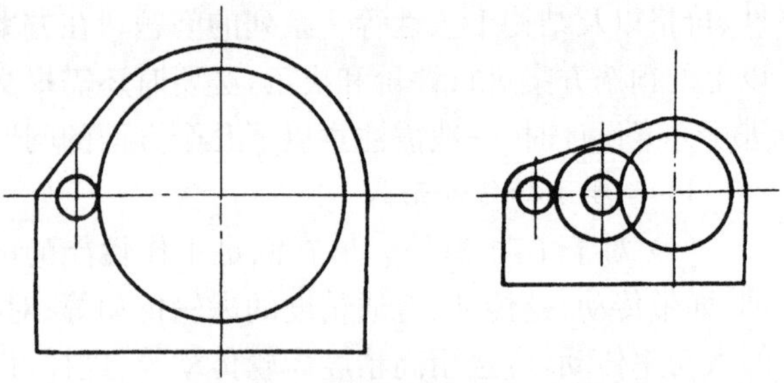

图 11-1 齿轮减速器外廓尺寸比较

5) 机、电、液、气的结合

由于工业技术的不断发展，各种机械的自动化、高效能化程度愈来愈高，如自动进给、自动切削、自动装配、自动检测和自动运行等，都要求有完善的自动传动装置。在机械传动方案设计时，应注意机、电、液、气的结合，充分利用和发挥各门技术的优势，使设计的方案更为完善、经济。图 11-2(a)为实现工作位置的曲柄滑块机构传动方案，它的传动路线是：电动机→闭式齿轮减速器→曲柄滑块机构。为了使曲柄能停在要求的位置，还需设有制动装置。

图 11-2(b)利用气缸驱动改变原动件的驱动方式，则使结构大为简化。所以目前许多自动装置中，气缸(或液压缸)驱动的应用十分广泛。

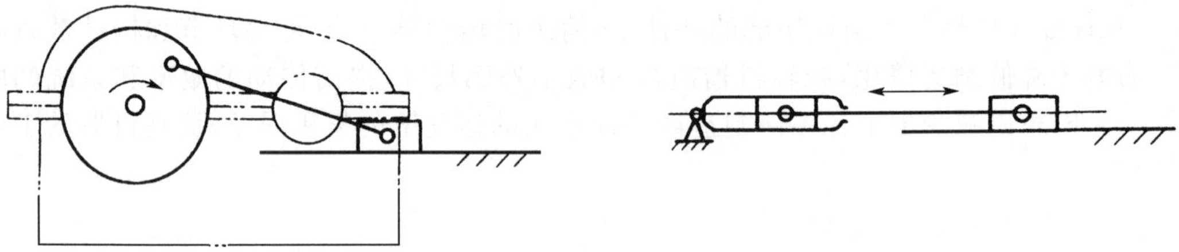

(a) (b)

图 11-2 曲柄滑块机构驱动方案

6) 考虑经济性要求

在进行传动方案设计的过程中，应综合考虑设计及制造费用、原材料消耗、使用寿命、管理及维护费用等诸多方面的影响，应使所选方案的费用达到最低。例如在传动系统中，采用较多的由专业厂生产的标准零部件产品，不仅有利于减少传动装置的设计和制造时间，而且可以保证质量和降低成本。当机器的传动系统只进行减速、增速或变速，而对其尺寸、结构没有特殊要求时，可将传动装置设计成独立部件，这样便于选择标准的减速器、增速器系列产品，也有利于安装和维护。

11.2.3 传动方案实例分析

图 11-3 所示为电动机驱动的剪铁机的各种传动方案。剪铁机工作速度较低，载荷与冲击大，活动刀剪除要求适当的摆角、急回速比和增力性能外，其运动规律并无特殊要求。图 11-3(a)、(b)、(c)、(d)、(e)、(f)，分别代表方案 a、b、c、d、e、f，几种方案在电动机到工作轴之间采用了不同的传动机构，它们虽然都能满足总传动比的要求，但各个方案的传动

性能却有较大的差异。

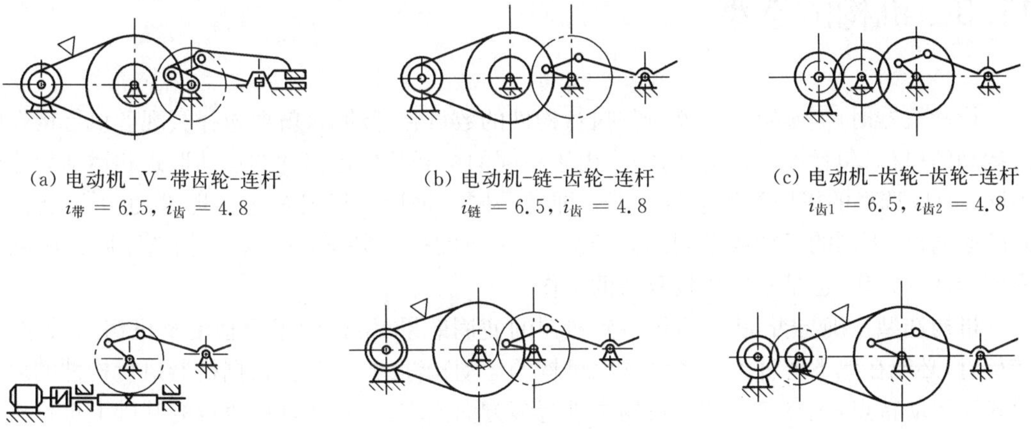

(a) 电动机-V-带齿轮-连杆 $i_{带}=6.5$, $i_{齿}=4.8$

(b) 电动机-链-齿轮-连杆 $i_{链}=6.5$, $i_{齿}=4.8$

(c) 电动机-齿轮-齿轮-连杆 $i_{齿1}=6.5$, $i_{齿2}=4.8$

(d) 电动机-蜗杆-连杆 $i_{蜗}=31$

(e) 电动机-V 带-齿轮-连杆 $i_{带}=4.8$, $i_{齿}=6.5$

(f) 电动机-齿轮-V 带-连杆 $i_{齿}=4.8$, $i_{带}=6.5$

图 11-3　传动方案综合比较

方案 a 从电动机到工作轴先采用 V 带作为第一级传动，这样可发挥其缓冲、吸振的特点，使剪铁时的冲击振动不致影响电动机。维护也比较方便。过载时，V 带在带轮上打滑还能对机器的其他机件起到安全保护作用。另外，大带轮处于高速级位置，其质量大、转动惯量大，在剪铁机短时最大负载作用下，可起到较大的飞轮惯性的效果。

方案 b 在高速级采用链传动，其噪声、振动大，缓冲吸振不如带传动。

方案 c 是采用了两级齿轮传动，虽然效率高，结构尺寸小，但不能缓冲吸振，且成本较高。另外，因尺寸小，转动惯量也小，需要另安装较大的飞轮，才能满足剪切要求。

方案 d 采用了单级蜗杆传动，虽然结构尺寸小、传动平稳，但这并非是剪铁机要解决的主要矛盾；而蜗杆传动制造费用高、传动效率低、能耗大，却成为其突出的缺点。另外，蜗轮尺寸小，转动惯量也因此减小，反而要另加较大的飞轮，才能符合剪切要求。

方案 e 所选机械类型、排列顺序、总传动比均与方案 a 相同，只是传动比分配不同，方案 a 中 $i_{带}>i_{齿}$，而方案 e 则相反。

方案 f 将齿轮传动放在高速级，尺寸虽小一些，但因转速高，冲击、振动和噪声均大，制造和安装精度以及润滑要求也较高；而将带传动放在低速级，不仅不能充分发挥缓冲、吸振、平稳性好的特点，且引起带的根数增多、带轮尺寸和质量也显著增大。

综合上述各方案的优、缺点之后可得出方案 a 和方案 e 优于其他方案的结论。若再进一步分析、比较，又会发现其中方案 a 更好一些。这是因为方案 a 的 $i_{带}$ 较方案 e 的大，使得大带轮直径、质量、转动惯量都增大了；而 $i_{齿}$ 较方案 e 的小，又使其大齿轮的尺寸减小了。这样一来在剪铁机短时最大负载作用下，方案 a 所增加的飞轮惯性的效果要比方案 e 的好；而且方案 a 的大齿轮制造成本也比方案 e 低一些，加工更为方便一些。所以，相比之下，方案 a 应为首选方案。

11.3 机构的选型

设计机器时,当确定了机器所需执行构件的数目和运动后,就要选择实现各执行构件所需运动的机构(包括原动机的选择)。由于不同的机器其执行构件的运动形式和运动规律也不同,所以选择的机构类型也就不同。即使是同一种运动形式及运动规律,也可以选择相同的原动机、不同的机构或不同的原动机、不同的机构来实现。所以,机构选型既是一项极富创造性的工作,也是一项比较复杂的工作。

机构选型正确与否,将直接影响到机器的使用效果、结构的繁简程度及机构的尺寸等。选型时,必须在熟悉各种不同类型常用机构的运动特性的基础上,根据机器执行构件的运动形式和运动特点,先在各种常用机构中进行多方面比较,或者在常用机构的基础上进行机构组合,然后选择其中最佳的机构及其组合。

11.3.1 机构选型时应考虑的问题

1) 执行构件的运动形式及原动机的类型

执行构件的运动形式一般有连续转动、往复移动、往复摆动、单向间歇转动、间歇往复移动、间歇往复摆动和实现给定轨迹等几种。表 11-3 列举了能够实现这些运动形式的常用刚性机构,可供选型时参考。

表 11-3 实现执行构件所需运动的刚性机构

执行构件运动形式	实现执行构件运动形式的机构
连续转动	各种齿轮机构,平行四边形机构,双曲柄机构,转动导杆机构,万向联轴器及组合机构等
往复移动	曲柄滑块机构,移动导杆机构,各种直动从动件凸轮机构,齿轮齿条机构,螺旋机构及组合机构等
往复摆动	曲柄摇杆机构,曲柄摇块机构,滑块(由液压缸驱动)摇杆机构,齿条(由液压缸驱动)齿轮机构,各种摆动从动件凸轮机构及组合机构等
单向间歇转动	棘轮机构,槽轮机构,不完全齿轮机构及组合机构等
间歇往复移动或摆动	停—升—停—降等型式的凸轮机构,各种单向间歇运动机构带动各种往复移动或摆动的组合机构
实现给定运动轨迹	各种铰链四杆机构,行星轮系及组合机构等

机构选型时还必须根据执行构件的运动形式和运动参数选择原动机的类型及其运动参数。原动机的运动形式不外乎转动、移动或摆动,相应的原动机有电动机,内燃机,气、液机构及直线电动机等。一般机械中大多选用各种交流电动机,但当有气、液源时最好选用气、液机构。原动机类型选择是否得当,将直接影响传动机构和执行机构的选型与设计,影响机器整个机械系统的复杂程度及传动质量。

选定原动机的类型,即可根据执行构件的运动参数确定原动机的运动参数。以广泛使用的 交流电动机为例,其同步转速分 3 000、1 500、1 000、750 r/min 四种,通常应尽量选用转速较高的电动机,因为相同功率下其尺寸小、价格较低。但当执行构件速度较低时,应综合考虑电动机与传动系统的尺寸和价格后决定。

2）执行构件的运动规律或运动轨迹

机构选型时，不但要考虑执行构件的运动形式，还要考虑其运动规律或运动轨迹。例如，若执行构件按给定运动规律作变速往复移动，可选择直动从动件凸轮机构作执行机构；若要求执行构件上某点近似实现给定轨迹，可选用简单的连杆机构；若要求精确地实现给定的轨迹，则一般应选用含有凸轮机构的组合机构。

3）运动副的形式

运动副的形式直接影响到机器的结构、寿命、效率和灵敏度。转动副制造简单，易保证运动副元素的配合精度，效率高。移动副制造困难，不易保证配合精度，效率低，一般用在直线运动场合。采用带高副的机构，可以减少运动副数和构件数，较易实现执行构件的运动规律和运动轨迹。但高副元素形状一般较复杂，制造较困难，且易于磨损，故一般用于传力不大的场合。

4）动力特性

注意选用如平底从动件凸轮机构等小压力角机构，以便减少原动轴上的力矩，节省原动机功率，减小机构的尺寸和重量。对于高速机构，应选易于实现平衡的机构和构件，如齿轮机构、带传动机构等，以便于平衡机构的惯性力，减小动载荷。

5）机构的虚约束

在机械设计中，为了保证某些机构的运动确定性，改善受力状况，提高强度、刚度及减小机构外形尺寸，往往人为地引入某些虚约束。这对机构的制造和装配精度提出了更高的要求，否则将因尺寸误差过大而引起杆件的内力，甚至出现"卡死"现象。因此，设计中又应尽量减少带有虚约束的机构。

总之，机构选型时，应在满足机器工作要求的前提下，力求使机构的结构简单，制造和安装方便，可靠耐用并具有较高的生产率，还要求机构具有较好的运动、动力特性和较高的机械效率。

11.3.2　机构选型实例分析

机构选型的过程通常包括方案的生成和方案的评价两个阶段。下面举例说明机构选型的具体步骤与内容。

【实例 1】　试选择压片机上冲头主加压机构的机构型式。压片机由电动机驱动，冲头加压动作如图 11-4 所示。

（1）分析上冲头加压工艺过程对主加压机构的要求

经分析，上冲头加压工艺过程对主加压机构的要求可概括为：①上冲头每分钟应完成 25 次往复移动，而电动机的转速一般均较高，故主加压机构应有减速功能；②冲头往复运动的交替功能；③将电动机的转动转换为冲头直线移动的运动形式转换功能；④冲压阶段有增压功能，以减小原动机功率；⑤冲头下移行程末有较长时间的停歇或近似停歇功能，以便工件产生稳定的变形。

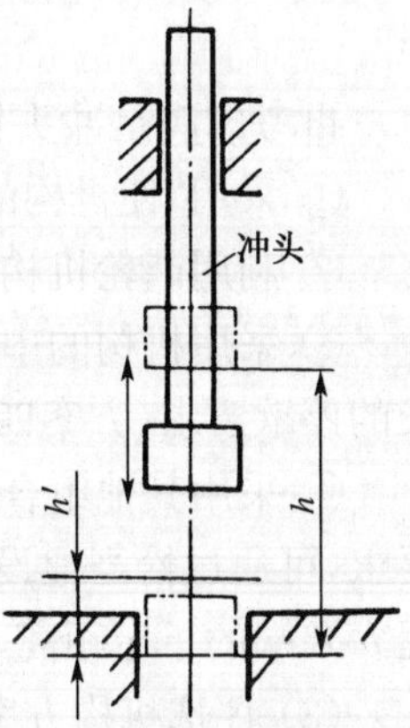

图 11-4　压片机冲头加压动作示意图

（2）提出并初选机构方案

首先应考虑满足上述对减速、运动交替和运动形式转换三项功能的要求。可得到多种方案，但其中相当一部分方案凭直观判断即可舍弃，故经初选后可得图 11-5 所示的八种方案。

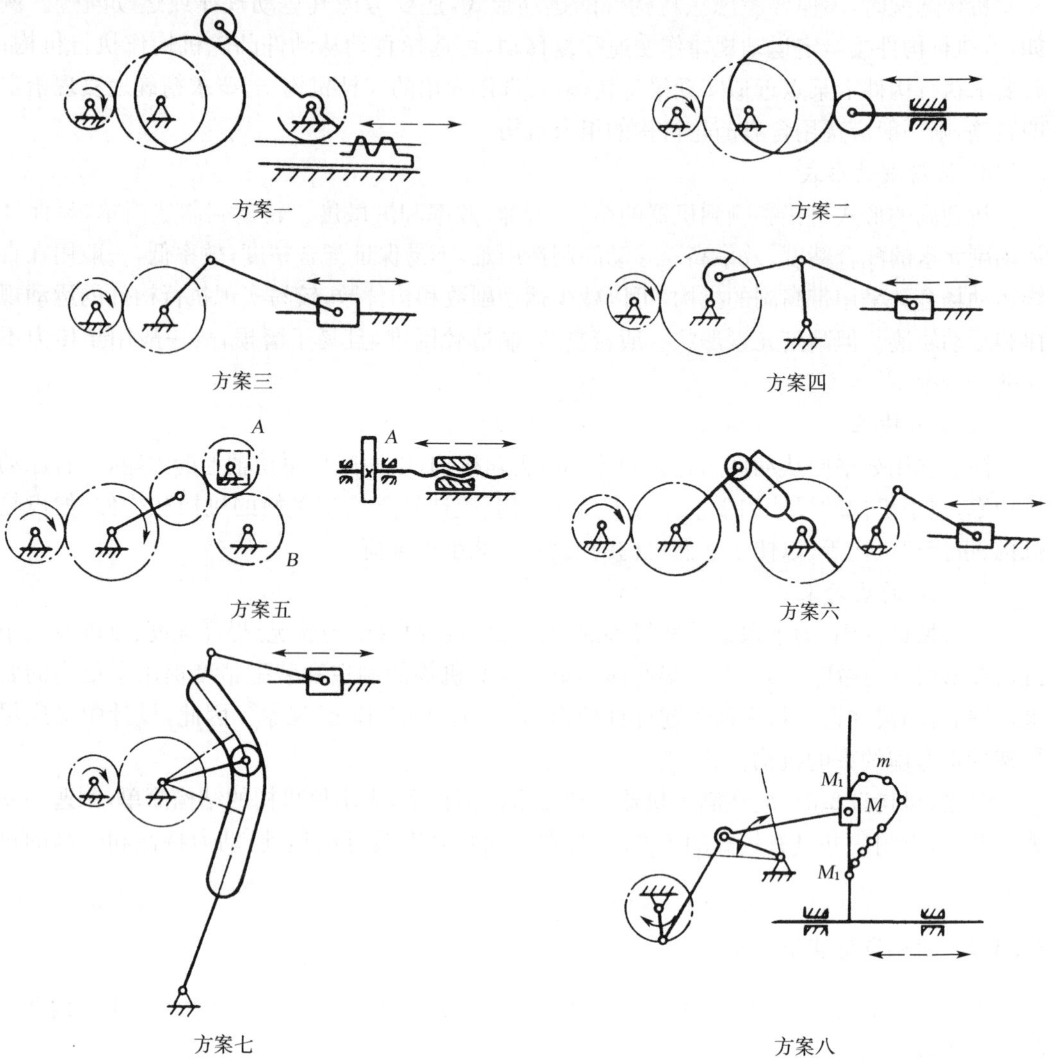

图 11-5　实现冲头加压动作的八种运动方案

再考虑满足冲头较长时间停歇的要求，可采用以下几种方法：

① 采用“使机构的运动副或运动链暂时脱离”的方法（方案五、六）；

② 利用凸轮机构停歇功能（方案一、二）或曲线导杆机构（方案七）；

③ 采用机构的串联组合，使两机构的从动件均在速度零位时串联，由此满足输出件较长的停歇要求（方案四）；

④ 采用其他组合机构，如利用轨迹直线段的停歇机构（方案八）等。至于上述增压增力要求，可通过恰当地设计机构各构件的尺寸，使冲头在冲压阶段（即图 11-4 所示冲头下移行程 h 末端的一定距离 h' 内）有足够低的速度及机构具有尽可能小的压力角来满足。

(3) 评选机构方案，选定机构型式

根据前述机构选型应考虑和注意的方面，充分分析各方案的优缺点，然后选定一个最佳方案作为设计用方案。本例中，首先方案三中滑块难以实现较长时间停歇，故先予以舍弃；

又因冲头行程较长，若采用方案一、二则凸轮的向径必然较大，机构整体尺寸也就较大，故也不十分合适；只有方案四无以上两方面缺点，机构较为简单，且为全低副机构，适合低速、重载，所以是较理想的方案；其余方案均存在这样那样的缺点，故均不及方案四好。最后选定方案四进行设计。

经过上述方案评选，有时可能得到二三种方案难分高下。这种情况下一般应按这二三种方案分别进行尺寸综合，然后进行运动、动力性能的分析与比较，最后取定一种最佳方案。当然，这样做工作量相当大，通常只有借助良好的计算机辅助设计系统才能完成，这里不再深入讨论。

【实例 2】 电脑刺绣技术的典型产品有日本田岛的 TMEF 系列，其挑线刺布机构简图如图 11-6 所示，1988 年上海某公司引进了该技术。由于 TMEF 的产品在一些国家申请了专利，所以上海这家公司的产品很难进入国际市场。针对这种情况，上海该公司进行了机构的改进设计，以生产新型的电脑多头绣花机系列产品。因为 TMEF 的产品专利申请建立在使用凸轮机构实现挑线的基础上，所以设计新产品时应尽量避免使用凸轮。

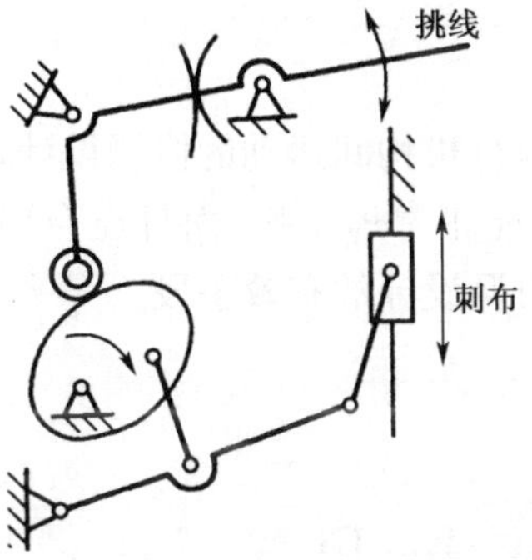

图 11-6　TMEF 挑线刺布机构简图

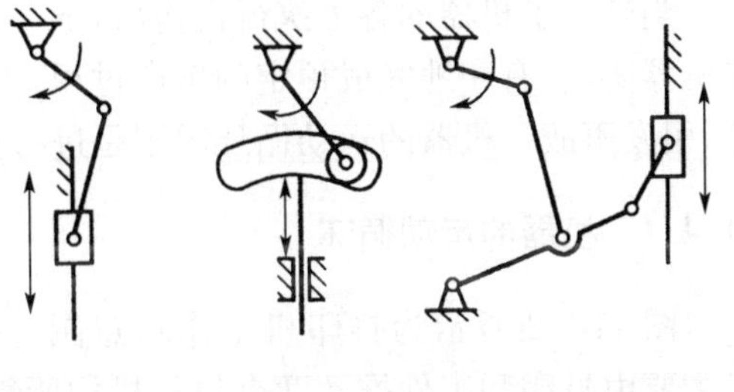

图 11-7　原始刺布机构

该公司系统地分析、研究了机构中各部分功能对应的运动关系，如刺布对应机针的上下运动；挑线对应挑线杆供线与收线；钩线和送布对应梭子钩线和推动缝料。并将普通家用缝纫机的各种相关运动机构与 TMEF 产品的相应机构进行比较，如图 11-7 与图 11-8 所示。然后运用自行开发的概念设计平台在各类原始方案的基础上研制出多种新的方案，如图 11-9 与图 11-10 所示；最后运用评价系统对各种方案进行评价、排序。创造出新型的挑线刺布机构，如图 11-11 所示。经样机试验表明，改进的机构具有较好的运动平稳性。

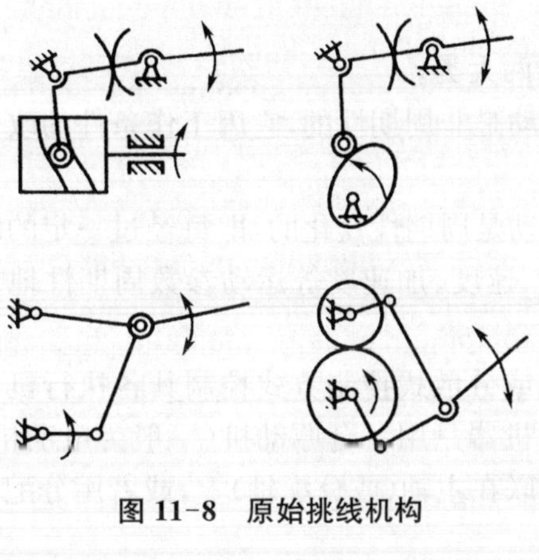

图 11-8　原始挑线机构

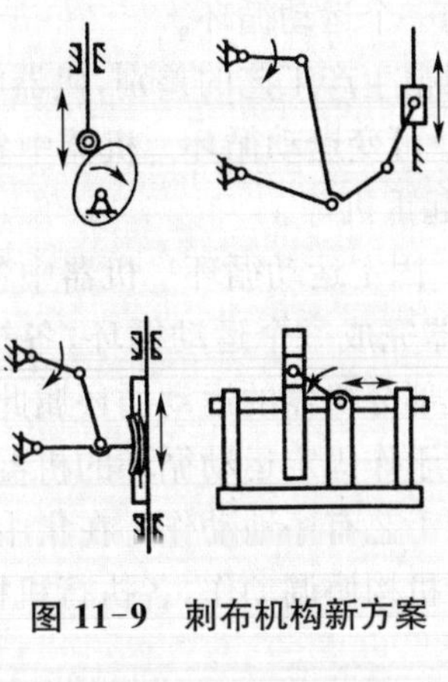

图 11-9　刺布机构新方案

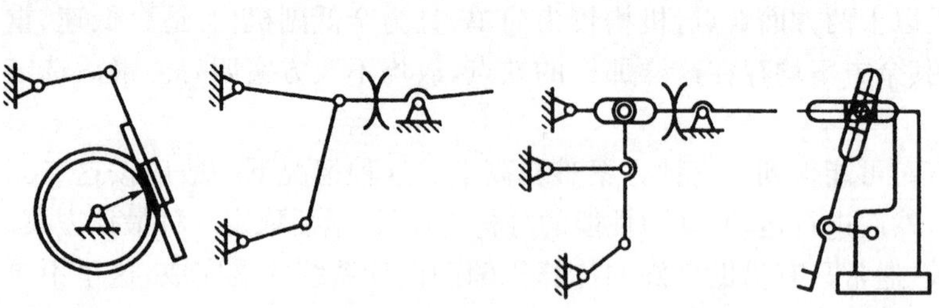

图 11-10　挑线机构新方案

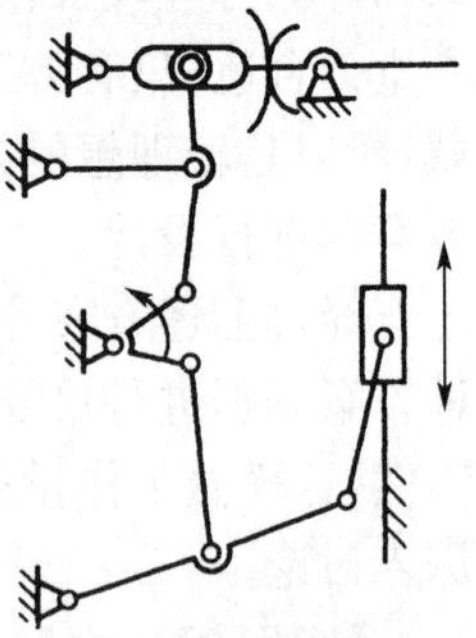

图 11-11　新型刺布挑线机构简图

11.4　机器执行机构间运动的协调设计

当选定了机器的各个执行机构后，下一步就应进行各执行机构间运动的协调设计，以确保机器协调、有序地完成预定的生产过程，否则机器不但不能正常地工作，而且还会损坏构件，引发事故。机器的运动循环图则是进行执行机构运动协调设计的有效手段。

11.4.1　机器的运动循环

图 11-12 所示为打印机工作示意图。打印机主要由打印和工件推送两个执行机构所组成，其工艺过程为：

（1）推杆 1 把工件 3 送至打印位置，然后打印头向下运动完成打印动作；

（2）打印头上升退还原位时，推送机构向前推送另一工件，并把已打印的工件顶走，然后打印头再次下落。上述过程循环往复，机器实现自动打印。其中每完成一个完整的工艺过程，称为机器的一个运动循环。

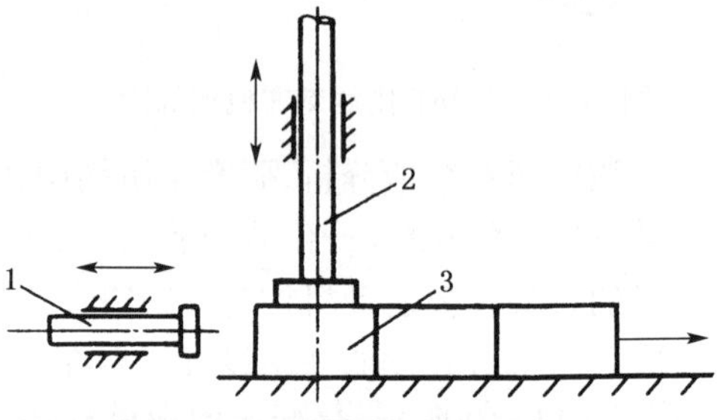

图 11-12　打印机工作示意图

1—推杆；2—打印头；3—工件

根据生产工艺的差别，机器的运动循环可分两大类。

① 可变运动循环　机器中各执行机构的运动是非周期性的，它因工作条件的改变而改变，如起重机等。

② 固定运动循环　机器中各执行机构的运动是周期性变化的，即每经过一定的时间间隔，机器完成一个运动循环，各执行构件的位移、速度、加速度等运动参数周期性地重复一次。大部分机器的运动循环属此类型。

对于作固定运动循环的机器，可采用集中式或分散式控制方式控制其各执行机构按预定生产工艺有序地动作。在集中式控制条件下，机器只用一台原动机（一般为电动机）驱动各执行机构协调动作，各执行机构的原动件则固联在主轴（或分配轴）上，或者用分配轴上的几个凸轮来控制各执行机构。各执行机构原动件与主轴固联的方位，或各执行机构驱动凸轮在分配轴上的安装方位，由机器的运动循环图决定。因此，为使各执行机构间的动作互相协调，必须在分析机器工艺过程的基础上制定运动循环图，然后用循环图来指导机器各执行机构间的协调设计及机器的装配调试。

11.4.2　机器的运动循环图

所谓机器的运动循环图，是指反应机器各执行机构相对其中某一主要执行机构起始位置的运动循环的图形。运动循环图应能反应各执行机构动作的先后次序，为此其时间(或转角)坐标应采用同一比例尺。常用的机器运动循环图有下列三种。

(1) 直线式运动循环图　它是将运动循环各运动区段的时间和顺序按比例绘制在直线坐标上。其优点是：图形简单，能清楚地表示各执行机构各行程的起讫时间。图 11-13(a)所示即为自动打印机的直线式运动循环图。

(2) 圆环式运动循环图　它是将运动循环各运动区段的时间和顺序按比例绘制在圆形坐标上。其优点是：在具有分配轴的机器中，能比较直观地反应各执行机构的原动件在分配轴上的相位，便于各原动凸轮的安装和调整。图 11-13(b)即为自动打印机的圆环式运动循环图。

(3) 直角坐标式运动循环图　它是将运动循环各运动区段的时间和顺序按比例绘制在横坐标轴上，并用纵坐标表示各执行机构的运动特征。其优点是：能清楚地表示各执行机构的运动状态，对指导各执行机构的运动设计非常便利。图 11-13(c)所示为自动打印机的直角坐标式运动循环图。

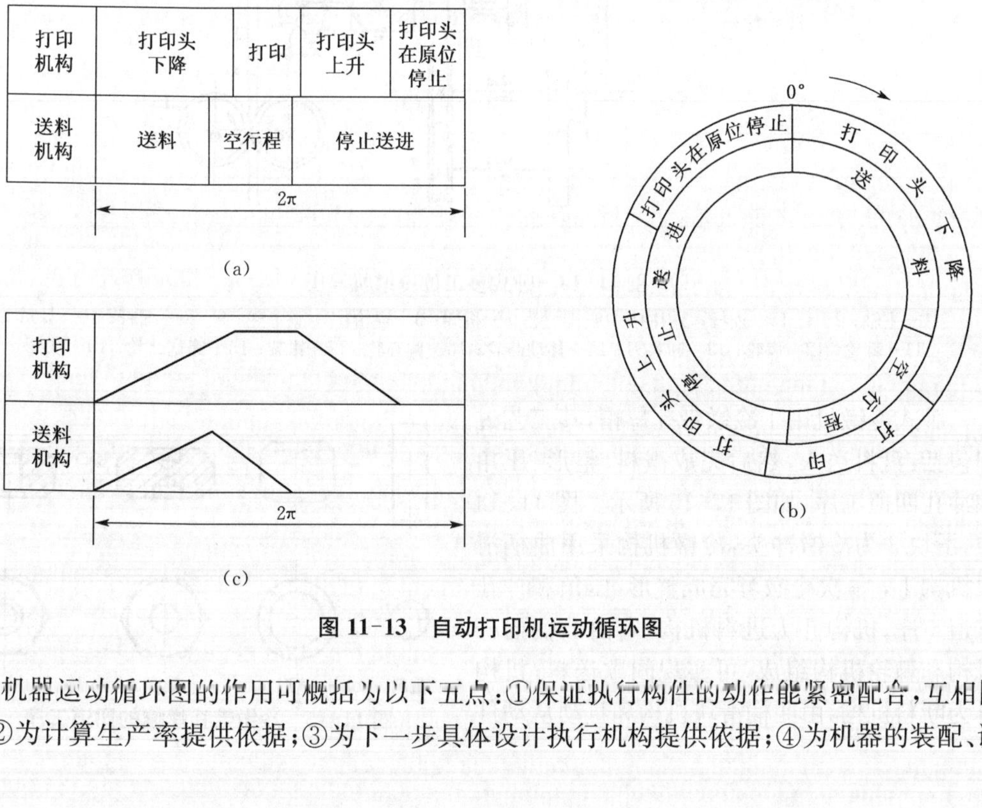

图 11-13　自动打印机运动循环图

机器运动循环图的作用可概括为以下五点：①保证执行构件的动作能紧密配合，互相协调；②为计算生产率提供依据；③为下一步具体设计执行机构提供依据；④为机器的装配、调试提供依据；⑤可作为分析研究提高机器生产率的一个基本文件。机器的运动循环图不能表示各执行构件运动过程中的速度变化规律。

11.4.3 机器运动循环图的设计

合理设计机器的运动循环图，可使机器具有较高的生产率和较低的能耗。具体设计时，先根据给定的生产率进行计算或通过试验、类比等方法，确定各执行机构在一个运动循环中各运动区段的时间及相应转角，然后根据各执行机构运动时应互不干涉、且机器完成一个运动循环所需时间最短的原则，合理地设计机器的运动循环并绘制机器的运动循环图。

下面以卧式多工位冷镦机（见图 11-14）为例，介绍其运动循环图设计的简要过程。

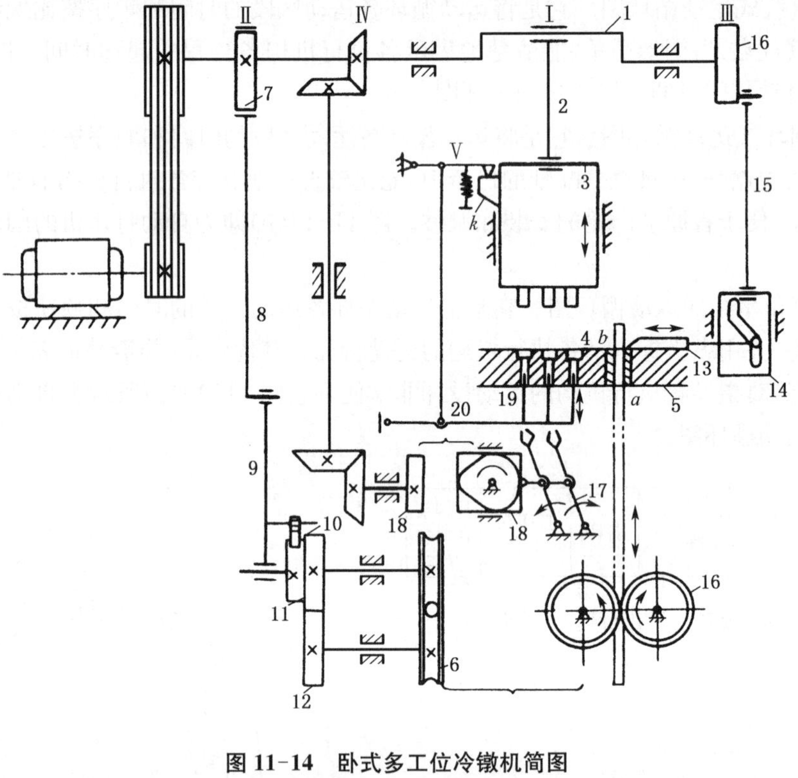

图 11-14 卧式多工位冷镦机简图

1—主轴；2、8、15—连杆；3—冲头；4—阴模；5—机架；6—辊轮；7—偏心轮；9、20—摇杆；10—棘爪 11—棘轮；12—齿轮；13—断料刀；14—移动凸轮；16—偏心轮；17—钳架；18—等宽凸轮；19—顶杆

卧式冷镦机用于冷镦带孔螺帽，其工艺过程包括：盘料送入，然后完成截料、整形、压角和冲孔四道工序，如图 11-15 所示。图 11-14 中，滑块 3 为冷镦冲头，冷镦机构采用曲柄滑块机构Ⅰ，一次冷镦可完成整形、压角和冲孔三道工序；机构Ⅱ为进料机构，它由曲柄摇杆机构和棘轮机构组成，可实现间歇送料；机构Ⅲ为断料机构，由曲柄滑块机构和直动从动件

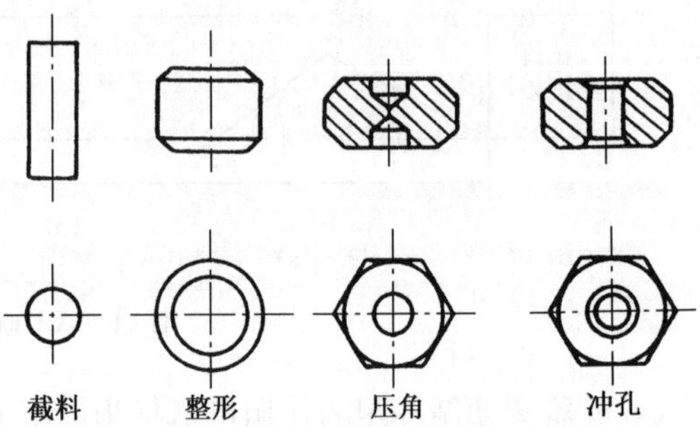

图 11-15 冷镦带孔螺帽的四道工序

移动凸轮机构组成，要求断料刀在行程始末有停歇及断料时作等速运动；机构Ⅳ为送料机构，由两对圆锥齿轮、等宽凸轮机构及钳架组成。其钳架一次摆动可把第一工位的整形坯料和第二工位的压角坯料同时送到下一工位压角和冲孔；机构Ⅴ(双摇杆机构)为顶料机构。

上述工序动作应有严格的协调配合关系；以冲头往复一次为一个运动循环来设计其运动循环图，得到如图 11-16(a)、(b)所示的该冷镦机的圆环式循环图和直线式循环图。

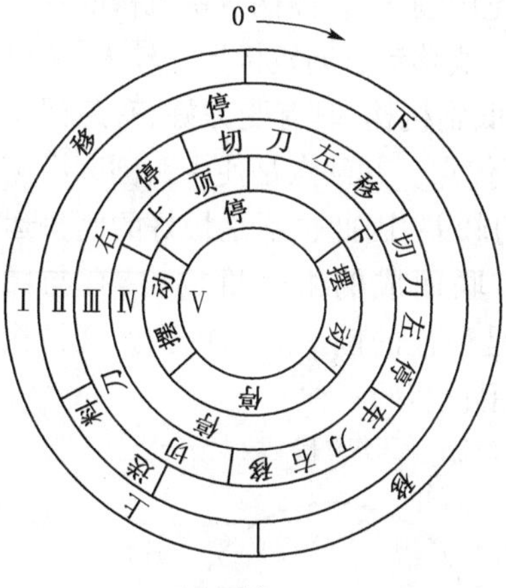

(a)

机构	执行件	工艺动作				
Ⅰ	冲头	下　移			上　移	
Ⅱ	辊轮	停			送料	停
Ⅲ	断料刀	切刀左移	切刀左停	切刀右移	切刀右停	切刀左移
Ⅳ	顶杆	下　停				上顶
Ⅴ	钳架	停	摆动	停	摆动	停

(b)

图 11-16　冷镦机运动循环图

11.5　机械传动系统运动设计实例

本节以牛头刨床为例，介绍其机械传动系统设计的主要内容和主要结果，以帮助读者初步建立机械传动系统设计的完整的概念。

牛头刨床是用于切削加工长度较大的平面或成型表面的机床，其工作原理是：刨头作往复切削运动、工作台带动工件作间歇直线进给运动，从而实现对工件平面的切削加工。给定刨头行程 H(mm)，刨刀每分钟切削次数 m(次/min)及行程速比系数 K，刨刀在切削前后的空刀距离各约 $0.05H$，工作台进给量 f_2(mm/次)。要求进给量 f_2、刨刀切削深度、刨头行程长度及每分钟切削次数均可调整，工作台上下位置和刨头前后位置可手动调整，刨头刀架可转动角度，以及工作台进给方向可变等。

1) 拟定牛头刨床的工作原理

牛头刨床要求是：其执行构件(刨头)作往复直线运动，工作台作间歇直线进给运动。

2) 拟定原动机方案

选用 Y 系列三相交流异步电动机，同步转速 1 500 r/min。

3) 牛头刨床执行机构的选型

(1) 实现刨头往复移动的机构的选型　可选为实现刨头往复移动的机构有：螺旋机构、直动从动件凸轮机构、齿轮齿条机构、曲柄滑块机构、转动导杆机构和曲柄滑块机构串联而成的组合机构(见图 11-17(a))、摆动导杆机构和摆杆滑块机构串联而成的组合机构(见图 11-17(b))等。其中螺旋机构虽具有面接触、受力好及刨头(螺母)工作行程为匀速移动等优点，但驱使螺杆反转和变速、实现刨头快速返回，必须另有换向和变速机构，此外行程开始和终了时有冲击，其安装和润滑也有一定难度，故不是最好的刨头运动机构。直动从动件凸轮机构易实现急回运动和工作行程的匀速移动，但凸轮和整个机床的纵向尺寸过大，且高副受力较差，易磨损，以及难于平衡和制造，故不适用于牛头刨床。齿轮齿条机构能保证工作行程为匀速移动，但行程两端有冲击，且不易实现急回运动（必须另加换向和变速机构），因此也不是最好的牛头刨床的刨头运动机构（但可用于大行程龙门刨床）。曲柄滑块机构的主要缺点是不易实现工作行程的匀速或近似匀速移动，以及沿滑块移动方向机构尺寸较大，所以不宜用作刨头运动机构。图 11-17(a)所示组合机构为全低副机构，具有受力好、有急回特性、工作行程为近似匀速运动、无需反向机构及工作可靠等优点。其缺点是使牛头刨床沿刨头移动方向尺寸太大，且轴 A 必须设计成悬臂梁结构，受力较差，因此也不是最好的刨头运动机构。图 11-17(b)所示摆动导杆与摆杆滑块机构串联而成的组合机构，具有与图 11-17(a)所示机构相同的优点，但却无后者的缺点，因而是最佳的刨头运动机构。这种机构还有一些稍为不同的型式，图 11-18 便是牛头刨床中应用较多的一种。

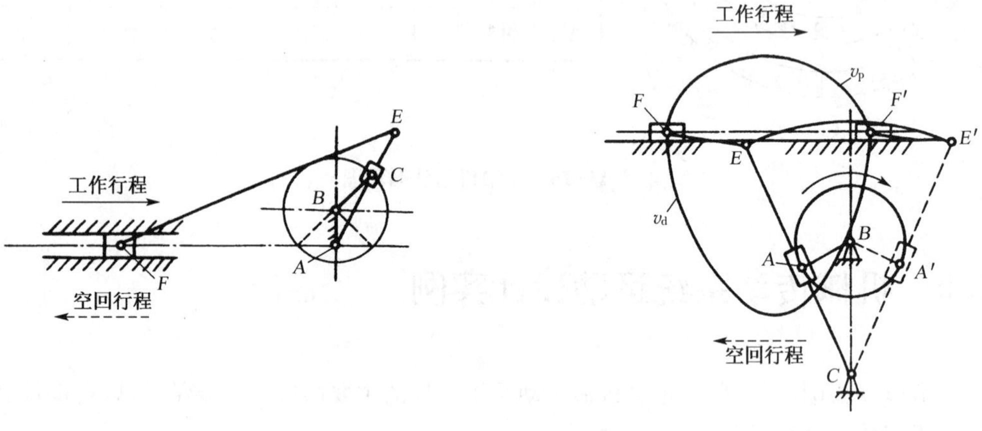

(a) (b)

图 11-17 刨头往复移动的两种运动方案

(2) 牛头刨床工作台进给机构选型　工作台的运动特点是间歇等量直线进给。若仅仅为了能够等量直线进给，则螺旋机构和一般的齿轮齿条机构都能做到。其中前一种机构具有自锁性，不进给时工作台会自动固定不动，满足其停歇要求。后一种机构则无自锁性，故一般不宜选用。又因螺旋机构比较简单和易于制造，所以当优先选用。再考虑满足间歇运动、进给量可调及正反向进给三项要求，槽轮机构、不完全齿轮机构和凸轮式间歇运动机构均因从动件转角不易改变而不宜采用。最后采用一个曲柄长度可变的曲柄摇杆机构和一个双向棘轮机构相串联而得的机构，可很好地满足上述三项要求。

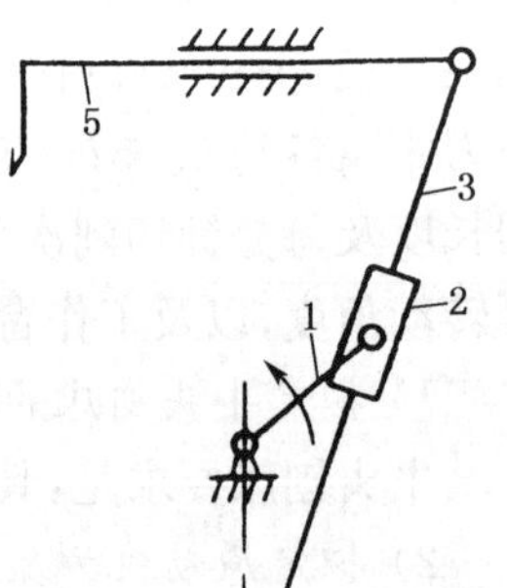

图 11-18 刨头往复移动的另一种运动方案

最后，在刨头运动机构的曲柄轴和工作台进给机构的曲柄轴之间，还应用一对等大的齿轮联接起来，以保证在一个运动循环内，两曲柄轴均回转一周。

4）牛头刨床运动循环图设计

工作台的进给运动与刨头的往复直线运动必须协调配合，故工作台的进给运动必须在每一运动循环的刨头空回行程中完成。图 11-19(a)、(b)分别为牛头刨床的直角坐标式运动循环图和圆环式运动循环图，图中 φ 为摆动导杆机构的曲柄转角。由该图可以看出其两个执行机构的工作行程、回程以及停歇、进给的时间间隔及其开始和终了的时刻。

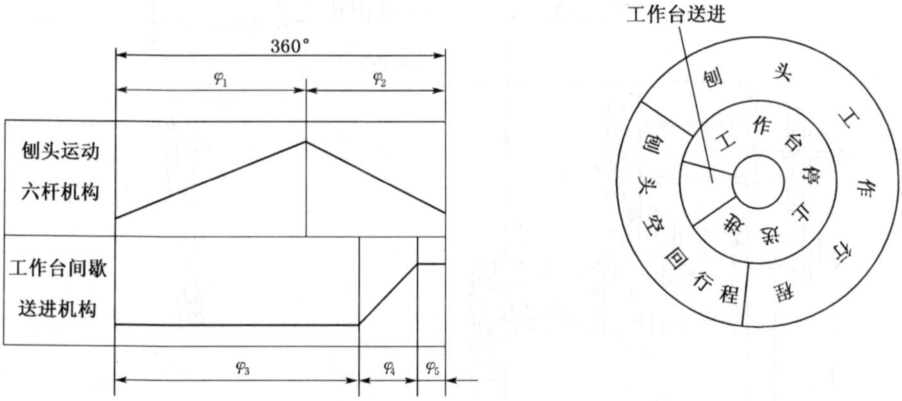

(a)　　(b)

图 11-19　牛头刨床运动循环图

5）牛头刨床机械传动系统方案的拟定

牛头刨床机械传动系统中应有两个运动链：一是传动刨头作往复直线运动的运动链，为主运动链；二是传动工作台作间歇直线进给运动的运动链，为辅助运动链。两个运动链共用一台电动机。

图 11-20 即为所拟定的牛头刨床机械传动系统方案简图。由图可知，主运动链的首末端分别为电动机和刨头（又称滑枕）。电动机的运动经 V 带传至轴Ⅰ，当轴Ⅰ上的离合器 M 向右移动使其内、外摩擦片压紧时，运动由轴Ⅰ上的三联齿轮传至位于轴Ⅱ上右端的三联滑移齿轮，轴Ⅱ可得到三种不同的转速。轴Ⅱ的运动经其左端的三联滑移齿轮传至轴Ⅲ上右端的三联齿轮，这样当轴Ⅰ有一种转速时，轴Ⅲ可获得 9 种不同的转速。轴Ⅲ的运动经其右端的斜齿轮传至轴Ⅳ上右端的大齿轮，执行机构的原动曲柄与大齿轮等速转动，从而实现刨头的往复直线运动（刨头可获得 9 种不同的刨削加工速度）。松开轴Ⅰ上的离合器 M，可断开轴Ⅰ与轴Ⅱ间的传动，使电动机正常运转条件下刨头能停止切削。转动轴Ⅳ左端的方头可驱动轴Ⅳ右端锥齿轮机构和螺旋副运动，从而可调节执行机构中曲柄的长度以改变刨头往复行程的长度。转动刨头上方的方头则能通过其锥齿轮机构和螺旋副调节刨头往复运动的前后位置。刨刀切削深度可通过转动刀架上方的手柄来调节。刀架可垂直固定也可转过一定角度后固定，以满足切削加工水平平面或垂直平面的不同需要。

辅助运动链的首末端分别是轴Ⅳ上左端的斜齿轮和工作台（工件）。轴Ⅳ的运动经其左端的斜齿轮传至轴Ⅴ上的斜齿轮（两斜齿轮齿数相等），从而使曲柄摇杆机构的原动曲柄等速转动，再经双向棘轮机构，使工作台作间歇直线进给运动，并具有换向及与刨头的往复直线运动协调配合的功能。工作台的升降可通过转动工作台下的螺旋机构来调节。改变棘轮上遮板的位置或改变曲柄摇杆机构（图 11-20(c)）中曲柄的长度（图中未予表示），均可调节

工作台的进给量 f_2。

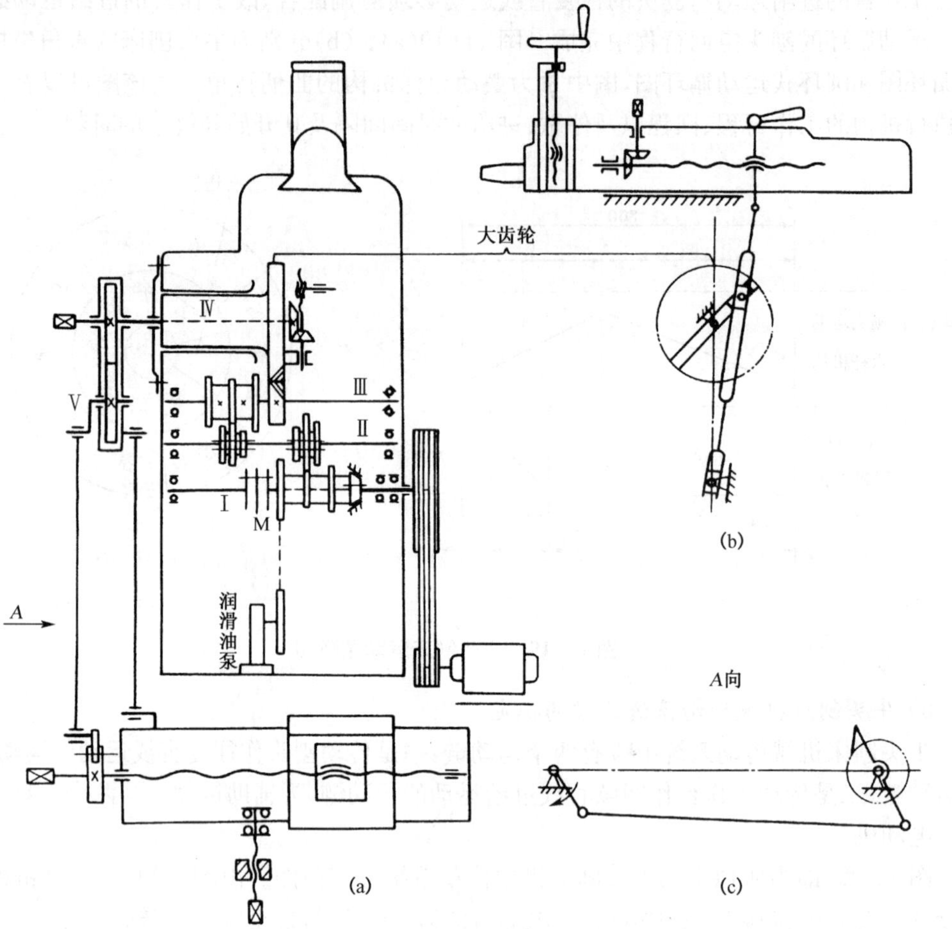

图 11-20 牛头刨床机械传动系统方案简图

传动系统中各级传动比分配如下：

V 带传动传动比 $i_1 = d_{d2}/d_{d1} \approx 3.811$；轴Ⅰ上三联齿轮与轴Ⅱ上右端三联滑移齿轮间传动比 $i_2 = 2.12, 0.625, 0.5$；轴Ⅱ上左端三联滑移齿轮与轴Ⅲ上左端三联齿轮间传动比 $i_3 = 2.478, 1.0, 1.581$；轴Ⅲ上右端斜齿轮与轴Ⅳ上右端斜齿轮间传动比 $i_4 = 5$；轴Ⅳ与轴Ⅴ间传动比 $i_5 = 1.0$。

给定电动机同步转速 $n = 1\,500$ r/min，则轴Ⅳ的 9 种转速 n_4 为

$$n_4 = \frac{n}{i_1 \cdot i_2 \cdot i_3 \cdot i_4} \tag{11-1}$$

代值计算得：$n_4 \approx 14.985, 37.132, 23.486, 50.828, 125.951, 79.666, 63.534, 157.439, 99.582$ r/min。

刨头每分钟往复运动的次数亦有 9 种，分别为：15，37，24，51，126，80，64，158，100。

6）牛头刨床机械传动系统尺寸设计

设计的内容主要包括主、辅运动链中两执行机构的尺度综合，可根据有关参考资料进行，这里从略。此外包括确定 V 带轮直径及各齿轮的齿数，设计结果如下：

大、小 V 带轮直径为 $d_{d2} = 362\ \text{mm}$，$d_{d1} = 95\ \text{mm}$；轴Ⅰ与轴Ⅱ间配对三联齿轮的齿数为 25/53、48/30、52/26；轴Ⅱ与轴Ⅲ间配对三联齿轮的齿数为 23/57、40/40、31/49；轴Ⅲ与轴Ⅳ间配对斜齿轮的齿数为 23/115；轴Ⅳ与轴Ⅴ间配对齿轮的齿数为 40/40；工作台进给螺杆的螺距 $p = 5\ \text{mm}$，矩形螺纹(其余螺杆设计结果略)。

当然，以上设计结果不是唯一的。

7）牛头刨床机械传动系统运动、动力分析

内容包括各轴转速、效率、转矩及功率的计算；各执行机构位移、速度、加速度分析；各构件受力分析和运动副反力计算；初步确定原动机所需功率并选定原动机型号等。运用本书所介绍的有关理论与方法，这些分析计算均不成问题，这里便不再具体介绍。

思考题与习题

1. 简述机械传动系统设计的主要内容和具体步骤。
2. 简述机构选型的一般原则。
3. 简述运动循环图在机械传动系统设计中的重要作用和设计机械运动循环图的一般过程。
4. 简述拟定机械系统传动方案的基本原则和基本思路。
5. 试以生活或生产中任一常用机械为例，分析设计其运动循环图和分析讨论其传动系统运动方案。

附录 各种标准数据摘录

附表 1 标准尺寸(摘自 GB/T2822—1981)

1.0～10.0 mm				10～100 mm											
R		*Ra*		*R*			*Ra*			*R*			*Ra*		
*R*10	*R*20	*Ra*10	*Ra*20	*R*10	*R*20	*R*40	*Ra*10	*Ra*20	*Ra*40	*R*10	*R*20	*R*40	*Ra*10	*Ra*20	*Ra*40
1.00	1.00	1.0	1.0	10.0	10.0		10	10				37.5			38
	1.12		1.1		11.2			11		40.0	40.0	40.0	40	40	40
1.25	1.25	1.2	1.2	12.5	12.5	12.5	12	12	12			42.5			42
	1.40		1.4			13.2			13		45.0	45.0		45	45
1.60	1.60	1.6	1.6		14.0	14.0		14	14			47.5			48
	1.80		1.8			15.0			15	50.0	50.0	50.0	50	50	50
2.00	2.00	2.0	2.0	16.0	16.0	16.0	16	16	16			53.0			53
	2.24		2.2			1.0			17		56.0	56.0		56	56
2.50	2.50	2.5	2.5		18.0	18.0		18	18			60.0			60
	2.80		2.8			19.0			19	63.0	63.0	63.0	63	63	63
3.15	3.15	3.0	3.0	20.0	20.0	20.0	20	20	20			67.0			67
	3.55		3.5			21.2			21		71.0	71.0		71	71
4.00	4.00	4.0	4.0		22.4	22.4		22	22			75.0			75
	4.50		4.5			23.6			24	80.0	80.0	80.0	80	80	80
5.00	5.00	5.0	5.0	25.0	25.0	25.0	25	25	25			85.0			85
	5.60		5.5			26.5			26		90.0	90.0		90	90
6.30	6.30	6.0	6.0		28.0	28.0		28	28			95.0			95
	7.10		7.0			30.0			30	100.0	100.0	100.0	100	100	100
8.00	8.00	8.0	8.0	31.5	31.5	31.5	32	32	32						
	9.00		9.0			33.5			34						
10.00	10.00	10.0	10.0		35.5	35.5		36	36						

注:1. 标准规定的尺寸范围是 0.01～20 000 mm。

2. 标准尺寸适用于有互换性或系列化要求的主要尺寸(安装连接尺寸,有公差要求的配合尺寸,决定产品系列的公称尺寸)。对于由主要尺寸导出的因变量尺寸和工艺上工序间的尺寸,以及已有专用标准规定的尺寸,可不受此限制。

3. 优先顺序按 *R*10、*R*20、*R*40;如将数值圆整时,按 *Ra*5、*Ra*10、*Ra*20、*Ra*40。只在 0.01～0.1 mm 时规定有 *Ra*5。

附表 2 标准公差数值(摘自 GB/T1800—1998)

基本尺寸/mm		标准公差等级																	
		IT1	IT2	IT3	IT4	IT5	IT6	IT7	IT8	IT9	IT10	IT11	IT12	IT13	IT14	IT15	IT16	IT17	IT18
大于	至	μm										mm							
—	3	0.8	1.2	2	3	4	6	10	14	25	40	60	0.1	0.14	0.25	0.4	0.6	1	1.4
3	6	1	1.5	2.5	4	5	8	12	18	30	48	75	0.12	0.18	0.3	0.48	0.75	1.2	1.8
6	10	1	1.5	2.5	4	6	9	15	22	36	58	90	0.15	0.22	0.36	0.58	0.9	1.5	2.2
10	18	1.2	2	3	5	8	11	18	27	43	70	110	0.18	0.27	0.43	0.7	1.1	1.8	2.7
18	30	1.5	2.5	4	6	9	13	21	33	52	84	130	0.21	0.33	0.52	0.84	1.3	2.1	3.3
30	50	1.5	2.5	4	7	11	16	25	39	62	100	160	0.25	0.39	0.62	1	1.6	2.5	3.9
50	80	2	3	5	8	13	19	30	46	74	120	190	0.3	0.46	0.74	1.2	1.9	3	4.6
80	120	2.5	4	6	10	15	22	35	54	87	140	220	0.35	0.54	0.87	1.4	2.2	3.5	5.4
120	180	3.5	5	8	12	18	25	40	63	100	160	250	0.4	0.63	1	1.6	2.5	4	6.3
180	250	4.5	7	10	14	20	29	46	72	115	185	290	0.46	0.72	1.15	1.85	2.9	4.6	7.2
250	315	6	8	12	16	23	32	52	81	130	210	320	0.52	0.81	1.3	2.1	3.2	5.2	8.1
315	400	7	6	13	18	25	36	57	89	140	230	360	0.57	0.89	1.4	2.3	3.6	5.7	8.9
400	500	8	10	15	20	27	40	63	97	155	250	400	0.63	0.97	1.55	2.5	4	6.3	9.7
500	630	9	11	16	22	32	44	70	110	175	280	440	0.7	1.1	1.75	2.8	4.4	7	11
630	800	10	13	18	25	36	50	80	125	200	320	500	0.8	1.25	2	3.2	5	8	12.5
800	1 000	11	15	21	28	40	56	90	140	230	360	560	0.9	1.4	2.3	3.6	5.6	9	14
1 000	1 250	13	18	24	33	47	66	105	165	260	420	660	1.05	1.65	2.6	4.2	6.6	10.5	16.5
1 250	1 600	15	21	29	39	55	78	125	195	310	500	780	1.25	1.95	3.1	5	7.8	12.5	19.5
1 600	2 000	18	25	35	46	65	92	150	230	370	600	920	1.5	2.3	3.7	6	9.2	15	23
2 000	2 500	22	30	41	55	78	110	175	280	440	700	1 100	1.75	2.8	4.4	7	11	17.5	28
2 500	3 150	26	36	50	68	96	135	210	330	540	860	1 350	2.1	3.3	5.4	8.6	13.5	21	33

注.1. 基本尺寸大于 500 mm 的 IT1 至 IT5 的标准公差数值为试行的.

2. 基本尺寸小于或等于 1 mm 时,无 IT14 至 IT18。

附表 3 轴的基本偏差数值(摘自 GB/T1800—1998)

(μm)

基本尺寸/mm		基本偏差数值																															
		上偏差 *es*																	下偏差 *ei*														
大于	至	所有标准公差等级												IT5和IT6	IT7	IT8	IT4和IT7	≤IT3 >IT7	所有标准公差等级														
		a	b	c	cd	d	e	ef	f	fg	g	h	js	j			k		m	n	p	r	s	t	u	v	x	y	z	za	zb	zc
—	3	−270	−140	−60	−34	−20	−14	−10	−6	−4	−2	0	偏差=±ITn/2,式中ITn是IT值数	−2	−4	−6	0	0	+2	+4	+6	+10	+14		+18		+20		+26	+32	+40	+60
3	6	−270	−140	−70	−46	−30	−20	−14	−10	−6	−4	0		−2	−4		+1	0	+4	+8	+12	+15	+19		+23		+28		+35	+42	+50	+80
6	10	−280	−150	−80	−56	−40	−25	−18	−13	−8	−5	0		−2	−5		+1	0	+6	+10	+15	+19	+23		+28		+34		+42	+52	+67	+97
10	14	−290	−150	−95		−50	−32		−16		−6	0		−3	−6		+1	0	+7	+12	+18	+23	+28		+33		+40		+50	+64	+90	+130
14	18																									+39	+45		+60	+77	+108	+50
18	24	−300	−160	−110		−65	−40		−20		−7	0		−4	−8		+2	0	+8	+15	+22	+28	+35		+41	+47	+54	+63	+73	+98	+136	+188
24	30																							+41	+48	+55	+64	+75	+88	+118	+160	+218
30	40	−310	−170	−120		−80	−50		−25		−9	0		−5	−10		+2	0	+9	+17	+26	+34	+43	+48	+60	+68	+80	+94	+112	+148	+200	+274
40	50	−320	−180	−130																				+54	+70	+81	+97	+114	+136	+180	+242	+325
50	65	−340	−190	−140		−100	−60		−30		−10	0		−7	−12		+2	0	+11	+20	+32	+41	+53	+66	+87	+102	+122	+144	+172	+226	+300	+405
65	80	−360	−200	−150																		+43	+59	+75	+102	+120	+146	+174	+210	+274	+360	+480
80	100	−380	−220	−170		−120	−72		−36		−12	0		−9	−15		+3	0	+13	+23	+37	+51	+71	+91	+124	+146	+178	+214	+258	+335	+445	+585
100	120	−410	−240	−180																		+54	+79	+104	+144	+172	+210	+254	+310	+400	+525	+690
120	140	−460	−260	−200		−145	−85		−43		−14	0		−11	−18		+3	0	+15	+27	+43	+63	+92	+122	+170	+202	+248	+300	+365	+470	+620	+800
140	160	−520	−280	−210																		+65	+100	+134	+190	+228	+280	+340	+415	+535	+700	+900
160	180	−580	−310	−230																		+68	+108	+146	+210	+252	+310	+380	+465	+600	+780	+1 000
180	200	−660	−340	−240		−170	−100		−50		−15	0		−13	−21		+4	0	+17	+31	+50	+77	+122	+166	+236	+284	+350	+425	+520	+670	+880	+1 150
200	225	−740	−380	−260																		+80	+130	+180	+258	+310	+385	+470	+575	+740	+960	+1 250
225	250	−820	−420	−280																		+84	+140	+196	+284	+340	+425	+520	+640	+820	+1 050	+1 350
250	280	−920	−480	−300		−190	−110		−56		−17	0		−16	−26		+4	0	+20	+34	+56	+94	+158	+218	+315	+385	+475	+580	+710	+920	+1 200	+1 550
280	315	−1 050	−540	−330																		+98	+170	+240	+350	+425	+525	+650	+790	+1 000	+1 300	+1 700
315	355	−1 200	−600	−360		−210	−125		−62		−18	0		−18	−28		+4	0	+21	+37	+62	+108	+190	+268	+390	+475	+590	+730	+900	+1 150	+1 500	+1 900
355	400	−1 350	−680	−400																		+114	+208	+294	+435	+530	+660	+820	+1 000	+1 300	+1 650	+2 100
400	450	−1 500	−760	−440		−230	−135		−68		−20	0		−20	−32		+5	0	+23	+40	+68	+126	+232	+330	+490	+595	+740	+920	+1 100	+1 450	+1 850	+2 400
450	500	−1 650	−840	−480																		+132	+252	+360	+540	+660	+820	+1 000	+1 250	+1 600	+2 100	+2 600

注:1. 基本尺寸小于或等于 1 mm 时,基本偏差 *a* 和 *b* 均不采用。

2. 公差带 js7 至 js11,若 IT*n* 值数是奇数,则取偏差 $=\pm\frac{\mathrm{IT}n-1}{2}$。

附表 4 孔的基本偏差数值(摘自 GB/T1800—1998)

(μm)

基本偏差数值 — 下偏差 *EI*(所有标准公差等级)；上偏差 *ES*

基本尺寸/mm 大于	至	A	B	C	CD	D	E	EF	F	FG	G	H	JS	J IT6	J IT7	J IT8	K ≤IT8	K >IT8	M ≤IT8	M >IT8	N ≤IT8	N >IT8	P至ZC ≤IT7
—	3	+270	+140	+60	+34	+20	+14	+10	+6	+4	+2	0	偏差=±ITn/2,式中ITn是IT值数	+2	+4	+6	0	0	−2	−2	−4	−4	在大于IT7的相应数值上增加一个Δ值
3	6	+270	+140	+70	+46	+30	+20	+14	+10	+6	+4	0		+5	+6	+10	−1+Δ		−4+Δ	−4	−8+Δ	0	
6	10	−280	+150	+80	+56	+40	+25	+18	+13	+8	+5	0		+5	+8	+12	−1+Δ		−6+Δ	−6	−10+Δ	0	
10	14	−290	+150	+95		+50	+32		+16		+6	0		+6	+10	+15	−1+Δ		−7+Δ	−7	−12+Δ	0	
14	18																					0	
18	24	−300	+160	+110		+65	+40		+20		+7	0		+8	+12	+20	−2+Δ		−8+Δ	−8	−15+Δ	0	
24	30																					0	
30	40	−310	+170	+120		+80	+50		+25		+9	0		+10	+14	+24	−2+Δ		−9+Δ	−9	−17+Δ	0	
40	50	−320	+180	+130																		0	
50	65	−340	+190	+140		+100	+60		+30		+10	0		+13	+18	+28	−2+Δ		−11+Δ	−11	−20+Δ	0	
65	80	−360	+200	+150																		0	
80	100	−380	+220	+170		+120	+72		+36		+12	0		+16	+22	+34	−3+Δ		−13+Δ	−13	−23+Δ	0	
100	120	−410	+240	+180																		0	
120	140	−460	+260	+200		+145	+85		+43		+14	0		+18	+26	+41	−3+Δ		−15+Δ	−15	−27+Δ	0	
140	150	−520	+280	+210																		0	
160	180	−580	+310	+230																		0	
180	200	−660	+340	+240		+170	+100		+50		+15	0		+22	+30	+47	−4+Δ		−17+Δ	−17	−31+Δ	0	
200	225	−740	+380	+260																		0	
225	250	−820	+420	+280																		0	
250	280	−920	+480	+300		+190	+110		+56		+17	0		+25	+36	+55	−4+Δ		−20+Δ	−20	−34+Δ	0	
280	315	−1 050	+540	+330																		0	
315	355	−1 200	+600	+360		+210	+125		+62		+18	0		+29	+39	+60	−4+Δ		−21+Δ	−21	−37+Δ	0	
355	400	−1 350	+680	+400																		0	
400	450	−1 500	+760	+440		+230	+135		+68		+20	0		+33	+43	+66	−5+Δ		−23+Δ	−23	−40+Δ	0	
450	500	−1 650	+840	+480																		0	

上偏差 *ES*(标准公差等级大于 IT7)及 Δ 值(标准公差等级)

基本尺寸/mm 大于	至	P	R	S	T	U	V	X	Y	Z	ZA	ZB	ZC	IT3	IT4	IT5	IT6	IT7	IT8
—	3	−6	−10	−14		−18		−20		−26	−32	−40	−60	0	0	0	0	0	0
3	6	−21	−15	−19		−23		−28		−35	−42	−50	−80	1	1.5	1	3	4	6
6	10	−15	−19	−23		−28		−34		−42	−52	−67	−97	1	1.5	2	3	6	7
10	14	−18	−23	−28		−33		−40		−50	−64	−90	−130	1	2	3	3	7	9
14	18						−39	−45		−60	−77	−108	−150						
18	24	−22	−28	−35		−41	−47	−54	−63	−73	−98	−136	−188	1.5	2	3	4	8	12
24	30				−41	−48	−55	−64	−75	−88	−118	−160	−218						
30	40	−26	−34	−43	−48	−60	−68	−80	−94	−112	−148	−200	−274	1.5	3	4	5	9	14
40	50				−54	−70	−81	−97	−114	−136	−180	−242	−325						
50	65	−32	−41	−53	−66	−87	−102	−122	−144	−172	−226	−300	−405	2	3	5	6	11	16
65	80		−43	−59	−75	−102	−120	−146	−174	−210	−274	−360	−480						
80	100	−37	−51	−71	−91	−124	−146	−178	−214	−258	−335	−445	−585	2	4	5	7	13	19
100	120		−54	−79	−104	−144	−172	−210	−254	−310	−400	−525	−690						
120	140	−43	−63	−92	−122	−170	−202	−248	−300	−365	−470	−620	−800	3	4	6	7	15	23
140	150		−65	−100	−134	−190	−228	−280	−340	−415	−535	−700	−900						
160	180		−68	−108	−146	−210	−252	−310	−380	−465	−600	−780	−1 000						
180	200	−50	−77	−122	−166	−236	−284	−350	−425	−520	−670	−880	−1 150	3	4	6	9	17	26
200	225		−80	−130	−180	−258	−310	−385	−470	−575	−740	−960	−1 250						
225	250		−84	−140	−196	−284	−340	−425	−520	−640	−820	−1 050	−1 350						
250	280	−56	−94	−158	−218	−315	−385	−475	−580	−710	−920	−1 200	−1 550	4	4	7	9	20	29
280	315		−98	−170	−240	−350	−425	−525	−650	−790	−1 000	−1 300	−1 700						
315	355	−62	−108	−190	−268	−390	−475	−590	−730	−900	−1 150	−1 500	−1 900	4	5	7	11	21	32
355	400		−114	−208	−294	−435	−530	−660	−820	−1 000	−1 300	−1 650	−2 100						
400	450	−68	−126	−232	−330	−490	−595	−740	−920	−1 100	−1 450	−1 850	−2 400	5	5	7	13	23	34
450	500		−132	−252	−360	−540	−660	−820	−1 000	−1 250	−1 600	−2 100	−2 600						

注:1. 基本尺寸小于或等于 1 mm 时,基本偏差 *A* 和 *B* 及大于 IT8 的 *N* 均不采用。

2. 公差带 JS7 至 JS11,若 IT*n* 值数是奇数,则取偏差$=\pm\frac{ITn-1}{2}$。

3. 对小于或等于 IT8 的 K、M、N 和小于或等于 IT7 的 P 至 ZC,所需 Δ 值从表内右侧选取。
   列如:18～30 mm 段的 K7:Δ=8 μm,所以 *ES*=−2+8=+6 μm
   18～30 mm 段的 S6:Δ=4 μm,所以 *ES*=−35+4=−31 μm

4. 特殊情况:250～315 mm 段的 M6, *ES*=−9 μm(代替−11 μm)。

附表 5　直线度、平面度(摘自 GB/T1184—1996)

主要参数 L/mm	公差等级											
	1	2	3	4	5	6	7	8	9	10	11	12
	公差值/μm											
≤10	0.2	0.4	0.8	1.2	2	3	5	8	12	20	30	60
>10～16	0.25	0.5	1	1.5	2.5	4	6	10	15	25	40	80
>16～25	0.3	0.6	1.2	2	3	5	8	12	20	30	50	100
>25～40	0.4	0.8	1.5	2.5	4	6	10	15	25	40	60	120
>40～63	0.5	1	2	3	5	8	12	20	30	50	80	150
>63～100	0.6	1.2	2.5	4	6	10	15	25	40	60	100	200
>100～160	0.8	1.5	3	5	8	12	20	30	50	80	120	250
>160～250	1	2	4	6	10	15	25	40	60	100	150	300
>250～400	1.2	2.5	5	8	12	20	30	50	80	120	200	400
>400～630	1.5	3	6	10	15	25	40	60	100	150	250	500

主参数 L 图例(附表 5)

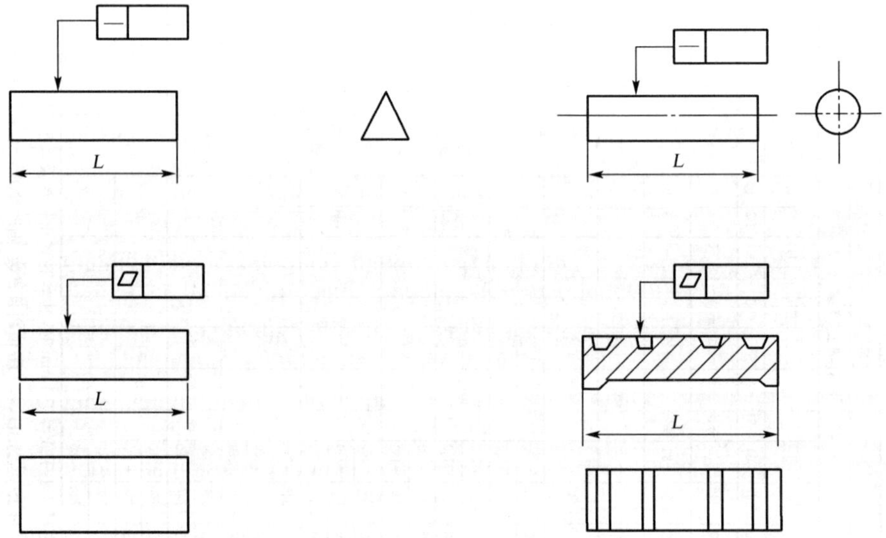

附表 6 圆度、圆柱度(GB/T1184—1996)

主参数 $d(D)$/mm	公差等级												
	0	1	2	3	4	5	6	7	8	9	10	11	12
	公差值/μm												
≤3	0.1	0.2	0.3	0.5	0.8	1.2	2	3	4	6	10	14	25
>3～6	0.1	0.2	0.4	0.6	1	1.5	2.5	4	5	8	12	18	30
>6～10	0.12	0.25	0.4	0.6	1	1.5	2.5	4	6	9	15	22	36
>10～18	0.15	0.25	0.5	0.8	1.2	2	3	5	8	11	18	27	43
>18～30	0.2	0.3	0.6	1	1.5	2.5	4	6	9	13	21	33	52
>30～50	0.25	0.4	0.6	1	1.5	2.5	4	7	11	16	25	39	62
>50～80	0.3	0.5	0.8	1.2	2	3	5	8	13	19	30	46	74
>80～120	0.4	0.6	1	1.5	2.5	4	6	10	15	22	35	54	87
>120～180	0.6	1	1.2	2	3.5	5	8	12	18	25	40	63	100
>180～250	0.8	1.2	2	3	4.5	7	10	14	20	29	46	72	115
>250～315	1.0	1.6	2.5	4	6	8	12	16	23	32	52	81	130
>315～400	1.2	2	3	5	7	9	13	18	25	36	57	89	140
>400～500	1.5	2.5	4	6	8	10	15	20	27	40	63	97	155

主参数 $d(D)$ 图例(附表 6)

附表 7　平行度、垂直度、倾斜度(摘自 GB/T1184—1996)

主参数 $L,d(D)$ /mm	公差等级											
	1	2	3	4	5	6	7	8	9	10	11	12
	公差值/μm											
≤10	0.4	0.8	1.5	3	5	8	12	20	30	50	80	120
>10～16	0.5	1	2	4	6	10	15	25	40	60	100	150
>16～25	0.6	1.2	2.5	5	8	12	20	30	50	80	120	200
>25～40	0.8	1.5	3	6	10	15	25	40	60	100	150	250
>40～65	1	2	4	8	12	20	30	50	80	120	200	300
>65～100	1.2	2.5	5	10	15	25	40	60	100	150	250	400
>100～160	1.5	3	6	12	20	30	50	80	120	200	300	500
>160～250	2	4	8	15	25	40	60	100	150	250	400	600
>250～400	2.5	5	10	20	30	50	80	120	200	300	500	800
>400～630	3	6	12	25	40	60	100	150	250	400	600	1 000

主参数 $L,d(D)$ 图例(附表 7)

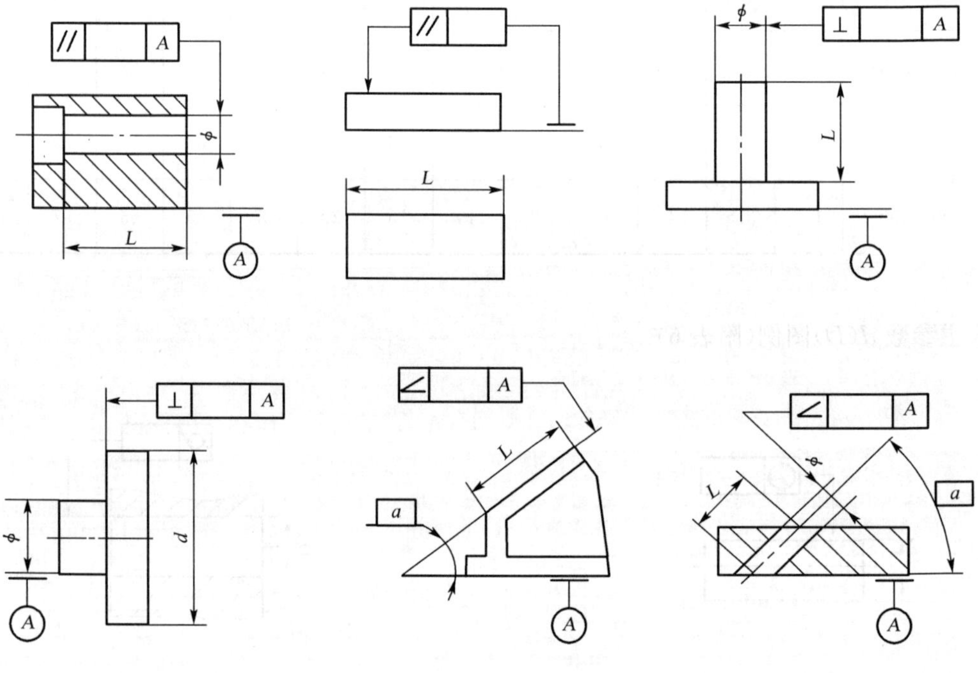

附表 8　同轴度、对称度、圆跳动和全跳动(摘自 GB/T1184—1996)

主参数 d(D), B, L/mm	公差等级											
	1	2	3	4	5	6	7	8	9	10	11	12
	公差值/μm											
≤1	0.4	0.6	1.0	1.5	2.5	4	6	10	15	25	40	60
>1～3	0.4	0.6	1.0	1.5	2.5	4	6	10	20	40	60	120
>3～6	0.5	0.8	1.2	2	3	5	8	12	25	50	80	150
>6～10	0.6	1	1.5	2.5	4	6	10	15	30	60	100	200
>10～18	0.8	1.2	2	3	5	8	12	20	40	80	120	250
>18～30	1	1.5	2.5	4	6	10	15	25	50	100	150	300
>30～50	1.2	2	3	5	8	12	20	30	60	120	200	400
>50～120	1.5	2.5	4	6	10	15	25	40	80	150	250	500
>120～250	2	3	5	8	12	20	30	50	100	200	300	600
>250～500	2.5	4	6	10	15	25	40	60	120	250	400	800

主参数 $d(D)$, B, L 图例(附表 8)

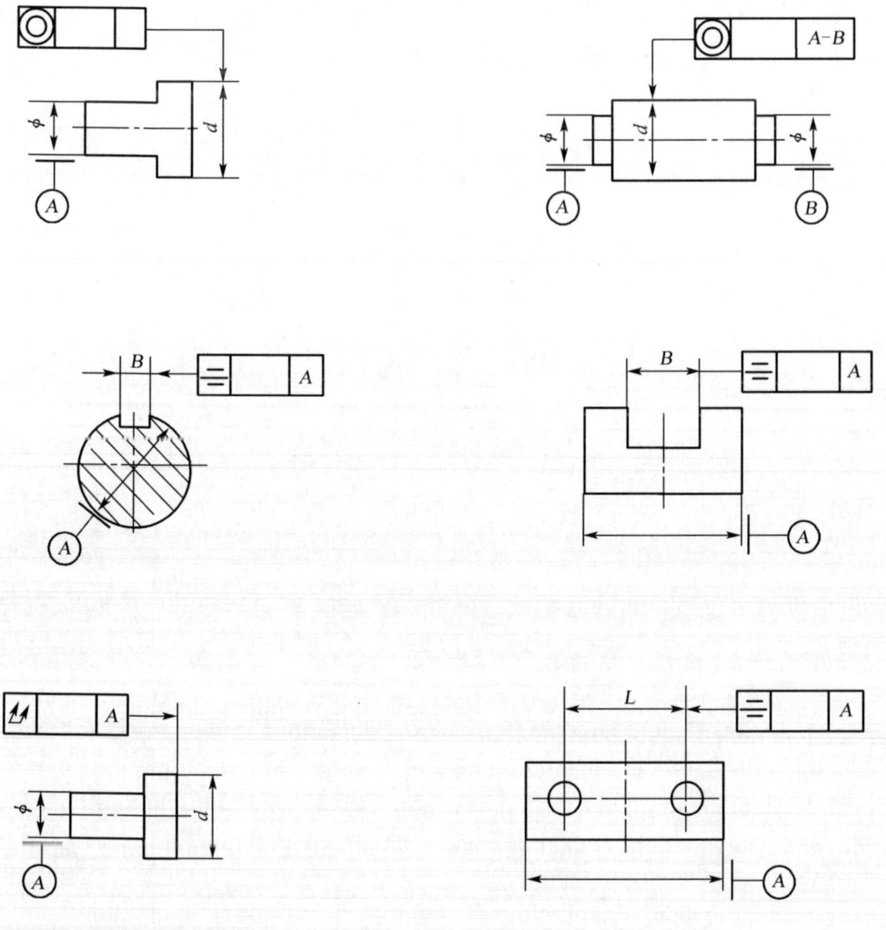

附表 9 R_a、R_z、R_y 的取样长度 l 与评定长度 l_n 的选用值(摘自 GB/T1031—1995)

$R_a/\mu m$	R_z, $R_y/\mu m$	l/mm	$l_n(=5l)/mm$
≥0.008～0.020	≥0.025～0.100	0.08	0.4
>0.020～0.100	>0.100～0.50	0.25	1.25
>0.100～2.0	>0.50～10.0	0.8	4.0
>2.0～10.0	>10.0～50	2.5	12.5
>10.0～80.0	>50～320	8.0	40.0

参 考 文 献

[1] 隋明阳主编. 机械设计基础. 第一版. 北京:机械工业出版社,2002
[2] 徐锦康,周国民,刘极峰主编. 机械设计. 第一版. 北京:机械工业出版社,1998
[3] 濮良贵主编. 机械设计. 第五版. 北京:高等教育出版社,1994
[4] 王少岩,史蒙,罗玉福主编. 机械设计基础. 第一版. 大连:大连理工大学出版社,2004
[5] 中国机械工业教育协会组编. 机械设计基础. 第一版. 北京:机械工业出版社,2001
[6] 朱东华,樊智敏主编. 机械设计基础. 第一版. 北京:机械工业出版社,2003
[7] 张京辉主编. 机械设计基础. 第一版. 西安:西安电子科技大学出版社,2005
[8] 周家泽主编. 机械基础. 第一版. 西安:西安电子科技大学出版社,2004
[9] 王世辉主编. 机械设计基础. 第一版. 重庆:重庆大学出版社,2005
[10] 周家泽主编. 机械设计基础. 第一版. 北京:人民邮电出版社,2003
[11] 杨化书主编. 机械基础. 第一版. 郑州:黄河水利出版社,2002
[12] 西北工业大学机械原理及机械零件教研组编. 机械设计. 第一版. 上海:人民教育出版社,1978
[13] 韩向东主编. 工程力学. 第一版. 北京:机械工业出版社,1998
[14] 张美麟主编. 机械创新设计. 第一版. 北京:化学工业出版社,2005
[15] 机械设计手册编委会编. 机械设计手册. 第一版. 北京:机械工业出版社,2004
[16] 唐荆生主编. 公差配合与技术测量基础. 第一版. 北京:中国劳动社会保障出版社,2000
[17] 赵冬梅主编. 机械设计基础. 第一版. 西安:西安电子科技大学出版社,2004
[18] 李茹同主编. 机械工程基础. 第一版. 西安:西安电子科技大学出版社,2004
[19] 郭仁生主编. 机械设计基础. 第一版. 北京:清华大学出版社,2002
[20] 黄锡恺,郑文伟主编. 机械原理. 第一版. 北京:高等教育出版社,1989
[21] 王军,严丽主编. 机械基础. 第一版. 广州:华南理工大学出版社,2004
[22] 曾宗福主编. 机械基础. 北京:化学工业出版社,2003
[23] 李春风,潘庆丰主编. 工程力学. 大连:大连理工大学出版社,2004
[24] 苏炜主编. 工程力学. 武汉:武汉理工大学出版社,2004
[25] 郭红星,宋敏主编. 机械设计基础. 西安:西安电子科技大学出版社,2006

本社机械类教材可供书目

教材名称	主编	出版时间	定价(元)
现代工程制图(理论编,实践编+光盘)	董祥国	2005.1	39.00
金工实习	黄如林　樊曙天	2005.7	20.80
工程材料	戈晓岚　赵茂程	2005.7	15.00
材料成形技术基础	何红媛	2004.8	16.80
机械制造基础	赵小东　潘一凡	2006.2	19.00
机械制造技术基础	袁国定　朱洪海	2005.7	19.00
计算机工程制图与机械设计(附习题)	赵敖生　宜沈平	2004.8	55.00
精密模具制造工艺	胡石玉　于敏建	2006.4	26.00
电子设备结构设计原理	邱成悌　赵惇殳　蒋全兴	2005.1	58.00
制造业信息化原理和案例	夏安邦	2002.5	24.00
物理(高职)	王颖哲	2005.9	24.00
物理与实验(高职)	高海林	2005.9	12.80
电工与电子技术基础(高职)	王运哲	2003.8	24.00
电工技术基础(高职)	王运哲	2004.3	26.00
工程力学(高职)	党锡康	2005.5	24.00
机械设计基础(高职)	王昌明	2003.8	26.00
机械加工工艺学(高职)	范崇洛	2004.9	18.00
机械加工工艺装备(高职)	张普礼	2002.4	21.50
机床电气控制(高职)	项　毅	2006.1	14.00
液压与气压传动(高职)	李登万	2004.8	16.00
数控机床教学片(DVD 90 分)	中国机工教育协会	2005.8	100.00